動力學

劉上聰　編著

錢志回・林　震　校閱

全華圖書股份有限公司

編輯大意

一、 本書是作者將之前為全華圖書公司所編著之應用力學一書重新改版，並分為靜力學及動力學兩本，本書為動力學部份，以適用於大學之動力學課程。

二、 為適應潮勢，本書以 SI 單位為主，但目前工業界仍諸多使用英制重力單位，為讓學者熟悉此單位，本書亦輔以說明，並在例題與習題列若干題目以供練習。

三、 本書所用之名詞均依據教育部所公怖之「機械工程名詞」為準。

四、 動力學(Dynamics)內容包含運動學(Kinematics)與力動學(Kinetics)兩部份，其中 Kinetics 很多書翻譯成動力學，為避免與 Dynamics 混淆，本書將其翻譯為力動學。

五、 動力學內容較為複雜且變化甚多，本來就不易學習，加上語言之隔閡，在閱讀原文書時無法獲得深入之瞭解，即使有翻譯本，但譯者常為遷就原文書之語法而致辭不達意，也難達到學習效果。有鑑於此，本書儘量用簡明的敘述，讓學者在閱讀後即能迅速瞭解動力學的基本觀念及分析原理，將來再閱讀原文書時即能獲得事半功倍的效果。

六、 動力學的分析原理包括牛頓第二定律，功與能之原理以及動量與衝量之原理，這些分析原理常因物體運動型態之不同或已知條件不同而有不同之分析方法，故本書內之例題較一般的教科書為多，主要讓學者從例題中去瞭解動力學原理在各種不同角度之應用方法。

七、 本書是作者利用課餘勉力編彙完成，內容雖經多次校正，但疏漏之處在所難免，尚祈先進學家賜言指教。

劉上聰 謹識

編輯部序

　　「系統編輯」是我們的編輯方針，我們所提供給您的，絕不只是一本書，而是關於這門學問的所有知識，它們由淺入深，循序漸進。

　　作者以淺顯之文字敘述說明動力學的原理及應用，並用大量圖片加以說明，使讀者能在短時間內輕易瞭解動力學的基本原理；且以多加練習爲出發點，收錄了例題及習題共七百餘題，使讀者能從各種不同類型的題目中，練習動力學的分析應用，加強學習效果，進一步習得動力學的精髓。

　　同時，爲了使您能有系統且循序漸進研習相關方面的叢書，我們以流程圖方式，列出各有關圖書的閱讀順序，以減少您研習此門學問的摸索時間，並能對這門學問有完整的知識。若您在這方面有任何問題，歡迎來函連繫，我們將竭誠爲您服務。

相關叢書介紹

書號：0601601
書名：靜力學(第七版)
英譯：Meriam.陳文中.邱昱仁
16K/600 頁/580 元

書號：0625003
書名：靜力學(第四版)
編著：曾彥魁
16K/392 頁/490 元

書號：0203203
書名：靜力學
編著：劉上聰
16K/384 頁/350 元

書號：0555902
書名：動力學(第三版)
編著：陳育堂.陳維亞.曾彥魁
16K/376 頁/490 元

書號：05607
書名：機械設計學
日譯：施議訓
16K/328 頁/350 元

書號：0615502/06156017
書名：物理(力學與熱學篇)(第十一版)/
　　　(電磁學與光學篇)(第十版)
　　　(附部分內容光碟)
編著：Halliday.葉泳蘭.林志郎 /
　　　Halliday.王俊凱.黃仁偉.葉泳蘭
16K/674 頁/820 元 / 16K/642 頁/720 元

書號：0554903
書名：材料力學(第四版)
編著：李鴻昌
16K/752 頁/600 元

書號：0287604
書名：材料力學(第五版)
編著：許佩佩.鄒國益
20K/456 頁/380 元

書號：05861
書名：產品結構設計實務
編著：林榮德
16K/248 頁/280 元

◎上列書價若有變動，請以
　最新定價為準。

流程圖

書號：0607901
書名：微積分
編著：蕭福照.何姿瑩.魏妙旭
　　　洪秀珍.楊惠娟

書號：0615502/06156017
書名：物理(力學與熱學篇)
　　　(第十一版)/(電磁學與
　　　光學篇)(第十版)
　　　(附部分內容光碟)
編著：Halliday.葉泳蘭.林志郎
　　　/Halliday.王俊凱.黃仁偉
　　　葉泳蘭

書號：0601601
書名：靜力學(第七版)
英譯：Meriam.陳文中.邱昱仁

書號：0555902
書名：動力學(第三版)
編著：陳育堂.陳維亞.曾彥魁

書號：0609401
書名：動力學
編著：劉上聰.錢志回.林　震

書號：05607
書名：機械設計學
日譯：施議訓

書號：0608903
書名：機械設計(第四版)
編著：蔡忠杓.光灼華.江卓培
　　　宋震國.李正國.李維楨
　　　林維新.邱顯俊.絲國一
　　　馮展華

書號：02351047
書名：機械設計
　　　(附部分內容光碟)
編著：陳炯錄
校閱：施議訓

目 錄

Chapter 4　質點力動學：動量與衝量

Chapter 5　質點系力動學

Chapter 6　二維剛體運動學

Chapter **12** 三維剛體力動學

Appendix **A** 質量慣性矩

質點運動學

1-1 動力學概論

應用力學(applied mechanics)分為兩部份,即靜力學(statics)與動力學(dynamics)。靜力學是在分析靜止或等速運動物體受力之平衡問題,而動力學又分為運動學(kinematics)與力動學(kinetics)兩部份,運動學是在研究運動的幾何關係,主要涉及運動物體的位移、速度、加速度與時間之關係,不涉及產生運動之原因"力",而力動學則在分析物體的受力與其所生運動之關係,可預測物體受已知力作用所生之運動,或預測使物體產生某種運動所需的作用力。

本書一至五章是研究質點(particle)的動力學,六至十二章是研究剛體(rigid body)的動力學。在動力學中「質點」並非指尺寸甚小的粒子,而是將物體簡化的一種分析方法,有時候所分析的質點可能是車輛、火箭或飛機等物體,當這些物體僅有移動運動而無轉動運動,或轉動運動可忽略不計時,物體的尺寸及形狀與所分析之運動無關,即可將物體簡化為質點的模式來分析,故質點可定義為僅具有質量,而忽略其尺寸及形狀的物體。

當物體的轉動運動不可忽略時,通常將物體視為剛體的模型來分析,剛體是假設物體受力後不會變形,也是一種簡化的分析模型。因物體的受力位置會影響到物體的轉動運動,但物體受力均會變形,會使受力位置跟著變化,若要先分析物體的變形情形,再決定物體正確的受力位置,畢竟過程太過複雜,所幸工程上的大部份物體受力後變形都甚小,可忽略不計,因此可將物體視為剛體分析之。

1-2 質點直線運動

位置

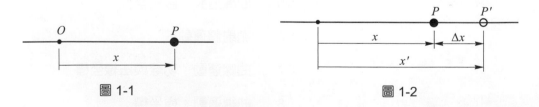

圖 1-1   圖 1-2

當質點沿一直線路徑運動時,稱其為作直線運動(rectilinear motion)。質點在直線上運動至某一瞬間之位置(position) P 定義為相對於某一固定點(或原點) O 之直線長度及方向,以 x 表示之,如圖 1-1 所示。固定點 O 之位置可在直線上任意選定,而位置 x 之大小為 O 至 P

之直線長度，方向用正號或負號表示之，若取向右為正方向，則向左為負方向，故位置為向量。在直線上運動的質點，其位置隨時間變化，故其位置可表示為時間的函數，即 $x = x(t)$。

位移與距離

運動中質點之位置變化量稱為**位移**(displacement)，以 Δx 表示，圖 1-2 中，若質點由位置 P 運動至位置 P'，則位移為 $\Delta x = x'-x$。位移為向量，其大小為起點 P 至終點 P' 之直線長度，方向亦以正、負號表示之，若取向右為正，則向左為負。例如質點在直線上由 $x_1 = -3$m 之位置運動至 $x = 5$m 之位置，其位移為 $\Delta x = 5-(-3) = 8$m，即朝正方向位置改變 8 m。

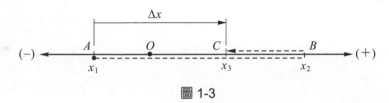

圖 1-3

運動質點所經路線之總長度稱為**距離**(distance)，以 s 表示之。距離為一純量，故恆為正值。

位移僅與初位置及末位置有關，為狀態函數(或點函數)，但距離與所經之路徑有關，為路徑函數。參考圖 1-3 所示，一質點自位置 A(初位置)經虛線軌跡運動至位置 B，再折返至位置 C(末位置)，A 至 C 之位移 $\Delta x = x_3-x_1$，其大小為 A 至 C 之長度，方向為 A 朝 C 之方向(正方向)，至於質點由 A 至 C 之距離，為 A 至 B 長度與 B 至 C 長度之和，即 $s = |x_2 - x_1| + |x_3 - x_2|$，故 $s \geq |\Delta x|$，$|\Delta x|$ 表示位移的大小。當質點由 A 直接運動至 C，運動過程中方向沒有改變，則 $s = |\Delta x|$，即距離等於位移的大小。

位移或距離之單位，常用為 m、km 及 ft。

速度與速率

參考圖 1-2，設 P 為運動質點在時刻 t 之位置，而 P' 為質點在時刻 t' 之位置，由 P 至 P' 之時距 $\Delta t = t'-t$，產生 Δx 之位移，則在此時距內之**平均速度**(average velocity)為

$$\bar{v} = \frac{\Delta x}{\Delta t} \tag{1-1}$$

即平均速度為運動質點在單位時間內位置之變化量，用於描述運動質點位置變化之快慢程度。若考慮之時距 Δt 甚短，即 t' 甚趨近於 t，則在此甚短時距內之平均速度定義為運動質點在時刻 t 之**瞬時速度**(instantaneous velocity)，即

$$v = \lim_{\Delta t \to 0} \frac{\Delta x}{\Delta t} = \frac{dx}{dt} \tag{1-2}$$

故瞬時速度為運動質點之位置對時間之變化率。

速率(speed)與速度不同，速度是由位移所定義，而速率則是由距離定義。運動質點在單位時間內所移動之路徑長度(距離)稱為**平均速率**(average speed)，以 $\overline{v}_{sp}$ 表示之，即

$$\overline{v}_{sp} = \frac{s}{\Delta t} \tag{1-3}$$

在相同的時距內移動路程較長的質點運動較快，即平均速率較大，故平均速率用於描述運動質點本身運動的快慢程度，其意義與平均速度不同。

至於瞬時速率即為瞬時速度之大小

$$v_{sp} = |v| \tag{1-4}$$

按定義可知速度與速率之單位相同，常用的單位為 m/s、km/hr 及 ft/s，其中 1m/s = 3.6 km/hr。

加速度

設運動質點在 P 點之速度為 v，經 Δt 時間後運動至 P' 點之速度為 v'，則在此時間內之**平均加速度**(average acceleration)為

$$\overline{a} = \frac{\Delta v}{\Delta t} \tag{1-5}$$

其中 Δv 為在 Δt 時間內之速度變化量，即 $\Delta v = v' - v$。

若 t' 甚趨近於 t，則在此甚短時距內所得之平均加速度定義為在時刻 t 之**瞬時加速度**(instantaneous acceleration)，以 a 表示，即

$$a = \lim_{\Delta t \to 0} \frac{\Delta v}{\Delta t} = \frac{dv}{dt} = \frac{d^2 x}{dt^2} \tag{1-6}$$

故瞬時加速度為速度對時間之變化率。

加速度亦為向量，在直線運動中以正、負號表示其方向。對於運動速率正在遞減之物體，一般稱其在**減速**(decelerating)中，減速中之運動質點，其加速度方向與速度方向相反。當直線運動質點之加速度為負，僅表示其加速度朝負方向，其運動情形可能為朝正方向正在減速中(速率漸減)或朝負方向正在加速(速率漸增)中。

加速度之單位按其定義常用的單位為 m/s^2, ft/s^2, 或 km/hr^2。

直線運動之分析

對於作直線運動的質點，只要已知其位置與時間之關係函數 $x = x(t)$，則其運動狀況即可完全掌握，但通常所分析之直線運動，經由牛頓第二定律是先獲得其運動之加速度，而所得之加速度一般為時間、位置或速度之函數，或者為等加速度運動。分析這些直線運動，須利用直線運動之微分方程式再配合**起始條件**(initial condition)方可求得其速度、位置與時間之關係。

前面之分析中已經得到二個直線運動之微分方程式，即公式(1-2) $v=dx/dt$ 與公式(1-6) $a=dv/dt$，將兩式聯立消去 dt，可得第三個微分方程式：

$$vdv = adx \tag{1-7}$$

至於起始條件通常為運動起點 $t = 0$ 時之初位置 x_0 及初速度 v_0。

1. **加速度為常數**：此為等加速度運動

   由公式(1-6)：$dv = adt$，積分之：$\int_{v_0}^{v} dv = a\int_0^t dt$

   得　　$v = v_0 + at \tag{1-8}$

   由公式(1-2)：$dx = vdt$，積分之：$\int_{x_o}^{x} dx = \int_0^t (v_0 + at)dt$

   得　　$x = x_0 + v_0 t + \dfrac{1}{2}at^2 \tag{1-9}$

   由公式(1-7)：$vdv = adx$，積分之：$\int_{v_0}^{v} vdv = a\int_{x_0}^{x} dx$

   $$v^2 = v_0^2 + 2a(x - x_0) \tag{1-10}$$

   若取 $x_0 = 0$(即設出發點為原點)，則上列三公式可寫為

   $$v = v_0 + at \quad , \quad x = v_0 t + \frac{1}{2}at^2 \quad , \quad v^2 = v_0^2 + 2ax$$

   其中 x 為末位置亦等於位移，因 $\Delta x = x - x_0 = x - 0 = x$。

2. **加速度為時間之函數**：$a = f(t)$

   由公式(1-6)：$dv = adt = f(t)dt$，積分之：$\int_{v_o}^{v} dv = \int_o^t f(t)dt$

   得　　$v = v_o + \int_o^t f(t)dt$

   由上式可得速度 v 與時間 t 之關係函數。

由公式(1-2)：$dx = vdt$，積分之：$\int_{x_o}^{x} dx = \int_{o}^{t} vdt$

得 $\quad x = x_0 + \int_{0}^{t} vdt$

由上式可得位置 x 與時間 t 之關係函數。

3. **加速度為位置之函數**：$a = f(x)$

由公式(1-7)：$vdv = adx = f(x)dx$，積分之：$\int_{v_o}^{v} vdv = \int_{x_o}^{x} f(x)dx$ 得

$$v^2 = v_0^2 + 2\int_{x_0}^{x} f(x)dx$$

由上式可得速度 v 與位置 x 之關係函數。

由公式(1-2)：$dt = \dfrac{dx}{v}$，積分之：$\int_{0}^{t} dt = \int_{x_0}^{x} \dfrac{dx}{v}$

得 $\quad t = \int_{x_0}^{x} \dfrac{dx}{v}$

式中 $v = v(x)$，由上式可得位置 x 與時間 t 之關係函數。

4. **加速度為速度之函數**：$a = f(v)$

由公式(1-6)：$dt = \dfrac{dv}{a} = \dfrac{dv}{f(v)}$，積分之：$\int_{0}^{t} dt = \int_{v_0}^{v} \dfrac{dv}{f(v)}$

得 $\quad t = \int_{v_0}^{v} \dfrac{dv}{f(v)}$

由上式可得速度 v 與時間 t 之關係函數。同 1.之方法可求得位置 x 與時間 t 之關係函數。

例題 1-1

一質點作直線運動，其位置 x(m)與時間 t(s)之關係式為 $x(t) = 5 + 3t^2 - t^3$，試求 (a) $t = 0$ 至 $t = 2$ 秒之位移；(b)速度為零之時刻；(c) $t = 1$ 秒至 $t = 4$ 秒之平均速度及平均速率；(d) $t = 2$ 秒時之加速度。

解 (a) $t = 0$ 及 $t = 2$ 秒時之位置 x_0 及 x_2 分別為

$\quad\quad x_0 = 5 \text{ m} \quad, \quad x_2 = 5 + 3(2)^2 - (2)^3 = 9 \text{ m}$

故位移 $\Delta x = x_2 - x_0 = 9 - 5 = 4 \text{ m}$ ◀

(b) 速度與時間之關係式為 $v = \dfrac{dx}{dt} = 6t - 3t^2$

令 $v = 0$，即 $6t - 3t^2 = 0$，得 $t = 0$ 及 $t = 2$ 秒 ◀

(c) $t = 1$ 秒及 $t = 4$ 秒時之位置 x_1 及 x_4 分別為

$$x_1 = 5 + 3\,(1)^2 - (1)^3 = 7\text{m} \quad , \quad x_4 = 5 + 3(4)^2 - (4)^3 = -11\text{m}$$

$t = 1$ 秒至 $t = 4$ 秒之平均速度為

$$v = \frac{\Delta x}{\Delta t} = \frac{x_4 - x_1}{\Delta t} = \frac{-11 - 7}{3} = -6 \text{ m/s} \blacktriangleleft$$

因 $t = 2$ 秒時 $v = 0$，表示在該瞬間運動方向發生變化，則 $t = 1$ 秒至 $t = 4$ 秒間之運動路徑長度(距離) s 為

$$s = |x_2 - x_1| + |x_4 - x_2| = |9 - 7| + |(-11) - 9| = 22\text{m}$$

故平均速率為 $\bar{v}_{sp} = \dfrac{\Delta s}{\Delta t} = \dfrac{22}{3} = 7.33 \text{ m/s} \blacktriangleleft$

(d) 加速度與時間之關係函數為 $a = \dfrac{dv}{dt} = \dfrac{d}{dt}(6t - 3t^2) = 6 - 6t \text{ m/s}^2$

則 $t = 2$ 秒時之加速度為 $a_2 = 6 - 6(2) = -6\text{m/s}^2 \blacktriangleleft$

【註1】 $t = 0$ 時，$v_0 = 0$，$a_0 = 6\text{m/s}^2$，表示質點由靜止朝正方向起動；而 $t = 2$ 秒時，$v_2 = 0$，$a_2 = -6\text{m/s}^2$，表示質點在此瞬間改變運動方向，而朝負方向運動。

【註2】 求 $t = 1$ 秒至 $t = 4$ 秒之運動路徑長度(距離)時，因其間 $t = 2$ 秒時運動方向發生改變，則 $s \neq |\Delta x|$，故需分別求 1 秒至 2 秒之移動距離 $|x_2 - x_1|$ 及 2 秒至 4 秒之移動距離 $|x_4 - x_2|$。

例題 1-2

一質點作直線運動，已知其加速度 a 與位置 x 之關係為 $a = k\sqrt{x}$，其中 k 為常數，且 $t = 0$ 時，$v_0 = 0$，$x_0 = 0$，試求 a、v、x 與時間 t 之關係式。

解 因已知加速度 a 與位置 x 之關係式，故由公式(1-7)：$v\,dv = a\,dx = k\sqrt{x}\,dx$，積分之

$$\int_0^v v\,dv = \int_0^x k\sqrt{x}\,dx \quad , \quad \frac{v^2}{2} = \frac{2}{3}kx^{3/2}$$

得　　$v = \sqrt{\dfrac{4k}{3}} \cdot x^{3/4}$

由公式(1-2)：$\dfrac{dx}{dt} = v = \sqrt{\dfrac{4k}{3}} \cdot x^{3/4}$　，整理後可寫為　$x^{-3/4} dx = \sqrt{\dfrac{4k}{3}} dt$

將上式積分：$\displaystyle\int_0^x x^{-3/4} dx = \sqrt{\dfrac{4k}{3}} \int_0^t dt$　，$4x^{1/4} = \sqrt{\dfrac{4k}{3}} \cdot t$

得　　$x = \dfrac{k^2}{144} t^4$ ◀

故　　$v = \dfrac{dx}{dt} = \dfrac{k^2}{36} t^3$ ◀　，$a = \dfrac{dv}{dt} = \dfrac{k^2}{12} t^2$ ◀

例題 1-3

　　水上飛機以 160km/hr 之速度降落在水面上，經滑行 400m 後速度減為 30km/hr，設飛機在水面上滑行時之加速度與速度之平方成正比，但方向與速度相反，即 $a = -kv^2$，試求 k 值與滑行此 400m 所需之時間？

解 因加速度為速度之函數：$a = -kv^2$，則由公式(1-7)：$\dfrac{vdv}{a} = dx$

得　　$\dfrac{vdv}{-kv^2} = dx$　，整理後可寫為　$\dfrac{dv}{v} = -kdx$

積分之　$\displaystyle\int_{v_1}^{v_2} \dfrac{dv}{v} = -k \int_0^x dx$　，得　$\ln\dfrac{v_2}{v_1} = -kx$

將 $v_1 = 160$ km/hr $= 44.44$ m/s　，$v_2 = 30$ km/hr $= 8.33$ m/s　，$x = 400$ m，代入上式

$\ln\dfrac{8.33}{44.44} = -k(400)$　，得　$k = 4.18 \times 10^{-3}\,\text{m}^{-1}$ ◀

由公式(1-6)：$\dfrac{dv}{dt} = a = -kv^2$　，整理後可寫為　$\dfrac{dv}{v^2} = -kdt$

積分之　$\displaystyle\int_{v_1}^{v_2} \dfrac{dv}{v^2} = -k \int_0^t dt$　，得　$t = \dfrac{1}{k}\left(\dfrac{1}{v_2} - \dfrac{1}{v_1}\right)$

故　　$t = \dfrac{1}{4.18 \times 10^{-3}}\left(\dfrac{1}{8.33} - \dfrac{1}{44.44}\right) = 23.3$ sec ◀

例題 1-4

　一石子在 24.5m 高之塔頂以 19.6m/sec 之速度鉛直上拋，試求 (a)經幾秒石頭落地；(b) 落地時石頭之速度；(c)石頭落地前所經路程長度。設空氣阻力忽略不計。

解 當空氣阻力忽略不計時，石頭鉛直向上拋出後作等加速度直線運動，若取向上為正方向，則初速度 $v_0 = 19.6$m/s，加速度 $a = -g = -9.81$m/s^2。設取拋出點為原點，則初位置 $y_0 = 0$(鉛直方向之位置用 y 表示)，落地時之末位置或位移 $y = -24.5$m。

本題鉛直上拋運動之公式，由公式(1-8)至(1-10)可改寫如下：

(1) $v = v_0 - gt$ ，　(2) $y = v_0 t - \dfrac{1}{2} gt^2$ ，　(3) $v^2 = v_0^2 - 2gy$

(a) 石頭落地時間

由公式(2)：$-24.5 = 19.6t - \dfrac{1}{2}(9.81)t^2$ ，　整理後得　$t^2 - 4t - 5 = 0$

解得　　$t = 5$ 秒◄

(b) 石頭落地速度

由公式(3)：$v^2 = (19.6)^2 - 2(9.81)(-24.5) = 864.9$

解得　　$v = -29.4$ m/sec (負號表示方向朝下) ◄

或由(a)所得之結果 $t = 5$ 秒及公式(1)：

　　　$v = 19.6 - (9.81)(5) = -29.4$ m/s◄

(c) 石頭達最高點時 $v = 0$，設 $y = h$，則由公式(3)：

　　　$h = \dfrac{v_0^2}{2g} = \dfrac{19.6^2}{2(9.81)} = 19.6$ m

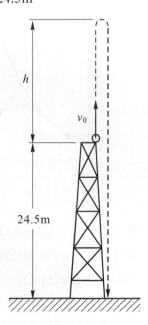

故石頭落地前所經路程長度為

　　　$s = 2h + 24.5 = 2(19.6) + 24.5 = 63.7$ m◄

【註】　(b)中 $v^2 = 864.9$，解得 $v = \pm 29.4$ m/s，但落地時速度方向向下，故取 $v = -29.4$ m/s。

1-3 質點直線運動：圖解法

當質點作連續的直線運動，其位置、速度與加速度很容易使用數學函數表示，故可用上述的微分方程式分析。但對於比較複雜的不連續運動，很難使用數學函數表示，通常必須用實驗方法將 a、v、x、t 中之任兩變數之關係用圖形描述，再利用 $a = dv/dt$，$v = dx/dt$ 及 $adx = vdv$ 之幾何關係去分析其餘之變數。

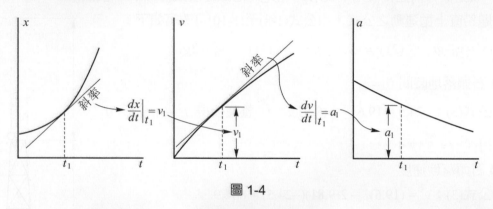

圖 1-4

圖 1-4 中表示質點作直線運動時其位置 x、速度 v、加速度 a 三者與時間 t 之關係圖。由公式(1-2)$v = dx/dt$，可知在 x-t 圖上任一點之切線斜率 dx/dt 即代表在該時刻之瞬時速度 v。同理，由公式(1-6)$a = dv/dt$，可知在 v-t 圖上任一點之切線斜率 dv/dt 即代表在該時刻之瞬時加速度 a。

若將公式(1-2)改寫為 $dx = vdt$，其中 vdt 表示在 dt 時間內 v-t 圖上之面積，今將 $dx = vdt$ 由時刻 t_1(位置 x_1)積分至時刻 t_2(位置 x_2)可得

$$x_2 - x_1 = \int_{t_1}^{t_2} vdt$$

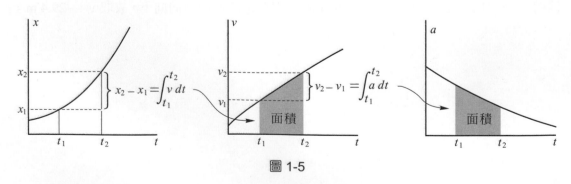

圖 1-5

上式左邊為 t_1 至 t_2 時間之位移 Δx，而右邊為 t_1 至 t_2 間 v-t 圖上之面積，故由 v-t 圖上之面積可得在該時間內所發生之位移，參考圖 1-5 所示。

同理，將公式(1-6)改寫為 $dv = adt$，並由時刻 t_1(速度 v_1)積分至時刻 t_2(速度 v_2)可得

$$v_2 - v_1 = \int_{t_1}^{t_2} adt$$

上式表示 a-t 圖上 t_1 至 t_2 間之面積等於在該時間內速度之變化量。

當已知直線運動質點之 x-t 圖，由其切線斜率即可繪出 v-t 圖，再由 v-t 圖之切線斜率繪出 a-t 圖。但已知直線運動之 a-t 圖，由面積僅能得到速度變化量，須已知初速度 v_0 方可繪出 v-t 圖。同樣，由 v-t 圖上之面積也僅能得到位移，須有初位置 x_0 方可繪出 x-t 圖，若無特別指定，為分析方便，可將描述直線運動之坐標原點設在運動的起點，即初位置 $x_0 = 0$。

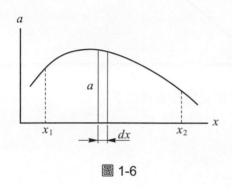

圖 1-6

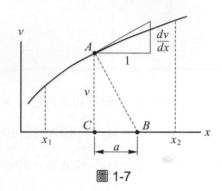

圖 1-7

若加速度 a 為位置 x 之函數而繪成 a-x 曲線圖，如圖 1-6 所示，則由公式(1-7)$vdv = adx$，可得 $\int_{v_1}^{v_2} vdv = \int_{x_1}^{x_2} adx$，其中等號右方之積分式為 x_1 與 x_2 間 a-x 曲線圖上之面積，故

$$\frac{1}{2}\left(v_2^2 - v_1^2\right) = x_1 與 x_2 間 a\text{-}x 曲線圖上之面積。$$

圖 1-7 是將速度 v 表示為位置 x 之函數所繪得之曲線圖，曲線上任一點 A 之斜率為 dv/dx，而 A 點所繪法線 $\overline{AB}$ 之斜率為 $v/\overline{CB}$，因兩直線互相垂直時，其斜率乘積之絕對值為 1，即

$$\frac{dv}{dx} \cdot \frac{v}{\overline{CB}} = 1 \quad , \quad \overline{CB} = \frac{vdv}{dx}$$

由公式(1-7) $vdv/dx = a$，故 $\overline{CB} = a = $ 質點在 A 點之加速度。

例題 1-5

下圖為一質點作直線運動之 v-t 圖，設 $t = 0$ 時初位置 $x_0 = 0$，試求 (a) 0～20 秒之位移 Δx 及距離 s；(b) 0～20 秒之平均速度及平均速率；(c) 2 秒時之加速度；(d)繪運動之 a-t 圖及 x-t 圖。

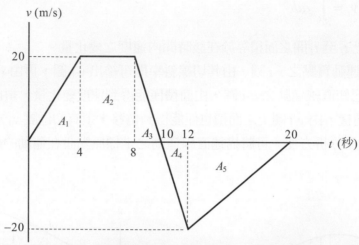

解 (a) 由 v-t 圖上之面積可求得位移，將各段時距之位移求得如下：

0～4 秒：$\Delta x = A_1 = \dfrac{1}{2}(20)(4) = 40\,\text{m}$

4～8 秒：$\Delta x = A_2 = (20)(4) = 80\,\text{m}$

8～10 秒：$\Delta x = A_3 = \dfrac{1}{2}(20)(2) = 20\,\text{m}$

10～12 秒：$\Delta x = A_4 = -\dfrac{1}{2}(20)(2) = -20\,\text{m}$

12～20 秒：$\Delta x = A_5 = -\dfrac{1}{2}(20)(8) = -80\,\text{m}$

故 0～20 秒間之位移 Δx 及移動距離 s 分別為

$$\Delta x = A_1 + A_2 + A_3 + A_4 + A_5 = 40 + 80 + 20 - 20 - 80 = 40\,\text{m} \blacktriangleleft$$
$$s = |A_1| + |A_2| + |A_3| + |A_4| + |A_5| = 40 + 80 + 20 + 20 + 80 = 240\,\text{m} \blacktriangleleft$$

(b) 0～20 秒間之平均速度 $\bar{v}$ 及平均速率 $\bar{v}_{sp}$ 分別為

$$\bar{v} = \frac{\Delta x}{\Delta t} = \frac{40}{20} = 2\,\text{m/s} \blacktriangleleft \quad , \quad \bar{v}_{sp} = \frac{s}{\Delta t} = \frac{240}{20} = 120\,\text{m/s} \blacktriangleleft$$

(c) 0～4 秒間為等加速度運動，瞬時加速度等於平均加速度，可由 v-t 圖上之斜率求得，故

$$a_2 = \frac{\Delta v}{\Delta t} = \frac{v_4 - v_0}{4} = \frac{20 - 0}{4} = 5 \text{ m/s}^2 \blacktriangleleft$$

(d) 將各段時距之加速度及各時刻之位置求得如下：

$0 \sim 4$ 秒間：等加速度運動，$a = 5 \text{ m/sec}^2$(正向加速)

$$x_4 = x_0 + A_1 = 0 + 40 = 40 \text{ m}$$

$4 \sim 8$ 秒間：等速度運動，$a = 0$

$$x_8 = x_4 + A_2 = 40 + 80 = 120 \text{ m}$$

$8 \sim 10$ 秒間：等加速度運動(正向減速)

$$a = \frac{\Delta v}{\Delta t} = \frac{0 - 20}{2} = -10 \text{ m/sec}^2$$

$$x_{10} = x_8 + A_3 = 120 + 20 = 140 \text{ m}$$

$10 \sim 12$ 秒間：等加速度運動(負向加速)

$$a = \frac{\Delta v}{\Delta t} = \frac{-20 - 0}{2} = -10 \text{ m/sec}^2$$

$$x_{12} = x_{10} + A_4 = 140 - 20 = 120 \text{ m}$$

$12 \sim 20$ 秒間：等加速度運動(負向減速)

$$a = \frac{\Delta v}{\Delta t} = \frac{0 - (-20)}{8} = 2.5 \text{ m/sec}^2$$

$$x_{20} = x_{12} + A_5 = 120 - 80 = 40 \text{ m}$$

故可繪得質點作直線運動之 *a-t* 圖及 *x-t* 圖如下：

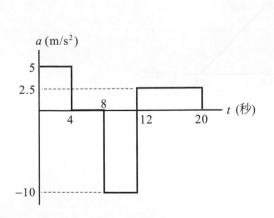

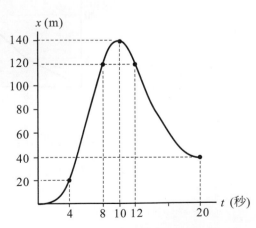

【註】 $t = 10$ 秒時，$v = 0$，為運動方向改變之時刻，此時質點朝正方向之最大位移為 140 m。

例題 1-6

一部火車行駛於兩站之間,其加速度之變化如圖所示。試求加速度為 $2\,\mathrm{m/s^2}$ 時之行駛時間 Δt 以及兩站間之距離。

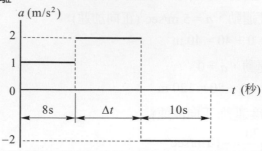

解 火車自起站由靜止出發,至終站停止,起站至終站之速度變化量 $\Delta v = 0$,故 $a\text{-}t$ 圖上之總面積等於零,即

$$1\times8 + 2\,\Delta t - 2\times10 = 0 \quad,\quad \text{得}\ \ \Delta t = 6\ \text{秒} \blacktriangleleft$$

已知 $v_0 = 0$,$v_{24} = 0$,由 $a\text{-}t$ 圖面積可求得 8 秒及 14 秒之速度:

$$v_8 - v_0 = 1\times8 \quad,\quad v_0 = 0 \quad,\quad v_8 = 8\ \text{m/s}$$

$$v_{14} - v_8 = 2\times6 \quad,\quad v_{14} = 8 + 12 = 20\ \text{m/s}$$

繪 $v\text{-}t$ 圖,如下圖所示:

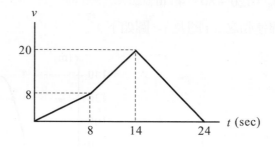

兩站間之距離可由 $v\text{-}t$ 圖上之面積求得:

$$\Delta x = \frac{1}{2}\,(8\times8) + \frac{1}{2}\,(8+20)(6) + \frac{1}{2}\,(20\times10) = 216\ \text{m} \blacktriangleleft$$

例題 1-7

　一部機車沿一直線公路行駛，已知其 v-x 圖如圖(a)所示，試繪其 a-x 圖，並求到達 $x=$ 120m 時所需之時間。

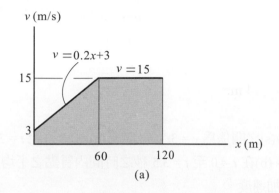

(a)

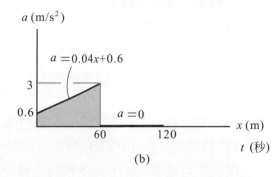

(b)

解 已知速度 v 與位置 x 之關係式，由公式(1-7)$adx = vdv$ 可求得 a-x 之關係式：

在 $0 \le x \le 60$m 間，$v = 0.2x + 3$，則 $a = v\dfrac{dv}{dx} = (0.2x+3)(0.2) = 0.04x+0.6$

當 $x = 0$ 時，$a_0 = 0.6$m/s^2，$x = 60$m 時，$a_{60} = 3$m/s^2。

在 $60 \le x \le 120$m 間，機車作等速度運動，$v = 15$m/s，$a = 0$

故可繪得 a-x 關係如圖(b)所示。

已知 v-x 關係，欲求時間，可由公式(1-2) $v = dx/dt$ 分析之：

在 $0 \le x \le 60$m 間，$v = 0.2x + 3$，則 $dt = \dfrac{dx}{v} = \dfrac{dx}{0.2x+3}$

積分之：$\displaystyle\int_0^t dt = \int_0^x \dfrac{dx}{0.2x+3}$ ，得 $t = 5\ln(0.2x+3)-5\ln 3$

當 $x = 60$m 時，$t = 5\ln(0.2\times60+3)-5\ln 3 = 8.05$ 秒

在 $60 \le x \le 120$m 間，機車作等速度運動，位移$\Delta x = 120-60 = 60$m

所需時間：$\Delta t = \Delta x/v = 60/15 = 4$ 秒

故機車行駛之總時間：$T = 8.05 + 4 = 12.05$ 秒◀

習題1

1-1 一質點作直線運動之位置 x(m)與時間 t(s)之關係為 $x = 2t^3 - 24t + 6$。試求(a)開始運動至速度達 72 km/hr 所需之時間。(b)速度 $v = 30$ m/s 時質點之加速度。(c)由 $t = 1$s 至 $t = 4$s 質點所經之路徑長度(距離)。

   【答】(a) $t = 4$ s，(b) $a = 36$ m/s^2，(c) $s = 74$ m。

1-2 一質點作直線運動之速度(m/s)與時間 t(s)之關係為 $v = 3t^2 - 6t$，試求(a)由 $t = 0$ 至 $t = 3.5$ 秒間質點所生之位移及所移動之距離。(b)在 $t = 0$ 至 $t = 3.5$ 秒之時間內質點之平均速度及平均速率。(c) $t = 3.5$ 秒時之瞬時加速度。

   【答】(a)$\Delta x = 6.125$ m，$s = 14.125$ m，(b)$\bar{v} = 1.75$ m/s，$\bar{v}_{sp} = 4.04$ m/s，(c)$a = 15$ m/s^2。

1-3 一質點作直線運動之加速度為 $a = kt^2$；(a)當 $t = 0$ 時，$v_0 = -250$ cm，$t = 5$s 時 $v_5 = 250$ cm/s；試求常數 k；(b)當 $t = 2$ 秒時 $x = 0$，試求速度及位置與時間之關係式。

   【答】(a)$k = 12$ cm/s^4，(b)$v = 4t^3 - 250$ cm/s，$x = t^4 - 250t + 484$ cm。

1-4 一質點作直線運動，其加速度為 $a = (18 - 6t^2)$ cm/s^2，且質點在時間 $t = 0$ 時，位置 $x_0 = 100$ cm，速度 $v_0 = 0$；試求(a)何時速度會再為零？(b) $t = 4$ 秒時之位置及速度；(c) $t = 0$ 至 $t = 4$ 秒間所移動之距離。

   【答】(a)$t = 3$ s，(b)$x_4 = 116$ cm，$v_4 = -56$ cm/s，(c) $s = 65$ cm。

1-5 一質點之加速度為 $a = -kx^{-2}$。當 $x = 12$ cm 時 $v = 0$，且 $x = 6$ cm 時 $v = 8$ cm/s。試求(a)k 值；(b)$x = 3$ cm 時質點之速度。

   【答】(a)$k = 384$ cm^3/s^2，(b)$v = 13.86$ cm/s。

1-6 一質點作直線運動，其加速度為 $a = -kv$，已知 $t = 0$ 時，位置 $x_0 = 0$，初速度為 v_0，試求運動方程式：(a)$v = v(t)$；(b)$x = x(t)$；(c)$v = v(x)$。

   【答】(a)$v = v_0 e^{-kt}$，(b)$x = v_0(1 - e^{-kt})/k$，(c)$v = v_0 - kx$。

1-7 一質點作直線運動之速度 v 與位置 x 之關係為 $v = 5x^{3/2}$，其中 x 單位為 mm，v 的單位為 mm/s，試求當 $x = 2$ mm 時質點的加速度。

　　【答】$a = 150$ mm/s^2。

1-8 一質點作直線運動之速度 v 與位置 x 之關係為 $v = 40 - 0.2x$，式中 v 之單位為 m/s，x 之單位為 m。已知 $t = 0$ 時之初位置 $x_0 = 0$，試求(a)質點運動至靜止前所移動之距離；(b)$t = 0$ 時質點之加速度；(c)運動至 $x = 50$ m 所需之時間。

　　【答】(a)$x = 200$ m，(b)$a = -8$ m/s^2，(c)$t = 1.438$ 秒。

1-9 一質點作直線運動之加速度 a 與位置 x 之關係為 $a = -k^2x$，其中 k 為常數，而負號表 a 與 x 之方向相反。已知 $t = 0$ 之初位置 $x_0 = 0$，初速度為 v_0，試求運動之 v-t 及 x-t 之關係式。

　　【答】$x = \dfrac{v_0}{k}\sin kt$，$v = \dot{x} = v_0\cos kt$。

1-10 某質點作直線運動之加速度 a 與位置 x 之關係為 $a = 4x$，其中 x 單位為 m，加速度單位為 m/s^2，已知 $t = 0$ 之初位置 $x_0 = 100$ mm，初速度 $v_0 = 0$，試求(a)運動至 $x = 200$ mm 時質點之速度；(b)運動至 $x = 200$ mm 之位置所需之時間。

　　【答】(a)$v = 346$ mm/s，(b)$t = 0.657$ 秒。

1-11 如圖習題 1-11 所示，子彈以 v_0 之水平速度射入一容器內之液體中，已知子彈所受液體的阻力與速度的平方成正比，但方向與速度相反，故可得子彈的加速度與速度之關係為 $a = -kv^2$，試求子彈在液體中運動 D 的距離使速度降為 $v_0/2$ 所需之時間。設垂直方向之運動忽略不計。

　　【答】$t = 1/kv_0$。

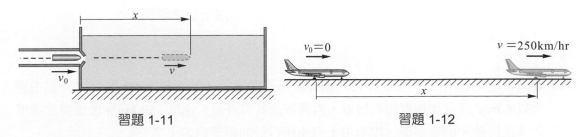

習題 1-11　　　　　　　　　　　　習題 1-12

1-12 如圖習題 1-12 所示，飛機在跑道上由靜止開始加速滑行，其加速度 $a = a_0 - kv^2$，其中 a_0 是引擎推力所生之加速度，而 $(-kv^2)$ 是空氣阻力所生之加速度，設 $a_0 = 2$ m/s^2，k = 0.00004 m^{-1}，速度之單位為 m/s。若要達 250 km/hr 之起飛速度，則飛機在跑道上所需滑行之距離為若干？

【答】$x = 1268$ m。

1-13 一部汽車以 0.2 m/s^2 之加速度直線行駛，而在 30 秒內移動了 240 m，試求(a)汽車之初速度；(b)汽車之末速度；(c)在最初 10 秒內所移動之距離。

【答】(a) $v_0 = 5$ m/s，(b) $v = 11$ m/s，(c)$\Delta x = 60$ m。

1-14 一球由 25 m 高之塔頂鉛直向上拋出，經 3 秒後落地，試求拋出之初速度及落地之末速度。

【答】$v_0 = 6.38$ m/s (↑)，$v = 23.0$ m/s (↓)。

1-15 在高 18 m 之塔頂以 12 m/s 之速度垂直向上拋出一球。試求(a)經 t 時間後該球的速度和高度？(b)該球能夠達到之最大高度及所需時間？(c)該球觸地之速度及所需時間？

【答】(a)$18+12t-4.90t^2$(m)，$12-9.81t$(m/s)；(b)25.3 m，1.223 秒；(c)22.3 m/s (↓)，3.50 秒。

1-16 一大樓之高速直達電梯，上升之高度為 350 m，已知電梯上升之加速度及減速度均維持為 $g/4$，其中 g 為重力加速度，等速上升之最大速率為 22 km/hr，試求電梯上升所需之最短時間。

【答】59.8 秒。

1-17 一汽車以 6 m/s^2 之初加速度由靜止起動，此加速度在 10 秒內直線遞減至零，之後汽車維持等速前進，試求汽車自起動後運動 400m 距離所需之時間。

【答】16.67 秒。

1-18 如圖習題 1-18 所示，汽車以 120 km/h 之等速度通過 A 點 2 秒後，一警察從 A 點由靜止以 6 m/s^2 之等加速度起動機車，當機車達其容許最大速度 150 km/h 後保持此速度作等速行駛，則警察從 A 點至追上汽車所行駛的距離為若干？

【答】911 m。

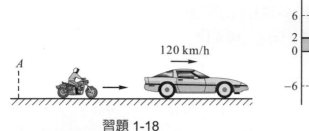

習題 1-18

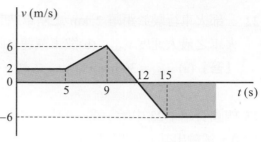

習題 1-19

1-19 如圖習題 1-19 中所示爲一質點作直線運動之 v-t 圖，已知 $t = 0$ 時之初位置爲 $x_0 = -8$m，試求(a)0～20 秒間之 a-t 圖及 x-t 圖。(b)質點在正方向位置之最大值。(c)運動至位置 $x = 18$ m 之時刻。(d)0～15 秒間質點所運動之距離。(e)質點通過原點之時刻。

【答】(b)27 m，(c)9 及 15 秒，(d)44 m，(e)4 及 18 秒。

1-20 汽車在直線公路上自 A 點由靜止起動，先以 0.75 m/s^2 之等加速度運動至速度達到 9 m/s，然後維持 9m/s 之等速度運動，最後以等減速煞車運動 27 m 後停止到達 B 點，已知 AB 間之距離爲 180 m，試求汽車由 A 至 B 之總時間。

【答】29 秒。

1-21 如圖習題 1-21 中所示爲一作直線運動質點之加速度與時間之關係圖，已知 $t = 0$ 時之初位置 $x_0 = 0$，初速度 $v_0 = -14$ ft/s，試求(a)此運動質點之 v-t 圖及 x-t 圖。(b)質點在正方向位置之最大值，及質點之最大速度。(c) $t = 10$ 秒時質點之位置及速度。(d) 0 ～10 秒間質點運動之路徑長度(距離)及位移。

【答】(b)114 ft，25 ft/s，(c)91.5 ft，15 ft/s，(d)143.5 ft，91.5 ft。

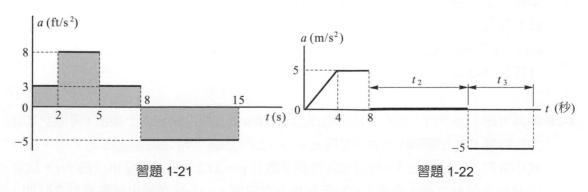

習題 1-21   習題 1-22

1-22 一部火車行駛於距離 2 km 之兩車站間，其加速度變化如圖習題 1-22 所示，試求(a)火車之最大速度 v_{max}；(b)煞車減速之時間 t_3；(c)等速行駛之時間 t_2。

【答】(a) $v_{max} = 30$ m/s，(b) $t_3 = 6$ 秒，(c) $t_2 = 60.6$ 秒。

1-23 如圖習題 1-23 中所示為一質點作直線運動之 v-x 關係圖，已知 $t = 0$ 時之初位置 $x_0 = 0$，試繪出其 a-x 關係圖，並求從 $x_0 = 0$ 運動至 $x = 150$ m 所需之時間。

【答】17.92 秒。

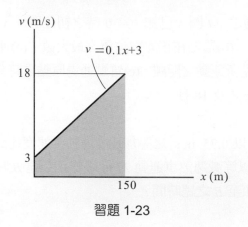

習題 1-23　　　　　　　　　　習題 1-24

1-24 一部汽車從初位置 $x_0 = 0$ 由靜止起動，已知其 a-x 之關係如圖習題 1-24 所示，試繪其 v-x 關係圖，並求由 $x_0 = 0$ 運動至 $x = 60$ m 所需之時間。

【答】5.48 秒。

1-25 一火車由 A 站出發，前 6 秒以 4 m/s² 之等加速度前進，然後改以 6 m/s² 之等加速度繼續加速至 48 m/s 之速度，然後保持此速度等速駛向 B 站，至 B 站前以等減速煞車於 6 秒內停止到達 B 站。已知由 A 站至 B 站之總行車時間為 40 秒，試繪出運動過程 a-t、v-t 及 x-t 之關係圖，並求 A 站至 B 站之距離。

【答】1512 m。

1-26 如圖習題 1-26 所示，而有一球由地面以 100 ft/s 之初速度鉛宜向上拋出，考慮空氣阻力的影響，向上運動時之加速度為 $a_u = -g - kv^2$，而落下時之加速度為 $a_d = -g + kv^2$，式中常數 $k = 0.002$ ft⁻¹，重力加速度為常數且 $g = 32.2$ ft/s²，速度單位為 ft/s。試求(a)球向上運動之最大高度 h；(b)落回地面之速度 v_f；(c)球從拋出至最高點之時間；

(d)由最高點落回地面之時間。

【答】(a)120.8 ft，(b)78.5 ft/s，(c)2.63 秒，(d)2.85 秒。

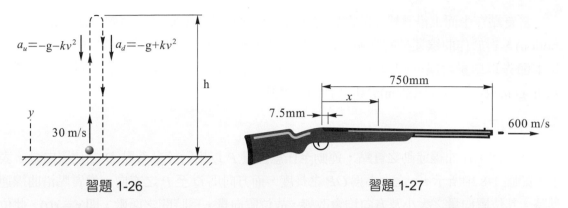

習題 1-26　　　　　　　　　　　　　　習題 1-27

1-27 如圖習題 1-27 中步槍子彈在槍管中運動之加速度 a 與位置 x 之關係為 $a = k/x$，其中 k 為常數。已知子彈在槍管中 $x = 7.5$ mm 之位置由靜止發射，離開槍管時子彈速度為 600 m/s，試求子彈經槍管中點 $x = 375$ mm 處之加速度？

【答】104.2×10^3 m/s^2。

1-4 質點平面曲線運動

當質點在平面上沿著彎曲的路徑運動時，稱此質點作**平面曲線運動**(plane curvilinear motion)，對於作曲線運動的質點，以向量方法分析其位置、速度及加速度較爲方便，因此本節先以向量討論曲線運動之基本觀念，然後在以下的四節中將用三種**正交坐標系**(orthogonal coordinate system)分析各種曲線運動。

位置向量

在平面上作曲線運動之質點，運動至任意位置 P 以相對於參考點 O 之位置向量 $\mathbf{r}$ 表示，如圖 1-8 中所示，$\mathbf{r}$ 之大小爲 $\overline{OP}$ 之長度，而方向爲 O 至 P 之方向。當質點沿曲線運動時，其位置向量之大小及方向均會改變，故位置向量 $\mathbf{r}$ 爲時間之函數，即 $\mathbf{r} = \mathbf{r}(t)$，此位置與時間之關係函數可完全描述質點所作之曲線運動。

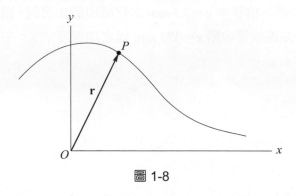

圖 1-8

另一描述曲線運動位置之方法，可用相對於曲線上某一參考點之路徑長度 s 表示，參考圖 1-9，設取曲線上之 P_0 點爲參考點，則位置 P_1 可用 P_0 至 P_1 沿曲線之路徑長度 s_1 表示，同樣 P_2 位置可用 P_0 至 P_2 沿曲線之路徑長度 s_2 表示，隨著質點之運動，路徑長度 s 逐漸增加，故 s 爲時間之函數，即 $s = s(t)$，此關係爲一**路徑函數**(path function)。

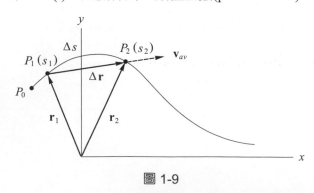

圖 1-9

位移與運動路徑長度

運動質點位置向量之變化稱為位移，以$\Delta \mathbf{r}$表示之，質點由位置P_1運動至位置P_2之位移，由定義為 $\Delta \mathbf{r} = \mathbf{r}_2 - \mathbf{r}_1$，參考圖 1-9 所示，由向量相減之結果可知，位移為初位置P_1至末位置P_2之直線長度及方向，故位移為向量。

至於運動之路徑長度為P_1沿運動路徑至P_2之弧長，故為純量，以Δs表示。

速度與速率

設圖 1-9 中位置P_1運動至位置P_2所經之時間為Δt，位移為$\Delta \mathbf{r}$，則此運動期間之平均速度$\bar{\mathbf{v}}$為

$$\bar{\mathbf{v}} = \frac{\Delta \mathbf{r}}{\Delta t}$$

平均速度為向量，方向與$\Delta \mathbf{r}$相同。

若Δt趨近於零，即P_2甚趨近於P_1時，在此甚短之時距所得之平均速度定義為P_1瞬間之瞬時速度，以$\mathbf{v}$表示，即

$$\mathbf{v} = \lim_{\Delta t \to 0} \frac{\Delta \mathbf{r}}{\Delta t} = \frac{d\mathbf{r}}{dt} \qquad (1\text{-}11)$$

故瞬時速度為位置對時間之變化率。當P_2甚趨近於P_1時，$d\mathbf{r}$之方向為曲線在P_1點之切線方向，故作曲線運動之質點其瞬時速度之方向為其所在位置之切線方向，如圖 1-10 所示。

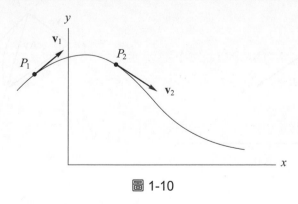

圖 1-10

至於平均速率之定義為單位時間沿曲線所運動之路徑長度，以$\bar{v}_{sp}$表示，即

$$\bar{v}_{sp} = \frac{\Delta s}{\Delta t}$$

平均速率與平均速度不同，除了平均速率為純量，平均速度為向量外，兩位置間之 $\Delta s \geq |\Delta \mathbf{r}|$，故 $\bar{v}_{sp} \geq |\bar{\mathbf{v}}|$，其中 $|\bar{\mathbf{v}}|$ 為平均速度之大小。

同樣，自某一瞬間考慮一段甚短時距(Δt 趨近於零)之平均速率，可得該瞬間之瞬時速率，即

$$v_{sp} = \lim_{\Delta t \to 0} \frac{\Delta s}{\Delta t} = \frac{ds}{dt} \tag{1-12}$$

因 P_2 甚趨近於 P_1 時，$ds = |d\mathbf{r}|$，故瞬時速率等於瞬時速度的大小。

加速度

圖 1-11(a)中運動質點在 P_1 位置之速度為 $\mathbf{v}_1$，經 Δt 時間後運動至 P_2 位置之速度為 $\mathbf{v}_2$，則運動質點在此時間內之平均加速度 $\bar{\mathbf{a}}$ 為

$$\bar{\mathbf{a}} = \frac{\Delta \mathbf{v}}{\Delta t}$$

其中速度變化量 $\Delta \mathbf{v} = \mathbf{v}_2 - \mathbf{v}_1$。

若將質點在運動中每一時刻之瞬時速度向量移出，使箭尾置於 O' 點，如圖 1-11(b)所示，則所有速度向量之箭頭可連成一條曲線，如圖中所示之虛線，稱為速端線(hodograph)，此線類似於運動路徑是由位置向量之箭頭所連成。

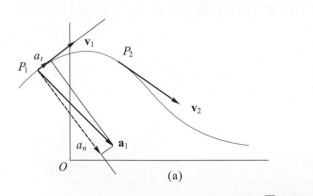
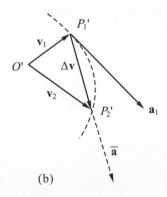

(a)　　　　　　　(b)

圖 1-11

當 Δt 趨近於零，即 P_2 甚接近於 P_1，則在此甚短時距內所得之平均加速度定為 P_1 瞬間之瞬時加速度，以 $\mathbf{a}$ 表示之，即

$$\mathbf{a} = \lim_{\Delta t \to 0} \frac{\Delta \mathbf{v}}{\Delta t} = \frac{d\mathbf{v}}{dt} = \frac{d^2 \mathbf{r}}{dt^2} \tag{1-13}$$

即瞬時加速度為速度對時間之變化率。當Δt趨近於零時，圖1-11(b)中之P_2'亦甚趨近於P_1'，此時$\Delta \mathbf{v}$之方向朝向速端線上P_1'點之切線方向，故瞬時加速度之方向朝向速端線之切線方向。

通常瞬時加速度之方向不與運動軌跡相切，如圖1-11(a)所示，故可分為切線與法線方向之分量。切線方向之分量稱為切線加速度a_t，其方向與瞬時速度平行，會影響到速度大小之變化，當切線加速度與速度方向相同時速率漸增，與速度方向相反時則速率漸減。瞬時加速度在法線方向之分量稱為法線加速度a_n，此加速度分量之方向與瞬時速度垂直，會影響到瞬時速度之方向，使運動軌跡朝向法線加速度之方向彎曲，故法線加速度之方向必朝向曲線軌跡之內側。

1-5 曲線運動：直角坐標

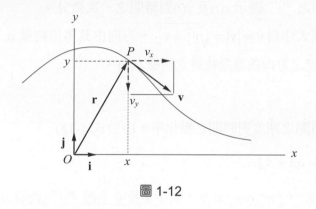

圖 1-12

直角坐標系(Rectangular coordinate)是固定在運動平面上的一組坐標，通常以x軸及y軸表示。當質點的運動軌跡已知為$y = f(x)$之關係，或者質點之運動可在x方向及y方向獨立分析時，以直角坐標系描述較為方便，特別是地表附近之拋體運動都是用直角坐標系分析。

位置向量

質點在其運動路徑上任一瞬間之位置P，參考圖1-12，由位置向量定義之，即

$$\mathbf{r} = x\mathbf{i} + y\mathbf{j}$$

因質點沿曲線運動，其位置隨時間改變，故位置$\mathbf{r}$為時間之函數，即$\mathbf{r} = \mathbf{r}(t) = x(t)\mathbf{i} + y(t)\mathbf{j}$。位置向量之大小為$r = |\mathbf{r}| = \sqrt{x^2 + y^2}$，其方向由其單位向量$\mathbf{u}_r$決定，即$\mathbf{u}_r = \mathbf{r}/r$。

速度

速度為運動質點之位置對時間之變化率，由公式(1-11)

$$\mathbf{v} = \frac{d\mathbf{r}}{dt} = \frac{d}{dt}(x\mathbf{i} + y\mathbf{i}) = \frac{d}{dt}(x\mathbf{i}) + \frac{d}{dt}(y\mathbf{j})$$

上式中 $\frac{d}{dt}(x\mathbf{i}) = \frac{dx}{dt}\mathbf{i} + x\frac{d\mathbf{i}}{dt}$，由於直角坐標系中 x 方向之單位向量 $\mathbf{i}$ 恆保持不變(大小恆為 1，方向恆朝+x 方向)，故 $\frac{d\mathbf{i}}{dt} = 0$，同理 $\frac{d\mathbf{j}}{dt} = 0$，故

$$\mathbf{v} = \frac{d\mathbf{r}}{dt} = v_x\mathbf{i} + v_y\mathbf{j} \tag{1-14}$$

其中 $v_x = \dot{x} = \frac{dx}{dt}$ ， $v_y = \dot{y} = \frac{dy}{dt}$

式中 $\dot{x}$ 及 $\dot{y}$ 上面之 "·" 表示 $x(t)$ 及 $y(t)$ 對時間之一次微分。

速度為向量，其大小為 $v = |\mathbf{v}| = \sqrt{v_x^2 + v_y^2}$，方向由其單位向量 $\mathbf{u}_v$ 決定，即 $\mathbf{u}_v = \mathbf{v}/v$，如圖 1-12 所示，速度之方向為運動軌跡之切線方向。

加速度

加速度為運動質點之速度對時間之變化率，由公式(1-13)

$$\mathbf{a} = \frac{d\mathbf{v}}{dt} = a_x\mathbf{i} + a_y\mathbf{j} \tag{1-15}$$

其中 $a_x = \dot{v}_x = \ddot{x}$ ， $a_y = \dot{v}_y = \ddot{y}$，式中 $\ddot{x}$ 及 $\ddot{y}$ 上面 "··" 表示 $x(t)$ 及 $y(t)$ 對時間之兩次微分。

加速度亦為向量，其大小為 $a = |\mathbf{a}| = \sqrt{a_x^2 + a_y^2}$，方向由其單位向量 $\mathbf{u}_a$ 決定，即 $\mathbf{u}_a = \mathbf{a}/a$，如圖 1-13 所示，但加速度方向通常不與運動路徑相切。

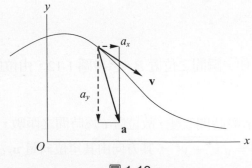

圖 1-13

例題 1-8

如圖所示，滑塊 A 在水平桿上滑動而帶動銷子 P 沿拋物線之導槽運動。若滑塊 A 以 20 mm/s 之等速度向右運動，試求 $x = 60$ mm 時，銷子 P 之速度及加速度。

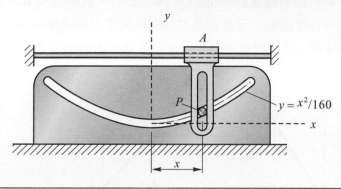

解 已知：$x = 60$ mm，$v_x = 20$ mm/s，$a_x = 0$

由 $y = \dfrac{x^2}{160}$，微分一次得銷子垂直與水平速度之關係式

$$v_y = \frac{dy}{dt} = \frac{x}{80}\frac{dx}{dt} = \frac{x}{80}v_x \tag{1}$$

當 $x = 60$ mm 時，$v_y = \dfrac{60}{80}(20) = 15$ mm/s

故此時銷子速度為 $\mathbf{v} = v_x\mathbf{i} + v_y\mathbf{j} = (20\mathbf{i} + 15\mathbf{j})$ mm/s ◄

速度大小為 $v = \sqrt{v_x^2 + v_y^2} = \sqrt{20^2 + 15^2} = 25$ mm/s

將公式(1)對時間微分可得垂直方向之加速度

$$a_y = \frac{v_x^2}{80}$$

即垂直方向為等加速度運動，且加速度為

$$a_y = \frac{v_x^2}{80} = \frac{20^2}{80} = 5\ \text{mm/s}^2$$

故銷子加速度為 $\mathbf{a} = 5\mathbf{j}$ mm/s^2 ◄

加速度大小為 $a = 5$ mm/s^2

1-6 拋射體運動

在地表附近作斜向**拋射體運動**(projectile motion)時，若不計空氣阻力，則水平方向不受任何加速度而作等速度運動，至於鉛直方向則受有重力加速度 $g = 9.81$ m/s^2 (或 32.2 ft/s^2)為作等加速度運動，故拋體運動可分為水平及垂直兩個獨立之方向分析運動，因此適於用直角坐標系。

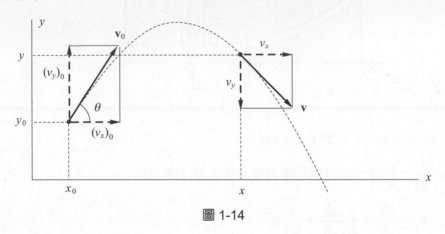

圖 1-14

參考圖 1-14 所示，一拋體由初位置(x_0, y_0)以初速 $\mathbf{v}_0$ 及仰角 θ 拋出，以直角坐標系表示，$\mathbf{v}_0 = (v_x)_0\,\mathbf{i} + (v_y)_0\,\mathbf{j} = v_0\cos\theta\,\mathbf{i} + v_0\sin\theta\,\mathbf{j}$，因加速度 $a_x = 0$，$a_y = -g$ (y 方向取向上為正方向)，則水平及垂直兩方向之運動分析如下：

水平方向為等速度運動：$a_x = 0$，初位置為 x_0，初速度為$(v_x)_0$，由公式(1-8)及(1-9)可得

$$v_x = (v_x)_0 \tag{a}$$

$$x = x_0 + (v_x)_0\,t \tag{b}$$

垂直方向為等加速度運動：$a_y = -g$，初位置為 y_0，初速度為$(v_y)_0$，由公式(1-8)至(1-10)可得

$$v_y = (v_y)_0 - gt \tag{c}$$

$$y = y_0 + (v_y)_0\,t - \frac{1}{2}gt^2 \tag{d}$$

$$v_y^2 = (v_y)_0^2 - 2g(y - y_0) \tag{e}$$

若取拋出點為坐標原點，即 $x_0 = 0$，$y_0 = 0$，則上列公式可寫為

水平方向：$v_x = (v_x)_0$ ， $x = (v_x)_0 t$

垂直方向：$v_y = (v_y)_0 - gt$ ， $y = (v_y)_0 t - \dfrac{1}{2} gt^2$ ， $v_y^2 = (v_y)_0^2 - 2gy$

若將上列 x 及 y 兩式聯立消去 t 可得拋射體的軌跡方程式為

$$y = x\tan\theta - \frac{g}{2v_0^2 \cos^2\theta} x^2 \tag{f}$$

此為 x-y 平面上之拋物線方程式，故拋射體之運動軌跡為拋物線。

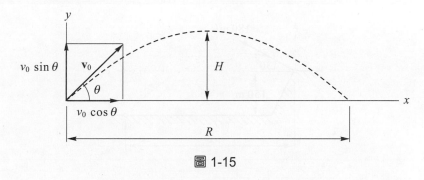

圖 1-15

圖 1-15 中所示為一拋射體由地面拋出至落回水平地面，設所需間為 T，水平射程為 R，因落地時 $y = 0$，且設拋出點為原點，則由公式(d)，$0 = (v_y)_0 T - \dfrac{1}{2} gT^2$

得 $\qquad T = \dfrac{2(v_y)_0}{g} = \dfrac{2v_0 \sin\theta}{g} \tag{g}$

再由公式(b)可得水平射程為

$$R = (v_x)_0 T = (v_0 \cos\theta)\left(\frac{2v_0 \sin\theta}{g}\right) = \frac{v_0^2 \sin 2\theta}{g} \tag{h}$$

由公式(h)可得兩個重要結論：

(1) 以相同之初速拋出，當仰角 $\theta = 45°$ 時有最大的水平射程。

(2) 將公式(h)中之 θ 以 $(90° - \theta)$ 取代，則所得之 R 相同，即初速相同而仰角互餘之斜向拋射所得之水平射程相同。

斜向拋射運動達最高點時 $v_y = 0$，由公式(c)及(e)可得達最高點之時間 t_1 及最大高度 H 為

$$t_1 = \frac{(v_y)_0}{g} = \frac{v_0 \sin\theta}{g} = \frac{T}{2} \tag{i}$$

$$H = \frac{v_0^2 \sin^2 \theta}{2g} \tag{j}$$

例題 1-9

　　一砲彈在 150 m 高的峭壁邊緣以 180 m/s 之初速及 30°之仰角發射出去，如圖所示，設忽略空氣阻力，試求(a)砲彈著地點與發射點之水平距離；(b)砲彈距離地面之最大高度；(c)砲彈著地時速度之大小。

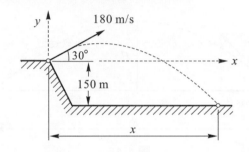

解 設取發射點為原點，y 軸向上為正方向，則初位置 $x_0 = 0$，$y_0 = 0$，故拋體之運動公式為
水平方向：

$$v_x = (v_x)_0 \tag{1}$$

$$x = (v_x)_0\, t \tag{2}$$

垂直方向：

$$v_y = (v_y)_0 - gt \tag{3}$$

$$y = (v_y)_0\, t - \frac{1}{2}gt^2 \tag{4}$$

$$v_y^2 = (v_y)_0^2 - 2gy \tag{5}$$

本題之已知量：$(v_x)_0 = 180\cos30° = 155.9\,\text{m/s}$，$(v_y)_0 = 180\sin30° = 90\,\text{m/s}$，落地時 $y = -150\text{m}$

(a) 先求落地所需時間：

由公式(4)　，$-150 = 90t - \dfrac{1}{2}(9.81)t^2$　，得 $t = 19.91$ 秒

再由公式(2)可得落地之水平位移：

$$x = (v_x)_0\, t = (155.9)(19.91) = 3104 \text{ m} \blacktriangleleft$$

(b) 砲彈達最高點時，$v_y = 0$，則達最高點時之垂直位移由公式(5)：

$$0^2 = 90^2 - 2(9.81)y　，　y = 413 \text{ m}$$

則此時距地面之最大高度：$h = y + 150 - 563$ m◀

(c) 落地之水平速度，由公式(1)：$v_x = (v_x)_0 = 156$ m/s

而落地之垂直速度，由公式(3)：$v_y = 90 - (9.81)(19.91) = -105$ m/s

故落地時速度之大小：

$$v = \sqrt{156^2 + (-105)^2} = 188 \text{ m/s} \blacktriangleleft$$

例題 1-10

圖中足球由 A 點踢出，達軌跡之最高時點恰經過牆頂 B 點，牆壁高度為 4m，與 A 點之水平距離為 20 m，試求足球踢出之初速度及仰角 θ？設球的尺寸及空氣阻力忽略不計。

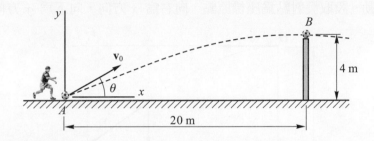

解 設取 A 點為原點，y 軸向上為正方向，則拋體之運動公式與例題 1-9 相同。

當球達 B 點時，恰為運動軌跡之最高點，此時 $v_y = 0$，且 $y = 4$ m

由公式(5)：$0^2 = (v_y)_0^2 - 2(9.81)(4)$ ， 得 $(v_y)_0 = 8.86$ m/s

再由公式(3)可得達最高所需之時間，即

$$0 = 8.86 - 9.81t ， 得 t = 0.90\text{s}$$

因此初速度之水平分量可由公式(2)

$$20 = (v_x)_0(0.90) ， 得 (v_x)_0 = 22.2 \text{ m/s}$$

故初速度 v_0 之大小及仰角 θ 可分別求得為

$$v_0 = \sqrt{22.2^2 + 8.86^2} = 23.9 \text{ m/s} \blacktriangleleft$$

$$\tan\theta = \frac{8.86}{22.2} ， \theta = 21.8° \blacktriangleleft$$

例題 1-11

一大砲在距地面 60 m 高之懸崖以 120 m/sec 之速度水平射出一砲彈，試求砲彈落地所需時間與水平射程。空氣阻力忽略不計。

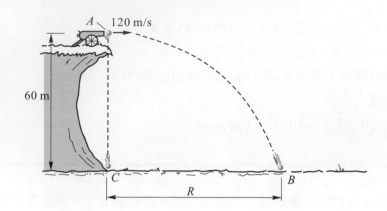

解 本題為水平拋射運動，若空氣阻力忽略不計，則水平方向作等速度運動，垂直方向作自由落體運動。設取發射點為座標原點，向右為+x 方向，向下為+y 方向，如圖所示。

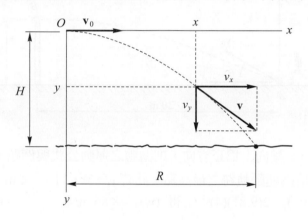

水平方向：

$$v_x = v_0 \tag{1}$$

$$x = v_0 t \tag{2}$$

垂直方向：

$$v_y = g t \tag{3}$$

$$y = \frac{1}{2} g t^2 \tag{4}$$

$$v_y^2 = 2gy \tag{5}$$

本題之初速度 $v_0 = 120$ m/s，落地時垂直位移 $y = 60$ m，由公式(4)

$$60 = \frac{1}{2}(9.81)t^2 ，得 \quad t = 3.50 秒 ◀$$

再由公式(2)可得水平射程

$$R = v_0 t = 120(3.50) = 420 \text{ m} ◀$$

1-28 一質點在平面上作曲線運動之位置與時間之關係為 $\mathbf{r} = \{8t^2\mathbf{i} + (t^3+5)\mathbf{j}\}$ m，其中 t 之單位為秒(s)，試求 $t = 3$ 秒時質點之速度及加速度大小，並求此質點之軌跡方程式 $y = f(x)$。

　　【答】$v = 55.1$ m/s，$a = 24.1$ m/s^2，$y = (x/8)^{3/2} + 5$。

1-29 一汽球由地面飛向空中，其所經之路徑可用軌跡方程式 $y = x^2/30$ 描述之，且水平方向之位置與時間之關係為 $x = 9t$ 米，其中 t 之單位為秒，且 $t = 0$ 時之初位置，$x_0 = 0$，$y_0 = 0$，試求 (a) $t = 0$ 至 $t = 2$ 秒汽球之位移；(b) $t = 2$ 秒時汽球之速度大小及方向；(c) $t = 2$ 秒時汽球之加速度大小及方向。

　　【答】(a)21.0 m，(b)14.1 m/s，50.2°，(c)5.4 m/s^2，90°。

1-30 一質點在平面上作曲線運動，已知 $y = 100-4t^2$，$v_x = 50-16t$，其中 t 之單位為秒(s)，y 之單位為公尺(m)，v 之單位為公尺／秒(m/s)，已知當 $t = 0$ 時 $x = 0$，試求當質點運動至 $y = 0$ 之位置時，其速度與加速度

　　【答】$\mathbf{v} = -30\mathbf{i} - 40\mathbf{j}$ m/s，$\mathbf{a} = -16\mathbf{i} - 8\mathbf{j}$ m/s^2。

1-31 一質點沿如圖習題 1-31 中所示之曲線運動，由 A 至 B 費時 2 秒，B 至 C 費時 3 秒，而 C 至 D 費時 4 秒，試求此質點由 A 運動至 D 之平均速度與平均速率。

　　【答】$3.33\mathbf{i} + 1.67\mathbf{j}$ m/s，4.28 m/s。

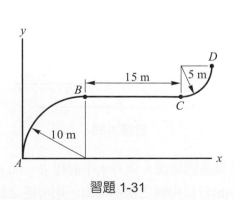

習題 1-31

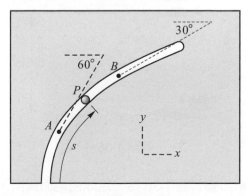

習題 1-32

1-32 一質點沿如圖習題 1-32 中所示之曲線凹槽運動，已知質點沿凹槽之運動距離(路徑長度)與時間之關係為 $s = t^2/4$，其中 s 單位為公尺(m)，時間單位為秒(s)。當 $t = 2.00$ 秒時質點運動至圖中之 A 點，而 $t = 2.20$ 秒時運動至 B 點，試求質點在 A、B 間之平均加速度(以直角分量表示)。

【答】$2.265\mathbf{i} - 1.580\mathbf{j}$ m/s^2。

1-33 一質點在平面上作曲線運動之位置向量為

$$\mathbf{r} = \left(\frac{2}{3}t^3 - \frac{3}{2}t^2\right)\mathbf{i} + \frac{t^4}{12}\mathbf{j}$$

其中 $\mathbf{r}$ 之單位為公尺(m)，t 之單位為秒(s)，試求在 $t = 2$ 秒時之切線及法線加速度大小。

【答】$a_t = 6.2$ m/s^2，$a_n = 1.6$ m/s^2。

1-34 一球在高度為 18 m 之塔頂朝水平方向拋出，已知在距塔底 25 m 處落地，試求此球拋出的初速度。

【答】13.04 m/s。

1-35 如圖習題 1-35 中飛機在 100 m 之高度以 200 km/hr 之等速度水平飛行。今欲將一包裹由飛機上釋放後落至地面上之位置 A，則釋放時飛機之瞄準角 θ (飛機至 A 點之連線與水平方向之夾角)應為若干？

【答】21.7°。

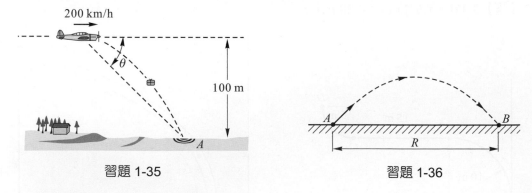

習題 1-35　　　　　　　　　習題 1-36

1-36 如圖習題 1-36 為一足球由地面踢出，經 4 秒後落回地面，測得水平射程 $R = 60$ m，試求(a)足球踢出之初速度大小 v_0 及仰角 θ，(b)若以相同之初速踢出，則可達之最大水平射程為若干？

【答】(a)24.7 m/s，52.6°，(b)62.2 m。

1-37 如圖習題 1-37 中籃球以 $\theta = 50°$ 之仰角投出，若欲投入籃框內，則所需投出之初速度為若干？

【答】23.46 ft/s。

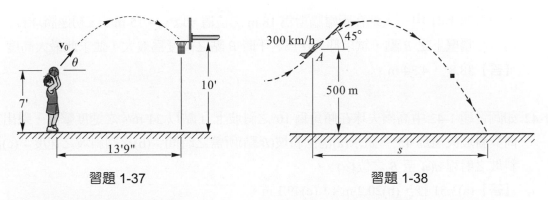

習題 1-37　　　　　　　習題 1-38

1-38 如圖習題 1-38 中當飛機以 300 km/hr 之速度及 45° 之仰角爬升時，由飛機上釋放出一包裹，此時飛機距地面之高度為 500 m，試求包裹落地所需之時間及水平位移 s。

【答】17.75 秒，1046 m。

1-39 在高度為 5 m 之隧道內，以 25m/s 之初速將足球由地面踢出，如圖習題 1-39 所示，若欲得最大水平射程，則所踢出仰角 θ 為若干？並求此最大水平射程？

【答】$\theta = 23.3°$，$R = 46.4$ m。

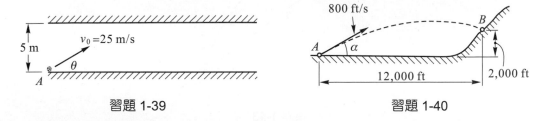

習題 1-39　　　　　　　習題 1-40

1-40 如圖習題 1-40 中炮彈以 800 ft/s 之初速由 A 點射出，若欲擊中水平距離 12000 ft 高 2000 ft 之 B 點，則射出所需之仰角 α 為若干？設不計空氣阻力。

【答】29.5° 或 70.0°。

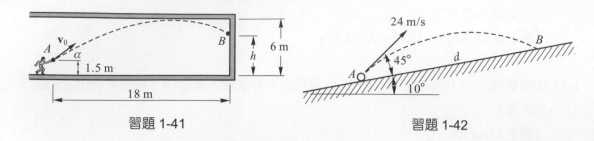

習題 1-41   習題 1-42

1-41 如圖習題 1-41 中一人站在距離牆壁爲 18 m 之位置，以 $v_0 = 15$ m/s 之初速將球投出，
而落至牆壁上之 B 點，試求仰角 α 爲若干時 B 點之高度爲最大，並求此最大高度。
【答】38.8°，4.34 m。

1-42 如圖習題 1-42 中高爾夫球在傾角爲 10° 之斜坡上 A 點以 24 m/s 之速度擊出，擊出方
向與斜坡夾角爲 45°，試求(a)落回斜坡(B 點)所需之時間；(b)落回斜坡之速度；(c)沿
斜坡之射程 d(A 至 B 之位移)。
【答】(a)3.51 秒，(b)20.2 m/s，(c)49.1 m。

1-43 如圖習題 1-43 中足球在斜坡頂之 A 點以 10 m/s 之速度及 40° 之仰角踢出，然後落至
斜坡上之 B 點，試求(a)A 至 B 之飛行時間；(b)沿斜坡之射程 d(A 至 B 之位移)
【答】(a)2.48 秒，(b)23.8 m。

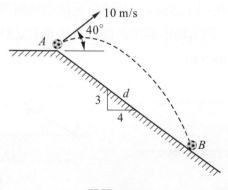

習題 1-43

1-44 如圖習題 1-44 中輸送機以 v_0 之等速度輸送細砂，然後在 A 點細砂朝水平方向射出，
若欲落至左下方寬度爲 1 m 之收集筒內，則輸送機速度 v_0 之範圍爲若干？
【答】$4.70 \leq v_0 \leq 7.23$ m/s。

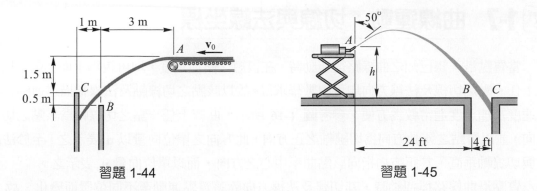

習題 1-44   習題 1-45

1-45 如圖習題 1-45 中泵浦在高 h 處將水由 A 點以 25 ft/s 之速度射出，射出方向與鉛直線夾 50°。若水欲射入右側寬為 4 ft 之洞內，則射出時高度 h 之範圍為若干？

【答】$5.14 \leq h \leq 10.92$ ft。

1-7　曲線運動：切線與法線坐標

　　當質點沿一條已知之曲線路徑運動時，在很短之路徑長度，均可視爲平面運動，且曲線上任一點之切線及法線方向均可由數學求得。故以該點之切線軸及法線軸描述運動質點之速度及加速度通常較爲方便。參考圖 1-16 所示，曲線上任一點之切線軸爲該點之切線方向，並以質點之運動方向爲切線軸之正方向，此方向之單位向量以 $\mathbf{u}_t$ 表示之，至於法線軸與切線軸垂直，其正方向指向該點曲率中心之方向，而以單位向量 $\mathbf{u}_n$ 表示之。

　　質點沿曲線路徑運動時，其切線及法線方向隨著質點運動至不同位置而變化，故 $\mathbf{u}_t$ 及 $\mathbf{u}_n$ 兩者均爲時間之函數，此點與直角坐標系不同，在直角坐標系中 x 軸及 y 軸爲固定在運動平面上之坐標系，其單位向量恆保持不變。

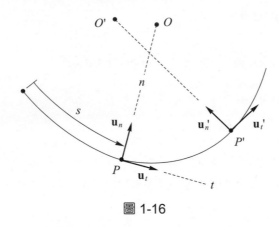

圖 1-16

　　當質點沿著一條已知之曲線路徑運動時，通常用相對於運動起點 P_0 沿曲線之路徑長度 s 表示其位置，而隨著質點的運動，路徑長度 s 逐漸增加，故 s 爲時間的函數，以 $s(t)$ 表示之。

　　因瞬時速度必沿運動軌跡之切線方向，且瞬時速度大小等於瞬時速率，故質點之瞬時速度爲

$$\mathbf{v} = v\mathbf{u}_t = \frac{ds}{dt}\mathbf{u}_t = \dot{s}\mathbf{u}_t \tag{1-16}$$

其中瞬時速率 $v = ds/dt = \dot{s}$，爲質點沿曲線運動之路徑長度 s 對時間之變化率。

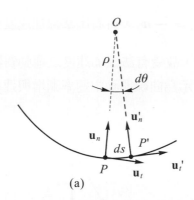

(a)

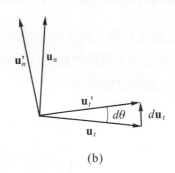

(b)

圖 1-17

瞬時加速度為速度對時間之變化率，即

$$\mathbf{a} = \frac{d\mathbf{v}}{dt} = \frac{d}{dt}(v\mathbf{u}_t) = \dot{v}\mathbf{u}_t + v\dot{\mathbf{u}}_t \tag{1-17}$$

其中 $\dot{\mathbf{u}}_t = d\mathbf{u}_t/dt$，為 $\mathbf{u}_t$ 對時間之變化率。質點運動時，$\mathbf{u}_t$ 僅方向改變，而大小恆等於 1。
參考圖 1-17(a)，設質點在 dt 時間內由 P 點移動 ds 之距離至 P' 點，其切線方向之單位向量
變為 $\mathbf{u}_t'$，$\mathbf{u}_t$ 之變化量 $d\mathbf{u}_t$ 如圖 1-17(b)所示。$d\mathbf{u}_t$ 之大小為 $|d\mathbf{u}_t| = 1 \cdot d\theta$，而方向與 $\mathbf{u}_n$ 之方
向相同，故

$$d\mathbf{u}_t = d\theta\,\mathbf{u}_n \quad , \quad 或 \quad \dot{\mathbf{u}}_t = \dot{\theta}\mathbf{u}_n$$

又由圖 1-17(a)，$ds = \rho d\theta$，或 $\dot{s} = \rho\dot{\theta}$，其中 ρ 為曲線在 P 點之曲率半徑，因此

$$\dot{\mathbf{u}}_t = \dot{\theta}\,\mathbf{u}_n = \frac{\dot{s}}{\rho}\mathbf{u}_n = \frac{v}{\rho}\mathbf{u}_n \tag{1-18}$$

將上式代入公式(1-17)，得

$$\mathbf{a} = \dot{v}\mathbf{u}_t + \frac{v^2}{\rho}\mathbf{u}_n = a_t\mathbf{u}_t + a_n\mathbf{u}_n \tag{1-19}$$

$$a_t = \dot{v} = \ddot{s} \quad , \quad a_n = \frac{v^2}{\rho} = \rho\dot{\theta}^2$$

由公式(1-17)及(1-19)，切線加速度 $\mathbf{a}_t = a_t\mathbf{u}_t = \dot{v}\,\mathbf{u}_t$，可知切線加速度為切線速率對時間之變
化率，即切線加速度改變切線速度的大小，當切線加速度與切線速度同方向時，質點之速
率漸增，而兩者反方向時，則速率漸減。

同樣由公式(1-17)及(1-19)，法線加速度 $\mathbf{a}_n = v\dot{\mathbf{u}}_t = \dfrac{v^2}{\rho}\mathbf{u}_n$，可看出法線加速度與切線

方向($\mathbf{u}_t$)之變化有關，即法線加速度改變速度之方向，故受有法線加速度之運動質點其運動方向必會改變，運動軌跡必為曲線。圖 1-18 中所示為曲線運動中速率漸增與速率漸減時加速度及速度之關係圖。

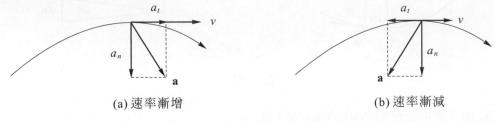

(a) 速率漸增　　　　　　　　　　　(b) 速率漸減

圖 1-18

由公式(1-17)及(1-19)可得運動路徑長度(或沿曲線之運動距離) s、切線速率 v 及切線加速度 a_t 之微分方程式：

$$v = \frac{ds}{dt} = \dot{s} \tag{a}$$

$$a_t = \frac{dv}{dt} = \dot{v} = \ddot{s} \tag{b}$$

將(a)(b)兩式聯立消去 dt，可得第三個微分方程式：

$$v\,dv = a_t\,ds \tag{c}$$

若質點沿曲線運動之速率以一定的比率增加，稱為等加速率運動，其切線加速度之大小保持不變，則將(a)(b)(c)三式積分後可得

$$v = v_0 + a_t t \tag{d}$$

$$s = v_0 t + \frac{1}{2} a_t t^2 \tag{e}$$

$$v^2 = v_0^2 + 2a_t s \tag{f}$$

其中 $t = 0$ 時之初位置 $s_0 = 0$，初速度為 v_0，s 為質點沿曲線運動之路徑長度或距離。若質點沿曲線作等減速率運動，則上列公式(d)～(f)中之 "$+$" 號改為 "$-$" 號即可。

　　圓周運動為曲線運動中最為常見的一種，其運動路徑之曲率半徑恆保持不變。參考圖 1-19 所示，圓周運動之路徑長度等於弧長，即 $s = r\theta$，則切線速率由公式(1-16)

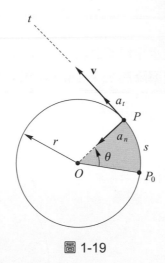

圖 1-19

$$v = \frac{ds}{dt} = \frac{d}{dt}(r\theta) = r\frac{d\theta}{dt} = r\dot{\theta} \tag{1-20}$$

切線加速度由公式(1-19)

$$a_t = \frac{dv}{dt} = \frac{d}{dt}\left(r\dot{\theta}\right) = r\ddot{\theta} \tag{1-21}$$

至於法線加速度，由公式(1-19)

$$a_n = \frac{v^2}{r} = r\dot{\theta}^2 \tag{1-22}$$

等速率圓周運動為圓周運動中較為特殊之情形，其速度之大小恆保持不變，故 $a_t = 0$，但因速度方向隨時改變，故有法線加速度。

例題 1-12

一部汽車在半徑為 750 m 之水平彎道上以 100 km/hr 之速率行駛，如圖所示，今突然以等減速開始煞車，在 8 秒內速率降為 75 km/hr，試求開始煞車瞬間汽車之加速度。

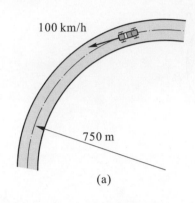

(a)

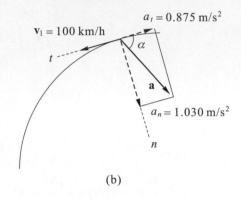

(b)

解 本題汽車作等減速率圓周運動

初速率：$v_1 = 100$ km/hr $= 27.8$ m/s ，　末速率：$v_2 = 75$ km/hr $= 20.8$ m/s

由公式(d)：$v_2 = v_1 - a_t t$

得　　$a_t = \dfrac{v_1 - v_2}{t} = \dfrac{27.8 - 20.8}{8} = 0.875$　m/s^2

等減速運動時切線加速度 a_t 與速度 v 之方向相反，如(b)圖所示。

煞車後瞬間汽車之法線加速度為

$$a_n = \frac{v_1^2}{\rho} = \frac{27.8^2}{750} = 1.030 \quad \text{m/s}^2$$

故煞車後瞬間汽車之加速度：$\boldsymbol{a} = (-0.875\boldsymbol{u}_t + 1.030\boldsymbol{u}_n)$ m/s^2，參考(b)圖所示。

加速度大小：$a = \sqrt{a_t^2 + a_n^2} = 1.351$　m/s^2◀

加速度方向：$\alpha = \tan^{-1}\dfrac{a_n}{a_t} = 49.7°$ ◀

例題 1-13

一車在 A 點由靜止出發，沿水平的軌道前進，如圖所示。在運動期間，速率的增加率為 $a_t = (0.2t)$ m/s^2，式中 t 的單位為秒，試求出車子達 B 點時的加速度大小。

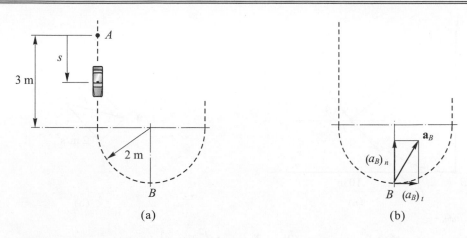

(a)   (b)

解 車子運動至 B 點之加速度包括切線加速度 a_t 及法線加速度 a_n，但須先求得運動速率 v、路徑長度 s 與時間之關係式。

由 $a_t = \dfrac{dv}{dt} = 0.2t$，積分之：$\displaystyle\int_0^v dv = \int_0^t 0.2t\,dt$

得 $\quad v = 0.1t^2$ (1)

再由 $v = \dfrac{ds}{dt} = 0.1t^2$，積分之：$\displaystyle\int_0^s ds = \int_0^t 0.1t^2\,dt$

得 $\quad s = 0.0333t^3$ (2)

汽車由 A 點至 B 點之運動路徑長度：

$$s_B = 3 + \frac{\pi(4)}{4} = 6.14 \ \text{m}$$

代入公式(2)，可得 A 點運動至 B 點之時間 t_B

$$6.14 = 0.0333\, t_B^3 \ , \quad t_B = 5.69 \ \text{秒}$$

運動至 B 點時汽車之速度，由公式(1)

$$v_B = 0.1(5.69)^2 = 3.24 \ \text{m/s}$$

B 點之法線加速度：$(a_n)_B = \dfrac{v_B^2}{\rho_B} = \dfrac{(3.24)^2}{2} = 5.25 \ \text{m/s}^2$

B 點之切線加速度：$(a_t)_B = 0.2t_B = 0.2(5.69) = 1.14 \ \text{m/s}^2$

故汽車在 B 點之加速度大小為 $\quad a_B = \sqrt{(a_t)_B^2 + (a_n)_B^2} = 5.37 \ \text{m/s}^2$ ◀

例題 1-14

圖中一質點由 A 點沿拋物線軌跡($y = x^2/20$)朝 B 點運動，當運動至 P 點時速率為 6 m/s 且正以 2 m/s² 之比率加速中，試求質點在 P 點速度之方向以及加速度之大小及方向。

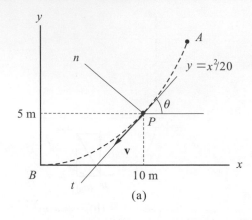

(a)

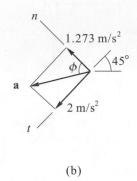

(b)

解 由軌跡方程式　$y = \dfrac{x^2}{20}$　，得　$\dfrac{dy}{dx} = \dfrac{x}{10}$　，　$\dfrac{d^2y}{dx^2} = \dfrac{1}{10}$

因速度朝向運動軌跡之切線方向，由運動軌跡在 P 點之切線斜率：

$$\tan\theta = \left.\frac{dy}{dx}\right|_{x=10} = \frac{10}{10} = 1 \quad,\quad 得\ \theta = 45° \blacktriangleleft$$

質點之加速度 $\mathbf{a} = \dot{v}\mathbf{u}_t + (v^2/\rho)\mathbf{u}_n$，其中已知 $a_t = \dot{v} = 2$ m/s²，而法線加速度必先求得運動軌跡在 P 點之曲率半徑：

$$\rho = \frac{\left[1 + (dy/dx)^2\right]^{3/2}}{\left|d^2y/dx^2\right|} = \left.\frac{\left[1 + (x/10)^2\right]^{3/2}}{1/10}\right|_{x=10} = 28.28 \text{ m}$$

得　　　$a_n = \dfrac{v^2}{\rho} = \dfrac{6^2}{28.28} = 1.273$ m/s²

故 P 點之加速度為 $\mathbf{a} = 2\mathbf{u}_t + 1.273\mathbf{u}_n$ m/s²，參考(b)圖所示，則

加速度大小：$a = \sqrt{(2)^2 + (1.273)^2} = 2.37$ m/s² $\blacktriangleleft$

加速度方向：$\phi = \tan^{-1}\dfrac{2}{1.273} = 57.5°$ $\blacktriangleleft$

習題 3

1-46 汽車在半徑為 200 m 之水平彎道上行駛,其運動速率之增加率為 1.5 m/s²,已知在某一瞬間汽車之總加速度為 2.5 m/s²,試求汽車此時之速率?

【答】20 m/s。

1-47 一汽艇由靜止以 $v = 0.8t$ m/s 之速率作半徑為 60 m 之圓周運動,其中 t 之單位為秒。試求汽艇沿圓弧路徑行駛 60 m 後汽艇之速率及其總加速度之大小。

【答】$v = 5.66$ m/s,$a = 0.96$ m/s²。

1-48 一質點在半徑為 9m 之圓周上運動,質點沿圓周運動之弧長與時間之關係為 $s = 4 + t^3/3$,其中 s 之單位為公尺,t 之單位為秒。試求 $t = 3$ 秒時質點之總加速度。

【答】$a = 10.82$ m/s²。

1-49 跑車在半徑為 25m 之圓形跑道上由靜止開始運動,其速率之增加率為 $\dot{v} = (0.4s)$m/s²,其中 s 為跑車沿圓周所運動之距離,單位為公尺,試求跑車運動若干距離 s 後其總加速度為 4 m/s²。

【答】9.36 m。

1-50 一質點在平面上作曲線運動,其位置向量與時間之關係為 $\mathbf{r} = (4t^2)\mathbf{i} + (2t^3)\mathbf{j}$ m,其中 t 之單位為秒,試求 $t = 2$ 秒質點之速率、切線加速及法線加速度。

【答】$v = 28.84$ m/s,$a_t = 24.4$ m/s²,$a_n = 6.68$ m/s²。

1-51 一質點沿平面上一曲線軌跡 $y = 180/x^2$ 運動,當運動至 $x = 5$ m 之位置時速率為 8 m/s,且此時速率之增加率為 12 m/s²,試求此瞬間質點加速度之大小。

【答】12.6 m/s²。

1-52 如圖習題 1-52 中跑車以 200 km/hr 之速率行駛,於彎道前之 A 點開始煞車均勻減速,至 C 點之速率為 150 km/hr,試求跑車通過 B 點時之總加速度?

【答】$a_B = 8.72$ m/s²。

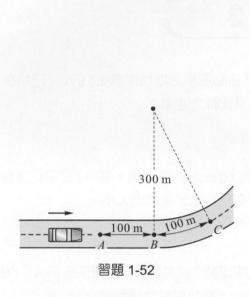

習題 1-52

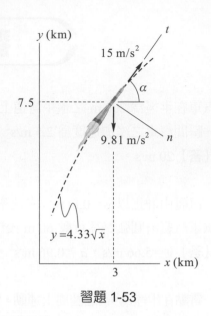

習題 1-53

1-53 如圖習題 1-53 所示，火箭自地面發射後沿著軌跡 $y = 4.33\sqrt{x}$ 運動，其中 x 及 y 之單位為 km。當火箭運動至 $x = 3$ km 之位置時，火箭由於推力而在切線方向受有 15 m/s² 之加速度，另外由於重力而受有一向下之重力加速度 $g = 9.81$ m/s²，試求火箭在此位置之速率及加速度。

【答】 $\mathbf{a} = 7.34\mathbf{u}_t + 6.13\mathbf{u}_n$ m/s²，$v = 346$ m/s。

1-54 棒球以 100 ft/s 之初速及 30° 之仰角投出，試求在下列三位置時棒球運動軌跡之曲率半徑及切線加速度大小，(a)投出瞬間；(b)運動軌跡之最高點；(c)投出後 2.5 秒之位置。

【答】 (a)$\rho = 359$ ft，$a_t = -16.1$ ft/s²，(b)$\rho = 233$ ft，$a_t = 0$，(c)$\rho = 278$ ft，$a_t = 10.7$ ft/s²。

1-55 如圖習題 1-55 中，水平槽臂 A 以 $v_y = 2$ m/s 之等速度向上運動，帶動曲柄 OP 繞 O 點轉動，試求當 $\theta = 30°$ 時銷子 P 之速度及加速度？曲柄 OP 之長度為 250 mm。

【答】 $v_P = 2.31$ m/s，$a_P = 24.6$ m/s²。

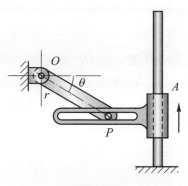

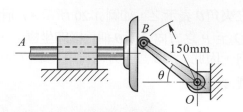

習題 1-55　　　　　　　　　　習題 1-56

1-56 如圖習題 1-56 中柱塞 A 推動曲柄 OB 繞 O 點轉動，當曲柄 OB 轉動至 $\theta = 30°$ 之位置時，柱塞 A 以 75 mm/sec 之速度及 100 mm/sec² 之加速度向右運動，試求此時曲柄 OB 之角加速度 $\ddot{\theta}$？

【答】$\ddot{\theta} = 0.4$ rad/s²(ccw)。

1-8 曲線運動：極坐標

平面上任一點 P 之位置，可由該點至參考點 O 之連線長度 r 及 OP 連線與一固定參考軸之夾角 θ 表示之，如圖 1-20 所示。r 稱為**徑向坐標**(radial coordinate)，其正方向定義為由 O 至 P 之方向，而 θ 稱為**橫向坐標**(transverse coordinate)，其正方向定義為朝 θ 增加之方向，因此 r 與 θ 之正方向可用其單位向量 $\mathbf{u}_r$ 及 $\mathbf{u}_\theta$ 表之，如圖 1-20 所示。通常 θ 之單位為弧度(rad)。

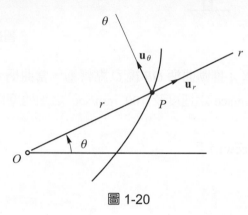

圖 1-20

當質點在平面上作曲線運動時，運動至任一瞬間之位置以極坐標表示時，其位置向量為

$$\mathbf{r} = r\mathbf{u}_r$$

速度為位置對時間之變化率，由公式(1-11)

$$\mathbf{v} = \frac{d\mathbf{r}}{dt} = \dot{\mathbf{r}} = \dot{r}\mathbf{u}_r + r\dot{\mathbf{u}}_r$$

其中 $\dot{\mathbf{u}}_r = d\mathbf{u}_r/dt$，為單位向量 $\mathbf{u}_r$ 對時間之變化率。雖然質點運動至不同位置時 $\mathbf{u}_r$ 之大小保持不變，但方向會改變。

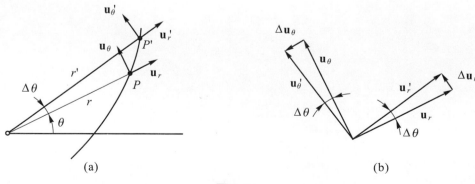

(a)   (b)

圖 1-21

參考圖 1-21(a)，設質點由 P 點經 Δt 時間後移動至 P' 點，其 θ 角之增量為 $\Delta\theta$，徑向單位向量變為 $\mathbf{u}'_r$，則徑向單位向量之變化量 $\Delta\mathbf{u}_r$，如圖 1-21(b)所示。

當 $\Delta\theta$ 甚小時，$\Delta\mathbf{u}_r$ 之大小為 $|\Delta\mathbf{u}_r| = 1 \cdot \Delta\theta$，而方向指向 $\mathbf{u}_\theta$ 之方向，即 $\Delta\mathbf{u}_r = \Delta\theta\mathbf{u}_\theta$

故 $$\dot{\mathbf{u}}_r = \lim_{\Delta t \to 0}\frac{\Delta\mathbf{u}_r}{\Delta t} = \lim_{\Delta t \to 0}\frac{\Delta\theta\mathbf{u}_\theta}{\Delta t} = (\lim_{\Delta t \to 0}\frac{\Delta\theta}{\Delta t})\mathbf{u}_\theta$$

得 $$\dot{\mathbf{u}}_r = \dot{\theta}\mathbf{u}_\theta$$

因此可得速度 $\mathbf{v}$ 為

$$\mathbf{v} = \dot{r}\mathbf{u}_r + r\dot{\theta}\mathbf{u}_\theta = v_r\mathbf{u}_r + v_\theta\mathbf{u}_\theta$$

$$v_r = \dot{r} \quad , \quad v_\theta = r\dot{\theta}$$

(1-23)

式中 $\dot{\theta} = d\theta/dt$ 為角度 θ 對時間之變化率，常用之單位為 rad/s。

速度 $\mathbf{v}$ 之大小為 $v = \sqrt{v_r^2 + v_\theta^2}$，速度 $\mathbf{v}$ 之方向朝向運動軌跡之切線方向，參考圖 1-22(a) 所示。

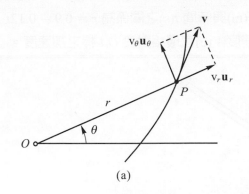

圖 1-22

加速度為速度對時間之變化率，由公式(1-13)及公式(1-23)

$$\mathbf{a} = \dot{\mathbf{v}} = \ddot{r}\mathbf{u}_r + \dot{r}\dot{\mathbf{u}}_r + \dot{r}\dot{\theta}\mathbf{u}_\theta + r\ddot{\theta}\mathbf{u}_\theta + r\dot{\theta}\dot{\mathbf{u}}_\theta$$

其中 $\dot{\mathbf{u}}_\theta = d\mathbf{u}_\theta/dt$，為 $\mathbf{u}_\theta$ 對時間之變化率。

設質點由 P 點經 Δt 時間移動至 P' 點，其橫向單位向量變為 $\mathbf{u}'_\theta$，參考圖 1-21(a)，其中 $\Delta\theta$ 為質點由 P 運動至 P' 時角度 θ 之變化量，而橫向單位向量之變化量為 $\Delta\mathbf{u}_\theta$，如圖 1-21(b) 所示。

當$\Delta\theta$甚小時，$\Delta\mathbf{u}_\theta$之大小為$|\Delta\mathbf{u}_\theta| = 1 \cdot \Delta\theta$，而方向指向$(-\mathbf{u}_r)$之方向，即$\Delta\mathbf{u}_\theta = -\Delta\theta\mathbf{u}_r$。

故
$$\dot{\mathbf{u}}_\theta = \lim_{\Delta t \to 0}\frac{\Delta\mathbf{u}_\theta}{\Delta t} = \lim_{\Delta t \to 0}\frac{(-\Delta\theta\mathbf{u}_r)}{\Delta t} = (\lim_{\Delta t \to 0}\frac{\Delta\theta}{\Delta t})(-\mathbf{u}_r)$$

得
$$\dot{\mathbf{u}}_\theta = -\dot{\theta}\mathbf{u}_r$$

將$\dot{\mathbf{u}}_r = \dot{\theta}\mathbf{u}_\theta$與$\dot{\mathbf{u}}_\theta = -\dot{\theta}\mathbf{u}_r$代入加速度$\mathbf{a}$之式子中，可得

$$\mathbf{a} = (\ddot{r} - r\dot{\theta}^2)\mathbf{u}_r + (r\ddot{\theta} + 2\dot{r}\dot{\theta})\mathbf{u}_\theta = a_r\mathbf{u}_r + a_\theta\mathbf{u}_\theta$$
$$a_r = \ddot{r} - r\dot{\theta} \quad , \quad a_\theta = r\ddot{\theta} + 2\dot{r}\dot{\theta}$$

(1-24)

式中$\ddot{\theta} = d\dot{\theta}/dt$，為$\dot{\theta}$對時間之變化率，單位為 rad/s^2。

加速度$\mathbf{a}$之大小為$a = \sqrt{a_r^2 + a_\theta^2}$，加速度$\mathbf{a}$之方向通常不與路徑相切，參考圖 1-22(b) 所示。

例題 1-15

圖中 OA 桿在水平面上轉動，其轉角θ (rad)與時間 t(s)之關係為$\theta = 0.15\,t^2$，同時桿上有一套環 B 沿 OA 桿向外滑動，與 O 點之距離 r(m)與時間 t(s)之關係為 $r = 0.9 - 0.12t^2$，試求當$\theta = 30°$時，(a)套環之速度；(b)套環之加速度；(c)套環相對於 OA 桿之加速度。

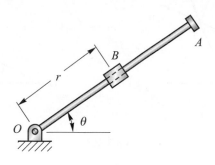

解 首先求 OA 桿轉至$\theta = 30°$之位置所經之時間 t：

$\theta = 30° = 0.524$ 弧度(rad)，由 $\theta = 0.15t^2$

$\qquad 0.524 = 0.15\,t^2$ ， 得 $t = 1.869$ 秒

將 $t = 1.869$ 秒代入$\theta(t)$、$r(t)$之一次導數$\dot{\theta}(t)$、$\dot{r}(t)$及二次導數$\ddot{\theta}(t)$、$\ddot{r}(t)$：

$\qquad r = 0.9 - 0.12t^2 = 0.481$ m $\qquad\qquad \theta = 0.15t^2 = 0.524$ rad

$\qquad \dot{r} = -0.24t = -0.449$ m/s $\qquad\qquad \dot{\theta} = 0.30t = 0.561$ rad/s

$\qquad \ddot{r} = -0.24$ m/s^2 $\qquad\qquad\qquad\quad \ddot{\theta} = 0.30$ rad/s^2

(a) 套環之速度：由公式(1-23)，$\mathbf{v} = v_r\mathbf{u}_r + v_\theta\mathbf{u}_\theta$

$$v_r = \dot{r} = -0.449 \text{ m/s}$$

$$v_\theta = r\dot{\theta} = 0.481(0.561) = 0.270 \text{ m/s}$$

故　　$\mathbf{v} = (-0.449\mathbf{u}_r + 0.270\mathbf{u}_\theta) \text{ m/s}$

套環速度大小：$v = \sqrt{0.449^2 + 0.270^2} = 0.524$　m/s ◀

(b) 套環之加速度：由公式(1-24)，$\mathbf{a} = a_r\mathbf{u}_r + a_\theta\mathbf{u}_\theta$

$$a_r = \ddot{r} - r\dot{\theta}^2 = -0.24 - 0.481(0.561)^2 = -0.391 \text{ m/s}^2$$

$$a_\theta = r\ddot{\theta} + 2\dot{r}\dot{\theta} = 0.481(0.30) + 2(-0.449)(0.561) = -0.359 \text{ m/s}^2$$

故 $\mathbf{a} = (-0.391\mathbf{u}_r - 0.359\mathbf{u}_\theta) \text{ m/s}^2$

套環加速度大小：$a = \sqrt{0.391^2 + 0.359^2} = 0.531$　m/s² ◀

(c) 套環 B 相對於 OA 桿之加速度：

$$a_{B/OA} = \ddot{r} = -0.240 \text{ m/s}^2 ◀$$

其中負號表示 $a_{B/OA}$ 之方向沿 OA 桿指向 O 點。

例題 1-16

　　圖中火箭由 B 處之發射台垂直向上發射，同時受到 A 處之雷達所追蹤，已知發射台與雷達間之水平距離 $d = 1200$ m。當 $\theta = 45°$ 時，由雷達測得 $\dot{\theta} = 0.2$ rad/s，$\ddot{\theta} = 0.1$ rad/s²，試求此時火箭之速度與加速度。

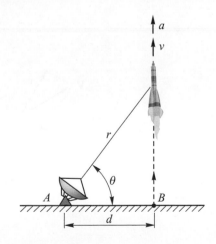

解 首先求雷達至火箭之徑向距離 r，由 $r\cos\theta = 1200$，得

$$r = 1200\sec\theta \tag{1}$$

則　　$\dot{r} = \dfrac{dr}{dt} = \dfrac{dr}{d\theta}\dfrac{d\theta}{dt} = (1200\tan\theta\sec\theta)\dot{\theta}$　　(2)

$$\ddot{r} = 1200\left(\dot{\theta}\sec^2\theta\right)\dot{\theta}\sec\theta + 1200\tan\theta\left(\dot{\theta}\tan\theta\sec\theta\right)\dot{\theta} + \left(1200\tan\theta\sec\theta\right)\ddot{\theta}$$

$$= 1200\left[\left(\sec^3\theta + \tan^2\theta\sec\theta\right)\dot{\theta} + \left(\tan\theta\sec\theta\right)\ddot{\theta}\right] \tag{3}$$

已知 $\theta = 45°$ 時，$\dot{\theta} = 0.2$ rad/s，$\ddot{\theta} = 0.1$ rad/s²，代入(1)(2)(3)式可得

$r = 1697$ m ， $\dot{r} = 339.4$ m/s ， $\ddot{r} = 373.35$ m/s²

火箭速度：$\mathbf{v} = v_r\mathbf{u}_r + v_\theta\mathbf{u}_\theta$，由公式(1-23)

$v_r = \dot{r} = 339.4$ m/s

$v_\theta = r\dot{\theta} = (1697)(0.2) = 339.4$ m/s

故 $\mathbf{v} = 339.4\mathbf{u}_r + 339.4\,\mathbf{u}_\theta$ m/s

速度大小：$v = \sqrt{339.4^2 + 339.4^2} = 480$ m/s ◀

加速度：$\mathbf{a} = a_r\mathbf{u}_r + a_\theta\mathbf{u}_\theta$，由公式(1-24)

$a_r = \ddot{r} - r\dot{\theta}^2 = 373.35 - (1697)(0.2)^2 = 305.5$ m/s²

$a_\theta = r\ddot{\theta} + 2\dot{r}\dot{\theta} = (1697)(0.1) + 2(339.4)(0.2) = 305.5$ m/s²

故 $\mathbf{a} = 305.5\,\mathbf{u}_r + 305.5\,\mathbf{u}_\theta$ m/s²

加速度大小：$a = \sqrt{305.5^2 + 305.5^2} = 432$ m/s² ◀

例題 1-17

一油壓缸以 $v = 2$ m/s 之等速度將活塞桿推出，並帶動槽臂繞 O 旋轉，試求當 $\theta = 30°$ 時槽臂之角速度與角加速度。

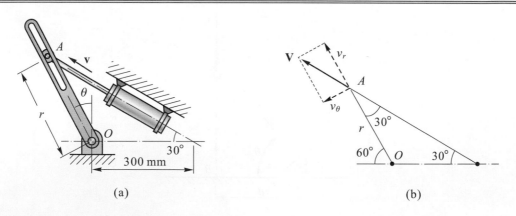

(a)　　　　　　　　　　　　　　　　(b)

解 將活塞桿上 A 點之速度分為徑向與橫向分量，如圖(b)所示，其中 $r = \overline{OA} = 300$ mm

已知 $v = 2$ m/s，由圖(b) $v_\theta = v\sin30°$，且 $v_\theta = r\dot{\theta}$，則 $0.3\dot{\theta} = 2\sin30°$

得槽臂之角速度 $\dot{\theta} = 3.33$ rad/s(逆時針方向)◀

因 A 點作等速度運動，加速度 $a_A = 0$，即 $a_r = 0$，且 $a_\theta = 0$

由公式(1-24)，橫向加速度 $a_\theta = r\ddot\theta + 2\dot r\dot\theta = 0$

其中　　$v_r = \dot r = v\cos30° = 2\cos30° = 1.732$ m/s

故　　$\ddot\theta = -\dfrac{2\dot r\dot\theta}{r} = -\dfrac{2(1.732)(3.33)}{0.3} = -38.5$ rad/s²

即槽臂之角加速度　$\ddot\theta = 38.5$ rad/s² (順時針方向)◀

例題 1-18

圖中所示為一日內瓦機構，圓輪 B 以 10 rad/s 之等角速度逆時針方向轉動，試求當 $\phi =$ 150°時 A 輪之角速度 ω 與角加速度 α。

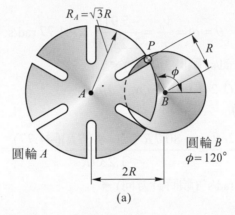

(a)

解 已知圓輪 B 作等角速度轉動，故可求得圓輪 B 上 P 點之速度及加速度

$$v_P = R(10) = 10R \text{ m/s} \quad , \quad a_P = R(10)^2 = 100R \text{ m/s}^2$$

將 $\phi = 150°$時 P 點之速度及加速度向量繪於圖(b)及圖(c)中，並將兩者分解為圓輪 A 之徑向及橫向分量，由(b)圖

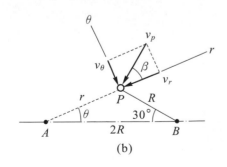

(b)

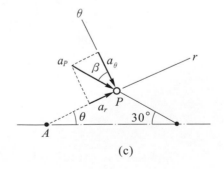

(c)

$$r = \sqrt{R^2 + (2R)^2 - 2R(2R)\cos 30°} = 1.239R$$

再由正弦定律：$\dfrac{R}{\sin\theta} = \dfrac{1.239R}{\sin 30°}$ ， $\theta = 23.8°$

得 　　$\beta = 90° - 23.8° - 30° = 36.2°$

則 　　$v_r = -v_P\cos\beta = -(10R)\cos 36.2° = -8.07R$ (m/s)

　　　$v_\theta = -v_P\sin\beta = -(10R)\sin 36.2° = -5.91R$ (m/s)

　　　$a_r = a_P\sin\beta = (100R)\sin 36.2° = 59.1R$ (m/s^2)

　　　$a_\theta = -a_P\cos\beta = -(100R)\cos 36.2° = -80.7R$ (m/s^2)

P 點之速度，由公式(1-23)， $\mathbf{v}_P = v_r\mathbf{u}_r + v_\theta\mathbf{u}_\theta$

其中 　$v_r = \dot{r} = -8.07$ m/s

　　　$v_\theta = r\dot{\theta}$ ， 則 　$\dot{\theta} = \omega = \dfrac{v_\theta}{r} = \dfrac{-5.91R}{1.239R} = -4.77$ rad/s

即 　　$\dot{\theta} = \omega = 4.77$ rad/s (順時針方向) ◄

P 點之加速度，由公式(1-24)， $\mathbf{a}_P = a_r\mathbf{u}_r + a_\theta\mathbf{u}_\theta$

其中 　$a_\theta = r\ddot{\theta} + 2\dot{r}\dot{\theta}$

故 　　$\ddot{\theta} = \alpha = \dfrac{a_\theta - 2\dot{r}\dot{\theta}}{r} = \dfrac{-80.7R - 2(-8.07R)(-4.77)}{1.239R} = -127.3$ rad/s^2

即 　　$\ddot{\theta} = \alpha = 127.3$ rad/s^2 (順時針方向) ◄

習題 4

1-57 如圖習題 1-57 中槽臂繞 O 點旋轉，$\theta = t^2/2$，同時槽臂內滑塊 P 向外滑動，$r = 4+t^2$，其中 θ 之單位為 rad，r 之單位為 mm，t 之單位為秒，試求 $t = 2s$ 時滑塊 P 之速度與加速度。

【答】$\mathbf{v} = 4\mathbf{u}_r+16\mathbf{u}_\theta$ m/s，$\mathbf{a} = -30\mathbf{u}_r+24\mathbf{u}_\theta$ m/s^2。

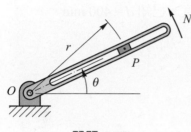

習題 1-57

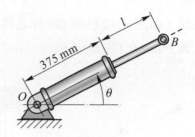

習題 1-58

1-58 一油壓缸繞 O 旋轉，如圖習題 1-58 所示，活塞桿 P 之長度 l 隨油壓缸內之壓力而變。若油壓缸以 $\dot{\theta} = 60°/s$ 之等角速旋轉，而 l 以 150 mm/s 之等速率縮短，試求當 $l = 125$ mm 時 B 端速度與加速度之大小。

【答】$v = 545$ mm/s，$a = 632$ mm/s^2。

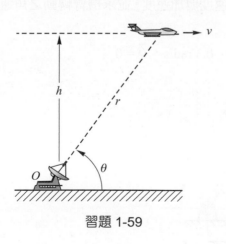

習題 1-59

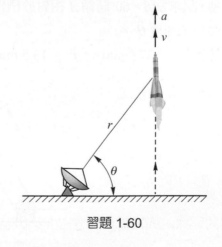

習題 1-60

1-59 噴射機在 $h = 8$ km 之高度以等速 v 水平飛行，如圖習題 1-59 所示，今有一雷達在地面上 O 點追蹤此噴射機，當 $\theta = 60°$ 時，測得 $\dot{\theta} = -0.025$ rad/s，試求此時飛機之 $\ddot{r}$ 及飛

機之速度 v。

【答】$\ddot{r} = 5.77$ m/s^2，$v = 960$ km/hr。

1-60 一火箭垂直向上發射，並受雷達追蹤，如圖習題 1-60 所示，當 $\theta = 60°$ 時，$r = 9$ km，$\ddot{r} = 21$ m/s^2，$\dot{\theta} = 0.02$ rad/s，試求火箭此時之速度與加速度。

【答】$v = 360$ m/s，$a = 20.1$ m/s^2。

1-61 如圖習題 1-61 中銷子 R 在 $\theta = 0°$ 時，由靜止以等加速度 $a = 60$ mm/s^2 向右沿水平滑槽運動，試求 $t = 2$ 秒時 OA 桿之角速度與角加速度。已知 $d = 400$ mm。

【答】$\omega = 0.275$ rad/s，$\alpha = 0.092$ rad/s^2。

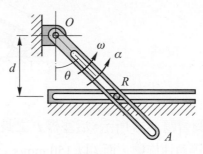

習題 1-61

1-62 如圖習題 1-62 所示機構中，曲柄 AB 以 $\dot{\beta} = 0.6$ rad/s 之等角速轉動帶動槽臂繞 C 點轉動，試求當 $\beta = 60°$ 時銷 A 相對於槽臂滑動之速度與加速度，並求槽臂轉動之角速度 $\dot{\theta}$ 與角加速度 $\ddot{\theta}$。

【答】$\dot{r} = 77.9$ mm/s，$\ddot{r} = -13.5$ mm/s^2，$\dot{\theta} = -0.3$ rad/s，$\ddot{\theta} = 0$。

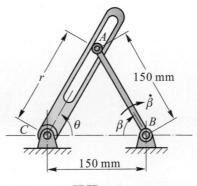

習題 1-62

1-63 如圖習題 1-63 中槽臂轉動時帶動銷子 A 沿一曲線凹槽運動，此曲線凹槽左側為心臟線(虛線)，其方程式為 $r = 0.15(1-\cos\theta)$，其中 θ 之單位為弳度(rad)，r 之單位為公尺，當槽臂轉動至 $\theta = 180°$ 之位置時，銷子 A 之速度為 1.2 m/s，加速度為 9 m/s²，試求此時槽臂轉動之角速度 $\dot{\theta}$ 及角加速度 $\ddot{\theta}$。

【答】$\dot{\theta} = 4$ rad/s，$\ddot{\theta} = 18$ rad/s²。

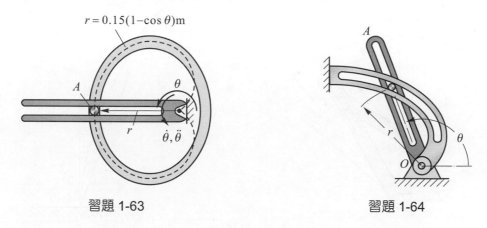

習題 1-63　　　　　　　習題 1-64

1-64 如圖習題 1-64 中槽臂 OA 轉動時帶動銷子沿一固定的曲線導槽運動，此曲線導槽為一螺線(spiral)，其方程式為 $r = 1.5\theta$，其中 θ 之單位為弳度(rad)，r 為公尺，當 $\theta = 60°$ 時槽臂由靜止以 4 rad/s² 之等角加速度轉動，試求 $t = 1$ 秒時銷子之速度與加速度。

【答】$\mathbf{v} = 6.0\mathbf{u}_r + 18.3\mathbf{u}_\theta$ m/s，$\mathbf{a} = -67.1\mathbf{u}_r + 66.3\mathbf{u}_\theta$ m/s²。

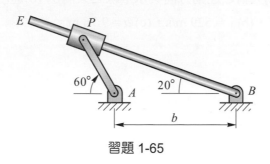

習題 1-65

1-65 如圖習題 1-65 中所示為曲柄搖桿機構，當曲柄 AP 轉動時可帶動搖桿 BE 擺動，已知曲柄 AP 以等角速度 6 rad/s 朝順時針方向轉動，試求在圖示位置時搖桿 BE 之角速度與角加速度以及滑塊相對於搖桿之速度與加速度。$b = 8$in。

【答】$\dot{\theta} = 1.815$ rad/s(cw)，$\ddot{\theta} = -3.61$ rad/s²(ccw)，$\dot{r} = 16.42$ in/s，$\ddot{r} = -81.9$ in/s²。

1-66 如圖習題 1-66 中槽臂 *OA* 在限制之轉動範圍內帶動 *CP* 桿轉動，設槽臂 *OA* 在其轉動範圍內以等角速轉動，$\dot{\theta} = K$(常數)，試求在任一角度 θ 時銷子 *P* 之速度及加速度。

【答】$v = 2\,bK$，$a = 4\,bK^2$。

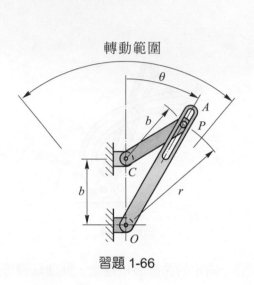

轉動範圍

習題 1-66

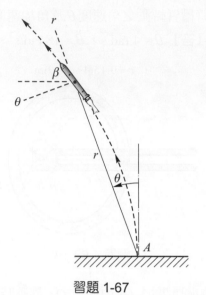

習題 1-67

1-67 如圖習題 1-67 中火箭發射後由 *A* 處之雷達所追蹤，發射 10 秒後由雷達所測得之資料：$r = 2200$ m，$\dot{r} = 500$ m/s，$\ddot{r} = 4.66$ m/s²，$\theta = 22°$，$\dot{\theta} = 0.0788$ rad/s，$\ddot{\theta} = -0.0341$ rad/s²，試求此時(a)火箭之運動方向與水平線之夾角 β；(b)速度大小；(c)加速度大小。

【答】(a)$\beta = 48.9°$，(b) $v = 529$ m/s，(c) $a = 9.76$ m/s²。

🖲1-9 相對運動：平移座標系

　　某些運動軌跡比較複雜的質點，可用兩個座標系分段來分析。例如在分析飛機飛行時螺旋槳葉尖之運動時，可先在固定座標系上分析飛機之運動，再把參考座標放在飛機上，分析螺旋槳葉尖之運動，兩者相加，即為葉尖對固定坐標系之運動情形。其中在固定座標上分析飛機之運動稱為**絕對運動**(absolute motion)，而以附於飛機上的運動座標系所分析之運動稱為**相對運動**(relative motion)。

　　通常若僅分析地球表面附近之運動，可將固定座標系附於地球上，雖然地球本身是有運動，但對於固定在地球上的某些工程問題，將地球視為固定座標系來分析還是相當的準確。

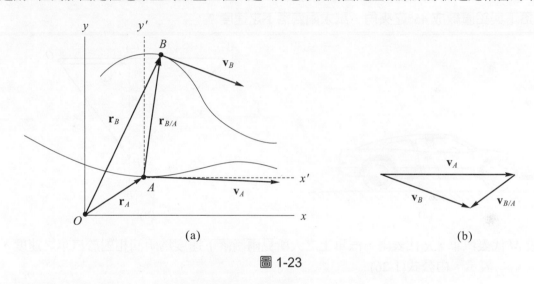

圖 1-23

本節所分析之運動座標系為**平移座標系**(translating frames of reference)，至於用轉動座標系分析物體的相對運動，在剛體運動學中再討論。

　　設平面上有質點 A 與 B 分別沿不同之曲線路徑運動，如圖 1-23(a)所示，兩質點相對於固定坐標系(x 軸及 y 軸)之**絕對位置**(absolute position)分別為 $\mathbf{r}_A$ 及 $\mathbf{r}_B$。另有一平移坐標系(x' 及 y'軸)原點在 A 上，並隨 A 移動，B 對於 A 之**相對位置**(relative position)，是從平移坐標系上觀察到 B 的位置，以 $\mathbf{r}_{B/A}$ 表示，由向量加法關係可得

$$\mathbf{r}_B = \mathbf{r}_{B/A} + \mathbf{r}_A \quad , \quad 或 \quad \mathbf{r}_{B/A} = \mathbf{r}_B - \mathbf{r}_A \tag{1-25}$$

將上式微分，可得 A、B 兩質點之速度關係式，即

$$\mathbf{v}_B = \mathbf{v}_{B/A} + \mathbf{v}_A \quad , \quad 或 \quad \mathbf{v}_{B/A} = \mathbf{v}_B - \mathbf{v}_A \tag{1-26}$$

其中 $\mathbf{v}_B = d\mathbf{r}_B/dt$，$\mathbf{v}_A = d\mathbf{r}_A/dt$，是在固定坐標系中所觀察到 B、A 兩質點之速度，為**絕對速度**(absolute velocity)；而 $\mathbf{v}_{B/A} = d\mathbf{r}_{B/A}/dt$，是在平移坐標系 A 中所觀察到 B 之速度，為**相對速度**(relative velocity)。$\mathbf{v}_B$、$\mathbf{v}_A$ 及 $\mathbf{v}_{B/A}$ 三者之向量關係如圖 1-23(b)所示。

將速度關係式對時間微分，可得 A、B 兩質點絕對加速度與相對加速度間之關係為

$$\mathbf{a}_B = \mathbf{a}_{B/A} + \mathbf{a}_A \quad , \quad 或 \quad \mathbf{a}_{B/A} = \mathbf{a}_B - \mathbf{a}_A \tag{1-27}$$

其中 $\mathbf{a}_B = d\mathbf{v}_B/dt$，$\mathbf{a}_A = d\mathbf{v}_A/dt$，而 $\mathbf{a}_{B/A} = d\mathbf{v}_{B/A}/dt$。

例題 1-19

一汽車以 6 m/s 之速度向前行駛，見雨滴鉛直落下，若速度增至 14 m/s，則見雨滴斜向後落下與鉛直線成 45°之夾角，試求雨滴落下之速度？

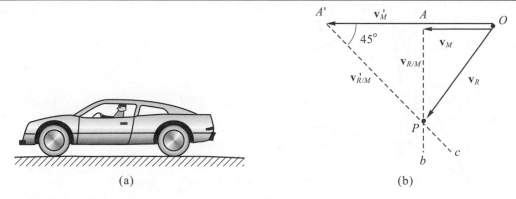

(a)   (b)

解 設 M 代表汽車，R 代表雨，汽車上之人所見雨滴落下速度為雨滴相對於汽車之速度，以 $\mathbf{v}_{R/M}$ 表示，由公式(1-26)

$$\mathbf{v}_{R/M} = \mathbf{v}_R - \mathbf{v}_M \quad , \quad 或 \quad \mathbf{v}_R = \mathbf{v}_M + \mathbf{v}_{R/M}$$

其中 $\mathbf{v}_R$ =雨滴落下之速度，$\mathbf{v}_M$ =汽車之速度。

由題意，當 $v_M = 6$ m/s 時，$v_{R/M}$ 鉛直向下，因 $\mathbf{v}_R = \mathbf{v}_M + \mathbf{v}_{R/M}$，作向量 $OA = \mathbf{v}_M$，再作 Ab 線(代表 $\mathbf{v}_{R/M}$ 之方向)與 OA 垂直，如(b)圖所示。

當 $v'_M = 14$ m/s 時，$v'_{R/M}$ 斜向後落下與鉛直線成 45°，同理由 $\mathbf{v}_R = \mathbf{v}'_M + \mathbf{v}'_{R/M}$，作向量 $OA' = \mathbf{v}'_M$，再作 $A'c$ 線(代表 $\mathbf{v}'_{R/M}$ 之方向)與 OA 夾角為 45°，如(b)圖所示。

因雨滴落下速度保持不變，故由 Ab 及 $A'c$ 連線交點 P 可得 OP 向量即為雨滴之落下速度 $\mathbf{v}_R$。

由(b)圖 $AA' = OA' - OA = 14 - 6 = 8$ m/s

$\Delta AA'P$ 中，$AP = AA' = 8$ m/s，故

$$v_R = \overline{OP} = \sqrt{\overline{OA}^2 + \overline{AP}^2} = \sqrt{6^2 + 8^2} = 10 \text{ m/s} \blacktriangleleft$$

例題 1-20

A、B 兩車在圖中瞬間，A 車速度為 100 km/hr，且以每秒 8km/hr 之增加率加速，同時 B 車在彎道上之速度為 100 km/hr 而以每秒 8 km/hr 之減少率降速，試求 B 車相對於 A 車之加速度？

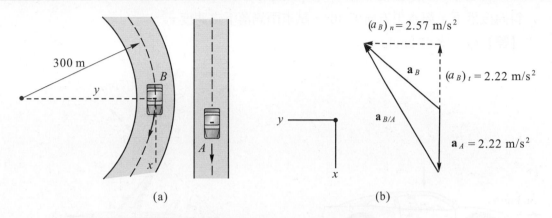

(a)　　　　　　　　(b)

解 A 車在加速中，其加速度與運動方向相同，且

$$a_A = 8 \text{ km/hr-s} = 2.22 \text{ m/s}^2 (\downarrow)$$

B 車在彎道減速中，其切線加速度與運動方向相反，且

$$(a_B)_t = 8 \text{ km/hr-s} = 2.22 \text{ m/s}^2 (\uparrow)$$

B 車之法線加速度指向曲率中心，由 $v_B = 100 \text{ km/hr} = 27.78 \text{ m/s}$

得　　$$(a_B)_n = \frac{v_B^2}{r} = \frac{27.78^2}{300} = 2.57 \text{ m/s}^2 (\leftarrow)$$

B 車相對於 A 車之加速度：

由公式(1-26)，$\mathbf{a}_{B/A} = \mathbf{a}_B - \mathbf{a}_A$，而 $\mathbf{a}_B = (\mathbf{a}_B)_t + (\mathbf{a}_B)_n$，作向量圖如(b)圖所示

則　　$$\mathbf{a}_{B/A} = (-2.22 - 2.22)\mathbf{i} + 2.57\mathbf{j} \text{ m/s}^2 = -4.44\mathbf{i} + 2.57\mathbf{j} \text{ m/s}^2 \blacktriangleleft$$

【註】 若欲求 A 車相對於 B 車之速度與加速度，則因 B 車有轉動，必須用轉動坐標系分析，不能使用本題之平移坐標系分析，有關轉動坐標系之分析方法留待剛體運動學中再討論。

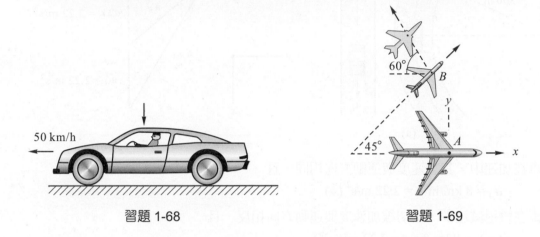

1-68 如圖習題 1-68 中雨滴垂直落下時，一人駕車以 50 km/hr 速度向前行駛，觀測得雨滴斜向後落下，與水平方向夾 30°，試求雨滴落下之速度 v_R。

【答】$v_R = 28.87$ km/hr。

習題 1-68 習題 1-69

1-69 運輸機 A 以 800 km/hr 之速度(對地)水平向東飛行，另一架噴射機 B 水平飛行正通過其下方，A 機中之旅客觀察 B 機之機身朝向東北方，但以 60° 之方向遠離 A 機，如圖習題 1-69 所示，試求 B 機之飛行速度(對地)。

【答】$v_B = 717$ km/hr。

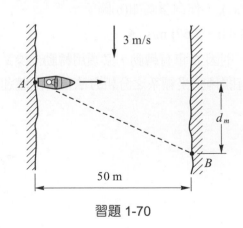

習題 1-70

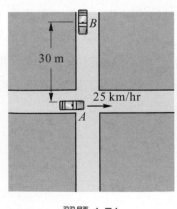

習題 1-71

1-70 河道水流向南，流速爲 3 m/s，河寬爲 50 m，一人由西岸駕船以 40 m/s 之速度向東行駛，如圖習題 1-70 所示，試求船抵東岸所需之時間，以及該船沿河流方向之移動距離 d。

【答】$t = 12.5$ 秒，$d = 37.5$ m。

1-71 如圖習題 1-71 中汽車 A 以 25 km/hr 之等速率向右行駛，當汽車 A 橫跨十字路口時，汽車 B 在十字路口之北方 30 m 處由靜止以 1.2 m/s^2 之等加速率朝南行駛，試求汽車 A 跨過十字路口 5 秒後，汽車 B 相對於汽車 A 之位置與速度爲何？

【答】$r_{B/A} = 37.8$ m，$v_{B/A} = 9.17$ m/s。

1-72 A 車以 54 km/hr 之等速率沿一半徑爲 150 m 之圓形彎道行駛，在圖習題 1-72 所示之瞬間，B 車之速率爲 81 km/hr，而以 3 m/s^2 之等減速煞車，試求 B 車中之人觀測得 A 車之速度與加速度？

【答】$v_{A/B} = 27.0$ m/s，$a_{A/B} = 4.5$ m/s^2($\leftarrow$)。

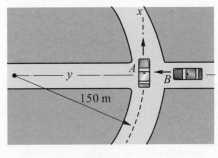

習題 1-72

1-73 在圖習題 1-73 所示瞬間，A 車之速率爲 20 km/hr，且以 300 km/hr^2 之加速率加速中；同時 B 車以 100 km/hr 之速度及 250 km/hr^2 之減速率行駛，試求 A 車相對於 B 車之速度與加速度。

【答】$v_{A/B} = 102.0$ km/hr，$a_{A/B} = 4260$ km/hr^2。

1-74 在圖習題 1-74 中所示瞬間，A 車在其運動方向加速中，B 車速度爲 72 km/hr 並在加速中，若在此瞬間 A 車看 B 車之加速度爲零，試求 A 車之加速度及 B 車速率之變化率。

【答】$a_A = 2.83$ m/s^2，$\dot{v}_B = 2$ m/s^2。

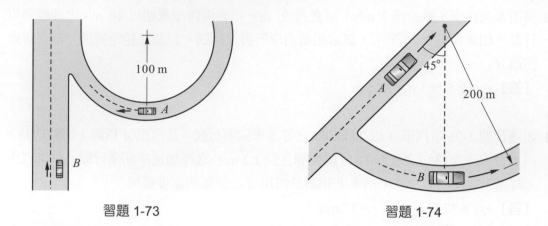

習題 1-73 習題 1-74

1-75 如圖習題 1-75 中球員 A 將足球 C 以 20 m/s 之初速及 60° 之仰角拋出,同時在前面 15m 處之球員 B 以等速度開始跑步,若欲將球在與拋出點相同高度處將球接住,則球員 B 跑步之速度應為若干?並求接住時 C 球相對於球員 B 之速度

【答】 v_B = 5.75 m/s, $v_{C/B}$ = 17.8 m/s。

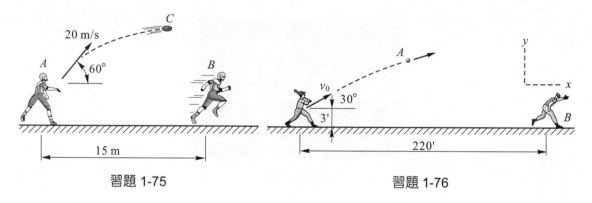

習題 1-75 習題 1-76

1-76 如圖習題 1-76 中打擊手將球 A 自距地面 3ft 處以 100 ft/s 之初速及 30° 之仰角擊出,擊出後 1/4 秒,距打擊手 220 ft 之外野手 B 開始以等速度跑步,恰可將球於距地面 7 ft 處接住,試求接住時球 A 相對於外野手 B 之速度。

【答】 $v_{A/B}$ = 71.6$\mathbf{i}$–47.2$\mathbf{j}$ ft/s。

📖 1-10 相依運動

在某些情形中，一質點之運動是依賴另一質點之運動來決定，此種相依性通常是由於二運動質點以不可拉伸之繩索相連結。例如圖 1-24 中，滑塊 A 沿左側斜面滑下時，將會帶動滑塊 B 沿右側斜面向上滑動，即滑塊 B 之運動決定於滑塊 A 之運動。

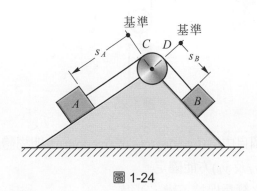

圖 1-24

滑塊 A 沿左側斜面作直線運動時，其位置可用相對於固定點 O 之位置 s_A 決定，通常以 s_A 增加之方向為滑塊 A 作直線運動之正方向。同樣滑塊 B 在右側斜面作直線運動之位置，由相對於固定點 O 之位置 s_B 決定，其正方向為 s_B 增加之方向。因不管滑塊 A、B 如何運動，繩長恆保持不變，即

$$s_A + s_B = l = \text{常數}$$

其中 l 為繩子長度，但不包括 CD 弧長，因運動過程中 CD 弧長恆為定值。

將上式對時間微分可得

$$\frac{ds_A}{dt} + \frac{ds_B}{dt} = \frac{dl}{dt} = 0$$

或 $v_B = -v_A$

式中負號表 A 朝正方向(沿左側斜面向下，s_A 增加)運動時，將使 B 朝其負方向(沿右側斜面向上，s_B 減少)運動。

同理，將速度微分可得加速度之關係式為

$$a_B = -a_A$$

圖 1-24 之系統為一個自由度(one degree of freedom)，因只需要一個變數，不論是 s_A 或 s_B，即可決定系統中所有運動物體(滑塊 A 及滑塊 B)之位置。

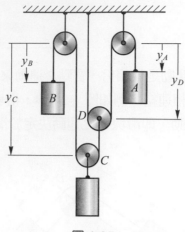

圖 1-25

圖 1-25 之系統為兩個自由度(two degrees of freedom)，即物體 C 之位置 y_C，必須已知物體 A 及物體 B 之位置(y_A 及 y_B)方能確定。

由連接物體 A 及滑輪 D 之繩長保持不變，可得

$$y_A + 2y_D = l_1 = 常數 \tag{a}$$

再由連結物體 B 及滑輪 C、D 之繩長保持不變，即

$$y_B + y_C + (y_C - y_D) = l_2 = 常數 \tag{b}$$

由(a)(b)兩式，聯立消去 y_D，可得

$$y_A + 2y_B + 4y_C = 2l_1 + l_2 \tag{c}$$

將公式(c)對時間微分

$$得 v_A + 2v_B + 4v_C = 0 \quad , \quad 或 \quad v_C = -\frac{1}{4}(v_A + 2v_B) \tag{d}$$

再將公式(d)對時間微分

$$得 a_A + 2a_B + 4a_C = 0 \quad , \quad 或 \quad a_C = -\frac{1}{4}(a_A + 2a_B) \tag{e}$$

例題 1-21

圖中之滑輪機構，當 A 點以 12 m/s 之速度向右運動時，試求滑塊 B 之運動速度？

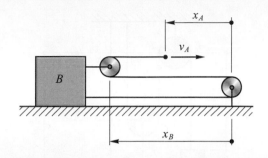

解 取右邊定滑輪之中心點作為描述 A 點及滑塊 B 位置之原點，其中因動滑輪與滑塊 B 一起移動，故以動滑輪中心代表滑塊 B 之位置。

由於運動中繩索之長度恆保持不變，故可得

$$(x_B - x_A) + 2x_B = l = 常數 \quad , \quad 或 \quad 3x_B - x_A = l$$

微分可得：$3v_B - v_A = 0$ ， 或 $3v_B = v_A$

已知 $v_A = -12$m/sec(負號表示 A 點朝 x_A 減少之方向運動)

故 $\quad v_B = \dfrac{v_A}{3} = \dfrac{-12}{3} = -4\,\text{m/s}$

負號表示滑塊 B 朝 x_B 減少之方向運動，即 $v_B = 4$ m/s $(\rightarrow)$◀

例題 1-22

圖中之滑輪系統，當物體 B 以 6 m/s 之速率向上運動時，試求此時物體 A 之速度？

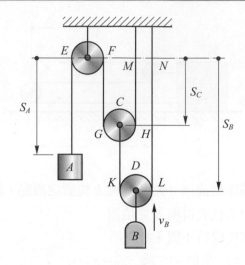

解 設取定滑輪中心點作爲描述運動物體位置之原點，其中物體 B 因與動滑輪 D 一起運動，故以動滑輪中心代表物體 B 之位置。

繩索 $AEFGHM$ 之長度在運動中恆保持不變，即

$$S_A + 2S_C = l_1 = \text{常數} \tag{1}$$

式中不包括 EF 及 GH 兩段半圓弧長，因在運動過程中兩者恆爲定值。

同樣，繩索 $CKLN$ 之長度在運動中恆保持不變，即

$$(S_B - S_C) + S_B = l_2 = \text{常數} \tag{2}$$

上式中亦不包括 KL 半圓弧長。

由(1)(2)消去 S_C 可得：$S_A + 4S_B = l_1 + 2l_2$

微分後可得：$v_A + 4v_B = 0$ ， 或 $v_A = -4v_B$

已知 $v_B = -6\text{m/s}$(v_B 向上運動是朝 S_B 減少之方向)

故 　　　$v_A = -4v_B = -4(-6) = 24$ m/s ($\downarrow$)◄

例題 1-23

圖中繩索 A 端隨汽車以 $v_A = 0.5$m/s 之等速度向右運動，另一端經定滑輪 D 拉起一只保險櫃 S。試求保險櫃經 E 處窗口時之速度與加速度。繩長為 30 m。

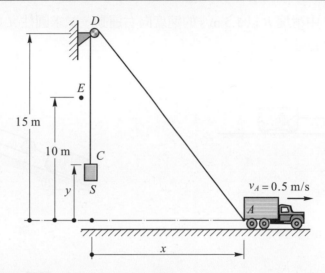

解 設以 x 表示 A 點之位置，而以 y 表示保險櫃 S 之位置，如圖所示。由於運動中繩索之長度恆保持不變，即 $l = l_{DA} + l_{CD}$

$$30 = \sqrt{(15)^2 + x^2} + (15 - y)$$

得　　　$y = \sqrt{225 + x^2} - 15$ 　　　　　　　　　　　　　(1)

將(1)式微分

$$v_S = \frac{dy}{dt} = \frac{1}{2} \frac{2x}{\sqrt{225 + x^2}} \frac{dx}{dt} = \frac{x}{\sqrt{225 + x^2}} v_A \tag{2}$$

當保險櫃達 E 點時，$y = 10$m，代入(1)式得 $x = 20$m

又 $v_A = 0.5$m/s，故保險櫃 S 達 E 點之速度為

$$v_S = \frac{20}{\sqrt{225 + (20)^2}}(0.5) = 0.4 \ \text{m/s} = 400 \ \text{mm/s} (\uparrow) \blacktriangleleft$$

將(2)式微分可得加速度

$$a_S = \frac{d^2 y}{dt^2} = \left[\frac{-x^2}{(225 + x^2)^{3/2}} \frac{dx}{dt} + \frac{1}{(225 + x^2)^{1/2}} \frac{dx}{dt} \right] v_A = \frac{225 v_A^2}{(225 + x^2)^{3/2}}$$

故可得 $y = 10$m 時之加速度為

$$a_S = \frac{225(0.5)^2}{\left[225 + (20)^2 \right]^{3/2}} = 0.00360 \ \text{m/s}^2 = 3.60 \ \text{mm/s}^2 (\uparrow) \blacktriangleleft$$

習題 6

1-77 如圖習題 1-77 中滑塊 B 以 1.5 m/s 的速度向右運動，試求圓柱 A 之速度？

【答】 $v_A = 0.5$ m/s($\uparrow$)。

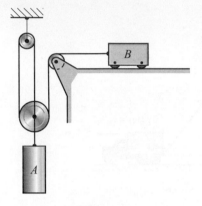

習題 1-77

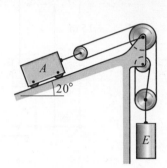

習題 1-78

1-78 如圖習題 1-78 中圓柱 B 在某瞬間之速度為 2m/s(向下)加速度為 0.5 m/s² (向上)，試求此時滑塊 A 之速度與加速度？

【答】 $v_A = 3$ m/s(沿斜面向上)，$a_A = 0.75$ m/s² (沿斜面向下)。

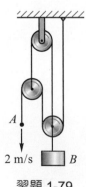

習題 1-79

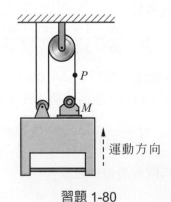

習題 1-80

1-79 如圖習題 1-79 中之滑輪系統，當繩索之 A 端以 2 m/s 之速度向下運動時，試求物體 B 之速度？

【答】 $v_B = 0.5$ m/s($\uparrow$)。

1-80 如圖習題 1-80 中之升降機 H 以 6 cm/s 之等速度上升，試求馬達 M 繞捲繩索之速度。

【答】$v_{P/M} = 18$ cm/s($\downarrow$)。

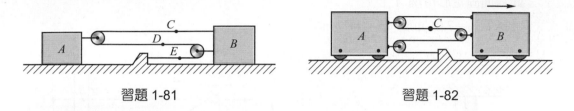

習題 1-81　　　　　　　　　　　　習題 1-82

1-81 如圖習題 1-81 中之滑塊 A 以 300 mm/s 的等速度向左移動。試求(a)滑塊 B 的速度；(b)D 點的速度；(c)A 相對於 B 之速度。

【答】(a)200 mm/s($\leftarrow$)，(b)400 mm/s($\leftarrow$)，(c)$v_{A/B} = 100$ mm/s($\leftarrow$)。

1-82 如圖習題 1-82 中滑塊 B 在某瞬間之速度為 2m/s(向右)，加速度為 3 m/s^2(向右)，試求在此瞬間(a)B 相對於 A 之速度與加速度；(b)繩索上 C 點之速度。

【答】(a)$v_{B/A} = 0.5$ m/s($\rightarrow$)，$a_{B/A} = 0.75$ m/s^2($\rightarrow$)，(b)$v_C = 1$ m/s($\rightarrow$)。

1-83 試求如圖習題 1-83 中 A、B、C、D 四個圓柱之速度關係式。設四個圓柱均取向下為正方向。

【答】$4v_A + 8v_B + 4v_C + v_D = 0$。

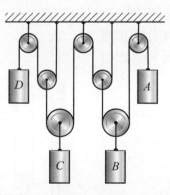

習題 1-83

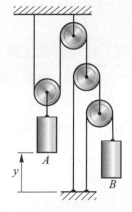

習題 1-84

1-84 如圖習題 1-84 中圓柱 A 之位置與時間之關係為 $y = t^2/4$，其中 y 之單位為公尺，t 之單位為秒，試求圓柱 B 之加速度。

【答】$a_B = 4$ m/s^2($\downarrow$)。

1-85 如圖習題 1-85 中所示滑輪機構,已知滑塊 A 在某瞬間之速度為 9 in/s(向下)加速度為 15in/s^2(向下),試求在此瞬間滑塊 B 之速度與加速度大小。滑塊 B 置於一斜面上,而此斜面固定於滑塊 A 上。

【答】$v_B = 7.01$ in/s,$a_B = 11.7$ in/s^2。

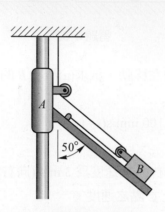

習題 1-85

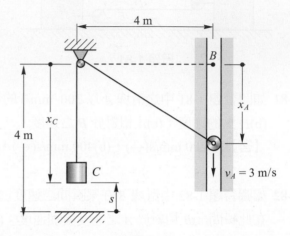

習題 1-86

1-86 如圖習題 1-86 中之滾子 A 在位置 B 時重物 C 恰置於地板上,今滾子以 $v_A = 3$ m/s 之等速度向下運動而將重物 C 拉上升,試求當 $s = 1$ m 時重物 C 之速度與加速度。設滑輪尺寸忽略不計。

【答】$v_C = 1.8$ m/s($\uparrow$),$a_C = 1.152$ m/s^2($\uparrow$)。

1-87 如圖習題 1-87 中套環 A 與 B 同時由靜止開始向下作等加速度運動,$a_A = 160$ mm/s^2,$a_B = 100$ mm/s^2,試求 4 秒後物體 C 相對於套環 A 之速度

【答】$v_{C/A} = 80$ mm/s($\uparrow$)。

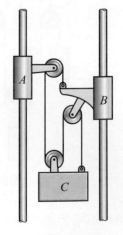

習題 1-87

質點力動學：力與加速度

2-1 牛頓第二運動定律

當質點受不平衡之力系作用時，該質點必有運動狀態發生改變，而力動學即在研究此不平衡力系與其所生運動之關係。在靜力學中已討論過各種力系之特性，而在上一章，亦討論過質點之運動情形，本章中，將討論質點受力與其運動狀態改變之關係定律，以為研究動力學之基礎。

運動方程式

由實驗觀察，當質點受外力 F_1 作用時，會使質點沿 F_1 之方向產生一加速度 a_1；相同之質點，若受外力 F_2 作用時，亦會使質點沿 F_2 之方向產生一加速度 a_2。實驗結果，可獲得一結論，即作用力與其所生加速度之比值恆為一常數，亦即

$$\frac{F_1}{a_1} = \frac{F_2}{a_2} = C = \text{常數} \tag{2-1}$$

此常數 C 為質點之一種特性，表示該質點對速度改變之一種阻抗，或質點抵抗其運動狀態改變之一種能力。若此常數 C 較大，對一已知作用力，質點之加速度較小，速度變化比較小，質點保持其原來運動狀態之能力比較大，亦即慣性較大。相反的，常數 C 比較小時，對相同之作用力，質點的加速度較大，速度變化比較大，質點不易保持其原來之運動狀態，亦即慣性比較小。故常數 C 表示質點之**慣性**(inertia)大小，而量度慣性大小之量稱為**質量**(mass)，以 m 表示之，故常數 C 與質點之質量成正比，因此公式(2-1)可寫為

$$\frac{F}{a} = km \quad \text{或} \quad F = kma \tag{2-2}$$

若 F 之單位由 ma 之乘積決定，或 m 之單位由 F/a 決定，則 $k = 1$，因此可簡化為以下列之數學式表示之

$$\mathbf{F} = m\mathbf{a} \tag{2-3}$$

上式關係稱為**牛頓第二運動定律**(Newton's second law of motion)，為動力學之基本方程式，又稱為**運動方程式**(equation of motion)。

若質點所受之力不只一個，則牛頓第二運動定律可寫為

$$\sum \mathbf{F} = m\mathbf{a} \tag{2-4}$$

其中 $\sum F$ 為質點所受之合力。上式表示：當質點承受合力為 $\sum F$ 時，質點必產生一加速度 **a**，其大小為 $a = \dfrac{\sum F}{m}$，而方向與合力 $\sum F$ 之方向相同。

運動方程式中之加速度必須從**牛頓坐標系**(Newtonian frame of reference)或**慣性坐標系**(inertia frame of reference)量度，慣性坐標系為靜止或等速度運動之坐標系，兩不同之慣性坐標系觀測同一質點之加速度必相等。工程上所涉及地表附近之力學問題都可將慣性坐標系固定於地球上。

重量

根據**牛頓萬有引力定律**(Newton's law of gravitation)，質量分別為 M 及 m 之兩質點，距離為 r 時，其間之**萬有引力**(gravitational force)為

$$F = \frac{GMm}{r^2}$$

其中 G 為**萬有引力常數**(constant of gravitation)，其值 $G = 6.673 \times 10^{-11}\ \text{m}^3/(\text{kg-s}^2)$。

上式只有當 m 及 M 均為質點時才能成立，即兩物體之尺寸必須甚小於兩者間之距離。若物體不是極小的質點，而為均質之球體，上式關係仍可使用，但是距離 r 必須由球心算起。

任何物體所受地球之萬有引力稱為重力，重力之大小稱為**重量**(weight)。設地球為一質量均勻分佈的球體，其總質量為 M，地球半徑為 R，則地球表面上質量為 m 之物體，其重量為

$$W = \frac{GMm}{R^2} \quad \text{或} \quad W = mg \tag{2-5}$$

其中 $g = GM/R^2$，單位為 N/kg，稱為地表之**重力場強度**(gravitational field strength)，亦即為地表上物體單位質量所受的重力。

由於 $W = mg$ 及 $F = ma$ 兩式具有相同的形式，且 g 的單位又可由 N/kg 化為 m/s^2，因此 g 又稱為**重力加速度**(gravitational acceleration)。

由於地球有自轉，本身不是一個真正的慣性坐標系，因此由實驗量得之重力加速度與重力場強度有差異。重力場強度不受地球自轉之影響，而重力加速度則受地球自轉之影響，兩者數值雖然相近，但觀念不容混淆，只是在工程上將地球自轉之影響忽略不計，而將重力加速度視為等於重力場強度。重力加速度 g 值隨地面位置而改變，但相差甚小，通

常以北緯 45°在海平面上所測得之值定為標準值而視為常數使用，其值為 $g = 9.81$ m/s^2 = 32.2 ft/s^2。

一般人很容易把「質量」(物體慣性之量度)及「重量」(物體所受之重力)混為一談；質量是物體固有的本質，不因物體所在位置而變，而重量則隨物體所在位置之重力場強度 g 而變。

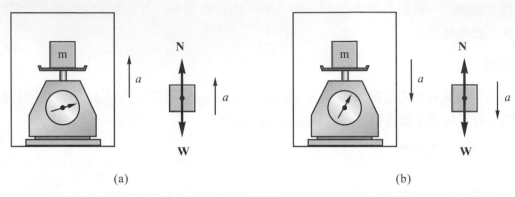

圖 2-1

視重(apparent weight)是物體所放置之接觸面對物體之正壓力。若磅秤置於靜止或等速度運動之水平面上，將物體置於磅秤上，由磅秤上之讀數可測得物體的實際重量，即視重等於物體的實際重量。若將磅秤置於升降機中，再將物體置於磅秤上，當升降機作加速運動時，物體的視重(磅秤對物體之正壓力)會發生變化，但物體的實際重量(地球對物體的萬有引力)則不受影響。

參考圖 2-1，將物體置於升降機中之磅秤上，當升降機以加速度 **a** 運動時，由牛頓第二定律可得 $N + mg = ma$。若升降機作等速度運動($a = 0$)，磅秤對物體之正壓力 $N = mg$，此時物體的視重等於其真實重量；若升降機向上加速運動，如圖 2-1(a)所示，得 $N = m(g + a)$，此時物體的視重大於真實重量；若升降機向下加速運動，如圖 2-1(b)所示，則 $N = m(g - a)$，此時物體的視重小於真實重量。若升降機的纜繩突然斷掉，升降機作自由落體運動，亦即 $a = g$，此時 $N = 0$，物體成為「無視重狀態」。

單位系統

本書主要使用兩個單位系統，即 **SI 單位系統**(international system of units，簡稱 SI)與**美國慣用單位系統**(United States customary units system，簡稱 USCS)或稱為英制重力單位。然而在台灣工業界則依然普遍用公制重力單位，此單位系統本書僅偶而使用之。

SI 單位系統是以「質量」、「長度」及「時間」為基本因次(dimension)，其單位分別為公斤或仟克(kg)、公尺或米(m)及秒(s)，而「力」為誘導因次，單位為牛頓(N，*newton*)，是由牛頓第二定律以質量與加速度之乘積 ma 所定義，故 $N = kg\text{-}m/s^2$。因此公式(2-4)中，力 F 之單位為牛頓(N)，質量單位為仟克或公斤(kg)，加速度 a 之單位為米／秒或公尺／秒(m/s)。至於質量為 1kg 之物體，由 $W = mg$，可得其重量為 9.81 N。

USCS 單位系統是以「力」、「長度」及「時間」為基本因次，其單位分別為磅(lb)、呎(ft)及秒(s)，而「質量」為誘導因次，單位為斯勒(slug)，是由牛頓第二運動以力除加速度 F/a 所定義，故 $slug = lb\text{-}s^2/ft$。因此公式(2-4)中，力 F 之單位為磅(lb)，質量 m 之單位為斯勒(slug)，加速度 a 之單位為呎／秒(ft/s)。對於重量為 W(lb)之物體，由公式(2-5)，其質量為 W/g(slug)，故牛頓第二運動定律之公式可改寫為

$$\sum \mathbf{F} = \frac{W}{g}\mathbf{a} \tag{2-6}$$

其中 F 與 W 之單位均為磅(lb)。

在台灣工業界通常用公斤為力或重量之單位，此時之公斤宜稱為公斤力或公斤重 (kg_f)，且 $1kg_f = 9.81N$，若物體承受之力量單位為 kg_f，則可將力之單位改為牛頓(N)，再代入公式(2-4)中運算。

2-2 運動方程式：直角分量

質量為 m 之質點受數個外力作用，如圖 2-2(a)所示，由牛頓第二定律，$\sum \mathbf{F} = m\mathbf{a}$，其中 $\sum \mathbf{F}$ 為質點所受外力之合力，如圖 2-2(b)所示，$\mathbf{a}$ 為質點所生之加速度。將質點之加速度 $\mathbf{a}$ 與其質量 m 相乘，所得之力 "ma" 稱為 $\sum \mathbf{F}$ 之**等效力**(effective force)，質點承受等效力 $m\mathbf{a}$ 作用之圖，為該質點所受力系之**等效力圖**(effective force diagram)或**力動圖**(kinetic diagram)，亦即圖 2-2(a)之外力圖可產生(c)圖質點之外效應圖。

將 $\mathbf{F}$ 及 $\mathbf{a}$ 分解為直角分量，則公式(2-4)可寫為 $\sum F_x\mathbf{i}+\sum F_y\mathbf{j} = m(a_x\mathbf{i}+a_y\mathbf{j})$，將 x 及 y 兩方向之分量分別寫出，則可得兩個純量的運動方程式，即

$$\sum F_x = ma_x \quad , \quad \sum F_y = ma_y \tag{2-7}$$

式中 $a_x = \ddot{x}$，$a_y = \ddot{y}$。

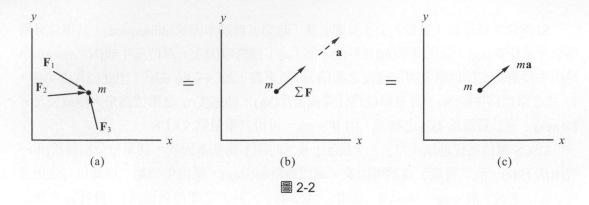

圖 2-2

　　利用運動方程式解力動學問題，若能按照適當之步驟，循序求解，必可減少解題困難，並減少錯誤發生。通常解題之步驟如下：

1. 由題意確定已知之量，並決定所需求解之未知量。

2. 將運動物體之自由體圖繪出。

3. 由物體之運動型式，列出其運動方程式。此步驟需按物體之運動特性選取適當之坐標系。

4. 由自由體圖及運動方程式，列出所有未知量及可用於求解之方程式。

5. 比較未知量之數目及方程式之數目：

　　(1) 若方程式之數目等於未知量之數目，則可解題，接著按步驟 7 進行求解。

　　(2) 若方程式之數目少於未知量之數目，則需按步驟 6 再尋求相關之方程式。

6. 除運動方程式外，其他與求解相關之方程式包括：

　　(1) 對作相依運動之質點找出彼此間加速度之關係式。

　　(2) 由另一運動物體之自由體圖所得之運動方程式。

　　(3) 對於粗糙接觸面由摩擦定律所得之方程式。

7. 當方程式之數目等於未知量之數目時，分析即完成。將已知之數據代入方程式中，便可計算解得所需之未知數。

例題 2-1

　　50 kg 之木箱靜止置於水平粗糙面上，今對木箱上施加一仰角為 30° 之拉力 $P = 400$N，使木箱向右加速滑動，如圖(a)所示，試求由靜止運動 5 秒後木箱之速度？木箱與水平粗糙面間之動摩擦係數為 0.3。

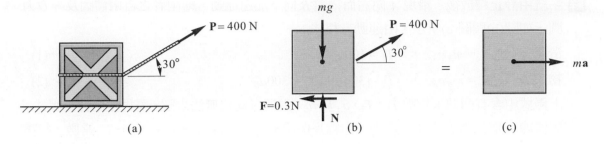

(a)　　　　　　　　　　　　(b)　　　　　　　　　　　(c)

解 木箱受拉力 P 作用而加速向右運動，繪其自由體圖如圖(b)所示，圖(c)為其等效力圖，由木箱之運動方程式：

$$\sum F_x = ma_x, \quad P\cos30°-0.3N = ma, \quad 400\cos30°-0.3N = 50a \tag{1}$$

$$\sum F_y = ma_y, \quad N + P\sin30°-mg = 0, \quad N + 400\sin30°-50(9.81) = 0 \tag{2}$$

由(1)(2)兩式解得：$N = 290.5$ N ， $a = 5.19$ m/s^2

木箱由靜止以 $a = 5.19$ m/s^2 之等加速度向右運動，5 秒後之速度為

$$v = v_0 + at = 0 + (5.19)(5) = 26.0 \text{ m/s} \blacktriangleleft$$

例題 2-2

圖中滑塊 A 與物體 B 以繩索及滑輪連結，設水平面及滑輪均無摩擦，且繩索及滑輪之質量忽略不計。今將系統由靜止釋放，試求 A、B 兩者之加速度及其繩索之張力。

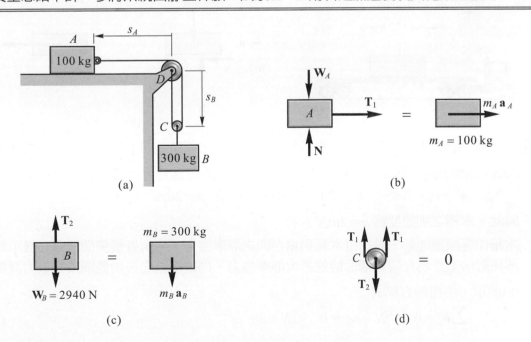

(a)　　　　　　　　　　　　(b)

(c)　　　　　　　　　　　　(d)

解 系統由靜止釋放後，滑塊 A 向右而物體 B 向下加速運動，繪兩者之自由體圖及等效力圖，如圖(b)與圖(c)所示，由運動方程式：

滑塊 A：$\sum F_x = m_A a_A$ ，　　$T_1 = 100 a_A$　　　　　　　　　　　(1)

物體 B：$\sum F_y = m_B a_B$ ，　　$T_2 - (300)(9.81) = 300 a_B$　　　　　　(2)

上兩式中含有四個未知數 T_1，T_2，a_A 及 a_B，兩個方程式無法求解，需再找兩個方程式。因滑塊 A 與物體 B 作相依運動，由繩長保持不變之關係可得 $s_A + 2s_B = l =$ 常數，經微分兩次得 $a_A = -2a_B$，其中負號表示 B 朝正方向(向下)運動時 A 朝負方向(向右)運動，故 A 與 B 之加速度大小關係為

$$a_A = 2a_B \tag{3}$$

再由滑輪 C 之自由體圖，如圖(d)所示，因滑輪質量不計，故

$$T_2 = 2T_1 \tag{4}$$

將(3)(4)代入(1)(2)可解得

$$a_A = 8.40 \text{ m/s}^2 \blacktriangleleft \quad , \quad a_B = 4.20 \text{ m/s}^2 \blacktriangleleft \quad , \quad T_1 = 840\text{N} \blacktriangleleft \quad , \quad T_2 = 1680\text{N} \blacktriangleleft$$

例題 2-3

一貨車以 72km/hr 之等速度行駛，如圖所示，若貨車以等減速煞車，欲在 100m 內停止，則欲避免車上之木箱產生滑動，木箱與車台間所需之最小靜摩擦係數為若干？

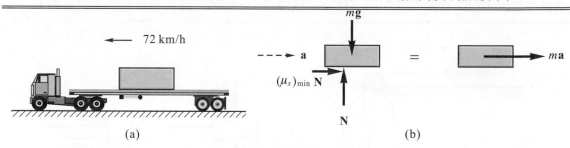

(a)　　　　　　　　　　　　　　　　　　(b)

解 因木箱不能在車台上滑動，故木箱與貨車有相同之運動，即木箱由初速 $v_0 = 72$kg/hr = 20m/s 以等減速移動 $x = 100$m 之距離後停止，則由等加速度直線運動之公式：

$$v^2 = v_0^2 - 2ax \quad , \quad 0^2 = 20^2 - 2a(100) \quad , \quad 得 \quad a = 2\text{m/s}^2$$

因此，木箱之加速度為 $a = 2\text{m/s}^2 \ (\rightarrow)$

木箱作等減速運動，是利用木箱與車台間之靜摩擦力，故兩者接觸面所需之最小靜摩擦係數 $(\mu_s)_{\min}$ 為此時接觸面恰達最大靜摩擦力，則繪木箱之自由體圖及等效力圖如圖(b)所示，由運動方程式：

$$\sum F_y = 0 \quad , \quad N - mg = 0 \quad , \quad N = mg \tag{1}$$

$$\sum F_x = ma_x \text{，} (\mu_s)_{\min} N = ma \tag{2}$$

(1)代入(2)：$(\mu_s)_{\min} mg = ma$ ， 得 $(\mu_s)_{\min} = \dfrac{a}{g} = \dfrac{2}{9.81} = 0.204$ ◀

例題 2-4

　　重 180 lb 之人站在一重 1450 lb 之電梯中，如圖(a)所示，當電梯以 8ft/s^2 之加速度上升時，試求(a)此人之視重(apparent weight)；(b)電梯上鋼索之張力 T；(c)若電梯以 8ft/s^2 之加速度下降，則人之視重為何？(d)此人之視重為零時，電梯之加速度為何？

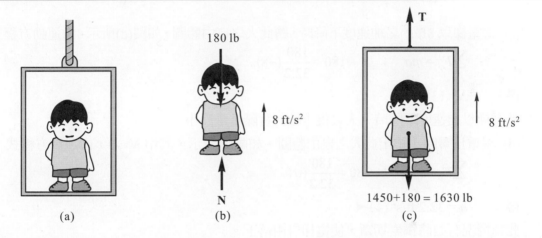

(a)　　　　　　　　　(b)　　　　　　　　　(c)

解 (a) 電梯以 8ft/s^2 之加速度上升時，繪此人之自由體圖，如圖(b)所示，由運動方程式：

$$\sum F_y = ma_y \text{，} \quad N - 180 = \frac{180}{32.2}(8) \text{，} \quad 得 \ N = 225 \text{ lb} ◀$$

N 為電梯地板對人之作用力，即為視重。由牛頓第三定律，人對地板之作用力與 N 之大小相等方向相反，若此時人站在電梯中之磅秤上，將指出其重量為 225 lb，較此人實際之重量為重。

(b) 取電梯之自由體圖，如圖(c)所示，其中 T 為電梯鋼索之張力，由運動方程式：

$$\sum F_y = ma_y \text{；} \quad T - (1450 + 180) = \frac{(1450 + 180)}{32.2}(8) \text{，} \quad 得 \ T = 2030 \text{ lb} ◀$$

注意，式中並未包括人與電梯地板間之作用力，因對圖(c)所取之自由體圖而言，此作用力為內力。

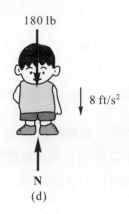

180 lb

8 ft/s^2

N

(d)

180 lb

N = 0

(e)

(c) 當電梯以 8ft/s^2 之加速度下降時，繪此人之自由體圖，如圖(d)所示，由運動方程式：

$$\sum F_y = ma_y \quad ; \quad N - 180 = \frac{180}{32.2}(-8)$$

得　　　$N = 135 \text{ lb}$ ◀

當電梯以加速度下降時，人之視重較其實際重量爲小。

(d) 視重爲零時，繪出此人之自由體圖，如圖(e)所示，其中 $N = 0$，由運動方程式

$$\sum F_y = ma_y \quad ; \quad 180 = \frac{180}{32.2}(a)$$

得　　　$a = 32.2 \text{ ft/s}^2 (\downarrow)$ ◀

此種情況有如將鋼索切斷，使電梯自由落下。

例題 2-5

　　將圖中系統由靜止釋放，試求 A、B 兩物體之加速度及繩中之張力。已知物體 A 與斜面間之 $\mu_s = 0.25$，$\mu_k = 0.20$，設滑輪與繩索之質量及摩擦均忽略不計。

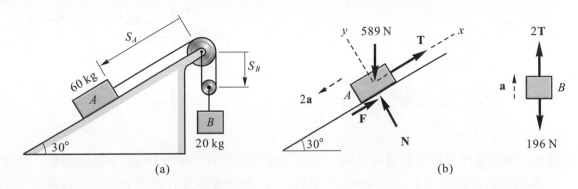

(a)　　　　　　　　　　　　　　　　　　(b)

解 由靜止釋放時，物體 A 沿斜面向下之分量 $60\sin30° - 0.25(60\cos30°) = 17.0$ kg$_f$ 大於繩子之張力 10 kg$_f$，故 A 沿斜面向下運動而 B 向上運動。

　　因繩子之長度恆保持不變，由圖(a)可得 $S_A + 2S_B = l$ =定值，經微分兩次得 $a_A = -2a_B$ (負號表示 B 朝 S_B 減少之方向運動時 A 朝 S_A 增加之方向運動)。

　　設 $a_B = a$(向上)，則 $a_A = 2a$(沿斜面向下)，如(b)圖所示。

　　由 A、B 兩物體之運動方程式：

B 物體：$\sum F_y = ma_y$，　$2T - 196 = 20a$ 　　　　　　　　　　　　　　(1)

A 物體：$\sum F_y = 0$　，　$N = 589\cos30° = 510$N 　　　　　　　　　　　(2)

　　　　　$\sum F_x = ma_x$，　$589\sin30° - T - \mu_k N = 60(2a)$ 　　　　　　　(3)

(2)代入(3)$589\sin30° - T - 0.20(510) = 60(2a)$ 　　　　　　　　　　　　　(4)

(1)(4)聯立得 $a = 0.727$m/s^2 ，　$T = 105.3$N

故　　　$a_B = 0.727$ m/s^2(向上) ◀ 　，　$a_A = 2a = 1.454$ m/s^2(沿斜面向下) ◀

　　　　$T_B = 2T = 210.6$ N◀ 　，　$T_A = T = 105.3$ N◀

例題 2-6

　　將質量 120 kg 之木箱 A 放在一質量 12 kg 之搬運車 B 上，如圖所示，已知木箱與搬運車間之靜摩擦係數為 0.30，動摩擦係數為 0.25；(a)若欲避免木箱在搬運車上滑動，則拉力 P 之最大值為何？(b)若拉力 $P = 450$ N，試求木箱相對於搬運車之加速度？

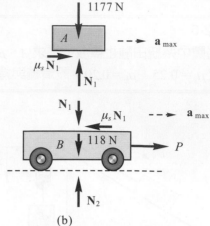

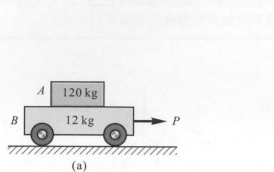

(a)

(b)

解 (a) 當作用力 P 拉動搬運車 B 時，木箱 A 受到接觸面之摩擦力而隨著加速運動，而當木箱即將在搬運車上滑動時，此時之拉力 P 為避免木箱在搬運上滑動之容許最大拉力。繪此時木箱與搬運車之自由體圖，如圖(b)所示，由運動方程式

木箱： $\sum F_y = m_A a_y$ ， $N_1 = 1177\text{N}$

$\qquad \sum F_x = m_A a_x$ ， $\mu_s N_1 = m_A a_{\max}$ ， $0.30(1177) = 120 a_{\max}$

$\qquad a_{\max} = 2.94 \text{ m/s}^2$

搬運車： $\sum F_x = m_B a_x$ ， $P - \mu_s N_1 = m_B a_{\max}$ ， $P - 0.3(1177) = 12(2.94)$

得 $\qquad P = 388 \text{ N} \blacktriangleleft$

(b) 因施力 $P = 450\text{N} > 388\text{N}$，故木箱會在搬運車上滑動，接觸面為動摩擦力。設此時木箱之加速度為 a_A，搬運車之加速度為 a_B，繪此時兩者之自由體圖，如圖(c)所示，由運動方程式

木箱： $\sum F_y = m_A a_y$ ， $N_1 = 1177\text{N}$

$\qquad \sum F_x = m_A a_A$ ， $\mu_k N_1 = m_A a_A$

$\qquad 0.25(1177) = 120 a_A$ ， 得 $a_A = 2.45 \text{ m/s}^2$

搬運車： $\sum F_x = m_B a_B$ ， $450 - \mu_K N_1 = 12 a_B$

$\qquad 450 - 0.25(1177) = 12 a_B$ ， 得 $a_B = 12.98 \text{ m/s}^2$

故木箱相對於搬運車之加速度為

$\qquad a_{A/B} = a_A - a_B = 2.45 - 12.98 = -10.53 \text{ m/s}^2$

$\qquad a_{A/B} = 10.53 \text{ m/s}^2 (\leftarrow) \blacktriangleleft$

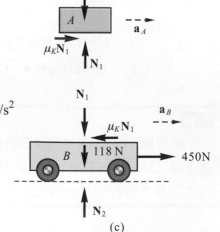

(c)

例題 2-7

質量 4 kg 之物體 B 置於質量為 10 kg 之楔塊 A 上，如圖所示，設所有接觸面均為光滑，若將兩者由靜止釋放，試求楔塊 A 之加速度 a_A 及物體 B 相對於楔塊 A 之加速度 $a_{B/A}$？

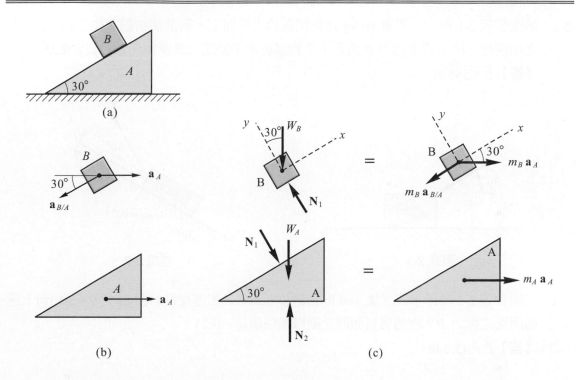

(a)

(b)   (c)

解 (1) 首先分析 A、B 兩者之加速度：參考圖(b)所示：

楔塊 A 被限制在水平面上滑動，其加速度 a_A 之方向為水平向右。

物體 B 之加速度為 $\mathbf{a}_B = \mathbf{a}_{B/A} + \mathbf{a}_A$，其中 $\mathbf{a}_{B/A}$ 為 B 相對於 A 之加速度，方向為沿斜面向下。

(2) 繪物體 B 及楔塊 A 之自由體圖及等效力圖，如圖(c)所示，由運動方程式：

楔塊 A：$\sum F_x = m_A a_x$ ， $N_1 \sin 30° = m_A a_A$ ， $0.5 N_1 = m_A a_A$ $\qquad$ (1)

物體 B：$\sum F_x = m_B a_x$ ， $-m_B g \sin 30° = m_B (a_A \cos 30° - a_{B/A})$

$\qquad a_{B/A} = a_A \cos 30° + g \sin 30°$ $\qquad\qquad$ (2)

$\qquad \sum F_y = m_B a_y$ ， $N_1 - m_B g \cos 30° = -m_B a_A \sin 30°$ $\qquad\qquad$ (3)

將(1)代入(3)：$2 m_A a_A - m_B g \cos 30° = -m_B a_A \sin 30°$

得 $\qquad a_A = \dfrac{m_B \cos 30°}{2 m_A + m_B \sin 30°} g = \dfrac{4 \cos 30°}{2(10) + 4 \sin 30°} g = 1.54 \text{ m/s}^2$ ◀

代入(2)式 $a_{B/A} = 1.54 \cos 30° + 9.81 \sin 30° = 6.24 \text{ m/s}^2$ ◀

習題1

2-1 如圖習題 2-1 所示，質量 80 kg 之物體置於水平面上，若欲使物體產生 2.5 m/s² 向右之加速度，則所需之推力 P 為若干？物體與水平面間之動摩擦係數為 $\mu_k = 0.25$。

【答】$P = 535$ N。

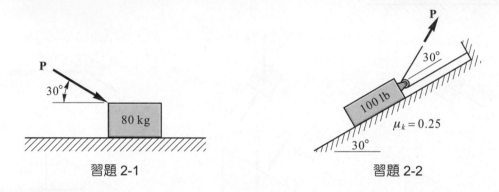

習題 2-1　　　　　　　　　　　　　習題 2-2

2-2 如圖習題 2-2 所示，試求使 100 lb 物體以 5 ft/s² 之加速度沿斜面(傾角 $\theta = 30°$)向上運動所需之拉力 P？物體與斜面間之動摩擦係數 $\mu_k = 0.25$。

【答】$P = 43.8$ lb。

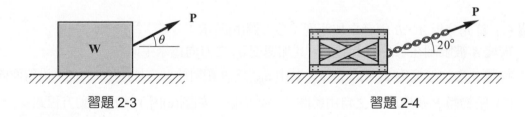

習題 2-3　　　　　　　　　　　　　習題 2-4

2-3 如圖習題 2-3 中重 85 lb 之物體與水平面間之動摩擦係數為 $\mu_k = 0.20$，今一拉力 $P = 100$ lb 作用在物體上，若欲使物體之加速度為最大，則作用力 P 之角度 θ 為何？並求此最大加速度。

【答】$\theta = 11.3°$，$a = 32.2$ ft/s²。

2-4 如圖習題 2-4 中木箱質量為 80 kg，今以鏈條對木箱施加拉力 P，P 與水平方向之夾角為 20°，P 之大小與時間之關係為 $P = (90t^2)$ N，其中 t 之單位為秒，試求 $t = 2$ 秒時木箱之加速度。木箱與水平面之靜摩擦係數 $\mu_s = 0.4$，動摩擦係數 $\mu_k = 0.3$。

【答】$a = 1.75$ m/s^2。

2-5 汽車由靜止開始運動 50 m，在理論上(阻力忽略不計)所能達到的最大速度為何？已知輪胎與地面間的靜摩擦係數為 0.80，(a)設汽車為四輪驅動；(b)設汽車為前輪驅動，已知 60% 的重量分佈於前輪，40% 在後輪。

【答】(a)$v = 28.01$ m/s，(b)$v = 21.7$ m/s。

2-6 下圖習題 2-6(1)(2)二圖之滑輪系統均由靜止起動，設滑輪重量及摩擦不計，試求二系統中(a)A 的加速度；(b)2 秒後 A 的速度；(c)A 移動 3 m 後的速度。(繩索質量不計)

【答】(1)(a)2.45 m/s^2　(b)4.90 m/s　(c)3.83 m/s

(2)(a)3.92 m/s^2　(b)7.84 m/s　(c)4.85 m/s。

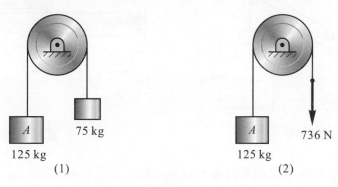

習題 2-6

2-7 如圖習題 2-7 中質量為 2kg 之套環可在鉛直之光滑桿上滑動，套環上連結一自由長度為 0.75m 之彈簧，其彈簧常數(stiffness) $k = 3$ N/m，今將套環在 A 點(彈簧呈水平)由靜止釋放，試求套環落下 $y = 1$ m 至 C 點時之加速度？

【答】$a = 9.21$ m/s^2。

2-8 如圖習題 2-8 中滑輪系統承受 20 N 之力由靜止起動，試求 $t = 1.2$s 時，(a)套環 A 的速度，(b)套環 B 的速度。設不計滑輪質量，且所有接觸面為光滑。$m_A = 7.5$kg，$m_B = 10$kg。

【答】(a)$v_A = 1.2$ m/s，(b)$v_B = 0.6$ m/s。

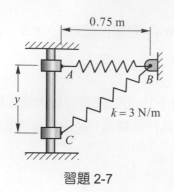

習題 2-7

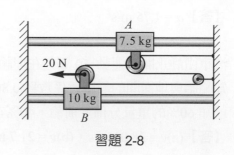

習題 2-8

2-9 如圖習題 2-9 中滑動系統由靜止釋放後，試求物體 A 撞地時之速度。

【答】v = 4.62 m/s。

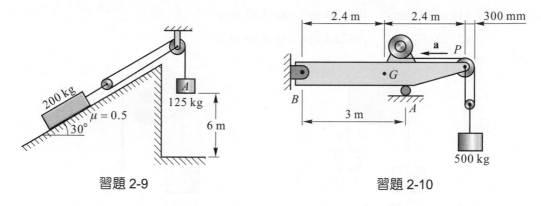

習題 2-9　　　　　　　　　　　習題 2-10

2-10 如圖習題 2-10 中所示之起重設備，絞車與樑之質量共為 1200 kg，重心在 G 點。若絞車以 a = 6 m/s² 之加速度繞捲繩索，吊升 500 kg 之荷重，試求此時支承 A 之反力。

【答】R_A = 20000 N。

2-11 如圖習題 2-11 中滑塊 A 與 B 之質量分別為 15 kg 與 10 kg，而滑塊 A、B 與斜面間之摩擦係數分別為 0.5 及 0.2，當兩者由靜止一起釋放，試求滑塊 A 與 B 間之作用力。

【答】F = 14.13 N。

習題 2-11

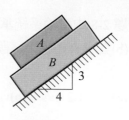

習題 2-12

2-12 如圖習題 2-12 中滑塊 B 之重量爲滑塊 A 之兩倍，而所有接觸面之靜摩擦係爲 0.40，動摩擦係數爲 0.30。今將兩滑塊疊在一起由圖示之位置靜止釋放，試求滑塊 A 之加速度。

【答】 $a_A = 3.53 \text{ m/s}^2$。

習題 2-13　　　　　　　　　　習題 2-14

2-13 如圖習題 2-13 中 $m_A = 2.0 \text{ kg}$，$m_B = 4.0 \text{ kg}$，兩者疊在一起靜止置於水平面上，今在物體 A 上施加一水平力 20N，試求 A、B 兩者之加速度。A 與 B 間之靜摩擦及動摩擦係數均爲 0.7，B 與水平面之靜摩擦及動摩擦係數均爲 0.2。

【答】 $a_A = 3.13 \text{ m/s}^2$，$a_B = 0.49 \text{ m/s}^2$。

2-14 如圖習題 2-14 中 $W_A = 45 \text{ lb}$，$W_B = 30 \text{ lb}$，兩者疊在一起靜止置於水平光滑面上，A 與 B 間之靜摩擦係數爲 0.25，動摩擦係數爲 0.20，今在 B 上施加一水平推力 $P = 20 \text{ lb}$，試求 A 及 B 之加速度。

【答】 $a_A = 6.44 \text{ ft/s}^2$，$a_B = 11.81 \text{ ft/s}^2$。

2-15 如圖習題 2-15 中重量爲 12 lb 的物體 B 置於重量爲 30 lb 的楔塊 A 上，今將系統由圖示之位置靜止釋放，試求(a)A 的加速度；(B)B 相對於 A 的加速度。設所有接觸面爲光滑。

【答】 (a)$a_A = 20.49 \text{ ft/s}^2$，(b)$a_{B/A} = 17.75 \text{ ft/s}^2 (\rightarrow)$。

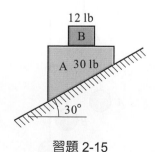

習題 2-15

2-16 質量為 20 kg 之物體 B 與質量為 30 kg 之滑車 A 以 2 m 長之繩索連接，如圖習題 2-16 所示，今將系統由靜止釋放，試求釋放後瞬間(a)滑車 A 之加速度；(b)繩中之張力。設不計摩擦。

【答】 (a) $a_A = 2.24$ m/s^2，(b)$T = 158.7$ N。

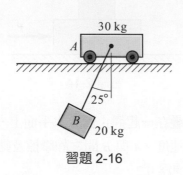

習題 2-16

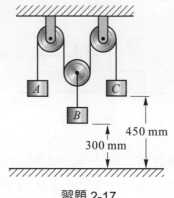

習題 2-17

2-17 如圖習題 2-17 中滑輪系統，若 $m_A = 5$ kg，$m_B = 15$ kg，$m_C = 10$ kg，今將系統在圖示之位置由靜止釋放，試求三物體之加速度，又何者會先著地？設滑輪與繩索之質量及摩擦忽略不計。

【答】 $a_A = -4.04$ m/s^2(↑)，$a_B = 0.557$ m/s^2(↓)，$a_C = 2.89$ m/s^2(↓)，C 先著地。

2-18 如圖習題 2-18 中滑輪系統，$m_A = m$，$m_B = 15$ m，$m_C = 2.5$ m，今將系統由圖示之位置釋放，試求三物體之加速度。設滑輪與繩索之質量及摩擦忽略不計。

【答】 $a_A = 0.224$ g(↑)，$a_B = 0.184$ g(↓)，$a_C = 0.0204$ g(↓)。

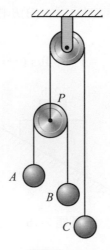

習題 2-18

2-3 運動方程式：切線與法線分量

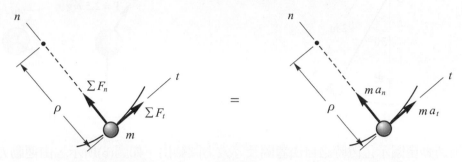

圖 2-3

　　當質點之運動路徑為已知時，可將質點所受之外力及加速度分解為切線及法線方向之分量，如圖 2-3 所示，則可得兩個純量方程式

$$\sum F_t = ma_t \quad , \quad \sum F_n = ma_n \tag{2-8}$$

式中 $a_t = \dot{v} = \ddot{s}$ ， $a_n = \dfrac{v^2}{\rho} = \rho\dot{\theta}^2$ 。

公式(2-8)中第一式表示運動質點速率之改變($a_t = dv/dt$)是由於質點所受外力在切線方向之分量和所造成，當 $\sum F_t$ 與質點之運動方向相同時，質點之速率漸增，反之，$\sum F_t$ 與質點之運動方向相反時，質點之運動速率漸減。第二式表示質點速度方向之改變，是由於質點所受外力在法線方向之分量和所造成，$\sum F_n$ 之方向恆指向質點運動路徑之曲率中心，與法線加速度 a_n 之方向相同，故可稱為**向心力**(centripetal force)。

　　向心力之 "向心" 兩個字，僅指該力之方向指向曲線之曲率中心，至於向心力來源可能是繩索張力、彈力、正壓力、摩擦力或重力，必須分析質點所受之所有外力，由法線方向之分量即可判斷向心力之來源。

例題 2-8

　　長 2m 之單擺在一鉛直面上擺動，擺至圖示位置時，繩中之張力為擺錘重量之 2.5 倍，試求擺錘在此位置之速度與加速度。

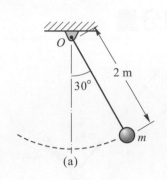

(a)

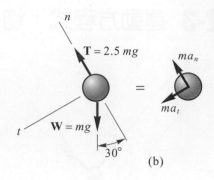

(b)

解 將擺錘運動至圖示位置時之自由體圖及等效力圖繪出，如圖(b)所示，由運動方程式

$$\sum F_t = ma_t \quad , \quad mg\sin 30° = ma_t \quad , \quad a_t = g\sin 30° = 4.90 \text{ m/s}^2 \blacktriangleleft$$

$$\sum F_n = ma_n \quad , \quad 2.5mg - mg\cos 30° = ma_n \quad , \quad a_n = 1.634g = 16.03 \text{ m/s}^2 \blacktriangleleft$$

由向心加速度： $a_n = \dfrac{v^2}{\rho}$ ， 得 $v = \sqrt{\rho a_n} = \sqrt{(2)(16.03)} = 5.66 \text{ m/s} \blacktriangleleft$

例題 2-9

　　一錐動擺在水平面上作等速率圓周運動，如圖所示，已知 $m = 3$kg，$L = 800$mm，切線速度為 1.2m/s，試求 (a)擺繩與垂線之夾角 θ；(b)繩中之張力。

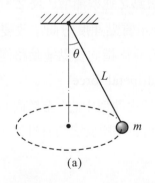

(a)

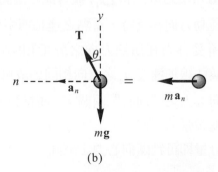

(b)

解 擺球作水平面上之等速率圓周運動，繪擺球之自由體圖及等效力圖，如圖(b)所示，由牛頓第二運動定律：

$$\sum F_y = 0 \quad , \quad T\cos\theta = mg \tag{1}$$

$$\sum F_n = ma_n \quad , \quad T\sin\theta = m\frac{v^2}{L\sin\theta} \tag{2}$$

$\dfrac{(2)}{(1)}$ 得 $\dfrac{\sin\theta}{\cos\theta} = \dfrac{v^2}{gL\sin\theta}$ ， $\dfrac{\sin^2\theta}{\cos\theta} = \dfrac{v^2}{gL} = \dfrac{12^2}{9.81(0.8)} = 0.183$

因 $\sin^2\theta = 1 - \cos^2\theta$ ，代入上式整理可得 $\cos^2\theta + 0.183\cos\theta - 1 = 0$

解得　　$\cos\theta = 0.912$ ，　$\theta = 24.2°$ ◀

代入(1)得 $T = \dfrac{mg}{\cos\theta} = \dfrac{3(9.81)}{0.912} = 32.3\text{N}$ ◀

例題 2-10

　　一汽車在半徑為 250 m 之水平彎道上保持等速行駛，設汽車輪胎與路面間之靜摩擦係數為 0.42，(a)路面為水平時，若汽車欲避免滑離路面，則汽車可行駛之最大速率為何？(b) 路面向內傾斜 15°時，若汽車欲避免滑離路面，則汽車可行駛之最大速率為何？

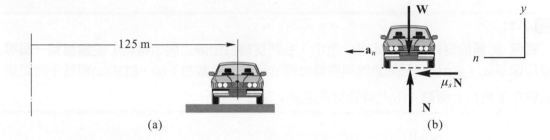

(a) 　　　　　　　　　　　(b)

解 (a) 當汽車即將滑離路面時，此時為汽車在彎道可行駛之最大速率，接觸面之摩擦力為最大靜摩擦力，繪汽車此時之自由體圖，如圖(b)所示，由運動方程式

$$\sum F_y = ma_y \text{ , } N - W = 0 \text{ , } N = W \tag{1}$$

$$\sum F_n = ma_n \text{ , } \mu_s N = \frac{W}{g} \cdot \frac{v^2}{\rho} \tag{2}$$

將(1)代入(2)式，得 $\mu_s W = \dfrac{W}{g}\dfrac{v^2}{\rho}$ ，$v = \sqrt{\mu_s \rho g}$

故　　$v = \sqrt{0.42(125)(9.81)} = 22.7 \text{ m/s} = 81.7 \text{ km/hr}$ ◀

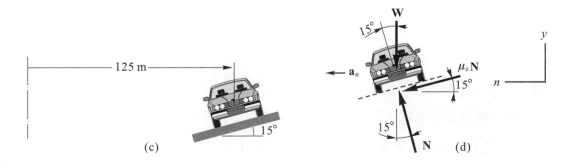

(c) 　　　　　　　　　　　(d)

(b) 繪汽車即將滑離路面時之自由體圖,如圖(d)所示,此時之速率為避免汽車滑離路面所能行駛之最大速率,由運動方程式

$$\sum F_y = ma_y \quad , \quad -W - \mu_s N \sin 15° + N \cos 15° = 0 \tag{3}$$

$$\sum F_n = ma_n \quad , \quad N \sin 15° + \mu_s N \cos 15° = \frac{W}{g} \cdot \frac{v^2}{\rho} \tag{4}$$

由(3)式得 $N = 1.17W$,代入(4)式

$$(1.17W)(\sin 15° + 0.42 \cos 15°) = \frac{W}{9.81} \frac{v^2}{(125)}$$

$$v = 30.9 \text{m/s} = 111 \text{ km/hr} \blacktriangleleft$$

例題 2-11

　　圓盤 B 置於旋轉台上,如圖(a)所示,今將旋轉台由靜止開始轉動,使圓盤有一個等切線加速率 $a_t = 6 \text{ ft/s}^2$。已知圓盤與旋轉台間的靜摩擦係數為 0.60,試求(a)經若干時間後圓盤會在旋轉台上滑動?(b)此時圓盤的速度 v 為若干?

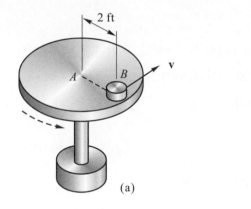

(a)

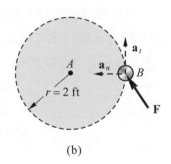

(b)

解 因旋轉台為等角加速度轉動($a_t = r\alpha$),圓盤 B 有切線加速度及法線加速度,總加速度為

$$a = \sqrt{a_t^2 + a_n^2}$$

其中 $a_n = v^2/r$,且 $v = a_t t$,則 $a_n = \dfrac{v^2}{r} = \dfrac{a_t^2 t^2}{r} = \dfrac{6^2 t^2}{2} = 18t^2 \text{ft} / \text{s}^2$

故　　$a = \sqrt{6^2 + (18t^2)^2} = 6\sqrt{1 + 9t^4} \text{ ft/s}^2$

由於供給圓盤 B 產生加速運動之外力僅有接觸面之靜摩擦力 F,故由牛頓第二運動定律

$$\sum F = ma \quad , \quad F = \frac{W}{g} a = \frac{W}{g} (6\sqrt{1 + 9t^4})$$

當接觸面達最大靜摩擦力($F = \mu_s W$)時，圓盤 B 即將滑動，設所經之時間為 t_m，則上式可寫為

$$\mu_s W = \frac{W}{g}(6\sqrt{1 + 9t_m^4})$$

將 $\mu_s = 0.6$，$g = 32.2 \text{ft/s}^2$ 代入上式

$$0.6(32.2) = 6\sqrt{1 + 9t_m^4} \quad , \quad 10.37 = 1 + 9t_m^4$$

$$t_m^4 = 1.041 \quad , \quad t_m = 1.01 \text{ s} \blacktriangleleft$$

圓盤即將滑離旋轉台時之速度為

$$v_m = a_t t_m = 6(1.01) = 6.06 \text{ ft/s} \blacktriangleleft$$

例題 2-12

　　質量為 m 之物體由靜止沿半徑為 R 之光滑圓弧軌道滑下，如圖所示，試求物體脫離軌道時之角度 β。

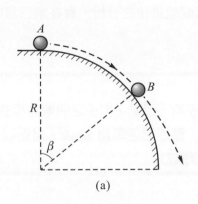

(a)

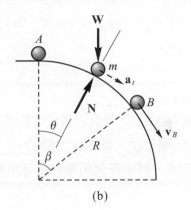

(b)

解 當物體滑至任一 θ 角位置時，繪其自由體圖，如圖(b)所示，由牛頓第二運動定律

$$\sum F_t = ma_t \quad , \quad mg\sin\theta = ma_t \quad , \quad a_t = g\sin\theta \tag{1}$$

$$\sum F_n = ma_n \quad , \quad mg\cos\theta - N = m\frac{v^2}{R} \tag{2}$$

當物體即將脫離圓弧軌道時 $N = 0$，此時 $\theta = \beta$，速度為 v_B，則公式(2)改寫為

$$g\cos\beta = \frac{v_B^2}{R} \tag{3}$$

由上式可知，欲求 β 角需先求得 v_B。因物體由 A 點沿圓弧軌道滑下，是作變加速率運動($a_t = g\sin\theta$)，由切線速度與切線加速度之微分方程式：$vdv = a_t ds$，其中 $ds = Rd\theta$，

得

$$vdv = (g\sin\theta)(Rd\theta) = gR\sin\theta\,d\theta$$

積分之　　$\displaystyle\int_0^{v_B} vdv = gR \int_0^{\beta} \sin d\theta$

得　　　　$v_B^2 = 2gR(1-\cos\beta)$　　　　　　　　　　　　　　　　　(4)

代入公式(3)$g\cos\beta = \dfrac{1}{R} \cdot 2gR(1-\cos\beta)$

整理後得 $\cos\beta = \dfrac{2}{3}$　，　$\beta = 48.2°$ ◄

【註1】任何物體，由靜止沿光滑之圓弧軌道滑下，脫離軌道時之角度 β 均為 48.2°，與物體質量 m 及軌道半徑 R 無關。

【註2】物體由靜止沿光滑之圓弧軌道滑落至 β 角位置時，其速度 v_B 亦可由「力學能守恆原理」求得，即重力位能減少量等於其動能增加量，即

$$\frac{1}{2}mv_B^2 - 0 = mgh = mgR(1-\cos\beta)$$

得　$v_B^2 = 2gR(1-\cos\beta)$，與公式(4)相同。有關能量法之分析，會在第三章中討論到。

例題 2-13

質量為 3 kg 之圓球沿著位於鉛直面上之曲線桿子向下滑動，桿子之曲線方程式為 $y = 8 - x^2/2$，如圖所示。當圓球滑動至 $x = 2$ m 之位置時，圓球之速率為 5 m/s，且正以 8 m/s^2 之比率加速，試求在此位置時圓球所受之正壓力及摩擦力。

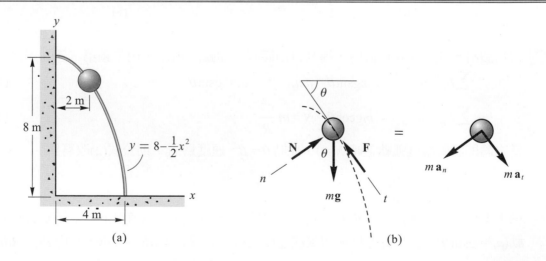

(a)　　　　　　　　　　　　　　(b)

解 先求曲線之曲率半徑與切線斜率

由 $y = 8 - \dfrac{x^2}{2}$ ，得 $\dfrac{dy}{dx} = -x$ ，$\dfrac{d^2 y}{dx^2} = -1$

曲率半徑：$\rho = \left| \dfrac{[1 + (dy/dx)^2]^{3/2}}{d^2 y/dx^2} \right| = \left| -\left(1 + x^2\right)^{3/2} \right| = (1 + x^2)^{3/2}$

在 $x = 2\,\text{m}$ 之位置，曲率半徑 $\rho = (1 + 2^2)^{3/2} = 11.18\ \text{m}$，則法線加速度為

$$a_n = \frac{v^2}{\rho} = \frac{5^2}{11.18} = 2.236\ \text{m/s}^2$$

切線方向通常以切線與水平方向之夾角 θ 表示，由 $\tan\theta = \left| \dfrac{dy}{dx} \right| = x$

在 $x = 2\ \text{m}$ 之位置，$\tan\theta = 2$，得 $\theta = 63.43°$

繪圓球在 $x = 2\text{m}$ 處之自由體圖及等效力圖，如圖(b)所示，則由運動方程式：

$$\sum F_n = ma_n \ , \quad mg\cos\theta - N = ma_n$$

$(3 \times 9.81)\cos 63.43° - N = 3(2.236)$ ，得 $N = 6.46\ \text{N}$ ◄

$$\sum F_t = ma_t \ , \quad mg\sin\theta - F = ma_t$$

$(3 \times 9.81)\sin 63.43° - F = 3(8)$ ，得 $F = 2.32\ \text{N}$ ◄

習題 2

2-19 如圖習題 2-19 中錐動擺之擺錘重量為 4 N，擺長為 1 m，在水平面上作等速率圓周運動，已知擺繩之容許張力為 7 N，試求擺角 θ 之最大值及擺錘之最大速率？

【答】$\theta = 55.2°$，$v = 3.40$ m/s。

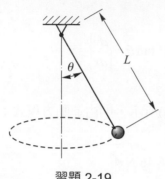

習題 2-19

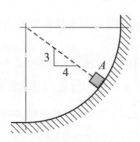

習題 2-20

2-20 如圖習題 2-20 中質量 m 之滑塊 A 沿一半徑為 4 m 之圓弧面滑下，已知滑塊與圓弧面間之摩擦係數為 0.30，且滑至圖示位置時滑塊之速度為 3.0 m/s，試求在此位置時滑塊之加速度。

【答】$a = 5.86$ m/s²。

2-21 如圖習題 2-21 中質量為 2 kg 之滑塊以 3.5 m/s 之速率通過其圓弧軌道之最高點 B，試求在 B 點滑塊所受之正壓力。若欲避免滑塊通過 A 點時脫離軌道，則通過 A 點之最大速率為若干？

【答】$N_B = 9.41$ N，$(v_A)_{max} = 4.52$ m/s。

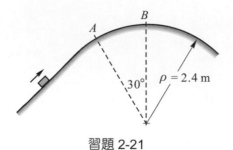

習題 2-21

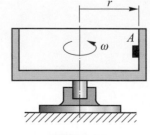

習題 2-22

2-22 小滑塊 A 藉圓筒作等角速轉動之作用而附著於圓筒內側之垂直壁上，如圖習題 2-22 所示，圓筒之半徑為 r，小滑塊 A 與筒壁間之摩擦係數為 μ，試求避免小滑塊滑落筒壁，圓筒轉動之最小角速度為若干？

【答】$\omega = \sqrt{g / \mu r}$。

2-23 如圖習題 2-23 所示，一質量 1500 kg 之汽車駛入 S 形彎道，於 A 點時之速率為 100 km/hr，並開始煞車均勻減速，當行駛 100 m 後至 B 點，車速減為 75 km/hr，已知 B 點彎道之曲率半徑為 200m，試求 B 點路面作用於車胎之摩擦力。設路面為水平面。

【答】$F = 4.126$ kN。

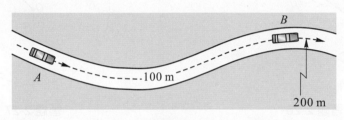

習題 2-23

2-24 如圖習題 2-24 所示，跑車在曲率半徑為 500 m 之彎道上以 250 km/hr 之等速率行駛，路面之傾斜角度 $\theta = 30°$，試求路面與車胎間所需之最小摩擦係數，方可避免跑車滑離路面。

【答】$\mu_{\min} = 0.259$。

習題 2-24

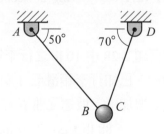

習題 2-25

2-25 重量為 W 的圓球以繩索 AB 及 CD 懸掛，如圖習題 2-25 所示。若將繩索 AB 切斷，試求(a)切斷前；(b)切斷後瞬間，繩索 CD 繩之張力。

【答】(a)$T_{CD} = 0.742W$，(b)$T_{CD} = 0.940W$。

2-26 如圖習題 2-26 中套環 S 可在斜桿上滑動(兩者爲鬆配合),當斜桿繞 z 軸以等角速轉動時,套環 S 在水平面上作等速率圓周運動,如圖中虛線所示。當套環 S 在距 A 點 0.25m 處作等速率圓周運動時,若欲避免套環在斜桿上滑動,則套環之最大及最小速率爲若干?套環與斜桿間之靜摩擦係數爲 $\mu_s = 0.2$。

【答】$v_{min} = 0.969$ m/s,$v_{max} = 1.48$ m/s。

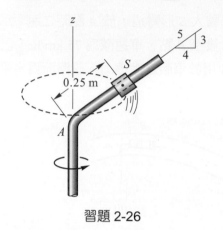

習題 2-26   習題 2-27

2-27 如圖習題 2-27 中細繩長爲 l,O 端固定,A 端繫一質量爲 m 之小球,而在鉛直面上作圓周運動。設球在最高點之速度爲 v_0,試求(a)在任一 θ 角位置時之切線加速度及繩中張力;(b)欲維持小球在鉛直面上作圓周運動,則 v_0 之最小值爲若干?且在最低點之最小速率爲若干?

【答】(a) $T = \dfrac{mv_0^2}{l} + mg(2-3\cos\theta)$,(b) $v_0 = \sqrt{gl}$,$v = \sqrt{5gl}$。

2-28 如圖習題 2-28 中 10 lb 之行李箱沿一曲線之坡道滑下,行李箱與坡道間之動摩係數爲 $\mu_k = 0.2$。已知行李箱滑至 A 點時之速率爲 5 ft/s,試求此時行李箱所受之正壓力及其速率之增加率。坡道之曲線方程式爲 $y = x^2/8$。

【答】$N = 5.88$ lb,$a_t = 23.0$ ft/s²。

2-29 質量 0.8 Mg 之汽車駛過一山坡,如圖習題 2-29 所示,此山坡爲拋物線形狀 $y = 20(1-x^2/6400)$。若汽車以 9 m/s 之等速率經過此山坡,試求到達 A 點($x = 80$m)時,汽車作用於坡道之正壓力及總摩擦力。設忽略汽車之尺寸,而將汽車視爲質點分析。

【答】$N = 6730$ N,$F = 3510$ N。

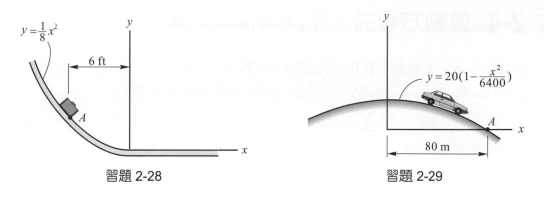

習題 2-28

習題 2-29

2-30 如圖習題 2-30 中單擺在水平位置($\theta = 0°$)由靜止釋放，而在鉛直面上擺動，設繩子能承受之張力為擺錘重量之兩倍，則繩子斷裂時 θ 角為若干？

【答】 $\theta = 41.8°$。

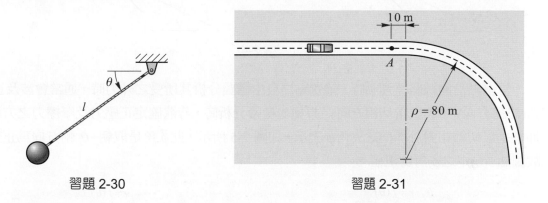

習題 2-30

習題 2-31

2-31 如圖習題 2-31 所示，質量為 1350 kg 之四輪汽車，每個輪胎能夠產生平行於路面之最大摩擦力為 2500 N，此摩擦力不論在直線或曲線道路上行駛均保持定值。最初汽車以 25 m/s 之等速率在直線道路上行駛，當到達曲線道路前 10 m 處之 A 點時，開始以最大摩擦力煞車，試求汽車從開始煞車至停止前沿道路所行駛之距離 s。

【答】 $s = 47.4$ m。

2-4 運動方程式：徑向與橫向分量

質點在平面上受數個力作用而運動時，可將各力及加速度分解為徑向及橫向分量 (radial and transverse components)，如圖 2-4 所示，可得兩個純量方程式

$$\sum F_r = ma_r \quad , \quad \sum F_\theta = ma_\theta \tag{2-9}$$

其中徑向加速度 $a_r = \ddot{r} - r\dot{\theta}^2$，橫向加速度 $a_\theta = r\ddot{\theta} + 2\dot{r}\dot{\theta}$。

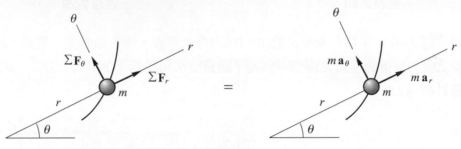

圖 2-4

當質點沿曲線路徑運動時，繪質點之自由體圖分析其所受之外力時，通常會涉及正壓力(法線方向)及摩擦力(切線方向)，以極坐標系分析時，若欲確定正壓力及摩擦力之方向，通常是以切線相對於徑向之夾角 ϕ 表示，如圖 2-5 所示，此 ϕ 角是取朝 $+\theta$ 軸方向為正值，故圖 2-5(b)中之 ϕ 角為正值。

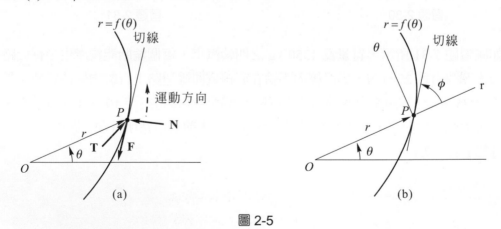

圖 2-5

欲求 ϕ 角，參考圖 2-6，設質點沿其運動路徑移動 ds 之距離，其徑向分量為 dr，橫向分量為 $rd\theta$，則 $\tan\phi = rd\theta/dr$，或

$$\tan \phi = \frac{r}{dr/d\theta} \tag{2-10}$$

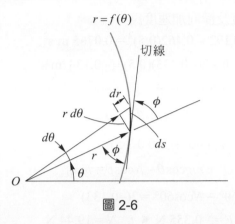

圖 2-6

例題 2-14

　　圖中質量為2kg之滾子 C，中間有一銷子 P 穿在 OA 桿之導槽內，若 OA 桿以 $\omega = 0.5\text{rad/s}$ 之等角速度朝逆時針方向轉動，試求當 $\theta = 60°$ 時 OA 桿與銷子間之作用力？設所有接觸面為光滑。

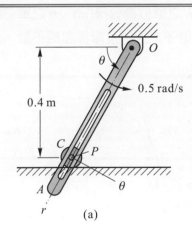

(a)

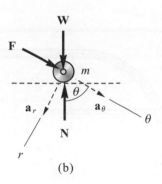

(b)

解 以徑向與橫向坐標系分析銷子 P 之加速度：

已知　　$\dot{\theta} = \omega = 0.5\text{rad/s}$ ，$\ddot{\theta} = 0$

又　　　$r = \overline{OP} = \dfrac{0.4}{\sin\theta} = 0.4\csc\theta$

　　　　$\dot{r} = -0.4\dot{\theta}\csc\theta\cot\theta = -0.2\csc\theta\cot\theta$

　　　　$\ddot{r} = -0.2(-\dot{\theta}\csc\theta\cot\theta)\cot\theta - 0.2\csc\theta(-\dot{\theta}\csc^2\theta) = 0.1\csc\theta(\cot^2\theta + \csc^2\theta)$

當 $\theta = 60°$ 時，將數據代入上列各式，可得

$$r = 0.462 \text{ m} \quad , \quad \dot{r} = -0.1313 \text{ m/s} \quad , \quad \ddot{r} = 0.912 \text{ m/s}^2$$

則銷子 P 之徑向加速度及橫向加速度為

$$a_r = \ddot{r} - r\dot{\theta}^2 = 0.192 - 0.462(0.5)^2 = 0.0765 \text{ m/s}^2$$

$$a_\theta = r\ddot{\theta} + 2\dot{r}\dot{\theta} = 0 + 2(-0.133)(0.5) = -0.133 \text{ m/s}^2$$

繪滾子 C 之自由體圖，如圖(b)所示，由牛頓第二運動定律

$$\sum F_r = ma_r \quad , \quad mg\sin\theta - N\sin\theta = ma_r$$

$$2(9.81)\sin60° - N\sin60° = 2(0.0765) \tag{1}$$

$$\sum F_\theta = ma_\theta \quad , \quad F + mg\cos\theta - N\cos\theta = ma_\theta$$

$$F + 2(9.81)\cos60° - N\cos60° = 2(-0.133) \tag{2}$$

將(1)(2)兩式聯立，得 $F = -0.355$ N ◄ ，$N = 19.44$ N

【註】解得 F 為負值表示其方向與圖(b)中所設之方向相反。

例題 2-15

圖中 OA 桿以 4 rad/s 之等角速度朝逆時針方向轉動，推動滾子 C 沿一水平面上之曲線凹槽運動，凹槽之曲線方程式為 $r = 0.1\theta$，其中 r 之單位為公尺(m)，θ 之單位為徑度 (rad)。當 $\theta = \pi$ (rad)時，試求滾子所受之作用力。設滾子之尺寸及摩擦忽略不計。滾子質量為 0.5 kg。

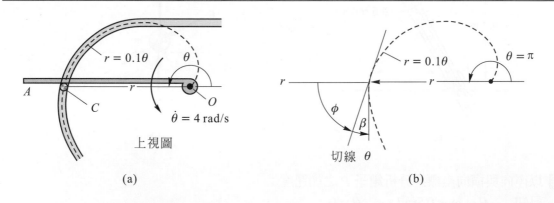

(a)　　　　　　　　　　　　　　　(b)

解 先求滾子之加速度：

已知：$\theta = \pi$ (rad)，$\dot{\theta} = 4$ rad/s ，$\ddot{\theta} = 0$

由 $r = 0.1\theta$ ， 得 $\dot{r} = 0.1\dot{\theta}$ ， $\ddot{r} = 0.1\ddot{\theta}$

當 $\theta = \pi$ (rad)時，將數據代入上列各式，可得

$$r = 0.1\pi \, \text{m} \quad , \quad \dot{r} = 0.1(4) = 0.4 \, \text{m/s} \quad , \quad \ddot{r} = 0$$

故徑向及橫向加速度為

$$a_r = \ddot{r} - r\dot{\theta}^2 = 0 - (0.1\pi)(4)^2 = -5.03 \, \text{m/s}^2$$

$$a_\theta = r\ddot{\theta} + 2\dot{r}\dot{\theta} = 0 + 2(0.4)(4) = 3.20 \, \text{m/s}^2$$

欲分析滾子之自由體圖，需先求曲線之切線方向，參考圖(b)

因 $r = 0.1\theta$，得 $\dfrac{dr}{d\theta} = 0.1$，由公式(2-10)

$$\tan\phi = \frac{r}{dr/d\theta} = \frac{0.1\theta}{0.1} = \theta$$

當 $\theta = \pi \, (\text{rad})$時，$\tan\phi = \pi$，得 $\phi = 72.3°$，則 $\beta = 90° - 72.3° = 17.7°$

繪滾子在 $\theta = \pi \, (\text{rad})$時之自由體圖及等效力圖，如圖(c)所示，由公式(2-9)之運動方程式：

$$\sum F_r = ma_r \quad , \quad N\cos\beta = ma_r$$

$$N\cos 17.7° = (0.5)(-5.03)$$

$$N = -2.64 \, \text{N} \blacktriangleleft$$

式中負號表示與圖(c)所設方向相反。

$$\sum F_\theta = ma_\theta \quad , \quad F - N\sin\beta = ma_\theta$$

$$F - (-2.64)\sin 17.7° = (0.5)(3.20)$$

$$F = 0.797 \, \text{N} \blacktriangleleft$$

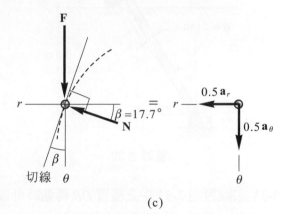

(c)

動力學

習題 3

2-32 如圖習題 2-32 中 *OA* 桿以 2 rad/s 之等角速朝順時針方向在鉛直面上轉動，同時推動質量為 0.5 kg 之質點在水平之光滑凹槽上滑動，試求當 $\theta = 30°$ 時桿子對質點之作用力及凹槽對質點之正壓力。*OA* 桿與質點之運動軌跡在同一鉛直面上，且質點保持僅與凹槽接觸一個面。

【答】$F = 1.78$ N，$N = 5.79$ N。

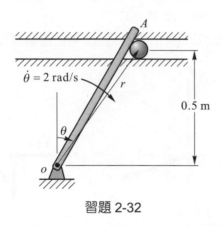

習題 2-32

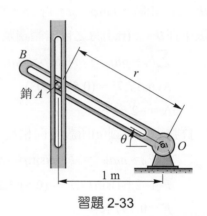

習題 2-33

2-33 如圖習題 2-33 中之槽臂 *OB* 轉動時可帶動質量為 0.8 kg 之銷子 *A* 沿一垂直之凹槽滑動。當 $\theta = 30°$ 時槽臂之角速度 $\dot{\theta} = 1$ rad/s，角加速度 $\ddot{\theta} = -0.5$ rad/s²，試求在此位置時槽臂及凹槽對銷子之作用力。設摩擦忽略不計，且槽臂 *OB* 之角運動取順時針方向為正。

【答】$F = 9.87$ N，$N = 4.93$ N。

2-34 如圖習題 2-34 中雙套筒 *B*(總質量為 0.5 kg)可在 *OA* 桿上滑動，亦可在沿直面上之固定圓環(半徑 0.8m)上滑動。若 *OA* 桿以 4 rad/s 之等角速朝逆時針方向轉動，試求當 $\theta = 45°$ 時雙套管 *B* 與 *OA* 桿及固定圓環間之作用力。(設摩擦忽略不計)

【答】$F_{OA} = 0$，$N = 20.7$ N。

2-35 如圖習題 2-35 中槽臂 *AB* 在水平面上以 90 rpm 之轉速朝順時針方向轉動，帶動質量 0.4 kg 之銷子 *C* 沿半圓形之固定凹槽滑動，試求當 ϕ = 90°時，槽臂 *AB* 對銷子之作用力。(設摩擦忽略不計)

【答】F = 20.0 N。

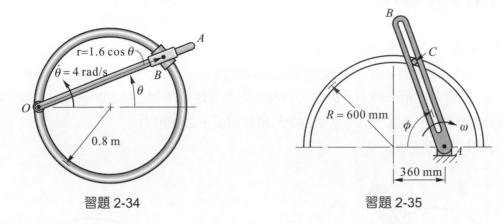

習題 2-34　　　　　　　　　習題 2-35

2-36 如圖習題 2-36 中槽臂在水平面上轉動時，帶動銷子沿曲線凹槽滑動，凹槽之曲線為雙曲螺線(hyperbolic spiral)，其方程式為 $r\theta = 0.2$，其中 *r* 之單位為公尺(m)，θ 之單位為弳度(rad)。

當槽臂轉動至 θ = 90°之位置時，$\dot{\theta}$ = 5 rad/s，$\ddot{\theta}$ = 2 rad/s²，如圖所示，試求此時槽臂對銷子之作用力。(設摩擦忽略不計)

【答】F = −1.65 N(方向與圖示相反)。

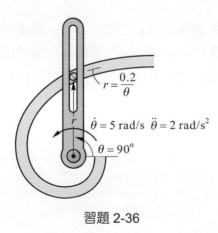
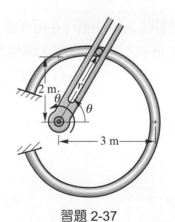

習題 2-36　　　　　　　　　習題 2-37

2-37 如圖習題 2-37 中槽臂以 0.5 rad/s 之等角速在水平面上朝逆時針方向轉動，帶動重量為 2 N 之銷子在曲線之凹槽上滑動，凹槽之曲線方程式為 $r = (2+\cos\theta)$ m。試求當 $\theta = 60°$ 時槽臂對銷子之作用力。設銷子與槽臂及凹槽間在任一時刻僅接觸一邊，且所有摩擦忽略不計。

【答】$F = 0.0353$ N。

2-38 如圖習題 2-38 中槽臂以 20 rad/s 之等角速度在水平面上朝逆時針方向轉動，帶動質量為 0.5 kg 之滾子 A 沿一固定凸輪之周緣運動，凸輪之外形曲線為 $r = 100-75\cos\theta$ mm。槽臂內利用一彈力常數為 5.4 kN/m 之彈簧使滾子與凸輪保持接觸，已知在 $\theta = 0°$ 時彈簧為自由長度，試求當 $\theta = 60°$ 時槽臂對滾子之作用力。

【答】$F = 231$ N。

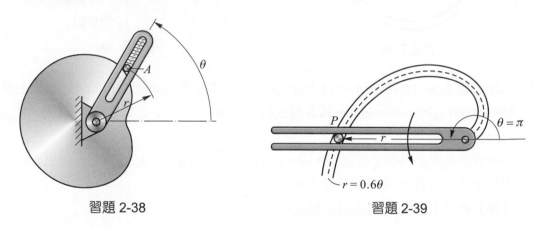

習題 2-38　　　　　　　　　　　　　習題 2-39

2-39 如圖習題 2-39 中槽臂在鉛直面上轉動，帶動質量為 0.4 kg 之銷子 P 沿一曲線之凹槽作 2 m/s 之等速率運動，凹槽之曲線方程式為 $r = (0.6\theta)$ m，其中 θ 之單位為弧度 (rad)，試求在 $\theta = \pi$ rad 之位置時槽臂及凹槽對銷子之作用力。設摩擦忽略不計且銷子與槽臂及凹槽在任一時刻僅接觸一邊。

【答】$F = 3.92$ N，$N = 0.883$ N。

2-5 非慣性座標系

慣性力

具有加速度之坐標系，稱為**非慣性座標系**(non-inertial frames)，例如煞車減速中之汽車。在作加速移動之坐標系(無轉動)中觀測一物體之受力，與在慣性坐標系中比較會多一個力，此力稱為**假想力**或**慣性力**(inertial force)，其大小為 ma(m 為物體的質量，a 為加速座標系之加速度)，而方向與 a 之方向相反，即慣性力 $\mathbf{F}' = -m\mathbf{a}$。

今考慮在一個完全無摩擦的盒子裡面置有一球，如圖 2-7 所示。設盒子對地面(慣性座標系)有一加速度 a，若球最初對地面為靜止，則因球在光滑的盒內所受之總力為零，故對地面恆保持靜止。但對於盒子內的觀察者(非慣性座標系)而言，此球受有一加速度 $\mathbf{a}' = -\mathbf{a}$，因此根據牛頓第二定律判定該球必受有一力 $\mathbf{F}'$ 的作用，才會有加速度 $\mathbf{a}'$，亦即 $\mathbf{F}' = m\mathbf{a}' = -m\mathbf{a}$。

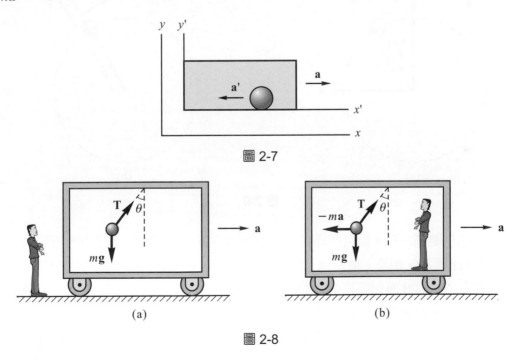

圖 2-7

圖 2-8

(a)　　　　　　　　　　(b)

由於盒子裡面的觀察者無法指出 $\mathbf{F}'$ 的施力者，因此稱之為 "假想力"。假想力之所以稱為 "假想"，是因為其來源不明，且不屬於自然界中的基本相互作用力，但對盒子內的觀察者其效果卻是實在的，例如，當汽車突然煞車時，假想力可將人推向前或推倒。又任何假想力不存在有反作用力，即不適用於牛頓第三定律。

　　圖 2-8 中，在一加速運動之車箱內懸掛一單擺，對地面(慣性坐標系)之觀察者而言，擺錘隨車箱運動，其加速度為 **a**，由牛頓第二定律可得 **T**+m**g** = m**a**，如(a)圖所示，但對於在車箱上(加速坐標系)之觀察者，則可觀測到有一假想力：**F′** = −m**a**，將擺錘移至傾斜位置而呈靜止平衡，因此根據質點的平衡條件可得 **T**+m**g**+ **F′**= 0。注意，兩者的思考方式不同，但答案(張力 **T** 及角度 θ)是相同的。

離心力

　　在作圓周運動之座標系(具有向心加速度 a_n)中觀測到運動物體所受之假想力，稱為**離心力**(centrifugal force)，即離心力 **F′** = −m**a**$_n$，其大小與向心力相等，但方向與向心加速度相反。離心力是一種假想力，在轉動之非慣性座標系中的觀察者，可實實在在感覺到此力的存在，例如汽車轉彎時，車上乘客的身體都會感覺到受離心力而向外側傾斜。

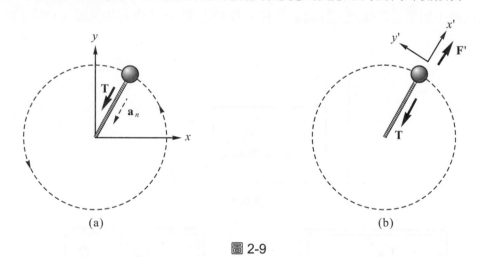

圖 2-9

　　圖 2-9 中一球以細繩連結，而以細繩之另一端為圓心在水平面上作等速率圓周運動，在圖 2-9(a)之慣性座標系(x 軸及 y 軸)中，由牛頓第二定律分析，**T** = m**a**，即圓球以張力作為向心力，產生向心加速度而作等速率圓周運動。若將分析之座標系(x'軸及 y'軸)附於圓球上，如圖 2-9(b)所示，由此非慣性座標系分析，球受離心力(假想力)**F′**與張力 **T** 作用而呈靜止平衡，即 **T** + **F′** = **T** + (−m**a**) = 0。同樣以兩種不同的思考方式，所得之結果相同。

2-6 達蘭貝特原理：動平衡

由牛頓第二定律：$\sum \mathbf{F} = m\mathbf{a}$，將等號右側之 $m\mathbf{a}$ 移至左側，可寫為

$$\sum \mathbf{F} + (-m\mathbf{a}) = 0$$

若將 $(-m\mathbf{a})$ 視為一力而加入質點自由體圖之外力中，則可得到一個平衡力系，因此所分析之動力學問題可改用靜力學之方式處理，此種分析原理稱為**達蘭貝特原理**(D'Alembert's principle)，其中 $(-m\mathbf{a})$ 稱為**反向等效力**(reversed effective force)，又稱為**慣性力**(inertial force)。因為此分析方法類似處理靜力平衡問題，故亦稱為**動平衡**(dynamic equilibrium)問題。

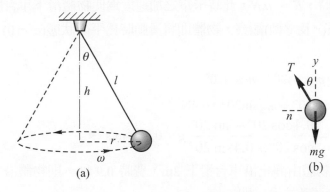

圖 2-10

參考圖 2-10 中在水平面上作等速率圓周運動之錐動擺，受有兩個外力，張力 **T** 及重力 $m\mathbf{g}$，如圖 2-10(b)所示，而有一向心加速度 $a_n = r\omega^2$ 指向圓心。若在作等速率圓周運動之擺錘上加一慣性力 $(-ma_n)$，此力即為離心力，則與原先擺錘所受之外力 **T** 及 $m\mathbf{g}$，形成三力平衡之狀態，如圖 2-10(c)所示，此時用靜力學之原理即可分析求解，與用牛頓第二定律所分析之結果相同。

例題 2-16

如圖所示，欲將卡車上之物體卸下，卡車司機先將車台傾斜，再由靜止向前加速，物體便可滑下車台。已知物體與車台間之 $\mu_s = 0.40$，$\mu_k = 0.30$，當車台傾斜至 $\theta = 20°$ 時，試求(a)使物體滑動卡車所需之最小加速度；(b)物體開始滑動後，若欲在 0.9 秒內沿車台滑下 2m，則卡車所需之加速度為若干？

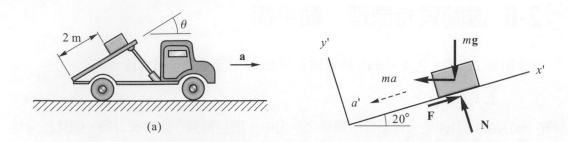

(a)

解 將分析之座標系(x'及y'軸)置於車台上，當卡車向前加速運動時，此座標系為非慣性座標系，物體將受一慣性力($-m\mathbf{a}$)，繪此時物體之自由體圖，如圖(b)所示，其中a'為物體相對於車台之加速度

(a) 當物體即將滑下車台時，$F = \mu_s N$，此時卡車之加速度為使物體滑下車台所需之最小加速度。由加速座標系(x'及y'軸)觀察，物體即將滑動時為平衡狀態($a' = 0$)，故由平衡方程式：

$$\sum F_{y'} = 0 \quad , \quad N = mg\cos20° - ma\sin20° \tag{1}$$

$$\sum F_{x'} = 0 \quad , \quad ma\cos20° + mg\sin20° = 0.4N \tag{2}$$

將(1)(2)兩式聯立，得 $a = \dfrac{0.4\cos20° - \sin20°}{\cos20° + 0.4\sin20°}g = 0.309 \text{ m/s}^2$ ◀

(b) 由加速座標系觀察，物體由靜止沿車台滑下 2m，費時 0.9 秒，則物體沿車台滑下之加速度 a'，由等加速度運動求得，即

$$s = \frac{1}{2}a't^2 \quad , \quad a' = \frac{2s}{t^2} = \frac{2\times2}{0.9^2} = 4.038 \text{ m/s}^2$$

再由加速座標系上之運動方程式：

$$\sum F_{y'} = 0 \quad , \quad N = mg\cos20° - ma\sin20° \tag{3}$$

$$\sum F_{x'} = ma_{x'} \quad , \quad ma\cos20° + mg\sin20° - \mu_k N = ma' \tag{4}$$

將(3)(4)兩式聯立：$a(\cos20° + 0.3\sin20°) = a' + 0.3g\cos20° - g\sin20°$

解得 $\quad a = 4.173 \text{ m/s}^2$ ◀

例題 2-17

圖中所示為汽車在路面左右傾斜之彎道上轉彎，設路面與輪胎間之靜摩擦角為ϕ_s，試求汽車在彎道上維持等速率行駛之最大與最小安全速率？(用彎道半徑 r、路面傾角 θ 及 ϕ_s 表示)。

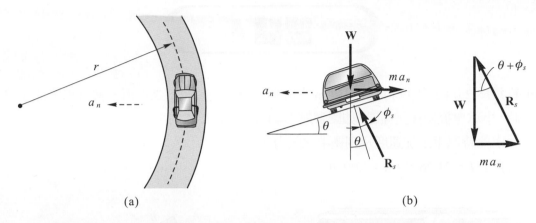

(a)   (b)

解 汽車在圓弧形之彎道上等速率行駛，相當於在水平面上作等速率圓周運動，由牛頓第二定律$\sum \mathbf{F} = m\mathbf{a}_n$，若以達蘭貝特原理分析，則改寫為$\sum \mathbf{F} + (-m\mathbf{a}_n) = 0$，即汽車轉彎時，其自由體圖上之外力再加上離心力$(-m\mathbf{a}_n)$，即可用動平衡方式求解。

(a) 當汽車即將向外滑出路面，此時等速行駛之速率為汽車之最大安全速率，繪其自由體圖，如圖(b)所示，其中包括汽車之重量 W，離心力 ma_n，及路面對汽車之作用力 R_S，R_S 為正壓力與最大靜摩擦力(沿斜面向下)之合力，由此三力平衡之向量圖可得

$$\tan(\theta + \phi_s) = \frac{ma_n}{W} = \frac{mv^2/r}{mg} = \frac{v^2}{gr}$$

故汽車之最大安全速率為

$$v = \sqrt{gr\tan(\theta + \phi_s)} \blacktriangleleft$$

(b) 當汽車即將向內滑下路面，此時等速行駛之速率為汽車之最小安全速率，繪其自由體圖，如圖(c)所示，其中 R_S 為正壓力與最大靜摩擦力(沿斜面向上)之合力，ma_n 為離心力，同樣由三力平衡之向量圖可得

$$\tan(\theta - \phi_s) = \frac{ma_n}{W} = \frac{mv^2/r}{mg} = \frac{v^2}{gr}$$

故汽車之最小安全速率為

$$v = \sqrt{gr\tan(\theta - \phi_s)} \blacktriangleleft$$

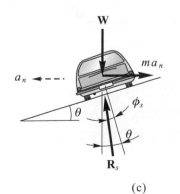
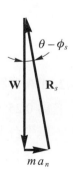

(c)

習題 4

2-40 質量為 2.0 kg 之小球以長 1.30 m 之細繩懸掛在公共汽車之車頂,當汽車等加速前進時,小球會擺向後呈傾斜,如圖習題 2-40 所示,若小球向後擺之水平距離 $d = 0.50$ m,試求此時汽車之加速度及細繩中之張力。

【答】$T = 21.26$ N,a $= 4.09$ m/s^2。

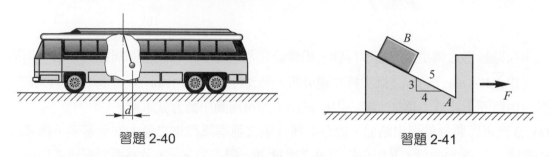

習題 2-40　　　　　　　　　習題 2-41

2-41 如圖習題 2-41 中物體 A 與 B 之重量分別為 32.2 lb 及 16.1 lb,若 A 與 B 及 A 與地板間之摩擦係數分別為 0.2 及 0,則使物體 B 不致在物體 A 上滑動時,作用在 A 之水平力 F 最大值為何?

【答】$F_{max} = 54.0$ lb。

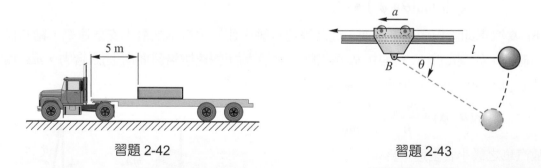

習題 2-42　　　　　　　　　習題 2-43

2-42 如圖習題 2-42 所示,卡車載貨平台與所載木箱間之靜摩擦係數為 0.30,動摩擦係數為 0.25,卡車原以 70 km/hr 之速率行駛,今開始以等減速煞車,則欲避免木箱在卡車平台上滑動,卡車在煞車期間能夠行駛之最短距離為何?

【答】$s = 64.3$ m。

2-43 如圖習題 2-43 中滑車 B 以等加速度 a 向左運動時，單擺自 $\theta = 0°$ 之水平位置由靜止(相對於滑車 B)釋放，試求單擺落至 θ 角位置時擺繩之張力。

【答】$T = 3mg\sin\theta + 3ma\cos\theta - 2ma$。

2-44 如圖習題 2-44 中滑板 B 內有一傾角為 30° 之滑槽，質量為 2 kg 之滑塊 A 可在此滑槽內滑動。當滑板 B 以 a_0 之等加速度向左滑動時，滑塊 A 之絕對加速度恰垂直向下，則 a_0 之值應為若干？

【答】$a_0 = 16.97$ m/s^2。

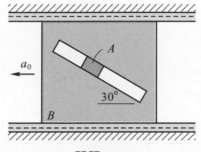

習題 2-44

2-45 如圖習題 2-45 中滑車滑下斜面時，若欲防止木箱在滑車上滑動，則木箱與滑車間所需之最小靜摩擦係數為若干？設滑車與斜面間之摩擦忽略不計。

【答】$\mu = \tan\theta$。

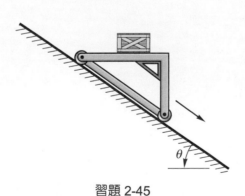

習題 2-45

質點力動學：功與能

在上一章中所處理的質點運動問題，都是先由質點的受力利用運動方程式 $\sum \mathbf{F} = m\mathbf{a}$ 解出加速度，再利用運動學的原理求出質點的速度或位移。本章是將運動學與牛頓第二定律合併，由質點的受力及位移直接求得運動質點的速度，不必先求質點的加速度，尤其是作用於質點之力為位置的函數時，本章的分析方法特別有用。

3-1 力所作之功

作用於質點之力僅在質點有發生位移時才有**作功**(work)。參考圖 3-1，當一力 $\mathbf{F}$ 作用在質點上使質點移動一微小位移 $d\mathbf{r}$ 時，此力便對質點作一微小之功 dU，此作功量為一純量，由 $\mathbf{F}$ 及 $d\mathbf{r}$ 之**點積**(dot product)定義之，即

$$dU = \mathbf{F} \cdot d\mathbf{r} = Fds\cos\theta \tag{3-1}$$

其中 θ 為作用力 $\mathbf{F}$ 與位移 $d\mathbf{r}$ 之夾角，ds 為 $d\mathbf{r}$ 的大小。由功之定義可知功為位移在作用力方向之分量 $ds\cos\theta$ 與作用力 F 之乘積，或作用力在位移方向之分量 $F\cos\theta$ 與位移 ds 之乘積。

由(3-1)式可知功為一純量，僅有大小及表示正功或負功之符號，而無方向；當 $0 \le \theta < 90°$ 時，dU 為正值，即作用力 $\mathbf{F}$ 對質點作正功；當 $90° < \theta \le 180°$ 時，dU 為負值，即作用力 $\mathbf{F}$ 對質點作負功；而當 $\theta = 90°$，即 $\mathbf{F}$ 與 $d\mathbf{r}$ 垂直，$dU = 0$，作用力 $\mathbf{F}$ 對質點無作功，故與運動方向垂直之力，對物體恆不作功，如正壓力與擺繩之張力。

功之單位為力單位與長度單位的乘積，因此在英制重力單位中，功之單位常以"ft-lb"或"in-lb"表示之。在 SI 單位中，功之單位為"N-m"，通常稱為"**焦耳**(joule)"而以 J 表示之，即一牛頓之作用力沿其方向移動 1 米所作之功為一焦耳。

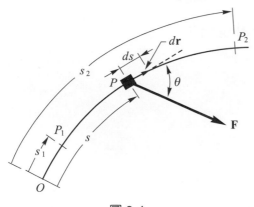

圖 3-1

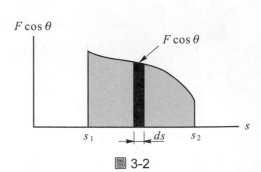

圖 3-2

注意功的單位與力矩相同，均為 "N-m"，在 SI 單位中功以焦耳(J)表示，力矩以 "N-m" 表示，而在英制重力單位中功以 "ft-lb" 表示，而力矩以 "lb-ft" 表示。

質點受一力 **F** 作用，由位置 s_1 沿其運動路徑移動一有限距離至位置 s_2，如圖所 3-1 所示，則作用力 **F** 所作之功可沿質點之運動路徑積分求得，即

$$U_{12} = \int_{P_1}^{P_2} \mathbf{F} \cdot d\mathbf{r} = \int_{s_1}^{s_2} F \cos \theta ds = \int_{s_1}^{s_2} F_t ds \qquad (3\text{-}2)$$

其中 s 為質點沿其運動路徑所經之距離，F_t 為 **F** 之切線分量。U_{12} 表由位置 P_1 至位置 P_2 力所作之功。

上式中若 **F** 非為定值，有時積分不易求解，此時可用圖解法分析，如圖 3-2 所示，以 $F\cos\theta$ 為縱坐標，s 為橫坐標，則 $F\cos\theta$-s 關係曲線下之陰影面積，即為力 **F** 所作之功。若力 **F** 及位移 $d\mathbf{r}$ 以直角分量表示，即

$$\mathbf{F} = F_x\mathbf{i} + F_y\mathbf{j} + F_z\mathbf{k} \quad , \quad d\mathbf{r} = dx\mathbf{i} + dy\mathbf{j} + dz\mathbf{k}$$

則作功量為

$$U_{12} = \int_{P_1}^{P_2} \left(F_x dx + F_y dy + F_z dz \right) \qquad (3\text{-}3)$$

同樣上式是沿質點之運動路徑積分。

定力對直線運動質點所作之功

沿直線運動之質點，受定力 **F** 作用由 P_1 位置運動至 P_2 位置，如圖 3-3 所示，則力 **F** 所作之功為

$$U_{12} = F \Delta x \cos\theta \qquad (3\text{-}4)$$

其中 $\theta =$ **F** 與運動方向之夾角，$\Delta x =$ 由 P_1 至 P_2 之位移。

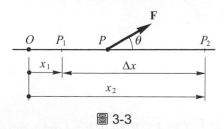

圖 3-3

重力所作之功

參考圖 3-4，一質點由位置 P_1(高度 y_1)沿圖示路徑運動至位置 P_2(高度 y_2)時，若將重力 **W** 及位移 $d\mathbf{r}$ 以直角分量表示，**W** $= -W\mathbf{j}$，$d\mathbf{r} = dx\mathbf{i} + dy\mathbf{j} + dz\mathbf{k}$，則重力 **W** 所作之功為

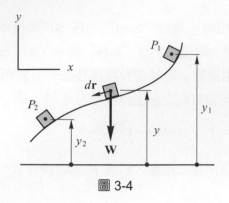

圖 3-4

$$U_{12} = \int_{P_1}^{P_2} \mathbf{W} \cdot d\mathbf{r} = \int_{P_1}^{P_2} \left(-W\mathbf{j} \right) \cdot \left(dx\mathbf{i} + dy\mathbf{j} + dz\mathbf{k} \right)$$

$$= \int_{y_1}^{y_2} -Wdy = Wy_1 - Wy_2 = -W\Delta y \tag{3-5}$$

其中 $\Delta y = y_2 - y_1$，為 P_1 至 P_2 之垂直位移。

故重力所作之功為重力與質點高度差的乘積，質點向下運動時($\Delta y < 0$)重力與垂直位移同方向，重力作正功，而質點向上運動時($\Delta y > 0$)，重力與垂直位移反方向，重力作負功。

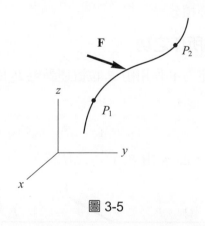

圖 3-5

參考圖 3-5，運動質點受定力 $\mathbf{F}$ 作用由位置 $P_1(x_1, y_1, z_1)$ 運動至 $P_2(x_2, y_2, z_2)$ 時，定力 $\mathbf{F}$ 對質點所作之功為

$$U_{12} = \int_{P_1}^{P_2} \mathbf{F} \cdot d\mathbf{r} = \int_{P_1}^{P_2} \left(F_x\mathbf{i} + F_y\mathbf{j} + F_z\mathbf{k} \right) \cdot \left(dx\mathbf{i} + dy\mathbf{j} + dz\mathbf{k} \right)$$

$$= F_x \int_{x_1}^{x_2} dx + F_y \int_{y_1}^{y_2} dy + F_z \int_{z_1}^{z_2} dz = F_x \left(x_2 - x_1 \right) + F_y \left(y_2 - y_1 \right) + F_z (z_2 - z_1)$$

故定力(地表附近之重力，亦爲定力)所作之功，僅與質點之初位置(x_1, y_1, z_1)及末位置(x_2, y_2, z_2)有關，而與質點之運動路徑無關。當一力所作之功與路徑無關而僅與前後位置有關，此種作用力稱之爲**保守力**(conservative force)，故定力爲保守力。

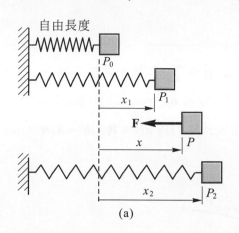
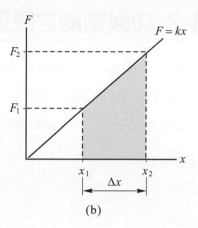

圖 3-6

🔩 彈力所作之功

彈簧由其自由長度(即未產生變形之原有長度)產生 x 之變形量(位伸長或壓縮)時，對於線性彈簧，彈簧中所生之彈力爲 $F = kx$，其中 k 爲**彈簧常數**(spring constant)。

圖 3-6 中物體連接一彈簧，當物體由彈簧伸長量爲 x_1 之 P_1 位置，運動至伸長量爲 $x_2(x_2 > x_1)$之 P_2 位置，彈力對物體所作之功爲

$$dU = -Fdx = -kxdx$$

$$U_{12} = \int_{x_1}^{x_2} -kxdx = -\left(\frac{1}{2}kx_2^2 - \frac{1}{2}kx_1^2\right) \tag{3-6}$$

式中負號是因爲 F 與 dx 之方向相反。當 $x_2 > x_1$ 時，彈力與位移反向，功爲負值，但當 $x_2 < x_1$ 時，彈力與位移同向，則功爲正值。由公式(3-6)可看出彈力所作之功僅與彈簧前後之變形量有關，與變形之過程無關，故彈力亦爲保守力。

圖 3-6(b)中所示爲線性彈簧之彈力與變形量之關係圖，由公式(3-6)可知，彈力所作之功亦可由 F 與 x 關係圖上之面積求得，當物體連接彈簧，由彈簧變形量爲 x_1 之位置運動至變形量爲 x_2 之位置，彈力對物體所作之功，由圖中梯形面積可得

$$U_{12} = -\frac{1}{2}(F_1 + F_2)\Delta x$$

其中 $\Delta x = x_2 - x_1$，$F_1 = kx_1$，$F_2 = kx_2$。負號表示當變形量增加時，彈力與位移反向，彈力作負功，而變形量減少時，彈力與位移同向，彈力作正功。

3-2 功與動能之原理

參考圖 3-7 中所示，質量為 m 之質點受合力 $\mathbf{R}$ ($\mathbf{R} = \sum\mathbf{F}_i$ =質點所受所外力之合力)作用而作曲線運動。由牛頓第二運動定律在切線方向之分量 $R_t = ma_t$，以及運動學之公式 $a_t ds = vdv$，可得 $R_t = mv\dfrac{dv}{ds}$，則 $\mathbf{R}$ 對質點所作之功由公式(3-1)為 $dU = \mathbf{R} \cdot d\mathbf{r} = R_t ds = mvdv$，而 R_n 對質點不作功。

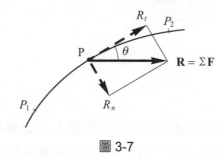

圖 3-7

因此質點由位置 $P_1(s = s_1，v = v_1)$ 運動至位置 $P_2(s = s_2，v = v_2)$且若質點之質量未改變時，質點之外力對質點所作之總功為

$$U_{12} = \int dU = \int_{P_1}^{P_2} \mathbf{R} \cdot d\mathbf{r} = \int_{s_1}^{s_2} R_t ds = \int_{v_1}^{v_2} mvdv = \frac{1}{2}mv_2^2 - \frac{1}{2}mv_1^2 \tag{3-7}$$

上式中「$\dfrac{1}{2}mv^2$」定義為質點之**動能**(kinetic energy)，為一純量，是質點因運動速度而具有之能量，以 T 表示之，即

動能： $$T = \frac{1}{2}mv^2 \tag{3-8}$$

公式(3-7)表示質點所受之外力對質點所作之總功，等於該質點動能之變化量，此關係稱為**功與動能之原理**(principle of work and kinetic energy)，故公式(3-7)可寫為

$$U_{12} = \sum U_i = \Delta T = T_2 - T_1 \tag{3-9}$$

式中 T_2 與 T_1 分別為質點在 P_2 與 P_1 之動能。

由上式可知，功為一種轉移能量，當外力對物體作正功時，此正功即為轉移給物體之能量而使物體動能增加，而當外力對物體作負功時，此負功即為運動體被轉出之能量而使運動體之動能減少。

由公式(3-8)可知，動能為一純量，且恆為正值，若令公式(3-9)中 $T_1 = 0(v_1 = 0)$，$T_2 = T$，則公式(3-9)表示作用於質點之總功等於質點之動能，因此以速度 v 運動之質點，其動能代表將質點由靜止使其具有速度 v 所須作之功。若令 $T_1 = T$，$T_2 = 0(v_2 = 0)$，則公式(3-9)表示，將一個以速度 v 運動的質點使其靜止，對質點須作功$(-mv^2/2)$，即質點為抵抗外力使其速度由 v 減為零須對外作功 $mv^2/2$，亦即質點在速度為 v 時含有 $mv^2/2$ 之能量，此能量為其對外作功之能力，故動能為質點因其速度而具有之作功能力。

動能的單位與功相同，在 SI 單位中為焦耳(J)，在英制重力單位中為呎-磅(ft-lb)，可由動能$(T = mv^2/2)$之定義驗証如下：

在 SI 單位中，動能 T：$kg(m/s)^2 = (kg\text{-}m/s^2)m = N\text{-}m = J$

在英制重力單位中，動能 T：$(lb\text{-}s^2/ft)(ft/s)^2 = ft\text{-}lb$

利用功與動能之原理分析質點之運動有下列三項優點：

(1) 若已知質點在 P_1 位置之速度 v_1，則質點沿其運動路徑至 P_2 位置時之速度 v_2，可用功與動能之原理直接求得，而不必求運動過程之加速度。

(2) 分析過程中僅涉及純量，可直接代數相加，不必求分量。

(3) 不作功之力在分析過程中不會出現，可減少分析之未知數。

但利用功與動能之原理分析質點之運動也有下列兩項缺點：

(1) 不能分析運動過程之加速度。

(2) 不作功之力(即與運動路徑垂直之力或力作用之點無位移)無法直接分析。例如圓周運動之張力必須用牛頓第二定律($\sum F_n = ma_n$)方能求解。

對於兩個質點以不可拉伸之繩索連接所構成之系統，因在連接處之作用力大小相等，而方向一者與運動方向相同另一者與運動方向相反，又因繩索不可拉伸，兩者之位移相同，故系統在此連接處之內力所作之功互相抵銷，因此公式(3-9)可直接應用至此種質點系統，其中 U_{12} 為系統外力所作之總功，而 $\Delta T = T_2 - T_1$ 為系統總動能(包含兩個質點之動能)之變化量。所以功能法的另一優點，就是對於此類質點系統，在分析時不須將各質點分開討論，將整個系統合在一起即可直接分析，參考例題 3-3 之說明。

🔲 3-3 功率與機械效率

功率(power)是利用來測定一部機械或引擎在一定時間內所作之功。例如二部功率不同之馬達,若給予之時間足夠長的話均可將水槽內之水全部抽光,但功率較大之馬達可在較短之時間內完成此項工作。當一部機械或引擎在Δt之時間內作ΔU之功,則其平均功率為

$$P_{avg} = \frac{\Delta U}{\Delta t}$$

若Δt趨近於零,則可得瞬時功率為

$$P = \lim_{\Delta t \to 0} \frac{\Delta U}{\Delta t} = \frac{dU}{dt} \tag{3-10}$$

由公式(3-1),$dU = \mathbf{F} \cdot d\mathbf{r}$,故

$$P = \frac{dU}{dt} = \frac{\mathbf{F} \cdot d\mathbf{r}}{dt}$$

其中$d\mathbf{r}/dt = \mathbf{v}$,因此功率可寫為

$$P = \mathbf{F} \cdot \mathbf{v} \tag{3-11}$$

由上式可知,當一物體受外力$\mathbf{F}$作用時之瞬時速度為$\mathbf{v}$時,此外力對物體所作之功率為$\mathbf{F}$與$\mathbf{v}$之點積,故功率為一純量。若作用力之方向與速度之方向相同,則

$$P = Fv \tag{3-12}$$

由功率之定義可知功率之單位為功之單位除以時間之單位,故在 SI 單位中,功率之單位為 J/s,稱為**瓦特**(watt,W),故 1W = I J/s = 1N-m/s,而 1 kW = 1000W。在英制重力單位中功率之單位為 ft-lb/s,但通常使用**馬力**(hp,horsepower,英制馬力)為功率單位,且定義 1 hp = 550 ft-lb/s。因 1 ft-lb = 1.356 J,故

$$1 \text{ hp} = 550(1.356)\text{W} = 746\text{W} = 0.746 \text{ kW} \quad , \quad 1 \text{ kW} = 1.340 \text{ hp}$$

機械效率(mechanical efficiency)定義為一部機械輸出之有效功率與輸入機械功率之比值,以η表示之,即

$$\eta = \frac{輸出功率}{輸入功率} \tag{3-13}$$

若機械以穩定之速率作功,則機械效率亦可定義為輸出能量與輸入能量之比值,即

$$\eta = \frac{輸出能量}{輸入能量} \tag{3-14}$$

由於機械是由許多零件所組成，運轉中無法避免其中存在有摩擦力，因此需要部份輸入之功或功率來克服這些摩擦力，故一部機械之效率恆小於 1。

當摩擦力對運動體作負功時，運動體之動能被轉移出來，而轉變為熱能散失掉，即運動體之動能減少量等於摩擦力所作之負功。任何機械在運轉時，必有摩擦產生，而使動能損失變為熱能，導致機件之溫度升高，將減弱機件之強度或影響機械之性能，故設計機械時，如何減少或避免摩擦，實為機械設計人員必須深慮之問題。但某些情況，將動能藉摩擦作用變為熱能散失反而是必需的，例如汽車之煞車，在危急時利用摩擦將動能消耗為熱能散失掉，而使汽車停止運動，另外，離合器或皮帶傳動機構利用摩擦力以傳遞功率，但此種應用所造成的動能損失通常比較小。

例題 3-1

　　重量為 20 lb 之物體以 24 ft/s 之初速沿 25° 斜面向上運動，已知物體與斜面間之動摩擦係數為 0.20，試求

(a) 物體可沿斜面向上運動之最大距離 x 為若干？

(b) 物體滑回原位置時之速度為若干？

(c) 物體滑回原位置時由於運動過程中之摩擦所造成的能量損失為多少？

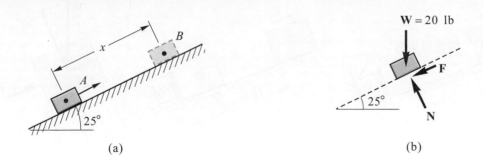

(a)   (b)

解 (a) 物體由位置 A 沿斜面運動至位置 B 之過程中，對物體有作功之外力僅重力 **W** 及摩擦力 **F**，由功與動能之原理：

$$\sum U_i = \Delta T \quad ; \quad U_g + U_f = \Delta T \tag{1}$$

重力所作之功：$U_g = -Wx\sin25° = -20x \cdot \sin25° = -8.45x$ ft-lb

摩擦力所作之功：$U_f = -Fx = -(0.20 \times 20\cos25°)x = -3.63x$ ft-lb

代入(1)式：$-8.45x - 3.63x = 0 - \dfrac{1}{2}(\dfrac{20}{32.2})(24)^2 = 178.9$ ft-lb

得　　　$x = 14.8$ ft ◄

(b) 由 A 至 B，再回到 A 之運動過程中，$\Delta y = 0$，重力作功 $U_g = 0$，僅摩擦力有作功。
設末速度為 v'，則由功與動能之原理：

$$\sum U_i = \Delta T \quad ; \quad U_f = \Delta T \tag{2}$$

其中摩擦力之作功 $U_f = 2(-3.63x) = -2(3.63)(14.8) = -107.4$ ft-lb

代入(2)式：$-107.4 = \dfrac{1}{2}\dfrac{20}{32.2}v'^2 - 178.9$ ， 得 $v' = 15.17$ ft/s² ◄

(c) 由 A 至 B 再回到 A 之運動過程中，由於摩擦力所造成之動能損失 E_f 即等於由 A 至 B 及由 B 至 A 摩擦力所作之功，故

$$E_f = 2\,|U_f| = 2(3.63x) = 107.4 \text{ ft-lb} \blacktriangleleft$$

例題 3-2

一傾角為 20° 之斜面底端放置一彈簧緩衝器，其彈簧常數為 $k = 25$kN/m，且裝置時有 100mm 之初壓縮量；今在距緩衝器 10m 之斜面上有一質量為 75kg 之物體以 6m/s 之初速度滑下斜面，如圖所示；試求物體撞及緩衝器後至靜止為止，緩衝器所產生之位移為何？設物體與斜面間之摩擦係數 $\mu = 0.20$。

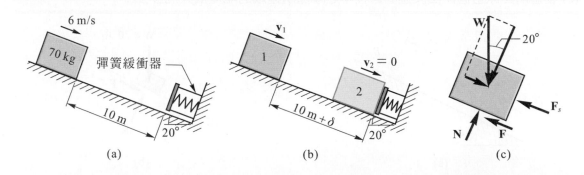

(a)　　　　　　　　　(b)　　　　　　　　　(c)

解 設物體撞及緩衝器後至靜止為止，緩衝器之位移為 δ，則彈簧之總壓縮量為 $x_2 = x_1 + \delta$，其中 x_1 為彈簧之初壓縮量，參考圖(b)所示。今繪物體滑下時之自由體圖如圖(c)所示，其中彈力 F_S 僅物體撞及緩衝器後才有作用；則物體由位置 1 滑至位置 2 之過程中，外力所作之功包括：

重力 **W** 作正功：$U_g = (W\sin20°)(10+\delta)$

摩擦力 **F** 作負功：$U_f = -F(10+\delta) = -0.2(W\cos20°)(10+\delta)$

彈簧力 $\mathbf{F}_S$ 作負功：$U_S = -\dfrac{1}{2}k\left[(x_1+\delta)^2 - x_1^2\right]$

正壓力 $\mathbf{N}$ 不作功：$U_N = 0$

已知 $v_1 = 6\,\text{m/s}$，$v_2 = 0$，則由功與動能之原理：$U_{12} = T_2 - T_1$

$$U_g + U_f + U_S = \frac{1}{2}mv_2^2 - \frac{1}{2}mv_1^2$$

$$[75(9.81)\sin20°](10+\delta) - [0.20(75)(9.81)\cos20°](10+\delta)$$

$$-\frac{1}{2}(25\times10^3)[(0.100+\delta)^2 - 0.100^2] = 0 - \frac{1}{2}(75)(6)^2$$

得　　　$\delta = 0.360\,\text{m} = 360\ \text{mm}\blacktriangleleft$

例題 3-3

　　兩物體 A 與 B 用一條不會伸長之繩索(inextensible cable)連結，如圖所示。今將此系統由靜止釋放，試求物體 A 移動 2m 後之速度。設物體 A 與水平面間之 $\mu = 0.25$，且滑輪重量及摩擦忽略不計。

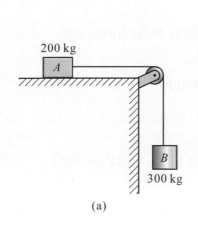

(a)

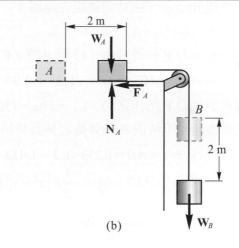

(b)

解 將 A、B 兩物體視為一系統，參考圖(b)所示，則在運動過程中，對系統有作功之力僅 $\mathbf{W}_B$ 及 $\mathbf{F}_A$，至於 A、B 兩物體之張力(系統內力)因等大反向且位移相同，所作之功互相抵銷，故由功與動能之原理：$U_g + U_f = \Delta T$

$$(300\times9.81)(2) - 0.25(200\times9.81)(2) = \frac{1}{2}(200+300)v^2$$

得　　　$v = 4.43\ \text{m/s}\blacktriangleleft$

例題 3-4

圖中質量 50kg 之滑塊被限制在光滑之水平導槽內滑動，滑塊左邊連接一彈力常數為 80 N/m 之彈簧，並連接一繩索跨過光滑之導輪 C，今在繩索另一端施加水平向右之定力 $F = 300$ N，使滑塊在位置 A 由靜止運動至位置 B，試求滑塊運動至位置 B 之速度？設滑塊在位置 A 時彈簧之初拉伸量為 $x_1 = 0.233$ m。

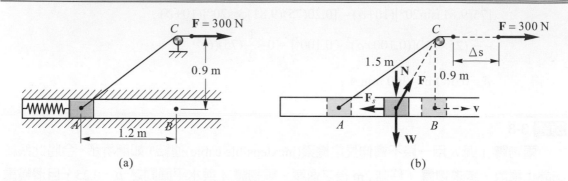

(a)   (b)

解 滑塊由位置 A 運動至位置 B 之過程中，對滑塊有作功之外力有水平定力 $\mathbf{F}$ 及彈力 $\mathbf{F}_S$，參考圖(b)所示，由功與動能之原理：

$$U_F + U_S = \Delta T \tag{1}$$

其中水平力 $\mathbf{F}$ 將滑塊由 A 移至 B 時，$\mathbf{F}$ 之移動位移 $\Delta\mathbf{s}$ 參考圖(b)所示為

$$\Delta s = \overline{AC} - \overline{BC} = \sqrt{1.2^2 + 0.9^2} - 0.9 = 0.6 \text{ m}$$

則水平定力 $\mathbf{F}$ 所作之功：$U_F = F\Delta s = (300)(0.6) = 180$ J

又滑塊運動至位置 B 時彈簧之伸長量為

$$x_2 = x_1 + \overline{AB} = 0.233 + 1.2 = 1.433 \text{ m}$$

故彈力 F_S 所作之功：$U_S = -\dfrac{1}{2}k\left(x_2^2 - x_1^2\right) = -\dfrac{1}{2}(80)(1.433^2 - 0.233^2) = -80$ J

代入(1)式：$180 - 80 = \dfrac{1}{2}(50)v^2 - 0$ ， 得 $v = 2.0$ m/s ◄

例題 3-5

長度為 L，質量為 M 之繩索，靜置於桌面上，如圖所示，設繩索與桌面之靜摩擦係數與動摩擦係數均為 μ，若繩索垂放在桌面下之長度為 b，(a)試證當 $b > \dfrac{\mu L}{1 + \mu}$ 時繩索方可能向下滑動；(b)試求鏈條離開桌面時之速度？

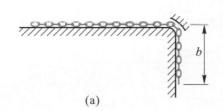

(a)

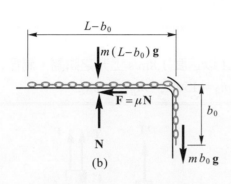

(b)

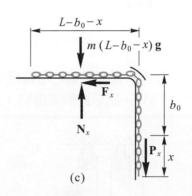

(c)

解 (a) 設繩索即將滑落桌面時垂放在桌面下之長度爲 b_0，如圖(b)所示，此時懸垂在桌面下繩索之重量恰克服桌面上之最大靜摩擦。設繩索單位長度之質量爲 m，即 $m = M/L$，則

$$mb_0g = \mu N = \mu m(L - b_0)g \quad , \quad 得 \quad b_0 = \frac{\mu L}{1 + L} \blacktriangleleft$$

故 $b \geq b_0$ 時，即 $b \geq \dfrac{\mu L}{1 + L}$ 時繩子會滑下桌面。

(b) 設繩索從 b_0 之位置由靜止開始滑落，滑落 x 長度時之自由體圖如圖(c)所示。在運動過程中有作功之外力爲懸垂在桌面下之繩索重量 P_x 及桌面之上摩擦力 F_x。當繩索全部滑落桌面時，由功與動能之原理：

$$U_P + U_f = \Delta T \tag{1}$$

其中 U_P 爲 P_x 所作之功，而 U_f 爲 F_x 所作之功，兩者計算如下：

$$dU_P = P_x dx = mg(b_o + x)dx$$

$$U_P = \int_0^{L-b_0} mg(b_0 + x)dx = \frac{1}{2}mgL^2 - \frac{1}{2}mgb_0^2$$

$$dU_f = -F_x dx = -\mu mg(L - b_0 - x)dx$$

$$U_f = -\int_0^{L-b_0} \mu mg(L - b_0 - x)dx = -\frac{1}{2}\mu mg(L - b_0)^2$$

代入(1)式功與動能之原理：

$$(\frac{MgL^2}{2L} - \frac{Mgb_0^2}{2L}) - \frac{\mu Mg(L - b_0)^2}{2L} = \frac{1}{2} Mv^2 - 0$$

得 $\quad v^2 = \frac{g(L^2 - b_0^2) - \mu g(L - b_0)^2}{L}$

其中 $b_0 = \dfrac{\mu L}{1 + L}$ 代入上式整理， 得 $v^2 = \dfrac{gL}{1 + \mu}$ ， $v = \sqrt{\dfrac{gL}{1 + \mu}}$ ◀

例題 3-6

圖中所示為一起重裝置之滑輪組，已知重物 A 以速度 $1.8\,\text{m/s}$ 上升之瞬間，馬達之輸出功率為 $2.2\,\text{kW}$，試求此瞬間重物 A 之加速度？ $m_A = 150\,\text{kg}$， $m_B = 200\,\text{kg}$。

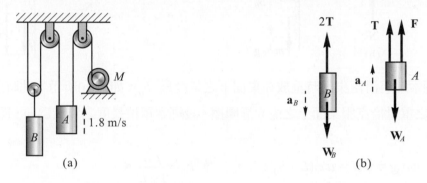

(a)　　　　　　　　　　(b)

解 將重物 A、B 之自由體圖繪出，如圖(b)所示，其中 F 為馬達拉繩索之張力，且 $a_A = 2a_B$。

因馬達之輸出功率為 $P_M = 2.2\,\text{kW}$，而馬達拉繩索之速率等於重物 A 上升之速度，則由 $\quad P_M = \dfrac{Fv_A}{1000}$ ， $F = \dfrac{1000 P_M}{v_A} = \dfrac{1000(2.2)}{1.8} = 1222\,\text{N}$

根據牛頓第二定律：

A 重物：$T + 1222 - 150(9.81) = 150a_A$　　　　　　　　　　　　　　　(1)

B 重物：$200(9.81) - 2T = 200a_B = 100a_A$　　　　　　　　　　　　(2)

解(1)(2)兩式，得 $a_A = 3.66\,\text{m/s}^2$ ◀

例題 3-7

一部 12Mg 之卡車可輸出 40kW 之恆定功率至驅動輪，則此部卡車速率由 24km/h 增加至 48km/h 所需之時間及所移動之距離為若干？設摩擦阻力忽略不計。

解 設卡車之驅動力為 F，運動速率為 v，則卡車之驅動功率為

$$P = Fv = (ma)v = m\frac{dv}{dt}v \quad , \quad 得 \quad dt = \frac{m}{P}vdv$$

將上式積分：$\int_0^t dt = \int_{v_0}^{v_1} \frac{m}{P}vdv$

得 $t = \frac{m}{P}(\frac{v_1^2}{2} - \frac{v_0^2}{2}) = \frac{m}{2P}(v_1^2 - v_0^2)$

因 $v_0 = 24km/h = 6.667 \ m/s$，$v_1 = 48km/h = 13.333 \ m/s$，代入上式

$$t = \frac{12 \times 10^3}{2(40 \times 10^3)}(13.333^2 - 6.667^2) = 20 \ sec ◄$$

再由卡車驅動功率之公式

$$P = Fv = (ma)v = m\frac{vdv}{dx}v = mv^2\frac{dv}{dx} \quad , \quad 得 \quad dx = \frac{m}{P}v^2dv$$

將上式積分：$\int_0^x dx = \int_{v_0}^{v_1} \frac{m}{P}v^2dv$

得 $x = \frac{m}{P}(\frac{v_1^3}{3} - \frac{v_0^3}{3}) = \frac{m}{3P}(v_1^3 - v_0^3)$

將數據代入上式

$$x = \frac{12 \times 10^3}{3(40 \times 10^3)}(13.333^3 - 6.667^3) = 207 \ m ◄$$

習題 1

3-1 如圖習題 3-1 中質量為 50 kg 之物體以 4 m/s 之初速度沿傾角為 15° 之斜面由 A 點開始滑下，試求物體運動至 B 點之速度。物體與斜面間之動摩擦係數為 0.30。

【答】$v_B = 3.15$ m/s。

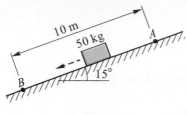

習題 3-1

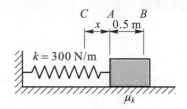

習題 3-2

3-2 如圖習題 3-2 中質量為 10 kg 之物體連接一彈簧，在位置 A 時彈簧為自由長度，今將物體拉至位置 B 後由靜止釋放，試求 (a)物體經 A 點之速度？(b)物體向左運動至距 A 點之最大距離 x 為若干？$\mu_k = 0.30$，$k = 300$ N/m。

【答】(a) $v_A = 2.13$ m/s，(b)$x = 0.304$ m。

3-3 如圖習題 3-3 中以 80N 之拉力將 20 kg 物體由靜止沿光滑斜面拉上 4 m 距離後物體之速度為若干？設不計滑輪之質量及摩擦。

【答】$v = 6.66$ m/s。

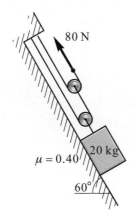

習題 3-3

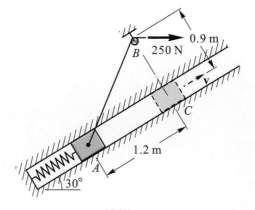

習題 3-4

3-4 如圖習題 3-4 中質量爲 10 kg 之滑塊置於光滑之傾斜導槽內，左邊連接一彈簧，彈力常數爲 $k = 60$ N/m，此時彈簧之拉伸量爲 0.6 m，另外滑塊又連接一繩索至滾輪 B 並承受一水平向右之定力 250 N，設滑塊從位置 A 由靜止開始運動，試求滑塊經位置 C 時之速度。設 B 處滾輪摩擦忽略不計。

【答】$v_C = 0.947$ m/s。

3-5 如圖習題 3-5 中物體質量爲 1.5kg，以 4 m/s 之速率在光滑平面上向左滑動並撞擊一非線性彈簧，設彈力 $F_S = kx^2$，其中常數 $k = 900$ N/m^2，x 爲彈簧之壓縮量(單位爲 m)，試求物體將彈簧壓縮 0.2 m 時之速度？

【答】$v = 3.58$ m/s。

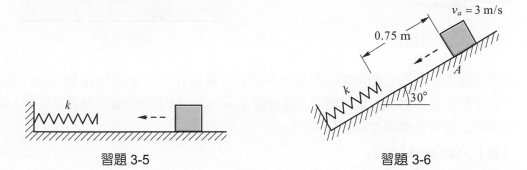

習題 3-5　　　　　　　　　　　　　習題 3-6

3-6 如圖習題 3-6 中質量爲 1.5kg 之物體由 A 點以 3 m/s 之初速滑下斜面，而撞向斜面下之彈簧。若彈簧常數 $k = 900$ N/m，試求此物體靜止之瞬間，彈簧之最大壓縮量 δ 爲若干？設斜面爲光滑面，且彈簧之質量忽略不計。

【答】$\delta = 173.5$ mm。

3-7 如圖習題 3-7 中質量爲 100 kg 之小型火箭，在 A 點由靜止以 1.5kN 之等推力沿光滑斜坡運動，至 B 點關閉引擎，試求由 B 點至停止火箭沿斜坡所移動之距離 S。設火箭因排氣所減少之質量忽略不計，故質量保持不變。

【答】$S = 160$ m。

3-8 如圖習題 3-8 中質量均為 2kg 之滑塊，以細桿連接並可在光滑的導槽中滑動。今在細桿中點施加一向左之水平定力 20 N，使系統在 $\theta = 0°$ 之位置由靜止開始運動，試求當 $\theta = 90°$(即滑塊 A 撞及水平導槽)時滑塊 A 之速度。設細桿質量忽略不計。

【答】$v_A = 3.44$ m/s。

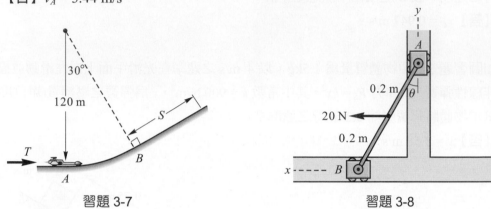

習題 3-7   習題 3-8

3-9 如圖習題 3-9 中所示之滑輪系統，A、B 兩物體的質量分別為 $m_A = 10$kg 與 $m_B = 100$kg，今將系統由靜止釋放，當物體 B 之速度達 2 m/s 時，試求物體 B 所移動之距離ΔS_B？設滑輪之質量及摩擦忽略不計。

【答】$\Delta S_B = 0.883$ m($\downarrow$)。

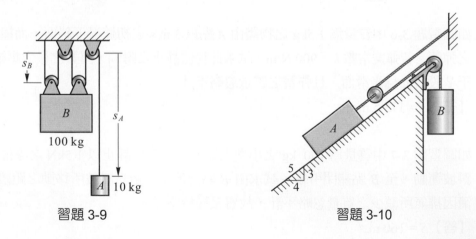

習題 3-9   習題 3-10

3-10 如圖習題 3-10 中 $W_A = 300$ N，$W_B = 50$ N，物體 A 與斜面之$\mu_k = 0.20$。今將系統由靜止釋放，試求物體 A 沿斜面滑下 1 m 後之速度為何？設繩索與滑輪之質量及摩擦忽略不計。

【答】$v_A = 1.12$ m/s。

3-11 如圖習題 3-11 中質量爲 20 kg 之物體受一外力 F 作用，此力之方向保持不變，但其大小隨位置 s 而變，即 $F = 50s^2$，其中 s 單位爲公尺(m)，F 單位爲牛頓(N)。已知 $s = 0$ 時物體之速度爲 2 m/s 向右，試求物體運動 3m 後之速度。物體與水平面間之 $\mu_k = 0.3$。

【答】$v = 3.77$ m/s。

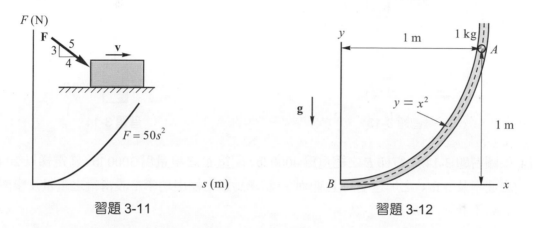

習題 3-11   習題 3-12

3-12 如圖習題 3-12 中質量爲 1kg 之銷子沿一鉛直面上之曲線凹槽滑動，凹槽之曲線方程式爲 $y = x^2$。銷子除了受重力外另受一外力 $F(x,y) = -(x^2+2xy)\mathbf{i} - (x^2+2)\mathbf{j}$ N。已知銷子在 A 點由靜止釋放，試求銷子運動至原點 B 時之速度。設摩擦忽略不計。

【答】$v_B = 5.13$ m/s。

3-13 如圖習題 3-13 中馬達 A 將 300 kg 之物體以 2 m/s 之等速度拉上升時，功率計 B 上測得輸入馬達之功率爲 2.20 kW，試求馬達之效率。設滑輪與繩索之質量以及摩擦均忽略不計。

【答】$\eta = 0.892$。

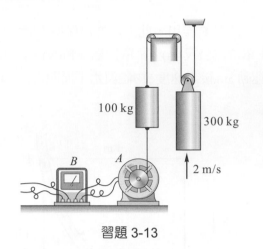

習題 3-13

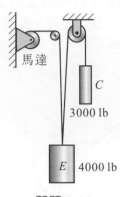

習題 3-14

3-14 如圖習題 3-14 中電梯 E 之總重為 4000 lb，配重 C 之重量為 3000 lb，當電梯以 20 ft/s 之速率及 3 ft/s² 之加速度向上運動時，試求馬達之輸出功率？設滑輪之重量及摩擦均忽略不計。

【答】60.1 hp。

3-15 如圖習題 3-15 中動力絞盤 A 以 1.2 m/s 之等速率將 360 kg 之木頭拉上傾角為 30° 之斜面，若絞盤之輸出功率為 4 kW，試求木頭與斜面間之摩擦係數？若絞盤功率突然增加為 6 kW，試求此瞬間木頭之加速度為若干？

【答】$\mu = 0.513$，$a = 4.63$ m/s²。

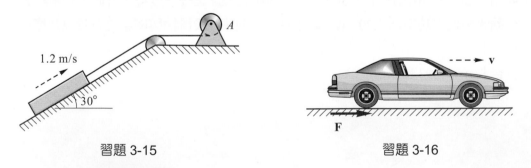

習題 3-15   習題 3-16

3-16 如圖習題 3-16 中質量為 m 之汽車以 v_1 之速率在水平路面上行駛，今引擎以一定功率 P 驅動車輪，試求汽車加速運動 s 距離後之速率 v_2。設摩擦阻力忽略不計。

【答】$v_2 = \left(\dfrac{3Ps}{m} + v_1^3 \right)^{1/3}$。

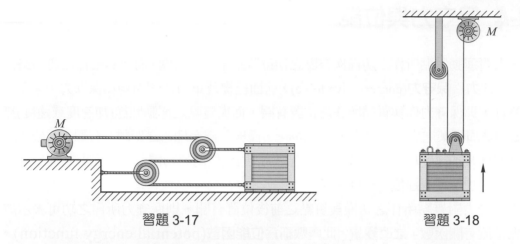

習題 3-17　　　　　　　　　　　　習題 3-18

3-17 如圖習題 3-17 中木箱質量爲 150 kg，與水平面之靜摩擦及動摩擦係數分別爲 $\mu_s = 0.3$ 及 $\mu_k = 0.2$，最初木箱靜止於水平面上。今馬達開始對繩索施加拉力 $F = (8t^2+20)$ N，其中 t 之單位爲秒，試求 5 秒後馬達之輸出功率。

【答】$P = 1.125$ kW。

3-18 如圖習題 3-18 中馬達 M 將 500 kg 之重物以 2 m/s^2 之等加速度由靜止拉上升，試求 3 秒後馬達之輸出功率。設滑輪與繩索之質量以及摩擦均忽略不計。

【答】$P = 35.4$ kW。

3-4 保守力與位能

當一力對運動質點所作之功僅與質點之初位置及末位置有關,而與其所經之運動路徑無關者,稱此力為**保守力**(conservative force),前面已提及重力及彈力均為保守力。保守力均有個特性,即保守力僅與質點所在之位置有關,而與質點之運動狀態(加速度或速度)無關,例如地球周圍某處之萬有引力 $F = GMm/r^2$,僅與該處至地心之距離 r 有關,至於在該處之運動速度及加速度均不影響該處之萬有引力。同樣作用於物體之彈力僅與其變形量有關,與物體之加速度或速度均無關係。

既然保守力對質點所作之功僅與質點之前後位置有關,則保守力所作之功可表示成「與質點位置有關函數」之改變量,此函數稱為**位能函數**(potential energy function)。由功之定義為 $dU = \mathbf{F} \cdot d\mathbf{r}$,對於保守力 $\mathbf{F}$ 必可找到一位能函數 V 使 $dV = -\mathbf{F} \cdot d\mathbf{r}$,則

$$U_{12} = \int_{\mathbf{r}_1}^{\mathbf{r}_2} \mathbf{F} \cdot d\mathbf{r} = \int_{V_1}^{V_2} -dV = V_1 - V_2 = -(V_2 - V_1) = -\Delta V \tag{3-15}$$

運動質點之動能變化量,可由質點外力所作的總功計算之,但對於保守力所作之功,如上所述,可由位能函數之變化量求得,而此位能函數僅與質點所在之位置有關。

保守力 $\mathbf{F}$ 的位能函數 V 為位置之函數且滿足「$dV = -\mathbf{F} \cdot d\mathbf{r}$」,式中之負號可有亦可無,但加上負號之目的是使在同一位置之動能與位能有相同之符號。

在直角座標系中位能函數 V 可表示為 $V = V(x,y,z)$,則 dV 為

$$dV = \frac{\partial V}{\partial x} dx + \frac{\partial V}{\partial y} dy + \frac{\partial V}{\partial z} dz$$

將 $\mathbf{F}$ 及 $d\mathbf{r}$ 以直角座標系之分量表示,則其點積為

$$\mathbf{F} \cdot d\mathbf{r} = (F_x \mathbf{i} + F_y \mathbf{j} + F_z \mathbf{k}) \cdot (dx \mathbf{i} + dy \mathbf{j} + dz \mathbf{k}) = F_x dx + F_y dy + F_z d_z$$

由 $dV = -\mathbf{F} \cdot d\mathbf{r}$ 可得

$$\frac{\partial V}{\partial x} dx + \frac{\partial V}{\partial y} dy + \frac{\partial V}{\partial z} dz = -(F_x dx + F_y dy + F_z dz)$$

或寫為
$$F_x = -\frac{\partial V}{\partial x} \ , \ F_y = -\frac{\partial V}{\partial y} \ , \ F_z = -\frac{\partial V}{\partial z} \tag{3-16}$$

若在直角座標中給定某保守力之位能函數 V,就可利用上式求得其保守力,即

$$\mathbf{F} = -(\frac{\partial V}{\partial x} \mathbf{i} + \frac{\partial V}{\partial y} \mathbf{j} + \frac{\partial V}{\partial z} \mathbf{k}) = -\nabla V \tag{3-17}$$

上式中之 ∇V 稱爲 V 的**梯度**(gradient)。

至於在圓柱座標系中，保守力與其位能函數之關係爲

$$\mathbf{F} = -(\frac{\partial V}{\partial r}\mathbf{u}_r + \frac{1}{r}\frac{\partial V}{\partial \theta}\mathbf{u}_\theta + \frac{\partial V}{\partial z}\mathbf{u}_z) \tag{3-18}$$

🔲 定力的位能函數

圖 3-8 中，考慮受定力 P 作用之質點，由 P_1 位置運動至 P_2 位置，設取坐標系之$+x$方向爲 P 之方向，以直角座標系表示 $\mathbf{F}$ 及 $d\mathbf{r}$，即 $\mathbf{F} = P\mathbf{i}$，$d\mathbf{r} = dx\mathbf{i} + dy\mathbf{j} + dz\mathbf{k}$，則

$$\mathbf{F} \cdot d\mathbf{r} = (P\mathbf{i}) \cdot (dx\mathbf{i} + dy\mathbf{j} + dz\mathbf{k}) = Pdx$$

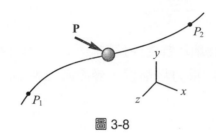

圖 3-8

位能函數 V 必須滿足 $dV = -\mathbf{F} \cdot d\mathbf{r} = -Pdx$ 將上式積分，得 $V = -Px + C$，其中 C 爲積分常數，由於 C 爲任意值均可滿定 $dV = -Pdx$，故可令 C 爲任意值，通常取 $C = 0$，故可得**定力之位能函數**爲

$$V = -Px \tag{3-19}$$

此位能之值決定於質點所在之坐標 x，可能爲正值、負值或爲零。故定力所作之功可用其位能變化量之負值計算之，即

$$U_{12} = -\Delta V = V_1 - V_2 = (-Px_1) - (-Px_2)$$

上式顯然與 $x = 0(V = 0)$ 之基準位置(datumn location)無關，故位能爲零之位置可任意選定，通常取運動之起點或終點較爲方便。

🔲 重力位能(g 爲定値)

地表的重力可視爲定力，若取直角坐標系之 y 軸向上爲正，質點重力 $\mathbf{F} = -mg\mathbf{j}$，則

$$\mathbf{F} \cdot d\mathbf{r} = (-mg\mathbf{j}) \cdot (dx\mathbf{i} + dy\mathbf{j} + dz\mathbf{k}) = -mg\,dy$$

位能函數 V 必須滿足 $dV = -\mathbf{F} \cdot d\mathbf{r} = mg\,dy$，積分之，得 $V = mgy + C$，取 $C = 0$，**故重力位能**爲

$$V_g = mgy \qquad (3\text{-}20)$$

y 表示質點相對於基準面之高度，在基準面上方為正，下方為負。至於 $y = 0$ 之基準面可任意選取，通常取地球表面，亦可取在運動之最高點或最低點。故重力所作之功可用重力位能變化量之負值計算之，即

$$U_{12} = -\Delta V_g = V_{g1} - V_{g2} = mgy_1 - mgy_2$$

重力位能(g 不為定值)

距離地表較遠之物體所受之重力不再是定力，此時重力以極坐標表示為

$$\mathbf{F} = -\frac{GMm}{r^2}\mathbf{u}_r = -\frac{mgR^2}{r^2}\mathbf{u}_r$$

其中 G 為萬有引力常數，M 為地球質量，r 為物體與地心之距離，R 為地球半徑，$g(9.81\text{m/s}^2$ 或 $32.2\text{ft/s}^2)$ 為物體在地表之重力場強度，參考圖 3-9 所示，因物體在地表之重力 $mg = \dfrac{GMm}{R^2}$，故 $GM = gR^2$。

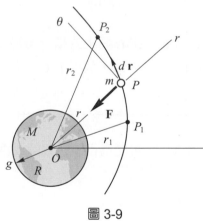

圖 3-9

在極坐標系中 $d\mathbf{r} = dr\mathbf{u}_r + rd\theta\,\mathbf{u}_\theta$，則 $dV = -\mathbf{F}\cdot d\mathbf{r} = \dfrac{mgR^2}{r^2}dr$，將上式積分，並令積分常數為零，則可得**重力位能**(Gravitational Potential Energy)為

$$V_g = -\frac{mgR^2}{r} = -\frac{GMm}{r} \qquad (3\text{-}21)$$

故重力所作之功可用重力位能變化量之負值計算之，即

$$U_{12} = -\Delta V_g = V_{g1} - V_{g2} = (-\frac{mgR^2}{r_1}) - (-\frac{mgR^2}{r_2})$$

彈力位能

線性彈簧之作用力，如圖 3-10 所示，以極坐標表示為

$$\mathbf{F} = -k(r-r_0)\mathbf{u}_r$$

其中 r_0 為彈簧之自由長度，則

$$dV = -\mathbf{F} \cdot d\mathbf{r} = k(r-r_0)\mathbf{u}_r \cdot (dr\mathbf{u}_r + rd\theta\,\mathbf{u}_\theta)$$

$$= k(r-r_0)dr = k\delta\,d\delta$$

其中 $\delta = r - r_0 = $ 彈簧之伸長量。將上式積分即可得**彈力位能**(elastic Potential Energy)為

$$V_S = \frac{1}{2}k\delta^2$$

$$(3\text{-}22)$$

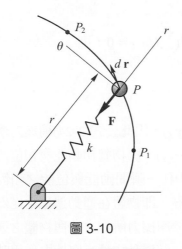

圖 3-10

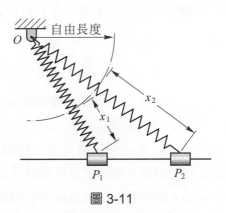

圖 3-11

上式是取彈簧在自由長度時之彈力位能為零。故彈力所作之功可用彈力位能變化量之負值計算之，即

$$U_{12} = -\Delta V_S = V_{S1} - V_{S2} = \frac{1}{2}k\delta_1^2 - \frac{1}{2}k\delta_2^2$$

對於彈力位能有兩點必須特別說明：

(1) 彈簧在自由長度時 $V_S = 0$，且伸長量或縮短量相等時彈力位能相等。

(2) 彈力對運動質點所作之功，可由其位能變化量之負值直接求得($U_{12} = -\Delta V_S$)，且此關係在彈簧對其固定端旋轉時亦可使用，如圖 3-11 所示，物體由 P_1 位置運動至 P_2 位置時，彈力對物體所作之功為

$$U_{12} = -\Delta V_S = \frac{1}{2}k\,x_1^2 - \frac{1}{2}x_2^2$$

3-5 機械能守恆

質點在運動過程中，所受之外力可分為「保守力」與「非保守力」，設保守力所作之總功為$(\sum U_i)_C$，而非保守力所作之總功為$(\sum U_i)_{NC}$，由功與動能之原理

$$(\sum U_i)_C + (\sum U_i)_{NC} = \Delta T$$

其中保守力所作之功等於其位能變化量之負值，即$(\sum U_i)_C = -\Delta V$，在動力學中位能包括重力位能與彈性位能，即$V = V_g + V_s$，則

$$-\Delta V + (\sum U_i)_{NC} = \Delta T$$

或 $$(\sum U_i)_{NC} = \Delta T + \Delta V \tag{3-23}$$

上式可視為功與動能原理的另一種表示方式。

若質點在運動過程中僅保守力對質點有作功，即$(\sum U_i)_{NC} = 0$，則

$$\Delta T + \Delta V = 0 \quad , \quad 或 \quad (T_2 - T_1) + (V_2 - V_1) = 0$$

得 $$T_1 + V_1 = T_2 + V_2 \quad , \quad 或 \quad T + V = 定值 \tag{3-24}$$

動能與位能之和稱為**力學能**或**機械能**(mechanical energy)，因此公式(3-24)稱為**力學能守恆原理**或**機械能守恆原理**(conservation of mechanical energy)，即物體初動能與初位能之和等於末動能與末位能之和，換言之，物體在運動過程中任一瞬間動能與位能之和恆保持不變，惟必須強調者，機械能守恆原理僅適用於保守系統，即物體在運動過程中僅保守力對物體有作功。若物體在運動過程中有摩擦力作用，由於摩擦力所作之功與物體之運動路徑有關，即路徑愈長作功也愈大，故摩擦力不為保守力，當運動物體有摩擦力作用時即不為保守系統，機械能守恆原理就不能使用。

參考圖3-12中之單擺，在P_1之水平位置由靜止釋放，而在一鉛直面上擺動，因擺錘在運動過程中僅重力有作功，重力為保守力，故擺錘之擺動可適用機械能守恆原理。

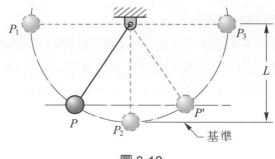

圖 3-12

設以擺錘擺動之最低點 P_2 爲重力位能之零位面，則擺錘在 P_1 位置時，位能 $V_1 = V_{g1} = WL$，動能 $T_1 = 0$，機械能 $T_1 + V_1 = WL$，即擺錘在 P_1 位置時全爲位能。當擺錘向下擺動時，位能降低而動能增加，直至 P_2 位置時位能爲零，而全部轉換爲擺錘之動能，即 $V_2 = 0$，$T_2 = \frac{1}{2}mv_2^2$，由機械能守恆原理 $T_2 + V_2 = T_1 + V_1 = WL$

$$\frac{1}{2}\frac{W}{g}v_2^2 = WL \quad , \quad 得 \quad v_2 = \sqrt{2gL}$$

當擺錘繼續向右擺動時，動能漸減而位能又漸增，直至 P_3 位置(與 P_1 位置等高)又全部轉換爲位能，而動能爲零。由於擺錘之機械能保持不變，而位能僅與高度有關，故擺錘在相同高度之動能必相等，即擺錘在 P 與 P' 兩位置之速率必相等。

例題 3-8

　　圖中 10kg 之套環可在光滑之垂直桿上滑動。彈簧之自由長度爲 100mm，彈簧常數 $k = 500$ N/m。今將套環自圖中之位置"1"由靜止釋放，試求套環落下 150mm 至位置"2"時之速度？

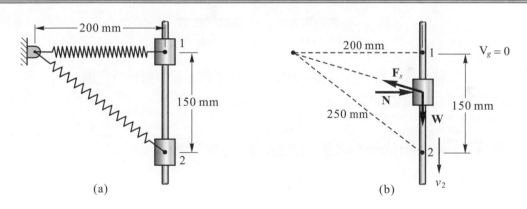

　(a)　　　　　　　　　　　　　(b)

解 套環落下之過程中，僅重力及彈力有作功，如圖(b)所示，故運動過程中在任一位置之機械能總和恆保持不變。

　　設位置"1"爲重力位能之零位面，則

　　　　$V_{g1} = 0$ ， $V_{g2} = -10(9.81)(0.150) = -14.72$ N-m

　　套環在位置"1"及位置"2"時彈簧之伸長量 x_1 及 x_2 爲

　　　　$x_1 = 200 - 100 = 100$mm $= 0.100$ m

　　　　$x_2 = 250 - 100 = 150$mm $= 0.150$ m

　　則彈力位能分別爲

$$V_{S1} = \frac{1}{2}kx_1^2 = \frac{1}{2}(500)(0.100)^2 = 2.5 \text{ N-m}$$

$$V_{S2} = \frac{1}{2}kx_2^2 = \frac{1}{2}(500)(0.150)^2 = 5.63 \text{ N-m}$$

由機械能守恆：$T_1 + V_{g1} + V_{S1} = T_2 + V_{g2} + V_{S2}$

$$0 + 0 + 2.5 = \frac{1}{2}(10)v_2^2 - 14.72 + 5.63 \quad , \quad 得 \ v_2 = 1.522 \text{ m/s} \blacktriangleleft$$

例題 3-9

圖中當彈簧在自由長度時，一重量為 6 lb 之物體恰接觸在彈簧之頂端，今將物體由靜止釋放，試求(a)彈簧之最大壓縮量；(b)物體之最大速度。彈簧常數 $k = 24$ lb/ft。

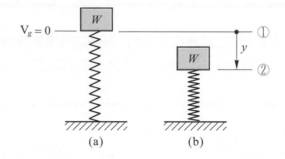
(a)　　　　　(b)

解 物體由靜止釋放後，僅受重力及彈力作用，故運動過程中機械能守恆。

設取最初釋放之位置(位置①)為重力位能之零位面，則

$$V_{g1} = 0 \qquad\qquad V_{S1} = 0$$

物體落下 y 高度後(位置②)之重力位能及彈力位能分別為

$$V_{g2} = -Wy \qquad\qquad V_{S2} = \frac{1}{2}ky^2$$

由力學能守恆：$T_1 + V_{S1} + V_{g1} = T_2 + V_{S2} + V_{g2}$

得
$$0 + 0 + 0 = T_2 + \frac{1}{2}ky^2 - Wy \qquad\qquad\qquad (1)$$

(a) 彈簧達最大壓縮量時，$T_2 = 0$，設此時 $y = \delta$，則由(1)式

$$\frac{1}{2}k\delta^2 - W\delta = 0 \quad , \quad \frac{1}{2}(24)\delta^2 - 6\delta = 0$$

得
$$\delta = 0.5 \text{ ft} \blacktriangleleft$$

(b) 由(1)式：$T_2 = Wy - \frac{1}{2}ky^2 = 6y - 12y^2$ (2)

令 $\dfrac{dT_2}{dy} = 0$，得 $y = 0.25$ ft 時物體之動能最大，即速度最大，代入(2)式：

$$T_{max} = \frac{1}{2}(\frac{6}{32.2})v_{max}^2 = 6(0.25) - 12(0.25)^2 = 0.75 \text{ ft-lb}$$

得 $v_{max} = 2.84$ ft/s ◄

【註】 本題之物體作簡諧運動，平衡點在 $y = 0.25$ ft 之位置，振幅為 0.25 ft，作簡諧運動之物體在平衡點有最大速度。平衡點為物體受外力(本題為重力及彈力)呈平衡之位置。

例題 3-10

　　物體 G 重量為 9N 沿一無摩擦之軌道滑動，如圖所示，(a)若欲使物體運動至 A 點時仍與軌道保持接觸，則物體之最小初速率為若干？(b)物體以此最小速率運動至 B 點時所受之正壓力為若干？設物體尺寸忽略不計。

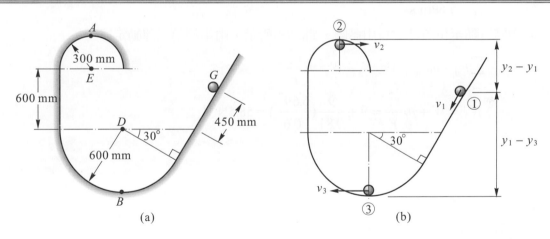

(a)   (b)

解 (a) 設物體之初位置為位置①，達 A 點時為位置②，達 B 點時為位置③，參考圖(b)所示。若欲使物體到達 A 點時仍與軌道保持接觸，需 A 點之正壓力 $N_2 \geq 0$，則當 $N_2 = 0$ 時之速率為 A 點所需之最小速率，繪物體在 A 點時之自由體圖，如圖(c)所示，由牛頓第二運動定律

$$\sum F_n = ma_n \quad ; \quad mg = m\frac{v_2^2}{r} \quad , \quad v_2 = \sqrt{gr}$$

得 $v_2 = \sqrt{(9.81)(0.3)} = 1.72$ m/s

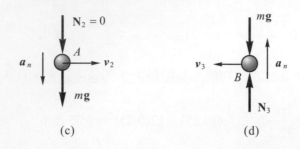

(c)   (d)

因物體在軌道上之運動過程中僅受重力作用，故在運動過程中機械能守恆：$\Delta T + \Delta V = 0$

即 $(\frac{1}{2}mv_2^2 - \frac{1}{2}mv_1^2) + (mgy_2 - mgy_1) = 0$

$$v_1^2 = v_2^2 + 2g(y_2 - y_1) = 9.81(0.3) + 2(9.81)(0.9 - 0.45\sin 60°)$$

得 $v_1 = 3.60\text{m/s}$ ◄

(b) 物體運動至位置③之速度 v_3，由力學能守恆：$\Delta T + \Delta V = 0$

$$(\frac{1}{2}mv_3^2 - \frac{1}{2}mv_1^2) + (mgy_3 - mgy_1) = 0$$

$$v_3^2 = v_1^2 + 2g(y_1 - y_3) = 3.60^2 + 2(9.81)(0.6 + 0.45\sin 60°)$$

得 $v_3 = 5.69\text{m/s}$

取物體運動至位置③之自由體圖，如圖(d)所示，由牛頓第二運動定律：

$$\sum F_n = ma_n \quad ; \quad N_3 - W = m\frac{v_3^2}{r}$$

得 $N_3 = W + m\frac{v_3^2}{r} = 9 + \frac{9}{9.81}(\frac{5.69^2}{0.6}) = 58.5\text{N}$ ◄

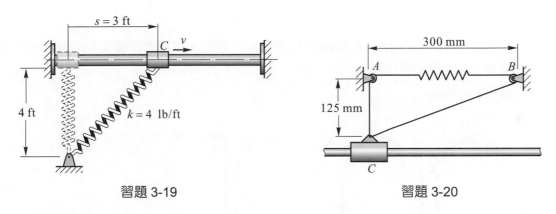

3-19 如圖習題 3-19 中重量爲 2 lb 的套管 C 可在光滑的水平桿上滑動，已知在位置 $s = 3\text{ft}$ 時套管速度爲 6 ft/s 向右，試求(a)在位置 $s = 0$ 時套管的速度；(b)套管向右運動之最大位置 s_{max}。已知彈簧的自由長度爲 2 ft，彈簧常數 $k = 4$ lb/ft。

【答】(a)v = 18.9 ft/s，(b)s_{max} = 3.15 ft。

習題 3-19　　　　　　　　　　　　習題 3-20

3-20 如圖習題 3-20 中質量爲 0.8kg 之套管 C 可在光滑的水平桿上滑動，今將套管在圖示位置由靜止釋放，試求套管可達到之最大速度？彈簧之自由長度爲 500 mm，彈簧常數 $k = 300$ N/m。

【答】v_{max} = 3.135 m/s。

3-21 如圖習題 3-21 中質量 2 kg 的球在 A 點以 10 m/s 之速度滑上光滑斜面，在斜面頂點 B 脫離斜面後作斜向拋射運動而落至平面上之 D 點，試求 B 至 D 之水平射程 d 以及球落至 D 點時之速度？設球的尺寸忽略不計。

【答】d = 8.525 m，v_D = 10 m/s。

3-22 將如圖習題 3-22 中之滑輪系統由靜止釋放，試求 B 移動 1 m 後 A、B 兩者之速度各爲若干？設摩擦與滑輪的質量均忽略不計。$m_A = 40$ kg，$m_B = 8$ kg。

【答】v_A = 0.616 m/s，v_B = 0.924 m/s。

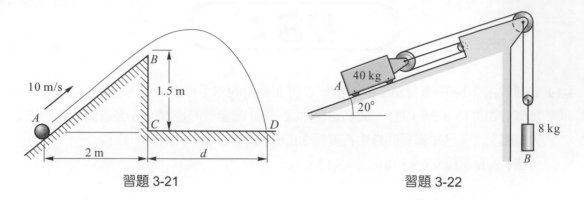

習題 3-21   習題 3-22

3-23 如圖習題 3-23 中之繩索，在圖(a)之位置由靜止釋放，試求全部繩索恰脫離半圓柱時之速度 v。設摩擦忽略不計。

【答】4.92 m/s。

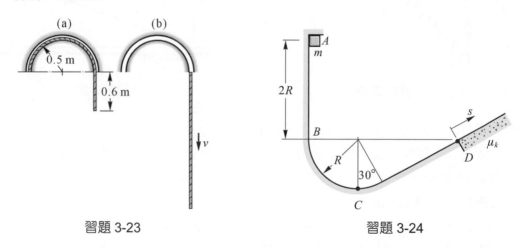

習題 3-23   習題 3-24

3-24 如圖習題 3-24 中質量為 m 之滑塊在 A 點由靜止釋放，然後沿鉛直面上之軌道滑動，A 至 D 為光滑面，D 之後為粗糙表面(動摩擦係數為 μ_k)，試求(a)滑塊通過 B 點後瞬間，軌道對滑塊之正壓力；(b)在 C 點時軌道對滑塊之正壓力；(c)通過 D 點後滑塊沿粗糙斜面滑動若干距離 s 後停止？

【答】(a)$N_B = 4\,mg$，(b)$N_C = 7\,mg$，(c)$s = \dfrac{4R}{1+\sqrt{3}\,\mu_k}$。

3-25 如圖習題 3-25 中一玩具汽車在 A 點由靜止沿一曲線軌道運動，若欲使物體在 D、E 兩處不脫離軌道，則高度 h 之範圍應為若干？已知 E 處之曲率半徑 $\rho = 75$ ft，且摩擦忽略不計。

【答】50 ft < *h* < 57.5 ft。

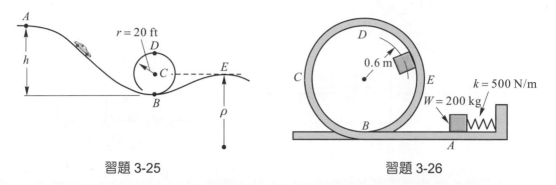

習題 3-25　　　　　　　　　　習題 3-26

3-26 如圖習題 3-26 中 200 克之滑塊在 *A* 點利用彈簧射出，欲沿光滑軌道 *ABCDE* 運動而與軌道保持接觸不會脫離，則在 *A* 點由靜止射出時彈簧所需之最小壓縮量為若干？*k* = 500 N/m。

【答】δ = 0.108 m。

3-27 如圖習題 3-27 中單擺在 *A* 點之水平位置由靜止釋放，當擺動 90°至鉛直位置時擺繩開始接到 *B* 點之固定銷子，若欲使擺錘繼續在鉛直面上作圓周運動繞行一周，則銷子 *B* 至支點 *O* 之距離 *a* 最小值為若干？

【答】*a* = 3*l* /5。

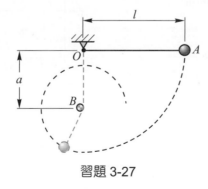

習題 3-27

3-28 如圖習題 3-28 中木箱(質量 6 kg)沿光滑斜坡運動至 *A* 點之速度為 2 m/s，試求木箱脫離圓形斜坡時之角度θ，以及木箱落至手推車時之水平距離 *s*？*A* 點開始為半徑 1.2 m 之圓形坡道。

【答】θ = 22.3°，*s* = 0.587 m。

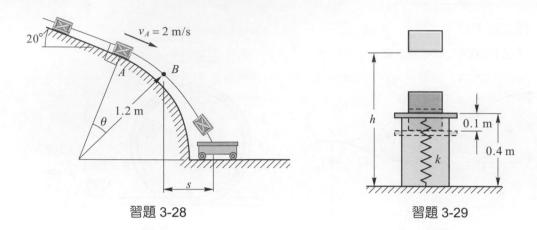

習題 3-28　　　　　　　　習題 3-29

3-29 如圖習題 3-29 中緩衝器之高度為 0.4 m，其內裝設一初壓縮量為 0.6 m 之彈簧，其彈簧常數 $k = 200$ N/m，今在緩衝器上放一質量為 2 kg 之物體，向下壓 0.1 m 後釋放之，試求此物體能上升之最大高度 h。設緩衝器之質量均忽略不計。

　　【答】$h = 0.963$ m。

3-30 如圖習題 3-30 中兩彈簧之自由長度均為 10 吋，今重量為 14 lb 之軸環將下面彈簧 A 壓縮 5 in 後由靜止釋放，試求上面彈簧 B 之最大壓縮量。

　　【答】$x_B = 6.89$ in。

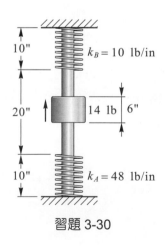

習題 3-30

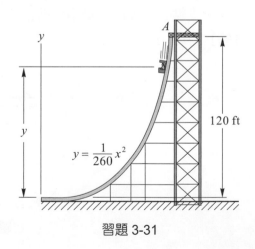

習題 3-31

3-31 如圖習題 3-31 中所示為一遊樂設備，滑車在高 120 ft 之 A 點由靜止沿一拋物線($y = x^2/260$)之光滑軌道滑下，試求滑至 $y = 20$ ft 處之速度以及軌道對滑車之正壓力。滑車重量為 500 lb，且摩擦忽略不計。

　　【答】$v = 80.2$ ft/s，$N = 951$ lb。

3-32 如圖習題 3-32 中質量 6 kg 之物體在彈簧緩衝器上方 100 mm 之高度由靜止落下，已知緩衝器內彈簧之初壓縮量為 50 mm，彈簧常數為 4 kN/m，試求物體撞上緩衝器後緩衝器上面平板所生之最大位移 δ。設緩衝器質量忽略不計。

【答】$\delta = 29.4$ mm。

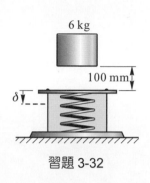

習題 3-32

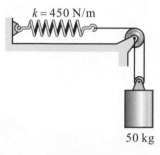

習題 3-33

3-33 如圖習題 3-33 中 50 kg 之物體於彈簧受 45 N 拉力時由靜止釋放，試求(a)物體落下 150 mm 後之速度；(b)物體落下之最大拉移。設摩擦及滑輪質量均忽略不計。

【答】(a) $v = 1.26$ m/s，(b) $\delta = 445$ mm。

3-34 如圖習題 3-34 中 0.5 lb 的球利用彈簧發射器射上光滑斜面，已知發射器內彈簧之初壓縮量(無負荷)為 2 in。今將發射器向後推 3 in 後釋放，將球由靜止射出，試求球沿斜面滑動 30 in 後之速度。彈簧常數 $k = 10$ lb/in。

【答】$v = 32.3$ ft/s。

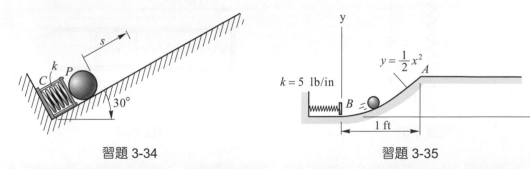

習題 3-34

習題 3-35

3-35 如圖習題 3-35 中小球頂住彈簧向後壓縮 3 in 後在 B 點由靜止釋放，小球射出候沿拋物線的斜坡向上運動，至 A 點脫離斜坡而作斜向拋射運動，試求小球落回平面時與 A 點之水平距離 R 為若干？設摩擦忽略不計。小球重量為 0.50 lb。

【答】$R = 6.50$ ft。

3-36 如圖習題 3-36 中質量 0.75 kg 之擺球在 A 點由靜止釋放，已知在 A 點時彈簧被壓縮 125 mm，試求擺球在 B、C 兩點所受之張力。擺球在 B 點時擺繩呈水平，曲率半徑仍為 0.6 m。彈簧常數 $k = 6$ kN/m。

【答】$T_B = 141.5$ N，$T_C = 48.7$ N。

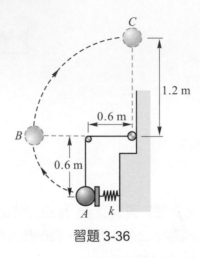

習題 3-36

3-37 如圖習題 3-37 中質量 10 kg 之物體懸掛在彈簧下，今在 $x = 1$ m 時之自由長度將物體由靜止釋放，試求 (a)速度最大時之 x 值及最大速度；(b) x 之最大值為若干？彈簧常數為 450 N/m。

【答】(a) $x = 1.218$ m，$v_{max} = 1.462$ m/s，(b) $x_{max} = 1.436$ m。

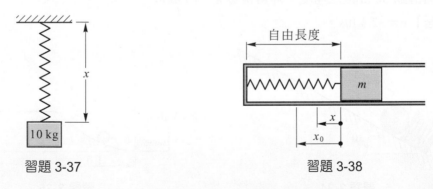

習題 3-37   習題 3-38

3-38 如圖習題 3-38 中質量為 m 之物體連接一彈簧常數為 k 之彈簧而置於水平光滑面上，今將彈簧由自由長度壓縮 x_0 後由靜止釋於，試求(a)運動至任一變形量為 x 之位置時，彈力對物體所作之功率？(b) x 為若干時彈力所作之功率最大，並求最大功率？

【答】(a) $P = kx\sqrt{k\left(x_0^2 - x^2\right)/m}$ (b) $x = \dfrac{x_0}{\sqrt{2}}$，$P_{max} = \dfrac{kx_0^2}{2}\sqrt{\dfrac{k}{m}}$。

質點力動學：動量與衝量

動力學中所包含的範圍相當廣泛，題目之類型亦各有不同；在第二章中曾用牛頓第二運動定律分析力、質量與加速度之關係；而在第三章中，對於力隨位置變化之問題，則以功與動能之原理分析。但對於力為時間函數之問題，則以本章衝量與動量之方法分析較為方便。又有些問題，力之作用時間甚為短暫(接近於零)，在此時間內，任一瞬間力之大小根本無法測定，此種力稱為**衝力**(impulsive force)，研究承受衝力之運動物體，以衝量與動量之方法分析，優點特別顯著。另外，對於流體流動以及可變質量之運動問題，亦須以衝量與動量之方法分析之。

📖 4-1 線動量與線衝量

考慮質量為 m 之質點在空間作曲線運動，在某瞬間質點所受之合力為 $\sum \mathbf{F}$，由牛頓第二定律 $\sum \mathbf{F} = m\mathbf{a}$，其中加速度 $\mathbf{a}$ 為運動質點之速度對時間之變化率，即 $\mathbf{a} = d\mathbf{v}/dt$，因此 $\sum \mathbf{F} = m(d\mathbf{v}/dt)$。若質點之質量在運動中保持不變，則

$$\sum \mathbf{F} = \frac{d}{dt}(m\mathbf{v}) \quad 或 \quad \sum \mathbf{F} = \dot{\mathbf{L}} \tag{4-1}$$

其中質量 m 與速度 $\mathbf{v}$ 之乘積定義為**線動量**(linear momentum)，以 $\mathbf{L}$ 表示之，即

$$\mathbf{L} = m\mathbf{v} \tag{4-2}$$

公式(4-1)表示質點所受外力之合力等於其線動量對時間之變化率，此關係在動力學中甚為重要。

線動量之單位由其定義在 SI 單位中為 kg-m/s 或 N-s，而在英重力單位中為 $(lb \cdot s^2/ft)(ft/s)$ = lb-s。

🔹 線衝量與線動量原理

將公式(4-1)改寫為 $\sum \mathbf{F}dt = d(m\mathbf{v})$，並從 $t = t_1$ 時 $\mathbf{v} = \mathbf{v}_1$ 至 $t = t_2$ 時 $\mathbf{v} = \mathbf{v}_2$ 之區間積分之

$$\int_{t_1}^{t_2} \sum \mathbf{F}dt = \int_{\mathbf{v}_1}^{\mathbf{v}_2} m d\mathbf{v}$$

得
$$\sum \int_{t_1}^{t_2} \mathbf{F}dt = m\mathbf{v}_2 - m\mathbf{v}_1 \tag{4-3}$$

其中 $\int_{t_1}^{t_2} \mathbf{F}dt$ 定義為 t_1 至 t_2 間力 $\mathbf{F}$ 對質點所作之**線衝量**(linear impulse)，以 $\mathbf{I}$ 表示之，即

$$\mathbf{I} = \int_{t_1}^{t_2} \mathbf{F}dt \tag{4-4}$$

故公式(4-3)可簡寫為

$$\sum \mathbf{I} = \mathbf{L}_2 - \mathbf{L}_1 \tag{4-5}$$

上式表示質點在運動過程中，所有外力對質點所作衝量的向量總和，等於質點動量之變化量，此關係稱為**線衝量與線動量原理**(principle of linear impulse and momentum)。對於已知 t_1 時刻初速度為 $\mathbf{v}_1$ 之質點，只要力為常數或時間之函數，即可利用公式(4-5)求得 t_2 時刻之末速度 $\mathbf{v}_2$。

在求力所作之衝量時，若力的方向保持不變，通常可利用力與時間關係圖上之面積求得衝量大小。

若力為定力(大小及方向保持不變)，則衝量為 $\mathbf{I} = \mathbf{F}(t_2 - t_1) = \mathbf{F}\Delta t$，且 $\mathbf{I}$ 之方向與 $\mathbf{F}$ 相同。此部份之分析可參考例題之說明。

至於衝量之單位由其定義可知為 N-s(SI 單位)或 lb-s(英制重力單位)。

公式(4-3)及(4-5)為向量關係式，若在所分析的時距內線衝量與線動量之大小及方向均會改變，直接用向量分析通常較為困難，通常必須分解為分量的形式分析後再組合起來。若將公式(4-3)及(4-5)以直角座標系之分量表示，則可得三個純量方程式(scalar equations)

$$\sum \int_{t_1}^{t_2} F_x dt = mv_{2x} - mv_{1x} , \quad \sum I_x = L_{2x} - L_{1x}$$

$$\sum \int_{t_1}^{t_2} F_y dt = mv_{2y} - mv_{1y} , \quad \sum I_y = L_{2y} - L_{1y}$$

$$\sum \int_{t_1}^{t_2} F_z dt = mv_{2z} - mv_{1z} , \quad \sum I_z = L_{2z} - L_{1z} \tag{4-6}$$

衝力

一質點在甚短的時距內受一甚大的作用力，而使質點的動量產生顯著的變化，此種力稱為**衝力**(impulsive force)，而所生之運動稱為**衝擊運動**(impulsive motion)，最常見的衝擊運動如互相相碰的兩物體。在衝擊運動中使用線衝量與線動量原理分析時，僅須考慮衝力，至於非衝力則可忽略不計，例如球棒打擊棒球時，球棒對棒球之作用力屬於衝力，而棒球之重量屬於非衝力可忽略不計，因重量所對應之衝量甚小。通常非衝力包括物體的重量，彈力常數甚小之彈簧在小量變形時之彈力，以及其他甚小於衝力之力。

線動量守恆

若運動質點所受外力之合力為零，由公式(4-3)可知其線動量在運動過程中保持不變，亦即線動量守恆。有時質點之線動量守恆只發生在某特定之方向，只要質點在該方向外力之分量和等於零即可成立，通常可將質點受外力作用之自由體圖繪出，便可看出線動量守恆之方向。至於外力之分量和不等於零之方向，可利用公式(4-6)分析該方向速度之變化關係。

在動力學中經常會接觸到兩質點以彼此間之內力互相作用而使運動發生變化的情形。今考慮 A、B 兩質點，原來之動量分別為 $\mathbf{L}_A$ 及 $\mathbf{L}_B$，由於兩質點彼此間之內力 $\mathbf{F}$ 及 $-\mathbf{F}$ 相互作用，而使兩質點之動量變為 $\mathbf{L}_A{}'$ 及 $\mathbf{L}_B{}'$，將線衝量與線動量原理分別應用在 A、B 兩質點可得

A 質點：$\qquad \sum \int_{t_1}^{t_2} \mathbf{F}dt = \mathbf{L}_A{}' - \mathbf{L}_A$ $\hfill$ (a)

B 質點：$\qquad \sum \int_{t_1}^{t_2} \left(-\mathbf{F}\right) dt = \mathbf{L}_B{}' - \mathbf{L}_B$ $\hfill$ (b)

將(a)(b)兩式相加，由於兩質點彼此間之衝量大小相等方向相反互相抵銷，因此可得

$\qquad \mathbf{L}_A + \mathbf{L}_B = \mathbf{L}_A{}' + \mathbf{L}_B{}'$

或 $\qquad m_A\mathbf{v}_A + m_B\mathbf{v}_B = m_A\mathbf{v}_A{}' + m_B\mathbf{v}_B{}'$ $\hfill$ (4-7)

上式表示 A、B 兩質點在內力作用前後之動量和保持不變，此關係即為**線動量守恆原理** (principle of conservation of linear momentum)。有些時候兩質點在彼此內力互相作用之同時亦有外力作用，只要外力在某方向之分量和為零，同樣在該方向之線動量亦守恆，至於外力和不為零之方向，則該方向之線衝量等於該方向線動量之變化量。

例題 4-1

質量為 100kg 之木箱最初靜止在水平光滑面上，如圖(a)所示，今在木箱上施加一仰角 45°之作用力 200N，試求 10 秒後木箱之速度及在此時間內水平面作用於木箱之反力。

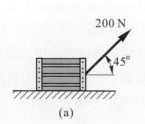

(a)

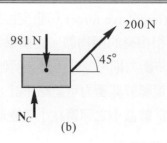

(b)

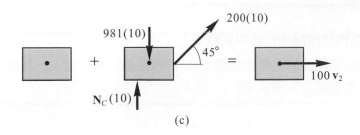

(c)

解 繪木箱之自由體圖，如圖(b)所示，由於木箱向右運動，y 方向為平衡(線動量守恆)，而水平方向(x 方向)木箱所受之線衝量等於線動量之變化量。圖(c)中所示為 $t = 0$ 及 $t = 10$ 秒之動量圖與木箱在此運動期間所受之衝量圖，則

$$\sum I_x = L_{2x} - L_{1x} \quad , \quad 200\cos45°(10) = 100v_2 - 0 \quad , \quad v_2 = 14.1 \text{ m/s} \blacktriangleleft$$

$$\sum F_y = 0 \quad , \quad N_c = 981 - 200\sin45° = 839.6 \text{ N} \blacktriangleleft$$

(y 方向動量變化量為零，即 y 方向線動量守恆或 $\sum F_y = 0$)

例題 4-2

　　質量 110 克之棒球以 24 m/s 之速度投向打者，球被球棒擊中後速度為 36 m/s，方向如圖(a)所示，若球與球棒之接觸時間為 0.015 秒，試求在打擊中球所受之平均衝力。

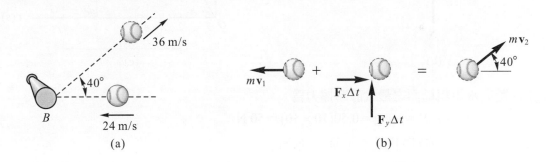

(a)　　　　　　　　　　　　　　(b)

解 由線衝量與線動量原理：$\mathbf{F}\Delta t = m\mathbf{v}_2 - m\mathbf{v}_1$；其中棒球重量為非衝力，對棒球之衝量忽略不計。圖(b)中所示為棒球被撞擊前後之動量圖及撞擊期間之衝量圖。

水平方向：$F_x\Delta t = m\, v_{2x} - m\, v_{1x}$ [→，+]

$$F_x(0.015) = 0.11(36\cos40°) - 0.11(-24) \quad , \quad F_x = 378 \text{ N}$$

垂直方向：$F_y\Delta t = m\, v_{2y} - m\, v_{1y}$ [↑，+]

$$F_y(0.015) = 0.11(36\sin40°) - 0 \quad , \quad F_y = 170 \text{ N}$$

故平均衝力之大小為：$F = \sqrt{378^2 + 170^2} = 414 \text{ N} \blacktriangleleft$

例題 4-3

質量 10 kg 之物體原靜止在水平粗糙面上，今受一變力 T 作用 7 秒，T 與時間之關係如圖所示，試求(a)物體達到之最大速度？(b)物體運動之總時間Δt？靜摩擦係數與動摩擦係數均為 0.50。(本題設 $g = 10$ m/s²)

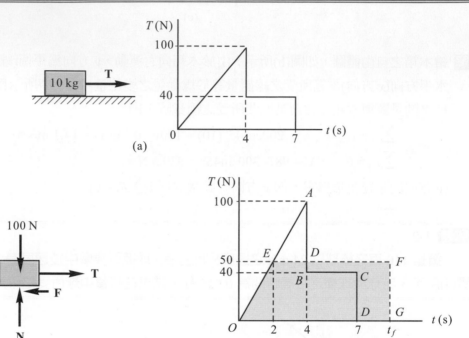

(a)

(b)

(c)

解 物體與水平粗糙面之最大靜摩擦力為

$$F_s = \mu_s N = \mu_s mg = 0.50(10 \times 10) = 50 \text{ N}$$

故可知 $t = 2$ 秒時物體開始運動，如圖(c)所示。

物體運動後，對物體有衝量之力為拉力 **T** 及摩擦力 **F**。運動後接觸面之動摩擦力為

$$F_k = \mu_k N = \mu_k mg = 0.50(10 \times 10) = 50 \text{ N}$$

將摩擦力 F 與時間 t 之關係圖繪在圖(c)中，即 OEF 線。

(a) 由圖(b)可知：在 $t = 2$ 秒至 $t = 4$ 秒間 T 大於 F，物體加速運動，但 $t = 4$ 秒後 T 小於 F，物體開始減速，而至 t_f 再靜止不動，故在 $t = 4$ 秒時物體之速度達最大值。

$t = 2$ 秒至 4 秒間，物體獲得之淨衝量$\sum I_i$為 OEA 線下之面積減去 OED 線下之面積，即

$$\sum I_i = \frac{1}{2}(50)(2) = 50 \text{ N-s}$$

由水平方向線衝量及線動量之原理：$\sum I_i = mv_4 - mv_2$，其中 v_4 為 $t = 4$ 秒時物體之速度，而 v_2 為 $t = 2$ 秒時物體之速度，已知 $v_2 = 0$，則

$$50 = 10v_4 - 0 \quad , \quad \text{得} \quad v_{max} = v_4 = 5.0 \text{ m/s} \blacktriangleleft$$

(b) 物體在 $t = 2$ 秒時由靜止起動，至 t_f 秒時又停止，設這段時距為 Δt，則在此時距內物體所受之淨衝量為零(因動量變化量為零)。

設 $t = 2$ 秒至 t_f 秒間變力 T 對物體所作之衝量為 I_T(EABC 線下之面積)，而動摩擦力 F 對物體所作之衝量為 I_F(EDF 線下之面積)，I_T 及 I_F 之方向相反，則

$$\sum I_i = I_T - I_F = 0$$

$$[\frac{1}{2}(50 + 100)(2) + 40(3)] - 50\Delta t = 0 \quad , \quad \text{得} \quad \Delta t = 5.4 \text{ 秒} \blacktriangleleft$$

例題 4-4

圖中質量為 m 的人原靜止在平台車上，今以 **u** 之水平速度(相對於平台車)在台車上運動，設平台車質量為 M，且可在水平光滑面上自由運動(無摩擦)，試求平台車後退之速度 v_M？

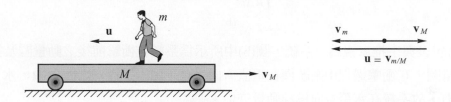

解 設 $\mathbf{v}_M$ =平台車對地之速度，$\mathbf{v}_m$ =人對地之速度，則人相對於平台車之速度 **u** 為

$$\mathbf{u} = \mathbf{v}_{m/M} = \mathbf{v}_m - \mathbf{v}_M \tag{1}$$

將公式(1)式改用純量表示，且設向左為正方向，得

$$u = v_m - (-v_M) = v_m + v_M \quad [\leftarrow , +] \tag{2}$$

當人在平台車上運動時，將兩者視為一系統，則系統在水平方向不受外力，故系統在水平方向線動量守恆，即

$$0 = mv_m + M(-v_M) \quad [\leftarrow , +] \tag{3}$$

由公式(2) $v_m = u - v_M$，代入公式(3)

$$0 = m(u - v_M) - Mv_M \quad , \quad \text{得} \quad v_M = \frac{m}{M + m}u \blacktriangleleft$$

將所得之 v_M 代入公式(3)可得 v_m 為 $v_m = \frac{M}{M + m}u \blacktriangleleft$

例題 4-5

圖(a)中質量 10kg 之包裹由傾角為 30°之滑道以 3m/s 之速度落至質量 25kg 之手推車上，已知手推車最初為靜止且可在平面上自由滾動(無摩擦)，試求(a)手推車之末速；(b)手推車作用於包裹之衝量；(c)衝擊過程中所損失之能量。

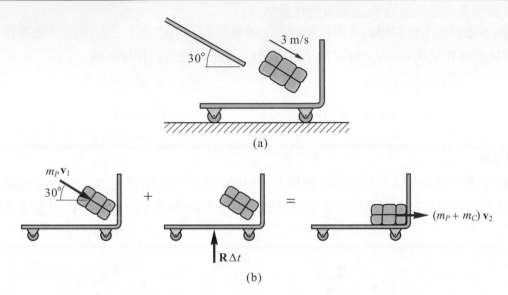

(a)

(b)

解 (a) 將包裹與手推車視為一系統，圖(b)中所示為系統在衝擊前後之動量圖及衝擊過程之衝量圖。在衝擊過程中系統僅在垂直方向受有平面對手推車之衝力 **R**，水平方向並無外力，故系統在水平方向為線動量守恆。

$$m_P(v_1\cos30°) = (m_P + m_C) v_2$$
$$(10)(3\cos30°) = (10+25)v_2 \quad,\quad 得 \quad v_2 = 0.742 \text{ m/s} \blacktriangleleft$$

(b) 單獨考慮包裹，繪包裹在衝擊前後之動量圖及衝擊過程之衝量圖，如圖(c)所示，由線衝量與線動量之原理：

水平方向：$F_x\Delta t = m_P v_2 - m_P(v_1\cos30°) = 10(0.742)-10(3\cos30°) = -18.56 \text{ N·s}$

垂直方向：$F_y\Delta t = 0-(-m_P v_1\sin30°) = 10(3\sin30°) = 15 \text{ N-s}$

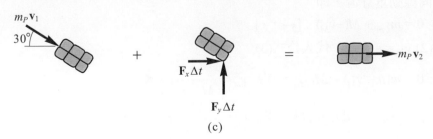

(c)

故衝量大小　$I = \sqrt{\left(-18.56\right)^2 + 15^2} = 23.9$ N-s ◀

(c) 衝擊過程所損失能量：

$$E_f = \frac{1}{2} m_P v_1^2 - \frac{1}{2}\left(m_P + m_C\right)v_2^2 = \frac{1}{2}(10)(3)^2 - \frac{1}{2}(10+25)(0.742)^2 = 35.37 \text{ 焦耳 ◀}$$

例題 4-6

　　圖(a)中直角三角形之物體 B(重量為 600N)可在水平面上自由滑動，物體 A(重量為 400N)置於 B 之頂點，然後將整個系統由靜止釋放，試求當 A 落至水平面時 B 之速度。設所有摩擦及 A 之尺寸忽略不計。

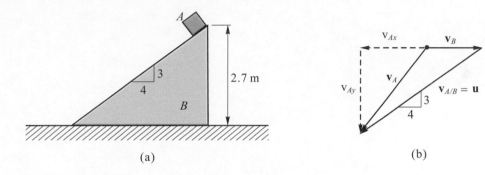

(a)　　　　　　　　　　　　(b)

解 設物體 A 落至水平面時 A 之速度為 $\mathbf{v}_A$，B 之速度為 $\mathbf{v}_B$(方向為水平向右)，由相對速度 $\mathbf{v}_{A/B} = \mathbf{v}_A - \mathbf{v}_B$，繪速度向量圖如圖(b)所示，由圖可得

$$v_{Ax} + v_B = \frac{4}{5} v_{A/B} = \frac{4}{5} u \tag{1}$$

$$v_{Ay} = \frac{3}{5} u \tag{2}$$

因在 A 滑下之過程中，系統在水平方向無外力作用，故系統在水平方向線動量守恆，即

$$m_B v_B + m_A(-v_{Ax}) = 0 \quad,\quad 得\quad \frac{v_B}{v_{Ax}} = \frac{m_A}{m_B} = \frac{400}{600} = \frac{2}{3} \tag{3}$$

由(1)(3)兩式可得　$v_B = \dfrac{8}{25} u$ ，　$v_{Ax} = \dfrac{12}{25} u$

在 A 滑下之過程中，系統僅重力有作功，故力學能守恆，A 落下所減少之重力位能應等於 A、B 兩物體動能之增加量，故

$$\frac{1}{2} m_A \left(v_{Ax}^2 + v_{Ay}^2\right) + \frac{1}{2} m_B v_B^2 = m_A g h$$

$$\frac{1}{2}\left(\frac{400}{9.81}\right)\left[\left(\frac{12}{25}u\right)^2+\left(\frac{3}{5}u\right)^2\right]+\frac{1}{2}\left(\frac{600}{9.81}\right)\left(\frac{8}{25}u\right)^2=400(2.7)$$

得 $u=8.4$ m/s，則 $v_B=\frac{8}{25}(8.4)=2.70$ m/s ◀

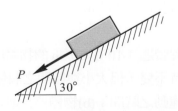

習題 1

4-1 一質點之質量為 1.2 kg，速度與時間之關係為 $\mathbf{v} = 1.5t^3\mathbf{i}+(2.4–3t^2)\mathbf{j}+5\mathbf{k}$，其中速度之單位為 m/s，時間 t 之單位為秒(s)。試求當 $t = 2$ 秒時質點之線動量大小以及質點所受之合力。

【答】$L = 19.39$ kg-m/s，$\mathbf{F} = 21.6\mathbf{i}–14.4\mathbf{j}$ N。

4-2 質量 5kg 的質點其受力與時間之關係為 $\mathbf{F} = (10t)\mathbf{i}+(15–6t)\mathbf{j}+(4t^3)\mathbf{k}$，$\mathbf{F}$ 之單位為牛頓 (N)，t 之單位為秒(s)。已知質點在 $t = 0$ 時之速度 $\mathbf{v} = –8\mathbf{i}+5\mathbf{j}–20\mathbf{k}$ m/s，試求 $t = 5$ 秒時質點之速度。

【答】$\mathbf{v}_5 = 17\mathbf{i}+5\mathbf{j}+105\mathbf{k}$ m/s。

4-3 質量 1200 kg 之汽車以 90 km/hr 之速度行駛時突然煞車，利用四輪與路面之滑動使汽車停止，已知輪胎與路面之動摩擦係數為 $\mu_k = 0.75$，試求開始煞車至停止所需之時間。

【答】$t = 3.40$ 秒。

4-4 某人從高 3 m 之牆上跳下，其身體在腳接觸到地面後經 0.100 秒完全停止，試求地面對其腳底之平均垂直衝力。設人之重量為 W。

【答】$R = 7.82\ W$。

4-5 如圖習題 4-5 中物體與貨車平台間之摩擦係數 $\mu_s = 0.50$，$\mu_k = 0.40$。貨車原以 72 km/hr 之速度行駛，今欲煞車使貨車停止，則避免物體產生滑動，煞車所需之最短時間為若干？

【答】$t = 4.08$ 秒。

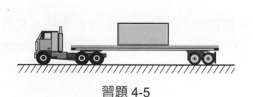

習題 4-5

習題 4-6

4-6 一木箱質量 50kg，如圖習題 4-6 所示，在斜面上以 1 m/s 之初速向下運動時，受一變力 $P = 20t$ 牛頓所作用，時間 t 之單位為秒(s)，設木箱與斜面間之摩擦係數為 $\mu_k = 0.3$，試求 4 秒後木箱之速度。

【答】$v = 13.6$ m/s。

4-7 如圖習題 4-7 中物體 A 及 B 的質量分別為 3 kg 及 5 kg。若 B 以 3 m/s 的初速度向下運動，試求 6 秒後 B 之速度及繩中張力。設不計滑輪及繩索質量。

【答】$v_B = 38.8$ m/s，$T_B = 19.2$ N。

習題 4-7　　　　　　　　　　　習題 4-8

4-8 網球選手以球拍回擊由地面反彈的網球。球被球拍擊中前的速度為 $v_1 = 15$ m/s，擊中後的速度為 $v_2 = 22$ m/s，方向如圖習題 4-8 所示。設球與球拍的接觸時間為 0.05 秒，試求球拍對球的平均作用力 **R**，並求作用力 **R** 與水平方向的夾角 β。球的質量為 60 公克。

【答】$R = 43.0$ N，$\beta = 8.68°$。

4-9 質量為 10 kg 之物體最初靜止置於水平面上，物體與水平面間之摩擦係數 $\mu_s = 0.6$，$\mu_k = 0.4$。今對物體施加一水平力 P，P 的大小與時間之關係如圖習題 4-9 所示，試求 4 秒後物體之速度。

【答】$v = 6.615$ m/s。

4-10 如圖習題 4-10 中 50 lb 的物體原靜止於水平粗糙面上，今受一變力 P 作用，其方向保持不變，但大小與時間之關係如圖所示，已知 $\mu_s = 0.50$，$\mu_k = 0.40$，試求(a)物體開始運動之時間；(b)物體停止運動之時間？

【答】(a)2 秒，(b)40.75 秒。

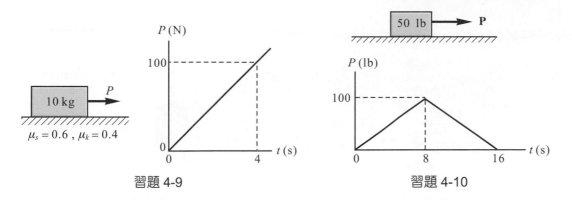

習題 4-9   習題 4-10

4-11 如圖習題 4-11 中質量為 500 kg 之物體最初靜止於水平面上，物體與水平面間之摩擦
係數知$\mu_s = 0.5$，$\mu_k = 0.4$。今馬達開始對繩索施加水平拉力 T，拉力 T 與時間之關係如
圖所示，試求物體之速度達 10 m/s 所需之時間。最初繩索之拉力為零。

【答】$t = 5.72$ 秒。

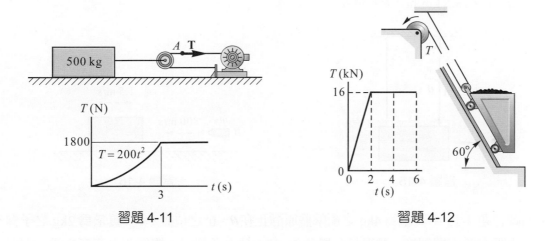

習題 4-11   習題 4-12

4-12 如圖習題 4-12 中質量為 3 Mg 之礦車最初靜止於 A 處，今利用捲筒將礦車拉上升，
已知捲筒對繩索之拉力 T 與時間之關係如圖所示，試求 6 秒後礦車之速度。設摩擦
忽略不計。

【答】$v = 9.11$ m/s。

4-13 如圖習題 4-13 中質量 8 Mg 之貨車 A 靜止在一質量為 240 Mg 之貨船 B 上，貨船亦靜
止在水面上，今貨車在貨船上以 6 km/hr 之速度由船尾駛向船首，試求貨船之速度。
設水對貨船之阻力忽略不計。

【答】$v_B = 0.194$ km/hr。

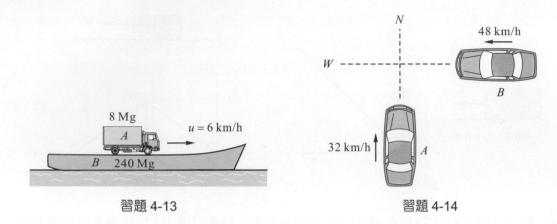

習題 4-13

習題 4-14

4-14 質量 1500 kg 之 B 車以 48 km/hr 向西之速度撞上質量 1600 kg 且正以 32 km/hr 之速度向北行駛之 A 車,如圖習題 4-14 所示,設撞後兩車糾纏在一起並合為一體,試求碰撞後瞬間兩車合為一體之速度大小以及此速度與北方之夾角。

【答】$v = 28.5$ km/hr,$\theta = 54.6°$。

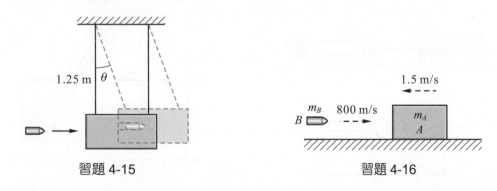

習題 4-15

習題 4-16

4-15 如圖習題 4-15 中質量為 4kg 之衝擊擺原靜止在 $\theta = 0°$ 之位置,今一質量為 2kg 之子彈沿水平方射入擺錘後,測得最大擺角 $\theta = 6°$,試求子彈射入擺錘前之速度?設子彈射入後停留在擺錘內。

【答】733.4 m/s。

4-16 如圖習題 4-16 中質量為 9 kg 之物體 A 以 1.5 m/s 之速度向左運動時,一質量為 50 g 之子彈 B 以 800 m/s 向右之速度射入。設子彈射入物體後停留在物體內,物體 A 與水平粗糙面間之 $\mu_k = 0.20$,試求子彈射入物體後兩者合在一起運動之時間?

【答】$\Delta t = 1.492$ 秒。

4-17 如圖習題 4-17 所示，一座 1340 kg 之大砲將 8 kg 之砲彈以 450 m/s 之速度(相對於地面)及 30°之仰角射出，大砲原靜止於水平面上，而砲身可在水平方向自由運動。設砲管固定在砲身上(無後座機構)，且爆炸後砲彈於 6 ms 後離開砲管(即砲彈與砲管之作用時間為 6 ms)，試求(a)大砲後退之速度；(b)水平面對砲身之垂直衝力 **R**。

【答】(a)v = 2.33 m/s，(b)R = 360 kN。

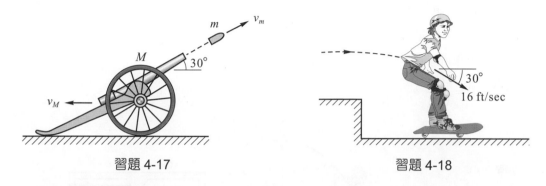

習題 4-17   習題 4-18

4-18 重量為 80 lb 之男孩從左上方斜向右下方以 16 ft/s 之速度(方向如圖習題 4-18 所示)跳到重量為 10 lb 的靜止滑板上，設男孩腳底與滑板衝擊的接觸時間為 0.05 秒，試求(a)衝擊後男孩與滑板一起向右運動之速度；(b)衝擊期間滑板所受之總正向力。

【答】(a)v = 12.32 ft/s，(b)N = 488 lb。

4-19 質量為 13 kg 之三角形滑塊 B 靜置於光滑斜面上，如圖習題 4-19 所示，一質量為 50g 之子彈以 400 m/s 之水平速度射入滑塊，並停留在滑塊內，試求滑塊 B 沿斜面移動之最大距離。

【答】0.265 m。

習題 4-19   習題 4-20

4-20 如圖習題 4-20 中 A、B 兩人之質量分別為 m_A = 75 kg，m_B = 50 kg，船的質量為 250 kg，最初船為靜止，今兩人由船尾向後跳下潛水，兩者跳出之水平速度均為 4 m/s(相對於船)，試求兩人跳出後的船的速度。(a)設兩人同時跳出；(b)A 先跳出後 B 再跳出。

【答】(a)v_C = 1.333 m/s(←)，(b)v_C = 1.467 m/s (←)。

4-21 如圖習題 4-21 中質量 10kg 的雪橇在斜坡上 A 點由靜止滑下，雪橇上載有質量 45 kg 之男孩及 40 kg 之女孩，當雪橇滑至斜坡下之 B 點時，男孩以相對於雪橇為 2 m/s 之水平速度向後跳出，如圖所示，試求男孩跳出後雪橇之速度。設摩擦忽略不計。

【答】$v_t = 8.62$ m/s。

4-22 質量為 $6m$ 之車廂內懸掛一單擺，擺錘質量為 m，而細桿之質量忽略不計。今將單擺移至水平位置(如圖習題 4-22 所示)後由靜止釋放，試求擺錘落至最低點(單擺在垂直位置)時，車廂之速度。設摩擦忽略不計。

【答】$v_M = \sqrt{\dfrac{gl}{21}}$。

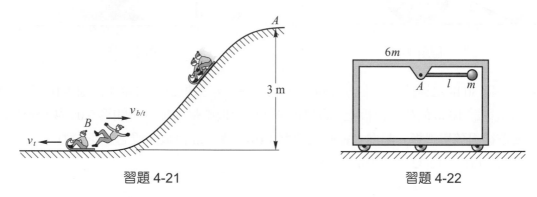

習題 4-21   習題 4-22

4-23 如圖習題 4-23 所示，A、B 兩物體以彈簧連結置於水平光滑面上，$m_A = 40$ kg，$m_B = 60$ kg，$k = 180$ N/m。今將彈簧壓縮 1.5 m 將系統由靜止釋放，當彈簧彈回自由長度時，試求 A、B 兩物體之速度。

【答】$v_A = 2.46$ m/s，$v_B = 1.64$ m/s。

4-24 如圖習題 4-24 中直角三角形物體 B(質量 $m_B = 2$ kg)可在水平面上自由滑動，物體 A(質量 $m_A = 12$ kg)置於 B 之頂點，然後將系統由靜止釋放，試求當 A 滑落至觸及水平面時 A 與 B 之速度。設摩擦忽略不計。

【答】$v_B = 3.48$ m/s，$v_{Ax} = 0.580$ m/s，$v_{Ay} = 2.344$ m/s。

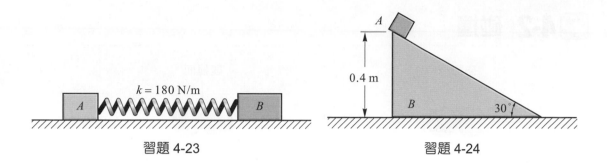

習題 4-23　　　　　　習題 4-24

4-2 碰撞

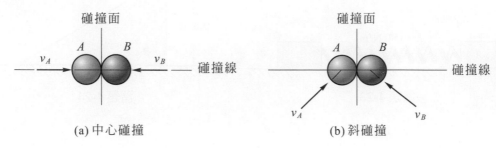

碰撞面　　　　　　　　　　碰撞面

(a) 中心碰撞　　　　　　　　(b) 斜碰撞

圖 4-1

　　兩物體以彼此間之相互作用力而使其運動發生變化，此作用過程稱為碰撞(impact)，或稱衝擊，碰撞過程中之作用力屬於衝力，作用時間甚短，且變化甚大。兩物體在碰撞過程中接觸面之公法線稱為碰撞線(line of impact)。若兩碰撞物體之速度均在碰撞線上，稱為中心碰撞(central impact)，又稱為直線碰撞，如圖 4-1(a)所示，若兩碰撞物體之速度有一個或兩個不在碰撞線上，稱為斜碰撞(oblique impact)，如圖 4-1(b)所示。

中心碰撞

　　考慮兩物體 A 與 B 作中心碰撞運動，如圖 4-2 所示，兩物體之質量分別為 m_A 及 m_B，初速分別為 $\mathbf{v}_A$ 及 $\mathbf{v}_B$，由於 $v_A > v_B$，A 會撞擊 B，在撞擊過程，兩物體會經歷一段變形期，在變形量最大之瞬間，兩者具有相同速度 $\mathbf{u}$，如圖 4-2(b)所示，而後兩物體經歷一段恢復期，在此段期間，物體將恢復原形或產生永久變形。經過恢復期後，即碰撞結束，兩質點之速度變為 $\mathbf{v}_A'$ 及 $\mathbf{v}_B'$，且 $v_A' < v_B'$，如圖 4-2(c)所示。

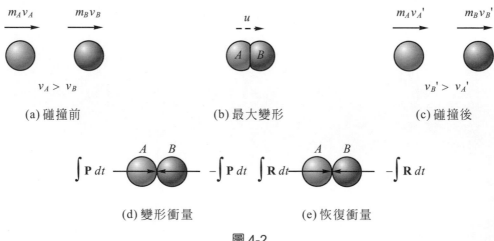

(a) 碰撞前　　　　　　(b) 最大變形　　　　　　(c) 碰撞後

(d) 變形衝量　　　　　　　(e) 恢復衝量

圖 4-2

在碰撞期間，兩物體在變形期及恢復期彼此所受之衝量大小相等方向相反，且碰撞期間無外加衝量，故兩物體在碰撞前後線動量守恆，即

$$m_A \mathbf{v}_A + m_B \mathbf{v}_B = m_A \mathbf{v}_A' + m_B \mathbf{v}_B'$$

對於中心碰撞(直線碰撞)上式可用純量表示，即

$$m_A v_A + m_B v_B = m_A v_A' + m_B v_B' \tag{4-7}$$

上式中之速度，須注意方向之正負值。

恢復係數

兩物體在碰撞過程可分為變形期及恢復期，變形期之衝量為 $\int P dt$，恢復期之衝量為 $\int R dt$，此二衝量分別以相等之大小及相反之方向作用於兩質點，如圖 4-2(d)、(e)所示，通常恢復期中兩物體間之衝量小於變形期中兩物體間之衝量，則定義恢復期衝量與變形期衝量之比值為恢復係數(coefficient of restitution)，以 e 表示之即

$$e = \frac{\int R dt}{\int P dt} \tag{4-8}$$

參考圖 4-2，物體 A 在碰撞期間動量與衝量之關係如下：

變形期： $\quad m_A v_A - \int P dt = m_A u \tag{a}$

恢復期： $\quad m_A u - \int R dt = m_A v_A' \tag{b}$

則 $\quad e = \dfrac{\int R dt}{\int P dt} = \dfrac{u - v_A'}{v_A - u} \tag{c}$

整理(c)式得： $u = \dfrac{e v_A + v_A'}{1 + e} \tag{d}$

同理，由物體 B 於碰撞期間之動量與衝量關係可得

$$u = \frac{e v_B + v_B'}{1 + e} \tag{e}$$

將(d)(e)兩式聯立可得恢復係數為

$$e = \frac{v_B' - v_A'}{v_A - v_B} \tag{4-9}$$

故恢復係數為兩物體碰撞後之相對速率與碰撞前相對速率之比值。

通常兩質點作直線碰撞後之速度，可根據公式(4-7)線動量守恆及公式(4-9)恢復係數聯立解得。

塑性碰撞

恢復係數 $e = 0$ 之碰撞，稱為塑性碰撞(plastic impact)，由公式(4-9)可知碰撞後兩物體之速度相等 $v_A' = v_B'$，即兩物體碰撞後合在一起運動，此種碰撞過程無恢復期存在。

由動量守恆：$m_A v_A + m_B v_B = (m_A + m_B) v'$，可得碰撞後兩物體合在一起運動之速度為

$$v' = \frac{m_A v_A + m_B v_B}{m_A + m_B}$$

彈性碰撞

恢復係數 $e = 1$ 之碰撞，稱為彈性碰撞(elastic impact)，由公式(4-9)可得

$$v_B' - v_A' = v_A - v_B$$

即兩物體作彈性碰撞前後之相對速率相等，且由公式(4-8)可知兩彈性碰撞之物體在變形期及恢復期所受之衝量相等。

另外，兩物體作彈性碰撞前後之動能總和保持不變，此關係可由公式(4-7)及公式(4-9)獲得證明如下：

由動量守恆：$m_A(v_A - v_A') = m_B(v_B' - v_B)$ (f)

恢復係數 $e = 1$：$v_A + v_A' = v_B + v_B'$ (g)

(f)式與(g)式相乘：$m_A v_A^2 - m_A v_A'^2 = m_A v_B'^2 - m_B v_B^2$

將上式乘 1/2，再整理可得

$$\frac{1}{2}m_A v_A^2 + \frac{1}{2}m_B v_B^2 = \frac{1}{2}m_A v_A'^2 + \frac{1}{2}m_B v_B'^2 \tag{4-10}$$

公式(4-10)表示彈性碰撞前後兩物體之動能總和保持不變。一般的碰撞情形，恢復係數均小於 1，亦即在碰撞過程均有動能損失轉為熱能，且恢復係數愈小損失之動能愈多，故塑性碰撞過程動能損失最多，但並不是完全損失，而尚餘兩物體合在一起運動之動能(質心動能)。

🐱 斜碰撞

圖 4-3 中，兩物體 A 與 B 在碰撞前之速度 $\mathbf{v}_A$ 及 $\mathbf{v}_B$ 不在碰撞線上，屬於斜碰撞，若欲求碰撞後兩物體之速度 $\mathbf{v}_A{}'$ 及 $\mathbf{v}_B{}'$，因其大小及方向均為未知數，故需有 4 個獨立之方程式求解。

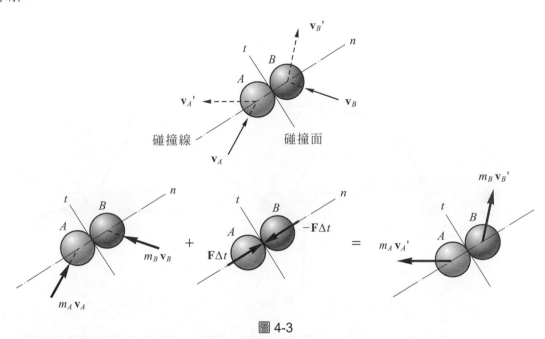

圖 4-3

設取碰撞面之法線方向為 n 軸，切線方向為 t 軸，並假設質點為光滑且無摩擦，則在碰撞過程中作用於質點之衝力僅有沿 n 方向之內力，因此可得下列四個關係式以求解碰撞後之速度：

(1) 碰撞前後，物體 A 之動量在 t 方向之分量保持不變，即

$$m_A(v_A)_t = m_A(v_A{}')_t \quad 或 \quad (v_A)_t = (v_A{}')_t$$

(2) 碰撞前後，物體 B 之動量在 t 方向之分量保持不變，即

$$m_B(v_B)_t = m_B(v_B{}')_t \quad 或 \quad (v_B)_t = (v_B{}')_t$$

(3) 碰撞前後，兩物體之動量在 n 方向之分量和保持不變，即兩物體之動量和在 n 方向守恆

$$m_A(v_A)_n + m_B(v_B)_n = m_A(v_A{}')_n + m_B(v_B{}')_n$$

(4) 碰撞之恢復係數：$e = \dfrac{(v_B')_n - (v_A')_n}{(v_A)_n - (v_B)_n}$

運動受限制之斜碰撞

前面所討論之碰撞物體在碰撞前後均可自由運動，不受限制，但有些時候碰撞的一個或兩個物體的運動受到限制，例如圖 4-4 中滑車 A 與 B 球之斜碰撞，滑車 A 被限制只能在水平面上運動。

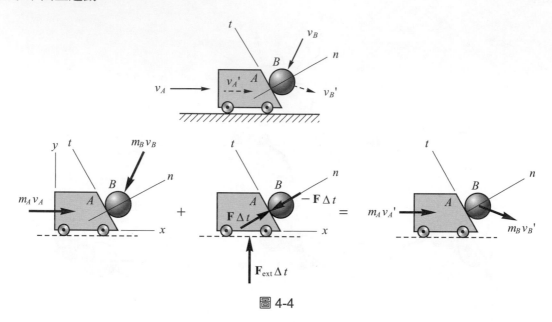

圖 4-4

設滑車 A 與 B 球間無摩擦，且滑車 A 與水平面間為光滑，則系統所受之衝量包括沿著 n 方向(碰撞線方向)之內力 $\mathbf{F}$ 及 $-\mathbf{F}$ 所作之衝量，以及水平面對滑車 A 之外力 $\mathbf{F}_{ext}$ 所作之衝量。碰撞後滑車 A 與 B 球之速度 $\mathbf{v}_A{}'$ 與 $\mathbf{v}_B{}'$ 含有 3 個未知數，即滑車 A 之速度大小 $v_A{}'$ (方向為水平方向)及 B 球速度 $\mathbf{v}_B{}'$ 之大小及方向，此三個未知數可由下列三個獨立之方程式求解：

(1) 碰撞前後 B 球之動量在 t 方向之分量保持不變，即

$$m_B(v_B)_t = m_B(v_B{}')_t \quad \text{或} \quad (v_B)_t = (v_B{}')_t$$

(2) 碰撞前後滑車 A 及 B 球之動量和在 x 方向保持不變(因碰撞過程在 x 方向無外力作用)，即

$$m_A v_A + m_B(v_B)_x = m_A v'_A + m_B(v_B{}')_x$$

(3) 碰撞過程之恢復係數：$e = \dfrac{(v'_B)_n - (v'_A)_n}{(v_A)_n - (v_B)_n}$，雖然在碰撞過程中滑車 A 受有外力，但是可證得兩者碰撞前後之相對速度沿撞擊線之分量與恢復係數之關係仍然成立。

例題 4-7

　　質量為 4.0 kg 之 A 球在圖示之位置由靜止釋放，當 A 球落至最低點時恰與質量為 2.0 kg 之靜止物體 B 相撞，兩者碰撞之恢復係數為 0.2，設 B 與水平面間之摩擦忽略不計。試求(a)碰撞後 A 球之速度？(b)碰撞過程中損失之動能。

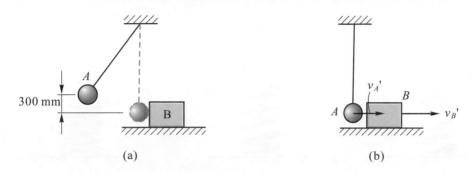

(a)　　　　　　　　　　　　　　(b)

解 設 A 球落至最低點與 B 撞擊前之速度為 v_A，由力學能守恆

$$\frac{1}{2}m_A v_A^2 = m_A gh \ , \ v_A = \sqrt{2gh}$$

$$v_A = \sqrt{2(9.81)(0.3)} = 2.426 \text{ m/s}$$

設撞擊後 A 球之速度為 v_A'，B 物體之速度為 v_B'，因撞擊過程兩者在水平方向不受外力作用，故水平方向在碰撞前後線動量守恆，即

$$m_A \mathbf{v}_A + m_B \mathbf{v}_B = m_A \mathbf{v}_A' + m_B \mathbf{v}_B'$$

$$4.0(2.426) + 0 = 4.0 v_A' + 2.0 v_B' \tag{1}$$

碰撞之恢復係數：$e = \dfrac{v_B' - v_A'}{v_A - v_B}$

得　　　$v_B' - v_A' = 0.5(2.426 - 0)$ 　　　　　　　(2)

將(1)(2)兩式聯立得 $v_A' = 1.213 \text{ m/s} \ (\rightarrow)$◀ 　， 　$v_B' = 2.426 \text{ m/s} \ (\rightarrow)$

碰撞過程中損失之動能為

$$E_f = \frac{1}{2}m_A v_A^2 - (\frac{1}{2}m_A v_A'^2 + \frac{1}{2}m_B v_B'^2)$$

$$= \frac{1}{2}(4.0)(2.426)^2 - \frac{1}{2}(4.0)(1.213)^2 - \frac{1}{2}(2.0)(2.426)^2 = 2.943 \text{ J} ◀$$

例題 4-8

　　圖中質量為 20kg 之平板 B 靜置於彈簧常數為 3000 N/m 之彈簧上，質量為 45 kg 之物體 A 在平板 B 上面 1.4m 之高度由靜止落下，設撞擊後兩者合為一體，試求撞擊後平板之最大位移。

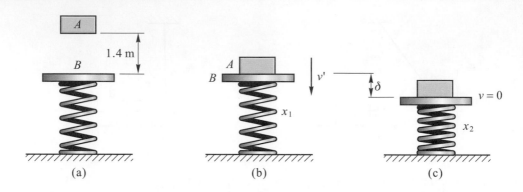

(a)　　　　　　　(b)　　　　　　　(c)

解 設物體 A 與平板 B 碰撞前之速度為 v_A，由力學能守恆

$$\frac{1}{2}m_A v_A^2 = m_A g h$$

$$v_A = \sqrt{2gh} = \sqrt{2(9.8)(1.4)} = 5.241 \, \text{m/s}$$

設 A 與 B 碰撞後兩者合在一起運速度為 v'，如圖(b)所示，則由線動量守恆

$$m_A v_A + 0 = (m_A + m_B)v'$$

$$45(5.241) + 0 = (45 + 20)v' \quad , \quad 得 \ v' = 3.628 \, \text{m/s}$$

此時彈簧之壓縮量為 x_1，由 $kx_1 = m_B g$，得

$$x_1 = \frac{m_B g}{k} = \frac{20(9.81)}{3000} = 0.0654 \, \text{m}$$

當兩者合在一起運動至彈簧之最大壓縮量時，$v = 0$，且此時彈簧之壓縮量 x_2 為

$$x_2 = x_1 + \delta = 0.0645 + \delta$$

其中 δ 為撞擊後平板之最大位移，由力學能守恆

$$\Delta V_S + \Delta V_g + \Delta T = 0$$

$$\frac{1}{2}k(x_2^2 - x_1^2) - (m_A + m_B)g\delta - \frac{1}{2}(m_A + m_B)v'^2 = 0$$

$$\frac{1}{2}(3000)[(0.0645 + \delta)^2 - 0.0645^2] = (45 + 20)(9.81)\delta + \frac{1}{2}(45 + 20)(3.628)^2$$

解得　　　$\delta = 0.701 \text{m} = 701 \, \text{mm}$ ◀

例題 4-9

　　圖中圓球 "1" 以 $v_1= 6$ m/s 之速度沿圖中所示之方向與靜止之圓球 "2" 相撞，球 "2" 與球 "1" 之質量及直徑均相等。若兩球碰撞之恢復係數為 0.6，試求撞擊後兩球之速度？並求由於碰撞所造成的能量損失百分率為若干？設兩球表面為光滑。

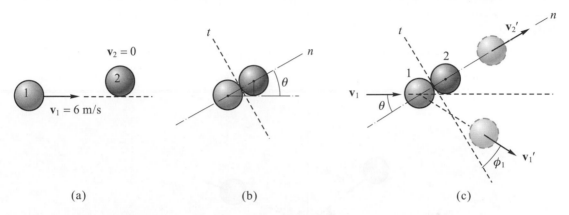

　　　　(a)　　　　　　　　　　(b)　　　　　　　　　　(c)

解 二球碰撞時之幾何圖形，如(b)圖所示，可知兩球碰撞面之法線方向與 v_1 方向之夾角 $\theta =$ 30°。因兩球表面光滑，碰撞時兩球之作用力僅沿碰撞面之法線方向，故碰撞後圓球 "2" 之方向沿法線方向，如(c)圖所示，而圓球 "1" 在碰撞前後之速度沿切線方向之分量必相等，即

$$(v'_1)_t = (v_1)_t = v_1\sin\theta = 6\sin30° = 3 \text{ m/s} \tag{1}$$

由碰撞前後法線方向之動量守恆

$$mv_1\cos\theta = m(v'_1)_n + mv'_2$$

得　　$$(v'_1)_n + v'_2 = 6\cos30° = 5.196 \text{ m/s} \tag{2}$$

又恢復係數：$e = \dfrac{v'_2 - (v'_1)_n}{v_1 \cos\theta - 0}$

$$v'_2 - (v'_1)_n = 0.6(6\cos30°) = 3.118 \text{ m/s} \tag{3}$$

由(2)(3)兩式可得 $v'_2 = 4.157$ m/s◀ ，$(v'_1)_n = 1.039$ m/s

則　　$$v'_1 = \sqrt{(v'_1)_t^2 + (v'_1)_n^2} = \sqrt{3^2 + 1.039^2} = 3.175\,\text{m/s} ◀$$

v'_1 與切線方向之夾角 ϕ_1 為

$$\tan\phi_1 = \frac{(v'_1)_n}{(v'_1)_t} = \frac{1.039}{3} = 0.3463 \quad , \quad 得 \ \phi_1 = 19.10° ◀$$

碰撞之能量損失百分率為

$$\frac{E_f}{E} = \frac{\frac{1}{2}m(6)^2 - \frac{1}{2}m(3.175)^2 - \frac{1}{2}m(4.157)^2}{\frac{1}{2}m(6)^2} = 0.240 = 24.0\% \blacktriangleleft$$

例題 4-10

圖中一球以 v_1 之速度撞擊一水平光滑面後以 v'_1 之速度反彈，設碰撞之恢復係數為 e，試證 $\tan\beta = e\tan\alpha$。

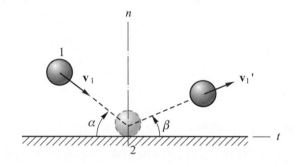

解 因水平面為光滑，球與平面撞擊時兩者彼此間之作用力沿法線方向，故球與平面碰撞前後之速度在切線方向之分量必相等，即

$$(v_1)_t = (v'_1)_t \quad 或 \quad v_1\cos\alpha = v'_1\cos\beta \tag{1}$$

球與平面碰撞，可視為球 "1" 與一質量甚大之物體 "2" 碰撞，而碰撞前後物體 "2" 之速度均為零，即 $v_2 = v'_2 = 0$，則碰撞之恢復係數為

$$e = \frac{(v'_2)_n - (v'_1)_n}{(v_1)_n - (v_2)_n} = \frac{0 - v'_1\sin\beta}{(-v_1\sin\alpha) - 0} \quad (\uparrow , +)$$

得 $$e = \frac{v'_1\sin\beta}{v_1\sin\alpha} \tag{2}$$

由(1)式：$v'_1 = \dfrac{\cos\alpha}{\cos\beta}v_1$，代入(2)式得

$$e = (\frac{\cos\alpha}{\cos\beta}v_1)\frac{\sin\beta}{v_1\sin\alpha} = \frac{\tan\beta}{\tan\alpha} \quad , \quad 即 \ \tan\beta = e\tan\alpha \blacktriangleleft$$

例題 4-11

　　圖中質量為 2kg 之圓球 "1" 以 10 m/s 之水平速度向右撞上物體 "2"，物體 "2" 之質量為 10 kg，原靜置於水平光滑面上，其後面連接一彈力常數 $k = 1600$ N/m 之彈簧，彈簧此時為自由長度無變形。設碰撞面為光滑面且碰撞之恢復係數為 0.6，試求(a)碰撞後圓球之速度 v'_1 及方向(以θ表示)；(b)碰撞後彈簧之最大變形量δ。

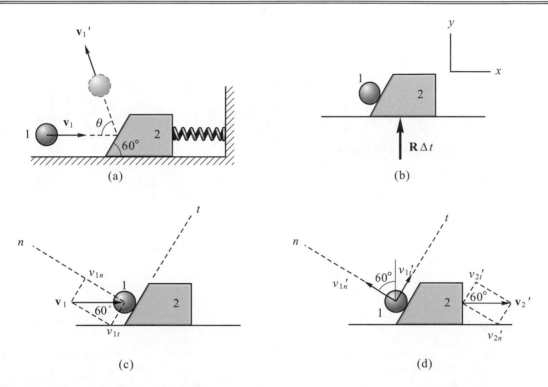

(a)　　　　　　　　　　　　　(b)

(c)　　　　　　　　　　　　　(d)

解　圓球 "1" 與物體 "2" 於碰撞前後之速度如(c)、(d)兩圖所示，其中將圓球碰撞後之速度 v'_1 分為切線分量 v'_{1t} 及法線分量 v'_{1n}。

因兩者之碰撞面為光滑面，碰撞時兩者彼此間之作用力僅沿法線方向，故圓球 "1" 在碰撞前後之速度沿切線方向之分量保持不變，即

$$v'_{1t} = v_{1t} = v_1\cos60° = 10\cos60° = 5.0 \text{ m/s}$$

碰撞後之速度有 2 個未知數，即 v'_{1n} 及 v'_2，可利用線動量守恆及恢復係數求解。

由於碰撞過程系統僅在垂直方向有受外力，故系統在水平方向為線動量守恆，即

$$m_1v_1 = m_1v'_{1t}\cos60° - m_1v'_{1n}\sin60° + m_2v'_2$$

$$2(10) = 2(5.0)\cos60° - 2v'_{1n}\sin60° + 10v'_2$$

整理後得：$10v'_2 - 1.732v'_{1n} = 15$　　　　　　　　　　　　　　　　　　　(1)

恢復係數：$e = \dfrac{(-v'_{2n}) - v'_{1n}}{(-v_{1n}) - 0} = \dfrac{v'_{2n} + v'_{1n}}{v_{1n}} = \dfrac{v'_2 \sin 60° + v_{1n}}{10 \sin 60°}$

$$v'_2 \sin 60° + v'_{1n} = 0.6(10\sin 60°) = 5.20 \tag{2}$$

由(1)(2)可得 $v'_{1n} = 3.386$ m/s ， $v'_2 = 2.087$ m/s

故碰撞後圓球 "1" 之速度：$v'_1 = \sqrt{5.0^2 + 3.386^2} = 6.04$ m/s ◄

$\mathbf{v}'_1$ 之方向，參考(e)圖：$\tan \phi = \dfrac{v'_{1t}}{v'_{1n}} = \dfrac{5.0}{3.386}$ ， 得 $\phi = 55.9°$

故 $\qquad \theta = 55.9° + 30° = 85.9°$ ◄

碰撞後彈簧之最大壓縮量 δ，由力學能守恆：$\Delta V_S = -\Delta T$

$$\frac{1}{2} k \delta^2 = \frac{1}{2} m_2 v'^2_2 \quad , \quad \frac{1}{2}(1600)\delta^2 = \frac{1}{2}(10)(2.087)^2$$

$$\delta = 0.165 \text{m} = 165 \text{ mm} ◄$$

(e)

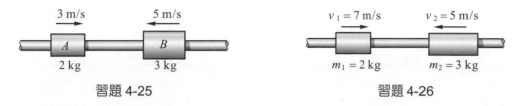

習題 2

4-25 兩套環 A 與 B 可在光滑桿上滑動，碰撞前兩者之速度如圖習題 4-25 所示，已知碰撞後 A 之速度為 5.4 m/s 向左，試求兩者碰撞之恢復係數。

　　【答】$e = 0.75$。

習題 4-25

習題 4-26

4-26 兩套環碰撞之恢復係數 $e = 0.6$，已知碰撞前之速度如圖習題 4-26 所示，試求碰撞後兩者之速度。

　　【答】$v'_1 = 4.52$ m/s($\leftarrow$)，$v'_2 = 2.68$ m/s($\rightarrow$)。

4-27 如圖習題 4-27 中網球從 1600 mm 之高度由靜止落下，與水平地面碰撞後反跳之最大高度為 1100 mm，試求網球與地面碰撞之恢復係數。

　　【答】$e = 0.829$。

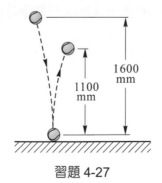

習題 4-27

4-28 同習題 4-27，若網球與水平地面碰撞的恢復係數為 0.8，設反跳之最大高度同樣為 1100 mm，則網球在 1600 mm 之高度須以若干初速度 v_0 向下丟出。

　　【答】$v_0 = 1.53$ m/s。

4-29 質量為 20g 之子彈以 $v_0 = 600$ m/s 之速度射入 4.5kg 之靜止木塊，如圖習題 4-29 所示，已知木塊與水平地板間 $\mu_k = 0.40$，試求(a)木塊的移動距離；(b)木塊與地板之摩擦所損失之能量佔原有能量之百分率為若干？

【答】(1) $d = 898$ mm，(2) 0.442%。

習題 4-29　　　　　　　　　　　習題 4-30

4-30 如圖習題 4-30 中質量為 2 kg 之 A 球在 $\theta = 60°$ 之位置由靜止釋放，落至最低點時恰擊中質量為 2.5 kg 之靜止物體 B。已知撞擊後 A 球之速度為零，而物體 B 在水平面上移動 1.5 m 後停止，試求(a)A 球與物體 B 碰撞之恢復係數；(b)物體 B 與水平面之動摩擦係數？

【答】(a) $e = 0.80$；(b) $\mu_k = 0.256$。

4-31 如圖習題 4-31 中重量為 2 磅之 A 球在 $\theta_A = 50°$ 之位置由靜止釋放，落至最低點時恰好撞上垂直懸掛且為靜止之 B 球(重量 4 lb)，已知兩球碰撞之恢復係數為 0.80，試求碰撞後兩球之最大擺角。

【答】$\theta'_A = 9.69°$，$\theta'_B = 29.37°$。

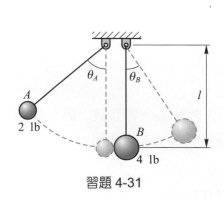

習題 4-31

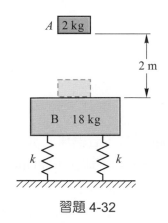

習題 4-32

4-32 如圖習題 4-32 中質量爲 18 kg 之物體 B 靜置於彈簧常數 k = 1.2 kN/m 之兩彈簧上。在 B 上方 2 m 處有一物體 A 由靜止釋放，假設兩者作塑性碰撞，試求碰撞後物體 B 所生之最大位移 δ。

【答】δ = 65.9 mm。

4-33 如圖習題 4-33 中 20 lb 的紙箱在摩擦係數 μ_k = 0.3 的水平面上滑動，紙箱距平板 2ft 時其速度爲 15 ft/s，平板(重量爲 10 lb)連結彈簧常數爲 400 lb/ft 之彈簧(彈簧爲自由長度)。試求木箱撞上平板後彈簧之最大壓縮量。設木箱與平板碰撞之恢復係數爲 0.8，且平板與水平面之摩擦忽略不計。

【答】x = 0.456 ft。

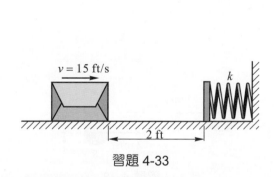

習題 4-33

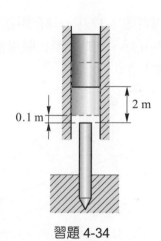

習題 4-34

4-34 如圖習題 4-34 中打樁機撞錘之質量爲 800 kg，於 2400 kg 之地樁上方 2 m 處由靜止落下，撞擊後撞錘反彈 0.1 m 之高度，試求(a)撞擊後地樁之速度；(b)撞擊之恢復係數；(c)撞擊過程能量損失之百分率？

【答】(a) v′ = 2.553 m/s，(b) e = 0.632，(c) 45.2%。

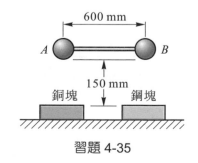

習題 4-35

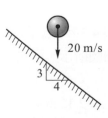

習題 4-36

4-35 如圖習題 4-35 中直徑相同之兩鋼球以一質量不計之剛性桿連結,而自銅塊與鋼塊上方 150 mm 處由靜止落下。已知鋼球 A 與銅塊碰撞之恢復係數為 0.4,而鋼球 B 與銅塊碰撞之恢復係數為 0.6,試求碰撞後剛性桿之角速度?設兩鋼球同時撞擊銅塊及鋼塊。

【答】 ω = 0.572 rad/s (ccw)。

4-36 如圖習題 4-36 中一球以 20 m/s 之速度垂直向下撞上一光滑斜面,設恢復係數為 0.8,試求撞擊後球的反彈速度。

【答】 v' = 17.55 m/s。

4-37 如圖習題 4-37 中一球在距斜面 0.75 m 之高度由靜止釋放,設球與斜面碰撞之恢復係數為 0.85,則球與斜面碰撞後沿斜面之所生射程 R 為若干?

【答】 R = 1.62 m。

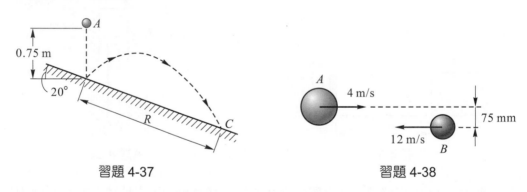

習題 4-37　　　　　　　　習題 4-38

4-38 如圖習題 4-38 中 A 球質量為 23 kg 半徑為 75 mm,B 球質量為 4 kg 半徑為 50 mm,兩球沿互相平行但相反方向之路徑相撞,速度如圖所示,已知碰撞之恢復係數 e = 0.40,試求碰撞後兩球之速度?設所有摩擦忽略不計。

【答】 v'_A = 2.46 m/s,v'_B = 9.16 m/s。

4-39 如圖習題 4-39 中質量及半徑均相同之 A 球與 B 球,沿著圖示之運動方向相撞,撞前之速度如圖所示,已知恢復係數 e = 0.90,試求撞後兩球之速度。設所有摩擦忽略不計。

【答】 v'_A = 2.32 m/s,v'_B =4.19 m/s。

4-40 如圖習題 4-40 中 B 球以一條不可伸長之繩索懸掛，另一相同之 A 球在恰接觸到繩索之位置由靜止落下，而以 v_0 之速度撞上 B 球，設兩者作完全彈性碰撞($e = 1$)，試求碰撞後兩球之速度。

【答】$v'_A = 0.721v_0$，$v'_B = 0.693\ v_0$。

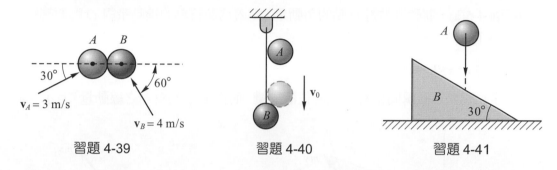

習題 4-39　　　　　　　習題 4-40　　　　　　　習題 4-41

4-41 如圖習題 4-41 中質量為 2kg 之 A 球垂直落下，以 3 m/s 之速度撞擊在靜止物體 B(質量為 6 kg)之斜面上，物體 B 可在水平光滑面上自由運動(無摩擦)。已知碰撞之恢復係數為 0.80，試求撞擊後兩者之速度。設兩者之碰撞面為光滑。

【答】$v'_A = 2.28$ m/s，$v'_B = 0.719$ m/s。

4-42 如圖習題 4-42 中一球在 A 點以水平速度 $v_0 = 0.2$ m/s 射出，落至光滑的水平地板上，落地處與 B 點之距離 $d_0 = 60$ mm，已知第一次反跳後之水平射程 $d_1 = 96$ mm。試求(a) 球與地板碰撞之恢復係數；(b)第一次反跳之高度 h_1。

【答】(a) $e = 0.80$，(b) $h_1 = 283$ mm。

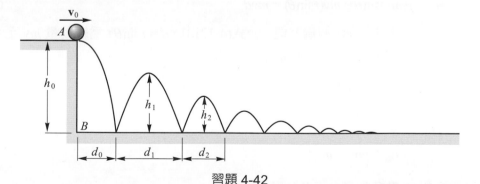

習題 4-42

4-43 同 4-42，試求在第一次落地後，球在水平地板上反覆彈跳的總時間為若干？

【答】$t = 2.40$ 秒。

4-3 角動量與角衝量

質點的運動除了有線動量與線衝量之關係外，尚有角動量與角衝量之關係，首先來定義**角動量**(angular momentum)。

參考圖 4-5(a)，運動質點對 O 點的角動量，定義為該質點的線動量對 O 點的轉矩，以 $\mathbf{H}_O$ 表示之，即

$$\mathbf{H}_O = \mathbf{r} \times \mathbf{L} = \mathbf{r} \times m\mathbf{v} \tag{4-11}$$

其中 $\mathbf{r}$ 為運動質點在該瞬間相對 O 點的位置向量，而為 $\mathbf{L}$ 運動質點之線動量，且 $\mathbf{L} = m\mathbf{v}$。

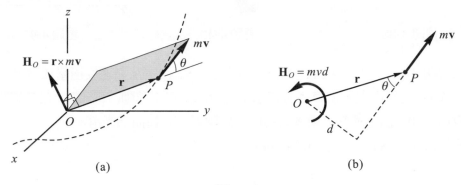

圖 4-5

由向量的外積可知角動量 $\mathbf{H}_O$ 與 $\mathbf{r}$ 及 $m\mathbf{v}$ 所定之平面垂直，指向由右手定則決定。今將 $\mathbf{r}$ 及 $m\mathbf{v}$ 所定之平面繪於圖 4-5(b)中，則線動量 $m\mathbf{v}$ 對 O 點所生之角動量大小為

$$H_O = r(mv)\sin\theta = mv(r\sin\theta) = mvd \tag{4-12}$$

至於方向則以逆時針方向表示較為方便。公式(4-12)中，$d = r\sin\theta$，為線動量 $m\mathbf{v}$ 至 O 點之垂直距離，而 θ 為位置向量 $\mathbf{r}$ 與線動量 $m\mathbf{v}$ 之夾角。

若 $\mathbf{r}$ 與 $\mathbf{v}$ 以直角分量表示，則角動量可用下面的行列式運算：

$$\mathbf{H}_O = \begin{vmatrix} \mathbf{i} & \mathbf{j} & \mathbf{k} \\ x & y & z \\ mv_x & mv_y & mv_z \end{vmatrix} \tag{4-13}$$

可得運動質點對 O 點角動量之直角分量為

$$H_x = m(v_z y - v_y z)$$

$$H_y = m(v_x z - v_z x)$$

$$H_z = m(v_y x - v_x y) \tag{4-14}$$

上式 H_x、H_y 及 H_z 即為運動質點之線動量對 x、y 及 z 軸之轉矩。

角動量之單位由公式(4-11)之定義求得，在 SI 單位中，角動量之單位為(kg-m/s)-m = kg-m²/s = N-m-s。至於在英制重力單位中，角動量之單位為(lb-sec)-ft = ft-lb-sec。

力矩與角動量之關係

設 $\sum \mathbf{F}$ 為質點所受之外力，則外力對 O 點之力矩和 $\sum \mathbf{M}_O$ 為

$$\sum \mathbf{M}_O = \mathbf{r} \times \sum \mathbf{F} = \mathbf{r} \times m\mathbf{a} \tag{a}$$

將公式(4-11)對時間微分(假設於質點運動過程中其質量不改變)

$$\dot{\mathbf{H}}_O = \frac{d}{dt}(\mathbf{r} \times m\mathbf{v}) = \dot{\mathbf{r}} \times m\mathbf{v} + \mathbf{r} \times m\dot{\mathbf{v}}$$

因 $\dot{\mathbf{r}} = \mathbf{v}$，且 $\mathbf{v} \times m\mathbf{v} = 0$，又 $\dot{\mathbf{v}} = \mathbf{a}$，故

$$\dot{\mathbf{H}}_O = \mathbf{r} \times m\mathbf{a} \tag{b}$$

由(a)(b)兩式得

$$\sum \mathbf{M}_O = \dot{\mathbf{H}}_O \tag{4-15}$$

即運動質點所受之外力對 O 點之力矩和，等於質點對 O 點之角動量對時間之變化率。若以直角分量表示，則

$$(\sum M_O)_x = (\dot{H}_O)_x$$

$$(\sum M_O)_y = (\dot{H}_O)_y$$

$$(\sum M_O)_z = (\dot{H}_O)_z$$

角衝量與角動量原理

將公式(4-15)改寫為 $\sum \mathbf{M}_O\,dt = d\mathbf{H}_O$，並從 t_1 積分至 t_2，則

$$\sum \int_{t_1}^{t_2} \mathbf{M}_O\,dt = \mathbf{H}_{O2} - \mathbf{H}_{O1} \tag{4-16}$$

式中 $\mathbf{H}_{O1} = \mathbf{r}_1 \times m\mathbf{v}_1$，$\mathbf{H}_{O2} = \mathbf{r}_2 \times m\mathbf{v}_2$，分別為 t_1 及 t_2 時刻質點對 O 點之角動量。至於式中之積分式 $\int_{t_1}^{t_2} \mathbf{M}_O\,dt$ 為質點在 t_1 及 t_2 間所受之力矩(對 O 點)對時間之積分，將其定義為對 O 點之**角衝量**(angular impulse)。公式(4-16)可改寫為

$$\mathbf{H}_{O1} + \int_{t_1}^{t_2} \sum \mathbf{M}_O dt = \mathbf{H}_{O2} \qquad\qquad (4\text{-}16a)$$

上式表示質點的初角動量與其所受角衝量之向量和，等於其末角動量，或運動質點對 O 點之角衝量等於其對 O 點之角動量之變化量。

至於角衝量之單位，由公式(4-6)可明顯地看出應與角動量之單位相同。

公式(4-16)是三度空間之向量式，由於大部份之應用例都是在平面上運動之質點，如圖 4-6 所示，此種情形力矩與角動量的方向恆與運動平面垂直。圖中質點在 P_1 及 P_2 位置之角動量分別為

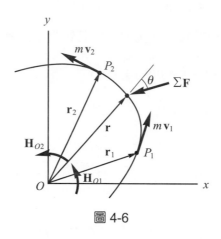

圖 4-6

$$H_{O1} = \left| \mathbf{r}_1 \times m\mathbf{v}_1 \right| = mv_1 d_1$$
$$H_{O2} = \left| \mathbf{r}_2 \times m\mathbf{v}_2 \right| = mv_2 d_2$$

其中 d_1 及 d_2 為 P_1 及 P_2 兩位置之線動量至 O 點之垂直距離，且 H_{O1} 及 H_{O2} 均為逆時針方向。故公式(4-16)在此情形以純量表示可寫為

$$\int_{t_1}^{t_2} \sum M_O dt = H_{O2} - H_{O1} \quad , \quad 其中 \ \sum M_O = (\sum F)(r\sin\theta)$$

角動量守恆

當運動質點在運動過程中所受之外力對某固定點 O 之力矩和恆為零時，由公式(4-16)，可得在運動過程中質點對 O 點之角動量恆保持不變，即

$$\mathbf{H}_{O1} = \mathbf{H}_{O2}$$

此關係稱為質點的**角動量守恆**(conservation of angular momentum)。通常運動質點只對某一特定點保持角動量守恆，對其他點則不一定角動量守恆，必須質點在運動過程中所受之外

力對某一定點之力矩和恆爲零，方能保持對該點爲角動量守恆，一般由質點受外力的自由體圖即可看出。

　　質點在運動過程中保持角動量守恆最常見的例子爲**中心力運動**(central force motion)，此種運動質點所受之外力恆指向某一固定點 O，故運動過程中對 O 點之角動量保持不變。例如地球繞太陽運轉時，地球所受太陽之萬有引力恆指向太陽，故地球繞太陽運轉時對太陽(質心點 O)的角動量恆保持不變，但需注意此種情形一般線動量並不守恆。

　　對於以彼此間之內力互相作用而使運動發生變化的兩質點，由於彼此間之內力大小相等方向相反，對於不在此兩內力作用線上之任意固定點 O，兩內力所生之力矩和必爲零，故兩質點在內力作用前後對 O 點之角動量總和會保持不變。

例題 4-12

　　圖中細桿 AB(質量不計)可繞 B 端之球窩軸承在水平面上自由轉動，細桿另一端連接質量爲 5kg 之滑塊，滑塊最初靜止在水平光滑面上。今在細桿上施加一隨時間變化之力偶矩 $M = (3t)$ N-m，其中時間 t 之單位爲秒，並同時在滑塊上施加一水平力 $P = 10$N，方向保持與 AB 桿垂直，試求 4 秒後滑塊之速度。

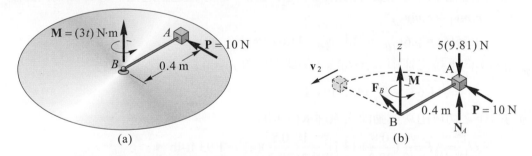

(a)　　　　　　　　　　　　　(b)

解 將細桿與滑塊視爲一體，繪自由體圖，如(b)圖所示，B 處作用力 $\mathbf{F}_B$ 通過 z 軸，不生力矩，且滑塊重量 $\mathbf{W}$ 及正壓力 $\mathbf{N}_A$ 與 z 軸平行亦不生力矩，僅 $\mathbf{M}$ 及 $\mathbf{P}$ 對 z 軸有力矩，因此對 z 軸的角衝量等於物體對 z 軸之角動量變化量，由公式(4-16)

$$\sum \int M_z\,dt = H_{z2} - H_{z1}$$

$$\int_0^4 (3t)\,dt + (10 \times 0.4)(4) = (5v_2)(0.4) \quad , \quad 得\ v_2 = 20\ \text{m/s} \blacktriangleleft$$

例題 4-13

　　一球重 0.8 lb 置於固定圓盤上,並用一繩索連接,繩索另一端穿過圓盤中心之垂直小孔,如圖所示。球最初在距小孔 1.75ft 之位置以 4ft/s 之速率作圓周運動,今在繩上施力,將繩子以 6 ft/s 之等速率向下拉,試求當球與小孔距離 0.6 ft 時(a)球之速率為若干?(b)施力拉繩子所作之功為若干?

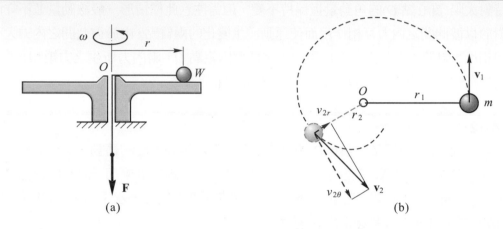

(a)　　　　　　　　　　　　　　　　　　(b)

解 球在運動過程中所受之張力恆指向圓盤中心 O,故球在運動過程中對 O 點為角動量守恆,即 $r_1 m v_1 = r_2 m v_{2\theta}$

$$1.75(4) = 0.6 v_{2\theta} \quad , \quad 得 \quad v_{2\theta} = 11.67\text{ft/s}$$

已知繩索向下拉之速率 $v_{2r} = 6$ft/s,則球在位置 $r_2 = 0.6$ ft 時之速率為

$$v_2 = \sqrt{11.67^2 + 6^2} = 13.1 \text{ ft/s} \blacktriangleleft$$

施力所作之功可由功與動能之原理求得,即

$$U_{12} = \Delta T = \frac{1}{2}(\frac{0.8}{32.2})(13.1)^2 - \frac{1}{2}(\frac{0.8}{32.2})(4)^2 = 1.93 \text{ ft-lb} \blacktriangleleft$$

例題 4-14

　　圖中質量 0.6kg 之圓球與一彈簧常數為 $k = 100$N/m 之彈簧連結,且可在光滑的水平面上滑動,當圓球置於 O 點時彈簧為自由長度(未變形),今圓球在圖示之位置 A 以 20m/s 之速度開始運動,試求圓球與 O 點之最大及最小距離以及圓球在此兩位置之速率。

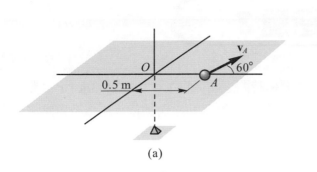

(a)

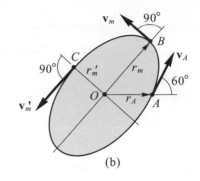

(b)

解 **角動量守恆：**

因圓球在水平光滑面上運動時所受之彈力通過 O 點，對 O 點不生力矩，故對 O 點角動量守恆，且圓球在距 O 點最遠及最近兩位置時，速度恰與彈簧垂直，故

$$r_m \, m \, v_m = r_A \, m (v_A \sin 60°)$$

$$r_m \, v_m = (0.5)(20)\sin 60° = 8.66 \qquad\qquad (1)$$

力學能守恆：

因圓球在運動過程中僅彈力有作功，彈力為保守力，故運動過程力學能守恆，即

$$\frac{1}{2}mv_m^2 + \frac{1}{2}kr_m^2 = \frac{1}{2}mv_A^2 + \frac{1}{2}kr_A^2$$

$$\frac{1}{2}(0.6)v_m^2 + \frac{1}{2}(100)r_m^2 = \frac{1}{2}(0.6)(20)^2 + \frac{1}{2}(100)(0.5)^2$$

$$0.3v_m^2 + 50r_m^2 = 120 + 12.5 \qquad\qquad (2)$$

將(1)(2)兩式聯立解得：

$$r_m = 1.571 \text{ m} \quad , \quad r_m' = 0.427 \text{ m} ◀$$

代入(1)式得 $v_m = 5.51$ m.s ， $v_m' = 20.3$ m/s ◀

習題 3

4-44 質量為 4kg 之質點在空間中運動之位置與時間之關係為 $\mathbf{r} = 3t^2\mathbf{i}-2t\mathbf{j}-3t\mathbf{k}$，$\mathbf{r}$ 之單位為公尺(m)，t 之單位為秒(s)，試求 $t = 3$ 秒時質點對原點之角動量大小以及質點之受力對原點之力矩大小。

【答】$H_O = 389$ N-m-s，$M_O = 260$ N-m。

4-45 質量 3kg 之圓球在 x-y 平面上運動到某瞬間之速度如圖習題 4-45 所示，試求此時之(a)線動量；(b)對 O 點的角動量；(c)動能。

【答】(a)$\mathbf{L} = 8.485\mathbf{i}-8.485\mathbf{j}$ kg-m/s，(b)$\mathbf{H}_O = -23.2\mathbf{k}$ kg-m^2/s(cw)，(c)$T = 24$ J。

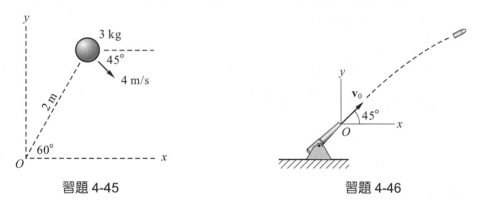

習題 4-45　　　　　　　　　　習題 4-46

4-46 如圖習題 4-46 所示，質量為 3kg 之砲彈以 $v_0 = 500$ m/s 及 45°仰角之速度由 O 點射出，當砲彈達軌跡之最高點時對 O 點之角動量為若干？

【答】$H_O = 6.757 \times 10^6$ kg-m^2/s。

4-47 如圖習題 4-47 中 $T = 20$N 之拉力作用在細繩上，則需若干時間方可使整組構件由靜止達到 150 rpm 之轉速。此構件除了四個質量為 3kg 之小圓球外，其餘質量及摩擦均忽略不計。

【答】$t = 15.07$ 秒。

4-48 如圖習題 4-48 中質量為 10 kg 之圓球連結於細桿(質量不計)上而可繞 z 軸自由轉動。最初圓球以 2 m/s 之速率繞 z 軸轉動，今對細桿施加一力矩 $M = (3t^2+5t+2)$ N-m，其

中 t 之單位爲秒(s)，試求 2 秒後圓球之速率？

【答】$v_2 = 3.47$ m/s。

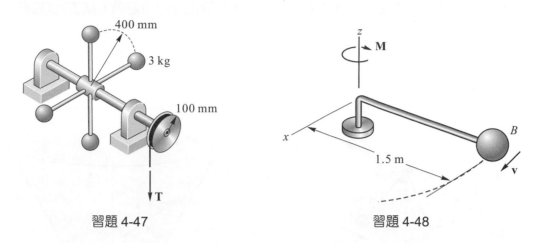

習題 4-47   習題 4-48

4-49 如圖習題4-49中重量爲4 lb之圓球原以6 ft/s之速率在水平光滑面上作半徑爲 $r_1 = 3$ ft 之圓周運動，今將繩索以 2 ft/s 之等速率向下拉，試求 (a)經若干時間後圓球的速率達到 12 ft/s；(b)此時圓球與圓孔之距離 r_2。圓孔位於圓球最初作圓周運動的圓心，且圓球之尺寸忽略不計。

【答】$t = 0.74$ 秒，$r_2 = 1.52$ ft。

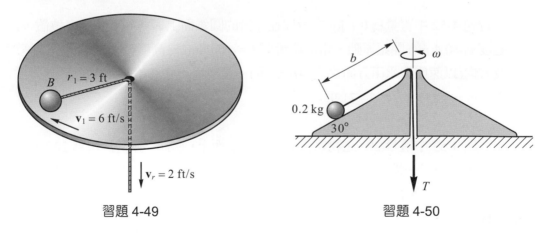

習題 4-49   習題 4-50

4-50 如圖習題 4-50 中質量爲 0.2 kg 之圓球，最初利用繩索的拉力，在光滑的圓錐面上 $b = 300$ mm 處以 4 rad/s 角速度繞垂直之固定軸轉動，今增加拉力 T 將繩索向下拉動使 b 減爲 200 mm，試求此時圓球之角速度以及張力在向下拉動過程所作之功。

【答】$\omega = 9$ rad/s，$U_{12} = 0.233$ J。

4-51 如圖習題 4-51 中重量為 5 lb 之圓球最初利用繩索之拉力在水平面上作圓周運動，此時擺長 $AB = 3$ ft 且運動平面距圓孔 A 之高度為 2 ft，今增加拉力 T 將繩索拉動 1.5 ft，使圓球在較高之位置 C 以 1.5 ft 之擺長在水平面上作圓周運動，試求此時圓球之速率？

【答】$v_2 = 13.8$ ft/s。

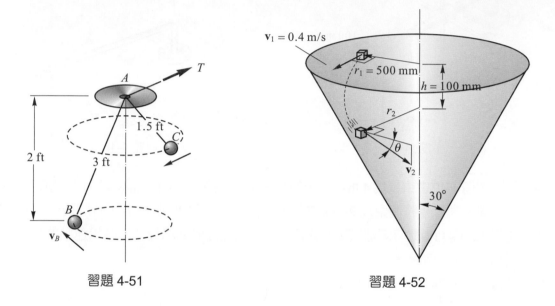

習題 4-51   習題 4-52

4-52 如圖習題 4-52 中質量為 0.1 kg 之滑塊在光滑的圓錐面上 $r_1 = 500$ mm 之位置，以水平速度 $v_1 = 0.4$ m/s 開始運動，當滑塊滑落 $h = 100$ mm 之高度後，試求滑塊之速度大小及方向(以速度與水平方向之夾角 θ 表示)。設滑塊尺寸忽略不計。

【答】$v_2 = 1.457$ m/s，$\theta = 71.9°$。

4-53 如圖習題 4-53 中質量 2kg 之物體置於水平光滑面上，並與一彈簧常數為 20 N/m 之彈簧相連，彈簧另一端固定在 O 點，設彈簧最初無變形。今對物體施加一水平向右之衝量 $I = 3.0$ N-s 使物體由靜止開始運動，試求當彈簧伸長 0.2 m 時物體之速率及彈簧被拉伸之速率。

【答】$v_2 = 1.36$ m/s，$v_{2r} = 0.839$ m/s。

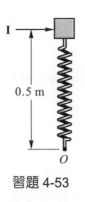

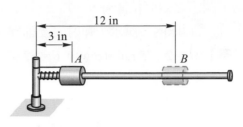

習題 4-53

習題 4-54

4-54 如圖習題 4-54 中 0.5 lb 之套環可在繞垂直軸轉動之水平桿(質量忽略不計)上自由滑動 (無摩擦)，套環最初以細線固定在桿上 A 處，並壓縮一彈簧常數 $k = 2.5$ lb/ft 之彈簧，彈簧之自由長度為 9 in。當水平桿以 12 rad/s 之角速度轉動時將細線切斷，套環沿水平桿向外滑動，試求套環經位置 B(與轉軸之距離為 12 in)時之徑向及橫向速率。彈簧一端與套環連結另一端固定在垂直軸上。

【答】 $v_r = 74.58$ in/s，$v_\theta = 9$ in/s。

4-55 如圖習題 4-55 中 6 kg 之圓球與 4 kg 之物體(內有圓柱形凹坑)以一質量可忽略不計之細桿相連，並且繞通過 O 點之水平軸在鉛直面上轉動。今有一 2 kg 之小圓柱在 A 點由靜止落下，當細桿以 $\omega_0 = 2$ rad/s 之角速度轉動至水平位置(圖中虛線)時，小圓柱恰好落入物體之凹坑中，試求兩者撞擊後細桿之角度。

【答】 $\omega = 0.172$ rad/s(cw)。

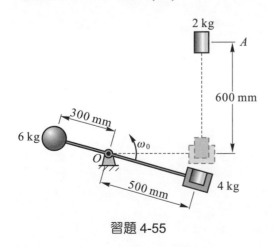

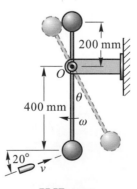

習題 4-55

習題 4-56

4-56 如圖習題 4-56 中兩個質量為 3.2 kg 之圓球以一細桿(質量忽略不計)連結,並可繞通過 O 點之水平軸在鉛直面上自由轉動。當細桿以順時針方向之角速度 $\omega = 6$ rad/s 轉動至圖示之鉛直位置時,一顆質量為 50 公克之子彈正以 300 m/s 之速度(方向如圖所示)射入圓球內,試求子彈射入後細桿之角速度,以及細桿之最大擺角 θ。

【答】 $\omega' = 2.775$ rad/s(ccw),$\theta = 52.07°$。

4-57 如圖習題 4-57 中質量為 m 之圓球,以繩索拉力 F 為向心力,在水平光滑圓盤上以 ω 之角速度作半徑為 r 之圓周運動,今將繩索之拉力 F 逐漸放鬆變小,則圓球之 r 漸增且 ω 也會改變,試求 ω 對 r 之變化率($d\omega / dr$),並証明拉力 F 在 dr 之位移所作之功等於圓球動能之變化量。

【答】 $\dfrac{d\omega}{dr} = -\dfrac{2\omega}{r}$。

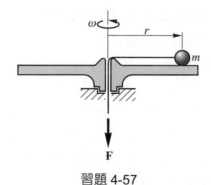

習題 4-57

📖 4-4 中心力運動

當質點在運動過程中所受之力恆通過某固定點 O 時，稱此質點作**中心力運動**(central force motion)，而 O 點稱為力中心點。最常見之中心力運動為人造衛星繞地球及行星繞太陽之運動。

考慮質量為 m 之衛星受地球之萬有引力 F 而運動，由牛頓萬有引力定律

$$F = G\frac{Mm}{r^2} \tag{a}$$

其中 G 為萬有引力常數，M 為地球質量，而 r 為衛星至地心之距離。因地球表面之重力加速度 $g = GM/R^2$，其中 R 為地球半徑，故(a)式中之 $GM = gR^2$，故公式(a)可改寫為

$$F = \frac{mgR^2}{r^2} \tag{b}$$

地球表面之重力加速度 g 與地球半徑 R 通常用平均值，$g = 9.81 \text{ m/s}^2$，$R = 6.37 \times 10^6 \text{ m}$，或在英制單位中，$g = 32.2 \text{ ft/s}^2$，$R = 3960 \text{ mi}$。

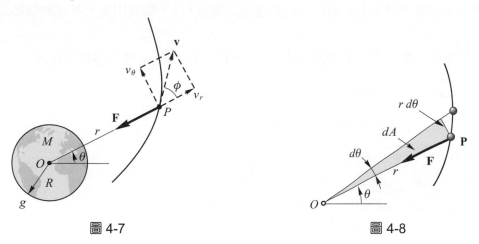

圖 4-7   圖 4-8

參考圖 4-7 中作中心力運動之衛星，因其所受萬有引力恆通過力中心點 O (地心)，故衛星之運動過程對 O 點之角動量保持不變，即

$$\mathbf{H}_O = \mathbf{r} \times m\mathbf{v} = \text{定量}$$

或以純量表示：

$$H_O = rmv\sin\phi = \text{常數} \tag{c}$$

其中 $v\sin\phi = v_\theta = r\dot\theta$，$\dot\theta$ 為衛星繞 O 點轉動之角速度，故公式(c)可改寫為

$$H_O = mr^2\dot\theta = \text{常數} \qquad\qquad\text{(d)}$$

將公式(d)各項除質量 m，且以 h 表示單位質量的角動量，則得

$$r^2\dot\theta = \frac{H_O}{m} = h = \text{常數} \qquad\qquad\text{(4-17)}$$

公式(4-17)之幾何意義可參考圖 4-8，行星 P 至力中心 O 之連線在轉動 $d\theta$ 角時所掃過之面積為 $dA = \dfrac{1}{2}r(rd\theta) = r^2 d\theta/2$，則 PO 連線單位時間所掃過之面積，即面積速率為

$$\dot A = \frac{dA}{dt} = \frac{1}{2}r^2\dot\theta = \frac{h}{2} = \text{常數} \qquad\qquad\text{(e)}$$

上式表示衛星 P 與地心 O 之連線在相同的時間內掃過相等之面積，此關係即為**克卜勒行星運動之第二定律**(Kepler's second law of planetary motion)。

衛星作中心力運動的軌跡

對於承受地球之萬有引力而作中心力運動之衛星，以下將導出定義其運動軌跡之微分方程式。

因衛星所受之萬有引力 **F** 恆指向力中心 O (地心)，由極坐標之運動方程式

$$\sum F_r = ma_r，\ m\!\left(\ddot r - r\dot\theta^2\right) = -F \qquad\qquad\text{(f)}$$

$$\sum F_\theta = ma_\theta，\ m\!\left(r\ddot\theta + 2\dot r\dot\theta\right) = 0 \qquad\qquad\text{(g)}$$

由公式(4-17)，$\dot\theta = h/r^2$，則

$$\dot r = \frac{dr}{dt} = \frac{d\theta}{dt}\frac{dr}{d\theta} = \frac{h}{r^2}\frac{dr}{d\theta} = -h\frac{d}{d\theta}\!\left(\frac{1}{r}\right) \qquad\qquad\text{(h)}$$

$$\ddot r = \frac{d\dot r}{dt} = \frac{d\theta}{dt}\frac{d\dot r}{d\theta} = \frac{h}{r^2}\frac{d}{d\theta}\!\left[-h\frac{d}{d\theta}\!\left(\frac{1}{r}\right)\right] = -\frac{h^2}{r^2}\frac{d^2}{d\theta^2}\!\left(\frac{1}{r}\right) \qquad\qquad\text{(i)}$$

將公式(4-17)中之 $\dot\theta = h/r^2$ 及公式(i)中之 $\ddot r$ 代入公式(f)中，並令 $u = \dfrac{1}{r}$，化簡後可得

$$\frac{d^2u}{d\theta^2} + u = \frac{F}{mh^2u^2} \qquad\qquad\text{(j)}$$

式中若 F 指向力中心 O (引力)時 F 為正，若指離力中心 O (斥力)時 F 為負。

又 $F = GMmu^2$，代入(j)式得

$$\frac{d^2u}{d\theta^2} + u = \frac{GM}{h^2} \tag{4-18}$$

其中等號右邊之項為常數。

公式(4-18)為非齊次線性二階微分方程式，其通解包括齊次解與特解，即

$$u = \frac{1}{r} = C\cos\theta + D\sin\theta + \frac{GM}{h^2} \tag{k}$$

其中 C、D 為兩個積分常數。

若設 $\theta = 0°$ 時為衛星最接近地心之位置 P_0，如圖 4-9 所示，此時之速度 $\mathbf{v}_0$ 與位置向量 $\mathbf{r}_0$ 垂直，故在 P_0 位置時之條件為

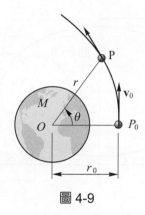

圖 4-9

$$r = r_0 \quad , \quad \dot{r} = 0 \quad , \quad \theta = 0 \quad , \quad \dot{\theta}_0 = \frac{v_0}{r_0} \neq 0$$

將公式(k)對時間微分，得 $-r^{-2}\dot{r} = -C\dot{\theta}\sin\theta + D\dot{\theta}\cos\theta$

將 P_0 位置之條件代入，得 $0 = 0 + D\dot{\theta}_0$，因 $\dot{\theta}_0 \neq 0$，故 $D = 0$，則公式(k)化簡為

$$\frac{1}{r} = C\cos\theta + \frac{GM}{h^2}$$

$$\frac{1}{r} = \frac{GM}{h^2}\left(1 + e\cos\theta\right) \quad , \quad e = \frac{Ch^2}{GM} \tag{4-19}$$

公式(4-19)為極坐標系中圓錐曲線之方程式，座標原點在地心且為圓錐曲線的一個焦點，而極坐標軸為其對稱軸。

參考圖 4-10，按定義，在圓錐曲線上之動點到**焦點**(focus)的距離與該動點到**準線**(directrix)的距離比值為一常數，此比值稱為**離心率**(eccentricity)，即 $e = r/(p - r\cos\theta)$，此式可改寫為

$$\frac{1}{r} = \frac{1}{p}\cos\theta + \frac{1}{ep} = \frac{1}{ep}\left(1 + e\cos\theta\right) \tag{l}$$

式中 p 為焦點到準線之距離。

由公式(4-19)及公式(l)可得

$$p = \frac{1}{C} \quad , \quad ep = \frac{h^2}{GM} = \text{常數} \tag{m}$$

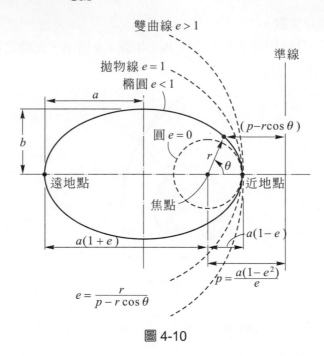

$$e = \frac{r}{p - r\cos\theta}$$

圖 4-10

由公式(4-19)所得離心率為 $e = \dfrac{Ch^2}{GM}$，其值決定衛星軌道之曲線形狀，茲分析如下：

1. **離心率 $e = 0$：圓**

    將公式(4-19)可改寫為

    $$r = \frac{h^2/GM}{1 + e\cos\theta} \tag{n}$$

    當離心率 $e = 0$ 時，得 $r = \dfrac{h^2}{GM} = $ 常數，故衛星作圓軌道之運動。

2. **離心率 $e < 1$：橢圓**

    由公式(n)可看出在 $\theta = 0°$ 時 r 為最小值，此為**近地點**(perigee)，而在 $\theta = 180°$ 時 r 為最大值，此為**遠地點**(apogee)，由公式(n)及(m)

$$\theta = 0° , \quad r_{\min} = \frac{h^2/GM}{1+e} = \frac{ep}{1+e}$$

$$\theta = 180° , \quad r_{\max} = \frac{h^2/GM}{1-e} = \frac{ep}{1-e}$$

參考圖 4-10，$r_{\max} + r_{\min} = 2a$，$a =$ 橢圓之半長軸，則 $\dfrac{ep}{1-e} + \dfrac{ep}{1+e} = 2a$，得 $a = \dfrac{ep}{1-e^2}$

或 $\qquad p = \dfrac{a\left(1-e^2\right)}{e}$ $\hspace{4cm}$ (o)

將公式(o)代入公式(l)得

$$\frac{1}{r} = \frac{1+e\cos\theta}{a\left(1-e^2\right)}$$

故可得 $r_{\min}$ 及 $r_{\max}$ 分別為

$$r_{\min} = \frac{a\left(1-e^2\right)}{1+e} = a(1-e) \quad , \quad r_{\max} = \frac{a\left(1-e^2\right)}{1-e} = a(1+e)$$ $\hspace{2cm}$ (p)

3. **離心率 $e = 1$：拋物線**

   由公式(n)，當 $\theta = 180°$ 時可得 r 為無限大，且由公式(m)，此時 $p = h^2/GM$。

4. **離心率 $e > 1$：雙曲線**

   由公式(n)看出若欲使 r 為無限大，則 $1+e\cos\theta = 0$，即 $\cos\theta_1 = -1/e$，故衛星軌道上各點之橫向座標 θ 僅介於 $-\theta_1$ 及 θ_1 之間，參考圖 4-11 所示。

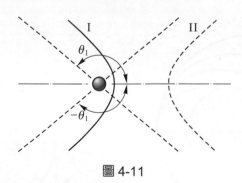

圖 4-11

🌏 脫離速度

當衛星或太空船利用火箭送至距離地心為 r_0 之位置，開始以平行於地面之速度 v_0($\mathbf{v}_0$ 與 $\mathbf{r}_0$ 垂直)作自由飛行(無動力)，其單位質量的角動量為 $h = r_0 v_0 = r_0^2 \dot{\theta}_0$。

若欲使太空船的軌道為拋物線($e = 1$)，設在 P_0 點所需開始自由飛行之速度為 $v_0 = v_{par}$，再將 P_0 位置之條件($r = r_0$，$\theta = 0$)代入公式(4-19)中，則

$$\frac{1}{r_0} = \frac{GM}{r_0^2 v_{par}^2}(1+1) \quad , \quad 得 \quad v_{par} = \sqrt{\frac{2GM}{r_0}}$$

當 $v_0 > v_{par}$ 時，軌道為雙曲線，而 $v_0 < v_{par}$ 時，軌道為橢圓或圓，故由拋物線軌道所得之 v_{par} 是使太空船不會返回其出發點之最小速度，稱為**脫離速度**(escape velocity)，通常以 v_{esc} 表示，即

$$v_{esc} = \sqrt{\frac{2GM}{r_0}} = \sqrt{\frac{2gR^2}{r_0}} \tag{4-20}$$

若欲使太空船的軌道為圓($e = 0$)，在 P_0 點所需開始自由飛行之速度為 v_{cir}，同樣由 P_0 位置之條件($r = r_0$，$\theta = 0$，$h = r_0 v_{cir}$)代入公式(4-19)可得

$$v_{cir} = \sqrt{\frac{GM}{r_0}} = \sqrt{\frac{gR^2}{r_0}} \tag{4-21}$$

P_0 點開始自由飛行之速度 v_0 與太空船軌道之關係如圖 4-12 所示，對介於 v_{esc} 與 v_{cir} 間之 v_0 而言，軌道為橢圓，自由飛行的起點 P_0 是軌道與地球最接近之點，稱為近地點，而與地球最遠的點 P' 稱為遠地點。若 $v_0 < v_{cir}$，則 P_0 為遠地點，軌道的另一端 P'' 變成近地點，若 v_0 甚小於 v_{cir}，太空船軌道會與地表相交，即落地墜毀。當然以上的討論都是不考慮空氣阻力。

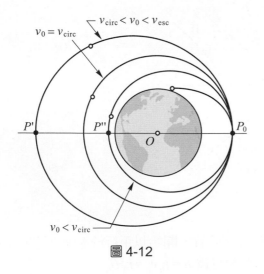

圖 4-12

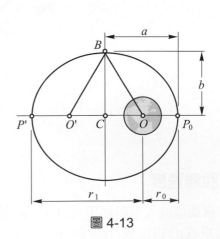

圖 4-13

衛星週期

衛星繞地球一周所需之時間稱爲週期，通常以 τ 表示。由於衛星之面積速率 $\dot{A}$ 保持不變，且由公式(e) $\dot{A} = h/2$，故可由橢圓面積，求得週期，即

$$\dot{A} = \frac{dA}{dt} = \frac{\pi ab}{\tau} = \frac{h}{2}$$

得
$$\tau = \frac{2\pi ab}{h} \tag{4-22}$$

式中 $h = r_0 v_0$，而 a 與 b 分別爲橢圓之半長軸與半短軸，可由橢圓之幾何關係求得。參考圖 4-13 之橢圓軌道，O 及 O' 爲焦點，P_0 爲近地點，P' 爲遠地點，由圖 $r_0 + r_1 = 2a$，

故
$$a = \frac{1}{2}(r_0 + r_1) \tag{q}$$

因橢圓兩焦點至橢圓上任一點之距離和恆保持不變，則

$$O'B + OB = O'P_0 + OP_0 = 2a \quad , \quad 或 \quad OB = a$$

又 $OC = a - r_0$

$$b^2 = (OB)^2 - (OC)^2 = a^2 - (a - r_0)^2 = r_0(2a - r_0) = r_0 r_1$$

故
$$b = \sqrt{r_0 r_1} \tag{r}$$

只要已知 r_0 及 r_1，即可由公式(q)及(r)求得橢圓之半軸長度，再代入公式(4-22)求得週期。

力學能守恆

衛星受地球的萬有引力作用而繞地球運轉時，除了對力中心 O 的角動量守恆外，又因萬有引力爲保守力，故衛星之力學能亦保持不變。參考圖 4-14，設衛星在距地心 r_0 處之 P_0 位置開始自由飛行，其速度 $\mathbf{v}_0$ 與位置向量 $\mathbf{r}_0$ 之夾角爲 ϕ_0，設運動至其軌道上之另一位置 P，其位置向量爲 $\mathbf{r}$，速度爲 $\mathbf{v}$(與 $\mathbf{r}$ 之夾角爲 ϕ)，由對 O 點之角動量守恆，得

$$r_0 m v_0 \sin\phi_0 = r m v \sin\phi \tag{s}$$

再由力學能守恆，得

$$\frac{1}{2} m v_0^2 - \frac{GMm}{r_0} = \frac{1}{2} m v^2 - \frac{GMm}{r} \tag{t}$$

若 r_0、v_0 及 ϕ_0 已知，則由公式(t)可得在任意位置 r 處之速度 v，再由公式(s)可得該處之角度 ϕ。

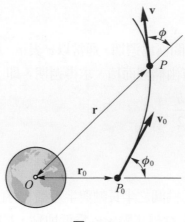

圖 4-14

若設 r_0 為近地點至地心之距離，衛星在該處之速率為 v_0，r_1 為遠地點至地心之距離，衛星在該處之速率為 v_1，參考圖 4-13 所示，由角動量守恆

$$r_0 m v_0 = r_1 m v_1 \quad , \quad r_0 v_0 = r_1 v_1 \tag{u}$$

再由此兩處之力學能守恆

$$\frac{1}{2} m v_0^2 - \frac{GMm}{r_0} = \frac{1}{2} m v_1^2 - \frac{GMm}{r_1}$$

得

$$v_0^2 - \frac{2GM}{r_0} = v_1^2 - \frac{2GM}{r_1} \tag{v}$$

將(u)代入(v)

$$v_0^2 - \frac{2GM}{r_0} = (\frac{r_0}{r_1} v_0)^2 - \frac{2GM}{r_1}$$

整理後可得

$$1 + \frac{r_0}{r_1} = \frac{2GM}{r_0 v_0^2} \tag{4-23}$$

或

$$v_0^2 = \frac{2GM}{r_1 + r_0} \frac{r_1}{r_0} \tag{4-24}$$

再由公式(u)可得

$$v_1^2 = \frac{2GM}{r_1 + r_0} \frac{r_0}{r_1} \tag{4-25}$$

例題 4-15

一衛星在距地面 500 km 處以 36900 km/hr 的速度朝平行於地面之方向發射，開始自由飛行，試求(a)衛星距地面之最大高度；(b)衛星的週期；(c)若欲使衛星軌道距地面之高度不得低於 200km，則發射方向(ϕ_0角)之容許誤差為若干？

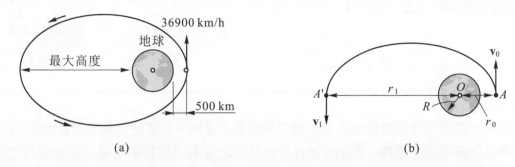

$$\text{(a)} \qquad \qquad \qquad \text{(b)}$$

解 (a) 已知：近地點 $r_0 = 6370+500 = 6870$ km ， $v_0 = 3690$ km/hr $= 10.25\times10^3$ m/s

$GM = gR^2 = (9.81)(6.37\times10^6)^2 = 398\times10^{12}$ m³/s²　(地球半徑：$R = 6370$ km)

由公式(4-23)：$1+\dfrac{r_0}{r_1} = \dfrac{2GM}{r_0 v_0^2}$

$$1+\frac{6870}{r_1} = \frac{2(398\times10^{12})}{(6870\times10^3)(10.25\times10^3)^2} \quad , \quad 得\ r_1 = 66810 \text{ km}$$

故距地面之最大高度 $h_1 = r_1 - R = 60440$ km ◀

(b) 由公式(q)及(r)可得橢圓之半軸長度

$$a = \frac{1}{2}(r_0+r_1) = 36840 \text{ km} \quad , \quad b = \sqrt{r_0 r_1} = 21424 \text{ k m}$$

衛星週期由公式(4–22)

$$\tau = \frac{2\pi ab}{r_0 v_0} = \frac{2\pi(36840)(21424)}{(6870)(10.25)} = 70.4\times10^3 \text{秒} ◀$$

(c) 因衛星距地面之最小高度為 200 km，故軌道之最小 r 為 $r_{min} = 6370+200 = 6570$ km，設此時之速度為 v_{max}，參考圖(c)所示，則由力學能守恆：

$$\frac{1}{2}mv_{max}^2 - \frac{GMm}{r_{min}} = \frac{1}{2}mv_0^2 - \frac{GMm}{r_0} \tag{4}$$

再由角動量守恆：$mr_{min}v_{max} = mr_0 v_0 \sin\phi_0$

得 $\qquad v_{max} = \dfrac{r_0}{r_{min}} v_0 \sin\phi_0 \tag{5}$

將公式(5)代入(4)

$$\frac{1}{2}\left(\frac{r_0}{r_{min}}v_0\sin\phi_0\right)^2-\frac{GM}{r_{min}}=\frac{v_0^2}{2}-\frac{GM}{r_0}$$

將已知之數據 r_0、v_0、GM 及 r_{min} 代入上式，即可得

$$\sin\phi_0=0.981 \quad , \quad \phi_0=90°\pm11.5°$$

故容許誤差為 $\Delta\phi_0=11.5°$ ◀

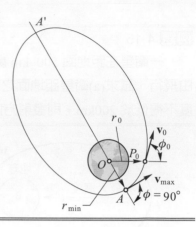

例題 4-16

圖中火箭最初在距離地面 6 Mm 處之圓軌道上運轉，今欲使火箭改至距地面 14 Mm 處之第二個圓軌道上運轉，則(a)火箭在原軌道上之 A 點須以若干速率 v_0 自由飛行方可沿橢圓軌道(圖中虛線)進入到第二個圓軌道上之 A' 點；(b) A 點至 A' 點所需之時間；(c)在 A' 點火箭之速率應如何調整，方可使火箭維持在第二個圓軌道上運轉。

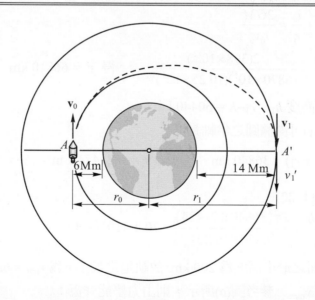

解 (a) A 與 A' 點至地心之距離為

$$r_0=6.387+6=12.387 \text{ Mm} \quad , \quad r_1=6.387+14=20.387 \text{ Mm}$$

設火箭在橢圓軌道上 A 點之速度為 v_0，在 A' 點速度為 v_1，由角動量守恆：$mr_0v_0=mr_1v_1$

$$v_0=\frac{r_1}{r_0}v_1=\frac{20.387}{12.387}v_1=1.6463v_1$$

$$v_1=0.6074v_0 \tag{1}$$

再由力學能守恆：$\dfrac{1}{2}mv_0^2 - \dfrac{gR^2m}{r_0} = \dfrac{1}{2}mv_1^2 - \dfrac{gR^2m}{r_1}$

$$\dfrac{v_0^2}{2} - \dfrac{398 \times 10^{12}}{12.387 \times 10^6} = \dfrac{v_1^2}{2} - \dfrac{398 \times 10^{12}}{20.387 \times 10^6} \qquad (2)$$

將(1)(2)兩式聯立得

$\qquad v_0 = 6330$ m/s ◀ ， $v_1 = 3845$ m/s

(b) A 點至 A' 點所需之時間為橢圓軌道週期之一半。先求橢圓之半軸長度

$$a = \dfrac{1}{2}(r_0 + r_1) = 16.387 \text{ Mm} \quad , \quad b = \sqrt{r_0 + r_1} = 15.882 \text{ Mm}$$

則橢圓週期 $\tau = \dfrac{2\pi ab}{r_0 v_0} = \dfrac{2\pi (16.387)(15.882) \times 10^{12}}{(12.387 \times 10^6)(6330)} = 20860$ 秒

故從 A 至 A' 所需之時間為 $\Delta t = \tau/2 = 10430$ 秒 ◀

(c) 在 A' 點以圓軌道運轉所需之速率，由公式(4-21)

$$v_1' = \sqrt{\dfrac{gR^2}{r_1}} = \sqrt{\dfrac{398 \times 10^{12}}{20.387 \times 10^6}} = 4420 \text{ m/s}$$

故火箭在 A' 點速率須增加 $\Delta v = v_1' - v_1 = 575$ m/s ◀

習題 4

4-58 設衛星繞地球運轉時其近地點及遠地點至地心之距離分別為 240 km 及 400 km，試求軌道之離心率及衛星繞地球之週期。

【答】$e = 0.01194$，$\tau = 5449$ 秒。

4-59 太空船在距地表高度 $H = 200$ 哩處作圓軌道運轉，今突然點燃火箭引擎產生推力增加速率使太空船脫離地球引力範圍，則所需增加之速度最少為若干？

【答】$\Delta v = 1.984$ mi/sec。

4-60 若衛星欲在下列之軌道上運轉，試求衛星在地面上空 A 點所需之速度。如圖習題 4-60 中之 R 為地球半徑，求(a)圓軌道；(b)離心率 $e = 0.1$ 之橢圓軌道；(c)離心率 $e = 0.9$ 之橢圓軌道；(d)拋物線軌道。

【答】(a)7537 m/s，(b)7905 m/s，(c)10390 m/s，(d)10660 m/s。

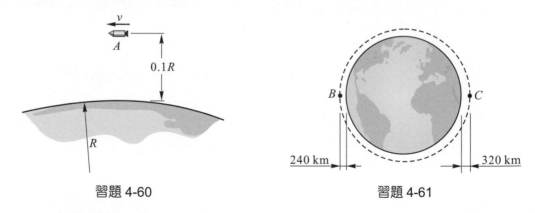

習題 4-60　　　　　　　　　　習題 4-61

4-61 質量 85000 kg 的太空梭在如圖習題 4-61 所示的橢圓軌道(虛線)自由飛行，今欲在高度為 320 km 之遠地點 C 處調整為圓形軌道，則兩部可產生 30 kN 推力的軌道調整引擎(orbital maneuvering system engine)所需之點火時間 Δt 為若干？

【答】$\Delta t = 34$ 秒。

4-62 如圖習題 4-62 所示，衛星最初在距地面高度為 R 處作圓軌道運轉，R 為地球半徑，今欲使衛星到達距地面高度為 $2R$ 處之 B 點，則在原軌道上所需增加的速度 Δv 為若干？且應在原軌道上何處增加衛星之速度？

【答】Δv = 533 m/s(與 B 點夾 180°之位置)。

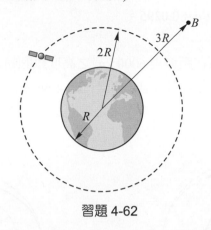

習題 4-62

4-63 衛星在距地面 400 km 之高度，以 v_0 = 7500 m/s 之速率開始作橢圓軌道之自由飛行，速度之方向與該處之鉛直線(與地心連線)夾 35°之角度，試求衛星之最大高度。

【答】h_{max} = 5445 km。

4-64 如圖習題 4-64 所示，衛星在赤道上之 B 點以火箭載送至 2000 km 高度之近地點 P，然後開始作橢圓軌道之自由飛行，已知遠地點距地面之高度為 4000 km，試求(a)在近地點 P 開始作自由飛行所需之速度以及在遠地點的速率；(b)衛星在距地面 2500 km 高度時之速率；(c)衛星的週期。

【答】(a)v_P = 7255 m/s，v_A = 5855 m/s，(b) v_C = 6876 m/s，(c)τ = 9032 秒。

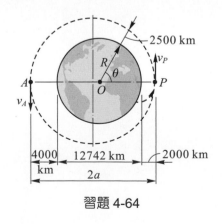

習題 4-64

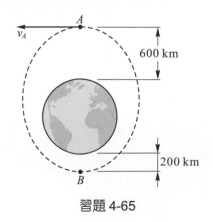

習題 4-65

4-65 如圖習題 4-65 所示，衛星以橢圓軌道運轉，已知近地點高度爲 200 km，遠地點高度爲 600 km，試求衛星在遠地點 A 之速率及軌道之離心率？

【答】(a)$v_A = 7444$ m/s，$e = 0.0295$。

4-66 質量 800 kg 之太空船原在距地表 6000 km 之高度以圓軌道運轉，今欲在 A 點改變爲近地點高度爲 3000 km 之橢圓軌道，如圖習題 4-66 所示，設減速引擎可產生 2000 N 之反向推力，試求在 A 處引擎所需作用之時間 Δt？

【答】$\Delta t = 162$ 秒。

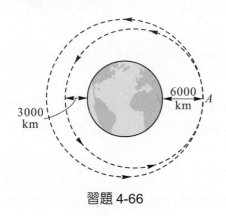

習題 4-66　　　　　　習題 4-67

4-67 如圖習題 4-67 中太空船經由 A、B 間之橢圓路徑(實線)，從半徑爲 r_1 之圓軌道進入到半徑爲 r_2 之圓軌道運轉，其中在 A、B 兩處需利用火箭推力改變速度。若 $r_1 = (6371+500)$km，$r_2 = (6371+35800)$ km，試求在 A、B 兩處所需之速度變化量。

【答】$\Delta v_A = 2368$ m/s，$\Delta v_B = 1447$ m/s。

質點系力動學

5-1 概論

前面各章節是討論質點運動的動力學原理,雖然主要是集中在單一質點的力動學,但在討論「功-能」和「衝量-動量」時,也曾考慮到兩個質點視為一系統的運動。在動力學的發展中,下一個步驟就是要將應用在單一質點的原理擴展到描述質點系統的運動,此一擴展使得動力學之其餘部份得以連貫,因而可以處理剛體及非剛體系統的運動。

剛體是指一個堅固的質點系統,其質點間的距離恆保持不變,陸地與空中的交通工具,如汽車、機車、飛機、火箭及太空船,以及許多可移動的結構物都是剛體的例子;至於非剛體可以是一個物體因彈性或非彈性變形而生之形狀變化與時間之關係,另外非剛體也可能是一團被定義的液體或是氣體以特定的速度流動,例如流經飛機引擎渦輪機的空氣及燃料、火箭所噴出的燃氣以及流經泵浦的水。

5-2 質點系:運動方程式

設空間中有一獨立之系統含有 n 個質點,如圖 5-1 所示,在某一瞬間,其中任一質量為 m_i 之質點 i,同時承受內力及外力之作用,外力 $\mathbf{F}_i$ 包括質點所受之重力、電場力、磁力以及系統外之物體或質點對此質點之作用力,而內力 $\mathbf{f}_i$ 為系統內其他各質點對質點 i 之作用力,則質點 i 之運動方程式為

$$\sum \mathbf{F} = m\mathbf{a} \quad ; \quad \mathbf{F}_i + \mathbf{f}_i = m_i \mathbf{a}_i \tag{a}$$

其中 $\mathbf{f}_i = \sum_{j=1}^{n} \mathbf{f}_{ij}$,而 $j \neq i$,$\mathbf{f}_{ij}$ 為質點 j 對質點 i 之作用力,$\mathbf{a}_i$ 為質點 i 對固定坐標系 xyz 之加速度。

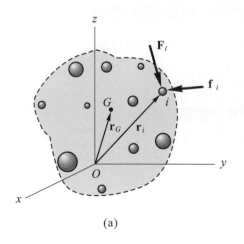

(a)

(b)

圖 5-1

系統內之每一質點均可列出與公式(a)相似之運動方程式，若將系統內每一質點之運動方程式相加，則

$$\sum_{i=1}^{n}(\mathbf{F}_i + \mathbf{f}_i) = \sum_{i=1}^{n} m_i \mathbf{a}_i$$

或 $$\sum_{i=1}^{n}\mathbf{F}_i + \sum_{i=1}^{n}\mathbf{f}_i = \sum_{i=1}^{n} m_i \mathbf{a}_i \qquad\qquad\text{(b)}$$

上式等號左邊第一項 $\sum_{i=1}^{n}\mathbf{F}_i$ 為系統內所有質點所受外力之總和，而第二項 $\sum_{i=1}^{n}\mathbf{f}_i$ 為系統內各質點所受內力之總和，即 $\sum_{i=1}^{n}\mathbf{f}_i = \sum_{i=1}^{n}\left(\sum_{j=1}^{n}\mathbf{f}_{ij}\right)$。

　　因系統內各質點彼此間之作用力大小相等方向相反($\mathbf{f}_{ij} = -\mathbf{f}_{ji}$)，故系統內所有內力之總和必等於零，即 $\sum_{i=1}^{n}\mathbf{f}_i = 0$，因此公式(b)可簡化為

$$\sum_{i=1}^{n}\mathbf{F}_i = \sum_{i=1}^{n} m_i \mathbf{a}_i \qquad\qquad\text{(5-1)}$$

因 $\mathbf{a} = \dfrac{d\mathbf{v}}{dt}$，且設各質點之質量 m_i 均保持不變，則上式可寫為

$$\sum\mathbf{F} = \sum m_i \frac{d\mathbf{v}_i}{dt} = \frac{d}{dt}\sum m_i \mathbf{v}_i \qquad\qquad\text{(5-2)}$$

　　在靜力學中由一次矩(first moment)之觀念，可得質點系統之質心位置 $\mathbf{r}_G$ 為

$$\mathbf{r}_G = \frac{\sum m_i \mathbf{r}_i}{m} \qquad\qquad\text{(c)}$$

其中 m 為質點系統之總質量，$m = \sum_{i=1}^{n} m_i$，$\mathbf{r}_i$ 為質點 m_i 之位置向量。

將上式改寫為 $m\mathbf{r}_G = \sum m_i \mathbf{r}_i$，並對時間微分可得

$$m\mathbf{v}_G = \sum m_i \mathbf{v}_i \qquad\qquad\text{(5-3)}$$

上式表示質點系之總動量等於質點系之質心動量 $m\mathbf{v}_G$。

再將公式(5-3)對時間微分可得

$$m\mathbf{a}_G = \sum m_i \mathbf{a}_i \qquad\qquad\text{(d)}$$

因此公式(5-1)可寫爲

$$\sum \mathbf{F} = m\mathbf{a}_G \tag{5-4}$$

上式表示：一質點系所受外力之總合力$\sum\mathbf{F}$，等於質點系之總質量 m 與質點系質心加速度 $\mathbf{a}_G$ 之乘積，亦即將質點系之總質量集中於質心點，且質點系所受所有外力之總合力$\sum\mathbf{F}$亦集中作用於質心點，則由牛頓第二定律運動定律即可求得質點系質心之加速度 $\mathbf{a}_G$。故牛頓第二定律(運動定律)之運動方程式，可適用於質點系之質心。

接下來要考慮的是質點系內各質點之受力對任一固定點 O 之力矩。同樣參考圖 5-1 所示，質點 i 之受力對 O 點之力矩，由公式(a)

$$\mathbf{r}_i \times (\mathbf{F}_i + \mathbf{f}_i) = \mathbf{r}_i \times m_i \mathbf{a}_i \tag{e}$$

對其他質點亦可列出同樣的力矩方程式，然後全部相加可得

$$\sum_{i=1}^{n} \mathbf{r}_i \times (\mathbf{F}_i + \mathbf{f}_i) = \sum_{i=1}^{n} (\mathbf{r}_i \times m_i \mathbf{a}_i)$$

或

$$\sum_{i=1}^{n} (\mathbf{r}_i \times \mathbf{F}_i) + \sum_{i=1}^{n} (\mathbf{r}_i \times \mathbf{f}_i) = \sum_{i=1}^{n} (\mathbf{r}_i \times m_i \mathbf{a}_i) \tag{f}$$

上式等號左邊第二項爲質點系內之所有內力對 O 點之力矩和，由於質點系之內力均成對存在，且大小相等方向相反互相抵銷，故此項爲零，因此(f)式可簡化爲

$$\sum_{i=1}^{n} (\mathbf{r}_i \times \mathbf{F}_i) = \sum_{i=1}^{n} (\mathbf{r}_i \times m_i \mathbf{a}_i)$$

或

$$\sum \mathbf{M}_O = \sum_{i=1}^{n} (\mathbf{r}_i \times m_i \mathbf{a}_i) \tag{5-5}$$

上式表示質點系之所有外力對固定點 O 之力矩和等於質點系內所有質點之 $m_i\mathbf{a}_i$ 向量對 O 點之力矩和。

5-3 質點系：功與動能之原理

質點的功與動能之原理可推廣用於如圖 5-1 中 n 個質點之系統。設考慮其中質量爲 m_i 的第 i 個質點，受有總外力 $\mathbf{F}_i$ 及系統內其他各質點作用於第 i 個質點的總內力 $\mathbf{f}_i = \sum_{j=1(j \neq i)}^{n} \mathbf{f}_{ij}$ 。

由第 i 個質點的功與動能之原理

$$\frac{1}{2}m_i v_{i1}^2 + \int_{\mathbf{r}_{i1}}^{\mathbf{r}_{i2}} \mathbf{F}_i \cdot d\mathbf{r}_i + \int_{\mathbf{r}_{i1}}^{\mathbf{r}_{i2}} \mathbf{f}_i \cdot d\mathbf{r}_i = \frac{1}{2}m_i v_{i2}^2 \tag{5-6}$$

對於系統其他質點，亦有類似之關係式。將各質點功與動能之關係式相加(代數和)得

$$\sum \frac{1}{2}m_i v_{i1}^2 + \sum \int_{\mathbf{r}_{i1}}^{\mathbf{r}_{i2}} \mathbf{F}_i \cdot d\mathbf{r}_i + \sum \int_{\mathbf{r}_{i1}}^{\mathbf{r}_{i2}} \mathbf{f}_i \cdot d\mathbf{r}_i = \sum \frac{1}{2}m_i v_{i2}^2$$

上式可簡寫為

$$\sum T_1 + \sum U_{12} = \sum T_2 \tag{5-7}$$

此式表示，系統之初動能($\sum T_1$)，加上作用於各質點的外力與內力所作之總功($\sum U_{12}$)，等於系統之末動能($\sum T_2$)。須注意，雖然兩質點彼此間之內力大小相同方向相反，但各質點之運動各自獨立，位移不同，故內力所作之總功不會互相抵銷。但實際應用上有兩個重要的例外：

(1) 若質點為作平移運動剛體內之任一點，因每一組內力具有相同之位移，則內力所作之總功為零。

(2) 當二物體由不可拉伸之繩索連結時，若繩索的質量可忽略，且滑輪均無質量亦無摩擦，則繩索二端對物體之作用力大小相等方向相反，由於繩索不可拉伸，二物體之位移相同，故繩索對兩端物體所作之功互相抵銷。

若作用於系統各質點之力中僅保守力有作功，則公式(5-7)可用下式取代之，即

$$T_1 + V_1 = T_2 + V_2 \tag{5-8}$$

其中 V 為質點系統之位能。公式(5-8)為質點系統之力學能守恆原理。

🔘 質點系之動能(以質心為參考坐標)

令 P_i 為質點系統中的某一質點，$\mathbf{v}_i$ 為其相對於慣性座標系 $O(x, y, z)$ 的速度，$v_{i/G}$ 為相對於質心座標系 $G(x', y', z')$ 的速度，而後者對前者作平移運動，參考圖 5-2 所示，則

$$\mathbf{v}_i = \mathbf{v}_G + \mathbf{v}_{i/G} \tag{g}$$

其中 $\mathbf{v}_G$ 為質心 G 相對於慣性座標系 $O(x, y, z)$ 的速度。質點系統之總動能為系統中各質點動能之總和，且 v_i^2 等於純量積 $\mathbf{v}_i \cdot \mathbf{v}_i$，則質點系統相對於慣性座標系 $O(x、y、z)$的總動能 T 為

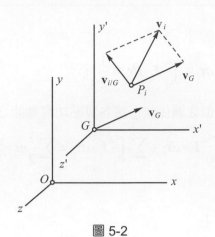

圖 5-2

$$T = \frac{1}{2}\sum_{i=1}^{n} m_i v_i^2 = \frac{1}{2}\sum_{i=1}^{n}\left(m_i \mathbf{v}_i \cdot \mathbf{v}_i\right)$$

將公式(g)中之 $\mathbf{v}_i$ 代入，得

$$T = \frac{1}{2}\sum_{i=1}^{n}\left[m_i\left(\mathbf{v}_G + \mathbf{v}_{i/G}\right)\cdot\left(\mathbf{v}_G + \mathbf{v}_{i/G}\right)\right]$$

$$= \frac{1}{2}\left(\sum_{i=1}^{n} m_i\right)v_G^2 + \mathbf{v}_G \cdot \sum_{i=1}^{n} m_i \mathbf{v}_{i/G} + \sum_{i=1}^{n}\frac{1}{2}m_i v_{i/G}^2 \qquad\text{(h)}$$

式中 $\sum_{i=1}^{n} m_i = m$，爲質點系之總質量。

由質點系質心位置之定義

$$\sum m_i \mathbf{r}_{i/G} = m\mathbf{r}_{G/G}$$

式中 $\mathbf{r}_{i/G}$ 爲第 i 個質點相對於質心之位置向量。因質點系之質心相對於其質心之位置向量 $\mathbf{r}_{G/G} = 0$，再將上式對時間微分，則

$$\sum m_i \mathbf{v}_{i/G} = 0 \qquad\text{(i)}$$

即質點系統中各質點相於質心之動量總和恆爲零，故公式(h)可化簡爲

$$T = \frac{1}{2}m v_G^2 + \sum_{i=1}^{n}\frac{1}{2}m_i v_{i/G}^2 \qquad\text{(5-9)}$$

上式顯示質點系統的總動能 T 爲「質心動能 $\frac{1}{2}m v_G^2$」與「質點系統各質點相對於其質心動能之和 $\sum_{i=1}^{n}\frac{1}{2}m_i v_{i/G}^2$ (內動能)」。

5-4 質點系：線動量與線衝量

質點系統之線動量 $\mathbf{L}$ 為各質點線動量之總和(向量和)，即

$$\mathbf{L} = \sum m_i \mathbf{v}_i$$

由公式(5-2)：$\sum \mathbf{F} = \dfrac{d}{dt} \sum m_i \mathbf{v}_i$，可得

$$\sum \mathbf{F} = \frac{d\mathbf{L}}{dt} = \dot{\mathbf{L}} \tag{5-10}$$

上式表示質點系所受所有外力之合力等於質點系之線動量對時間之變化率。

再由公式(5-3)：$\sum m_i \mathbf{v}_i = m\mathbf{v}_G$，此式表示質點系之總動量等於質點系之質心動量，而質心動量為質點系之總質量 m 與質心速度 $\mathbf{v}_G$ 之乘積。

若將公式(5-10)改寫為 $\sum \mathbf{F}dt = d\mathbf{L}$，並在時間 t_1 至 t_2 間積分

$$\int_{t_1}^{t_2} \sum \mathbf{F}dt = \mathbf{L}_2 - \mathbf{L}_1$$

或

$$\int_{t_1}^{t_2} \sum \mathbf{F}dt = \sum_{i=1}^{n} \left(m_i \mathbf{v}_i \right)_2 - \sum_{i=1}^{n} \left(m_i \mathbf{v}_i \right)_1$$

或

$$\sum \int_{t_1}^{t_2} \mathbf{F}dt = m\left(\mathbf{v}_G \right)_2 - m\left(\mathbf{v}_G \right)_1 \tag{5-11}$$

上式為質點系之線衝量與線動量原理，即質點系線動量之變化量，等於在此時間內質點系所受外力之線衝量總和。

公式(5-11)中之 $\mathbf{F}$ 為質點系所受之外力，可知僅外力能改變質點系質心之運動，例如圖 5-3 中砲彈發射後在空中爆炸，雖然爆炸後各碎片之運動狀態改變了，但爆炸力屬於內力，不會改變質點系質心之運動，故爆炸後砲彈所有碎片質心之軌跡仍然沿著砲彈未爆炸時之預定軌跡運動，同樣均為拋體運動。

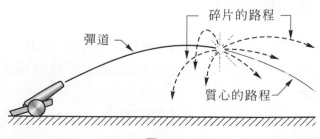

碎片的路程

彈道

質心的路程

圖 5-3

當質點系不受外力(或外力和為零)時，由公式(5-11)可得

$$\sum(m_i\mathbf{v}_i)_1 = \sum(m_i\mathbf{v}_i)_2 \quad \text{或} \quad (\mathbf{v}_G)_1 = (\mathbf{v}_G)_2 \tag{5-12}$$

此關係即為質點系之線動量守恆原理。當一質點系不受外力(或外力和為零)，僅質點系彼此間之內力相互作用，而使質點系內各質點之運動狀態發生改變，則內力作用前後以及內力作用期間，質點系內所有質點之線動量總和恆保持不變。

5-5 質點系：角動量與角衝量

對於由 n 個質點所構成之質點系，質量為 m_i 的第 i 個質點對固定點 O 之角動量$(\mathbf{H}_O)_i$ 為$(\mathbf{H}_O)_i = \mathbf{r}_i \times m_i\mathbf{v}_i$

其他質點對 O 點之角動量亦可寫出類似之方程式，則質點系對 O 點之總角動量 $\mathbf{H}_O$ 為

$$\mathbf{H}_O = \sum_{i=1}^{n}(\mathbf{H}_O)_i = \sum_{i=1}^{n}(\mathbf{r}_i \times m_i\mathbf{v}_i) \tag{j}$$

將上式對時間微分，可得

$$\dot{\mathbf{H}}_O = \sum(\dot{\mathbf{r}}_i \times m_i\mathbf{v}_i) + \sum(\mathbf{r}_i \times m_i\dot{\mathbf{v}}_i) = \sum m_i(\mathbf{v}_i \times \mathbf{v}_i) + \sum(\mathbf{r}_i \times m_i\mathbf{a}_i)$$

因 $\mathbf{v}_i \times \mathbf{v}_i = 0$，故上式可化簡為 $\dot{\mathbf{H}}_O = \sum(\mathbf{r}_i \times m_i\mathbf{a}_i)$，代入公式(5-5)可得

$$\sum\mathbf{M}_O = \dot{\mathbf{H}}_O \tag{5-13}$$

此式為質點系之力矩與角動量之關係，即質點系所受之所有外力對固定點 O 之力矩和，等於質點系對 O 點之角動量對時間之變化率。

將公式(5-13)改寫為 $\sum\mathbf{M}_O\,dt = d\mathbf{H}_O$，並從時間 t_1 積分至 t_2，得

$$\sum\int_{t_1}^{t_2}\mathbf{M}_O\,dt = (\mathbf{H}_O)_2 - (\mathbf{H}_O)_1 \tag{5-14}$$

上式等號左邊為質點系所受之所有外力對固定點 O 之角衝量，而$(\mathbf{H}_O)_1$ 與$(\mathbf{H}_O)_2$ 分別為質點系在 t_1 及 t_2 時刻對 O 點之角動量，故公式(5-14)表示質點系對 O 點之角衝量等於質點系對 O 點之角動量變化量。

當質點系所受之外力對固定點 O 之力矩和為零時，由公式(5-14)可得$(\mathbf{H}_O)_1 = (\mathbf{H}_O)_2$，即質點系對固定點 O 之角動量恆保持不變，此即為質點系之角動量守恆(對固定點)原理。

質點系：角動量與角衝量(以質心為參考點)

參考圖 5-4，(x, y, z)為慣性坐標系，(x', y', z')坐標系之原點為質點系之質心 G，通常 G 有加速度，故為非慣性坐標系。質點系中質量為 m_i 的第 i 個質點對 G 之角動量為

$$(\mathbf{H}_i)_G = \mathbf{r}_{i/G} \times m_i \mathbf{v}_{i/G}$$

式中 $\mathbf{r}_{i/G}$ 及 $\mathbf{v}_{i/G}$ 為第 i 個質點相對於 G 之位置及速度。將上式微分

$$(\dot{\mathbf{H}}_i)_G = \dot{\mathbf{r}}_{i/G} \times m_i \mathbf{v}_{i/G} + \mathbf{r}_{i/G} \times m_i \dot{\mathbf{v}}_{i/G}$$

其中 $\dot{\mathbf{r}}_{i/G} = \mathbf{v}_{i/G}$，故等號右邊第一項為零，且 $\dot{\mathbf{v}}_{i/G} = \mathbf{a}_{i/G}$，則

$$(\dot{\mathbf{H}}_i)_G = \mathbf{r}_{i/G} \times m_i \mathbf{a}_{i/G}$$

對質點系之其他質點，亦可得到與上式相似之式子，將這些式子相加可得

$$\dot{\mathbf{H}}_G = \sum (\dot{\mathbf{H}}_i)_G = \sum (\mathbf{r}_{i/G} \times m_i \mathbf{a}_{i/G})$$

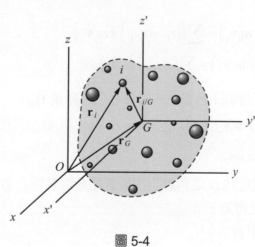

圖 5-4

又 $\mathbf{a}_{i/G} = \mathbf{a}_i - \mathbf{a}_G$，其中 $\mathbf{a}_i$ 及 $\mathbf{a}_G$ 分別為第 i 個質點及質心 G 對慣性坐標系之加速度，代入上式後再整理可得

$$\dot{\mathbf{H}}_G = \sum (\mathbf{r}_{i/G} \times m_i \mathbf{a}_i) - (\sum m_i \mathbf{r}_{i/G}) \times \mathbf{a}_G \tag{k}$$

上式等號右邊第二項中，$\sum m_i \mathbf{r}_{i/G} = m \mathbf{r}_{G/G} = 0$。至於等號右邊第一項，由公式(5-5)

$$\sum (\mathbf{r}_{i/G} \times m_i \mathbf{a}_i) = \sum \mathbf{M}_G$$

即等於質點系之所有外力對質心 G 之力矩和，故公式(k)可簡化為

$$\sum \mathbf{M}_G = \dot{\mathbf{H}}_G \tag{5-15}$$

上式表示質點系所受之所有外力對質心之力矩和，等於質點系對質心之角動量對時間之變化率，亦即質點系之力矩與角動量關係($\sum \mathbf{M} = \dot{\mathbf{H}}$)除了適用於任一固定點外亦可適用於質心。

　　將公式(5-15)改寫為$\sum \mathbf{M}_G dt = d\mathbf{H}_G$，並從時刻$t_1$積分至$t_2$，同樣亦可得質點系之外力對質心之角衝量等於質點系對質心角動量之變化量，即

$$\sum \int_{t_1}^{t_2} \mathbf{M}_G dt = \left(\mathbf{H}_G\right)_2 - \left(\mathbf{H}_G\right)_1 \tag{5-16}$$

若質點系之外力對質心G之力矩和為零，由上式可得

$$(\mathbf{H}_G)_1 = (\mathbf{H}_G)_2 \tag{5-17}$$

即質點系對質心之角動量保持不變，此即為質點系之角動量守恆(對質心)原理。

　　至於質點系對固定點O及對質心G之角動量關係可用座標之變換求得。由公式(j)，並參考圖5-4

$$\begin{aligned}\mathbf{H}_O &= \sum\left(\mathbf{r}_i \times m_i \mathbf{v}_i\right) = \sum\left[\left(\mathbf{r}_G + \mathbf{r}_{i/G}\right) \times m_i \mathbf{v}_i\right] \\ &= \sum\left(\mathbf{r}_G \times m_i \mathbf{v}_i\right) + \sum\left(\mathbf{r}_{i/G} \times m_i \mathbf{v}_i\right)\end{aligned} \tag{l}$$

上式等號右邊之第二項可證明即為質點系對質心之角動量$\mathbf{H}_G$。

而等號右邊第一項$\sum(\mathbf{r}_G \times m_i \mathbf{v}_i) = \mathbf{r}_G \times \sum m_i \mathbf{v}_i = \mathbf{r}_G \times m\mathbf{v}_G$，故公式(l)可簡化為

$$\mathbf{H}_O = \mathbf{H}_G + \mathbf{r}_G \times m\mathbf{v}_G \tag{5-18}$$

上式表示質點系對任一固定點O之角動量等於質點系對其質心G之角動量再加上質點系之質心動量$m\mathbf{v}_G$對O點之轉矩。

將公式(5-18)對時間微分可得

$$\dot{\mathbf{H}}_O = \dot{\mathbf{H}}_G + \dot{\mathbf{r}}_G \times m\mathbf{v}_G + \mathbf{r}_G \times m\dot{\mathbf{v}}_G$$

其中　$\dot{\mathbf{H}}_O = \sum \mathbf{M}_O$，$\dot{\mathbf{r}}_G \times m\mathbf{v}_G = m(\mathbf{v}_G \times \mathbf{v}_G) = 0$，$\dot{\mathbf{v}}_G = \mathbf{a}_G$，故公式(5-18)可寫為

$$\sum \mathbf{M}_O = \dot{\mathbf{H}}_G + \mathbf{r}_G \times m\mathbf{a}_G \tag{5-19}$$

上式之關係使得我們可以選取較為方便之固定點O為力矩中心，而列出質點系之力矩方程式，此式在剛體力動學中為力矩方程式之重要基礎公式。

例題 5-1

質量均為 m 之三個球焊在質量可忽略不計之剛架上,如圖所示,整組構件置於水平光滑面上,設力 $\mathbf{F}$ 突然作用於構件上,試求(a)O 點的加速度,(b)構件之角加速度 $\ddot{\theta}$。

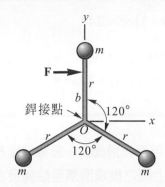

解 (a) 整組構件為三個球所構成之質點系,其質心位置在 O 點,由公式(5-4)

$$\sum\mathbf{F} = m\mathbf{a}_G \ , \quad F = (3m)a_G \ , \quad a_G = a_O = \frac{F}{3m} \blacktriangleleft$$

(b) 構件之角加速度可由公式(5-15)$\sum\mathbf{M}_G = \dot{\mathbf{H}}_G$ 求得。首先求構件對其質心之角動量

$$H_G = 3rm(r\dot{\theta}) = 3mr^2\dot{\theta}$$

由 $\sum\mathbf{M}_G = \dot{\mathbf{H}}_G$, $Fb = \dfrac{d}{dt}\left(3mr^2\dot{\theta}\right) = 3mr^2\ddot{\theta}$, 得 $\ddot{\theta} = \dfrac{Fb}{3mr^2}$ ◀

例題 5-2

圖中四個質量均為 10 kg 之小球固定在兩水平細桿之兩端,兩細桿中點固定在垂直軸上而可在水平面上轉動。最初系統為靜止,今在垂直軸上施加一力矩 $\mathbf{M} = 4(t+1)\mathbf{k}$ N-m,其中時間 t 之單位為秒(sec),試求 $t = 10$ 秒時球之速率。

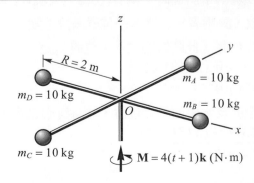

解 由公式(5-14)在 z 軸之分量：

$$\int_{t_1}^{t_2} \left(M_O\right)_z dt = \left(H_O\right)_{2z} - \left(H_O\right)_{1z} \tag{1}$$

即質點系對 z 軸之角衝量，等於對 z 軸角動量之變化量。

其中

$$\int_{t_1}^{t_2} \left(M_O\right)_z dt = \int_0^{10} 4(t+1)dt = 240$$

$$(H_O)_{2z} = 4Rmv_2 = 4(2)(10)v_2 = 80v_2$$

代入公式(1)：$240 = 80v_2 - 0$ ， 得 $v_2 = 3$ m/s ◄

例題 5-3

兩直角三角形之楔塊置於水平面光滑面上，重量分別為 W 與 nW ($n > 1$)。今將兩者在圖示之位置由靜止釋放，試求當上面之楔塊滑落至恰觸及水平面時，下面楔塊所移動之距離？設所有接觸面均為光滑面。

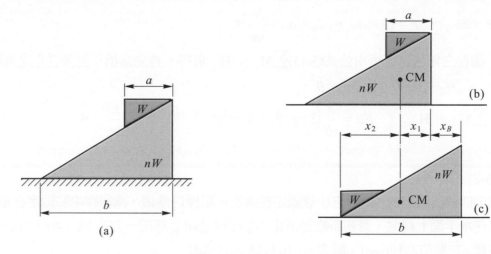

(a)　　(b)　　(c)

解 當上面楔塊沿著下面楔塊滑下斜面時，兩者(視為一系統)在水平方向無外力作用，且兩者最初是由靜止釋放，故兩者質心之水平位置保持不變。

圖(b)為兩者開始運動之位置，此時質心之水平位置 x_1 為

$$x_1 = \frac{(nW)(b/3) + W(2a/3)}{W + nW}$$

圖(c)為上面楔塊恰滑至觸及水平面時之位置，此時質心之水平位置 x_2 為

$$x_2 = \frac{nW(2b/3) + W(a/3)}{W + nW}$$

故下面楔塊所移動之距離為

$$x_B = b-(x_1+x_2) = b - \frac{nWb+Wa}{W+nW} = \frac{b-a}{1+n} \blacktriangleleft$$

例題 5-4

重量為 32.2 lb 之滑車 A 以 4 ft/s 之等速度在水平軌道上向右運動，滑車上有二根連桿(質量不計)分別連接二個重量為 3.22 lb 之小球並繞滑車上之 G 點(質心)旋轉，前面之連桿(連接 1、2 兩球)以 80 rpm 之等角速逆時針方向轉動，而後面之連桿(連接 3、4 兩球)以 100 rpm 等角速順時針方向轉動。試對整個系統求(a)動能；(b)線動量；(c)對 G 點之角動量；(d)對固定點 O 之角動量，設在圖示瞬間 G 點之座標為 $x = 24$in，$y = 18$in。

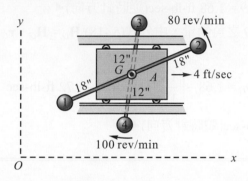

解 (a) 滑車 A 與四個小球構成一質點系統，質心在 G 點。質點系統之動能包括質心動能與內動能(各質點相對於質心之動能總和)，由公式(5-9)

$$T = \frac{1}{2} Mv_G^2 + \sum_{i=1}^{n} \frac{1}{2} m_i v_{i/G}^2$$

質點系統之總質量：$M = \dfrac{32.2+4\times3.22}{32.2} = 1.4$ slug

質心速度：$v_G = 4$ ft/s

1、2 兩球相對於質心之速度：$v_{1/G} = v_{2/G} = \left(\dfrac{18}{12}\right)\left(\dfrac{2\pi\times80}{60}\right) = 12.57$ ft/s

3、4 兩球相對於質心之速度：$v_{3/G} = v_{4/G} = \left(\dfrac{12}{12}\right)\left(\dfrac{2\pi\times100}{60}\right) = 10.47$ ft/s

故　　$T = \dfrac{1}{2}(1.4)(4)^2 + 2\left[\dfrac{1}{2}\left(\dfrac{3.22}{32.2}\right)(12.57)^2\right] + 2\left[\dfrac{1}{2}\left(\dfrac{3.22}{32.2}\right)(10.47)^2\right]$

　　　　$= 11.2+(15.8+11.0) = 38.0$ ft-lb $\blacktriangleleft$

(b) 質點系統之線動量等於其質心動量，由公式(5-3) $\mathbf{L} = \displaystyle\sum_{i=1}^{n} m_i \mathbf{v}_i = M\mathbf{v}_G$

故　　　$L = Mv_G = (1.4)(4) = 5.6 \text{ lb-sec}$ ◀

(c) 質點系對其質心之角動量等於各質點相對於質心之角動量總和，即

$$\mathbf{H}_G = \sum_{i=1}^{n} \mathbf{r}_{i/G} \times m_i \mathbf{v}_{i/G}$$

設取逆時針方向為正，則

$$H_G = r_1 m_1 v_{1/G} + r_2 m_2 v_{2/G} - r_3 m_3 v_{3/G} - r_4 m_4 v_{4/G}$$

$$= 2\left(\frac{18}{12}\right)\left(\frac{3.22}{32.2} \times 12.57\right) - 2\left(\frac{12}{12}\right)\left(\frac{3.22}{32.2} \times 10.47\right)$$

$$= 3.77 - 2.09 = 1.68 \text{ ft-lb-sec}(逆時針方向) ◀$$

(d) 質點系對固定點 O 之角動量，由公式(5 -18) $\mathbf{H}_O = \mathbf{H}_G + \mathbf{r}_G \times m\mathbf{v}_G$ 設取逆時針方向為正，則

$$H_O = H_G - ymv_G = 1.68 - \left(\frac{18}{12}\right)(1.4 \times 4) = -6.72 \text{ ft-lb-sec}$$

故　　　$H_O = 6.72 \text{ ft-lb-sec}(順時針方向) ◀$

例題 5-5

圖中質量為 20 kg 之砲彈以 u = 300 m/s 初速及圖示之仰角(約 53°)從 O 點射出，在 x-z 平面作拋體運動。當砲彈達其軌跡之最高點 P 時，爆炸成 A、B、C 三塊碎片，爆炸後碎片 A 鉛直向上射出可達 P 點上方 500 m 之高度，碎片 B 則朝水平方向射出而落至地面上之 Q 點，如圖所示，試求爆炸後瞬間碎片 C 之速度。已知三個碎片之質量 m_A = 5 kg，m_B = 9 kg，m_C = 6 kg，且設空氣阻力忽略不計。

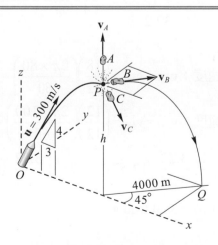

解 砲彈作斜向拋射運動，達最高點之時間 t 及最大高度 h 分別為

$$t = \frac{u_z}{g} = \frac{(4/5)(300)}{9.81} = 24.5 \text{ 秒}$$

$$h = \frac{u_z^2}{2g} = \frac{\left[(4/5)(300)\right]^2}{2 \times 9.81} = 2940 \text{ m}$$

爆炸後 A 之速率：$v_A = \sqrt{2gh_A} = \sqrt{2(9.81)(500)} = 99.0$ m/s

以直角分量表示，$\mathbf{v}_A = 99.0 \, \mathbf{k}$ m/s

爆炸後 B 作水平拋射運動，經 $t = 24.5$ 秒後落至 Q 點，故爆炸後 B 之速率為

$$v_B = \frac{4000}{24.5} = 163.5 \text{ m/s}$$

以直角分量表示：$\mathbf{v}_B = (163.5\cos45°)\mathbf{i} + (163.5\sin45°)\mathbf{j} = 115.6\mathbf{i} + 115.6\mathbf{j}$ m/s。

因爆炸力屬於砲彈之內力，故爆炸前後線動量守恆，即

$$m\mathbf{v} = m_A\mathbf{v}_A + m_B\mathbf{v}_B + m_C\mathbf{v}_C$$

$$20(180\mathbf{i}) = 5(99.0\mathbf{k}) + 9(115.6\mathbf{i} + 115.6\mathbf{j}) + 6\mathbf{v}_C$$

得 　　$\mathbf{v}_C = 427\mathbf{i} - 173.4\mathbf{j} - 82.5 \, \mathbf{k}$ m/s ◄

例題 5-6

圖中重量為 10 lb 之木塊 A 置於重量為 8 lb 之平台車上，最初靜止於水平面上，如圖 (a) 所示。今一重量為 1/16 lb 之子彈以 $v_0 = 1600$ ft/s 之水平速度射入木頭(子彈停在木頭內)，如圖 (b) 所示。子彈射入木頭後兩者合在一起在平台車上滑動一段距離 Δs 後停留在平台車上，最後整體以 v_f 之速度運動，如圖 (c) 所示，試求 v_f 與 Δs。木頭與平台車間之摩擦係數為 0.50，而平台車可在水平面上自由運動(無摩擦)。

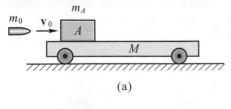

(a)

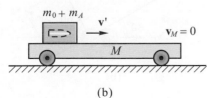

(b)

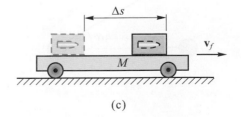

(c)

解 子彈射入木頭 A 之前後線動量守恆：$m_0 v_0 = (m_0 + m_A)\, v'$，其中 v' 為子彈射入木頭後兩者合在一起運動之速度，v_0 為子彈最初之速度，m_0 為子彈之質量，則

$$\frac{1/16}{32.2}(1600) = \frac{(1/16 + 10)}{32.2} v' \quad , \quad 得 \ v' = 9.94 \ \text{ft/s}$$

此時之動能為 $\quad T' = \frac{1}{2}\frac{(1/16 + 10)}{32.2}(9.94)^2 = 15.44 \ \text{ft-lb}$

因子彈射入木頭之時間甚為短暫，木頭幾乎還在原來位置(平台車仍然靜止)，然後子彈與木頭合在一起以相對於平台車為 v' 之速度在平台車上滑動，由於彼此間之動摩擦力 F_k，使木頭(含子彈)在平台車上滑動 Δs 後，最後整體合在一起以 v_f 之速度運動。由於動摩擦力為內力，系統在水平方向無任何外力，故整個運動過程系統在水平方向為線動量守恆，但木頭與平台車之位移不同，故動摩擦力對系統有作功。

由線動量守恆：(b)圖位置至(c)圖位置

$$(m_0 + m_A)\, v' = (m_0 + m_A + M)\, v_f = m_0 v_0$$

$$\frac{(1/16 + 10 + 8)}{32.2} v_f = \frac{1/16}{32.2}(1600) \quad , \quad 得 \ v_f = 5.54 \ \text{ft/s} \blacktriangleleft$$

此時動能 $\quad T_f = \frac{1}{2}\frac{(1/16 + 10 + 8)}{32.2}(5.54)^2 = 8.61 \ \text{ft-lb}$

再由功與動能之原理：(b)圖位置至(c)圖位置

$$U_f = T_f - T' \quad , \quad 其中 \ U_f = -\mu\,(W_0 + W_A)\Delta s$$

$$-0.5(1/16 + 10)\Delta s = 8.61 - 15.44 \quad , \quad 得 \ \Delta s = 1.358 \ \text{ft} \blacktriangleleft$$

例題 5-7

三個質量均為 m 之圓球置於水平光滑面上，其中 A、B 兩球以一不可拉伸之繩索連結，且恰呈拉緊狀態靜止置於水平面上，C 球則以 v_0 之速度向右正面撞向 B 球，如圖所示，設 B、C 間為彈性碰撞，試求碰撞後瞬間三球之速度。設三球之尺寸完全相同。

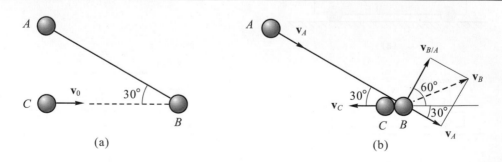

(a)　　　　　　　　　　　　(b)

解 C 球正面撞上 B 球後，設 C 球之速度為 $\mathbf{v}_C$ ($\leftarrow$)，A 球之速度為 $\mathbf{v}_A$，$\mathbf{v}_A$ 方向因受 AB 繩索拉力作用故朝向 AB 方向，至於 B 球速度可由 A 球速度 $\mathbf{v}_A$ 及 B 球相對於 A 球之速度 $\mathbf{v}_{B/A}$ 求得，即 $\mathbf{v}_B = \mathbf{v}_{B/A} + \mathbf{v}_A$，其中 $\mathbf{v}_{B/A}$ 之方向與繩索 AB 垂直，如圖(b)所示。

將三球視為一質點系，則在碰撞過程中僅三球彼此間之內力互相作用，並無外力作用，故碰撞前後系統之線動量守恆：

$y-$方向：$mv_{B/A} \sin60° - 2mv_A \sin30° = 0$

$$v_{B/A} = \frac{2\sqrt{3}}{3} v_A \tag{1}$$

$x-$方向：$mv_0 = 2m\, v_A \cos30° + mv_{B/A} \cos60° - mv_C$

$$v_0 = \sqrt{3}\, v_A + \frac{1}{2} v_{B/A} - v_C \tag{2}$$

因碰撞過程為彈性碰撞，故碰撞前後動能保持不變

$$\frac{1}{2} mv_0^2 = \frac{1}{2} mv_A^2 + \frac{1}{2} m\left(v_A^2 + v_{B/A}^2\right) + \frac{1}{2} mv_C^2$$

$$v_0^2 = 2v_A^2 + v_{B/A}^2 + v_C^2 \tag{3}$$

將公式(1)(2)(3)聯立解得

$$v_A = 0.533\, v_0 \blacktriangleleft \quad , \quad v_{B/A} = 0.615\, v_0 \quad , \quad v_C = 0.231\, v_0 \blacktriangleleft$$

B 球速度大小：$v_B = \sqrt{v_A^2 + v_{B/A}^2} = 0.814\, v_0 \blacktriangleleft$

設 $\mathbf{v}_B$ 與 $\mathbf{v}_A$ 之夾角為 ϕ，則 $\tan\phi = \dfrac{v_{B/A}}{v_A} = \dfrac{0.615v_0}{0.533v_0}$ ， $\phi = 49.1°$

故 $\mathbf{v}_B$ 與水平方向之夾角 $\phi = \theta - 30° = 19.1° \blacktriangleleft$

習題 1

5-1 一質點系包括三個質點，$m_1 = 1$ kg，$m_2 = 2$ kg，$m_3 = 1$ kg，三質點之位置與時間之關係為 $\mathbf{r}_1 = 2t\,\mathbf{i}$ m，$\mathbf{r}_2 = 3t^2\,\mathbf{j}$ m，$\mathbf{r}_3 = t\,\mathbf{k}$ m，其中時間 t 之單位為秒(sec)，試求 $t = 2$ 秒時質點系之質心位置，質心速度及質心加速度。

　　【答】$\mathbf{r}_G = \mathbf{i}+6\mathbf{j}+0.5\mathbf{k}$ m，$\mathbf{v}_G = 0.5\mathbf{i}+6\mathbf{j}+0.25\mathbf{k}$ m/s，$\mathbf{a}_G = 3\mathbf{j}$ m/s^2。

5-2 三個質點之質量，位置，速度，及受力如下：

$m_1 = 3$slug，$m_2 = 2$slug，$m_3 = 5$slug

$\mathbf{r}_1 = 2\mathbf{i} +3\mathbf{j}$ ft，$\mathbf{r}_2 = 2\mathbf{j} +3\mathbf{k}$ ft，$\mathbf{r}_3 = -\mathbf{i} -\mathbf{k}$ ft

$\mathbf{v}_1 = 7\mathbf{j}$ ft/s，$\mathbf{v}_2 = 5\mathbf{i}$ ft/s，$\mathbf{v}_3 = 3\mathbf{k}$ ft/s

$\mathbf{F}_1 = 20\mathbf{i}$ lb，$\mathbf{F}_2 = 20\mathbf{i}-20\mathbf{j}$ lb，$\mathbf{F}_3 = 20\mathbf{k}$ lb

試求此質點系之下列各量

(a)線動量及線動量對時間之變化率。

(b)對座標原點 O 之角動量及角動量對時間之變化率。

(c)對質心之角動量。

　　【答】(a)$\mathbf{L} = 10\mathbf{i}+21\mathbf{j}+15\mathbf{k}$ lb-s，$\dot{\mathbf{L}} = 40\mathbf{i}-20\mathbf{j}+20\mathbf{k}$ lb，(b)$\mathbf{H}_O = 45\mathbf{j}+22\mathbf{k}$ lb-ft-s，

　　　　$\dot{\mathbf{H}}_O = 60\mathbf{i}+80\mathbf{j}-100\mathbf{k}$ lb-ft，(c)$\mathbf{H}_G = -17.4\mathbf{i}+45.5\mathbf{j}+32.9\mathbf{k}$ lb-ft。

5-3 某百貨公司之一樓有個傾角為 30° 之電扶梯，將乘客由一樓輸送至高 6 m 之二樓需 40 秒之時間。在某瞬間電扶梯上有 10 位平均重量為 70 kg 之乘客靜止(相對於電扶梯)站在電扶梯上，且正有三位平均重量為 54 kg 之男孩以相對於電扶梯為 0.6 m/s 之速度向下移動，若電扶梯保持等速度運動，試求此時電扶梯馬達之輸出功率。設電扶梯上沒有乘客時馬達輸出 1.8 kW 之功率以克服機械裝置之摩擦。

　　【答】$P = 2.59$ kW。

5-4 質量為 200kg 之太空船以 $\mathbf{v}_0 = 150\mathbf{i}$ m/s 之速度通過一慣性坐標系之原點時，爆炸而分裂為 A、B、C 三個部份，質量分別為 $m_A = 100$ kg，$m_B = 60$ kg，$m_C = 40$ kg，經 2.5 秒後，已知 A 的位置為 $\mathbf{r}_A = 555\mathbf{i}-180\mathbf{j}+240\mathbf{k}$ m，B 的位置為 $\mathbf{r}_B= 255\mathbf{i}-120\mathbf{k}$ m，試求

此時 C 的位置。

【答】$\mathbf{r}_C$ = 105**i**+450**j**–420**k** m。

5-5 如圖習題 5-5 中 A、B、C 三隻猴子在一垂直懸掛之繩上攀爬，質量分別為 m_A = 10 kg，m_B = 12 kg，m_C = 8 kg，已知在圖示位置時猴子 A 以 1.6 m/s^2 之加速度爬向下，猴子 C 以 0.9 m/s^2 之加速度爬向上，而猴子 B 以 0.6 m/s 之等速度爬向上，試求此時繩索在 D 處之張力。設繩索之質量忽略不計。

【答】T_D = 285.5 N。

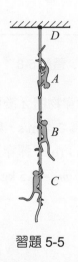

習題 5-5

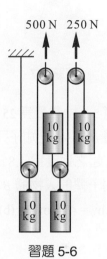

習題 5-6

5-6 試求如圖習題 5-6 中四個相同圓柱(質量均為 10 kg)所構成質點系統之質心加速度。設滑輪與繩索的質量以及摩擦均忽略不計。

【答】a_G = 15.19 m/s^2。

5-7 如圖習題 5-7 中四個質量為 3 kg 之圓球以質量可忽略不計之水平細桿固定在垂直軸上，最初系統以 20 rad/s 之角速度朝順時針方向(從上面觀察)繞 z 軸自由轉動(無摩擦)，今對轉動軸施加 M = 30 N-m 之定力矩，當軸的角速度變為 $\dot{\theta}$ = 20 rad/s 且朝逆時針方向轉動，則力矩 M 所需之作用時間為若干？

【答】t = 2.72 秒。

5-8 如圖習題 5-8 中五個質量均為 0.6 kg 之圓球以質量可忽略不計之剛性細桿連結，其中 G 為系統之質心。已知在某瞬間系統對心 G 之角動量為 $\mathbf{H}_G$ = 1.20**k** kg-m^2/s，且質心

速度為 $\mathbf{v}_G = 3\mathbf{i}+4\mathbf{j}$ m/s，試求此瞬間系統對 O 點之角動量。

【答】$\mathbf{H}_O = 3.3\mathbf{k}$ kg-m^2/s。

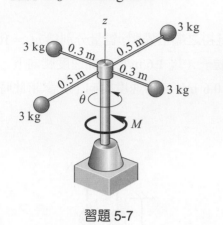

習題 5-7

習題 5-8

5-9 如圖習題 5-9 中質量為 25 公克之子彈以 v_0 之水平速度射穿物體 A 後再射入物體 B(停留在物體 B 內)，已知子彈穿過物體 A 後物體 A 之速度為 2.4 m/s，射入物體 B 後兩者合在一起之速度為 1.8 m/s，試求(a)子彈原來之速度 v_0；(b)子彈穿過物體 A 時之速度 v'；(c)子彈射入物體 B 時所損失之能量。$m_A = 1.5$ kg，$m_B = 4.5$ kg。

【答】(a)$v_0 = 470$ m/s，(b)$v' = 326$ m/s，(c)$(E_f)_B = 1321$ J。

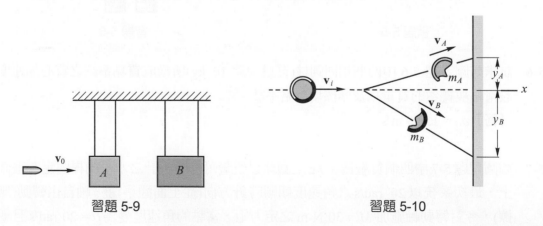

習題 5-9

習題 5-10

5-10 如圖習題 5-10 中質量 5 kg 之質點以 $v_0 = 4$ m/s 之速度在水平光滑面上滑動，在距離牆壁 10 m 處爆炸為兩碎片，$m_A = 3$ kg，$m_B = 2$ kg，碎片 A 於爆炸後 3 秒撞及牆壁上 $y_A = 7.5$ m 之位置，試求(a)爆炸時碎片 A 所受之衝量；(b)爆炸後 A 相對於 B 之速度 $\mathbf{v}_{A/B}$；(c)碎片 B 撞及牆壁之位置 y_B；(d)A、B 兩碎片撞及牆壁之時間差。

【答】(a)$\mathbf{I}_A = (-2\mathbf{i}+7.5\mathbf{j})$N-s，(b)$\mathbf{v}_{A/B} = -1.67\mathbf{i}+6.25\mathbf{j}$ m/s，(c)$y_B = 7.5$ m，(d)$\Delta t = 1$ 秒。

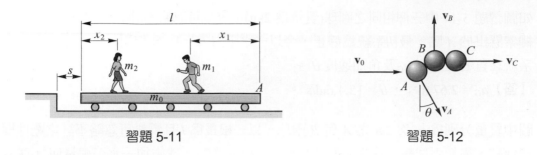

習題 5-11	習題 5-12

5-11 如圖習題 5-11 中質量為 m_1 之男人與質量為 m_2 之女人分別站在質量為 m_0 之平台車兩端，當 $s = 0$ 時系統為靜止，今兩人同時由兩端相向移動，試求當兩人相遇時平台車之位移(以男人相對於平台車之位移 x_1 表示)。設平台車可在水平面上自由移動(無摩擦)。

　　【答】 $s = \dfrac{(m_1 + m_2)x_1 - m_2 l}{m_0 + m_1 + m_2}$ 。

5-12 如圖習題 5-12 中 B、C 兩球彼此互相接觸並靜止置於水平面光滑面上，今 A 球以 $v_0 =$ 4**i** m/s 之速度斜撞 B 球，設三球間均為彈性碰撞，試求碰撞後三球之速度大小 v_A，v_B 及 v_C，其中 $\theta = 25°$。三球之尺寸及質量均相同。

　　【答】 $v_A = 1.69$ m/s，$v_B = 1.53$ m/s，$v_C = 3.29$ m/s。

5-13 如圖習題 5-13 中兩球以質量可忽略不計之剛性細桿連結，並以繩索懸掛，最初系統為靜止，今以一水平力 $F = 12$ lb 作用於細桿上，試求系統質心之加速度以及細桿的角加速度。

　　【答】 $a_G = 64.4$ ft/s^2，$\ddot{\theta} = 324$ rad/s^2。

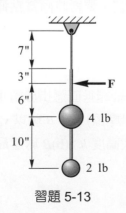

習題 5-13

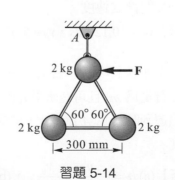

習題 5-14

5-14 如圖習題 5-14 中三個相同之圓球(質量為 2kg)以質量可忽略不計之剛性細桿連結，並繩索懸掛於 A 點。最初系統為靜止，今以一水平力 $F = 16$ N 作用於上面之球，試求系統之質心加速度 a_G 及角加速度 $\ddot\theta$。

【答】$a_G = 2.67$ m/s^2，$\ddot\theta = 15.4$ rad/s^2。

5-15 圖中質量分別為 m 與 $2m$ 之 A 與 B 兩球，以一根長為 l 且質量可忽略不計之剛性細桿連結，最初兩球靜止置於水平光滑面上，今突然對 A 球施加一水平衝量使 A 球 v_0 之速度開始運動，試求(a)系統之線動量及質心 G 之角動量；(b)細桿 AB 轉動 90°後 A 與 B 之速度；(c)細桿 AB 轉動 180°後 A 與 B 之速度。

【答】(a)$\mathbf{L} = mv_0\mathbf{i}$，$\mathbf{H}_G = -\dfrac{2}{3}mlv_0\mathbf{k}$，(b)$\mathbf{v}_A = \dfrac{v_0}{3}\mathbf{i} - \dfrac{2}{3}v_0\mathbf{j}$，$\mathbf{v}_B = \dfrac{v_0}{3}\mathbf{i} + \dfrac{v_0}{3}\mathbf{j}$，

(c)$\mathbf{v}_A = -\dfrac{v_0}{3}\mathbf{i}$，$\mathbf{v}_B = \dfrac{2}{3}v_0\mathbf{i}$。

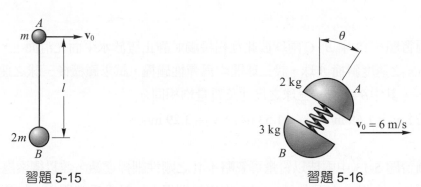

習題 5-15　　　　　　　　習題 5-16

5-16 如圖習題 5-16 中兩形狀為半球之質點中間以細繩連結並壓縮一彈簧，彈簧與兩質點並未連結，且彈簧被壓縮而儲存之位能為 60 J。最初系統在水平光滑面以 $v_0 = 6$ m/s 之速度運動，且 $\theta = 25°$，今兩質點間之細繩突然斷裂，彈簧將兩質點彈開，試求兩質點彈開後之速度。

【答】$v_A = 10.12$ m/s，$v_B = 5.632$ m/s。

5-17 如圖習題 5-17 所示，質量為 m_B 之 B 球以長度為 l 之細繩垂直懸掛於滑車 A 下方，滑車之質量為 m_A 且可在水平光滑之軌道上自由滾動(無摩擦)，當 B 球以 $\mathbf{v}_0$ 之水平速度開始運動時滑車 A 為靜止，試求(a)B 球可上升之最大高度 h；(b)B 球達最大高度時之速度。

【答】(a)$h = \dfrac{m_A}{m_A + m_B}\dfrac{v_0^2}{2g}$，(b)$v = \dfrac{m_B}{m_A + m_B}v_0$。

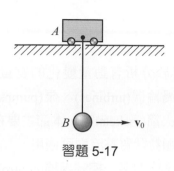

習題 5-17

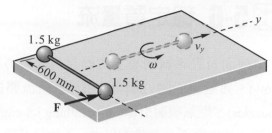

習題 5-18

5-18 如圖習題 5-18 中兩圓球以質量可忽略不計之剛性細桿連結，最初靜止於水平光滑面上，今在其中一球於甚短之時間內施加 10 N-s 之衝量(方向朝 y 方向)，試求當細桿轉動 90°時(圖中虛線位置)兩圓球之速度。

【答】$\mathbf{v}_1 = -\dfrac{10}{3}\mathbf{i} + \dfrac{10}{3}\mathbf{j}$ m/s，$\mathbf{v}_2 = \dfrac{10}{3}\mathbf{i} + \dfrac{10}{3}\mathbf{j}$ m/s。

5-19 如圖習題 5-19 中雲霄飛車運動至圓形軌道(半徑為 18m)之最高點時速率為 30 km/hr，試求抵達最下面水平軌道時之速率 v。設摩擦忽略不計，且六部車之質量均相等。

【答】$v = 20.2$ m/s。

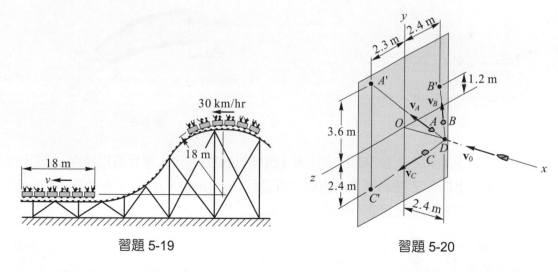

習題 5-19

習題 5-20

5-20 如圖習題 5-20 中質量為 1 kg 之砲彈以 v_0 之速度朝垂直於牆壁之方向運動，至 D 點時爆炸為 A、B、C 三碎片，$m_A = 0.3$ kg，$m_B = 0.3$ kg，$m_C = 0.4$ kg，各碎片撞及壁之位置 A'、B'、C'如圖所示，已知 $v_A = 490$ m/s，試求砲彈在爆炸前之速度 v_0。

【答】$v_0 = 667$ m/s。

5-6 穩定質量流

　　前面質點系統所導出的動量與衝量方程式可用於分析有動量變化的質量流(mass flow)。質量流的動力學主要用於分析流體機械,如渦輪機(turbines)、泵(pumps)、噴嘴(nozzles)、燃氣噴射引擎(air-breathing jet engines)以及火箭(rockets)等。本節主要在分析質量流之基本原理及動量方程式,不論是液體、氣體或顆粒狀質點流均可適用。

　　穩定流動(steady flow)是質量流中最重要的一種情況,對某一**控制體積**(control volume)的穩定流動,其流進與流出的質量流率保持相等,且其內各點的流動狀態(包括流速、壓力)均保持不變。所謂控制體積是指固定或可移動之剛性容器所包括之體積,如噴射機或火箭噴嘴內之體積,離心泵機殼內之體積,或流體流經過之彎管體積。在設計分析此類流體機械時,須考慮其所受之力及力矩,而這些流體機械所受之力與力矩會造成質量流之動量發生變化。

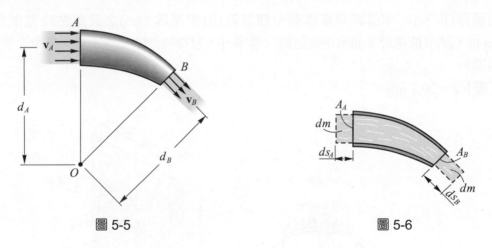

圖 5-5　　　　　　　　　　　　　　　　圖 5-6

　　圖 5-5 中所示為固定流管內的穩定流束,流體以速度 $\mathbf{v}_A$ 流入流管而以速度 $\mathbf{v}_B$ 流出流管,在入口 A 或出口 B 於 dt 時間內所流經之質量為 $dm = \rho dQ = \rho(Ads)$,參考圖 5-6 所示,其中 ρ 與 A 為入口或出口之密度與面積,則質量流率為

$$\dot{m} = \frac{dm}{dt} = \frac{d}{dt}(\rho Ads) = \rho Av = \rho Q \qquad \text{(m)}$$

其中 $Q = vA =$ 體積流量,為單位時間流經入口或出口之體積,v 為流速。對於穩定流動,入口及出口之質量流率相等,即

$$\dot{m}_A = \dot{m}_B \quad , \quad \rho_A v_A A_A = \rho_B v_B A_B \quad , \quad \rho_A Q_A = \rho_B Q_B \qquad (5\text{-}20)$$

上述之關係即為流體力學之連續方程式。

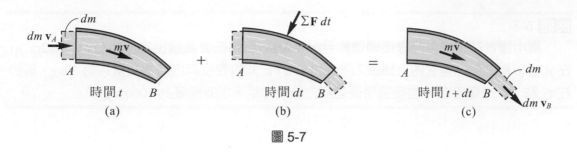

圖 5-7

接下來是要分析穩定質量流之動量方式，參考圖 5-7 所示，設所考慮之質點系爲流管 AB 內之流體質量 m 及在 dt 時間內以 $\mathbf{v}_A$ 流入流管之質量 dm，如圖 5-7(a)所示，經 dt 時間後此質點系如圖 5-7(c)所示，包括流管 AB 內之質量 m 及在 dt 時間內以 $\mathbf{v}_B$ 流出流管之質量 dm，由於爲穩定流動，在此 dt 時間內流管內之質量 m 保持不變，流出與流入之質量均爲 dm，且流管 AB 中各點之速度亦保持不變，故流管內流體之動量 $m\mathbf{v}$ 保持不變，但質量 dm 在此 dt 時間內動量發生變化，故質點系統受有衝量 $\sum\mathbf{F}\,dt$，如圖 5-7(b)所示，對於穩定流動，流管之受力 $\sum\mathbf{F}$ 在此 dt 時間內保持不變。

因此由質點系之線衝量與線動量之關係，可得

$$\sum\mathbf{F}dt = (m\mathbf{v} + dm\mathbf{v}_B)-(m\mathbf{v} + dm\mathbf{v}_A)$$

$$\sum\mathbf{F} = \frac{dm}{dt}(\mathbf{v}_B - \mathbf{v}_A) = \dot{m}\,\Delta\mathbf{v} \tag{5-21}$$

將此向量方程式分解爲平面上互相垂直的兩個純量方程式，則爲

$$\sum F_x = \frac{dm}{dt}(v_{Bx} - v_{Ax}) = \dot{m}\,\Delta v_x$$

$$\sum F_y = \frac{dm}{dt}(v_{By} - v_{Ay}) = \dot{m}\,\Delta v_y \tag{5-22}$$

某些情況欲求流管內流體之受力必須使用角衝量與角動量之關係，即 $\sum\mathbf{M}_O = \dot{\mathbf{H}}_O$，亦即流體系統所受之外力對 O 點之力矩和等於流體流束對 O 點角動量之變化率，參考圖 5-5 所示，則

$$\sum M_O = \frac{dm}{dt}\big(d_B v_B - d_A v_A\big) \tag{5-23}$$

其中 d_A 與 d_B 爲 O 點至斷面 A 及斷面 B 形心之垂直距離。

例題 5-8

圖中彎管在 A 處以凸緣接頭連結至水平管路,已知在 B 處排出之水量為 $Q_B = 0.2\text{m}^3/\text{s}$,在 A 處以壓力計測得管內之錶壓力為 100 kPa,已知彎管及其內之水質量共為 20kg,質心在 G 點,試求彎管在 A 處接頭所受之反力及反力矩。水的密度為 1000 kg/m³。

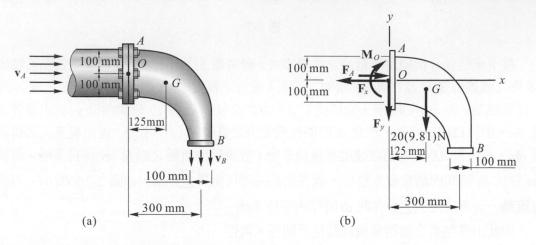

(a)   (b)

解 先求彎管之質量流率及斷面 A 與 B 之流速。

因水為不可壓縮之流體,密度保持不變,已知體積流量為 $Q = 0.2$ m³/s,故質量流率為

$$\frac{dm}{dt} = \rho Q = (1000)(0.2) = 200 \text{ kg/s}$$

由流量 $Q = Av$,可得斷面 A 與 B 之流速為

$$v_A = \frac{Q}{A_A} = \frac{0.2}{\pi(0.1)^2} = 6.37 \text{ m/s}$$

$$v_B = \frac{Q}{A_B} = \frac{0.2}{\pi(0.05)^2} = 25.46 \text{ m/s}$$

取彎管 AB 及其內之流體(水)繪自由體圖,如圖(b)所示,其中彎管在 A 所受之反力及反力矩為 $\mathbf{F}_x$,$\mathbf{F}_y$ 及 $\mathbf{M}_O$,$\mathbf{F}_A$ 為流體在斷面 A 所受壓力 p_A 之合力,且

$$F_A = p_A A_A = (100 \text{ N/m}^2)(\pi \times 0.1^2 \text{ m}^2) = 3141.6 \text{ N}$$

至於在斷面 B 因流體流出至大氣中,錶壓力為零,故 $\mathbf{F}_B = 0$。

由公式(5-22)及(5-23)

$$\sum F_x = \dot{m}(v_{Bx} - v_{Ax}) \quad , \quad -F_x + 3141.6 = (200)(0 - 6.37)$$

得 $F_x = 4.41 \text{ kN} \blacktriangleleft$

$$\sum F_y = \dot{m}(v_{By} - v_{Ay}) \quad , \quad -F_y - 20 \times 9.81 = (200)(-25.46 - 0)$$

得 $F_y = 4.90 \text{ kN} \blacktriangleleft$

$$\sum M_O = \dot{m}\,(d_B v_B - d_A v_A) \quad , \quad M_O + (20 \times 9.81)(0.125) = (200)(0.3 \times 25.46 - 0)$$

得　　　$M_O = 1.50$ kN-m ◀

例題 5-9

　　圖中葉片用於改變流束之方向，已知噴嘴所射出流束之斷面積為 A，密度為 ρ，流速為 v，試求(a)使葉片保持在其位置靜止不動所需之支撐力 F 及 R；(b)使葉片保持等速度 u(小於 v)朝向 v 之方向運動所需之支撐力 F 及 R；(c)若欲使葉片產生最大功率，則葉片之最佳運動速率 u 為若干？設葉片為光滑無摩擦。

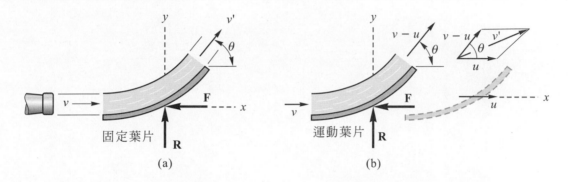

(a)　　　　　　　　　　　　(b)

解 (a) 取葉片上流束之自由體圖，如圖(a)所示，因葉片不動且無摩擦，故葉片上流束之出口流速 v' 等於入口流速 v，則

$$\Delta v_x = v'\cos\theta - v = -v(1-\cos\theta)$$

$$\Delta v_y = v'\sin\theta - 0 = v\sin\theta$$

流束流經葉片之質量流率 $\dot{m} = \rho A v$，由公式(5-22)

$$\sum F_x = \dot{m}\,\Delta v_x \quad , \quad -F = \rho A v[-v(1-\cos\theta)] \quad , \quad 得\ F = \rho A v^2(1-\cos\theta) ◀$$

$$\sum F_y = \dot{m}\,\Delta v_y \quad , \quad R = \rho A v(v\sin\theta) \quad , \quad 得\ R = \rho A v^2\sin\theta ◀$$

(b) 當葉片以 u 之等速度運動時，同樣取葉片上流束之自由體圖，如圖(b)所示，入口之流速仍為 v，但出口之流速為流體相對於葉片之速度$(v-u)$與葉片速度 u 之向量和，出口速度之向量圖，如圖(b)所示，則

$$\Delta v_x = [(v-u)\cos\theta + u] - v = -(v-u)(1-\cos\theta)$$

$$\Delta v_y = (v-u)\sin\theta - 0 = (v-u)\sin\theta$$

而流束流經葉片之質量流率為　$\dot{m} = \rho A(v-u)$，由公式(5-22)

$$\sum F_x = \dot{m}\,\Delta v_x \quad , \quad -F = \rho A(v-u)[-(v-u)(1-\cos\theta)] \quad , \quad 得\ F = \rho A(v-u)^2(1-\cos\theta) ◀$$

$$\sum F_y = \dot{m}\,\Delta v_y \quad , \quad R = \rho A(v-u)[(v-u)\sin\theta] \quad , \quad 得\ R = \rho A(v-u)^2\sin\theta ◀$$

(c) 流經葉片上之流體對葉片之作用力與(b)中之 F 及 R 大小相等方向相反(作用力與反作用力)，但其中 R 與葉片速度 u 之方向垂直，並未作功，故流體對葉片所作之功率為

$$P = Fu = \rho A u (v-u)^2 (1-\cos\theta) = \rho A (1-\cos\theta)(v^2 u - 2vu^2 + u^3)$$

欲求最大功率時之葉片速度 u，可令 $dP/du = 0$，即

$$\rho A (1-\cos\theta)(v^2 - 4vu + 3u^2) = 0 \quad , \quad (v-3u)(v-u) = 0$$

得 $u = \dfrac{v}{3}$ ◀ ， 及 $u = v$(不合，因 $u < v$)

5-21 如圖習題 5-21 中噴嘴水平射出一束水柱，經固定葉片 *BC* 轉向，試求葉片對水柱之
作用力。噴嘴射出水柱之截面積爲 100 mm²，速率爲 50 m/s，且水的密度爲$\rho = 1$ Mg/m³。
設水柱流經葉片之摩擦忽略不計。

【答】$\mathbf{F} = 125\mathbf{i}+216.5\mathbf{j}$ N。

習題 5-21   習題 5-22

5-22 如圖習題 5-22 中噴嘴以 16 m/s 之速率將水柱水平射至一固定之擴散圓錐，已知噴嘴
口之直徑爲 40 mm，試求水柱對固定圓錐之作用力。設水流經圓錐表面之摩擦忽略
不計，且水流朝圓錐四周均勻擴散。

【答】$F = 10.9$ N。

5-23 如圖習題 5-23 中噴嘴垂直朝向平板射出一束水流，若欲使平板保持靜止不動，則所
需之作用力 *P* 爲若干？水流斷面積爲 600 mm²，流速爲 $v_1 = 30$m/s。設水流射至平板
後均勻朝向四周擴散，且摩擦忽略不計。

【答】$P = 540$ N。

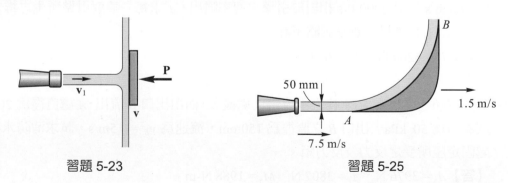

習題 5-23   習題 5-25

5-24 同上題，若噴嘴射出水流之流速爲 $v_1 = 35$m/s，截面積爲 $A = 400$mm^2，且維持平板以 V 之速率向右等速移動所需之作用力 $P = 360$N，試求平板之速率 V？

【答】$V = 5$ m/s。

5-25 如圖習題 5-25 中直徑爲 50mm 之水流以 7.5m/s 之速率射向以 1.5m/s 等速度運動之動葉片，試求動葉片對水流之作用力以及水流對動葉片所作之功率。水的比重量 $\gamma = 10$ kN/m^3。設摩擦忽略不計。

【答】$\mathbf{F} = -72.0\mathbf{i} + 72.0\mathbf{j}$ N，$P = 108$ W。

5-26 如圖習題 5-26 中水流以 80 ft/s 之速率及 $\theta = 30°$ 之方向射向水平面上之光滑平板，水流在平板上分成 1、2 兩部份，已知水流作用於平板之總合力爲 75 lb 方向恰與平板垂直，試求此兩部份之流量 Q_1 及 Q_2。水的比重量爲 62.4 lb/ft^3，且 1ft^3 = 7.48 gal。

【答】$Q_1 = 62.7$ gal/min，$Q_2 = 188$ gal/min。

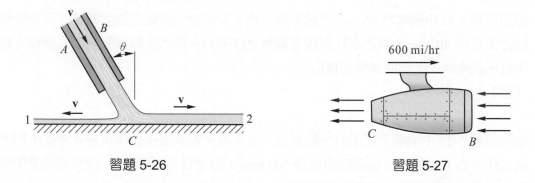

習題 5-26   習題 5-27

5-27 如圖習題 5-27 所示，噴射機以 600 mi/hr 之速率水平飛行，每一噴射引擎流入之空氣爲 180 lb/s 且以 2000 ft/s 相對於引擎之速率噴出，試求每一噴射引擎所生之推力及功率(對地)。設燃料之質量忽略不計。

【答】$F = 6260$ lb，P = 16392 hp。

5-28 如圖習題 5-28 中消防水栓之水流由 A 處流入，而由出口 B 流出，A 處直徑爲 200mm，錶壓力爲 50 kPa，出口 B 之直徑爲 150mm，流速爲 $v_B = 15$m/s，試求消防水栓在 A 處固定座所受之反力及反力矩。

【答】$A_x = 3976$ N，$A_y = 3807$ N，$M_A = 1988$ N-m。

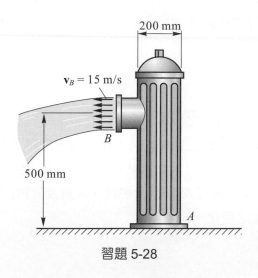

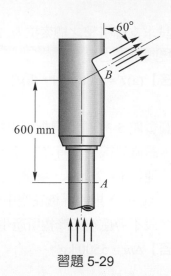

習題 5-28　　　　　　　　　　　　　　習題 5-29

5-29 如圖習題 5-29 中所示為一空氣管，已知空氣流經斷面 A 之流速為 45 m/s，錶壓力為 1400 kPa，而由 B 處排出至大氣之流速為 360 m/s，試求空氣管在斷面 A 所受之張力 T、剪力 V 及彎矩 M。空氣管在 A 處之面積為 7500 mm²，且管內空氣之質量流率為 6 kg/s。

【答】$T = 9690$ N，$V = 1871$ N，$M = 1122$ N-m。

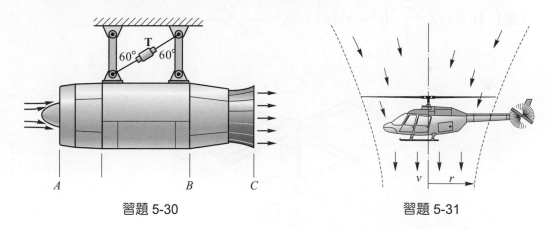

習題 5-30　　　　　　　　　　　　　　習題 5-31

5-30 如圖習題 5-30 中所示為作靜態實驗之噴射引擎，當引擎運轉時，空氣以 30 kg/s 之質量流率進入引擎，燃料之消耗率為 1.6 kg/s，在 A、B、C 三個斷面之面積、錶壓力及流速如下：

	斷面 A	斷面 B	斷面 C
面積(m²)	0.15	0.16	0.06
錶壓力(kPa)	−14	140	14
流速(m/s)	120	315	600

(a)試求支撐引擎之繩索拉力 T。(b)B 處是以螺栓及襯墊鎖緊之凸緣接頭,試求此凸緣接頭所受之拉力。

【答】(a)$T = 21130$ N,(b)$F = 12554$ N。

5-31 如圖習題 5-31 中直昇機利用螺旋槳增加空氣向下之流速,而使螺旋槳承受向上之推力。設直昇機空載時之質量爲 $m_0 = 10$ Mg,當螺旋槳轉動時,使空氣產生向下之最大流速爲 $v = 25$ m/s,該處氣流的半徑 $r = 8$ m,壓力爲大氣壓力,已知空氣之密度爲 1.21 kg/m³,則直昇機在空中飛行時所能承載的有效重量(含燃料、人員及貨物)爲若干?設不考慮空氣摩擦所產生溫度及密度之變化。

【答】$\Delta m = 5500$ kg。

5-32 如圖習題 5-32 中灑水器之總體積流率爲 Q,四個灑水噴嘴之出口面積均爲 A,則使灑水器保持等角速 ω 轉動所需作用在轉軸之力矩 M 爲若干?又轉速 ω_0 爲若干時 $M = 0$,即不須外加力矩即可使灑水器保持以 ω_0 之等角速轉動。設水的密度爲 ρ,且摩擦忽略不計。

【答】$M = \rho Q \left[\dfrac{Qr}{4A} - \left(r^2 + b^2\right)\omega \right]$, $\omega_0 = \dfrac{Qr}{4A\left(r^2 + b^2\right)}$。

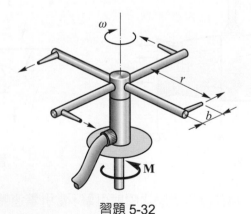

習題 5-32

5-7 變質量物體之運動

　　物體在運動中經常有質量流入或流出之情形，例如噴射引擎之空氣流入，火箭之噴氣等。

　　對質量增加之情形，可視爲物體連續與微小質量 dm 作塑性碰撞而增加質量，因此每一微小質量 dm 於碰撞後與物體有相同之新速度。火箭之推進由於連續排出質量，其質量遞減，將 dm 視爲負值即可。

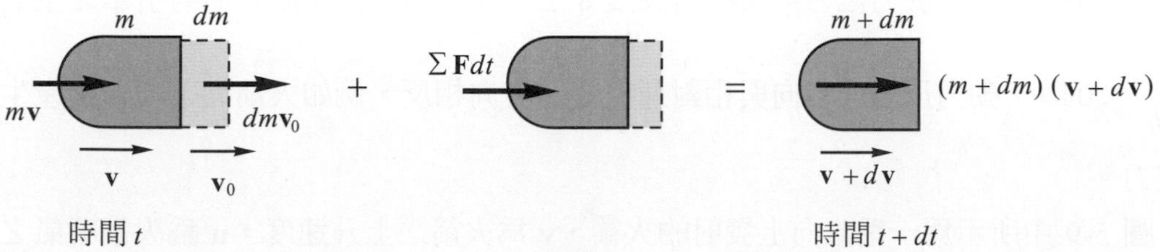

圖 5-8

參考圖 5-8，考慮在一甚短時距 dt 內，微小質量 dm 以 $\mathbf{v}_0$ 之速度附著在以速度 $\mathbf{v}$ 行進之物體上，設物體之質量爲 $m(t)$，則在時間 t 時，即微小質量 dm 與物體 $m(t)$ 作塑性碰撞前之瞬間，系統之總動量爲

$$\mathbf{L}_1 = m(t)\mathbf{v} + dm\mathbf{v}_0$$

在時間 $(t + dt)$ 時，即塑性碰撞後之瞬間，物體之質量爲 $m + dm$，而速度變爲 $\mathbf{v} + d\mathbf{v}$，而系統之總動量爲

$$\mathbf{L}_2 = [m(t) + dm](\mathbf{v} + d\mathbf{v})$$

由線動量與線衝量原理

$$\Delta \mathbf{L} = \mathbf{L}_2 - \mathbf{L}_1 = \Sigma \mathbf{F}dt$$

其中 $\Sigma \mathbf{F}$ 爲塑性碰撞期間作用於物體之外力。將 $\mathbf{L}_1$ 及 $\mathbf{L}_2$ 代入上式，得

$$\Sigma \mathbf{F}dt = [m(t) + dm](\mathbf{v} + d\mathbf{v}) - [m(t)\mathbf{v} + dm\mathbf{v}_0]$$

將上式整理後，可得變質量物體之運動方程式爲($dmd\mathbf{v}$ 遠小於其之值，可忽略)

$$\Sigma \mathbf{F} = m(t)\frac{d\mathbf{v}}{dt} + (\mathbf{v} - \mathbf{v}_0)\frac{dm}{dt} = m(t)\frac{d\mathbf{v}}{dt} - \mathbf{u}\frac{dm}{dt}$$

上式中 $\mathbf{u} = \mathbf{v}_0 - \mathbf{v} =$ 微小質量 dm 相對於物體 $m(t)$ 之速度。

令 $\mathbf{R} = \mathbf{u}\dfrac{dm}{dt}$，$\mathbf{R}$ 為運動物體因增加質量 dm 所生之**動力反力**(Kinetic Reaction)，則可變質量物體之運動方程式可簡寫為

$$\sum \mathbf{F} + \mathbf{R} = m(t)\frac{d\mathbf{v}}{dt} \tag{5-24}$$

此式表示可變質量的運動物體其外力及動力反力之向量和，等於瞬時質量與加速度之乘積。

當 $\dfrac{dm}{dt} > 0$ 時，動力反力之方向與相對速度 $\mathbf{u}$ 之方向相同，例如流入噴射引擎之空氣。

當 $\dfrac{dm}{dt} < 0$ 時，動力反力之方向與相對速度 $\mathbf{u}$ 之方向相反，例如火箭向下噴氣而產生向上之推力。

圖 5-9 中所示為一垂直向上發射的火箭，$\mathbf{v}$ 為火箭之上升速度，$\mathbf{u}$ 為火箭噴氣之質量相對於火箭之速度，設 $\dot{m}$ 為火箭噴出之質量流率，則火箭之推力為 $\mathbf{R} = \dot{m}\,\mathbf{u}$。由於火箭之質量漸減，$\dot{m} < 0$，故 $\mathbf{R}$ 與 $\mathbf{u}$ 之方向相反，設取向上為正方向，因此火箭之運動方程式為

$$-F_D - W - u\frac{dm}{dt} = m(t)\frac{dv}{dt} \tag{5-25}$$

圖 5-9

例題 5-10

一質量為 3600 kg 之單節火箭自地面由靜止垂直向上發射,火箭中有 3000 kg 之燃料,於發射後 80 秒燃燒完畢,設噴氣之質量流率維持一定值,且噴氣相對於火箭之速率為 1500 m/s,則在燃料耗盡後瞬間,試求(a)火箭之加速度(以 g 為單位表示);(b)火箭之速度;(c)火箭上升之高度。設空氣阻力及重力加速度隨高度變化之影響忽略不計。

解 由公式(5-25),因空氣阻力不計,$F_D = 0$,且 g 為定值,$W = mg$,得

$$-mg - u\dot{m} = m\dot{v} \tag{1}$$

則加速度 $a = \dot{v} = -u\dfrac{\dot{m}}{m} - g \tag{2}$

火箭之原有質量 $m_0 = 3600$ kg,燃料質量 $m_f = 3000$ kg,燃料耗盡時間 $t_s = 80$ 秒,則噴氣的質量流率為

$$\dot{m} = -\frac{m_f}{t_s} = -\frac{3000}{80} = -37.5 \text{ kg/s}$$

經 t 時間後火箭之質量為 $m(t) = m_0 + \dot{m}t = 3600 - 37.5t$ kg

(a) 燃料耗盡時火箭之加速度,由公式(2)

$$a = -(1500)\frac{(-37.5)}{3600 - 3000} - g = 93.75 - g = 9.56g - g = 8.56\,g \blacktriangleleft$$

(b) 將公式(1)乘 dt,再除 m 後得 $dv = -u\dfrac{dm}{m} - gdt$

積分之 $\displaystyle\int_0^v dv = -u\int_{m_0}^m \frac{dm}{m} - g\int_0^t dt$

得 $v = u\ln\dfrac{m_0}{m} - gt \tag{3}$

燃料耗盡時火箭之質量 $m_s = 600$ kg,$t_s = 80$ 秒,代入公式(3)可得此時火箭之速率(最大速率)

$$v_{\max} = u\ln\frac{m_0}{m_s} - gt_s = (1500)\ln\frac{3600}{600} - 9.81(80) = 1903 \text{ m/s} \blacktriangleleft$$

(c) 欲求火箭之上升高度,由 $dy = vdt$,將公式(3)代入得

$$dy = \left(u\ln\frac{m_0}{m} - gt\right)dt = u\ln\frac{m_0}{m_0 + \dot{m}t}dt - gtdt = -u\ln\frac{m_0 + \dot{m}t}{m_0}dt - gtdt$$

$$= -\frac{m_0 u}{\dot{m}}\ln\left(\frac{m_0 + \dot{m}t}{m_0}\right)d\left(\frac{\dot{m}}{m_0}t\right) - gtdt$$

將上式積分 $\int_0^y dy = -\dfrac{m_0 u}{\dot{m}} \int_0^t \ln\left(\dfrac{m_0 + \dot{m}t}{m_0}\right) d\left(\dfrac{\dot{m}}{m_0}t\right) - g\int_0^t t\,dt$

得 $\quad y = -\dfrac{m_0 u}{\dot{m}} \cdot \left\{\left(\dfrac{m_0 + \dot{m}t}{m_0}\right)\left[\ln\left(\dfrac{m_0 + \dot{m}t}{m_0}\right) - 1\right]\right\}_0^t - \dfrac{1}{2}gt^2$

$\qquad\qquad = -\dfrac{m_0 u}{\dot{m}}\left\{\left(\dfrac{m_0 + \dot{m}t}{m_0}\right)\left[\ln\left(\dfrac{m_0 + \dot{m}t}{m_0}\right) - 1\right] + 1\right\} - \dfrac{1}{2}gt^2$

燃料耗盡時 $t = t_s = 80$ 秒，代入上式，可得此時火箭之高度

$$y_s = -\dfrac{(3600)(1500)}{(-37.5)}\left\{\left(\dfrac{600}{3600}\right)\left[\ln\left(\dfrac{600}{3600}\right) - 1\right] + 1\right\} - \dfrac{1}{2}(9.81)(80)^2$$

$$= 76998 - 31392 = 45600 \text{ m} \blacktriangleleft$$

【註】 $\int \ln x\,dx = x(\ln x - 1)$，$x = \dfrac{m_0 + \dot{m}t}{m_0}$

例題 5-11

一鏈條長為 L，單位長度之質量為 ρ，堆積在一平面上，今將鏈條由 $y = 0$ 之位置以等速度 v 垂直提起，試求所需之施力 F 與 y 之關係，並求提升期間損失之能量。

解 取鏈條上升部份之自由體圖，如圖(b)所示，所受外力包括 F 及重量 ρgy，此部份為變質量之運動物體，經 t 時間後鏈條之質量為 $m = \rho y = \rho vt$，質量之增加率為 $\dot{m} = \rho v$，增加之質量相對於上升鏈條之速度：$\mathbf{u} = \mathbf{v}_0 - \mathbf{v}$，其中增加之質量原靜止在平面上，$\mathbf{v}_0 = 0$，故

$$u = 0 - v = -v \quad (\uparrow，+)$$

由公式(5-24)，$\sum\mathbf{F} + \mathbf{R} = m(t)\dfrac{d\mathbf{v}}{dt}$，其中 $\mathbf{R} = \mathbf{u}\dfrac{dm}{dt}$。

因本題中 $\mathbf{a} = 0$，故得

$$(F - \rho gy) + (-v)(\rho v) = 0 \quad (\uparrow，+)$$

$$F = \rho gy + \rho v^2 \blacktriangleleft$$

鏈條原靜止於平面上，然後被提起以等速上升之過程中，鏈條之速度產生急驟之速度變化，因而造成能量損失，設能量之損失量為 E_f，則由功與動能之原理

$$U = \Delta T + \Delta V_g + E_f$$

其中 $\quad U = \displaystyle\int_0^L F\,dy = \int_0^L (\rho gy + \rho v^2)\,dy = \dfrac{1}{2}\rho gL^2 + \rho v^2 L$

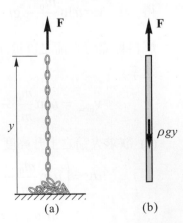

(a)　　　(b)

$$\Delta T = \frac{1}{2}(\rho L)v^2$$

$$\Delta V_g = (\rho L g)\frac{L}{2} = \frac{1}{2}\rho g L^2$$

故　　　$E_f = U - \Delta T - \Delta V_g = \frac{1}{2}\rho g L^2 + \rho v^2 L - \frac{1}{2}\rho v^2 L - \frac{1}{2}\rho g L^2 = \frac{1}{2}\rho v^2 L$◀

習題 3

5-33 總質量為 1200 kg 之火箭，內裝 1000 kg 之燃料，今火箭在地面由靜止垂直向上發射，已知燃料之消耗率為 12.5 kg/s，且以相對於火箭之速率 4000 m/s 噴出，試求下列兩時刻火箭之加速度？(a)由靜止開始發射時；(b)燃料耗盡時。

【答】(a)$a = 31.86$ m/s^2，(b)$a = 240$ m/s^2。

5-34 一艘 800 lb 之太空船連接在重 38400 lb 之火箭上，其中包含 36000 lb 之燃料，已知燃料之消耗率為 400 lb/s，噴氣相對於火箭之噴出速率為 12000 ft/s，試求(a)火箭由地面垂直發射後太空船之最大速率；(b)燃料耗盡時火箭之高度。

【答】(a) $v = 27168$ ft/s，(b) $y = 70900$ ft。

5-35 同上題，但火箭重新設計，分 A、B 兩節，各重 19200 lb，各載 18000 lb 之燃料，燃料消耗率為 400 lb/s，噴氣相對於火箭之噴出速率仍為 12000 ft/s。已知 A 節燃料消耗完後即分開丟棄，然後立即起動 B 節火箭，試求(a)A 節分開丟棄時火箭之速率；(b)太空船之最大速率。

【答】(a)5927 ft/s，(b)32109 ft/s。

5-36 如圖習題 5-36 中灑水車滿載時之總重量為 20000 lb，當灑水車在水平路面上行駛時，將灑水閥打開，水流以相對於灑水車為 60 ft/s 之流速及 30°角之方向流出，如圖所示，灑水量為 80 lb/s，若此時灑水車之加速度為 2 ft/s^2，則作用於灑水車輪胎之驅動力為若干？設摩擦忽略不計。

【答】$F = 1113$ lb。

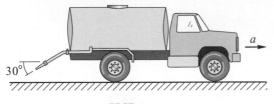

習題 5-36

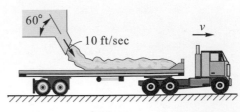

習題 5-37

5-37 卡車在水平路面上行駛時，碎石以 220 lb/s 之流量及 10 ft/s 之速度(方向如圖習題 5-37 所示)落至卡車平台上，試求碎石落下 4 秒後卡車之加速度。已知在此瞬間卡車之速度為 $v = 1.5$ mi/hr，驅動輪所生之總驅動力為 380 lb，路面之總摩擦阻力為 200 lb。卡車空載之重量為 12000 lb。

【答】$a = 0.4975$ ft/s^2。

5-38 如圖習題 5-38 中水桶有兩個 30 mm 直徑的孔洞，今將水桶裝水，試求將水桶由靜止以 0.5 m/s^2 之加速度拉上升所需之拉力 P。已知在此瞬間水桶裝有 20 kg 的水，且水從兩個孔洞流出之速率為 2.5 m/s(方向如圖所示)。水桶之質量為 0.6 kg(不含水)。

【答】$P = 209$ N。

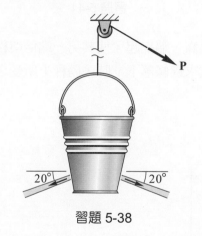

習題 5-38

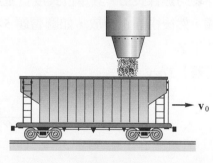

習題 5-39

5-39 如圖習題 5-39 中煤車以 1.2 m/s 之速度通過煤倉下方時，漏斗以 4 Mg/s 之流量將煤炭卸至煤車中，則從開始卸下煤炭後經 8 秒煤車所移動之距離為若干？煤車空載之質量為 25 Mg。設煤車在水平軌道上運動之摩擦忽略不計。

【答】$d = 6.18$ m。

5-40 一鏈條單位長度之質量為 ρ，最初在水平面上推成一團，如圖習題 5-40 所示，今施加一水平定力 P 將鏈條沿水平方向拉出，若鏈條與水平面之摩擦係數為 μ，試以 x 及 $\dot{x}$ 表示鏈條水平方向之加速度。

【答】$a = \dfrac{P}{\rho x} - \mu g - \dfrac{\dot{x}^2}{x}$。

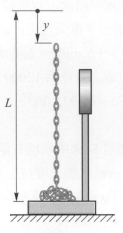

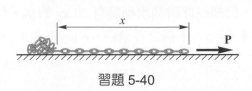

習題 5-40

習題 5-41

5-41 一均勻鏈條長 L，其單位長度質量為ρ，今將鏈條一端提起，使其另一端恰與秤台接觸，然後由靜止釋放，如圖習題 5-41 所示，試求鏈條落下 y 時，磅秤上所受之力為若干？

【答】$3\rho gy$。

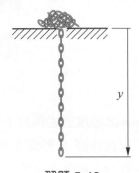

習題 5-42

5-42 設一鏈條長為 l，其單位長度之質量為 ρ，堆置於桌面上。今讓鏈條由其下面之孔洞自由落下，如圖習題 5-42 所示，每一鏈環以初速 $v_0 = 0$ 突然開始運動，試求(a)落下鏈條之速度方程式；(b)最後一鏈環通過孔洞時鏈條之末速度；(c)落下過程損失之能量？

【答】(a) $v = \sqrt{\dfrac{2gy}{3}}$，(b) $v = \sqrt{\dfrac{2gL}{3}}$，(c) $E_f = \dfrac{\rho gL^2}{6}$。

二維剛體運動學

6-1 概論

對於僅作移動運動，或轉動運動可忽略之物體，在第一章中將其簡化為質點模型，並導出描述其運動位置、速度與加速度關係之數學式。本章中將分析有轉動運動之物體，除了必須要將物體視為剛體模型外，並將討論轉動運動之數學關係式，包括角位移、角速度與角加速度之關係。

剛體為一質點系統，其各質點間之距離恆保持不變，當然這只是一種假設的分析模型，事實上運動物體受力後都會有變形發生，但只要變形量甚小於物體之運動範圍，且不影響對物體運動的描述，即可將物體視為剛體。

平面運動

剛體運動時其內各點恆保持在互相平行之平面上，則稱此剛體作**平面運動**(plane motion)，通常是取通過剛體質心之平面作為分析之代表平面，而將此平面視為一薄板，有關剛體作平面運動之分析就限定在此薄板上。剛體的平面運動可分為下列三種型式：

1. **平移運動：**

剛體運動時其內任一直線之方位恆保持不變，或剛體內任一直線在運動中恆保持平行者，則稱此剛體作**平移運動**(translation)，簡稱為平移或移動。剛體作平移運動時，剛體內各點之運動路徑都相同，若路徑為直線，稱為**直線平移**(rectilinear translation)，如圖 6-1(a)所示，若路徑為曲線，稱為**曲線平移**(curvilinear translation)，如圖 6-1(b)所示。

由於剛體作平移運動時，其內各點之運動軌跡都相同，因此可用質心點之運動代表整個剛體之運動，以第一章之質點運動學即可描述其運動。

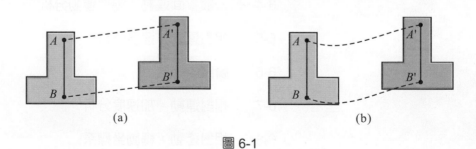

　　　　　(a)　　　　　　　　　　　　　　　　(b)

圖 6-1

2. **繞固定軸轉動**(rotation about a fixed axis)

剛體繞固定軸轉動時，剛體上各點均繞固定軸作圓周運動，如圖 6-2 所示。由於各質點均保持在相平行之平面上繞固定軸轉動，故此運動屬於平面運動，通常取通過剛體質心之運動平面作為分析剛體轉動運動之代表平面。

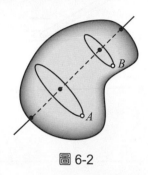

圖 6-2

剛體繞固定軸轉動與曲線平移運動不可互相混淆，圖 6-3(a)中之板子是作曲線平移運動，板上各點均作相同半徑之圓周運動，各點作圓周運動之圓心都不同，而圖 6-3(b)中之板子是作轉動運動，各點均繞同一中心軸(通過 O 點與運動平面垂直之軸)作圓周運動，在(a)圖中板上任一直線之方位恆保持不變，但(b)圖中板上任一直線均轉動相同的角度。

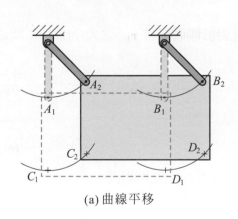
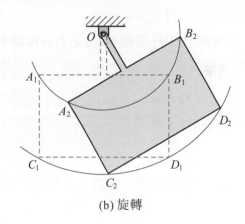

(a) 曲線平移   (b) 旋轉

圖 6-3

3. **一般平面運動**(general plane motion)

一般平面運動同時具有平移與轉動，此種平面運動的型態相當多，圖 6-4 中列出二個比較常見的例子，(a)圖中所示為作滾動運動之圓輪，(b)圖中所示為兩端在互相垂直之導槽上滑動之桿子。

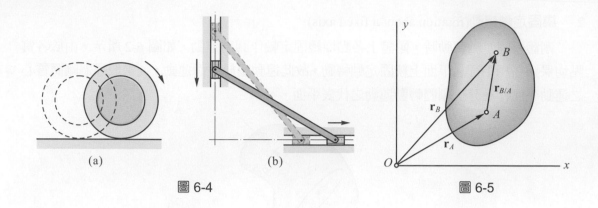

圖 6-4　　　　　　　　　　　　　圖 6-5

6-2 平移運動

考慮一作平移運動之剛體，如圖 6-5 所示，A 與 B 為剛體上之兩點，對固定座標系(x 軸及 y 軸)之位置向量分別為 $\mathbf{r}_A$ 及 $\mathbf{r}_B$，B 相對於 A 之位置向量為 $\mathbf{r}_{B/A}$，由三者之向量關係可得

$$\mathbf{r}_B = \mathbf{r}_A + \mathbf{r}_{B/A} \tag{6-1}$$

將上式微分，得 $\mathbf{v}_B = \mathbf{v}_A + \mathbf{v}_{B/A}$

因剛體作平移運動，$\mathbf{r}_{B/A}$ 之方向保持不變，且對於剛體而言 $\mathbf{r}_{B/A}$ 之大小(即 AB 間之距離)恆保持固定，故 $\mathbf{v}_{B/A} = d\mathbf{r}_{B/A}/dt = 0$，因此

$$\mathbf{v}_B = \mathbf{v}_A \tag{6-2}$$

再將上式微分，可得

$$\mathbf{a}_B = \mathbf{a}_A \tag{6-3}$$

即剛體作平移運動時，剛體上各點在任一瞬間之速度及加速度均相同。

6-3 繞固定軸轉動

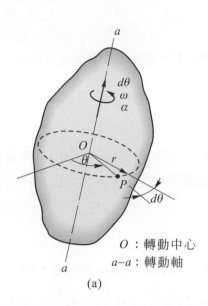

O：轉動中心
$a-a$：轉動軸

(a)

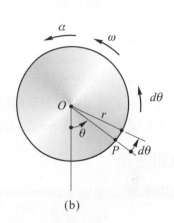

(b)

圖 6-6

　　參考圖 6-6 所示，設 $a-a$ 直線保持固定，整個剛體繞 $a-a$ 直線轉動，剛體內不在此直線上之各點，均在垂直於此直線之平面上作圓周運動，$a-a$ 直線稱為剛體的轉動軸，剛體質心之運動平面稱為轉動平面，轉動平面與轉動軸之交點稱為轉動中心，如圖中之 O 點。當剛體作轉動運動時，其內各點之運動決定於剛體對其轉動軸之**角運動**(angular motion)。「點」因無尺寸，故沒有角運動，只有線或物體有角運動，對於剛體的轉動運動，通常是取轉動平面上之某一徑向線 $\overline{OP}$ 在其運動平面上之角運動來描述。

角位置

　　剛體繞固定軸轉動之**角位置**(angular position)，是以轉動平面上徑向線 $\overline{OP}$ 相對於參考軸之角度 θ 表示，如圖 6-6 所示，$\overline{OP}$ 之長度為 r，且與轉動軸垂直。角位置之單位以**度**(degrees)、**弳度**(radians)或**轉數**(revolutions)表示，其中 1 轉(rev) = 2π 弳度(rad) = 360°(度)。

角位移

　　角位移(angular displacement)為角位置之變化量，通常僅考慮微分量 $d\theta$(有限的角位移 $\Delta\theta$ 並非向量，將在剛體空間運動學中討論)，$d\theta$ 為向量，方向沿著轉動軸，指向由右手定則決定，即將右手四指繞著剛體的轉動方向，大姆指所指方向即為 $d\theta$ 之方向。若取轉動平面表示剛體的轉動運動，且由上向下視之，如圖 6-6(b)所示，則 $d\theta$ 之正方向以逆時針方向表示之。

角速度

角速度(angular velocity)為角位置對時間之變化率，通常以 ω 表示之。在 dt 時間內剛體轉動 $d\theta$ 之角位移，則

$$\omega = \frac{d\theta}{dt} \tag{6-4}$$

上式為純量式，但角速度為向量，方向與 $d\theta$ 相同，亦即沿著轉軸，指向由右手定則決定，而在轉動平面上則以逆時針或順時針方向表示，通常是取逆時針方向為正方向。至於角速度單位通常使用 rad/s 或 rpm(每分鐘轉數)。

角加速度

角加速度(angular acceleration)為角速度對時間之變化率，以 α 表示之，即

$$\alpha = \frac{d\omega}{dt} = \frac{d^2\theta}{dt^2} \tag{6-5}$$

角加速度亦為向量，其作用線與 ω 相同，當剛體轉動之角速度漸增時 α 之指向與 ω 相同，若角速度漸減，則 α 稱為**角減速度**(angular deceleration)，此時 α 之指向與 ω 相反。角加速度之單位通常使用 rad/s^2。

將公式(6-4)至(6-5)聯立消去 dt，可得角加速度、角速度與角位移之微分方程式，即

$$\omega \, d\omega = \alpha \, d\theta \tag{6-6}$$

公式(6-4)至(6-6)為分析剛體繞固定軸轉動之三個基本微分方程式。

等角加速度轉動

若剛體繞固定軸轉動之角加速度保持不變，即 α＝定值，將公式(6-4)至(6-6)積分後，可得三個方程式，即

$$\omega = \omega_0 + \alpha t \tag{6-7}$$

$$\theta = \theta_0 + \omega_0 t + \frac{1}{2}\alpha t^2 \tag{6-8}$$

$$\omega^2 = \omega_0^2 + 2\alpha(\theta - \theta_0) \tag{6-9}$$

其中 θ_0 及 ω_0 為 $t = 0$ 時之初角位置及初角速度。上列三個公式與等加速度直線運動之公式類似,故分析方法也大致相同。

轉動平面上 P 點之運動

剛體繞固定軸轉動時,其轉動平面上任一點 P 以半徑 r 繞轉動中心 O 點作圓周運動,P 點之速度 v 由公式(1-20),$v = r\omega$,速度 $\mathbf{v}$ 之方向與其圓弧路徑相切,如圖 6-7 所示。

速度 $\mathbf{v}$ 亦可由角速度 $\boldsymbol{\omega}$ 與位置向量 $\mathbf{r}_P$ 之向量積求得,其中 $\mathbf{r}_P$ 為 P 點相對於轉動軸上任一點 A 之位置向量。

由向量積之定義,$\boldsymbol{\omega} \times \mathbf{r}_P$ 之大小為 $\omega r_P \sin\phi$,而 $r_P \sin\phi = r$,故 $|\boldsymbol{\omega} \times \mathbf{r}_P| = r\omega$,此即為 P 點速度之大小。又 $\boldsymbol{\omega} \times \mathbf{r}_P$ 所得向量之方向,可由右手定則決定,將右手之四指由 $\boldsymbol{\omega}$ 轉向 $\mathbf{r}_P$,大姆指方向即為 $\boldsymbol{\omega} \times \mathbf{r}_P$ 所得向量之方向,剛好切圓弧路徑於 P 點,亦即為 P 點速度 $\mathbf{v}$ 之方向,故

$$\mathbf{v} = \boldsymbol{\omega} \times \mathbf{r}_P \tag{6-10}$$

若取剛體之轉動平面分析,如圖 6-7(b)所示,則 P 點之速度可由 $\boldsymbol{\omega}$ 與 $\mathbf{r}$ 之向量積求得,即

$$\mathbf{v} = \boldsymbol{\omega} \times \mathbf{r} \tag{6-11}$$

其中 $\mathbf{r}$ 為 P 點相對於轉動中心 O 點之位置向量。

P 點作圓周運動之加速度可分為切線加速度 a_t 及法線加速度 a_n,由公式(1-21)及(1-22)

$$a_t = r\alpha \quad , \quad a_n = r\omega^2$$

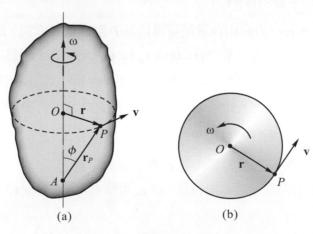

(a)   (b)

圖 6-7

其中切線加速度為 P 點速率對時間之變化率，即 $a_t = dv/dt$，若 P 點的速率漸增，則 $\mathbf{a}_t$ 與 $\mathbf{v}$ 同方向，若速率漸減，則 $\mathbf{a}_t$ 與 $\mathbf{v}$ 反方向，速率不變時，則 $\mathbf{a}_t$ 為零。至於法線加速度為 P 點速度方向對時間之變化率，其方向恆指向圓弧路徑之中心 O 點，參考圖 6-8 所示。

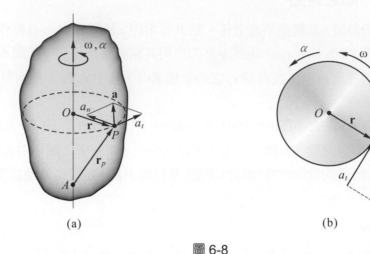

(a)   (b)

圖 6-8

P 點的加速度亦可用向量積求得，將公式(6-10)之速度微分，可得 P 點的加速度

$$\mathbf{a} = \frac{d\mathbf{v}}{dt} = \frac{d\boldsymbol{\omega}}{dt} \times \mathbf{r}_P + \boldsymbol{\omega} \times \frac{d\mathbf{r}_P}{dt}$$

其中 $\dfrac{d\boldsymbol{\omega}}{dt} = \boldsymbol{\alpha}$，且 $\dfrac{d\mathbf{r}_P}{dt} = \mathbf{v} = \boldsymbol{\omega} \times \mathbf{r}_P$，代入上式，可得

$$\mathbf{a} = \boldsymbol{\alpha} \times \mathbf{r}_P + \boldsymbol{\omega} \times (\boldsymbol{\omega} \times \mathbf{r}_P) \tag{6-12}$$

上式中 $\boldsymbol{\alpha} \times \mathbf{r}_P$ 之大小為 $r\alpha$，方向由向量積可得為沿 P 點之切線方向，故 $\boldsymbol{\alpha} \times \mathbf{r}_P$ 為 P 點之切線加速度 $\mathbf{a}_t$，參考圖 6-8 所示。至於 $\boldsymbol{\omega} \times (\boldsymbol{\omega} \times \mathbf{r}_P) = \boldsymbol{\omega} \times \mathbf{v}$，其大小為 $r\omega^2$，而方向由向量積定義可確定為沿 P 點之法線方向且指向圓心 O，故 $\boldsymbol{\omega} \times (\boldsymbol{\omega} \times \mathbf{r}_P)$ 為 P 點之法線加速度 $\mathbf{a}_n$。

若以剛體之轉動平面分析，如圖 6-8(b)，則 P 點之加速度可寫為

$$\mathbf{a} = \mathbf{a}_t + \mathbf{a}_n = \boldsymbol{\alpha} \times \mathbf{r} + \boldsymbol{\omega} \times (\boldsymbol{\omega} \times \mathbf{r}) \tag{6-13}$$

其中 $\mathbf{r}$ 為轉動平面上 P 點相對於轉動中心 O 點之位置向量。

由於法線加速度 $\mathbf{a}_n$ 之方向與 $\mathbf{r}$ 之方向相反，故 $\mathbf{a}_n$ 可簡寫為 $\mathbf{a}_n = -\omega^2 \mathbf{r}$，則公式(6-13)可改寫為

$$\mathbf{a} = \mathbf{a}_t + \mathbf{a}_n = \boldsymbol{\alpha} \times \mathbf{r} - \omega^2 \mathbf{r} \tag{6-14}$$

例題 6-1

一飛輪原以 1800 rpm 之轉速朝順時針方向轉動，今開始對飛輪施加一逆時針方向且隨時間變化之力矩，此力矩對飛輪產生一逆時針方向之角加速度 $\alpha = 4t$ rad/s^2，其中 t 為時間(單位為秒)。試求(a)飛輪轉速減至 900 rpm(順時針方向)所需之時間；(b)使飛輪開始朝逆時針方向轉動所需之時間；(c)力矩開始作用後之 14 秒內，飛輪朝順時針方向及逆時針方向轉動之總轉數。

解 設取逆時針方向為轉動之正方向，則

初角速度 $\omega_0 = -1800$ rpm $= -60\pi$ rad/s ， 角加速度 $\alpha = 4t$ rad/s^2

(a) 由公式(6-5)，$d\omega = \alpha dt$，積分之 $\int_{-60\pi}^{\omega} d\omega = \int_0^t 4t dt$

得 $\qquad \omega = -60\pi + 2t^2$ (1)

將 $\omega = -900$ rpm $= -30\pi$ rad/s 代入公式(1)

$-30\pi = -60\pi + 2t^2$ ， 得 $t = 6.86$ 秒 ◄

(b) 飛輪轉向改變之瞬間，角速度 $\omega = 0$，由公式(1)

$0 = -60\pi + 2t^2$ ， 得 $t = 9.71$ 秒 ◄

(c) 力矩開始作用後 14 秒內飛輪之總轉數，包括 0～9.71 秒內順時針方向轉動之轉數 θ_1 及 9.71～14 秒內逆時針方向轉動之轉數 θ_2。

首先求轉動角度 θ 與時間 t 之關係式，由公式(6-4) $d\theta = \omega dt$，並積分之

$$\int_0^\theta d\theta = \int_0^t \left(-60\pi + 2t^2\right) dt$$

得 $\qquad \theta = -60\pi t + \frac{2}{3}t^3$

則 $\qquad \theta_1 = \left[-60\pi(9.71) + \frac{2}{3}(9.71)^3\right] - 0 = -1220$ rad $= -194.2$ (rev)

$\theta_2 = \left[-60\pi(14) + \frac{2}{3}(14)^3\right] - \left[-60\pi(9.71) + \frac{2}{3}(9.71)^3\right] = 410$ rad $= 65.3$ (rev)

故飛輪在力矩開始作用後 14 秒內之總轉數為

$N = |\theta_1| + |\theta_2| = 259$ (rev) ◄

例題 6-2

　　圖中 A、B 兩圓盤作滾動接觸(無滑動)傳動，圓盤 B 上之捲筒纏繞一繩索以吊升重物 C。圓盤 A 原以 8 rad/s(順時針方向)之角速度轉動，今以 1.5 rad/s^2 之等角速度減速，試求經 2 秒後重物 C 之速度及加速度。

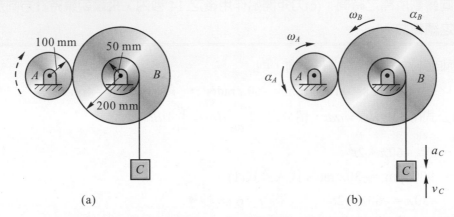

(a)	(b)

解　圓盤 A 作等角減速度轉動，初角速度$(\omega_A)_0 = 8$ rad/s(cw)，角加速度 $\alpha_A = 1.5$ rad/s^2(ccw)。圓盤 B 亦同樣作等角減速度轉動，設初角速度為$(\omega_B)_0$，角加速度為 α_B。由於 A、B 兩圓盤作滾動接觸(無滑動)傳動，兩者在接觸點有相同之切線速度及切線加速度，即

$$r_B(\omega_B)_0 = r_A(\omega_A)_0 \quad , \quad 200(\omega_B)_0 = 100(8) \quad , \quad (\omega_B)_0 = 4 \text{ rad/s(ccw)}$$

$$r_B \alpha_B = r_A \alpha_A \quad , \quad 200\alpha_B = 100(1.5) \quad , \quad \alpha_B = 0.75 \text{ rad/s}^2\text{(cw)}$$

2 秒後 B 輪之角速度 ω_B 為

$$\omega_B = (\omega_B)_0 - \alpha_B t = 4 - 0.75(2) = 2.5 \text{ rad/s(ccw)}$$

重物 C 之速度及加速度等於捲筒周緣之切線速度及切線加速度，故

$$v_C = r_C \omega_B = 50(2.5) = 125 \text{ mm/s } (\uparrow) \blacktriangleleft$$

$$a_C = r_C \alpha_B = 50(0.75) = 37.5 \text{ mm/s}^2 (\downarrow) \blacktriangleleft$$

習題 1

6-1 一飛輪原以 1800 rpm 之轉速轉動，今開始煞車使飛輪轉動 625 圈後停止，設煞車期間為等減速轉動，試求(a)角加速度；(b)煞車所經時間。

【答】(a)$\alpha = -4.52$ rad/s^2，(b)$t = 41.7$ 秒。

6-2 直徑為 0.6m 之飛輪，其轉速在 80 秒內由 15 rad/s 均勻增加至 60 rad/s，試求在 $t = 80$ 秒時飛輪輪緣上一點之切線及法線加速度，以及在此 80 秒內輪緣上一點所經之路徑長度。

【答】$a_t = 0.169$ m/s^2，$a_n = 1080$ m/s^2，$s = 900$ m。

6-3 半徑為 0.8m 之圓盤，其轉動之角速度與時間之關係為 $\omega = (5t^2+2)$ rad/s，其中時間 t 之單位為秒。試求 $t = 0.5$ 秒時圓盤周緣一點之速度及加速度大小。

【答】$v = 2.60$ m/s，$a = 9.35$ m/s^2。

6-4 如圖習題 6-4 中 T 型桿繞 O 點轉動，在圖示瞬間角速度 $\omega = 3$ rad/s，角加速度 $\alpha = 14$ rad/s^2，方向如圖所示，試求 A、B 兩點之速度與加速度。

【答】$\mathbf{v}_A = 1.2\mathbf{u}_t$ m/s，$\mathbf{a}_A = -5.6\mathbf{u}_t + 3.6\mathbf{u}_n$ m/s^2，$\mathbf{v}_B = 1.2\mathbf{u}_t + 0.3\mathbf{u}_n$ m/s，$\mathbf{a}_B = -6.5\mathbf{u}_t + 2.2\mathbf{u}_n$ m/s^2。

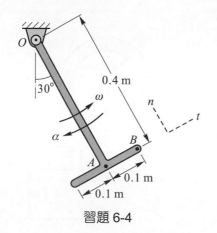

習題 6-4

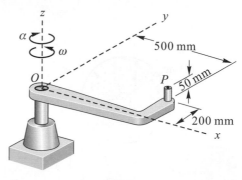

習題 6-5

6-5 如圖習題 6-5 中桿件繞 z 軸轉動，在圖示位置時 $\omega = 2$ rad/s，$\alpha = 3$ rad/s²，方向如圖所示，試求 P 點之速度與加速度？

【答】$v_P = 1.077$ m/s，$a_P = 2.693$ m/s²。

6-6 如圖習題 6-6 中滑輪以不可拉伸之繩索連接 A 與 B 兩物體。已知 A 以 300 mm/s² 之等加速度及 240 mm/s 之初速度向下運動，試求(a)3 秒內滑輪轉動之周數？(b)3 秒後物體 B 之速度及位移？(c)$t = 0$ 時，滑輪上 D 點之加速度。

【答】(a)2.745 rev，(b)$v_B = 1.71$ m/s(↑)，$\Delta s_B = 3.105$ m(↑)，(c)$a_D = 849$ mm/s²。

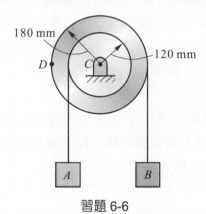

180 mm

120 mm

D   C

A   B

習題 6-6

6-7 如圖習題 6-7 所示，一繩索捲繞於圓輪上，今施一力 F 在繩索上，使繩索產生 $a = (4t)$ m/s² 之加速度，並帶動輪子由靜止開始轉動，試求 $t = 1$ sec 時(a)輪子之角速度；(b)輪上 A 點之加速度；(c)此 1 秒內輪子旋轉之圈數。

【答】(a)10 rad/s，(b)10.2 m/s²，(c)0.531 圈。

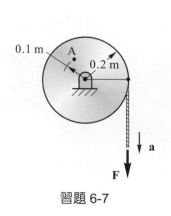

0.1 m   A
0.2 m

a

F

習題 6-7

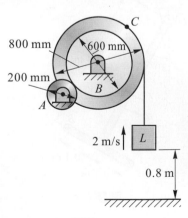

C

800 mm   600 mm

200 mm

A   B

2 m/s   L

0.8 m

習題 6-8

6-8 如圖習題6-8中小齒輪 A(節徑200mm)由絞車之馬達驅動,並帶動齒輪 B(節徑600mm) 與捲筒 C(直徑 800mm)以吊起荷重 L,其中齒輪 B 與捲筒 C 固定同在一軸上。已知絞車將荷重由靜止以等加速度吊升 0.8m 而達 2m/s 之速度,試求此時捲筒周緣上 C 點之加速度以及小齒輪 A 之角速度與角加速度。

【答】$a_C = 10.31$ m/s^2,$\omega_A = 15$ rad/s(cw),$\alpha_A = 18.75$ rad/s^2(cw)。

6-9 如圖習題 6-9 中圓盤 A 最初之角速度為 6 rad/s,今圓盤開始承受一角加速度 $\alpha = (0.6t^2 + 0.75)$ rad/s^2,其中時間 t 之單位為秒。試求經 2 秒後物體 B 之速度與加速度。

【答】$v_B = 1.365$ m/s,$a_B = 0.4725$ m/s^2。

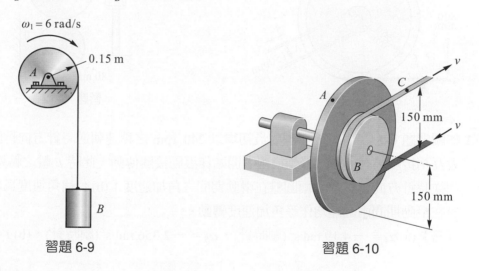

習題 6-9   習題 6-10

6-10 如圖習題 6-10 中所示為一皮帶傳動裝置,已知在圖示瞬間皮帶之速度 $v = 1.5$m/s,且 A 點之總加速度為 75m/s^2,試求此時(a)滑輪之角加速度;(b)B 點的總加速度;(c)皮帶上 C 點的加速度。設皮帶與滑輪間無滑動。

【答】(a)$\alpha = 300$ rad/s^2,(b)$a_B = 37.5$ m/s^2,(c)$a_C = 22.5$ m/s^2。

6-11 如圖習題 6-11 中大小兩皮帶輪固定在一起繞通過 O 點之固定軸轉動,已知在某瞬間小帶輪之皮帶在 A 點的速度為 $v_A = 1.5$ m/s,大帶輪之皮帶在 B 點的加速度為 $a_B = 45$ m/s^2,試求在此瞬間大帶輪上 C 之加速度大小。設皮帶與帶輪間無滑動。

【答】$a_C = 149.6$ m/s^2。

6-12 如圖習題 6-12 中圓輪 *A* 最初為靜止，圓輪 *B* 以 450 rpm 之轉速朝順時針方向轉動，今將兩輪互相接觸。經 6 秒之滑動後，兩輪作滾動(無滑動)接觸傳動，此時 *B* 輪順時針方向之轉速為 140 rpm，試求兩輪在滑動期間之角加速度。設在滑動期間兩輪均作等角加速度轉動。

【答】$\alpha_A = 1.63 \text{ rad/s}^2$ (順時針)，$\alpha_B = 5.41 \text{ rad/s}^2$ (逆時針)。

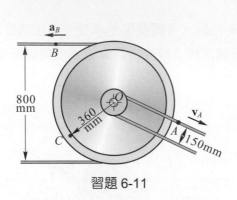

習題 6-11

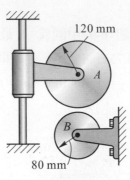

習題 6-12

6-13 如圖習題 6-13 中 *A*、*B* 兩圓盤最初均以 240 rpm 之轉速朝逆時針方向轉動，今讓兩者互相接觸，經 8 秒之滑動後兩者開始作滾動接觸傳動，此時 *B* 輪之轉速為 60 rpm 朝逆時針方向，試求(a)兩圓盤在滑動期間之角加速度；(b)*A* 輪角速度為零之時間。設在滑動期間兩圓盤均作等角加速度轉動。

【答】(a)$\alpha_A = -4.19 \text{ rad/s}^2$ (順時針)，$\alpha_B = -2.356 \text{ rad/s}^2$ (順時針)，(b) $t = 6$ 秒。

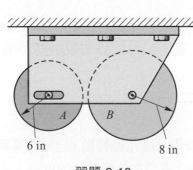

習題 6-13

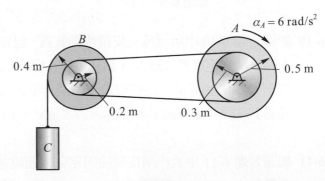

習題 6-14

6-14 如圖習題 6-14 中之皮帶傳動裝置最初為靜止，今 *A* 輪開始以等角加速度 $\alpha_A = 6 \text{ rad/s}^2$ 朝順針方向轉動，試求 3 秒後重物 *C* 之速度以及所移動之位移？

【答】$v_C = 10.8 \text{ m/s}(\uparrow)$，$\Delta s_C = 16.2 \text{ m}$。

🧩 6-4 一般平面運動：絕對運動分析

剛體作一般平面運動時，同時具有平移運動及旋轉運動，對於一般平面運動，如 6-1 節所述，可將剛體考慮為一薄平板，此薄板一方面沿其平面移動，同時繞垂直於此平面之軸轉動，薄板上任一點之位置 s 及薄板上任一直線相對於參考軸之角位置 θ，可由剛體的形狀或運動特性尋找出其間之關係函數：$s = f(\theta)$，將此式對時間微分，可得該點速度 v 與轉動角速度 ω 之關係，再微分便可得加速度 a 與角加速度 α 之關係，只要該點之速度及加速度為已知，即可求得剛體之角速度及角加速度，或已知剛體之角速度及角加速度便可求得該點之速度及加速度，茲參考下列例題之說明。

絕對運動分析法完全依賴所處理剛體的幾何特性，並沒有固定的法則可供推導，因此需針對每一特定的的問題推導出特定的 $s = f(\theta)$ 關係式。但大部份作一般平面運動之剛體很難找出其 $s = f(\theta)$ 之關係式，或其關係式甚為複雜，因此不適合用絕對運動分析法，而必須使用下一節將討論之相對運動法分析之，相對運動分析法比較有一定的分析法則可供遵循，故絕大部份的一般平面運動都用相對運動法分析。

例題 6-3

半徑為 r 之圓柱在平面上滾動，角速度為 ω，角加速度為 α，如圖所示，試求(a)圓心 O 之速度 v_O 及加速度 a_O；(b)輪緣上 A 點之速度 v_A(以 θ 及 ω 表示)；(c)輪緣上 A 點之加速度 a_A(以 θ、ω 及 α 表示)；(d)圓柱與平面接觸點 C 之速度及加速度。

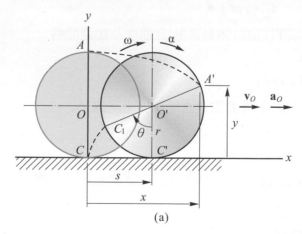

(a)

解 (a) 圓柱滾動時，圓心 O 之位置 s 與直徑 AC 之角位置 θ(圓柱轉動之角度)關係為

$$s = \overline{CC'} = 圓弧\ C'C_1 = r\theta$$

將上式微分，可得圓柱中心 O 之速度 v_O 及加速度 a_O 為

$$v_O = \frac{ds}{dt} = \frac{d}{dt}(r\theta) = r\dot{\theta} = r\omega$$

$$a_O = \frac{dv_O}{dt} = \frac{d}{dt}(r\omega) = r\dot{\omega} = r\alpha$$

(b) 圓柱之圓心由位置 O 滾動 θ 角度至位置 O' 時，輪緣上 A' 點之位置為

$$x = s + r\sin\theta = r\theta + r\sin\theta \tag{1}$$

$$y = r + r\cos\theta \tag{2}$$

將公式(1)(2)微分得

$$\dot{x} = r\dot{\theta} + r\dot{\theta}\cos\theta = r\omega(1 + \cos\theta) \tag{3}$$

$$\dot{y} = -r\dot{\theta}\sin\theta = -r\omega\sin\theta \tag{4}$$

故 A' 點之速度為

$$\mathbf{v}_A = r\omega(1 + \cos\theta)\mathbf{i} - r\omega\sin\theta\mathbf{j} \blacktriangleleft$$

(c) 將公式(3)(4)微分得

$$\ddot{x} = r\ddot{\theta} + r\ddot{\theta}\cos\theta - r\dot{\theta}^2\sin\theta = r\alpha(1 + \cos\theta) - r\omega^2\sin\theta$$

$$\ddot{y} = -r\ddot{\theta}\sin\theta - r\dot{\theta}^2\cos\theta = -r\alpha\sin\theta - r\omega^2\cos\theta$$

故 A' 點之加速度為

$$\mathbf{a}_A = [r\alpha(1 + \cos\theta) - r\omega^2\sin\theta]\mathbf{i} - (r\alpha\sin\theta + r\omega^2\cos\theta)\mathbf{j} \blacktriangleleft$$

(d) 當 $\theta = 180°$ 時 A' 點與地面接觸，即(b)圖中之 C 點，故圓柱與地面接觸點 C 之速度與加速度分別為

$$\mathbf{v}_C = 0 \quad , \quad \mathbf{a}_C = r\omega^2\mathbf{j} \blacktriangleleft$$

【註】 (1)$\theta = 0°$ 時，即圓柱頂點 A(最高點)之速度及加速度為

$$\mathbf{v}_A = 2r\omega\,\mathbf{i}$$

$$\mathbf{a}_A = 2r\alpha\,\mathbf{i} - r\omega^2\,\mathbf{j}$$

(2)$\theta = 90°$，即圓柱前緣 B 點之速度及加速度為

$$\mathbf{v}_B = r\omega\,\mathbf{i} - r\omega\,\mathbf{j}$$

$$\mathbf{a}_B = (r\alpha - r\omega^2)\,\mathbf{i} - r\alpha\,\mathbf{j}$$

(3)圓柱在平面上滾動時，輪緣上 A 點之運動軌跡為正擺線，如(c)圖所示：

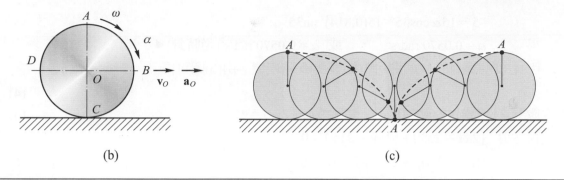

(b)   (c)

例題 6-4

圖中桿子運動至 $\theta = 35°$ 之位置時 A 點之速度為 10 ft/s(向下)，加速度為 5 ft/s²(向下)，試求桿子在此位置時之(a)角速度；(b)角加速度；(c)B 點速度；(d)B 點加速度。桿子長度為 15 ft。

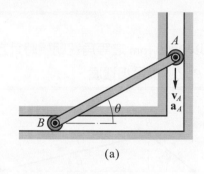

(a)

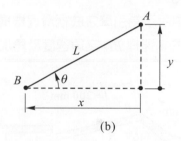

(b)

解 參考(b)圖，設取 θ 角為 AB 桿作平面運動之角位置，y 為 A 點在鉛直方向作直線運動之位置，其中 θ 角朝逆時針方向為正方向(θ 角增加)，y 向上為正方向(y 增加)，由(b)圖可得

$$y = L\sin\theta \tag{1}$$

將公式(1)微分

$$\dot{y} = L\dot{\theta}\cos\theta \quad , \quad 或 \quad v_A = L\omega\cos\theta \tag{2}$$

再將公式(2)微分，得

$$\ddot{y} = L\ddot{\theta}\cos\theta + L\dot{\theta}\left(-\dot{\theta}\sin\theta\right)$$

或 $a_A = L\alpha\cos\theta - L\omega^2\sin\theta$ (3)

當 $\theta = 35°$ 時，由公式(1)，$y = 15\sin 35° = 8.604$ ft，此時 $v_A = -10$ ft/s，$a_A = -5$ ft/s²，代入公式(2)及(3)

$$-10 = 15\omega\cos 35° \quad , \quad 得 \quad \omega = -0.814 \text{ rad/s} \quad , \quad 或 \quad \omega = 0.814 \text{ rad/s(順時針)} \blacktriangleleft$$

$$-5 = 15\alpha \cos 35° - 15(0.814)^2 \sin 35°$$

得　　　$\alpha = 0.0570$ rad/s^2　，　或　$\alpha = 0.0570$ rad/s^2(逆時針)◀

因 AB 桿為剛體，AB 間距離(即桿長)保持不變，由(b)圖可得

$$x^2 + y^2 = L^2 \tag{4}$$

微分之　$2x\dot{x} + 2y\dot{y} = 0$　，　或　$2xv_B + 2yv_A = 0$ $\tag{5}$

再微分　$(2\dot{x}\dot{x} + 2x\ddot{x}) + (2\dot{y}\dot{y} + 2y\ddot{y}) = 0$

或　　　$2v_B^2 + 2xa_B + 2v_A^2 + 2ya_A = 0$ $\tag{6}$

當 $\theta = 35°$ 時，$x = L\cos\theta = 15\cos 35° = 12.29$ ft，代入公式(5)及(6)

$$2(12.29)v_B + 2(8.604)(-10) = 0 \quad , \quad 得 \; v_B = 7 \text{ ft/s}(\leftarrow)◀$$

$$2(7)^2 + 2(12.29)a_B + 2(-10)^2 + 2(8.604)(-5) = 0$$

得　　　$a_B = -8.62$ ft/s^2　，　或　$a_B = 8.62$ ft/s^2($\rightarrow$)◀

例題 6-5

　　圖中所示為引擎之曲柄滑塊機構，已知曲柄 AB 以 2000 rpm 之等角速朝順時針方向轉動，試求(a)連桿 BD 之角速度及角加速度；(b)活塞 P 之速度及加速度。

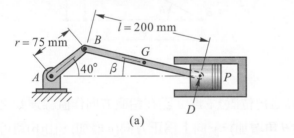
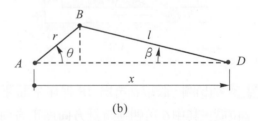

(a)　　　　　　　　　　　　　　　　　　(b)

解 (a)　參考(b)圖，設取 θ 角為曲柄 AB 轉動之角位置，β 角為連桿 BD 作平面運動之角位置，其中 θ 角朝逆時針方向為正方向(θ 角增加)，β 角朝順時針方向為正方向(β 角增加)，由圖中幾何關係得

$$r\sin\theta = l\sin\beta \tag{1}$$

當 $\theta = 40°$ 時，由公式(1)，$75\sin 40° = 200\sin\beta$，得 $\beta = 13.9°$

將公式(1)微分得：

$$r\dot{\theta}\cos\theta = l\dot{\beta}\cos\beta \tag{2}$$

曲柄之角速度 $\dot{\theta} = -\dfrac{2\pi(2000)}{60} = -209$ rad/s，代入公式(2)

$$75(-209)\cos 40° = 200\dot{\beta}\cos 13.9°$$

得　　　$\dot{\beta} = -61.9$ rad/s　，　即　$\omega_{BD} = 61.9$ rad/s(逆時針)◀

將公式(2)微分得：

$$r\ddot{\theta}\cos\theta - r\dot{\theta}^2\sin\theta = l\ddot{\beta}\cos\beta - l\dot{\beta}^2\sin\beta \tag{3}$$

曲柄作等角速轉動，$\ddot{\theta} = 0$，將已知數據代入公式(3)

$$0-(75)(-209)^2\sin40° = 200\ddot{\beta}\cos13.9° -200(-61.9)^2\sin13.9°$$

得　　　$\ddot{\beta} = -9900 \text{ rad/s}^2$　，　即　$\alpha_{BD} = 9900 \text{ rad/s}^2(逆時針)◄$

(b) 設取 x 為活塞作直線運動之位置，如(b)圖所示，則

$$x = r\cos\theta + l\cos\beta \tag{4}$$

將公式(4)微分得：

$$\dot{x} = -r\dot{\theta}\sin\theta - l\dot{\beta}\sin\beta \tag{5}$$

$$\dot{x} = -(75)(-209)\sin40°-(200)(-61.9)\sin13.9° = 13050 \text{ mm/s}$$

即　　　$v_P = 13.05 \text{ m/s}(\rightarrow)◄$

即公式(5)微分得：

$$\ddot{x} = -r\ddot{\theta}\sin\theta - r\dot{\theta}^2\cos\theta - l\ddot{\beta}\sin\beta - l\dot{\beta}^2\cos\beta$$

$$\ddot{x} =0-(0.075)(-209)^2\cos40°-(0.2)(-9900)\sin13.9°-(0.2)(-61.9)^2\cos13.9°= -2780 \text{ m/s}^2$$

即　　　$a_P = 2780 \text{ m/s}^2(\leftarrow)◄$

習題 2

6-15 如圖習題 6-15 所示，A 點在 $x = 0$ 時由靜止開始以等加速度 a 向右移動，試以 x 與 a 表示 AB 桿之角速度 ω。

【答】$\omega = -\dfrac{\sqrt{2ax}}{\sqrt{4b^2 - x^2}}$，ccw。

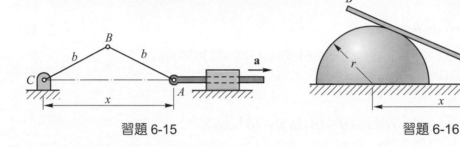

習題 6-15   習題 6-16

6-16 如圖習題 6-16 中細長桿 A 端在水平面上以等速度 v 向右移動，同時細長桿在固定之半圓柱上滑動，試求桿之角速度及角加速度(以 x 表示)。半圓柱之半徑為 r。

【答】$\omega = -\dfrac{v}{x}\dfrac{r}{\sqrt{x^2 - r^2}}$，$\alpha = \dfrac{v^2 r \left(2x^2 - r^2\right)}{x^2 \left(x^2 - r^2\right)^{3/2}}$。

6-17 如圖習題 6-17 中槽臂 OA 以等角速度 ω 在有限之角度內轉動，並帶動銷子 P 沿水平溝槽滑動，試以 θ 表示銷子 P 之速度 v_P 及加速度 a_P。

【答】$v_P = b\omega \sec^2\theta$，$a_P = 2b\omega^2 \sec^2\theta \tan\theta$。

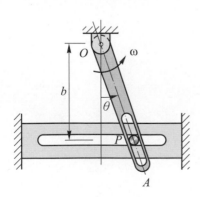

習題 6-17

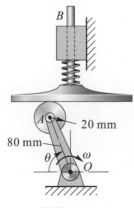

習題 6-18

6-18 如圖習題 6-18 中機構當曲柄 OA 運動至 $\theta = 60°$ 之位置時，其角速度為 4 rad/s(順時針方向)，角加速度為 8 rad/s²(順時針方向)，試求時 B 桿之加速度。滾輪與圓盤以彈簧保持互相接觸。

【答】a_B = 788.5 mm/s²(↓)。

6-19 如圖習題 6-19 中油壓缸使連桿之 A 端以等速度 v_0 向左運動，試求連桿 AB 之角速度與角加速度(以 x 表示之)。

【答】$\omega = \dfrac{v_0}{\sqrt{L^2 - x^2}}$，$\alpha = \dfrac{-xv_0^2}{\left(L^2 - x^2\right)^{3/2}}$。

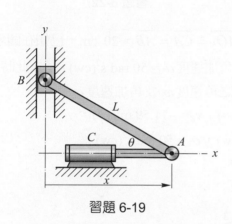

習題 6-19

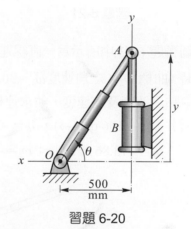

習題 6-20

6-20 如圖習題 6-20 中 OA 為可伸縮之連桿，已知油壓缸驅動 A 端以 200mm/s 之等速度向上運動，試求當 $y = 600$ mm 時 OA 桿之角速度與角加速度。

【答】$\omega = 0.1639$ rad/s，$\alpha = -0.0645$ rad/s²。

6-21 如圖習題 6-21 中為一曲柄滑塊機構，$r = 9$ in，$l = 30$in，曲柄 OA 以 10 rad/s 之等角速逆時針方向轉動，試求 $\theta = 60°$時，(a)連桿 AB 之角速度 ω 及角加速度 α；(b)滑塊 B 之速度及加速度。

【答】(a)$\omega = 1.553$ rad/s(cw)，$\alpha = -26.3$ rad/s²(ccw)，(b)$v_B = -90.5$ in/s(←)，

$a_B = -315$ in/s²(←)。

6-22 如圖習題 6-22 中曲柄 OA 以 10 rad/sec 之等角速朝順時針方向轉動，當 $\theta = 30°$ 時，試求 BC 桿之角速度及銷子 A 相對於 BC 桿之加速度。

　　【答】 $\omega = 5$ rad/s(cw)，$a_{A/C} = -8.66$ m/s^2。

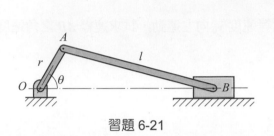

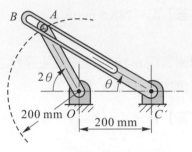

習題 6-21　　　　　　　　　　　習題 6-22

6-23 如圖習題 6-23 中所示為一直線運動機構，$\overline{AO_2} = \overline{CA} = \overline{AB} = 20$ cm，已知在圖示位置時，曲柄 O_2A 之角速度 $\omega_2 = 30$ rad/s(cw)，角加速度 $\alpha_2 = 50$ rad/s^2(cw)，試求此時 B、C 兩點之速度及加速度，並求連桿 3(BC 桿)之角速度 ω_3 及角加速度 α_3。

　　【答】 $v_C = 3.106$ m/s($\rightarrow$)，$a_C = -352.9$ m/s^2($\leftarrow$)；$v_B = -11.59$ m/s($\downarrow$)，

　　　　　$a_B = -73.86$ m/s^2($\downarrow$)；$\omega_3 = -30$ rad/s(ccw)，$\alpha_3 = 50$ rad/s^2(cw)。

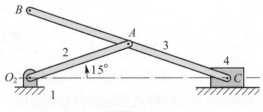

習題 6-23

6-24 如圖習題 6-24 中兩曲柄以一滑塊 P 連結，其中 $b = 8$ in，曲柄 AP 以 6 rad/s 之等角速度朝順時針方向轉動，試求(a)曲柄 BE 之角速度及角加速度；(b)滑塊 P 相對於 BE 桿滑動之速度及加速度。

　　【答】 (a)$\omega = 1.815$ rad/s(cw)，$\alpha = -3.61$ rad/s^2(ccw)，(b)$v_{P/B} = -16.42$ in/s，

　　　　　$a_{P/B} = -81.9$ in/s^2。

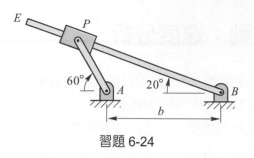

習題 6-24

6-25 如圖習題 6-25 中 *AB* 桿之 *B* 端以等速度 v_B 沿傾角為 β 之斜面向上滑動，試求 *AB* 桿之角速度與角加速度(以 v_B、θ、β 及 *l* 表示)。

【答】 $\omega = \dfrac{v_B}{l} \dfrac{\sin \beta}{\cos \theta}$ ， $\alpha = \left(\dfrac{v_B \sin \beta}{l} \right)^2 \dfrac{\sin \theta}{\cos^3 \theta}$ 。

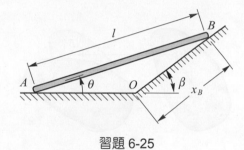

習題 6-25

📷 6-5 相對運動：速度分析

　　對於作一般平面運動之剛體，上一節中已述及絕對運動分析法，但對於大部份平面運動的問題，則以相對運動方法分析則較為簡便。

　　參考圖 6-9 作平面運動之剛體，由 A_1B_1 位置運動至 A_2B_2 位置，此運動可考慮為剛體先在固定座標系中由 A_1B_1 位置移動至 $A_2B'_1$ 位置，然後再繞 A_2 轉動至 A_2B_2 位置。故剛體之平面運動可視為隨剛體內任一點 A 之平移運動，再加上繞 A 點之轉動運動，前者為絕對運動，後者為相對運動。

圖 6-10 為常見之兩種平面運動，(a)圖為桿子兩端分別沿水平及垂直滑槽作平面運動，而(b)圖為一圓輪在平面上作滾動之平面運動，兩者均包括隨 A 點平移之絕對運動加上繞 A 點轉動之相對運動。

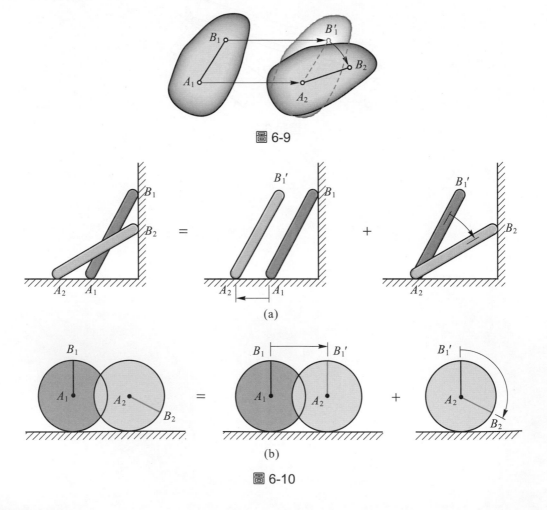

圖 6-9

(a)

(b)

圖 6-10

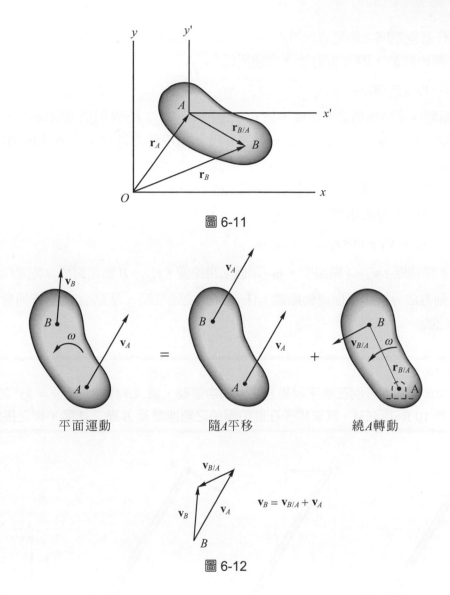

圖 6-11

圖 6-12

參考圖 6-11 中作平面運動之剛體，若欲描述剛體上 B 點之位置，先由固定座標系(x 軸及 y 軸)描述 A 點之位置 $\mathbf{r}_A$，再由 A 點上隨剛體作平移運動之座標系(x' 及 y'軸)描述 B 相對於 A 之位置 $\mathbf{r}_{B/A}$，則 B 點對固定座標系之位置 $\mathbf{r}_B$ 為

$$\mathbf{r}_B = \mathbf{r}_A + \mathbf{r}_{B/A} \tag{6-15}$$

將上式對時間微分得

$$\mathbf{v}_B = \mathbf{v}_A + \mathbf{v}_{B/A} \tag{6-16}$$

因剛體內任意兩點間之距離恆保持不變，故由 A 點觀察 B 點之運動是以 A 點爲圓心 $r_{B/A}$ 爲半徑之圓周運動，則 B 相對於 A 之速度爲

$$v_{B/A} = \omega r_{B/A} \tag{6-17}$$

其中 ω 爲剛體作平面運動之角速度，且 $\mathbf{v}_{B/A}$ 之方向與 $\mathbf{r}_{B/A}(A \cdot B$ 兩點連線)垂直。

因此，剛體上任一點 B 之瞬時速度 $\mathbf{v}_B$，等於隨 A 點平移之速度 $\mathbf{v}_A$，加上剛體繞 A 點作轉動運動時 B 點相對於 A 點之速度 $\mathbf{v}_{B/A}$，如圖 6-12 所示。

因 B 點相對於 A 點作圓周運動，由公式(6-11)，$\mathbf{v}_{B/A}$ 可用向量積表示，即 $\mathbf{v}_{B/A} = \boldsymbol{\omega} \times \mathbf{r}_{B/A}$，則公式(6-16)可表示爲

$$\mathbf{v}_B = \mathbf{v}_A + \boldsymbol{\omega} \times \mathbf{r}_{B/A} \tag{6-18}$$

式中 $\mathbf{v}_B = B$ 點速度，$\mathbf{v}_A = A$ 點速度，$\boldsymbol{\omega} =$ 剛體之角速度，$\mathbf{r}_{B/A} = B$ 點相對於 A 點之位置向量。以相對運動方法分析作平面運動剛體上任一點 B 之速度時，基點 A 的選擇通常是剛體上速度已知之點。

例題 6-6

圖中 AB 桿兩端分別在水平及垂直之滑槽中運動，當 AB 桿運動至 $\theta = 35°$ 之位置時 A 點之速度爲 10 ft/s(向右)，試求桿子在此位置時之角速度及 B 點之速度，桿之長度 15 ft。

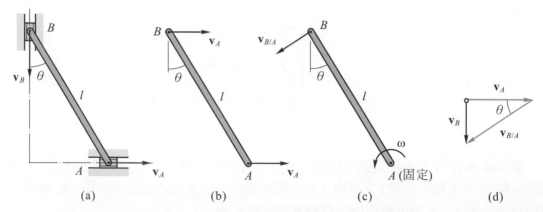

(a)　　　　　(b)　　　　　(c)　　　　　(d)

解 取速度爲已知之 A 點爲基點，則 B 點之速度等於隨 A 點之移動加上繞 A 點之轉動，由公式(6-16)，即 $\mathbf{v}_B = \mathbf{v}_A + \mathbf{v}_{B/A}$，式中僅 v_B 及 $v_{B/A}$ 之大小未知。雖然 $\mathbf{v}_B$ (沿垂直方向)及 $\mathbf{v}_{B/A}$ (與 $\overline{AB}$ 垂直)之正確指向未知。但可由 $\mathbf{v}_B = \mathbf{v}_A + \mathbf{v}_{B/A}$ 之向量關係得到正確之指向。

先繪已知之速度 $\mathbf{v}_A$，從 $\mathbf{v}_A$ 箭尾繪垂直線($\mathbf{v}_B$ 沿垂直方向)，再從 $\mathbf{v}_A$ 箭頭繪與 $\overline{AB}$ 垂直之直線($\mathbf{v}_{B/A}$ 與 $\overline{AB}$ 垂直)，兩者相交即可得到速度之向量圖，如圖(d)所示，由圖

$$v_B = v_A \tan\theta = 10 \tan 35° = 7.0 \text{ ft/s } (\downarrow) \blacktriangleleft$$

$$v_{B/A} = v_A/\cos\theta = 10/\cos 35° = 12.2 \text{ ft/s}$$

得 $\omega = v_{B/A}/r_{B/A} = 12.2/15 = 0.814 \text{ rad/s}(逆時針)$◄

由(d)圖中之向量圖可得 $\mathbf{v}_{B/A}$ 之正確指向,再繪於(c)圖中之 *AB* 桿上,即可判斷出 *AB* 桿之角速度朝逆時針方向。

例題 6-7

　　圖中所示為引擎之曲柄滑塊機構,已知曲柄 *AB* 以 2000 rpm 之等角速朝順時針方向轉動,試求在圖示位置時連桿 *BD* 之角速度及活塞 *P* 之速度。

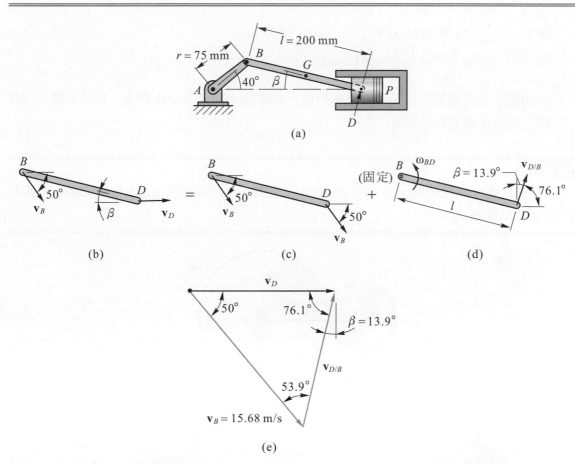

解 曲柄 *AB* 繞 *A* 點轉動,其角速度 ω_{AB} 及 *B* 點速度 v_B 為

$$\omega_{AB} = \frac{2\pi(2000)}{60} = 209 \text{ rad/s}(順時針)$$

$$v_B = r_{B/A}\omega_{AB} = (0.075)(209) = 15.68 \text{ m/s}$$

連桿 *BD* 作一般平面運動,在圖示位置時其角位置 β 由(a)圖

$$200\sin\beta = 75\sin40° \quad , \quad 得 \quad \beta = 13.9°$$

欲求 D 點速度(即活塞 P 速度)，取 B 為基點，由公式(6-16) $\mathbf{v}_D = \mathbf{v}_B + \mathbf{v}_{D/B}$，式中 v_B 及 $v_{D/B}$ 之大小未知，而方向已知 $\mathbf{v}_B$ 沿水平方向，而 $\mathbf{v}_{D/B}$ 與 $\overline{BD}$ 垂直。

先繪已知速度 $\mathbf{v}_B$，從 $\mathbf{v}_B$ 箭尾繪水平線($\mathbf{v}_D$ 沿水平方向)，再從 $\mathbf{v}_B$ 之箭頭繪 $\overline{BD}$ 之垂線，兩者相交，即可繪出 $\mathbf{v}_B$、$\mathbf{v}_D$ 及 $\mathbf{v}_{B/D}$ 之向量關係圖，並得到 $\mathbf{v}_D$ 及 $\mathbf{v}_{D/B}$ 之正確指向，如(e)圖所示。

由正弦定律：

$$\frac{v_D}{\sin53.9°} = \frac{v_{D/B}}{\sin50°} = \frac{15.68}{\sin76.1°}$$

得 $\quad v_D = 13.05 \text{ m/s}(\rightarrow) \blacktriangleleft \quad , \quad v_{D/B} = 12.37 \text{ m/s}$

則 $\quad \omega_{BD} = \dfrac{v_{D/B}}{r_{D/B}} = \dfrac{12.37}{0.2} = 61.9 \text{ rad/s (逆時針)} \blacktriangleleft$

由(e)圖中之向量圖所得 $\mathbf{v}_{D/B}$ 之正確指向，再繪於(d)圖中之 BD 桿上，即可判斷出 BD 桿之角速度朝逆時針方向。

例題 6-8

圖中齒輪 A 之角速度 $\omega_A = 180$ rpm(ccw)，旋臂 CD 之角速度 $\omega_{CD} = 60$ rpm(cw)，試求齒輪 B 之角速度 ω_B。

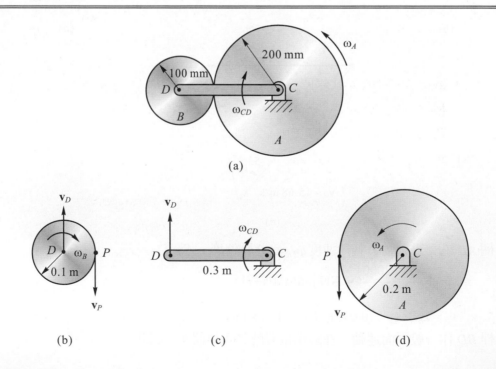

(a)

(b)　　　　　　(c)　　　　　　(d)

解 已知齒輪 A 及旋臂 CD 之角速度：

$$\omega_A = 180 \text{ rpm} = 6\pi \text{ rad/s(ccw)}$$

$$\omega_{CD} = 60 \text{ rpm} = 2\pi \text{ rad/s(cw)}$$

兩齒輪在嚙合點之速度相等，設齒輪 B 與齒輪 A 之嚙合點為 P，則 B 輪在 P 點之速度為

$$v_P = r_A \omega_A = 0.2(6\pi) = 1.2\pi \text{ m/s } (\downarrow)$$

又 B 輪圓心 D 之速度 v_D 可由旋臂 CD 求得，即

$$v_D = \overline{CD} \cdot \omega_{CD} = 0.3(2\pi) = 0.6\pi \text{ m/s } (\uparrow)$$

B 輪上 P 點相對於 D 點之速度 $\mathbf{v}_{P/D} = \mathbf{v}_P - \mathbf{v}_D$，則

$$v_{P/D} = 1.2\pi - (-6\pi) = 1.8\pi \text{ m/s } (\downarrow)$$

得

$$\omega_B = \frac{v_{P/D}}{r_B} = \frac{1.8\pi}{0.1} = 18\pi \text{ rad/s} = 540 \text{ rpm(cw)} \blacktriangleleft$$

因 $v_{P/D}$ 之方向朝下，故 P 繞 D(即 ω_B)為順時針方向。

例題 6-9

圖中曲柄 BC 作有限角度之擺動，帶動搖桿 AO 繞 O 點轉動，在圖示位置時 BC 桿呈水平而 AO 桿在垂直位置，且曲柄 BC 之角速度為 2 rad/s(逆時針方向)，試求在此瞬間搖桿 OA 及連桿 AB 之角速度。

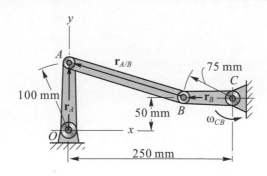

解 連桿 AB 作一般平面運動，由公式(6-16) $\mathbf{v}_A = \mathbf{v}_B + \mathbf{v}_{A/B}$，此式可改寫為

$$\boldsymbol{\omega}_{AO} \times \mathbf{r}_A = \boldsymbol{\omega}_{BC} \times \mathbf{r}_B + \boldsymbol{\omega}_{AB} \times \mathbf{r}_{A/B} \tag{1}$$

其中 $\boldsymbol{\omega}_{AO} = \omega_{AO}\mathbf{k}$ ， $\boldsymbol{\omega}_{BC} = 2\mathbf{k} \text{ rad/s}$ ， $\boldsymbol{\omega}_{AB} = \omega_{AB}\mathbf{k}$

$\mathbf{r}_A = 100\mathbf{j} \text{ mm}$ ， $\mathbf{r}_B = -75\mathbf{i} \text{ mm}$ ， $\mathbf{r}_{A/B} = -175\mathbf{i} + 50\mathbf{j} \text{ mm}$

代入公式(1)，得

$$(\omega_{AO}\mathbf{k}) \times (100\mathbf{j}) = (2\mathbf{k}) \times (-75\mathbf{i}) + (\omega_{AB}\mathbf{k}) \times (-175\mathbf{i}+50\mathbf{j})$$

$$-100\omega_{AO}\mathbf{i} = -150\mathbf{j} - 175\omega_{AB}\mathbf{j} - 50\omega_{AB}\mathbf{i}$$

將上式分爲 $\mathbf{i}$ 及 $\mathbf{j}$ 兩方向分量得

$$100\omega_{AO} = 50\omega_{AB} \tag{2}$$

$$150 + 175\omega_{AB} = 0 \tag{3}$$

將公式(2)及(3)聯立可解得 $\omega_{AB} = -\dfrac{6}{7}$ rad/s，$\omega_{AO} = -\dfrac{3}{7}$ rad/s

式中負號表示向量 $\boldsymbol{\omega}_{AB}$ 及 $\boldsymbol{\omega}_{AO}$ 朝向$(-\mathbf{k})$方向，即爲順時針方向，故

$$\omega_{AB} = \frac{6}{7}\ \text{rad/s}(順時針方向)◀ \quad , \quad \omega_{AO} = \frac{3}{7}\ \text{rad/s}(順時針方向)◀$$

習題 3

6-26 如圖習題 6-26 中直徑爲 22 in 之輪子向右滾動(無滑動)，輪心 A 點之速度爲 45 mi/hr，
試求輪緣上 B、D 及 E 點之速度。

【答】$v_B = 132$ ft/s($\rightarrow$)，$v_D = 127.5$ ft/s，$v_E = 93.3$ ft/s。

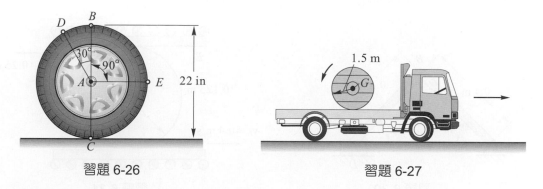

習題 6-26   習題 6-27

6-27 如圖習題 6-27 中貨車以 3 m/s 之速度向前行駛，同時車台上之圓筒以 8 rad/s 之角速
度朝逆時針方向滾動(無滑動)，試求圓筒中心 G 點之速度。

【答】$v_G = 9$ m/s($\leftarrow$)。

6-28 如圖習題 6-28 中 AB 桿之長度爲 30 in，其兩端在地板與斜面上滑動，A 端以 25 in/s
之等速度向右運動，試求 $\theta = 25°$ 時桿子之角速度及 B 端之速度。

【答】$\omega = 0.555$ rad/s(逆時針)，$v_B = 23.5$ in/s。

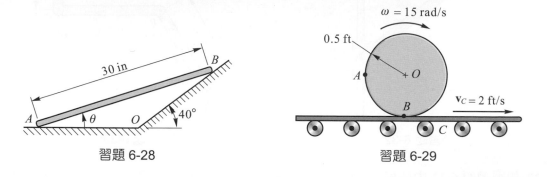

習題 6-28   習題 6-29

6-29 如圖習題 6-29 中皮帶以 2 ft/s 之等速度向右運動，同時一圓柱在皮帶上以 15 rad/s 之角速度朝順時針方向滾動(無滑動)，試求圓柱上 *A* 點之速度。

【答】v_A = 12.1 ft/s。

6-30 如圖習題 6-30 中機構在圖示位置時滑塊之速度為 v_D = 3 m/s(向右)，試求此時連桿 *BD* 及曲柄 *AB* 之角速度。

【答】ω_{BD} = 5.30 rad/s(逆時針)，ω_{AB} = 5.30 rad/s(順時針)。

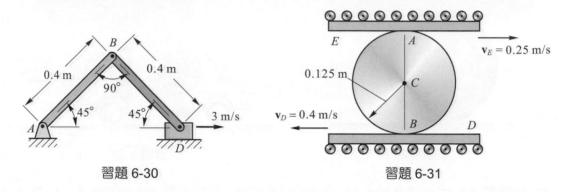

習題 6-30   習題 6-31

6-31 如圖習題 6-31 中圓柱在運動的兩平板間滾動(無滑動)，試求圓柱之角速度及圓心 *C* 點之速度。

【答】ω = 2.60 rad/s(順時針)，v_C = 0.075 m/s(←)。

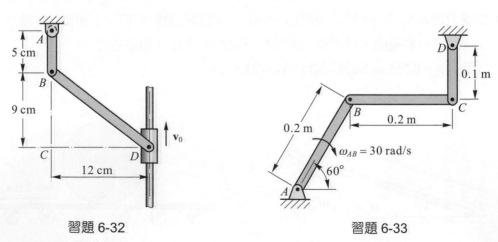

習題 6-32   習題 6-33

6-32 如圖習題 6-32 中機構之滑塊 *D* 以 48 cm/s 之等速度向上運動，試求在圖示位置時連桿 *BD* 及曲柄 *AB* 之角速度。

【答】ω_{AB} = 7.2 rad/s(順時針)，ω_{BD} = 4 rad/s(逆時針)。

6-33 如圖習題 6-33 中機構之 *AB* 桿在圖示位置時之角速度為 30 rad/s(順時針方向),試求此時 *BC* 桿及 *CD* 桿之角速度。

【答】ω_{BC} = 15 rad/s(逆時針),ω_{CD} = 52 rad/s(逆時針)。

6-34 如圖習題 6-34 示機構中之垂直桿以 *v* = 3 ft/s 之等速度向下運動,試求當 θ = 60°時 *C* 點之速度大小。滾子 *A* 在運動中恆保持與水平面接觸。

【答】v_C = 6.24 ft/s。

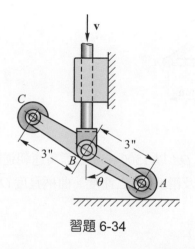

習題 6-34

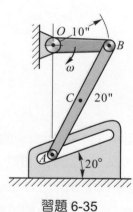

習題 6-35

6-35 在如圖習題 6-35 所示瞬間曲柄 *OB* 以 0.8 rad/s 之角速度朝順時針方向通過水平位置,試求此時 *A* 點及 *AB* 桿中點 *C* 之速度大小。

【答】v_A = 9.04 in/s,v_C = 6.99 in/s。

6-36 如圖習題 6-36 中飛輪以 600 rpm 之等角速度朝順時針方向轉動,試求在 θ = 45°之位置時連桿 *AB* 之角速度。

【答】ω_{AB} = 19.38 rad/s(順時針)。

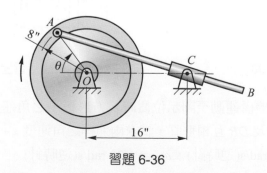

習題 6-36

6-37 如圖習題 6-37 中連桿機構在圖示位置時 AB 桿之角速度為 40 rad/s(逆時針方向)，試求此時 D 點之速度。

【答】 $v_D = 9$ m/s($\leftarrow$)。

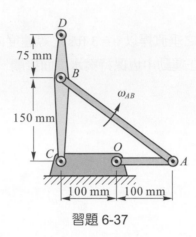

習題 6-37

6-38 如圖習題 6-38 中所示為一曲柄滑塊機構，曲柄 OA 以 1500 rpm 之等角速朝逆時針方向轉動，試求在圖示位置時連桿 AB 之角速度及滑塊 P 之速度。曲柄長度 $\overline{OA} = 40$ mm，連桿長度 $\overline{AB} = 115$ mm。

【答】 $\omega_{AB} = 48.0$ rad/s(順時針)， $v_P = 4.10$ m/s($\uparrow$)。

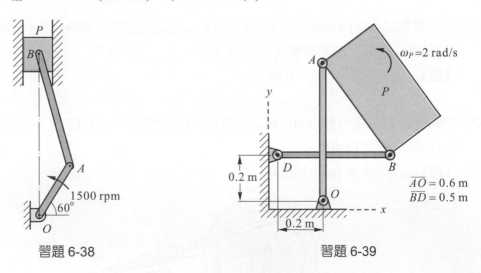

習題 6-38 習題 6-39

6-39 如圖習題 6-39 中機構運動至圖示位置時長方形板子之角速度為 2 rad/s(逆時針方向)，此時連桿 OA 及 DB 互相垂直，試求兩連桿之角速度。

【答】 $\omega_{OA} = 1.333$ rad/s(逆時針)， $\omega_{DB} = 1.20$ rad/s(逆時針)。

6-40 如圖習題 6-40 中機構在圖示位置時 *CD* 桿之角速度為 8 rad/s(順時針方向)，試求 *AB* 桿與 *BC* 桿之角速度以及 *BC* 桿中點 *M* 之速度。

　【答】 ω_{BC} = 2 rad/s(ccw)， ω_{AB} = 14 rad/s(ccw)， v_M = 972 mm/s。

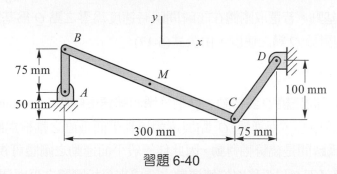

習題 6-40

6-6 瞬時中心

對於作平面運動之剛體，其內任一點 B 之速度，由公式(6-16)為 $\mathbf{v}_B = \mathbf{v}_A + \mathbf{v}_{B/A}$，其中 A 點為速度已知之基點。若選取剛體在該瞬間瞬時速度為零之點 Q 為基點，則 $\mathbf{v}_B = \mathbf{v}_{B/Q}$，其中 $\mathbf{v}_{B/Q}$ 為 B 點相對於 Q 點之速度，由公式(6-17)

$$v_B = v_{B/Q} = \omega\, r_{B/Q}$$

因此，可視為 B 點瞬間是繞 Q 點轉動，Q 稱為**瞬時零速度中心**(instantaneous zero velocity center)，簡稱為瞬時中心，而通過 Q 點與剛體運動平面垂直之軸稱為**瞬軸**(instantaneous axis)，即剛體可視為瞬間是繞瞬軸轉動，因此作一般平面運動之剛體可視為瞬間是繞著瞬軸作旋轉運動，而可不必以平移與旋轉運動之合成來分析剛體之平面運動。

既然剛體作平面運動時，其內任一點 B 瞬間是繞瞬時中心作圓周運動，則瞬時中心在 B 點速度之垂線上；而剛體內之另一點 A，同樣在該瞬間亦必繞同一瞬時中心作圓周運動，瞬時中心亦必在 A 點速度之垂線上，因此瞬時中心 Q 之位置必在 A、B 兩點速度垂線之交點，如圖 6-13 所示。

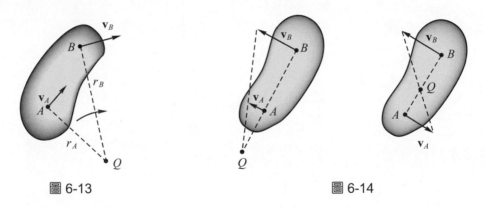

圖 6-13　　　　　　　　　　　　　　　　圖 6-14

瞬時中心有可能位於剛體外而不在剛體本身上，此時可想像為瞬時中心是位於剛體之延伸部份，且瞬時中心位置會隨著剛體的運動而改變，故瞬時中心不是剛體上或其運動平面上之固定點。

若已知剛體上 A 點之速度，且已求得剛體在該瞬間瞬時中心之位置，則剛體作平面運動之角速度便可求得，即 $\omega = v_A/r_A$，同時剛體上任一點在該瞬間之速度亦可由 $v = r\omega$ 求得，其中 r 為各點至瞬時中心之距離。

若已知剛體上 A、B 兩點之速度互相平行，如圖 6-14 所示，則此兩點之連線 $\overline{AB}$ 必與該兩點之速度垂直，此時可將兩點之速度按比例大小繪出，參考圖 6-14 所示，再由相似三角形之幾何關係，即可求得瞬時中心之位置，參考例題 6-13。

若已知剛體上 A、B 兩點之速度互相平行且大小相同，則此時瞬時中心位於無窮遠處，即在此瞬間剛體僅作移動運動而無轉動運動。

例題 6-10

同例題 6-6，但改用瞬時中心的方法求解。$\theta = 35°$，$l = 15$ ft，$v_A = 10$ ft/s($\rightarrow$)

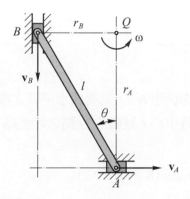

解 已知 A 點速度水平向右，B 點速度沿垂直方向，則由 A、B 兩點作速度方向之垂線，相交於 Q 點，如圖所示，Q 點即為 AB 桿作一般平面運動在此位置之瞬時中心。由圖

$$r_A = l\cos\theta = 15\cos 35° = 12.3 \text{ ft}$$

$$r_B = l\sin\theta = 15\sin 35° = 8.60 \text{ ft}$$

因 AB 桿在圖示瞬間繞 Q 轉動，$v_A = r_A\omega$，已知 $v_A = 10$ ft/s 向右，則 AB 桿之角速度為

$$\omega = \frac{v_A}{r_A} = \frac{10}{12.3} = 0.814 \text{ rad/s(逆時針)} \blacktriangleleft$$

參考圖中所示，v_A 繞 Q 點向右，可看出 AB 桿之角速度 ω 朝逆時針方向。至於 B 點速度，由 $v_B = r_B\omega$，得

$$v_B = (8.60)(0.813) = 7.0 \text{ ft/s(↓)} \blacktriangleleft$$

B 點速度沿垂直方向，因繞 Q 朝逆時針方向，故可判斷 B 點速度應朝向下。

例題 6-11

圖中半徑為 300 mm 之圓輪在水平面上向右滾動(無滑動)，圓心速度 $v_O = 3$ m/s，試求在圖示位置時圓輪上 A 點之速度。

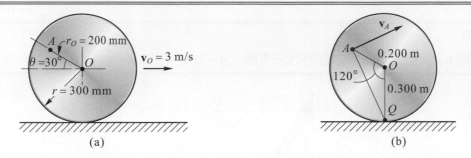

(a)   (b)

解 圓輪在水平面上滾動時，由例題 6-3，圓輪與水平面之接觸點 Q 速度為零，故 Q 點為圓輪作一般平面運動之瞬時中心，且輪心 O 點之速度為 $v_O = r\omega$，其中 ω 為圓輪滾動之角速度，則

$$\omega = \frac{v_O}{r} = \frac{3}{0.3} = 10 \text{ rad/s (順時針方向)}$$

由於圓輪上 A 點在圖示瞬間為繞 Q 點旋轉，則 $v_A = \overline{AQ} \cdot \omega$，其中 $\overline{AQ}$ 為 A 點至 Q 點之距離，由餘弦定律

$$\overline{AQ} = \sqrt{0.2^2 + 0.3^2 - 2(0.2)(0.3)\cos 120°} = 0.436 \text{ m}$$

故 $v_A = \overline{AQ} \cdot \omega = (0.436)(10) = 4.36$ m/s◀

v_A 之方向與 $\overline{AQ}$ 垂直，如(b)圖所示。

例題 6-12

同例題 6-7，但改用瞬時中心的方法求解。

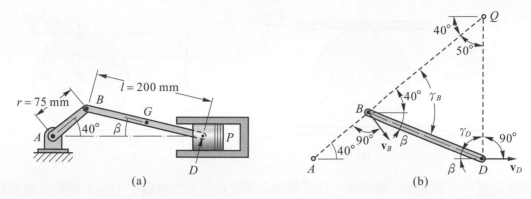

(a)   (b)

解 連桿 BD 作一般平面運動，已知 B 點速度 $v_B = 15.68$ m/s(參考例題 6-7)，方向與 AB 垂直，如(b)圖所示，D 點速度沿水平方向，由 B、D 兩點作其速度方向之垂線，相交得 Q 點，即為連桿 BD 之瞬時中心，則 $v_B = \overline{BQ} \cdot \omega$，且 $v_D = \overline{DQ} \cdot \omega$，其中 ω 為連桿 BD 之角速度。

參考(b)圖中之三角形 QBD，$\gamma_B = 40° + \beta = 53.9°(\beta = 13.9°$，參考例題 6-7)，$\gamma_D = 90° - \beta = 76.1°$，由正弦定律

$$\frac{\overline{BQ}}{\sin \gamma_D} = \frac{\overline{DQ}}{\sin \gamma_B} = \frac{\overline{BD}}{\sin 50°}$$

$$\frac{\overline{BQ}}{\sin 76.1°} = \frac{\overline{DQ}}{\sin 53.9°} = \frac{200}{\sin 50°}$$

得 $\overline{BQ} = 253.4$ mm ， $\overline{DQ} = 210.9$ mm

故連桿 BD 的角速度及 D 點速度(活塞速度)為

$$\omega = \frac{v_B}{\overline{BQ}} = \frac{15.68}{0.2534} = 61.9 \text{ rad/s (逆時針方向)} \blacktriangleleft$$

$$v_P = v_D = \overline{DQ} \cdot \omega = (0.2109)(61.9) = 13.05 \text{ m/s}(\rightarrow) \blacktriangleleft$$

例題 6-13

半徑為 2 ft 之圓盤在兩平行之平板間滾動，平板之速度如圖所示，試求圓盤的角速度

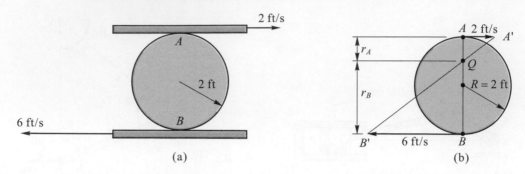

(a)　　　　　　　　　　　　　　　(b)

解 因圓盤與兩平板間為滾動接觸，在接觸點之速度相同，故圓盤上 A、B 兩點之速度分別為 $v_A = 2$ ft/s($\rightarrow$)，$v_B = 6$ ft/s($\leftarrow$)。

圓盤作一般平面運動，已知 A、B 兩點之速度互相平行，其瞬時中心 Q 之位置求法如下：

在圓盤上 A 點作直線 $\overline{AA'} = v_A = 2$ ft/s(向右)，再作直線 $\overline{BB'} = v_B = 6$ ft/s(向左)，繪箭頭連線 $\overline{A'B'}$ 與 $\overline{AB}$ 相交於 Q 點，即為圓盤瞬時中心之位置，參考(b)圖所示。由相似三角形

$$\frac{r_A}{r_B} = \frac{2}{6} = \frac{1}{3} \tag{1}$$

又　　　$r_A + r_B = 4$ (2)

由公式(1)及公式(2)解得 $r_A = 1$ ft，$r_B = 3$ ft

故圓盤之角速度為

$$\omega = \frac{v_A}{r_A} = \frac{2}{1} = 2 \text{ rad/s (順時針方向)} \blacktriangleleft$$

6-41 同習題 6-26，改用瞬時中心的方法求解。

6-42 同習題 6-28，改用瞬時中心的方法求解。

6-43 同習題 6-30，改用瞬時中心的方法求解。

6-44 同習題 6-31，改用瞬時中心的方法求解。

6-45 同習題 6-32，改用瞬時中心的方法求解。

6-46 同習題 6-33，改用瞬時中心的方法求解。

6-47 同習題 6-34，改用瞬時中心的方法求解。

6-48 同習題 6-35，改用瞬時中心的方法求解。

6-49 同習題 6-36，改用瞬時中心的方法求解。

6-50 同習題 6-37，改用瞬時中心的方法求解。

6-51 同習題 6-38，改用瞬時中心的方法求解。

6-52 同習題 6-39，改用瞬時中心的方法求解。

6-53 如圖習題 6-53 中，右輪圓心之速度 $v_C = 0.4$ m/s，連接兩輪之繩索分別緊繞於兩輪之
輪緣且無滑動，試求左輪 D 點之速度，以及 x 長度每秒之改變量Δx。設兩輪均在水
平面上滾動。

【答】$v_D = 0.596$ m/s，$\Delta x = 0.1333$ m。

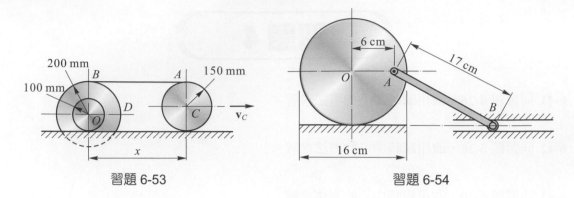

習題 6-53　　　　　　　　　　　習題 6-54

6-54 如圖習題 6-54 中圓輪向左作滾動運動(無滑動)，在圖示位置時輪心 O 之速度為 40 cm/s，試求此時 B 點之速度。

【答】$v_B = 56$ cm/s($\leftarrow$)。

6-55 如圖習題 6-55 中所示為一齒輪系統，A、B 為外齒輪，OA 為旋臂，D 為環齒輪(內齒輪)。已知旋臂以 90 rpm 之轉速朝順時針方向轉動，環齒輪同時以 80 rpm 之轉速朝逆時針方向轉動，試求齒輪 B 之轉速。

【答】$\omega_B = 600$ rpm。

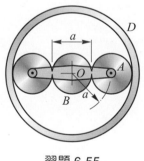

習題 6-55

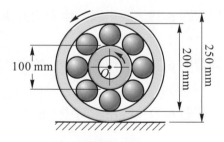

習題 6-56

6-56 如圖習題 6-56 中所示為滾動軸承，將外環置於水平面上向左滾動(無滑動)，圓心 O 之速度為 0.9 m/s，同時內環以 240 rpm 之轉速朝逆時針方向轉動，試求滾子之角速度。設滾子與內環及外環間為滾動接觸(無滑動)。

【答】$\omega = 10.74$ rad/s(cw)。

6-57 如圖習題 6-57 中所示為-四連桿機構，已知在圖示位置時，*A* 點坐標為 *x* = –60 mm，*y* = 80 mm，曲柄 *OA* 之角速度為 10 rad/s(逆時針方向)，試求此時連桿 *AB* 及搖桿 *BC* 之角速度。

【答】ω_{AB} = 2.5 rad/s(ccw)，ω_{BC} = 5.83 rad/s(ccw)。

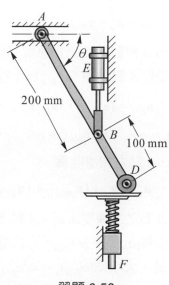

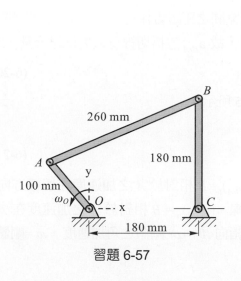

習題 6-57   習題 6-58

6-58 如圖習題 6-58 中機構在 θ = 60°之位置時，*F* 桿之速度為 2 m/s(向下)，試求此時 *AD* 桿之角速度及 *A* 點之速度。

【答】ω_{AD} = 13.33 rad/s(cw)，v_A = 2.309 m/s。

6-7 相對運動：加速度分析

剛體作平面運動時，其內任一點 B 之加速度 $\mathbf{a}_B$，可由相對速度方程式：$\mathbf{v}_B = \mathbf{v}_A + \mathbf{v}_{B/A}$ 對時間微分求得，即

$$\mathbf{a}_B = \mathbf{a}_A + \mathbf{a}_{B/A} \tag{6-19}$$

其中 $\mathbf{a}_{B/A}$ 為 B 相對於 A 之加速度。因剛體內任兩點間之距離恆保持不變，故由 A 點觀察 B 點之運動是以 A 點為圓心 $r_{B/A}$ 為半徑之圓周運動，故 $\mathbf{a}_{B/A}$ 包括切線分量與法線分量，即

$$\mathbf{a}_{B/A} = (\mathbf{a}_{B/A})_t + (\mathbf{a}_{B/A})_n \tag{6-20}$$

其中 $(a_{B/A})_t = \alpha\, r_{B/A}$，$(a_{B/A})_n = \omega^2 r_{B/A}$，參考圖 6-15 所示。

因此，B 點之加速度為

$$\mathbf{a}_B = \mathbf{a}_A + (\mathbf{a}_{B/A})_t + (\mathbf{a}_{B/A})_n \tag{6-21}$$

式中 $\mathbf{a}_B = B$ 點之加速度，$\mathbf{a}_A = A$ 點之加速度。$(\mathbf{a}_{B/A})_t = B$ 相對於 A 之加速度在切線方向之分量，大小為 $(a_{B/A})_t = \alpha\, r_{B/A}$，方向垂直於 AB 連線。$(\mathbf{a}_{B/A})_n = B$ 相對於 A 之加速度在法線方向之分量，大小為 $(a_{B/A})_n = \omega^2 r_{B/A}$，方向由 B 指向 A。$\alpha =$ 剛體之角加速度，$\omega =$ 剛體之角速度，$r_{B/A} = B$ 相對於 A 之位置向量。

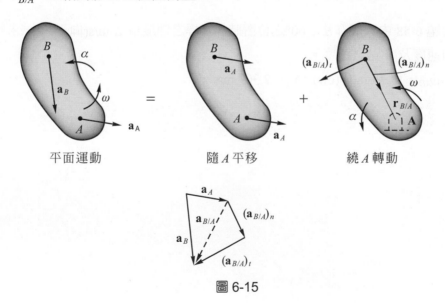

平面運動　　　　　　　隨 A 平移　　　　　　　繞 A 轉動

圖 6-15

因 B 相對於 A 作圓周運動，由公式(6-13)，$(\mathbf{a}_{B/A})_t$ 及 $(\mathbf{a}_{B/A})_n$ 可用向量積表示，即

$$(\mathbf{a}_{B/A})_t = \boldsymbol{\alpha} \times \mathbf{r}_{B/A} \quad , \quad (\mathbf{a}_{B/A})_n = \boldsymbol{\omega} \times (\boldsymbol{\omega} \times \mathbf{r}_{B/A})$$

由於$(\mathbf{a}_{B/A})_n$之大小爲$\omega^2 r_{B/A}$，方向由 B 指向 A，與$\mathbf{r}_{B/A}$之方向相反，故$(\mathbf{a}_{B/A})_n = -\omega^2 \mathbf{r}_{B/A}$，因此 B 點之加速度可用向量式表示爲

$$\mathbf{a}_B = \mathbf{a}_A + \mathbf{\alpha} \times \mathbf{r}_{B/A} + \mathbf{\omega} \times (\mathbf{\omega} \times \mathbf{r}_{B/A})$$
$$= \mathbf{a}_A + \mathbf{\alpha} \times \mathbf{r}_{B/A} - \omega^2 \mathbf{r}_{B/A} \tag{6-22}$$

例題 6-14

同例題 6-6，當 AB 桿運動至$\theta = 35°$之位置時，已知 A 點之速度爲 10 ft/s(向右)，加速度爲 5 ft/s^2(向右)，試求此時 AB 桿之角加速度及 B 點之加速度。$l = 15$ ft。

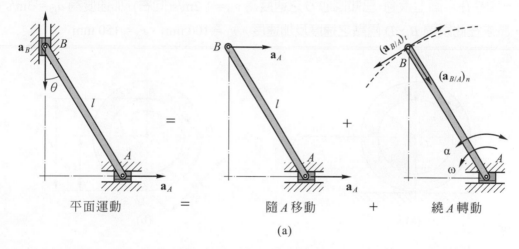

平面運動　　＝　　隨 A 移動　　＋　　繞 A 轉動

(a)

解 因已知 A 點之加速度，則 B 點之加速度由公式(6-21)

$$\mathbf{a}_B = \mathbf{a}_A + (\mathbf{a}_{B/A})_n + (\mathbf{a}_{B/A})_t \tag{1}$$

其中 $\mathbf{a}_A = 5$ ft/s^2($\rightarrow$)。由例題 6-6 中求得 AB 桿之角速度ω，則

$$(\mathbf{a}_{B/A})_n = \omega^2 r_{B/A} = (0.814)^2(15) = 9.94 \text{ ft/s}^2 \text{(方向由 } B \text{ 指向 } A)。$$

公式(1)中僅 $\mathbf{a}_B$ 及$(\mathbf{a}_{B/A})_t$之大小未知，雖然 $\mathbf{a}_B$(沿垂直方向)及$(\mathbf{a}_{B/A})_t$(與$\overline{AB}$垂直)之正確指向未知，但可由公式(1)之向量關係圖得到正確指向。

先繪已知之向量 $\mathbf{a}_A$，再從 $\mathbf{a}_A$ 箭頭繪已知之向量$(\mathbf{a}_{B/A})_n$。由 $(\mathbf{a}_{B/A})_n$ 箭頭作與 AB 垂直之直線(表示$(\mathbf{a}_{B/A})_t$之方向)再由 $\mathbf{a}_A$ 箭尾作垂線(表示 $\mathbf{a}_B$ 之方向)，兩線相交即可得公式(1)之加速度向量圖，如(b)圖所示，由圖

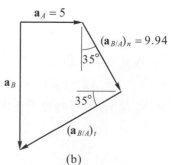

$$(a_{B/A})_t \cos 35° = a_A + (a_{B/A})_n \sin 35°$$
$$= 5 + (9.94)\sin 35° = 10.70 \text{ ft/s}^2$$

(b)

得 $\quad (a_{B/A})_t = 13.06 \text{ ft/s}^2$

$$a_B = (a_{B/A})_n \cos 35° + (a_{B/A})_t \sin 35°$$
$$= 9.94\cos 35° + 13.06\sin 35° = 15.6 \text{ ft/s}^2$$

故 $\quad a_B = 15.6 \text{ ft/s}^2(向下)◀$

$$\alpha = \frac{(a_{B/A})_t}{r_{B/A}} = \frac{13.06}{15} = 0.871 \text{ rad/s}^2(逆時針)◀$$

由$(\mathbf{a}_{B/A})_t$繞A之正確指向可判斷α應爲朝逆時針方向。

例題 6-15

一圓柱在平面上滾動,已知圓心O之速度爲$v_O = 1.2\text{m/s}(向右)$,加速度爲$a_O = 3\text{m/s}^2(向右)$,試求在此瞬間B、D兩點之速度及加速度。$r_1 = 100$ mm,$r_2 = 150$ mm。

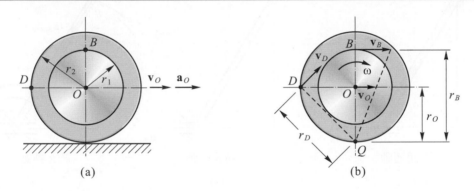

(a) (b)

解 首先由圓心之速度v_O及加速度a_O求圓柱滾動之角速度ω及角加速度α:

$$\omega = \frac{v_O}{r_2} = \frac{1.2}{0.15} = 8 \text{ rad/s(cw)}$$

$$\alpha = \frac{a_O}{r_2} = \frac{3}{0.15} = 20 \text{ rad/s}^2(cw)$$

(1) 圓柱滾動時,圓柱與平面接觸點Q之速度等於零,故Q點爲瞬時轉動中心,如(b)圖所示

$$r_B = r_1 + r_2 = 250\text{mm} \quad, \quad r_D = \sqrt{2}r_2 = 150\sqrt{2}\text{mm} = 212 \text{ mm}$$

故B、D兩點之速度分別爲

$$v_B = r_B\omega = 0.25(8) = 2 \text{ m/s} ◀ \quad, \quad v_D = r_D\omega = 0.212(8) = 1.70 \text{ m/s} ◀$$

v_B及v_D之方向參考(b)圖所示。

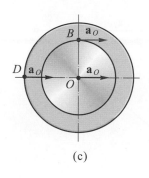

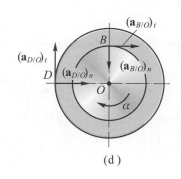

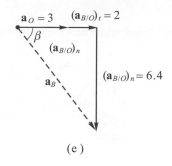

(c)　　　　　　　　　(d)　　　　　　　　　(e)

(2) 欲求 B、D 兩點之加速度，因已知圓心 O 點之加速度 $a_O = 3\text{m/s}^2 (\rightarrow)$，故取 O 點為基點。參考(c)圖及(d)圖

B 點加速度：$\mathbf{a}_B = \mathbf{a}_O + (\mathbf{a}_{B/O})_n + (\mathbf{a}_{B/O})_t$

其中　　$(a_{B/O})_n = \omega^2 r_{B/O} = (8)^2(0.1) = 6.4\text{m/s}^2 (\downarrow)$

　　　　$(a_{B/O})_t = \alpha\, r_{B/O} = (20)(0.1) = 2.0\text{m/s}^2 (\rightarrow)$

繪向量圖如(e)圖所示：

故可得 B 點之加速度為

$$a_B = \sqrt{(3+2)^2 + 6.4^2} = 8.12\text{m/s}^2 \blacktriangleleft \quad , \quad \beta = \tan^{-1}\frac{6.4}{3+2} = 52° \blacktriangleleft$$

D 點加速度：$\mathbf{a}_D = \mathbf{a}_O + (\mathbf{a}_{D/O})_n + (\mathbf{a}_{D/O})_t$

其中　　$(a_{D/O})_n = \omega^2 r_{D/O} = (8)^2(0.15) = 9.6\text{m/s}^2 (\rightarrow)$

　　　　$(a_{D/O})_t = \alpha\, r_{D/O} = (20)(0.15) = 3\text{m/s}^2 (\uparrow)$

繪向量圖如(f)圖所示：

故得 D 點之加速度為

$$a_D = \sqrt{(3+9.6)^2 + 3^2} = 12.95\text{m/s}^2 \blacktriangleleft \quad , \quad \alpha = \tan^{-1}\frac{3}{3+9.6} = 13.4° \blacktriangleleft$$

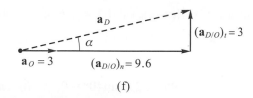

(f)

例題 6-16

　同例題 6-7，曲柄 AB 以 2000 rpm 之等角速度朝順時針方向轉動，試求在圖示位置時連桿 BD 之角加速度及活塞 P 之加速度

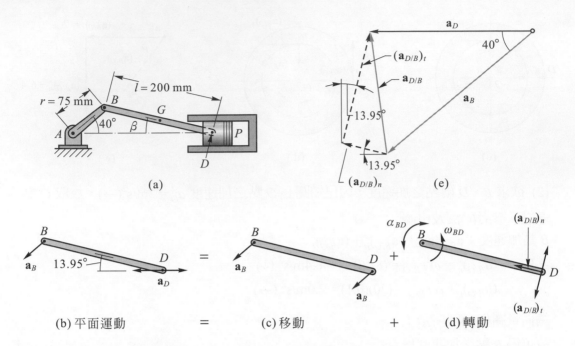

(a)

(e)

(b) 平面運動　　=　　(c) 移動　　+　　(d) 轉動

解 曲柄 AB 以等角速度轉動，$\omega_{AB} = 2000$ rpm $= 209$ rad/s，$\alpha_{AB} = 0$，B 點之加速爲

$$a_B = r\omega_{AB}^2 = (0.075)(209)^2 = 3276 \text{ m/s}^2 \text{ (方向：} B \text{ 指向 } A)$$

由例題 6-7 已求得 $\omega_{BD} = 61.9$ rad/s(順時針方向)，$\beta = 13.95°$

連桿 BD 作一般平面運動，欲求 D 點加速度，取加速度已知之 B 點爲基點，由公式(6-21)

$$a_D = a_B + (a_{D/B})_n + (a_{D/B})_t \tag{1}$$

其中　$(a_{D/B})_n = r_{D/B}\,\omega_{BD}^2 = (0.2)(61.9)^2 = 766 \text{ m/s}^2 \text{ (方向：} D \text{ 指向 } B)$

　　　$(a_{D/B})_t = r_{D/B}\alpha_{BD}$，大小未知，方向與 $\overline{BD}$ 垂直

　　　a_B 大小未知，方向沿水平方向

公式(1)中僅 $(a_{D/B})_t$ 及 a_B 之大小未知，故可作公式(1)之向量關係圖。先繪已知向量 a_B，再從 a_B 箭頭繪已知向量 $(a_{D/B})_n$。由 $(a_{D/B})_n$ 箭頭作與 BD 垂直之直線(表示 $(a_{D/B})_t$ 之方向)，再由 a_B 箭尾作水平線(表示 a_D 之方向)，兩線相交即可得公式(1)之加速度向量圖，如圖 (e)所示，由圖

$$(a_{D/B})_t\cos13.95° + 766\sin13.95° - 3276\sin40° = 0 \quad，\quad 得 \quad (a_{D/B})_t = 1980 \text{ m/s}^2$$

$$a_D = 3276\cos40° + 766\cos13.95° - 1980\sin13.95° = 2780 \text{ m/s}^2$$

故活塞加速度 $a_P = a_D = 2780$ m/s^2($\leftarrow$)◀

連桿 BD 之角加速度　$\alpha_{BD} = \dfrac{(a_{D/B})_t}{r_{D/B}} = \dfrac{1980}{0.2} = 9900$ rad/s^2 (逆時針方向)◀

例題 6-17

同例題 6-9，曲柄 BC 以 2 rad/s 之等角速度朝逆時針方向轉動，試求在圖示位置時連桿 AB 及搖桿 OA 的角加速度。

解 在例題 6-9 中已求得連桿 AB 及搖桿 OA 的角速度

$$\boldsymbol{\omega}_{AB} = -\frac{6}{7}\mathbf{k} = -0.857\mathbf{k} \text{ rad/s} \quad , \quad \boldsymbol{\omega}_{OA} = -\frac{3}{7}\mathbf{k} = -0.429\mathbf{k} \text{ rad/s}$$

連桿 AB 作一般平面運動，且 B 點之加速度為已知，由公式(6-21)，得 A 的加速度為

$$\mathbf{a}_A = \mathbf{a}_B + (\mathbf{a}_{A/B})_n + (\mathbf{a}_{A/B})_t \tag{1}$$

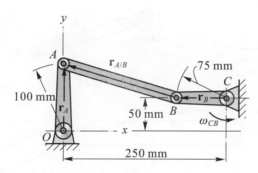

其中
$$\mathbf{a}_A = \boldsymbol{\alpha}_{OA} \times \mathbf{r}_A - \omega_{OA}^2 \mathbf{r}_A = (\alpha_{OA}\mathbf{k}) \times (100\mathbf{j}) - (-0.429)^2(100\mathbf{j})$$

$$= -100\alpha_{OA}\mathbf{i} - 18.37\mathbf{j} \text{ mm/s}^2$$

$$\mathbf{a}_B = \boldsymbol{\alpha}_{BC} \times \mathbf{r}_B - \omega_{BC}^2 \mathbf{r}_B = 0 - (2)^2(-75\mathbf{i}) = 300\mathbf{i} \text{ mm/s}^2$$

$$(\mathbf{a}_{A/B})_n = -\omega_{AB}^2 \mathbf{r}_{A/B} = -(-0.857)^2(-175\mathbf{i}+50\mathbf{j}) = 128.6\mathbf{i} - 36.72\mathbf{j} \text{ mm/s}^2$$

$$(\mathbf{a}_{A/B})_t = \boldsymbol{\alpha}_{AB} \times \mathbf{r}_{A/B} = (\alpha_{AB}\mathbf{k}) \times (-175\mathbf{i}+50\mathbf{j}) = -50\alpha_{AB}\mathbf{i} - 175\alpha_{AB}\mathbf{j} \text{ mm/s}^2$$

將上列加速度代入公式(1)中，並分為 $\mathbf{i}$ 及 $\mathbf{j}$ 兩方向分量，可得兩個純量方程式：

$\mathbf{i}$ 方向：$-100\alpha_{OA} = 300+128.6-50\alpha_{AB}$ \hfill (2)

$\mathbf{j}$ 方向：$-18.37 = -36.72-175\alpha_{AB}$ \hfill (3)

將公式(2)及公式(3)聯立可得：$\alpha_{AB} = -0.105 \text{ rad/s}^2$ ， $\alpha_{OA} = -4.34 \text{ rad/s}^2$

式中負號表示向量 $\boldsymbol{\alpha}_{AB}$ 及 $\boldsymbol{\alpha}_{OA}$ 朝 $(-\mathbf{k})$ 方向，$(-\mathbf{k})$ 方向與紙面垂直向內，由右手定則即為順時針方向，故

$$\alpha_{AB} = 0.105 \text{ rad/s}^2 (順時針方向) \blacktriangleleft \quad , \quad \alpha_{OA} = 4.34 \text{ rad/s}^2 (順時針方向) \blacktriangleleft$$

【註】 本題改用加速度的向量圖解法分析如下：

因 A 點繞 O 轉動，其加速度可分解為切線及法線分量，則公式(1)可改寫為

$$(\mathbf{a}_A)_n + (\mathbf{a}_A)_t = \mathbf{a}_B + (\mathbf{a}_{A/B})_n + (\mathbf{a}_{A/B})_t \tag{4}$$

其中 $\quad (a_A)_n = r_A \cdot \omega_{OA}^2 = 100(0.4286)^2 = 18.37\text{mm/s}^2$(方向：$A$ 指向 O)

$(a_A)_t = r_A \cdot \alpha_{OA}$(方向：與 $\overline{OA}$ 垂直，指向未知)

$a_B = 300\text{mm/s}^2$(方向：B 指向 C)

$(a_{A/B})_n = \omega_{AB}^2 r_{A/B} = (0.857)^2(182) = 133.7\text{mm/s}^2$(方向：$A$ 指向 B)

$(a_{A/B})_t = \alpha_{AB} r_{A/B}$(方向：與 $\overline{AB}$ 垂直，指向未知)

作公式(4)之向量圖如下：

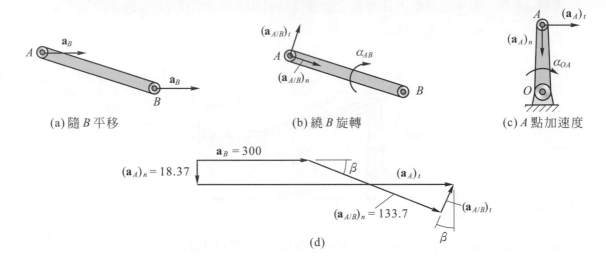

(a) 隨 B 平移   (b) 繞 B 旋轉   (c) A 點加速度

(d)

$(a_A)_t$ 及 $(a_{A/B})_t$ 之正確指向，由向量圖上分析求得，再將 $(a_{A/B})_t$ 繪至(b)圖上可知 α_{AB} 朝順時針方向，同樣將 $(a_A)_t$ 繪至(c)圖上可知 α_{OA} 為順時針方向。

由向量圖可得

$\quad 133.7\sin\beta - (a_{A/B})_t \cos\beta = 18.37$

$\quad (a_A)_t = 300 + 133.7\cos\beta + (a_{A/B})_t \sin\beta$

解得 $\quad (a_{A/B})_t = 19.09 \text{ mm/s}^2$ ， $(a_A)_t = 433.8 \text{ mm/s}^2$

故 AB 桿之角加速度：$\alpha_{AB} = \dfrac{(a_{A/B})_t}{r_{A/B}} = \dfrac{19.09}{185} = 0.105 \text{ rad/s}^2 \text{(cw)}$ ◀

OA 桿之角加速度：$\alpha_{OA} = \dfrac{(a_A)_t}{r_A} = \dfrac{433.8}{100} = 4.338 \text{ rad/s}^2 \text{(cw)}$ ◀

6-59 如圖習題 6-59 中凸緣滾輪在水平軌道上滾動(無滑動)，已知在圖示瞬間輪心 A 點之速度為 150 mm/s (向左)，加速度為 400 mm/s^2(向右)，試求 C、D 兩點之加速度。

【答】$a_C = 759$ mm/s^2，$a_D = 1265$ mm/s^2。

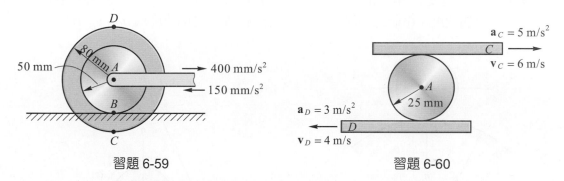

習題 6-59   習題 6-60

6-60 如圖習題 6-60 所示，一圓柱在兩平行之平板間滾動，上面 C 板以 6 m/s 之速度與 5 m/s^2 之加速度向右運動，而下面 D 板以 4 m/s 之速度與 3 m/s^2 之加速度向左運動，試求圓柱中心 A 點之加速度與圓柱之角加速度。

【答】$a_A = 1.0$ m/s^2($\rightarrow$)，$\alpha = 160$ rad/s^2(cw)。

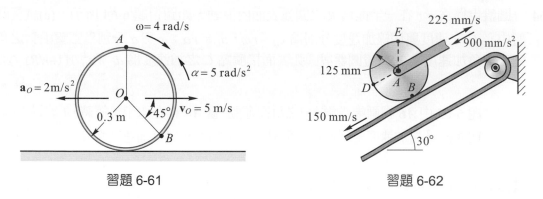

習題 6-61   習題 6-62

6-61 如圖習題 6-61 所示，一圓環在水面上運動，在圖示瞬間圓環的角速度為 $\omega = 4$ rad/s(cw) 角加速度為 $\alpha = 5$ rad/s^2(ccw)，而圓心 O 之速度為 $v_O = 5$ m/s($\rightarrow$)加速度為 $a_O = 2$ m/s^2($\leftarrow$)，試求在此瞬間 A、B 兩點之加速度。本題圓環與水平面間非為滾動而有滑動。

【答】$a_A = 5.94$ m/s^2，$a_B = 6.214$ m/s^2。

6-62 如圖習題 6-62 中皮帶以 150 mm/s 之等速度朝左下方運動,同時一圓柱在皮帶上滾動,在圖示瞬間圓柱中心 A 點之速度及加速度如圖所示,試求此時 D、E 兩點之加速度。

【答】$a_D = 927.7$ mm/s^2,$a_E = 2300$ mm/s^2。

6-63 一圓盤半徑為 r,沿一半徑為 R 之圓弧表面外滾動,如圖習題 6-63 所示;(a)試證圓盤中心 O 之速度與切線加速度分別為 $v_O = r\omega$,$a_O = r\alpha$;ω 與 α 分別為圓盤滾動之角速度與角加速度;(b)試證圓盤與圓弧表面接觸點 C 之加速度為 $a_C = v_O^2 /r(1+r/R)$。

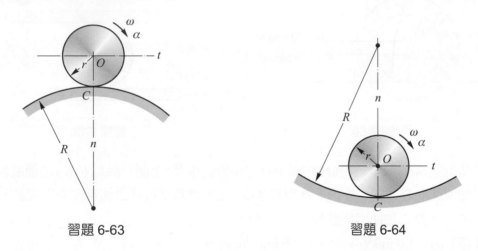

習題 6-63   習題 6-64

6-64 一圓盤半徑為 r,在一半徑為 R 之圓弧表面內滾動,如圖習題 6-64 所示;(a)試證圓盤中心 O 之速度與切線加速度分別為 $v_O = r\omega$,$a_O = r\alpha$;ω 與 α 分別為圓盤滾動之角速度與角加速度;(b)試證圓盤與圓弧表面接觸點 C 之加速度為 $a_C = v_O^2 /r(1-r/R)$。

6-65 如圖習題 6-65 中 AB 桿兩端沿兩 45° 之斜面運動,當 AB 桿在水平位置時,A 端以 2 m/s 之速度與 3 m/s^2 之加速度沿斜面向下運動,試求此時 B 端之加速度與 AB 桿之角加速度。

【答】$a_B = 1.87$ m/s^2,$\alpha_{AB} = 0.344$ rad/s^2。

6-66 如圖習題 6-66 中 AB 桿在互相垂直之牆壁及地板間運動,已知在圖示位置時 A 端之速度及加速度為 $v_A = 6$ ft/s(向左),$a_A = 4$ ft/s^2(向左),試求在此瞬間 B 端之加速度 a_B 及 AB 桿之角加速度 α。

【答】$a_B = 24.93$ ft/s^2($\downarrow$);$\alpha = 1.47$ rad/s^2(cw)。

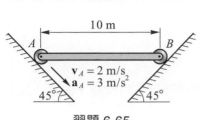

習題 6-65

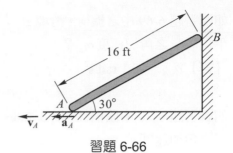

習題 6-66

6-67 如圖習題 6-67 中圓柱在平面上滾動，輪心 O 點具有一向左之等速度 $v_O = 150$ mm/s，試求 $\theta = 0°$ 時滑塊 B 之加速度。

【答】$a_B = 0.131$ m/s²。

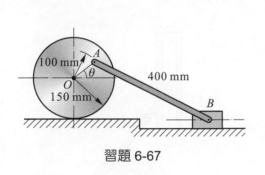

習題 6-67

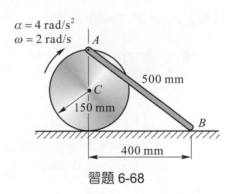

習題 6-68

6-68 圓盤在如圖習題 6-68 中所示位置時，以 2 rad/s 之角速度與 4 rad/s² 之角加速度向右滾動；試求在圖示瞬間連桿兩端 A 點與 B 點之加速度及連桿 AB 之角加速度。

【答】$a_A = 1.34$ m/s²，$a_B = 1.65$ m/s²(→)，$\alpha = 1.5$ rad/s²。

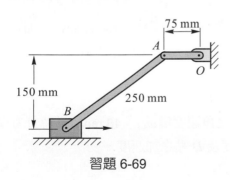

習題 6-69

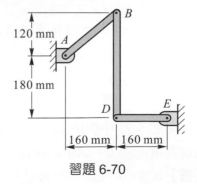

習題 6-70

6-69 如圖習題 6-69 中之機構，滑塊 B 以等速度 $v_B = 0.3$ m/s 向右運動，試求當 OA 桿在水平位置時之角加速度 α_{OA}？

　　【答】$\alpha_{OA} = 60.1$ rad/s^2。

6-70 如圖習題 6-70 中曲柄 AB 以 3 rad/s 之等角速度逆時針方向旋轉，試求 BD 及 DE 兩桿之角加速度。

　　【答】$\alpha_{BD} = 9.6$ rad/s^2，$\alpha_{DE} = 4.05$ rad/s^2。

6-71 如圖習題 6-71 中所示為引擎之曲柄滑塊機構，已知在圖示位置時曲柄之角速度為 10 rad/s(cw)角加速度為 20 rad/s^2(cw)，試求此時連桿 BC 之角加速度及滑塊 C 之加速度。

　　【答】$\alpha_{BC} = 27.7$ rad/s^2(ccw)，$a_C = -13.58$ ft/s^2($\downarrow$)。

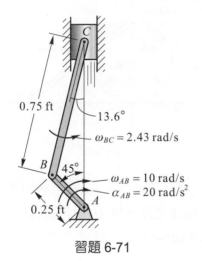

習題 6-71　　　　　　　　　　　習題 6-72

6-72 如圖習題 6-72 中機構在圖示位置時圓盤滾動之角速度為 2 rad/s(ccw)角加速度為 4 rad/s^2(ccw)，試求此時滑塊 A 之加速度。圓盤半徑為 3 in，連桿 AB 長度為 10 in。

　　【答】$a_A = 23.0$ in/s^2。

6-73 如圖習題 6-73 中機構在圖示位置時連桿 AB 之角速度為 $\omega_{AB} = 40$ rad/s(逆時針方向)，角加速度 $\alpha_{AB} = 0$，試求此時 OA 桿之角加速度及 D 點之加速度。

　　【答】$\alpha_{OA} = 0$，$a_D = 600$ m/s^2。

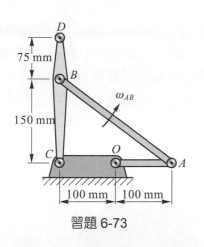

習題 6-73

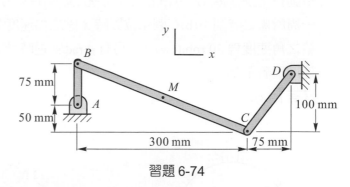

習題 6-74

6-74 如圖習題 6-74 中機構在圖示位置時 AB 桿之角速度為 14 rad/s(ccw)角加速度為 30 rad/s²(cw)，試求 BC 桿及 CD 桿之角加速度。

【答】 α_{BC} = 59.5 rad/s²(ccw)，α_{CD} = 36.8 rad/s²(ccw)。

6-75 如圖習題 6-75 中機構利用油壓缸驅動 OA 桿轉動，已知在圖示瞬間 B 點速度為 4 m/s 且以 20 m/s² 之加速度增加速率，試求此時 OA 桿之角加速度。

【答】 α_{OA} = 396 rad/s²(ccw)。

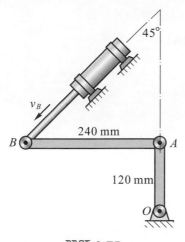

習題 6-75

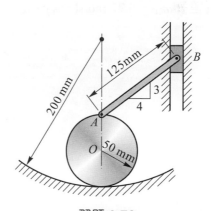

習題 6-76

6-76 如圖習題 6-76 中圓輪在一圓弧表面上滾動，已知在圖示瞬間圓輪滾動之角速度為 3 rad/s(cw)角加速度為 5 rad/s²(cw)，試求此時 AB 桿之角加速度及滑塊 B 之加速度。

【答】 α_{AB} = −14.67 rad/s²(cw)，a_B = −2.97 m/s²(↓)。

6-77 如圖習題 6-77 中連桿 BC 帶動圓盤(直徑 80 mm)沿直徑為 240 mm 之圓形軌道滾動(無滑動)，已知圓盤以 30 rpm 之等角速度朝順時針方向滾動，試求(a)BC 桿繞 B 點轉動一周所需之時間；(b)在圖示位置時 A 點之加速度？(c)在圖示位置時，若圓盤除了所給之角速度為 30 rpm(cw)外，另有 4 rad/s^2 逆時針方向之角加速度，則此時 A 點之加速度為若干？

【答】(a)$T = 4.0$ 秒，(b)$a_A = 441$ mm/s^2，(c)$a_A = 659$ mm/s^2。

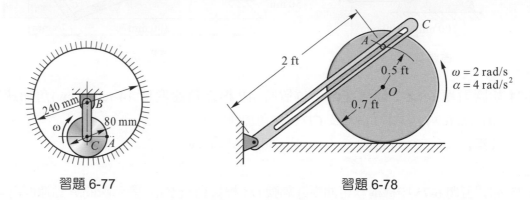

習題 6-77　　　　　　　　　習題 6-78

6-78 如圖習題 6-78 中圓盤在水面上滾動，帶動槽臂 BC 繞 B 點轉動，已知在圖示瞬間圓盤之角速度為 2 rad/s(ccw)角加速度為 4 rad/s^2(ccw)，試求此時槽臂 BC 之角速度與角加速度。A 處銷子固定在圓盤但可在槽臂 BC 上自由滑動。

【答】$\omega_{BC} = 0.72$ rad/s(ccw)，$\alpha_{BC} = 2.02$ rad/s^2(ccw)。

📖 6-8 相對運動：轉動坐標系

上面幾節是在平移運動之座標系統中，以相對運動方法分析剛體作平面運動之速度與加速度，此種分析方法，比較適用於決定同一剛體內各點之運動情形，並適於分析以銷釘連接之剛體系統(機構)。但某些情形，作平面運動的剛體在彼此之連接處有相對滑動時，用兼有移動及轉動運動之座標系分析則較為方便。以下之分析主要是在建立一個質點相對於「平面運動」座標系統(兼有移動及轉動之座標系統)之速度及加速度方程式。

參考圖 6-16，一剛體相對於固定座標系(X軸及Y軸)作平面運動，今另有一質點B在剛體上相對於剛體作運動，為描述B點之運動，則在剛體上之A點建立另一座標系(x軸及y軸)，此座標系固定於剛體上，隨剛體作平面運動，而為兼有移動及轉動之座標系。

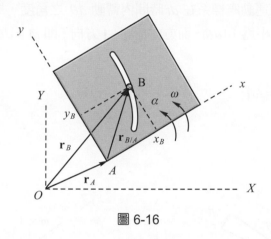

圖 6-16

📖 位置向量

設$\mathbf{r}_A$為剛體上之A點相對於固定座標系之位置向量，$\mathbf{r}_{B/A}$為質點B相對於運動座標系(x軸及y軸)之位置向量，且$\mathbf{r}_{B/A} = x_B\mathbf{i} + y_B\mathbf{j}$，其中$\mathbf{i}$與$\mathbf{j}$分別為$x$軸及$y$軸之單位向量，則由圖 6-16 可得質點$B$相對於固定座標系之位置向量為

$$\mathbf{r}_B = \mathbf{r}_A + \mathbf{r}_{B/A} \tag{a}$$

因剛體作平面運動，設在圖示瞬間剛體之角速度為$\boldsymbol{\omega}$，角加速度為$\boldsymbol{\alpha}$，A點之速度為$\mathbf{v}_A$，加速度為$\mathbf{a}_A$，上列$\boldsymbol{\omega}$、$\boldsymbol{\alpha}$、$\mathbf{v}_A$及$\mathbf{a}_A$均相對於固定座標系(X軸及Y軸)所得之量。又因質點B相對於剛體有作運動，故設質點B相對於剛體之運動速度為$\mathbf{v}_{\text{rel}}$加速度為$\mathbf{a}_{\text{rel}}$，而$\mathbf{v}_{\text{rel}}$及$\mathbf{a}_{\text{rel}}$均相對於運動座標系(x軸及y軸)所得之量。

速度

將公式(a)$\mathbf{r}_B = \mathbf{r}_A + \mathbf{r}_{B/A}$ 對時間微分可得 B 點之速度為

$$\mathbf{v}_B = \mathbf{v}_A + \frac{d\mathbf{r}_{B/A}}{dt} \tag{b}$$

其中 $\dfrac{d\mathbf{r}_{B/A}}{dt} = \dfrac{d}{dt}(x_B\mathbf{i} + y_B\mathbf{j}) = \dfrac{dx_B}{dt}\mathbf{i} + x_B\dfrac{d\mathbf{i}}{dt} + \dfrac{dy_B}{dt}\mathbf{j} + y_B\dfrac{d\mathbf{j}}{dt}$

$$= (\frac{dx_B}{dt}\mathbf{i} + \frac{dy_B}{dt}\mathbf{j}) + (x_B\frac{d\mathbf{i}}{dt} + y_B\frac{d\mathbf{j}}{dt}) \tag{c}$$

上式前兩項為質點 B 相對於運動座標系之速度分量，此即為 B 相對於運動座標系之速度，以 $\mathbf{v}_{\text{rel}}$ 表示之。而後兩項與運動座標系之單位向量對時間之變化率有關。

參考圖 6-17(a)，設運動座標系在 dt 時間內轉動 $d\theta$ 之角度，單位向量之變化量 $d\mathbf{i}$ 與 $d\mathbf{j}$ 僅與 $d\theta$有關；$d\mathbf{i}$ 之大小為 $1\cdot(d\theta)$，而方向指向$+\mathbf{j}$ 方向，即 $d\mathbf{i} = d\theta\mathbf{j}$；同理，可得 $d\mathbf{j} = -d\theta$ $\mathbf{i}$，因此

$$\frac{d\mathbf{i}}{dt} = \frac{d\theta}{dt}\mathbf{j} = \omega\mathbf{j} \quad , \quad \frac{d\mathbf{j}}{dt} = -\frac{d\theta}{dt}\mathbf{i} = -\omega\mathbf{i}$$

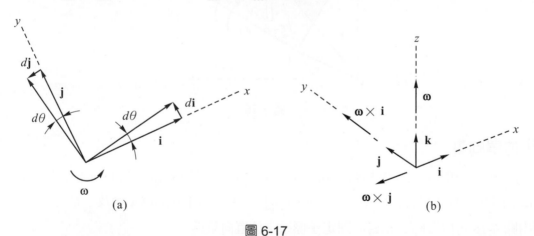

(a)　　　　　　　　(b)

圖 6-17

由向量積之定義，參考圖 6-17(b)，亦可將上式以向量式表示為

$$\frac{d\mathbf{i}}{dt} = \boldsymbol{\omega}\times\mathbf{i} \quad , \quad \frac{d\mathbf{j}}{dt} = \boldsymbol{\omega}\times\mathbf{j} \tag{d}$$

將(d)式代入(c)式可得

$$\frac{d\mathbf{r}_{B/A}}{dt} = \mathbf{v}_{\text{rel}} + \boldsymbol{\omega}\times(x_B\mathbf{i} + y_B\mathbf{j}) = \mathbf{v}_{\text{rel}} + \boldsymbol{\omega}\times\mathbf{r}_{B/A} \tag{e}$$

再將(e)式代入(b)式可得 B 點之速度為

$$\mathbf{v}_B = \mathbf{v}_A + \boldsymbol{\omega} \times \mathbf{r}_{B/A} + \mathbf{v}_{\text{rel}} \tag{6-23}$$

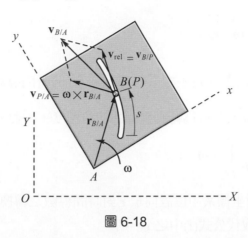

圖 6-18

上式中 $\mathbf{v}_B = B$ 點相對於固定座標系(X-Y 軸)之速度，$\mathbf{v}_A =$ 運動座標系(x-y 軸)之原點 A 相對於固定座標系之速度，$\mathbf{v}_{\text{rel}} = B$ 點相對於運動座標系(x-y 軸)之速度，$\boldsymbol{\omega} =$ 運動座標系相對於固定座標系轉動之角速度，$\mathbf{r}_{B/A} = B$ 點相對運動座標系原點 A 之位置向量，有關公式(6-23)中之各項速度，參考圖 6-18 所示。其中 $\mathbf{v}_{\text{rel}}$ 為質點 B 在剛體內沿曲線軌跡滑動之速度，大小為 $v_{\text{rel}} = \dot{s}$，方向與運動軌跡相切，而 s 為質點 B 沿曲線軌跡運動之路徑長度。

公式(6-23)為轉動座標系中相對速度之公式，公式(6-16)為移動座標系中相對速度之公式，兩者比較前者多了 $\boldsymbol{\omega} \times \mathbf{r}_{B/A}$ 這一項，若運動座標系(x 軸及 y 軸)只有移動而無轉動，$\omega = 0$，即 $\boldsymbol{\omega} \times \mathbf{r}_{B/A} = 0$，則前後兩公式便相同。

為進一步瞭解公式(6-23)之意義，設 P 點為剛體上與質點 B 同位置，但為固定在剛體上之點，因 $\mathbf{v}_{\text{rel}}$ 為質點 B 相對於剛體之運動速度，也可視為相對於剛體上 P 點之運動速度，即 $\mathbf{v}_{B/P} = \mathbf{v}_{\text{rel}}$。又 P 與 A 為同一剛體上之固定點，則 $\mathbf{v}_{P/A} = \boldsymbol{\omega} \times \mathbf{r}_{P/A}$，且 $\mathbf{v}_P = \mathbf{v}_A + \mathbf{v}_{P/A} = \mathbf{v}_A + \boldsymbol{\omega} \times \mathbf{r}_{B/A}$，故公式(6-23)可表示為下列寫法

$$\begin{aligned}
\mathbf{v}_B &= \mathbf{v}_A + \boldsymbol{\omega} \times \mathbf{r}_{B/A} + \mathbf{v}_{\text{rel}} \\
&= \underbrace{v_A + v_{P/A}}_{} + \mathbf{v}_{B/P} = v_A + \underbrace{v_{P/A} + v_{B/P}}_{} \\
&= \quad \mathbf{v}_P \quad + \mathbf{v}_{B/P} = \mathbf{v}_A + \quad \mathbf{v}_{B/A}
\end{aligned} \tag{6-24}$$

上式中最後一個公式 $\mathbf{v}_B = \mathbf{v}_A + \mathbf{v}_{B/A}$ 與公式(6-16)相同，但是在轉動座標系中 $\mathbf{v}_{B/A} = \mathbf{v}_{B/P} + \mathbf{v}_{P/A} = \mathbf{v}_{\text{rel}} + \boldsymbol{\omega} \times \mathbf{r}_{B/A}$。

向量對時間導數的坐標轉換公式

設將公式(e)重寫如下

$$\frac{d\mathbf{r}_{B/A}}{dt} = \mathbf{v}_{rel} + \boldsymbol{\omega} \times \mathbf{r}_{B/A} \tag{e}$$

式中 $\dfrac{d\mathbf{r}_{B/A}}{dt}$ 為位置向量 $\mathbf{r}_{B/A}$ 對固定坐標系(X軸及Y軸)的時間導數，$\mathbf{v}_{rel}$ 為 $\mathbf{r}_{B/A}$ 對轉動坐標系(x軸及y軸)的時間導數，而 $\boldsymbol{\omega}$ 為轉動坐標系的角速度，因此公式(e)可寫為

$$\left(\frac{d\mathbf{r}}{dt}\right)_{XY} = \left(\frac{d\mathbf{r}}{dt}\right)_{xy} + \boldsymbol{\omega} \times \mathbf{r} \tag{f}$$

上式為固定坐標系與轉動坐標系中位置向量 $\mathbf{r}$ 對時間導數之轉換關係式，此式可推廣應用至任一向量 $\mathbf{Q}$，即用 $\mathbf{Q}$ 取代公式(f)中之 $\mathbf{r}$，則

$$\left(\frac{d\mathbf{Q}}{dt}\right)_{XY} = \left(\frac{d\mathbf{Q}}{dt}\right)_{xy} + \boldsymbol{\omega} \times \mathbf{Q} \tag{6-25}$$

其中 $\boldsymbol{\omega} \times \mathbf{Q}$ 為固定坐標系與轉動坐標系中向量 $\mathbf{Q}$ 對時間導數所相差之項，此關係式即使對空間運動之坐標轉換同樣可以成立。

加速度

將公式(6-23)對時間微分，可得 B 點之加速度

$$\mathbf{a}_B = \frac{d\mathbf{v}_B}{dt} = \frac{d\mathbf{v}_A}{dt} + \frac{d\boldsymbol{\omega}}{dt} \times \mathbf{r}_{B/A} + \boldsymbol{\omega} \times \frac{d\mathbf{r}_{B/A}}{dt} + \frac{d\mathbf{v}_{rel}}{dt} \tag{f}$$

其中 $\dfrac{d\mathbf{v}_A}{dt} = \mathbf{a}_A$ ，$\dfrac{d\boldsymbol{\omega}}{dt} = \boldsymbol{\alpha}$ ，$\dfrac{d\mathbf{r}_{B/A}}{dt} = \mathbf{v}_{rel} + \boldsymbol{\omega} \times \mathbf{r}_{B/A}$ ，則等號右邊第三項可寫為

$$\boldsymbol{\omega} \times \frac{d\mathbf{r}_{B/A}}{dt} = \boldsymbol{\omega} \times (\mathbf{v}_{rel} + \boldsymbol{\omega} \times \mathbf{r}_{B/A}) = \boldsymbol{\omega} \times \mathbf{v}_{rel} + \boldsymbol{\omega} \times (\boldsymbol{\omega} \times \mathbf{r}_{B/A}) \tag{g}$$

至於公式(f)中最後一項 $d\mathbf{v}_{rel}/dt$，由公式(6-25)

$$\left(\frac{d\mathbf{v}_{rel}}{dt}\right)_{XY} = \left(\frac{d\mathbf{v}_{rel}}{dt}\right)_{xy} + \boldsymbol{\omega} \times \mathbf{v}_{rel}$$

其中 $\left(\dfrac{d\mathbf{v}_{rel}}{dt}\right)_{xy}$ 為質點 B 相對於運動坐標系之加速度，以 $\mathbf{a}_{rel}$ 表示，則上式可寫為

$$\frac{d\mathbf{v}_{\text{rel}}}{dt} = \mathbf{a}_{\text{rel}} + \boldsymbol{\omega} \times \mathbf{v}_{\text{rel}} \tag{h}$$

將公式(g)及(h)代入公式(f)中，可得 B 點之加速度為

$$\mathbf{a}_B = \mathbf{a}_A + \boldsymbol{\alpha} \times \mathbf{r}_{B/A} + \boldsymbol{\omega} \times (\boldsymbol{\omega} \times \mathbf{r}_{B/A}) + 2\boldsymbol{\omega} \times \mathbf{v}_{\text{rel}} + \mathbf{a}_{\text{rel}} \tag{6-26}$$

式中 $\mathbf{a}_A$＝運動座標(x-y 軸)之原點 A 相對於固定座標系之加速度，α＝運動座標系(x-y 軸)相對於固定座標系(X-Y 軸)轉動之角加速度，$\mathbf{a}_{\text{rel}}$ 為質點 B 相對於剛體沿曲線軌跡滑動之加速度，參考圖 6-19 所示。

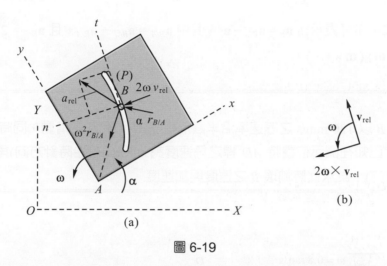

圖 6-19

公式(6-26)中 $2\boldsymbol{\omega} \times \mathbf{v}_{\text{rel}}$ 為運動座標系之角速度 $\boldsymbol{\omega}$ 與 B 點相對於運動座標系之速度 $\mathbf{v}_{\text{rel}}$ 聯合所生之加速度，此項加速度顯示出 B 點相對於移動座標系與轉動座標系之不同處，是由法國工程師 G. C. Coriolis(1792-1843)首先提出，故稱為科若利士加速度(Coriolis acceleration)或稱為**補充加速度**(supplementary acceleration)，簡稱**科氏加速度**。當甲物體沿著乙物體上之某一路徑運動時，若乙物體作旋轉運動，則甲物體相對於乙物體之加速度中有一科氏加速度分量。若甲物體固定在乙物體上不作相對運動，或乙物體不作旋轉運動，則無科氏加速度存在。

科氏加速度的方向，可由 $\mathbf{v}_{\text{rel}}$ 的方向隨著轉動座標角速度 $\boldsymbol{\omega}$ 之方向旋轉 90°即可求得，如圖 6-19(b)所示。

為進一步瞭解公式(6-26)之意義，設取 P 點為剛體上與質點 B 接觸之點，因 P 與 A 為同一剛體上之兩點，$\mathbf{a}_{P/A} = \boldsymbol{\alpha} \times \mathbf{r}_{P/A} + \boldsymbol{\omega} \times (\boldsymbol{\omega} \times \mathbf{r}_{P/A})$，則 P 點加速度

$$\mathbf{a}_P = \mathbf{a}_A + \mathbf{a}_{P/A} = \mathbf{a}_A + \boldsymbol{\alpha} \times \mathbf{r}_{P/A} + \boldsymbol{\omega} \times (\boldsymbol{\omega} \times \mathbf{r}_{P/A})$$

由 $\mathbf{a}_B = \mathbf{a}_P + \mathbf{a}_{B/P}$ 與公式(6-26)比較，可發現 $\mathbf{a}_{B/P} = \mathbf{a}_{rel} + 2\boldsymbol{\omega} \times \mathbf{v}_{rel}$，即在固定坐標系中所得 B 相對於 P 之加速度 $\mathbf{a}_{B/P}$ 與在轉動坐標系中所得 B 相對於 P 之加速度 $\mathbf{a}_{rel}$，兩者差了一項科若利士加速度，故公式(6-26)可表示為下列寫法

$$\mathbf{a}_B = \mathbf{a}_A + \underbrace{\boldsymbol{\alpha} \times \mathbf{r}_{B/A} + \boldsymbol{\omega} \times (\boldsymbol{\omega} \times \mathbf{r}_{B/A})}_{} + \underbrace{2\boldsymbol{\omega} \times \mathbf{v}_{rel} + \mathbf{a}_{rel}}_{}$$

$$\mathbf{a}_B = \underbrace{\mathbf{a}_A + \qquad\qquad \mathbf{a}_{P/A}}_{} \qquad\qquad + \qquad \mathbf{a}_{B/P} \qquad\qquad (6\text{-}27)$$

$$\mathbf{a}_B = \qquad\qquad \mathbf{a}_P \qquad\qquad\qquad + \qquad \mathbf{a}_{B/P}$$

另外，公式(6-26)亦可表示為 $\mathbf{a}_B = \mathbf{a}_{B/A} + \mathbf{a}_A$，其中 $\mathbf{a}_{B/A} = \mathbf{a}_{B/P} + \mathbf{a}_{P/A}$，且 $\mathbf{a}_{B/P} = 2\boldsymbol{\omega} \times \mathbf{v}_{rel} + \mathbf{a}_{rel}$，$\mathbf{a}_{P/A} = \boldsymbol{\alpha} \times \mathbf{r}_{B/A} + \boldsymbol{\omega} \times (\boldsymbol{\omega} \times \mathbf{r}_{B/A})$。

例題 6-18

圖中軸環 B 以 120 mm/s 之等速率沿半圓形桿子由 A 朝向 D 滑動，同時半圓形 AD 桿繞 A 點轉動，已知在圖示位置時 AD 桿之角速度為 0.8 rad/s(逆時針方向)角加速度為 0.5 rad/s(順時針方向)，試求此時軸環 B 之速度與加速度。

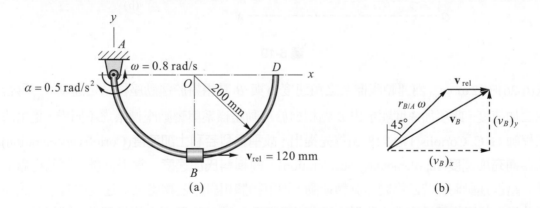

(a)　　　　　　　　　　　　(b)

解 在 AD 桿上建立一隨 AD 桿轉動之坐標系(x 軸及 y 軸)原點在 A 點，由公式(6-23)，B 點之速度為

$$\mathbf{v}_B = \mathbf{v}_A + \boldsymbol{\omega} \times \mathbf{r}_{B/A} + \mathbf{v}_{rel} \qquad\qquad (1)$$

其中 $\mathbf{v}_A = 0$，$\mathbf{v}_{rel} = 120$ mm/s($\rightarrow$)，$r_{B/A} = 200\sqrt{2}$ mm，則 $\boldsymbol{\omega} \times \mathbf{r}_{B/A}$ 之大小及方向為

$$\left| \boldsymbol{\omega} \times \mathbf{r}_{B/A} \right| = r_{B/A}\omega = \left(200\sqrt{2} \right)(0.8) = 160\sqrt{2} \text{ mm/s } (\nearrow)$$

繪公式(1)之向量圖，如(b)圖所示，則

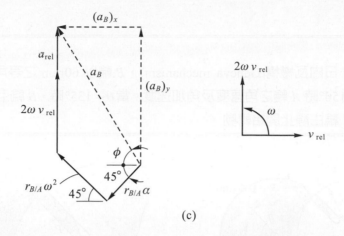

(c)

$$(v_B)_x = r_{B/A}\omega\sin45° + v_{\text{rel}} = (160\sqrt{2})\sin45° + 120 = 280 \text{ mm/s}$$

$$(v_B)_y = r_{B/A}\omega\cos45° = (160\sqrt{2})\cos45° = 160 \text{ mm/s}$$

故　　$\mathbf{v}_B = (280\mathbf{i} + 160\mathbf{j}) \text{ mm/s}$ ◀

B 點之加速度，由公式(6-26)

$$\mathbf{a}_B = \mathbf{a}_A + \boldsymbol{\alpha} \times \mathbf{r}_{B/A} + \boldsymbol{\omega} \times (\boldsymbol{\omega} \times \mathbf{r}_{B/A}) + 2\boldsymbol{\omega} \times \mathbf{v}_{\text{rel}} + \mathbf{a}_{\text{rel}} \tag{2}$$

其中　　$\mathbf{a}_A = 0$

$$|\boldsymbol{\alpha} \times \mathbf{r}_{B/A}| = r_{B/A}\alpha = (200\sqrt{2})(0.5) = 100\sqrt{2} \text{ mm/s}^2 (\swarrow)$$

$$|\boldsymbol{\omega} \times (\boldsymbol{\omega} \times \mathbf{r}_{B/A})| = r_{B/A}\omega^2 = (200\sqrt{2})(0.8)^2 = 128\sqrt{2} \text{ mm/s}^2 (\nwarrow)$$

$$|2\boldsymbol{\omega} \times \mathbf{v}_{\text{rel}}| = 2\omega v_{\text{rel}} = 2(0.8)(120) = 192 \text{ mm/s}^2 (\uparrow)，方向參考(c)圖$$

$$a_{\text{rel}} = \frac{v_{\text{rel}}^2}{\rho} = \frac{120^2}{200} = 72 \text{ mm/s}^2 (\uparrow)$$

繪公式(2)之向量圖，如(c)圖所示。

$$(a_B)_x = -r_{B/A}\alpha\cos45° - r_{B/A}\omega^2\cos45°$$
$$= -(100\sqrt{2})\cos45° - (128\sqrt{2})\cos45° = -228 \text{ mm/s}^2$$

$$(a_B)_y = a_{\text{rel}} + 2\omega v_{\text{rel}} + r_{B/A}\omega^2\sin45° - r_{B/A}\alpha\sin45°$$
$$= 72 + 192 + (128\sqrt{2})\sin45° - (100\sqrt{2})\sin45° = 292 \text{ mm/s}^2$$

故　　$\mathbf{a}_B = (-228\mathbf{i} + 292\mathbf{j}) \text{ mm/s}^2$ ◀

$$a_B = \sqrt{(-228)^2 + 192^2} = 370 \text{ mm/s}^2，\quad \tan\phi = \frac{292}{228}，\quad \phi = 52.0°$$

例題 6-19

圖中所示為一日內瓦機構(Geneva mechanism)，B 輪以 60rpm 之等角速朝逆時針方向轉動，試求當 $\theta = 150°$ 時 A 輪之角速度及角加速度。當 $\theta = 135°$ 時，B 輪上之銷子 P 恰切入 A 輪之溝槽，使 A 輪由靜止開始轉動。

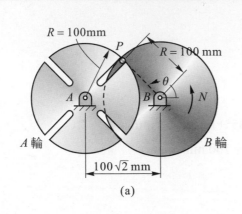

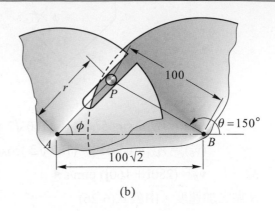

(a)   (b)

解 當 $\theta = 150°$ 時銷子 P 之位置如(b)圖所示

$$r^2 = 100^2 + (100\sqrt{2})^2 - 2(100)(100\sqrt{2})\cos 30°$$

得 $r = 74.18$mm

由正弦定律： $\dfrac{100}{\sin\phi} = \dfrac{74.18}{\sin 30°}$ ， $\phi = 42.38°$

在 A 輪上建立一轉動坐標系(x 軸及 y 軸)，如(c)圖所示，已知 P 點之速度及加速度為

$$v_P = (0.1)(\frac{2\pi \times 60}{60}) = 0.628 \text{ m/s}$$

$$a_P = (0.1)(\frac{2\pi \times 60}{60})^2 = 3.948 \text{ m/s}^2$$

(1) 速度分析：P 點之速度由公式(6-23)

$$\mathbf{v}_P = \mathbf{v}_A + \boldsymbol{\omega} \times \mathbf{r}_{P/A} + \mathbf{v}_{\text{rel}} \tag{1}$$

其中 $v_P = 0.628$ m/s(方向與 BP 垂直)，$\mathbf{v}_A = 0$

$|\boldsymbol{\omega} \times \mathbf{r}_{P/A}| = \omega \, r_{P/A}$ (方向與 AP 垂直，指向未知)

$\mathbf{v}_{\text{rel}}$：大小未知，方向與 AP 平行，指向未知

繪公式(1)之向量圖，如(c)圖所示，由圖可決定 v_{rel} 及 $\omega r_{P/A}$ 之正確指向，因此可判斷 A 輪之角速度 ω 為朝順時針方向。參考(c)圖

$$\beta = 90° - \phi - 30° = 17.62°$$

則　　　　$v_{rel} = v_P \cos\beta = 0.628\cos17.62° = 0.599$ m/s

$\omega\, r_{P/A} = v_P \sin\beta = 0.628\sin17.62° = 0.190$ m/s

得　　　　$\omega = \dfrac{\omega\, r_{P/A}}{r_{P/A}} = \dfrac{0.190}{0.07418} = 2.56$ rad/s (cw) ◄

(2)加速度分析：P 點之加速度，由公式(6-26)

$$\mathbf{a}_P = \mathbf{a}_A + \boldsymbol{\alpha}\times\mathbf{r}_{P/A} + \boldsymbol{\omega}\times(\boldsymbol{\omega}\times\mathbf{r}_{P/A}) + 2\boldsymbol{\omega}\times\mathbf{v}_{rel} + a_{rel}$$

其中　　$a_P = 3.948$m/s²(方向：P 指向 B) ， $\mathbf{a}_A = 0$

$|\boldsymbol{\alpha}\times\mathbf{r}_{P/A}| = \alpha\, r_{P/A}$ (方向：與 AP 垂直，指向未知)

$|\boldsymbol{\omega}\times(\boldsymbol{\omega}\times\mathbf{r}_{P/A})| = \omega^2\, r_{P/A} = (2.56)^2(0.07418) = 0.486$ m/s² （方向：P 指向 A）

$|2\boldsymbol{\omega}\times\mathbf{v}_{rel}| = 2\omega v_{rel} = 2(2.56)(0.599) = 3.06$ m/s²

a_{rel}：大小未知，方向與 AP 平行，指向未知

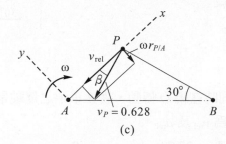

(c)

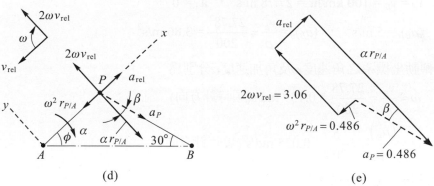

(d)　　　　　　　　　　　　　　　(e)

將上列加速度關係向量圖繪如(e)圖所示，由(e)圖可決定 a_{rel} 及 $\alpha\, r_{P/A}$ 之正確指向，並繪於(d)圖中，因此可決定 A 輪角加速度 α 之方向為順時針方向。由(e)圖

$a_P\cos\beta = \alpha\, r_{P/A} - 3.06$

$\alpha\, r_{P/A} = 3.948\cos17.62° + 3.06 = 6.82$ m/s²

$\alpha = \dfrac{\alpha\, r_{P/A}}{r_{P/A}} = \dfrac{6.82}{0.07418} = 92.0$ rad/s²(cw) ◄

例題 6-20

　　圖中 A 車以 100 km/hr 之等速度沿直線公路行駛，此時 B 車在半徑為 200m 之彎道上正以 100 km/hr 之速度與 5 m/s^2 之加速度追趕 A 車中，B 車之位置如(a)圖所示，試求此時 B 車上之駕駛觀測到 A 車之速度與加速度為若干？

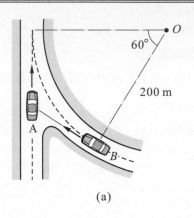　　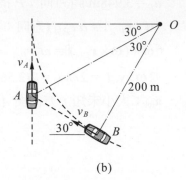

(a)　　　　　　　　　　　　(b)

解 B 車在彎道上行駛時，同時在繞 O 轉動，故 B 車中之駕駛是在轉動坐標系中，其所觀測 A 車之速度及加速度為 v_{rel} 及 a_{rel}。

已知　$v_A = v_B = 100$ km/hr $= 27.78$ m/s ，　$\mathbf{a}_A = 0$

$$(a_B)_t = 5 \text{ m/s}^2 \quad , \quad (a_B)_n = \frac{v_B^2}{\rho} = \frac{27.78^2}{200} = 3.86 \text{ m/s}^2$$

B 車上轉動坐標系之角速度 ω 及角加速度 α 分別為

$$\omega = \frac{v_B}{\rho} = \frac{27.78}{200} = 0.139 \text{ rad/s(順時針方向)}$$

$$\alpha = \frac{(a_B)_t}{\rho} = \frac{5}{200} = 0.025 \text{ rad/s}^2 \text{(順時針方向)}$$

(a)速度分析：由公式(6-23)

$$\mathbf{v}_A = \mathbf{v}_B + \mathbf{\omega} \times \mathbf{r}_{A/B} + \mathbf{v}_{rel} \tag{1}$$

參考(b)圖，$r_{A/B} = 200 \tan 30° = 115.5$ m，則

$$\left| \mathbf{\omega} \times \mathbf{r}_{A/B} \right| = r_{A/B}\omega = (115.5)(0.139) = 16.0 \text{ m/s}$$

繪公式(1)速度之向量圖，如(c)圖所示，由圖

$$(v_{rel})_x = v_B \cos 30° - r_{A/B}\omega \cos 60° = 27.78\cos 30° - 16.0\cos 60° = 16.0 \text{ m/s}$$

$$(v_{rel})_y = v_A - v_B \sin 30° - r_{A/B}\omega \sin 60° = 27.78 - 27.78\sin 30° - 16.0\cos 60° = 0$$

故　$v_{rel} = 16.0$ m/s$(\rightarrow)$◄

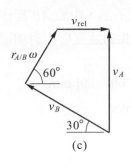

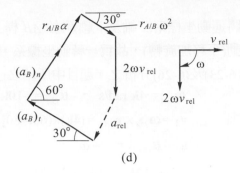

(c)   (d)

(b)加速度分析：由公式(6-26)

$$\mathbf{a}_A = \mathbf{a}_B + \boldsymbol{\alpha} \times \mathbf{r}_{A/B} + \boldsymbol{\omega} \times (\boldsymbol{\omega} \times \mathbf{r}_{A/B}) + 2\boldsymbol{\omega} \times \mathbf{v}_{rel} + \mathbf{a}_{rel} \qquad (2)$$

其中 $\left| \boldsymbol{\alpha} \times \mathbf{r}_{A/B} \right| = r_{A/B}\alpha = (115.5)(0.025) = 2.89 \text{ m/s}^2$

           $\left| \boldsymbol{\omega} \times (\boldsymbol{\omega} \times \mathbf{r}_{A/B}) \right| = r_{A/B}\omega^2 = (115.5)(0.139)^2 = 2.23 \text{ m/s}^2$

           $\left| 2\boldsymbol{\omega} \times \mathbf{v}_{rel} \right| = 2\omega v_{rel} = 2(0.139)(16.0) = 4.45 \text{ m/s}^2$

繪公式(2)加速度之向量圖，如(d)圖所示

$(a_{rel})_x = (a_B)_n\cos60° + r_{A/B}\alpha\cos60° + r_{A/B}\omega^2\cos30° - (a_B)_t\cos30°$

        $= 3.86\cos60° + 2.89\cos60° + 2.23\cos30° - 5\cos30° = 0.976 \text{ m/s}^2(\leftarrow)$

$(a_{rel})_y = (a_B)_t\sin30° + (a_B)_n\sin60° + r_{A/B}\alpha\sin60° - r_{A/B}\omega^2\sin30° - 2\omega v_{rel}$

        $= 5\sin30° + 3.86\sin60° + 2.89\sin60° - 2.23\sin30° - 4.45 = 2.78 \text{ m/s}^2(\downarrow)$

故 $a_{rel} = \sqrt{0.976^2 + 2.78^2} = 2.95 \text{ m/s}^2 \blacktriangleleft$

例題 6-21

圖中 AB 桿在 A 端與曲柄 OA 以銷子連接，且可在滑塊 C 中滑動，而滑塊 C 可自由轉動。已知在圖示位置時曲柄 OA 之角速度為 4 rad/s(逆時針方向)角加速度為 10 rad/s²(順時針方向)，試求此時 AB 桿之角速度與角加速度。

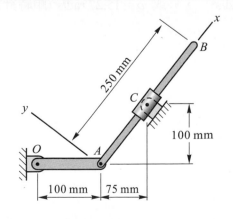

解 將運動坐標系(x 軸及 y 軸)附於 AB 桿上之 A 點，如圖所示，由於 AB 桿作一般平面運動(平移加旋轉)，故為一轉動坐標系，A、C 兩點間之相對速度與相對加速度可用公式 (6-23)及(6-26)分析之。題目中所給之已知量為

$$\omega_{OA} = 4\mathbf{k} \text{ rad/s} \quad , \quad \alpha_{OA} = -10\mathbf{k} \text{ rad/s}^2 \quad , \quad \mathbf{r}_{A/O} = 60\mathbf{i} - 80\mathbf{j} \text{ mm}$$

則
$$\mathbf{v}_A = \omega_{OA} \times \mathbf{r}_{A/O} = (4\mathbf{k}) \times (60\mathbf{i} - 80\mathbf{j}) = 240\mathbf{j} + 320\mathbf{i} \text{ mm/s}$$

$$\mathbf{a}_A = \alpha_{OA} \times \mathbf{r}_{A/O} - \omega_{OA}^2 \mathbf{r}_{A/O}$$

$$= (-10\mathbf{k}) \times (60\mathbf{i} - 80\mathbf{j}) - (4)^2(60\mathbf{i} - 80\mathbf{j}) = -1760\mathbf{i} + 680\mathbf{j} \text{ mm/s}^2$$

$$\mathbf{v}_C = 0 \quad , \quad \mathbf{a}_C = 0 \text{ (滑塊上 } C \text{ 點固定不動)}$$

(a) 速度分析：$\mathbf{v}_C = \mathbf{v}_A + \omega \times \mathbf{r}_{C/A} + \mathbf{v}_{rel}$ 　　　　　　　　　　　　　　(1)

其中 $\mathbf{r}_{C/A} = 125\,\mathbf{i}$ mm ， $\mathbf{v}_{rel} = v_{rel}\,\mathbf{i}$

$$\omega \times \mathbf{r}_{C/A} = (\omega\,\mathbf{k}) \times (125\mathbf{i}) = 125\omega\,\mathbf{j}$$

將公式(1)分為 $\mathbf{i}$ 方向及 $\mathbf{j}$ 方向分量

$\mathbf{i}$ 方向：$0 = 320 + 0 + v_{rel}$ ， $v_{rel} = -320$ mm/s ， $\mathbf{v}_{rel} = -320\,\mathbf{i}$ mm/s

$\mathbf{j}$ 方向：$0 = 240 + 125\omega + 0$ ， $\omega = -1.92$ rad/s

即　　　　$\omega = -1.92\mathbf{k}$ rad/s ， 或 $\omega = 1.92$ rad/s(順時針方向)◀

(b) 加速度分析：$\mathbf{a}_C = \mathbf{a}_A + \alpha \times \mathbf{r}_{C/A} - \omega^2 \mathbf{r}_{C/A} + 2\omega \times \mathbf{v}_{rel} + \mathbf{a}_{rel}$ 　　　　(2)

其中 $\alpha = \alpha\,\mathbf{k}$ rad/s^2 ， $\mathbf{a}_{rel} = a_{rel}\,\mathbf{i}$

$$\alpha \times \mathbf{r}_{C/A} = (\alpha\,\mathbf{k}) \times (125\mathbf{i}) = 125\alpha\,\mathbf{j} \text{ mm/s}^2$$

$$-\omega^2\,\mathbf{r}_{C/A} = -(1.92)^2(125\mathbf{i}) = -460.8\,\mathbf{i} \text{ mm/s}^2$$

$$2\omega \times \mathbf{v}_{rel} = 2(-1.92\mathbf{k}) \times (-320\mathbf{i}) = 1228.8\mathbf{j} \text{ mm/s}^2$$

將公式(2)分為 $\mathbf{i}$ 方向及 $\mathbf{j}$ 方向分量

$\mathbf{i}$ 方向：$0 = (-1760) + 0 - 460.8 + 0 + a_{rel}$ ， $a_{rel} = 2220.8$ mm/s^2

$\mathbf{j}$ 方向：$0 = 680 + 125\alpha + 0 + 1228.8 + 0$ ， $\alpha = -15.27$ rad/s^2

即　　　　$\alpha = -15.27\,\mathbf{k}$ rad/s^2 ， 或 $\alpha = 15.27$ rad/s^2(順時針方向)◀

習題 6

6-79 如圖習題 6-79 中桿子於 $\theta = 60°$ 時之角速度為 3 rad/s(cw)角加速度為 2 rad/s²(cw)；同時桿上之軸環向外滑動，於 $x = 0.2$ m 時，其相對於桿子之速度為 2 m/s，加速度為 3 m/s²，試求軸環之科氏加速度以及軸環在此瞬間之速度與加速度。

【答】12 m/s²，$\mathbf{v}_C = 2\mathbf{i} - 0.6\mathbf{j}$ m/s，$\mathbf{a}_C = 1.2\mathbf{i} - 12.4\mathbf{j}$ m/s²。

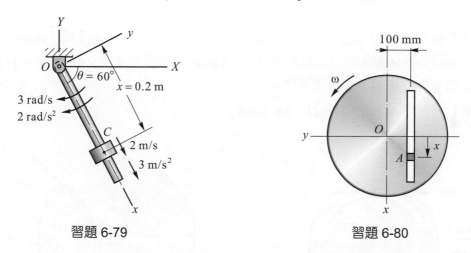

習題 6-79　　　　　　　　　習題 6-80

6-80 如圖習題 6-80 中圓盤繞其中心 O 朝逆時針方向旋轉，同時圓盤上之直線凹槽內由有一滑塊 A 滑動。在某一瞬間 $x = 100$ mm，$\dot{x} = 150$ mm/sec，$\ddot{x} = 500$ mm/sec²，$\omega = 5$ rad/sec(ccw)，$\alpha = 10$ rad/sec(cw)，試求此瞬間滑塊 A 之絕對加速度在 x、y 方向之分量。

【答】$a_x = -1$ m/s²，$a_y = 2$ m/s²。

6-81 如圖習題 6-81 中活塞桿以 0.9 m/s 之等速度向左推出，試求當 $\theta = 60°$ 時曲柄 OB 之角速度 ω 及角加速度 α，並求銷子 A 相對於曲柄之速度及加速度。

【答】$\omega = 4.50$ rad/s(ccw)，$\alpha = 23.38$ rad/s²(ccw)，$v_{\text{rel}} = 0.45$ m/s，$a_{\text{rel}} = 3.51$ m/s²。

6-82 如圖習題 6-82 中 CD 桿以 $N = 2$ rad/s 之等角速轉動，試求在圖示位置時機件 OBE 之角速度 ω 及角加速度 α。

【答】$\omega = 2$ rad/s(ccw)，$\alpha = 8$ rad/s²(cw)。

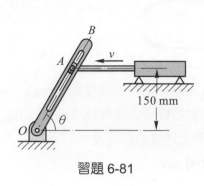

習題 6-81

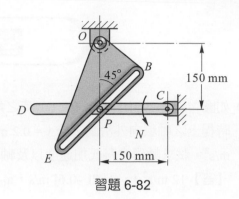

習題 6-82

6-83 如圖習題 6-83 中圓盤在水平面上滾動，在圖示瞬間圓心 O 之速度為 3 m/s($\leftarrow$)加速度為 5 m/s^2($\rightarrow$)，A 點相對於圓盤的速度 $u = 2$ m/s($\rightarrow$)切線加速度 $\dot{u} = 7$ m/s^2($\leftarrow$)。試求在此瞬間 A 點之絕對速度與加速度。

【答】$\mathbf{v}_A = -3.4\mathbf{i}$ m/s，$\mathbf{a}_A = 2\mathbf{i} - 0.67\mathbf{j}$ m/s^2。

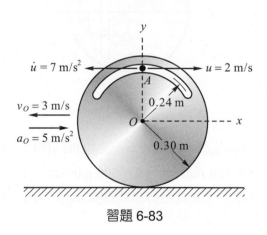

習題 6-83

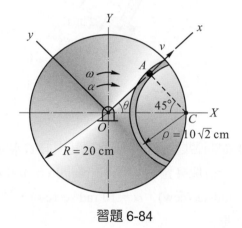

習題 6-84

6-84 如圖習題 6-84 所示，一圓盤繞固定軸 O 作轉動運動，角速度 $\omega = 15.0$ rad/s(cw)，角加速度 $\alpha = 3$ rad/s^2(cw)，一質點 A 在圓盤上之圓弧形凹槽中以相對於圓盤之等速率 $v = 5$ m/s 運動，當 A 點在圖中位置時相對於圓心向外運動，試求質點 A 之速度及加速度？

【答】$\mathbf{v}_A = 5\mathbf{i} - 1.5\sqrt{2}\,\mathbf{j}$ m/s，$\mathbf{a}_A = -31.821\mathbf{i} - 331.0\mathbf{j}$ m/s^2。

6-85 如圖習題 6-85 中滑塊 D 與 CD 桿用銷子連接，並可在 OAB 桿上滑動，已知在圖示瞬間 CD 桿之角速度為 4 rad/s(順時針方向)，角加速度為 10 rad/s^2(順時針方向)，試求此時 OAB 桿之角加速度。

【答】$\alpha = -26.8$ rad/s^2(cw)。

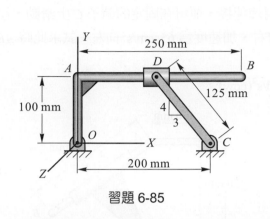

習題 6-85

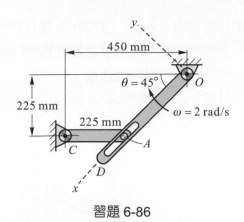

習題 6-86

6-86 如圖習題 6-86 中槽臂 *OD* 在有限之角度內以 $\omega = 2$ rad/s(cw)之等角速轉動，帶動 *AC* 桿繞 *C* 點轉動，銷子 *A* 固定在 *AC* 桿上並可在槽臂 *OD* 內滑動，試求在圖示位置時 *AC* 桿之角速度與角加速度，並求銷子 *A* 相對於槽臂 *OD* 滑動之速度及加速度。

【答】 $\omega_{AC} = -4$ rad/s(ccw)，$\alpha_{AC} = 32$ rad/s^2(cw)，$v_{\text{rel}} = -450\sqrt{2}$ mm/s，
$a_{\text{rel}} = 8910$ mm/s^2。

6-87 如圖習題 6-87 中曲柄 *AP* 以 6 rad/s 之等角速度朝順時針方向轉動，試求在圖示位置時搖桿 *BE* 之角速度與角加速度，並求滑塊 *P* 相對於搖桿 *BE* 之滑動速度及加速度。$b = 8$ in。

【答】 $\omega = 1.815$ rad/s(cw)，$\alpha = 3.61$ rad/s^2，$v_{\text{rel}} = 16.42$ in/s，$a_{\text{rel}} = 81.9$ in/s^2。

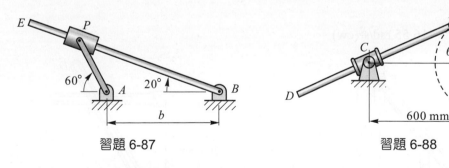

習題 6-87 習題 6-88

6-88 如圖習題 6-88 中曲柄 *OB* 以 5 rad/s 之等角速度朝順時針方向轉動，試求在 $\theta = 90°$ 之位置時 *BD* 桿之角加速度。

【答】 $\alpha = 6.25$ rad/s^2(cw)。

6-89 如圖習題 6-89 中 AB 桿在 A 端以銷子與滑塊連接，並可在固定的銷子 C 上滑動，已知在圖示瞬間滑塊 A 之速度為 26 cm/s 向右，加速度為 65 cm/s^2 向左，試求此時 AB 桿之角速度與角加速度。

【答】$\omega = 0.769$ rad/s(ccw)，$\alpha = 0.917$ rad/s^2(ccw)。

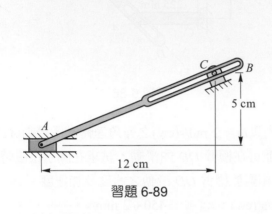

習題 6-89

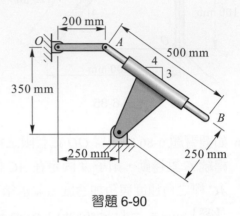

習題 6-90

6-90 如圖習題 6-90 中 OA 桿在圖示位置時之角速度為 2 rad/s(cw)角加速度為 8 rad/s^2(ccw)，試求此時構件 C 之角加速度，並求 B 點之加速度。

【答】$\alpha_C = 0.896$ rad/s^2(ccw)，$a_B = 2.72$ m/s^2。

6-91 如圖習題 6-91 中滑塊 A 在圖示位置時之速度為 400 mm/s 向左，加速度為 1400 mm/s^2 向右，試求此時 CD 桿之角加速度。E 處銷子固定在 CD 桿上，並可在 AB 桿之滑槽內滑動。

【答】$\alpha_{CD} = -16.55$ rad/s^2(cw)。

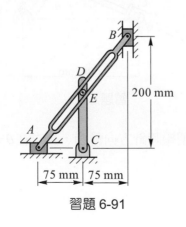

習題 6-91

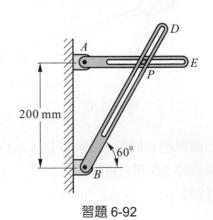

習題 6-92

6-92 如圖習題 6-92 中銷子 P 可在 AE 桿及 BD 桿上之滑槽內滑動，已知兩桿均以等角速轉動，$\omega_{AE} = 4$ rad/s(cw)，$\omega_{BD} = 3$ rad/s(cw)，試求在圖示位置時銷子 P 之速度及加速度。

【答】$v_P = 705.6$ mm/s，$a_P = 5447$ mm/s²。

6-93 如圖習題 6-93 中 B 車沿半徑為 100 m 之彎道行駛，而 A 車沿直線道路行駛，兩車在圖示位置之速率及速率對時間之變化率如圖所示，試求此時 B 車上之乘客所觀測得 A 車之速度與加速度。

【答】$\mathbf{v}_{rel} = 3\mathbf{j}$ m/s，$\mathbf{a}_{rel} = -5.6\mathbf{i} -21.5\mathbf{j}$ m/s²。

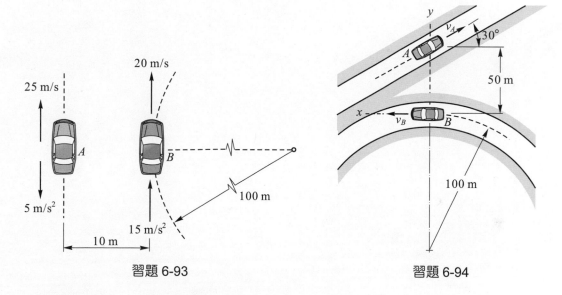

習題 6-93　　　　　　　　習題 6-94

6-94 如圖習題 6-94 中 A、B 兩車均以 72 km/hr 之等速率行駛，試求在圖示瞬間 B 車中之乘客所觀測得 A 車之速度與加速度。

【答】$\mathbf{v}_{rel} = -47.32\mathbf{i} +10\mathbf{j}$ m/s，$\mathbf{a}_{rel} = -4\mathbf{i} -12.93\mathbf{j}$ m/s²。

二維剛體力動學：

力與加速度

本章開始至第九章，將討論剛體的**力動學**(kinetics)，亦即要找出剛體所受之力、剛體的質量與形狀以及剛體所作運動間之關係。在第二章至第四章中也討論過類似的關係，但當時是將物體簡化為質點的模型來分析，也就是把物體的質量集中於一點(質心點)，而所有的外力亦集中作用於該點。但現在必須要將物體的形狀考慮進去，而且也必須要知道物體所有外力作用點的正確位置，不只涉及物體的移動運動，同時也必須要考慮物體的轉動運動。

剛體可視為無窮多個質點的組合，因此第五章所討論質點系的運動方程式都可適用於剛體，本章會利用到的公式主要為公式(5-4)的$\sum\mathbf{F} = m\mathbf{a}_G$，即質點系所受外力之總合力等於質點系之總質量與質點系質心加速度之乘積，還有公式(5-15)的$\sum\mathbf{M}_G = \dot{\mathbf{H}}_G$，即質點系所受外力對質心之力矩和等於質點系對質心之角動量對時間的變化率。

本章主要是討論作平面運動的剛體，即剛體運動時其內每個質點在運動中恆與某個固定參考平面保持相等的距離，其中大部份是與所分析之運動平面成對稱之板狀剛體。至於非對稱三維剛體的平面運動，以及一般三維空間的剛體運動，則留待第十二章中討論。

7-1 剛體平面運動之運動方程式

圖 7-1 中所示為在 x-y 平面上作平面運動之剛體，其質量為 m，並承受一組平面力系的作用，在圖示瞬間質心的加速度為 a_G 角加速度為 α。在靜力學中分析力系的合成時，曾討論到可將一力系以作用在任一特定點之合力及合力偶矩來取代，對於圖 7-1 中剛體所受之平面力系，可用作用於質心之合力$\sum\mathbf{F}$ 及合力偶矩$\sum M_G$ 取代之，其中$\sum M_G$ 為力系對質心 G 之力矩和，如圖 7-2(a)所示。

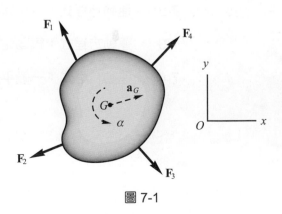

圖 7-1

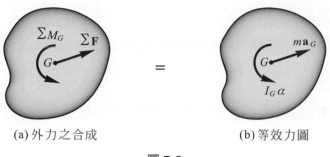

(a) 外力之合成　　　　(b) 等效力圖

圖 7-2

由於剛體可視為無限多個質點所組成的質點系統，由公式(5-4)及公式(5-15)

$$\sum \mathbf{F} = m\mathbf{a}_G \tag{7-1}$$

$$\sum \mathbf{M}_G = \dot{\mathbf{H}}_G \tag{7-2}$$

公式(7-1)表示剛體所受外力之合力等於剛體質量 m 與其質心加速度之乘積，亦即將剛體所受之外力集中作用於質心，且質量亦全部集中於質心，則牛頓第二定律可適用於剛體的質心。

公式(7-2)表示剛體所受之外力對其質心之力矩和等於剛體對其質心之角動量對時間的變化率。

　　參考圖 7-3 所示，剛體對質心 G 之角動量 $\mathbf{H}_G$ 為

$$\mathbf{H}_G = \sum (\mathbf{r}_{i/G} \times m_i \mathbf{v}_{i/G}) = \sum [\mathbf{r}_{i/G} \times m_i (\boldsymbol{\omega} \times \mathbf{r}_{i/G})]$$

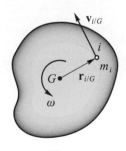

圖 7-3

因 $\mathbf{r}_{i/G}$ 與 $\boldsymbol{\omega}$ 垂直，故可得 $\mathbf{H}_G$ 之大小為

$$H_G = \omega \sum (r_{i/G}^2 m_i) = I_G \omega$$

其中 $I_G = \sum (r_{i/G}^2 m_i) = \int r^2 dm$，為剛體對其質心 G 之**質量慣性矩(轉動慣量)**，則剛體對質心之角動量為

$$H_G = I_G \omega \tag{7-3}$$

將公式(7-3)代入公式(7-2)可得

$$\sum M_G = I_G \alpha \tag{7-4}$$

即剛體所受外力對質心之力矩和 $\sum M_G$，等於剛體對質心之質量慣性矩 I_G 與其角加速度 α 之乘積。

向量「$m\mathbf{a}_G$」與「$I_G\alpha$」分別稱為剛體在質心 G 之 **"等效力"** (effective force)及 **"等效力矩"** (effective moment)，因為此力及力矩系統($m\mathbf{a}_G$ 及 $I_G\alpha$)與合力及合力矩系統($\sum \mathbf{F}$ 及 $\sum M_G$)等效，而且與剛體原來所受之力系等效。將向量 $m\mathbf{a}_G$ 及 $I_G\alpha$ 表示在剛體質心 G 上，如圖 7-2(b)所示，稱為 **"等效力圖"** (effective-force diagram)，等效之意義為對剛體所生之運動效應(外效應)相同。

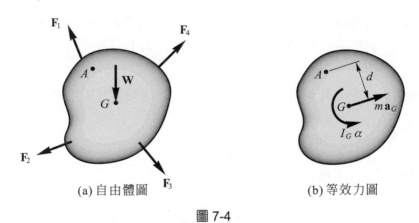

(a) 自由體圖　　　　　　　(b) 等效力圖

圖 7-4

在第五章中曾討論到質點系之外力對任一點 A 之力矩方程式，由公式(5-19)

$$\sum \mathbf{M}_A = \dot{\mathbf{H}}_G + \mathbf{r}_G \times m\mathbf{a}_G \tag{7-5}$$

其中 $\mathbf{r}_G$ 為 A 點至質心 G 之位置向量，$\mathbf{a}_G$ 為質心加速度，$\mathbf{r}_G \times m\mathbf{a}_G$ 即為 $m\mathbf{a}_G$ 對 A 點之力矩。若將公式(7-5)應用至作平面運動之二維情形，參考圖 7-4，則 $\dot{H}_G = I_G\alpha$，$m\mathbf{a}_G$ 對 A 點的力矩大小為 $m a_G d$，因此可將公式(7-5)改寫為

$$\sum M_A = I_G \alpha + m a_G d \tag{7-6}$$

其實，公式(7-6)中等號右邊兩項之意義就是等效力 $m a_G$ 與等效力矩 $I_G\alpha$ 對 A 點之力矩和，可用 $(\sum M_A)_{eff}$ 表示，故

$$\sum M_A = (\sum M_A)_{eff}$$

上式表示剛體所受之外力對任一點 A 之力矩和等於其質心之等效力 ma_G 與等效力矩 $I_G\alpha$ 對 A 點之力矩和。

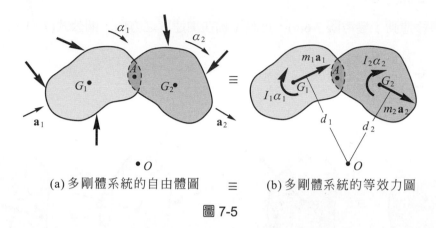

(a) 多剛體系統的自由體圖 ≡ (b) 多剛體系統的等效力圖

圖 7-5

有些時候會處理到兩個或兩個以上剛體互相連結的系統，如圖 7-5 中所示，兩作平面運動的剛體在 A 處以光滑的銷子互相連結。處理此類題目，將整個系統視為一體來分析比較方便，圖 7-5(a)中所示為系統的自由體圖，其中 A 處之作用力為內力，沒有表示出來，圖 7-5(b)為系統的等效力圖，圖中 I_1 與 I_2 為兩剛體對其質心之質量慣性矩，$\mathbf{a}_1$ 與 $\mathbf{a}_2$ 為兩剛體之質心加速度，至於 α_1 與 α_2 為兩剛體的角加速度。由於(a)(b)兩圖中之力系為等效，(a)圖中所有外力之合力必等於(b)圖中兩等效力 $m_1\mathbf{a}_1$ 及 $m_2\mathbf{a}_2$ 之合力，即

$$\sum\mathbf{F} = (\sum\mathbf{F})_{eff} = m_1\mathbf{a}_1 + m_2\mathbf{a}_2$$

另外(a)圖中所有外力對任一點 O 之力矩和必等於(b)圖中等效力(m_1a_1 及 m_2a_2)及等效力矩 ($I_1\alpha_1$ 與 $I_2\alpha_2$)對 O 點之力矩和，即

$$\sum M_O = (\sum M_O)_{eff} = m_1a_1d_1 + m_2a_2d_2 + I_1\alpha_1 + I_2\alpha_2$$

將整個系統合為一體考慮，其主要目的是使 A 處之內力在自由體圖上不會出現，可減少分析過程之未知量，而使求解較為方便。

7-2 運動方程式：平移運動

剛體作平移運動時，其內任一直線在運動中恆保持平行，即剛體作平移運動時沒有角位移，因此角速度與角加速度都等於零，故作平移運動之剛體其運動方程式，由公式(7-1)及(7-4)為

$$\sum \mathbf{F} = m\mathbf{a}_G \qquad\qquad\qquad\qquad\qquad\qquad (7\text{-}1)$$

$$\sum M_G = 0 \qquad\qquad\qquad\qquad\qquad\qquad\qquad (7\text{-}7)$$

對於直線平移運動，參考圖 7-6(a)，可設 x 軸在加速度之方向，則公式(7-1)之兩個純量方程式為

$$\sum F_x = m(a_G)_x \quad , \quad \sum F_y = 0 \qquad\qquad\qquad (7\text{-}8)$$

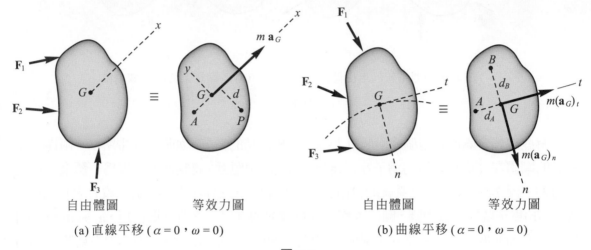

(a) 直線平移 ($\alpha = 0$，$\omega = 0$)   (b) 曲線平移 ($\alpha = 0$，$\omega = 0$)

圖 7-6

對於曲線平移運動，參考圖 7-6(b)，可使用切線與法線坐標系，則公式(7-1)之兩個純量方程式為

$$\sum F_t = m(a_G)_t \quad , \quad \sum F_n = m(a_G)_n \qquad\qquad (7\text{-}9)$$

有些時候，公式(7-7)之力矩方程式可用非質心點之力矩方程式來取代。如圖 7-6(a)中作直線平移運動之剛體，可對 A 點或 P 點取力矩方程式，則

$$\sum M_A = (\sum M_A)_{eff} = 0$$

$$\sum M_P = (\sum M_P)_{eff} = ma_G d \; [\text{順時針方向為正}]$$

其中因等效力 ma_G 恰通過 A 點，故對 A 點力矩為零。

至於圖 7-6(b)中作曲線平移運動之剛體，亦可對 A 點或 B 點取力矩方程式，則

$$\sum M_A = (\sum M_A)_{eff} = m(a_G)_n d_A \; [\text{順時針方向為正}]$$

$$\sum M_B = (\sum M_B)_{eff} = m(a_G)_t d_B \; [\text{逆時針方向為正}]$$

力矩中心之位置可視需要任意選定，通常是選在未知力之作用線上，如此可減少求解過程中所出現的未知數，可參考下列例題之分析。

例題 7-1

　　圖中後輪驅動之電車與軌道間之靜摩擦係數為 μ，試求電車由靜止向右起動，前進 s 距離後所能達到之最大速度為若干？設車輪之質量忽略不計。

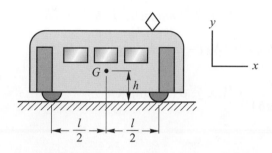

解 當電車以後輪之最大靜摩擦力驅動時，有最大之加速度，在一定之運動距離內可獲得最大之速度。

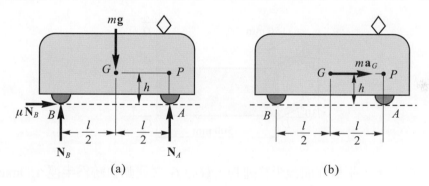

(a)　　　　　　　　　　　　　　(b)

電車起動後作直線平移運動，其自由體圖與等效力圖如(a)(b)兩圖所示。由公式(7-8)及公式(7-7)

$$\sum F_x = m(a_G)_x \quad , \quad \mu N_B = ma_G \tag{1}$$

$$\sum F_y = 0 \quad , \quad N_A + N_B = mg \tag{2}$$

$$\sum M_G = 0 \quad , \quad N_A\left(\frac{l}{2}\right) + \mu N_B h - N_B\left(\frac{l}{2}\right) = 0 \tag{3}$$

將(2)(3)兩式聯立得 $N_B = \dfrac{mgl}{2(l-\mu h)}$，代入公式(1)得 $a_G = \dfrac{\mu gl}{2(l-\mu h)}$

因電車由靜止作等加速度直線運動

由　　$v^2 = v_0^2 + 2as = 0 + 2\dfrac{\mu g l}{2(l - \mu h)}s = \dfrac{\mu g l s}{(l - \mu h)}$

得　　$v = \sqrt{\dfrac{\mu g l s}{l - \mu h}}$ ◄

【註】 本題之未知數為 N_A, N_B 及 a_G，在取力矩方程式時，取 N_A 及 a_G 之交點 P 較為方便，可直接求得 N_B。注意，等效力 ma_G 通過 P 點對 P 點力矩為零。

$$\sum M_P = (\sum M_P)_{\text{eff}} \quad , \quad N_B l - \mu N_B h - mg\left(\dfrac{l}{2}\right) = 0$$

得　$N_B = \dfrac{mgl}{2(l - \mu h)}$ ，代入公式(1)即可求得 a_G。

例題 7-2

圖中均質長方形薄板，質量為 8kg，用兩根連桿 AE 與 DF 及一繩索 BH 支撐，今將繩索 BH 剪斷，試求剪斷後瞬間板之加速度及兩連桿之受力。設連桿質量忽略不計。

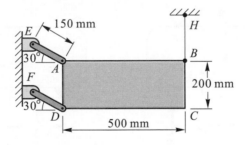

解 繩索 BH 剪斷後，平板作曲線平移運動，質心 G 之運動軌跡為半徑 150mm 之圓周運動(平移運動時各點之運軌跡均相同，故 G 之運動軌跡與 A、B 兩點相同)。因剪斷後瞬間，平板之速度為零，質心只有切線方向之加速度。因此可繪出平板之自由體圖及等效力圖，如(a)(b)兩圖所示。

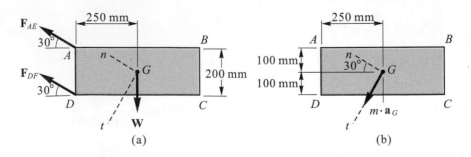

(a)　　　　　　　　　　　　　　　　(b)

由曲線平移之運動方程式：

$$\sum F_t = m(a_G)_t \quad ; \quad mg\cos 30° = ma_G$$

$$a_G = g\cos 30° = (9.81)\cos 30° = 8.50 \text{ m/s}^2$$

$$\sum M_D = (\sum M_D)_{eff} \; ;$$

$$mg(0.25) - F_{AE}\cos 30°(0.2) = ma_G\cos 30°(0.25) - ma_G\sin 30°(0.1)$$

$$8(9.81)(0.25) - F_{AE}\cos 30°(0.2) = 8(8.50)\cos 30°(0.25) - 8(8.50)\sin 30°(0.1)$$

$$F_{AE} = 47.91 \text{ N (拉力)}$$

$$\sum F_n = 0 \quad ; \quad F_{DF} + 47.91 = 8(9.81)\sin 30°$$

$$F_{DF} = -8.67 \text{ N} \quad , \quad F_{DF} = 8.67 \text{ N (壓力)}$$

【註】 本題中對 D 點取力矩方程式之目的，是要減少式中之未知數，以方便求解，讀者可自行練習對 G 點取力矩方程式：$\sum M_G = 0$，但必須與 $\sum F_n = 0$ 之方程式聯立，方可解出 F_{AE} 與 F_{DF}。

習題 1

7-1 如圖習題 7-1 中，汽車輪胎與路面之靜摩擦係數為 0.8 試求汽車在水平路面上行駛時可能達到之最大加速度，設汽車為前輪驅動。

【答】$a_G = 3.95 \text{ m/s}^2$。

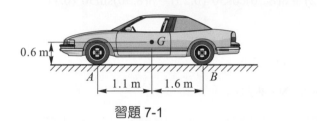

習題 7-1

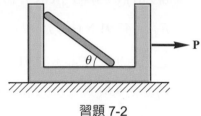

習題 7-2

7-2 如圖習題 7-2 中質量為 m 長度為 L 之均質桿置於木箱內，設摩擦忽略不計，若欲使桿子相對於木箱在 θ 角之位置保持靜止平衡，則木箱之加速度應為若干？

【答】$a_G = g\cot\theta$。

7-3 如圖習題 7-3 中桿子兩端之摩擦係數均為 0.5，若欲保持桿子在車上不致滑動，則卡車前進之最大加速度為若干？

【答】4.19 m/s^2。

習題 7-3

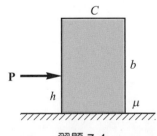

習題 7-4

7-4 如圖習題 7-4 中質量為 m 之均質長方體木塊承受一水平力 P 作用，若欲使木塊作滑動運動而不發生傾倒，則水平力 P 作用點之最大高度 h_{max} 及最小高度 h_{min} 為若干？設接觸面之摩擦係數為 μ。

【答】$h_{max} = \dfrac{1}{2}[b + \dfrac{mg}{P}(c - \mu b)]$，$h_{min} = \dfrac{1}{2}[b - \dfrac{mg}{P}(c + \mu b)]$。

7-5 如圖習題 7-5 中質量 100 kg 之均質桿 AB 以三條繩索支撐，今將繩索 BC 剪斷，試求剪斷後瞬間 BD 繩之張力？

【答】$T_{BD} = 346.8$ N。

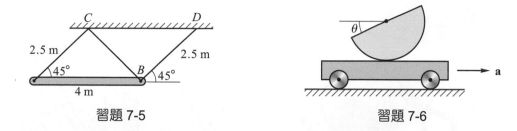

習題 7-5　　　　　　　　　習題 7-6

7-6 如圖習題 7-6 中台車以等加速度 a 前進時，恰使半圓柱傾斜 θ 角度。若欲避免半圓柱滑動，則半圓柱與車台接觸面之最小摩擦係數應為若干？

【答】$\mu = \dfrac{4}{3\pi} \cdot \dfrac{\sin\theta}{1 - 4\cos\theta/3\pi}$。

7-7 如圖習題 7-7 中質量為 100 kg 之橫樑 BD 以兩根質量可忽略不計之連桿支持，設在圖中 $\theta = 30°$ 之位置時，兩連桿之角速度均為 6 rad/s，試求此時兩連桿所受之力。

【答】$T_B = T_D = 1.33$ kN。

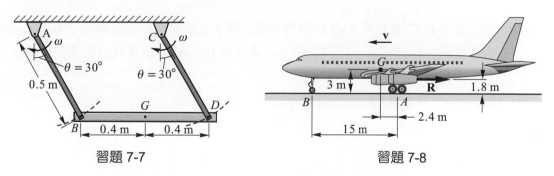

習題 7-7　　　　　　　　　習題 7-8

7-8 如圖習題 7-8 所示，一架噴射客機以 200 km/hr 之速度著地後，利用噴射推力反向器產生反向推力，使客機在跑道上以等減速煞車，經運動 425 m 後速度降至 60 km/hr，試求煞車期間鼻輪 B 所受之反力。飛機質量為 140 Mg，質心在 G 點。設空氣阻力忽略不計。

【答】$N_B = 257$ kN。

7-9 如圖習題 7-9 中自行車沿傾角為 10°之斜坡向下運動時開始使用煞車，其減速度 a 為若干時會造成自行車對 A 點產生翻轉之危險情形？設人與自行車整體之質心在 G 點。

　　【答】$a = 16.43 \text{ ft/s}^2$。

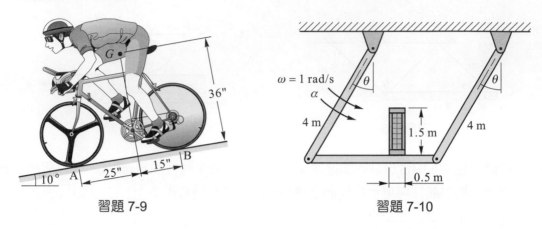

習題 7-9　　　　　　　　　　　　　　習題 7-10

7-10 如圖習題 7-10 中質量為 50 kg 之木箱置於平台上，兩者間之摩擦係數為 0.5，已知在圖中 $\theta = 30°$ 之位置時兩連桿之角速度為 1 rad/s，若欲避免木箱在此位置傾倒或滑動，則此時兩連桿之最大角加速度為若干？

　　【答】$\alpha = 0.587 \text{ rad/s}^2$。

7-11 如圖習題 7-11 中質量為 5 kg 的均質半圓形板子，連結在兩根長度為 250 mm 之連桿下方作擺動，已知在圖示位置時板子之速度為 1.8 m/s，試求此時兩連桿所受之力。連桿質量忽略不計。

　　【答】$F_{DE} = 71.2 \text{ N}$，$F_{AB} = 36.1 \text{ N}$。

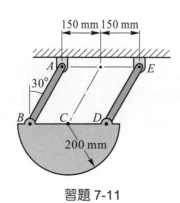

習題 7-11

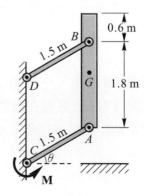

習題 7-12

7-12 如圖習題 7-12 中質量爲 150 kg 之垂直桿 *AB*，質心 *G* 在其正中央，今在連桿 *AC* 上施加一力偶矩 *M* = 5 kN-m，將 *AB* 桿自 θ = 0° 之位置由靜止向上舉起，試求(a)上升至 θ 角位置時連桿之角加速度，(b)在 θ = 30° 位置時連桿 *BD* 之受力。設連桿 *AC* 及 *BD* 互相平行且質量忽略不計。

　　【答】(a)α = 14.81–6.54 cosθ rad/s^2，(b)F_{BD} = 2.14 kN。

7-13 如圖習題 7-13 中水平桿以焊接固定在滑塊 *A* 上之 *B* 點，滑塊 *A* 可沿傾角爲 60° 之滑槽滑動，今在滑塊 *A* 上沿滑槽向上施加 800 N 之拉力，試求水平桿在 *B* 點所受之彎矩。水平桿質量爲 20 kg，滑塊 *A* 質量爲 40 kg，且滑塊與滑槽間之摩擦忽略不計。

　　【答】M_B = 196 N-m。

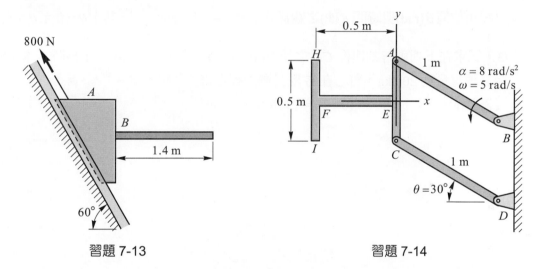

習題 7-13　　　　　　　　　　習題 7-14

7-14 如圖習題 7-14 中 *HI* 及 *EF* 兩均質桿之重量均爲 15 N，以焊接固定在 *AC* 桿上之 *E* 點。已知在圖示位置時連桿 *AB* 之角速度爲 5 rad/s(cw)角加速度爲 8 rad/s^2(cw)，試求此時 *EF* 桿在 *E* 點所受之軸力，剪力及彎矩。連桿 *AB* 及 *CD* 互相平行。

　　【答】N_E = 54.0 N，V_E = 29.4 N，M_E = 11.0 N-m。

7-15 如圖習題 7-15 中滿載之圓桶總質量爲 125 kg，另一質量爲 60 kg 之物體 *C* 以繩索與圓桶連接，圓桶與地面之μ_s = 0.35，μ_k = 0.30，今將系統釋放，試求(a)圓桶之加速度，(b)若圓桶不發生傾倒，則 *h* 之範圍爲何？

　　【答】(a) a_G = 1.193 m/s^2，(b)$h \leq$ 841 mm。

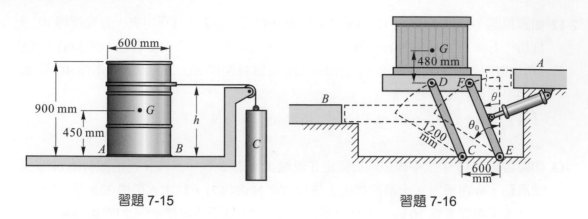

習題 7-15 習題 7-16

7-16 如圖習題 7-16 中油壓缸驅動兩平行之連桿 *EF* 及 *CD* 將木箱由位置 *A* 傳送至位置 *B*，

已知角位置 θ(rad)與時間 t(秒)之關係式為 $\theta = \dfrac{\pi}{6}\left(1 - \cos\dfrac{\pi t}{2}\right)$，其中 $\theta = 0$ 至 $\theta = \theta_0 = \pi$

/3，試求在下列兩時刻連桿 *CD* 之受力(a)起動時，即 $t = 0$，(b) $t = 1$ 秒時。木箱與平
台之總質量為 200 kg，質心在 *G* 點且兩連桿之質量忽略不計。

【答】(a)$F_{CD} = 1714$ N，(b)$F_{CD} = 2178$ N。

7-3 運動方程式：繞固定軸轉動

剛體繞固定軸轉動時，若質心不在轉軸上，則質心作圓周運動，質心之加速度 $\mathbf{a}_G$ 可分為切線分量$(a_G)_t$及法線分量$(a_G)_n$，如圖 7-7 所示，則

$$(a_G)_t = r_{G/O}\alpha \quad , \quad (a_G)_n = r_{G/O}\omega^2 \tag{7-10}$$

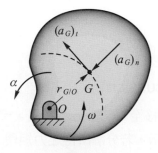

圖 7-7

其中ω 與α 分別為剛體繞固定軸轉動之角速度與角加速度，$r_{G/O}$為質心 G 至轉動中心 O 之距離。

圖 7-8 中所示為繞固定軸轉動之剛體在某一瞬間之自由體圖，而(b)圖為對應之等效力圖，由公式(7-1)及(7-4)可寫出剛體繞固定軸轉動之三個純量方程式為

$$\sum F_t = m(a_G)_t$$
$$\sum F_n = m(a_G)_n \tag{7-11}$$
$$\sum M_G = I_G\alpha$$

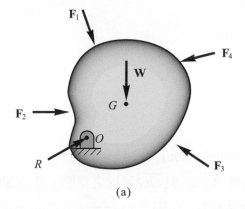

(a)

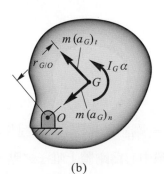

(b)

圖 7-8

對固定軸之力矩方程式

若將力系對固定軸 O 點取力矩方程式，則

$$\sum M_O = (\sum M_O)_{eff} = I_G\alpha + m(a_G)_t \cdot r_{G/O}$$
$$= I_G\alpha + m(r_{G/O}\alpha)\cdot r_{G/O} = (I_G + mr_{G/O}^2)\alpha = I_O\alpha$$

其中 I_O 為剛體對 O 點之質量慣性距，由慣性矩之平行軸定理 $I_O = I_G + mr_{G/O}^2$，因此，可得對 O 點之力矩方程式為

$$\sum M_O = I_O\alpha \tag{7-12}$$

打擊中心(center of percussion)

將圖 7-8(b)中之等效力 $m\mathbf{a}_G$ 移至 $\overline{OG}$ 線上之 P 點，參考圖 7-9，因一力可分解為另一單力及一力矩，參考圖 7-9(b)所示，若分解所得之力矩與 $I_G\alpha$ 大小相等方向相反，兩者互相抵銷，最後可得到作用於 P 點之等效單力(quivalent single effective force) $m\mathbf{a}_G$，如圖 7-9(c)所示，則 P 點稱為打擊中心。

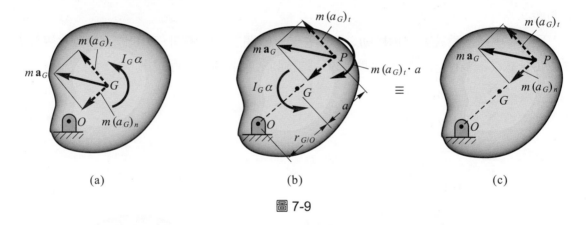

(a)　　　　　　　　(b)　　　　　　　　(c)

圖 7-9

因 $m(a_G)_t\cdot a = I_G\alpha$，故可得打擊中心 P 與質心 G 之距離 a 為

$$a = \frac{I_G\alpha}{m(a_G)_t} = \frac{mk_G^2\cdot\alpha}{mr_{G/O}\alpha} = \frac{k_G^2}{r_{G/O}} \tag{7-13}$$

其中 k_G = 剛體對其質心 G 之迴轉半徑(radius of gyration)，且 $k_G = \sqrt{I_G/m}$。

打擊中心為剛體上唯一之點，位於等效單力 $m\mathbf{a}_G$ 與 $\overline{OG}$ 連線之交點。若 O 點為剛體之固定軸，當剛體承受一通過打擊中心 P 點之衝力，如圖 7-10 所示，其中(a)圖為自由體圖，(b)圖為等效力圖，今對 P 點取力矩方程式得

$$\sum M_P = \left(\sum M_P\right)_{eff} \quad , \quad R_t(r_{G/O} + a) = 0$$

即 $\quad \sum M_P = 0$ (7-14)

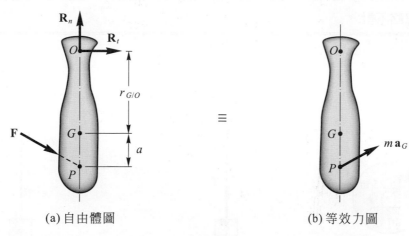

(a) 自由體圖 $\qquad \equiv \qquad$ (b) 等效力圖

圖 7-10

因 $r_{G/O} + a \neq 0$，得 $R_t = 0$。因此對於繞固定軸轉動之剛體，若所受之衝力通過剛體之打擊中心，則將不會在支點之切線方向產生反力。利用這個原理，棒球之打擊手，若擊球之位置靠近球棒之打擊中心位置，就可避免手掌受力而產生疼痛。

　　綜合上列討論，對繞固定軸轉動之剛體，若 G 為質心，O 為轉動中心，P 為打擊中心，則剛體所受之外力對 G、O、P 三點之力矩方程式為

$$\sum M_G = I_G \alpha$$ (7-4)

$$\sum M_O = I_O \alpha$$ (7-12)

$$\sum M_P = 0$$ (7-14)

這三個方程式並非獨立，但解題時可用任二式取代公式(7-11)中之第一式及第三式。

　　剛體繞固定軸轉動之一常見特例為質心 G 恰為轉動中心，此時 $\mathbf{a}_G = 0$，即 $\sum \mathbf{F} = 0$，則公式(7-11)中之三個純量方程式可寫為

$$\sum F_t = 0$$
$$\sum F_n = 0$$ (7-15)
$$\sum M_O = I_O \alpha$$

例題 7-3

　　圖中滑輪之質量為 20 kg，迴轉半徑為 0.4 m，以細繩纏繞在輪緣並懸掛質量為 50 kg 之物體。今將系統由靜止釋放，試求滑輪之角加速度及支承 O 之反力。設繩索質量及樞軸之摩擦均忽略不計。

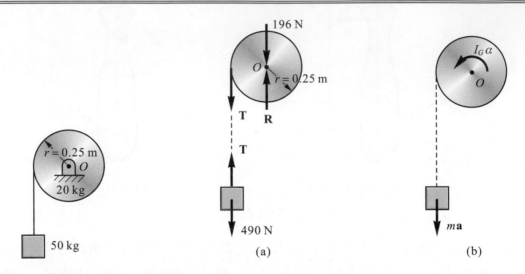

(a)　　　　　　　　　　　　　　　　　　(b)

解　將滑輪及物體之自由體圖及等效力圖繪出，如(a)(b)兩圖所示。

　　其中滑輪作繞固定軸之轉動運動(轉動中心在質心)，物體作直線平移運動，由兩者之運動方程式可得

$$\sum M_O = I_O \alpha \quad , \quad T(0.25) = (20)(0.4)^2 \alpha \tag{1}$$

$$\sum F_y = ma_y \quad , \quad 490 - T = 50a \tag{2}$$

其中 $a = r\alpha = 0.25\alpha$，代入公式(2)，並將(1)(2)兩式聯立可得

$$\alpha = 19.37 \text{ rad/s}^2 \blacktriangleleft \quad , \quad T = 258 \text{ N}$$

再由滑輪之自由體圖：

$$\sum F_y = 0 \quad , \quad R = 196 + T = 196 + 248 = 444 \text{ N} \blacktriangleleft$$

【註 1】　本題並沒有要解繩子之張力，因此可將滑輪與物體合在一起繪自由體圖及等效力圖，如(c)(d)兩圖所示，則

$$\sum M_O = (\sum M_O)_{eff} ,$$

$$490(0.25) = I_G\alpha + mar = 20(0.4)^2\alpha + 50(0.25\alpha)(0.25)$$

得　　$\alpha = 19.37 \text{ rad/s}^2 \blacktriangleleft$

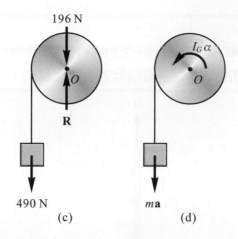

(c)   (d)

【註2】 若本題之滑輪改用直接在細繩上加上 50kg 之力，如(e)圖所示，則所得之角加速度不同。(f)圖為滑輪之自由體圖，而(g)圖為等效力圖。由剛體繞固定軸轉動之運動方程式：

$$\sum M_O = I_O \alpha \quad , \quad (50 \times 9.81)(0.25) = 20(0.4)^2 \alpha \quad , \quad 得 \quad \alpha = 38.32 \text{ rad/s}^2$$

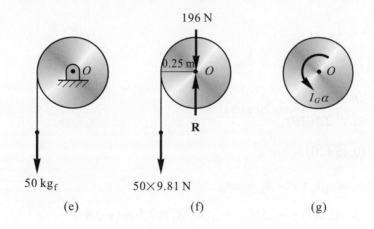

(e)   (f)   (g)

例題 7-4

一均質細長桿，$L = 900$ mm，質量 $m = 2.5$ kg，以鉸支承垂直懸掛，今以一水平力 $P = 15$N 作用於桿之底端，試求桿之角加速度以及支承 O 之反力。

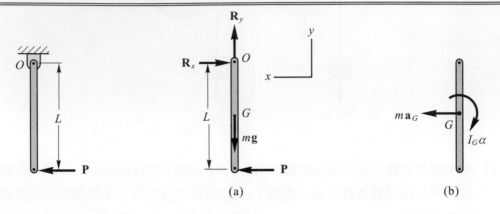

(a)　　　　　　　　　　　　　(b)

解 繪桿子之自由體與等效力圖，如(a)(b)兩圖所示。

因桿子繞固定軸(O 點)轉動，$(a_G)_t = \dfrac{L}{2}\alpha$，$(a_G)_n = 0$ (因 $\omega = 0$)

由運動方程式：

$$\sum M_O = I_O\alpha \quad , \quad PL = \frac{1}{3}mL^2\alpha$$

$$\alpha = \frac{3P}{mL} = \frac{3(15)}{2.5(0.9)} = 20 \text{ rad/s}^2 \blacktriangleleft$$

得 $\quad a_G = (0.45)(20) = 9 \text{ m/s}^2$

$$\sum F_x = m(a_G)_x \text{，} P - R_x = ma_G$$

$$R_x = 15 - 2.5(9) = -7.5\text{N} \quad , \quad \text{即 } R_x = 7.5 \text{ N } (\leftarrow)\blacktriangleleft$$

$$\sum F_y = 0 \quad , \quad R_y = mg = 2.5(9.81) = 24.5 \text{ N } (\uparrow)\blacktriangleleft$$

【例題】7-5

　　同例題 7-4，若欲使水平力 P 作用後支承 O 之水平反力為零，則水平力 P 之作用點與支承 O 之距離 h 應為若干？並求此時桿子之角加速度？

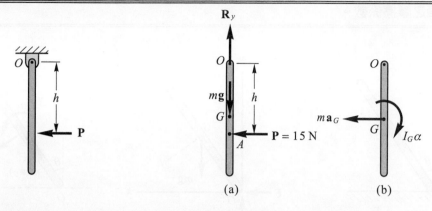

(a)　　　　　　(b)

【解】繪自由體圖($R_x = 0$)與等效力圖，如(a)圖與(b)圖所示。由運動方程式

$$\sum F_x = m(a_G)_x \, , \ 15 = 2.5a_G \, , \ a_G = 6 \ \text{m/s}^2$$

$$\alpha = \frac{a_G}{L/2} = \frac{6}{0.45} = 13.33 \ \text{rad/s}^2 \ (\text{cw}) \ \blacktriangleleft$$

$$\sum M_O = I_O \alpha \, , \quad Ph = \frac{1}{3}mL^2\alpha$$

$$h = \frac{mL^2\alpha}{3P} = \frac{2.5(0.9)^2(13.33)}{3(15)} = 0.6 \ \text{m} = 600 \ \text{mm} \ \blacktriangleleft$$

【註】本題之 A 點即為打擊中心，由公式(7-13)：

　　打擊中心之位置：$h = r_{G/O} + a = r_{G/O} + \dfrac{k_G^2}{r_{G/O}}$

　　其中　$k_G^2 = \dfrac{I_G}{m}$ ，$r_{G/O} = \dfrac{L}{2}$ ，$I_G = \dfrac{1}{12}mL^2$ ，代入上式

　　得　$h = \dfrac{L}{2} + \dfrac{L^2/12}{L/2} = \dfrac{L}{2} + \dfrac{L}{6} = \dfrac{2}{3}L = \dfrac{2}{3}(900) = 600 \ \text{mm} \ \blacktriangleleft$

例題 7-6

一均質細長桿，長度為 l，質量為 m，垂直置於水平粗糙面上，然後由靜止釋放，由於受重力作用而倒下，當倒下至 $\theta = 45°$ 時，桿子與水平面的接觸點開始滑動，試求桿子與水平粗糙面之摩擦係數。

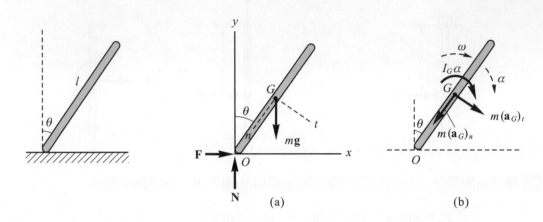

(a)   (b)

解 桿在垂直位置由靜止倒下，在 $\theta < 45°$ 時桿子為繞接觸點 O 作轉動運動，繪桿子在 θ 角時之自由體圖及等效力圖，如(a)圖及(b)圖所示

由運動方程式：

$$\sum M_O = I_O \alpha , \quad mg(\frac{l}{2}\sin\theta) = \frac{1}{3}ml^2 \cdot \alpha$$

得

$$\alpha = \frac{3g\sin\theta}{2l}（順時針方向） \tag{1}$$

$$\sum F_x = m(a_G)_x , \quad F = m(a_G)_t\cos\theta - m(a_G)_n\sin\theta \tag{2}$$

$$\sum F_y = m(a_G)_y , \quad mg - N = m(a_G)_t\sin\theta + m(a_G)_n\cos\theta \tag{3}$$

其中

$$(a_G)_t = \frac{l}{2}\alpha = \frac{l}{2}\frac{3g\sin\theta}{2l} = \frac{3}{4}g\sin\theta \tag{4}$$

桿子運動至 θ 角位置時之角速度 ω，可由 $\omega \, d\omega = \alpha \, d\theta$ 積分求得，即

$$\int_o^\omega \omega d\omega = \int_o^\theta \frac{3g}{2l}\sin\theta d\theta$$

得

$$\frac{\omega^2}{2} = \frac{3g}{2l}(1-\cos\theta) \quad , \quad 或 \quad \omega^2 = \frac{3g}{l}(1-\cos\theta)$$

故　　　$(a_G)_n = \dfrac{l}{2}\omega^2 = \dfrac{l}{2}\dfrac{3g}{l}(1-\cos\theta) = \dfrac{3}{2}g(1-\cos\theta)$　　　　　　　　(5)

將(4)(5)兩式代入(2)(3)兩式可得

$$F = m(\dfrac{3}{4}g\sin\theta)\cos\theta - m\dfrac{3}{2}g(1-\cos\theta)\sin\theta$$

$$= \dfrac{9}{4}mg\sin\theta\cos\theta - \dfrac{3}{2}mg\sin\theta \qquad\qquad (6)$$

$$N = mg - m(\dfrac{3}{4}g\sin\theta)\sin\theta - m\dfrac{3}{2}g(1-\cos\theta)\cos\theta$$

$$= mg - \dfrac{3}{4}mg\sin^2\theta - \dfrac{3}{2}mg\cos\theta + \dfrac{3}{2}mg\cos^2\theta \qquad\qquad (7)$$

當 $\theta = 45°$ 時，桿子開始滑動，此時接觸面為最大靜摩擦。令 $\theta = 45°$ 代入(6)(7)兩式可得

$$F = 0.0643mg \quad , \quad N = 0.314mg$$

故接觸面之摩擦係數　$\mu_s = \dfrac{F}{N} = \dfrac{0.0643mg}{0.314mg} = 0.205$ ◄

【註1】桿子倒下之過程中，在 $\theta < 45°$ 時為變角加速度轉動。

【註2】桿子倒下至任一 θ 角位置($\theta < 45°$)之角速度 ω，亦可用下一章之力學能守恆原理求得。

例題 7-7

圖中煞車鼓輪與飛輪(圖中未繪出)固定在同一軸上,已知總質量 325 kg,迴轉半徑為 725 mm,鼓輪半徑 $r = 125$ mm,鼓輪與煞車皮帶間之摩擦係數為 0.40。鼓輪(與飛輪一體)原以 240 rpm 之角速度朝逆時針方向轉動,今在制動桿上施加 $P = 50$ N 之制動力,試求使鼓輪停止轉動所需之時間?設 $a = 200$ mm,$b = 250$ mm。

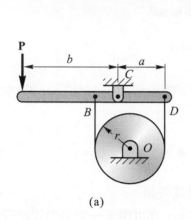

(a)

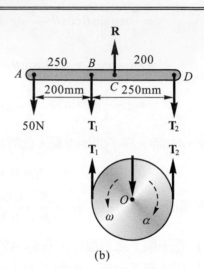

(b)

解 繪鼓輪與制動桿之自由體圖,如(b)圖所示:

鼓輪: $\dfrac{T_1}{T_2} = e^{\mu\beta} = e^{0.40\pi} = 3.514$ (1)

制動桿: $\sum M_C = 0$, $T_1(50) - T_2(200) + 50(250) = 0$ (2)

由(1)(2)解得 $T_2 = 514$ N , $T_1 = 1807$ N

鼓輪: $I_O = mk^2 = 325(0.725)^2 = 170.8$ kg·m^2

由轉動之運動方程式:

$$\sum M_O = I_O\alpha , \quad (T_1 - T_2)\,r = I_O\alpha$$

$$(1807 - 514)(0.125) = 170.8\alpha$$

得 $\alpha = 0.946$ rad/s^2

已知:初角速度 $\omega_0 = 240$ rpm $= 25.13$ rad/s,末角速度 $\omega = 0$,由 $\omega = \omega_0 - \alpha t$

得 $t = \dfrac{\omega_0}{\alpha} = \dfrac{25.13}{0.946} = 26.6$ sec ◀

習題 2

7-17 如圖習題 7-17 中非均質圓輪之重量為 50 lb，對其質心 G 之迴轉半徑為 $k_G = 0.6$ ft，
已知在圖示瞬間圓輪之角速度為 8 rad/s(cw)，試求此時支承 O 之水平及垂直反力。

【答】$R_x = 49.7$ lb($\leftarrow$)，$R_y = 29.5$ lb($\uparrow$)。

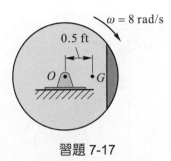

習題 7-17

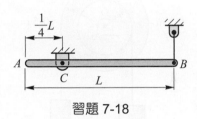

習題 7-18

7-18 如圖習題 7-18 中均質細長桿之長度為 L 重量為 W，以 C 點之鉸支承及 B 端之繩索支
持而呈水平靜止，今將繩索切斷，試求切斷後瞬間 B 端之加速及支承 C 之反力。

【答】$a_B = \dfrac{9}{7}$ g($\downarrow$)，$R_x = 0$，$R_y = \dfrac{4}{7}$ mg($\uparrow$)。

7-19 如圖習題 7-19 中質量為 m 之均質正方形板子，以鉸支承與繩索支撐，今將繩索剪斷，
試求剪斷後瞬間 (a)板子之角加速度；(b)C 點之加速度；(c)支承 A 之反力。

【答】(a) $\dfrac{3g}{2\sqrt{2}b}$ 　(b) $\dfrac{3}{2} g$($\downarrow$) 　(c) $\dfrac{1}{4} mg$。

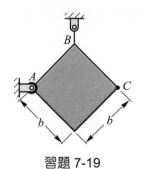

習題 7-19

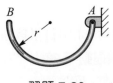

習題 7-20

7-20 如圖習題 7-20 中之均質半圓形桿子，質量為 m，半徑為 r，由圖示位置靜止釋放，試求釋放後瞬間 (a)桿子之角加速度；(b)支承 A 之反力。

【答】(a)$\dfrac{g}{2r}$ (b)$0.539mg$。

7-21 如圖習題 7-21 中滑輪質量為 50 kg，迴轉半徑為 0.4 m，以細繩連接 A、B 兩物體，設摩擦忽略不計，試求滑輪之角加速度。

【答】$\alpha = 1.18 \text{ rad/s}^2$。

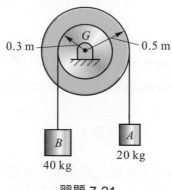

習題 7-21

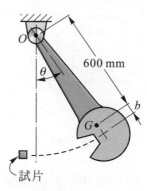

習題 7-22

7-22 如圖習題 7-22 中所示為衝擊試驗所用之衝擊擺，質量為 34 kg，質心在 G 點，對 O 點之迴轉半徑為 620 mm。(a)若欲使衝擊擺在最低點衝擊試片時支承 O 之反力為最小，則距離 b 應為若干？(b)在 $\theta = 60°$ 之位置時將衝擊擺由靜止釋放，試求釋放後瞬間支承 O 之反力。

【答】$b = 40.7 \text{ mm}$，$R_O = 167.8 \text{ N}$。

7-23 如圖習題 7-23 中均質細長桿長度為 900 mm，質量為 80 kg。今在 $\theta = 0°$ 時之水平位置由靜止釋放，試求 $\theta = 30°$ 時支承 O 之反力。

【答】$R_t = 16.99 \text{ N}$，$R_n = 98.1 \text{ N}$。

7-24 如圖習題 7-24 中質量為 m 半徑為 r 之均質細圓環，在 $\theta = 0°$ 之位置由靜止釋放，試求細圓環運動至 θ 角位置時支承 O 之反力在切線及法線方向之分量。

【答】$R_t = \dfrac{mg}{2}\cos\theta$，$R_n = 2\,mg\sin\theta$。

二維剛體力動學：力與加速度

習題 7-23

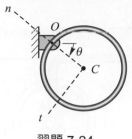

習題 7-24

7-25 如圖習題 7-25 中均質細長桿在水平位置由靜止釋放，若欲使桿子在釋放後瞬間有最大的角加速度，則距離 x 應為若干？並且求此最大的角加速度。

【答】$x = \dfrac{l}{2\sqrt{3}}$，$\alpha = \dfrac{\sqrt{3}g}{l}$。

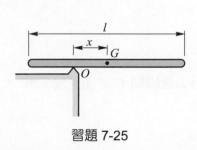

習題 7-25

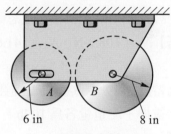

習題 7-26

7-26 如圖習題 7-26 中重量為 5 lb 之圓盤 A 原以 900 rpm 之角速度朝順時針方向轉動，而重量為 10 lb 之圓盤 B 則為靜止。今在圓盤 A 之輪軸施加一 3 lb 之水平推力使兩圓盤互相接觸，已知兩圓盤間之動摩擦係數 $\mu_k = 0.25$，設不計軸承摩擦，試求(a)兩圓盤之角加速度；(b)兩圓盤最後之角速度。

【答】(a)$\alpha_A = 19.32$ rad/s^2(ccw)，$\alpha_B = 7.25$ rad/s^2(cw)

(b)$\omega_A = 300$ rpm(cw)，$\omega_B = 225$ rpm(ccw)。

7-27 如圖習題 7-27 中圓輪之質量為 25 kg，對其質心(B 點)之迴轉半徑 $k_G = 0.15$ m，最初以 $\omega = 40$ rad/s(cw)之角速度轉動，今將圓輪置於地面上，試求使圓輪停止轉動所需之時間，並求在此段時間內 AB 桿在 A 處之反力。圓輪與地面之 $\mu_C = 0.5$，且 AB 桿之質量忽略不計。

【答】$t = 1.26$ 秒，$A_x = 89.2$ N，$A_y = 66.9$ N。

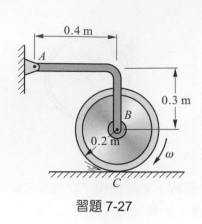

習題 7-27

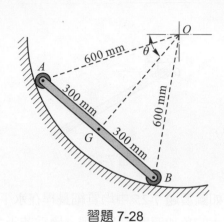

習題 7-28

7-28 如圖習題 7-28 中均質細長桿 AB 之質量爲 24 kg，在鉛直面上沿圓弧形之軌道繞 O 點轉動，當桿子經過圖示 $\theta = 45°$ 之位置時，角速度爲 2 rad/s，試求此時 A、B 兩端之反力。設桿子兩端滾輪之質量忽略不計。

【答】$N_A = 108.3$ N，$N_B = 141.6$ N。

7-29 將圖習題 7-29 中 B 處之支撐突然移走，試求移去後瞬間 C 之加速度。AC 及 CB 兩段均質桿子之重量各爲 10 lb。

【答】$a_C = 29.0$ ft/s^2。

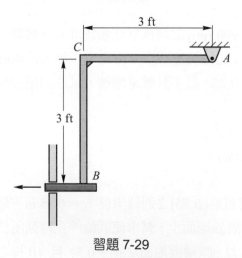

習題 7-29

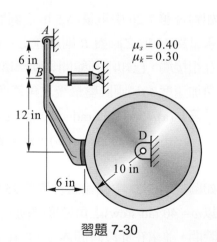

習題 7-30

7-30 如圖習題 7-30 中煞車鼓與飛輪(圖中未繪出)固定在同一軸上，已知鼓輪半徑爲 10 in，鼓輪與飛輪對轉軸之總質量慣性矩爲 13.5 lb-ft-s^2。已知鼓輪最初之角速度爲 180 rpm(順時針方向)，若欲使鼓輪在轉動 50 圈後停止，則油壓缸所需施加之制動力爲若干？設 $\mu_s = 0.40$，$\mu_k = 0.30$。

【答】$P = 82.5$ lb。

7-31 如圖習題 7-31 中質量為 m 之均質桿子在 $\beta = 60°$ 之位置由靜止釋放，若釋放後桿子不會滑動，則接觸面所需之最小摩擦係數為若干？

【答】$(\mu_s)_{\min} = 0.400$。

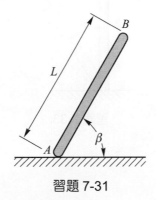

習題 7-31

7-32 如圖習題 7-32 中均勻的長方體置於桌子邊緣，在 $\theta = 0°$ 之位置由靜止釋放，然後繞接觸點 A 在鉛直面上轉動，(a)若觀察到在 $\theta = 30°$ 之位置時，長方體開始滑動，試求接觸面之靜摩擦係數。(b)設桌子邊緣之直角端刺進長方體，使長方體不會發生滑動，則長方體與桌子脫離接觸時 θ 角為若干？

【答】(a)$\mu_s = 0.229$，(b)$\theta = 54.6°$。

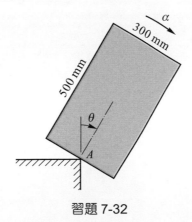

習題 7-32

7-33 重量為 W 高度為 h 之煙囪，其底部因爆炸斷裂而向右傾倒，如圖習題 7-33 所示，試求(a)在煙囪倒下過程中，煙囪內任一斷面之彎矩(bending moment)(以 W、h、x 及 θ 表示之)；(b)煙囪倒下過程中，在未著地前即因受彎矩作用而斷裂為兩斷，試求其可能之斷裂位置。設煙囪為直管形狀且質量均勻分佈。

【答】(a) $M = \dfrac{mg}{4l}\sin\theta(x^2 - \dfrac{x^3}{l})$，(b) $x = \dfrac{1}{27}mgl\sin\theta$。

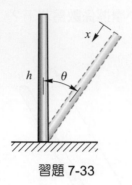

習題 7-33

7-4 運動方程式：一般平面運動

作一般平面運動之剛體，其運動包括平移及旋轉，圖 7-11 所示為剛體作一般平面運動之自由體圖及等效力圖，由公式(7-1)及(7-4)可得一般平面運動之三個純量方程式：

$$\sum F_x = m(a_G)_x$$
$$\sum F_y = m(a_G)_y \qquad\qquad (7\text{-}16)$$
$$\sum M_G = I_G \alpha$$

若力矩方程式是取質心 G 以外之任一點 A 為力矩中心，則公式(7-16)中之第三式可改用下列之公式求解，參考圖 7-11 所示

$$\sum M_A = (\sum M_A)_{eff} \quad ; \quad \sum M_A = ma_G \cdot d + I_G \alpha \qquad\qquad (7\text{-}17)$$

其中 $\sum M_A$ 為剛體所受之外力對 A 之力矩和，而 $(\sum M_A)_{eff}$ 為質心之等效力 ma_G 與等效力偶矩 $I_G\alpha$ 對 A 點之力矩和。

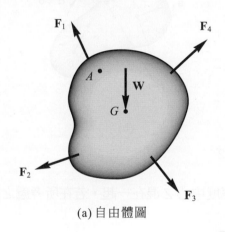

(a) 自由體圖   (b) 等效力圖

圖 7-11

剛體作一般平面運動之力矩方程式，除了取質心 G 為力矩中心時可得到「$\sum M = I\alpha$」之形式外，對另外之二個特殊點取力矩方程式時亦可得到「$\sum M = I\alpha$」之形式。

1. **加速度為零之點(設為 Z 點)：$\Sigma M_Z = I_Z \alpha$**

此種情況所得之力矩方程式與剛體繞固定軸轉動之情況相同。剛體作一般平面運動時，在任一瞬間加速度為零之 Z 點可在剛體上或剛體外，且通常與瞬時中心 Q (速度為零)不在同一點，因 Z 點可能有速度存在。剛體在某一瞬間 "加速度為零" 之點，稱為零加速

度瞬時中心(instantaneous center of zero acceleration)，簡稱為加速度中心(acceleration center)，對於作一般平面運動之剛體，只有極少數之特殊情形可求得其加速度中心之位置。

由相對加速度分析法，若 Z 點為剛體上加速度為零之點，且剛體之角速度 ω 及角加速度 α 為已知，則剛體上 A、B 兩點之加速度為

$$\mathbf{a}_A = (\mathbf{a}_{A/Z})_n + (\mathbf{a}_{A/Z})_t \quad , \quad \text{其中} \ (a_{A/Z})_n = r_{A/Z}\omega^2 \quad , \quad (a_{A/Z})_t = r_{A/Z}\alpha$$

$$\mathbf{a}_B = (\mathbf{a}_{B/Z})_n + (\mathbf{a}_{B/Z})_t \quad , \quad \text{其中} \ (a_{B/Z})_n = r_{B/Z}\omega^2 \quad , \quad (a_{B/Z})_t = r_{B/Z}\alpha$$

A、B 兩點之加速度，可參考圖 7-12(a)所示。若剛體在此瞬間之角速度 $\omega = 0$，得 $(a_{A/Z})_n = 0$，$(a_{B/Z})_n = 0$，則 $a_A = (a_{A/Z})_t = r_{A/Z}\alpha$，$a_B = (a_{B/Z})_t = r_{B/Z}\alpha$，如圖 7-12(b)所示，則此時剛體上任一點之加速度均會與該點與 Z 點之連線垂直。因此，若已知剛體在某瞬間之角速度為零，且已知剛體上 A、B 兩點的加速度方向，則作 A、B 兩點加速度方向垂線之交點，即可求得剛體在此瞬間之加速度中心位置。

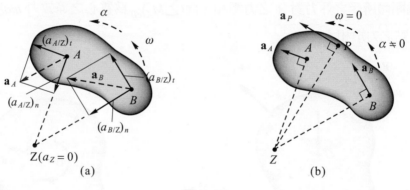

圖 7-12

注意，不可將瞬時中心 Q(速度為零之點)與加速度中心 Z 混在一起，若在所考慮之瞬間剛體的角速度 ω 不為零，則 Z 點通常不在 Q 點上。

2. **當 C 點之加速度與 $\overline{CG}$ 連線平行：$\sum M_C = I_C\alpha$**

參考圖 7-13(a)中作一般平面運動之剛體，在某一瞬間已知其角速度為 ω 角加速度為 α，且已知 C 點之加速度 a_C 方向指向或指離 G 點(與 $\overline{CG}$ 連線平行)，則由相對加速度分析法，G 之加速度為

$$\mathbf{a}_G = \mathbf{a}_C + \boldsymbol{\omega} \times (\boldsymbol{\omega} \times \mathbf{r}_{G/C}) + \boldsymbol{\alpha} \times \mathbf{r}_{G/C}$$

所得質心 G 之加速度如圖 7-13(b)所示。

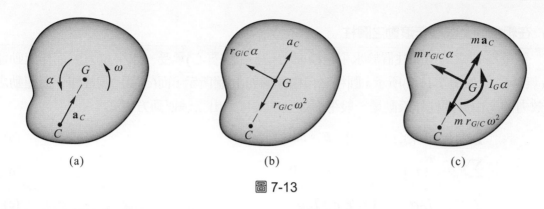

圖 7-13

圖 7-13(c)中所示為剛體作平面運動之等效力圖，若將剛體所受之外力對 C 點取力矩，則

$$\sum M_C = (\sum M_C)_{eff} = I_G\alpha + (mr_{G/C}\alpha)r_{G/C} = (I_G + mr_{G/C}^2)\alpha = I_C\alpha$$

即 $\qquad \sum M_C = I_C\alpha$ $\hfill$ (7-18)

最常見之例子為作滾動之圓盤，且其質心 G 位於圓心之情形，參考圖 7-14 所示。因接觸點 C(零速度之瞬時中心)之加速度 a_C 方向指向 G 點(與 $\overline{CG}$ 連線平行)，故對 C 點之力矩方程式為 $\sum M_C = I_C\alpha$，其中 I_C 為圓盤對 C 點之質量慣性矩，只要圓盤無滑動，上式即可使用。若圓盤有滑動，或質心不在圓心上，接觸點 C 之加速度便不會與 $\overline{CG}$ 連線平行，則公式(7-18)就不能成立。

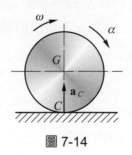

圖 7-14

受限制之平面運動

工程上之許多應用例，其平面運動是受到某些限制，使剛體之質心加速度與角加速度間存在有一定之關係，作此種平面運動之剛體，稱為受限制之平面運動(constrained plane motion)，解此類題目，除了用到平移及轉動之運動方程式($\sum \mathbf{F} = m\mathbf{a}_G$ 與 $\sum M_G = I_G\alpha$)外，且需利用運動學之分析方法找出 $\mathbf{a}_G$ 與 α 間之關係式以配合求解。下列兩種平面運動為最常見的例子：

(1) 在粗糙面上限制作滾動之圓柱

質量為 m 之均質圓柱置於水平粗糙面上，在圓心(質心)承受一水平拉力 P 而作滾動運動(無滑動)，如圖 7-15(a)所示，圓柱之自由體圖如(b)圖所示，而(c)圖為圓柱作平面運動之等效力圖。由於圓柱作滾動是一般平面運動，故可列出三個運動方程式：

$$\sum F_x = m(a_G)_x \quad ; \quad P - F = ma_G \tag{a}$$

$$\sum F_y = m(a_G)_y \quad ; \quad N - mg = 0 \tag{b}$$

$$\sum M_G = I_G \alpha \quad ; \quad F r = I_G \alpha \tag{c}$$

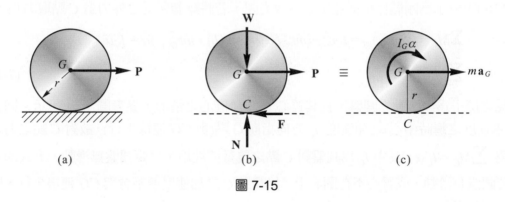

圖 7-15

上列三個方程式中含有四個未知數，即 N、F、α 及 a_G，需要有第四個方程式方可求解。因圓柱限制為作滾動，不能有滑動，a_G 與 α 不是兩個獨立之變數，而有特定之關係存在，即

$$a_G = r\alpha \tag{d}$$

因此由(a)(b)(c)(d)四個方程式便可解出四個未知數。

對於作滾動之圓柱，公式(c)中之力矩方程式，改用取接觸點 C 為力矩中心較為方便，即

$$\sum M_C = I_C \alpha \quad ; \quad P(r) = I_C \alpha \tag{e}$$

通常由公式(e)即可求得圓柱滾動之角加速度 α。

圓柱作滾動時與接觸面間無滑動產生，則必須 $F \le \mu_s N$，即接觸面所需之靜摩擦力必須小於最大靜摩擦力。若解得結果 $F > \mu_s N$，表示圓柱不可能作滾動，而與接觸面有滑動產生，則 a_G 與 α 為兩個獨立之變數，即 $a_G \ne r\alpha$，此時必須配合接觸面動摩擦力之公式求解，即

$$F = \mu_k N \tag{f}$$

則由(a)(b)(c)(f)四個方式可解得 N、F、α 及 a_G 四個未知數。在此特別強調，當接觸面有滑動時，公式(e)就不能使用。

　　當圓柱置於粗糙面上受已知外力作用時，通常無法預知此圓柱是作 "滾動" 或 "滾動兼有滑動"，解題時可暫時先假設爲滾動，若解得結果 $F \leq \mu_s N$，則原假設滾動爲正確；若解得結果 $F > \mu_s N$，則表示圓柱應爲作滾動兼滑動，然後再按照有滑動時之公式求解，參考例題 7-9 之分析。

(2) 均質桿之兩端被限制在互相垂直之光滑軌道上運動

　　參考圖 7-16 中之均質桿，長度爲 l，質量爲 m，A 端承受一已知水平力 $\mathbf{P}$ 作用，運動至 θ 角之位置時，繪桿子之自由體圖如(b)圖所示(設兩端滾子之質量忽略不計)，而(c)圖爲桿子之等效力圖。因桿子是作一般平面運動，故可列出三個純量方程式：

$$\sum F_x = m(a_G)_x \text{，} P + N_B = m(a_G)_x \tag{a}$$

$$\sum F_y = m(a_G)_y \text{，} W - N_A = m(a_G)_y \tag{b}$$

$$\sum M_G = I_G \alpha \text{，} -N_B(\frac{l}{2}\cos\theta) + N_A(\frac{l}{2}\sin\theta) + P(\frac{l}{2}\cos\theta) = I_G \alpha \tag{c}$$

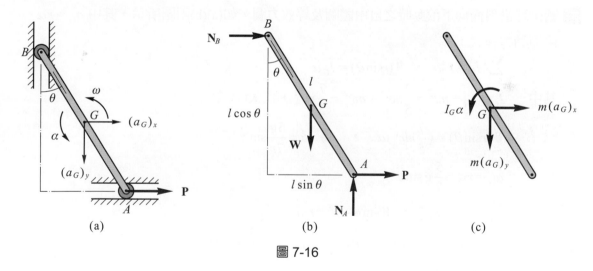

(a)　　　　　　　　(b)　　　　　　　　(c)

圖 7-16

上列三個方程式中含有 N_A、N_B、α、$(a_G)_x$ 及 $(a_G)_y$ 五個未知數，無法求解，但均質桿之兩端被限制在互相垂直之軌道上運動時，可由運動學求得 $(a_G)_x$、$(a_G)_y$ 與角加速度 α 之關係，即

$$(a_G)_x = f(\alpha) \quad \text{及} \quad (a_G)_y = g(\alpha) \tag{d}$$

將(d)式代入(a)(b)兩式中,則三個運動方程式中僅含 N_A、N_B 及 α 三個未知量,即可求解。有關此類題目之詳細解題過程將在例題 7-12 及例題 7-13 中說明。

例題 7-8

一圓球半徑為 r,重量為 W,在傾角為 θ 之斜面上由靜止釋放,若圓球只作滾動而無滑動,試求圓球與斜面間所需之最小摩擦係數。

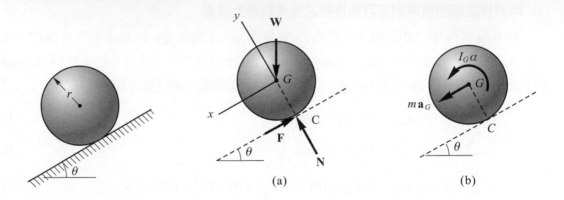

(a)   (b)

解 繪圓球沿斜面向下滾動時之自由體圖及等效力圖,如(a)(b)兩圖所示,其中 $a_G = r\alpha$。

由運動方程式:

$$\sum M_C = I_C\alpha \quad , \quad W(r\sin\theta) = I_C\alpha \tag{1}$$

其中 $I_C = I_G + mr^2 = \dfrac{2}{5}mr^2 + mr^2 = \dfrac{7}{5}mr^2$,代入(1)式

$$W(r\sin\theta) = (\frac{7}{5}mr^2)\alpha \quad , \quad 得 \quad \alpha = \frac{5g}{7r}\sin\theta$$

故 $\quad a_G = r\alpha = \dfrac{5}{7}g\sin\theta$

$$\sum F_x = m(a_G)_x \quad , \quad W\sin\theta - F = ma_G$$

$$W\sin\theta - F = \frac{W}{g}(\frac{5}{7}g\sin\theta) \quad , \quad 得 \quad F = \frac{2}{7}W\sin\theta$$

$$\sum F_y = 0 \quad , \quad N = W\cos\theta$$

故接觸面所需之最小摩擦係數為

$$\mu_s = \frac{F}{N} = \frac{2W\sin\theta/7}{W\cos\theta} = \frac{2}{7}\tan\theta \blacktriangleleft$$

例題 7-9

一繩索纏繞在一圓輪之內轂，如圖所示，並承受 18 N 之水平拉力，已知圓輪之質量為 5 kg，對質心之迴轉半徑為 120 mm，圓輪與水平粗糙面間之$\mu_S = 0.20$，$\mu_K = 0.15$，試求圓輪之角加速度及質心加速度。

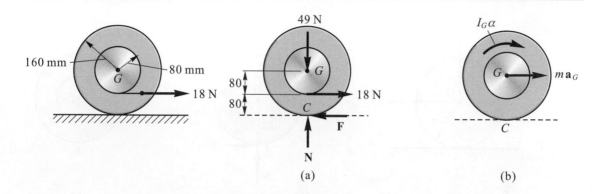

(a)　　　　　　　　　　　(b)

解　繪圓輪之自由體圖及等效力圖，如(a)(b)兩圖所示：

其中　$I_G = mk_G^2 = 5(0.120)^2 = 7.2 \times 10^{-2}$　kg-m^2

$I_C = I_G + md^2 = 7.2 \times 10^{-2} + 5(0.160)^2 = 0.2$ kg-m^2

首先假設圓輪作滾動運動，則 $a_G = 0.16\alpha$，由運動方程式：

$$\sum M_C = I_C\alpha \ , \quad 18(0.08) = 0.2\alpha \ , \quad 得 \ \alpha = 7.2 \text{ rad/s}^2$$

$$\sum F_x = m(a_G)_x \ , \quad 18 - F = 5(0.16 \times 7.2) \ , \quad 得 \ F = 12.24 \text{ N}$$

$$\sum F_y = 0 \ , \quad N = 49 \text{ N}$$

接觸面之最大靜摩擦力：$\mu_s N = 0.2(49) = 9.8$ N

$F > \mu_s N$，故圓輪不可能作滾動，而是作"滾動兼滑動"之運動，接觸面為動摩擦力，則

$$F = \mu_k N = 0.15(49) = 7.35 \text{ N}$$

再由運動方程式：

$$\sum F_x = m(a_G)_x \ , \quad 18 - 7.35 = 5a_G \ , \quad 得 \ a_G = 2.13 \text{ m/s}^2 \blacktriangleleft$$

$$\sum M_G = I_G\alpha \ , \quad -18(0.08) + 7.35(0.16) = (7.2 \times 10^{-2})\alpha \ , \quad \alpha = -3.67 \text{ rad/s}^2$$

得　$\alpha = 3.67 \text{ rad/s}^2$ (ccw) $\blacktriangleleft$

例題 7-10

圖中圓輪之質心 G 不在幾何中心，已知圓輪之質量 $m = 30$ kg，對質心之迴轉半徑 k_G = 0.15m，今將此圓輪在圖示之位置由靜止釋放，試求釋放後瞬間圓輪之角加速度及接觸點 A 所受之摩擦力。設圓輪作滾動，無滑動產生。

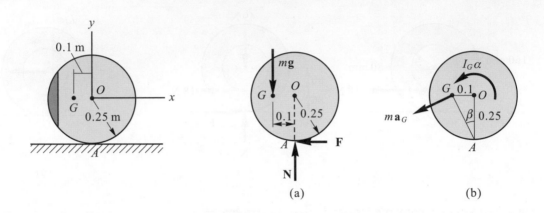

(a)   (b)

解 因圓輪作滾動運動，且釋放後瞬間 $\omega = 0$，$a_A = r\omega^2 = 0$，故接觸點 A 為加速度中心，且質心加速度 $a_G = (a_{G/A})_t = r_{G/A}\alpha$，方向與 $\overline{AG}$ 連線垂直。

繪圓輪之自由體圖及等效力圖，如(a)(b)兩圖所示：

其中 $\overline{AG} = \sqrt{0.1^2 + 0.25^2} = 0.269$ m

$$I_A = I_G + m\,\overline{AG}^2 = 30(0.15)^2 + 30(0.1^2 + 0.25^2) = 2.85 \text{ kg-m}^2$$

由運動方程式：

$$\sum M_A = I_A\alpha \quad , \quad (30 \times 9.81)(0.1) = 2.85\alpha$$

$$\alpha = 10.33 \text{ rad/s}^2 \quad , \quad 得 \ a_G = 0.269(10.33) = 2.78 \text{ m/s}^2 \blacktriangleleft$$

參考(b)圖，因 $\tan\beta = \dfrac{0.1}{0.25} = 0.4$，$\beta = 21.8°$，得 $\sin\beta = 0.371$，$\cos\beta = 0.928$

$$\sum F_x = m(a_G)_x \ , \quad F = m(a_G\cos\beta) = 30(2.78)(0.928) = 77.4 \text{ N} \blacktriangleleft$$

$$\sum F_y = m(a_G)_y \ , \quad mg - N = m(a_G\sin\beta)$$

$$N = 30 \times 9.81 - 30(2.78)(0.371) = 263.4 \text{ N}$$

例題 7-11

　　圖中質量為 40 kg 之非均質圓輪承受逆時針方向之力偶矩 $C_O = 20$ N-m 作用而在水平粗糙面上滾動(無滑動)，在圖中所示瞬間圓輪之角速度為 $\omega = 2$ rad/s (順時針方向)，試求此時圓輪之角加速度及圓輪在接觸點 C 所受之作用力。圓輪對其質心 G 之迴轉半徑為 $k_G = 200$ mm。

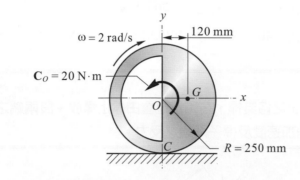

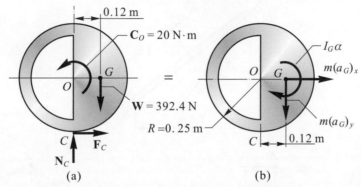

(a)　　　　　　　　(b)

解 繪圓輪之自由體圖如圖(a)所示，除了 F_C 及 N_C 為未知外，圓輪之角加速度 α 及質心加速度 $(a_G)_x$ 與 $(a_G)_y$ 亦未知，但僅有三個運動方程式可求解，故需先求得 $(a_G)_x$ 及 $(a_G)_y$ 與 α 之關係。由相對加度分析法：$\mathbf{a}_G = \mathbf{a}_O + (\mathbf{a}_{G/O})_n + (\mathbf{a}_{G/O})_t$

其中　　$(a_{G/O})_n = r_{G/O}\omega^2 = 0.12(2)^2 = 0.48$ m/s^2 ($\leftarrow$)

　　　　$(a_{G/O})_t = r_{G/O}\alpha = 0.12\alpha$ m/s^2 ($\downarrow$)，設 α 朝順時針方向

　　　　$a_O = R\alpha = 0.25\alpha$ m/s^2 ($\rightarrow$)

得　　　$(a_G)_x = 0.25\alpha - 0.48$ m/s^2 ($\rightarrow$)　，　$(a_G)_y = 0.12\alpha$ m/s^2 ($\downarrow$)

因此，僅剩三個未知數 F_C、N_C 及 α，由三個運動方程式便可求解。

欲求角加速度 α 必須對接觸點 C 取力矩方程式，但 $a_C = R\omega^2$ ($\uparrow$) $\neq 0$，且 a_C 與 $\overline{CG}$ 之連線不平行，故 $\sum M_C \neq I_C\alpha$，而必須利用等效力圖對 C 點之力矩和，參考圖(b)所示，即

$$\sum M_C = (\sum M_C)_{eff} \quad , \quad W(0.12) - C_0 = m(a_G)_x(0.25) + m(a_G)_y(0.12) + I_G\alpha$$

$$(40 \times 9.81)(0.12) - 20 = 40(0.25\alpha - 0.48)(0.25) + 40(0.12\alpha)(0.12) + (40 \times 0.2^2)\alpha$$

得 $\quad \alpha = 6.82 \text{ rad/s（順時針方向）}◀$

則 $\quad (a_G)_x = 0.25(6.82) - 0.48 = 1.225 \text{ m/s}^2(\rightarrow)$

$$(a_G)_y = 0.12(6.82) - 0.48 = 0.8184 \text{ m/s}^2(\downarrow)$$

$$\sum F_x = m(a_G)_x \ , \ F_C = 40(1.225) = 49.0 \text{ N} ◀$$

$$\sum F_y = m(a_G)_y \ , \ 40 \times 9.81 - N_C = 40(0.8184) \quad , \quad N_C = 360 \text{ N} ◀$$

例題 7-12

質量 20kg 長度 2m 之均質桿，在圖示位置由靜止釋放，設兩端之摩擦忽略不計，試求釋放後瞬間桿子之角加速度及桿子兩端之反力。

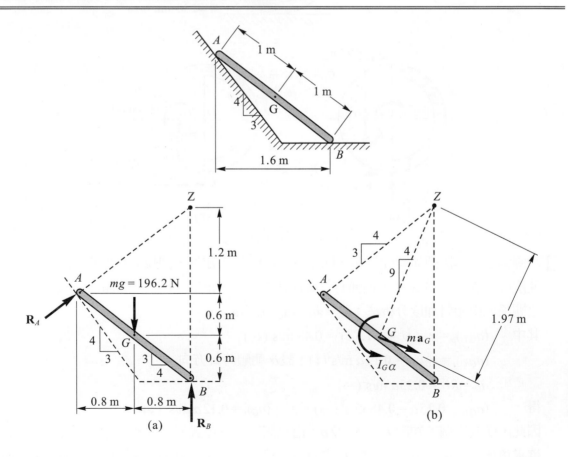

解 繪桿子釋放後瞬間之自由體圖，如(a)圖所示。

因桿子之角速度為零，故可由 A、B 兩點加速度方向垂線之交點得桿子在此瞬間之加

速度中心 Z 點。

設釋放後瞬間桿子之角加速度 α 朝逆時針方向，而桿子質心加速度之方向與 $\overline{GZ}$ 垂直，且 $a_G = (a_{G/Z})_t = \overline{GZ} \cdot \alpha$，則可繪桿子之等效力圖如(b)圖所示。

其中 $\overline{GZ} = \sqrt{0.8^2 + 1.8^2} = 1.97$ m

故 $a_G = (1.97)\alpha$ m/s²

由運動方程式，因 Z 點為加速度中心

$$\sum M_Z = I_Z\alpha，(196.2)(0.8) = [\frac{1}{12}(20)(2)^2 + 20(1.97)^2]\alpha$$

$$\alpha = 1.862 \text{ rad/s}^2(逆時針方向) \blacktriangleleft$$

$$a_G = 1.97(1.862) = 3.669 \text{ m/s}^2$$

$$\sum F_x = m(a_G)_x，\frac{4}{5}R_A = 20 \cdot \frac{9}{\sqrt{9^2 + 4^2}}(3.669)，\quad R_A = 83.81 \text{ N}\blacktriangleleft$$

$$\sum F_y = m(a_G)_y，196.2 - \frac{3}{5}(83.81) - R_B = 20 \cdot \frac{4}{\sqrt{9^2 + 4^2}}(3.669)$$

$$R_B = 116.1 \text{ N}\blacktriangleleft$$

例題 7-13

圖中均質桿(重量為 50 lb)兩端可在水平及垂直之滑槽中滑動(滑塊質量忽略不計)。已知運動至圖示位置時滑塊 A 之速度 $v_A = 5$ ft/s(向右)，加速度為 $a_A = 4$ ft/s²(向右)，試求(a)AB 桿之角速度與角加速度；(b)作用於滑塊 A 之水平力 F 及滑槽對 A、B 兩滑塊之作用力。設摩擦忽略不計。AB 桿之長度為 90 in。

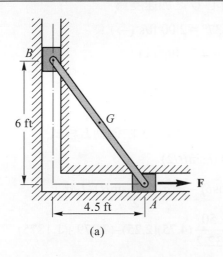
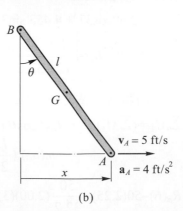

(a)   (b)

解 (a) AB 桿之角速度與角加速度

設取 x 為 A 點之位置，θ 為 AB 桿之角位置，如圖(b)所示，則 $x = l\sin\theta$，微分後可得

$$\dot{x} = l\dot{\theta}\cos\theta = l\omega\cos\theta \tag{1}$$

$$\ddot{x} = l\ddot{\theta}\cos\theta - l\dot{\theta}^2\sin\theta = l\alpha\cos\theta - l\omega^2\sin\theta \tag{2}$$

已知 $\dot{x} = v_A = 5$ ft/s，$\ddot{x} = a_A = 4$ ft/s²，$l = 90$ in $= 7.5$ ft，$\theta = 37°$，代入(1)(2)兩式得

得　　$\omega = 0.8333$ rad/s (ccw)，　$\alpha = 1.1875$ rad/s²(ccw)

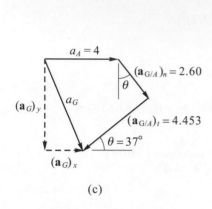

(c)

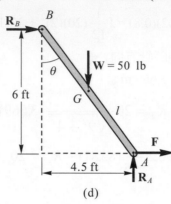

(d)

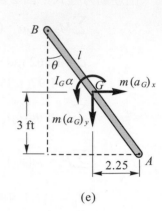

(e)

(b) 質心 G 之加速度：由相對加速度分析法

$$\mathbf{a}_G = \mathbf{a}_A + (\mathbf{a}_{GA})_n + (\mathbf{a}_{G/A})_t \tag{3}$$

其中　$a_A = 4$ ft/s²$(\rightarrow)$

$(a_{G/A})_n = r_{G/A}\omega^2 = (3.75)(0.8333)^2 = 2.60$ ft/s²，方向：G 指向 A($\searrow$)

$(a_{G/A})_t = r_{G/A}\alpha = (3.75)(1.1875) = 4.453$ ft/s²，方向：與 GA 垂直 ($\swarrow$)

繪公式(3)之向量圖，如(c)圖所示，得質心 G 之加速度為

$(a_G)_x = 4 + 2.60\sin37° - 4.453\cos37° = 2.00$ ft/s²$(\rightarrow)$

$(a_G)_y = 2.60\cos37° + 4.453\sin37° = 4.75$ ft/s²$(\downarrow)$

AB 桿之質量慣性矩 $I_G = \left[\dfrac{1}{12}\left(\dfrac{50}{32.2}\right)\left(\dfrac{90}{12}\right)^2\right] = 7.279$ lb-ft-s²

繪 AB 桿之自由體圖及等效力圖如圖(d)及圖(e)所示，由運動方程式

$\sum M_A = (\sum M_A)_{eff}$，$R_B(l\cos\theta) - W(l\sin\theta/2)$

$$= m(a_G)_x\left(\frac{l}{2}\cos\theta\right) - m(a_G)_y\left(\frac{l}{2}\sin\theta\right) - I_G\alpha$$

$R_B(6) - 50(2.25) = \dfrac{50}{32.2}(2.00)(3) - \dfrac{50}{32.2}(4.75)(2.25) - (7.279)(1.1875)$

得 $\quad R_B = 16.10 \text{ lb}(\rightarrow)\blacktriangleleft$

$\sum F_x = m(a_G)_x$ ， $R_B + F = \dfrac{50}{32.2}(2.00)$ ， $F = -12.99 \text{ lb}$ ， $F = 12.99 \text{ lb}(\leftarrow)\blacktriangleleft$

$\sum F_y = m(a_G)_y$ ， $50 - R_A = \dfrac{50}{32.2}(4.75)$ ， $R_A = 42.62 \text{ lb}(\uparrow)\blacktriangleleft$

例題 7-14

　　圖中長 5m 之均質鋼樑質量為 500 kg，以兩條鋼索支撐呈水平平衡。今將鋼索 BC 剪斷，試求剪斷後瞬間鋼索 AC 之張力。

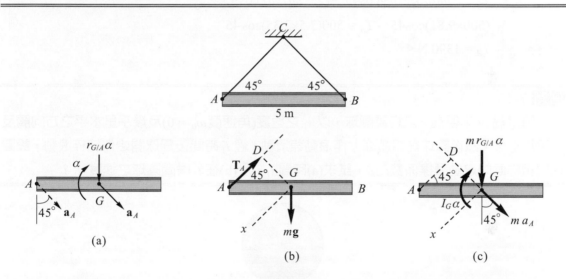

(a)　　　　　　　(b)　　　　　　　(c)

解 將 BC 繩索切斷後所涉及之未知數包括繩索 AC 之張力 T_A，鋼樑 AB 之角加速度 α，及質心加速度 $(a_G)_x$ 與 $(a_G)_y$，共有四個未知數，但僅有三個運動方程式，故必須再找一個運動學之方程式。因已知 A 點加速度 a_A 之方向與繩索 AC 垂直，故可將質心加速度 a_G 以 a_A 及角加速度 α 表示，則未知數便剩下 T_A、a_A 及 α 三個。

設 BC 繩索切斷後之瞬間鋼樑 AB 之角加速度 α 朝順時針方向，A 點之加速度與繩索 AC 垂直朝向右下方，則由相對加速度公式

$$\mathbf{a}_G = \mathbf{a}_A + (\mathbf{a}_{G/A})_n + (\mathbf{a}_{G/A})_t$$

因 BC 繩索切斷後瞬間角速度 $\omega = 0$，$(a_{G/A})_n = r_{G/A}\omega^2 = 0$，而 $(a_{G/A})_t = r_{G/A}\alpha$，方向垂直向下，故可得質心之加速度如圖(a)所示。

繪 BC 繩索切斷後瞬間鋼樑之自由體圖及等效力圖，如(b)圖及(c)圖所示，其中未知數

為 T_A，a_A 及 α，故可由三個運動方程式求解。

為使求解之計算過程較為簡單，可考慮取 T_A 及 a_A 之交點 D 為力矩中心列力矩方程式，即

$$\sum M_D = (\sum M_D)_{eff}，mg\cdot\frac{L}{4} = I_G\alpha + mr_{G/A}\alpha\cdot\frac{L}{4}$$

其中　　$I_G = \frac{1}{12}(500)(5)^2 = 1041.7 \text{ kg-m}^2$

則　　　$(500\times9.81)(1.25) = (1041.7)\alpha + 500(2.5\alpha)(1.25)$

得　　　$\alpha = 2.35 \text{ rad/s}^2$

　　　　$\sum F_x = m(a_G)_x，mg\cos45° - T_A = mr_{G/A}\alpha\cos45°$

　　　　$(500\times9.81)\cos45° - T_A = 500(2.5\times2.35)\cos45°$

得　　　$T_A = 1390 \text{ N}$ ◀

例題 7-15

質量為 m 半徑為 r 之均質圓球，以 v_0 之速度(角速度 $\omega_0 = 0$)及幾乎呈水平之方向觸及水平粗糙面，然後圓球在粗糙面上作滾動兼滑動，經 t_1 時間後圓球開始作純粹滾動，設圓球與粗糙面間之動摩擦係數為 μ，試求(a)時間 t_1，及(b)在 t_1 瞬間圓球之速度 v_1？

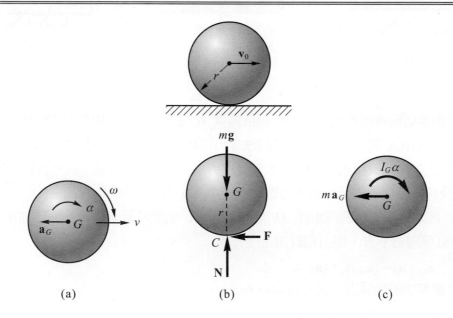

(a)　　　　　　(b)　　　　　　(c)

解 (a) 設圓球觸地後作滾動兼滑動之質心加速度爲 a_G，角加速度爲 α(順時針方向)，如(a)圖所示。繪圓球之自由體圖及等效力圖，如(b)(c)兩圖所示，由運動方程式

$$\sum M_G = I_G \alpha \quad , \quad Fr = \left(\frac{2}{5}mr^2\right)\alpha \tag{1}$$

$$\sum F_x = m(a_G)_x \quad , \quad F = ma_G \tag{2}$$

$$\sum F_y = 0 \quad , \quad N = mg \tag{3}$$

因 t_1 時刻之前，圓球作滾動兼滑動，接觸面爲動摩擦力，故

$$F = \mu N \tag{4}$$

由(1)(2)(3)(4)聯立解得：$\alpha = \dfrac{5\mu g}{2r}$ ， $a_G = \mu g$

從開始觸地至 t_1 時刻，圓球之線運動爲等加速度運動，而角運動爲等角加速度運動。設在 t_1 時刻時，圓球質心之速度爲 v_1，角速度爲 ω_1，則

$$v_1 = v_0 - a_G t_1 = v_0 - \mu g t_1 \tag{5}$$

$$\omega_1 = \omega_0 + \alpha t_1 = 0 + \frac{5\mu g}{2r}t_1 = \frac{5\mu g}{2r}t_1 \tag{6}$$

達 t_1 時刻時，圓球開始作滾動，則 $v_1 = r\omega_1$，將(5)(6)兩式代入

$$v_0 - \mu g t_1 = r\left(\frac{5\mu g}{2r}t_1\right) \quad , \quad 得 \quad t_1 = \frac{2v_0}{7\mu g} \blacktriangleleft$$

(b) 將 t_1 代入(5)式得 $v_1 = v_0 - \mu g\left(\dfrac{2v_0}{7\mu g}\right) = \dfrac{5}{7}v_0$ ◀

習題 3

7-34 如圖習題 7-34 中質量為 1.25 kg 之均質桿，靜置於水平光滑面上，今有一力 P 作用於 A 端，其大小為 3 N，方向為水平，且與桿子垂直。試求(a)桿子之角加速度；(b)質心加速度；(c)桿上加速度為零之點。

　　【答】(a)16 rad/s^2，(b)2.4 m/s^2，(c)距 B 端 300 mm。

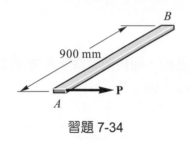

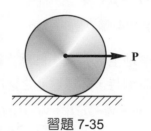

習題 7-34　　　　　　　　　　　　　習題 7-35

7-35 如圖習題 7-35 所示，質量為 m 半徑為 r 之均質圓柱，靜止置於水平粗糙面上，若接觸面之靜摩擦係數為 μ，今在質心 G 施一水平力 P，若欲使圓柱滾動而不產生滑動，則 P 之最大值為若干？

　　【答】$P = 3\ \mu mg$。

7-36 如圖習題 7-36 中重量為 50 lb 之圓輪置於水平粗糙面上，$\mu_s = 0.3$，$\mu_k = 0.25$，今對圓輪施加一順時針方向之力偶矩 $M = 35$ lb-ft，試求圓輪質心之加速度。設圓輪對其質心 G 之迴轉半徑 $k_G = 0.70$ ft。

　　【答】$a_G = 8.05$ ft/s^2。

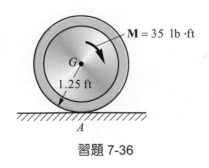

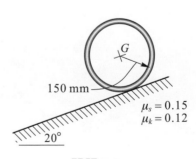

習題 7-36　　　　　　　　　　　　　習題 7-37

7-37 如圖習題 7-37 中細圓環之半徑為 150 mm，置於傾角為 20° 之斜面上由靜止釋放，已知 $\mu_s = 0.15$，$\mu_k = 0.12$，試求圓環之角加速度以及沿斜面運動 3 m 距離所需之時間。

【答】 $\alpha = 7.38$ rad/s^2，$t = 1.633$ 秒。

7-38 一均質圓球靜置於可移動之平台上，如圖習題 7-38 所示，今平台以 $a = 2g$ 之等加速度向右運動，若欲使圓球在平台上滾動而無滑動，則圓球與平台間所需之最小摩擦係數為若干？並求此時圓球質心之加速度？

【答】 $\mu = \dfrac{4}{7}$，$a_G = \dfrac{4}{7}$ g。

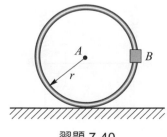

習題 7-38

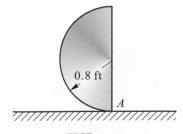

習題 7-39

7-39 如圖習題 7-39 中質量為 m 半徑為 r 之圓球原以 ω_0 之角速度順時針方向轉動(沒有線速度)，今將圓球置於水平粗糙面上，圓球最初會在水平面上作滾動兼滑動之運動，經 t_1 時間後圓球開始作滾動，試求(a)時間 t_1；(b)在 t_1 時刻圓球之角速度及質心速度？設接觸面之動摩擦係數為 μ。

【答】 (a) $t_1 = \dfrac{2r\omega_0}{7\mu g}$；(b) $v = \dfrac{2}{7} r\omega_0$；$\omega = \dfrac{2}{7}\omega_0$。

7-40 質量為 m 之滑塊固定在細圓環上之 B 點，細圓環之質量亦為 m，當 B 在 A 正上方時將系統由靜止釋放，圓環滾動(無滑動)至圖習題 7-40 中所示位置時角速度為 $\omega = \sqrt{g/2r}$ (順時針方向)，試求此時圓環之角加速度及 B 之加速度。

【答】 $\alpha = 3\,g/8r$，$a_B = 0.395g$。

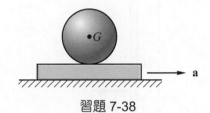

習題 7-40

習題 7-41

7-41 如圖習題 7-41 所示，重量爲 5 lb 之半圓柱在圖中所示位置由靜止釋放，假設無滑動現象，試求釋放後瞬間半圓柱之角加速度及質心之加速度。

【答】$\alpha = 11.39$ rad/s²，$a_G = 9.90$ ft/s²。

7-42 如圖習題 7-42 中質量爲 10 kg 之半圓柱滾動至 $\theta = 60°$ 位置時角速度爲 4 rad/s(ccw)，試求此時半圓柱在接觸點 A 所受之正壓力及摩擦力。設半圓柱在水平面上作滾動而無滑動。

【答】$F_A = 20.2$ N，$N_A = 91.3$ N。

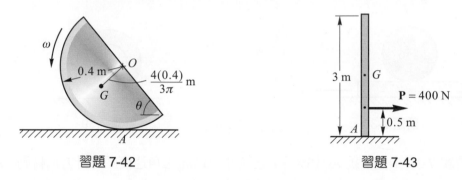

習題 7-42　　　　　　　　　習題 7-43

7-43 如圖習題 7-43 中之均質桿質量 $m = 100$ kg 長度 $l = 3$ m，原靜止直立在水平粗糙面上，當水平力 $P = 400$ N 作用於桿上 A 點時，桿之角加速度爲若干？桿與粗糙面之 $\mu_s = \mu_k = 0.25$。

【答】$\alpha = 0.433$ rad/s²。

7-44 如圖習題 7-44 中均質之長方形平板質量爲 m，若將 B 點之繩索剪斷，試求剪斷後瞬間平板質心之加速度。

【答】$a_G = \dfrac{12}{17}$ g ($\downarrow$)。

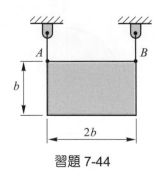

習題 7-44

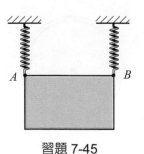

習題 7-45

7-45 將上題之繩索改用兩相同之彈簧支持，如圖習題 7-45 所示，同樣將 B 點彈簧剪斷，試求剪斷後瞬間平板質心之加速度。

【答】$a_G = \dfrac{g}{2}(\downarrow)$。

7-46 如圖習題 7-46 中質量為 30 kg 長度為 1.2 m 之均質細長桿，兩端以滾子被限制在水平及垂直之軌道內運動，今在 $\theta = 30°$ 之位置於 A 端施加一水平力 P = 150 N，使桿子由靜止開始運動，試求開始運動之瞬間桿子之角加速度及 A、B 兩端之反力。

【答】$\alpha = 4.694 \text{ rad/s}^2\text{(cw)}$，$N_A = 336.5 \text{ N}$，$N_B = 76.8 \text{ N}$。

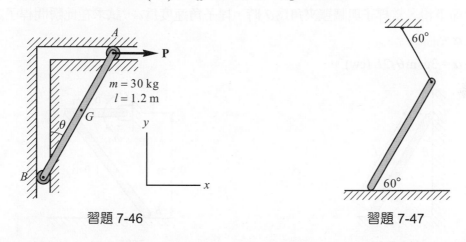

習題 7-46　　　　　　　　　　　習題 7-47

7-47 如圖習題 7-47 中均質桿子質量 m = 10 kg 長度 l = 3m，由圖示之位置靜止釋放，設桿子與地板之摩擦忽略不計，且繩重不計，試求釋放後瞬間繩子之張力。

【答】34.72 N。

7-48 如圖習題 7-48 中均質細長桿之質量為 m 長度為 L，在 $\beta = 60°$ 之位置由靜止釋放，試求釋放後瞬間桿子之角加速度及桿底端 A 點所受之正壓力。設水平面為光滑面。

【答】$\alpha = 1.714 \ g/L$，$N_A = 0.571 \ mg$。

7-49 如圖習題 7-49 中均質桿子質量為 15 kg，A 端以質量可忽略不計之小滾輪支撐在水平面上，B 端靠在粗糙之垂直面上，動摩擦係數 $\mu_k = 0.30$。今將桿子在圖示位置由靜止釋放，試求釋放後瞬間 A 點之加速度。

【答】$a_A = 5.93 \text{ m/s}^2$。

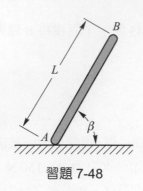

習題 7-48

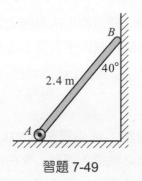

習題 7-49

7-50 如圖習題 7-50 所示，質量 m 長度 L 的均質桿子，斜靠在光滑牆壁及地板，桿子因重力作用而下滑，當桿子與牆壁夾角為 θ 時，桿子角速度為 ω，試求在此瞬間桿子之角加速度 α。

【答】$\alpha = 3g\sin\theta/2L$ (cw)。

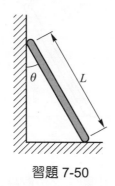

習題 7-50

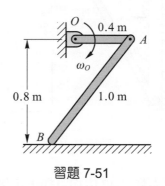

習題 7-51

7-51 如圖習題 7-51 中曲柄 OA 以 4.5 rad/s 之等角速度朝順時針方向轉動，帶動均質連桿 AB 在水平光滑面上作平面運動，連桿質量為 10 kg，試求在圖示位置(曲柄 OA 呈水平)時連桿在 B 端之反力。

【答】$N_B = 36.38$ N。

7-52 如圖習題 7-52 中 T 型桿由兩根相同之細長桿焊接而成，總質量為 m，設將此桿件在圖示位置由靜止釋放，試求釋放後瞬間 A 點之加速度。滾輪之質量及摩擦忽略不計。

【答】$a_A = \dfrac{14}{109}g$。

7-53 如圖習題 7-53 中均質連桿 AB 之質量為 3 kg，B 端與曲柄 BD 連接，A 端與一質量可忽略之滑塊連接，滑塊可在 EF 桿上自由滑動，已知在圖示位置時曲柄 BD 之角速度為 15 rad/s(cw)角加速度為 60 rad/s^2(cw)，試求連桿在 A 端之反力。

【答】N_A = 29.95 N。

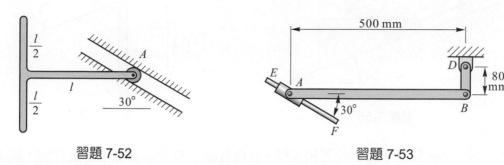

習題 7-52 習題 7-53

7-54 如圖習題 7-54 所示，質量為 m 之均質桿 AB，利用兩端的小滾輪(質量忽略不計)在水平面上運動，當 A 端通過 C 點時進入一半徑為 r 的曲線路徑，此時桿子之速度為 v，試求 A 端通過 C 點瞬間滾輪 A 所受之作用力。

【答】$N_A = \dfrac{1}{2}mg + \dfrac{mv^2}{3r}$。

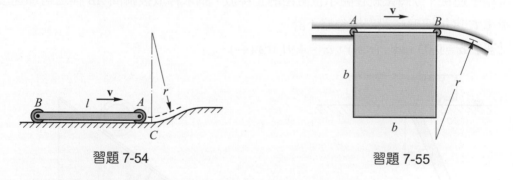

習題 7-54 習題 7-55

7-55 如圖習題 7-55 中質量為 m 之正方形板子以上面兩角落之小滾輪(質量忽略不計)懸吊在鉛直面上，並以等速度 v 在水平軌道上向右運動，試求當 B 輪開始進入右側半徑為 r 之圓形軌道時兩滾輪所受之正壓力。

【答】$N_A = \dfrac{1}{2}mg - \dfrac{mv^2}{12r}$ ，$N_B = \dfrac{1}{2}mg - \dfrac{5mv^2}{12r}$。

7-56 如圖習題 7-56 中楔塊 A 質量為 2 kg，圓柱 B 質量為 3 kg，最初以繩子 C 繫住靜置於斜面上。試求將繩子 C 切斷後瞬間楔塊 A 之加速度及圓柱 B 之角加速度。設圓柱 B 在楔塊 A 上滾動而無滑動，且楔塊 A 與斜面間之摩擦忽略不計。

【答】a_A = 5.19 m/s^2 ，α_B = 32.5 rad/s^2。

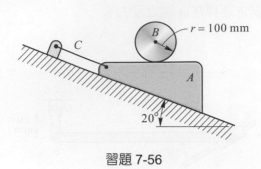

習題 7-56

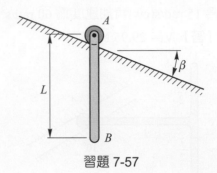

習題 7-57

7-57 長度 1.2 m 質量 3 kg 的均質細長桿，在圖習題 7-57 所示位置由靜止釋放，試求釋放後瞬間 (a)桿子的角加速度，(b)A 點之加速度，(c)A 處滾子之反力。設滾子之質量及摩擦忽略不計。$\beta = 30°$。

　　【答】 (a)$\alpha = 12.14$ rad/s^2，(b)$a_A = 11.22$ m/s^2，(c)$N_A = 14.56$ N。

7-58 如圖習題 7-58 中均質桿 AB 重量為 20 lb 長度為 3 ft，滑車 C 重量為 30 lb，兩者以光滑銷子連接。今將系統在圖示位置由靜止釋放，試求釋放後瞬間 AB 桿之角加速度及滑車 C 之加速度。設摩擦忽略不計。

　　【答】 $\alpha = 9.03$ rad/s^2(ccw)，$a_C = 4.91$ ft/s^2($\leftarrow$)。

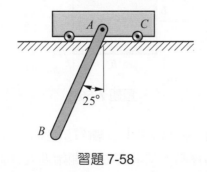

習題 7-58

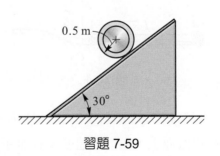

習題 7-59

7-59 如圖習題 7-59 中質量為 500kg 半徑為 0.5 m 的薄壁管子滾下質量為 300kg 之斜面，斜面可在水平面上自由運動(無摩擦)，試求管子之角加速度及斜面之加速度。設管子在斜面上作滾動而無滑動。

　　【答】 $\alpha = 6.41$ rad/s^2，$a = 1.73$ m/s^2。

CHAPTER

8

二維剛體力動學：功與能

在第三章中我們導出了功與動能之原理，並應用在單一質點之運動及數個質點連結之運動系統，此原理對作用於一段位移之力所生之效應特別有用，若作用力為保守力，則可利用運動前後之位能變化直接分析速度之變化。對於作有限位移之運動體，功能法之最大優點是不必先求加速度，即可在此有限位移內對力作線積分而直接求得運動前後之速度變化。本章繼續將功與動能之原理擴展應用於分析剛體的運動，對於分析剛體運動前後之速度變化亦有同樣的優點。在第五章的 5-3 節中已經將功與動能之原理擴展應用於質點系統，當然也包括剛體在內，因剛體本來就是質點系統，故在質點系統中所涉及之觀念及公式都可應用在本章中。

8-1 剛體作平面運動之動能

將功與動能原理運用於分析剛體運動之前，須先導出剛體作移動、繞固定軸轉動以及作一般平面運動之動能。

參考圖 8-1 中作一般平面運動之剛體，圖中以在參考平面上運動的薄板來表示，其上任一質點 m_i 之動能為

$$T_i = \frac{1}{2}m_i(v_i)^2 = \frac{1}{2}m_i(\mathbf{v}_i \cdot \mathbf{v}_i)$$

剛體之動能為剛體內所有質點動能之總和，即

$$T = \sum[\frac{1}{2}m_i(\mathbf{v}_i \cdot \mathbf{v}_i)] = \frac{1}{2}\sum[m_i(\mathbf{v}_i \cdot \mathbf{v}_i)]$$

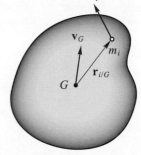

圖 8-1

因 $\mathbf{v}_i = \mathbf{v}_G + \mathbf{v}_{i/G}$，其中 $\mathbf{v}_G$ 為剛體之質心速度，$\mathbf{v}_{i/G}$ 為質點 m_i 相對於質心 G 之速度，故

$$T = \frac{1}{2}\sum m_i[(\mathbf{v}_G + \mathbf{v}_{i/G})\cdot(\mathbf{v}_G + \mathbf{v}_{i/G})]$$

$$= \frac{1}{2}(\sum m_i)v_G^2 + \mathbf{v}_G \cdot (\sum m_i\mathbf{v}_{i/G}) + \frac{1}{2}\sum(m_iv_{i/G}^2)$$

第一項中 $\sum m_i = m =$ 剛體之總質量，故 $\frac{1}{2}(\sum m_i)v_G^2 = \frac{1}{2}mv_G^2$

第二項中 $\sum m_i\mathbf{v}_{i/G} = \dfrac{d}{dt}(\sum m_i\mathbf{r}_{i/G}) = \dfrac{d}{dt}m\bar{\mathbf{r}}$，由質心定義：$\bar{\mathbf{r}} = 0$，故 $\sum m_i\mathbf{v}_{i/G} = 0$

第三項中 $\dfrac{1}{2}\sum(m_i v_{i/G}^2)=\dfrac{1}{2}\sum[m_i(\omega r_{i/G})^2]=\dfrac{1}{2}\omega^2(\sum m_i r_{i/G}^2)=\dfrac{1}{2}I_G\omega^2$

其中 $\sum m_i r_{i/G}^2 = I_G$ =剛體對其質心之質量慣性矩，ω=剛體作平面運動之角速度。

故剛體作平面運動之動能為

$$T=\frac{1}{2}mv_G^2+\frac{1}{2}I_G\omega^2 \qquad\qquad (8\text{-}1)$$

其中第一項稱為"平移動能"，第二項為"轉動動能"。

平移運動

剛體作平移運動時，因 $\omega=0$，轉動動能等於零，僅有平移動能，故其動能為

$$T=\frac{1}{2}mv_G^2 \qquad\qquad (8\text{-}2)$$

其中 v_G 為剛體作平移運動之瞬時速度。

繞固定軸轉動

剛體繞固定軸轉動，若轉動中心 O 不在質心 G 上，參考圖 8-2 所示，其質心 G 之速度為 $v_G=\omega r_{G/O}$，則剛體之動能由公式(8-1)為

$$T=\frac{1}{2}mv_G^2+\frac{1}{2}I_G\omega^2$$

將 v_G 代入上式，動能可改寫為

$$T=\frac{1}{2}m(\omega r_{G/O})^2+\frac{1}{2}I_G\omega^2=\frac{1}{2}(I_G+mr_{G/O}^2)\omega^2$$

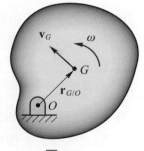

圖 8-2

其中 $I_G+mr_{G/O}^2=I_O$ =剛體對轉動中心 O 之質量慣性矩，故動能為

$$T=\frac{1}{2}I_O\omega^2 \qquad\qquad (8\text{-}3)$$

若剛體之轉動中心在質心，$v_G=0$，此時僅有轉動動能，即

$$T=\frac{1}{2}I_G\omega^2 \qquad\qquad (8\text{-}4)$$

一般平面運動

剛體作一般平面運動時，若其質心速度為 v_G，角速度為 ω，則其動能包括移動動能與轉動動能，即

$$T = \frac{1}{2}mv_G^2 + \frac{1}{2}I_G\omega^2 \tag{8-1}$$

另外，剛體作一般平面之動能也可用對瞬時轉動中心(零速度)Q 之轉動動能來表示，因 Q 點之速度為零，與繞固定軸轉動的情形相同，亦可證得

$$T = \frac{1}{2}I_Q\omega^2 \tag{8-5}$$

其中 I_Q 為剛體對其瞬時轉動中心之質量慣性矩。

8-2 剛體上力及力偶所作之功

一力 **F** 所作之功在第三章中已詳細討論過，為

$$U = \int \mathbf{F} \cdot d\mathbf{r} \quad , \quad 或 \quad U = \int F\cos\theta\, ds$$

其中 $d\mathbf{r}$ 為 **F** 之作用點在 dt 時間內所生之微小位移，而 θ 角為 **F** 與 $d\mathbf{r}$ 之夾角，ds 為 $d\mathbf{r}$ 的大小。在分析外力對剛體所作之功時，需注意下列三種外力對剛體是不作功，即

(1) 作用於固定點之力，如剛體繞固定軸轉動時，固定軸之反力對剛體是不作功。

(2) 與作用點之運動方向垂直之力，如剛體在平面上運動時接觸面之正壓力是不作功。

(3) 剛體在固定平面上滾動(無滑動)時，因摩擦力之作用點(即接觸點)速度恆為零，故接觸點之摩擦力不作功，參考圖 8-3 所示。

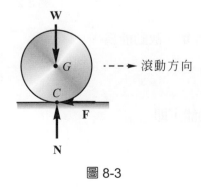

圖 8-3

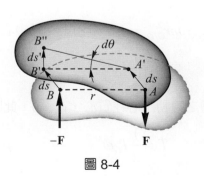

圖 8-4

作平面運動之剛體經常會涉及與運動平面平行之力偶所作之功。參考圖 8-4 所示，剛體受一組力偶 **F** 及 −**F** 作用，由位置 *AB* 移動至位置 *A′B″*，此移動過程可視爲移動位移 *ds* 與轉動角位移 *dθ* 之合成。兩力偶力對移動位移所作之功恰互相抵銷，而對轉動之角位移則有作功，且

$$dU = Fds' = Frd\theta = Md\theta$$

其中 **M** 與 *d***θ** 互相平行且均與運動平面垂直，若兩者指向相同功爲正值，若指向相反功爲負值。

當剛體作平面上運動，受力偶 *M* 作用而由 θ_1 之角位置轉動至 θ_2 之角位置，則此力偶所作之功爲

$$U_M = \int_{\theta_1}^{\theta_2} Md\theta \tag{8-6}$$

若力偶 *M* 恆爲定值，則

$$U_M = M(\theta_2 - \theta_1) = M\Delta\theta \tag{8-7}$$

其 $\Delta\theta$ 爲剛體作平面運動所轉動之角度，單位爲弧度(rad)。

8-3 功與動能之原理

將 5-3 節中質點系統功與動能之原理應用至作平面運動之剛體，可將公式(5-7)寫爲

$$T_1+\sum U_{12} = T_2 \quad , \quad 或 \quad \sum U_{12} = T_2-T_1 \tag{8-8}$$

其中 T_1 與 T_2 分別爲剛體作平面運動之初動能與末動能，而$\sum U_{12}$爲運動過程中外力(包括力偶)對剛體所作之總功。由於剛體內各質點間之相對位移爲零，故內力所作之總功爲零，因此公式(8-8)可用文字敘述爲平面運動之剛體，外力所作之總功，等於剛體動能之變化量，其中剛體之動能用公式(8-1)求得。

在動力學中對剛體有作功之力通常包括施力 $P(U_P)$、重力 $mg (U_g)$、彈力 $F_S(U_S)$、摩擦力 $F_f(U_f)$等，因此可將公式(8-8)改寫爲

$$U_P+U_g+U_S+U_f+------ = T_2-T_1$$

其中重力及彈力所作之功可用其位能變化量之負值來計算，即 $U_g = -\Delta V_g$，$U_S = -\Delta V_S$，其中重力位能 $V_g = mgh$，h 爲剛體之質心相對於零位面之高度，而彈性位能 $V_S = \frac{1}{2}kx^2$，x 爲

彈簧之變形量。當保守力所作之功以其位能變化量之負值計算時，則功與動能之原理可寫爲

$$\sum U_{NC} = \Delta T + \Delta V_g + \Delta V_S \tag{8-9}$$

其中$\sum U_{NC}$爲非保守力對剛體所作功之總和，此處之非保守力通常爲對剛體之施力(或力偶)及摩擦力。

若剛體作平面運動時僅保守力(重力及彈力)對剛體有作功，則$\sum U_{NC} = 0$，則公式(8-9)可寫爲

$$\Delta T + \Delta V_g + \Delta V_S = 0 \tag{8-10}$$

上式關係即爲力學能(機械能)守恆原理。

對於由數個剛體所連結之保守系統(僅保守力有作功)，使用功能法可直接由剛體所生之位移分析其前後運動速度(或角速度)之變化，不必用牛頓第二定律先求加速度(或角加速度)，這是功能法的最大優點。但是若各連結剛體間存在有摩擦力，則必須將系統拆解，以顯示動摩擦力並計算其所作之負功，不過只要系統被拆解，功能法的主要優點便消失，故對於無摩擦的保守系統，用力學能守恆原理分析其運動速度(或角速度)之變化是最爲有效的方法。

8-4 功率

功率的觀念已經在 3-3 節中討論過，功率是單位時間內所作之功，對於作平面運動的剛體，其作用力 $\mathbf{F}$ 之功率，由公式(3-11)爲

$$P = \frac{dU}{dt} = \frac{\mathbf{F} \cdot d\mathbf{r}}{dt} = \mathbf{F} \cdot \mathbf{v}$$

其中 $d\mathbf{r}$ 爲 $\mathbf{F}$ 作用點之微小位移，$\mathbf{v}$ 爲 $\mathbf{F}$ 作用點之瞬時速度，至於剛體上之力偶矩 M 所作之功率，由功率之定義

$$P = \frac{dU}{dt} = \frac{Md\theta}{dt} = M\omega \tag{8-11}$$

其中 $d\theta$ 及 ω 分別爲剛體之微小角位移及角速度。若 M 與 ω 之方向相同，功率爲正值，即力偶 M 將能量轉移給剛體；相反的，若 M 與 ω 之方向相反，功率爲負值，則力偶 M 將能量自剛體轉出。若力 $\mathbf{F}$ 及力偶 M 同時作用於剛體，則總瞬時功率爲

$$P = \mathbf{F} \cdot \mathbf{v} + M\omega$$

對於繞固定軸轉動之剛體，如齒輪、帶輪、飛輪及傳動軸等機件，公式(8-11)即為其轉動功率，此類機件之角速度通常以每分鐘之轉數 n(rpm)表示，且功率都以仟瓦(kW)為單位，則公式(8-11)可寫為

$$P = \frac{2\pi nM}{60 \times 1000} \text{(kW)} \tag{8-12}$$

其中力偶矩 M 之單位為 N-m，角速度 $\omega = 2\pi n/60$ rad/s。至於在美制重力單位中，力偶矩 M 之單位為 lb-ft，功率單位為 ft-lb/s，$P = \dfrac{2\pi nM}{60}$ (ft-lb/s)，功率單位若使用 hp(馬力)，因 1hp = 550 ft-lb/s，則公式(8-11)可寫為

$$P = \frac{2\pi nM}{60 \times 550} \text{(hp)} \tag{8-13}$$

例題 8-1

半徑為 400 mm 之捲筒與飛輪連接在一起而固定在同一軸上，如圖所示，捲筒上用一條不可拉伸之繩索懸吊一質量 100 kg 之物體，且在圖示位置時物體以 2 m/s 之速度向下運動。設 A 處軸承之摩擦力矩 $M = 80$ N·m，試求物體落下 1.2 m 後之速度？飛輪與捲筒之組合對轉軸之質量慣性矩為 15 kg-m^2。

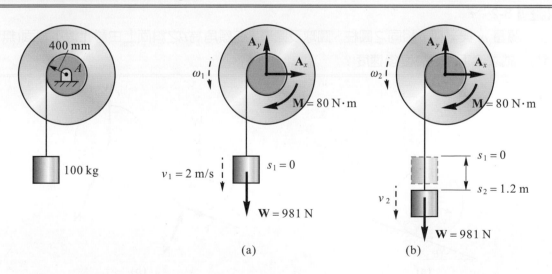

(a)　　　　　　　　(b)

解 繪系統之初位置及末位置如(a)(b)兩圖所示，並將系統所受之外力繪出，其中僅重力 W 及摩擦力矩 M 有作功。

當物體落下 1.2 m 時，捲筒(與飛輪一起)所轉動之角位移為

$$\Delta\theta = \frac{\Delta s}{r} = \frac{1.2}{0.4} = 3.0 \text{ rad}$$

則　　$U_{12} = W\Delta s - M\Delta\theta = 981(1.2) - 80(3.0) = 937 \text{ J}$

系統在位置 1 之總動能 T_1 包括物體之移動動能及捲筒與飛輪之轉動動能，此時捲筒與飛輪之角速度為

$$\omega_1 = \frac{v_1}{r} = \frac{2}{0.4} = 5 \text{ rad/s}$$

故　　$T_1 = \frac{1}{2}mv_1^2 + \frac{1}{2}I_G\omega_1^2 = \frac{1}{2}(100)(2)^2 + \frac{1}{2}(15)(5)^2 = 388 \text{ J}$

設物體落下 1.2m 至位置 2 時之速度為 v_2，此時捲筒與飛輪之角速度 $\omega_2 = v_2/r$，故系統在位置 2 之總動能為

$$T_2 = \frac{1}{2}mv_2^2 + \frac{1}{2}I_G\omega_2^2 = \frac{1}{2}(100)v_2^2 + \frac{1}{2}(15)(\frac{v_2}{0.4})^2 = 96.9v_2^2$$

由功與動能之原理：$U_{12} = T_2 - T_1$

$$937 = 96.9v_2^2 - 388 \quad , \quad 得 \quad v_2 = 3.70 \text{ m/s} \blacktriangleleft$$

例題 8-2

　　質量 m 與半徑 r 相同之圓柱、圓球及圓環，在傾角為 θ 之斜面上由靜止滾下斜面(無滑動)，試求滾下 h 之高度後速度？

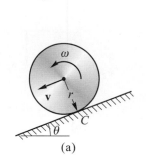

(a)

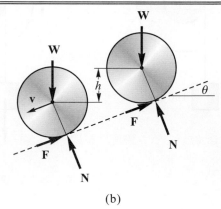

(b)

解 繪圓形滾動體滾下斜面時之自由體圖，如(b)圖所示。設滾動體之質量爲 m 半徑爲 r，對質心之質量慣性矩爲 I_G。

滾動體在滾下斜面時，僅重力有作功(摩擦力及正壓力不作功)，故

$$U_{12} = Wh = mgh$$

設圓形滾動體滾下 h 高度後之速度爲 v，則

$$T_2 = \frac{1}{2}mv^2 + \frac{1}{2}I_G\omega^2 = \frac{1}{2}mv^2 + \frac{1}{2}I_G(\frac{v}{r})^2 = \frac{1}{2}(m + \frac{I_G}{r^2})v^2$$

因 $T_1 = 0$，由功與動能之原理：$U_{12} = T_2 - T_1$

$$mgh = \frac{1}{2}(m + \frac{I_G}{r^2})v^2 - 0 \quad , \quad 得 \quad v^2 = \frac{2gh}{1 + I_G/mr^2}$$

圓柱：$I_G = \frac{1}{2}mr^2$，得 $v = 0.816\sqrt{2gh}$ ◄

圓球：$I_G = \frac{2}{5}mr^2$，得 $v = 0.845\sqrt{2gh}$ ◄

圓環：$I_G = mr^2$，得 $v = 0.707\sqrt{2gh}$ ◄

【註 1】 若斜面爲光滑面，物體滑下斜面僅作移動($\omega = 0$)，此種情形物體由靜止沿斜面滑下 h 高度後之末速度爲 $v = \sqrt{2gh}$。

【註 2】 由上面解出之結果可知：滾動體滾下 h 高度後之速度 v 與 I_G/mr^2 有關，I_G 愈大者速度愈小，因 I_G 較大者，在滾動時轉動動能所佔之比率較大，而移動動能之比率較小，當 $\omega = 0$ 時，全部動能爲移動動能故 v 最大。

例題 8-3

圖中均質細長桿量爲 15 kg，長度爲 1.5 m，O 點爲光滑之鉸支承，A 端與一彈簧常數 $k = 300$ kN/m 之彈簧接觸，當桿呈水平時，彈簧被壓縮 25 mm。今將桿子在水平位置由靜止釋放，試求桿子達垂直位置時之角速度以及支承 O 之反力。

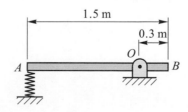

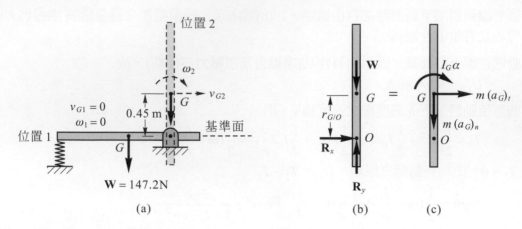

(a)　　　　　　　　　(b)　　　(c)

解 參考(a)圖，桿由位置 1 運動至位置 2 之過程中，僅重力及彈力有作功，故力學能恆保持不變。

位置 1：動能 $T_1 = 0$，重力位能 $V_{g1} = 0$

$$彈力位能\ V_{S1} = \frac{1}{2}kx_1^2 = \frac{1}{2}(300 \times 10^3)(0.025)^2 = 93.8\ J$$

位置 2：動能 $T_2 = \frac{1}{2}I_O\omega_2^2$ ， $I_O = \frac{1}{12}(15)(1.5)^2 + (15)(0.45)^2 = 5.85\ kg \cdot m^2$

重力位能 $V_{g2} = mgh_2 = 15(0.98)(0.45) = 66.2\ J$

彈力位能 $V_{S2} = 0\ (x = 0)$

由力學能守恆：$T_1 + V_{g1} + V_{S1} = T_2 + V_{g2} + V_{S2}$

$$0 + 0 + 93.8 = \frac{1}{2}(5.85)\omega_2^2 + 66.2 + 0 \quad , \quad 得\quad \omega_2 = 3.07\ rad/s \blacktriangleleft$$

繪桿子在垂直位置(位置 2)之自由體圖及等效力圖，如(b)(c)兩圖所示，由運動方程式：

$$\sum M_O = I_O\alpha \text{，} 0 = (5.85)\alpha \quad , \quad \alpha = 0$$

$$\sum F_t = m(a_G)_t \text{，} R_x = m \cdot r_{G/O}\alpha = 0 \quad , \quad R_x = 0$$

$$\sum F_n = m(a_G)_n \text{，} W - R_y = m \cdot r_{G/O}\omega_2^2$$

$$147.2 - R_y = 15(0.45)(3.07)^2 \quad , \quad 得\ R_y = 83.6\ N \blacktriangleleft$$

例題 8-4

　　圖中兩根相同之均質細長桿 AB 及 BD，質量為 6kg，長度為 0.75m。今將系統在 $\theta = 60°$ 之位置由靜止釋放，試求 $\theta = 20°$ 時桿子 AB 之角速度及 D 點之速度。

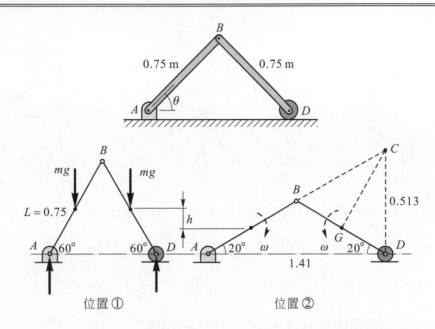

位置①　　　　　　　　　位置②

解 繪運動系統之前後位置，如圖所示

其中　　$h = \dfrac{L}{2}(\sin 60° - \sin 20°)$

在位置②時，$\overline{CD} = 1.5\sin 20° = 0.513$ m

$\overline{CG} = \sqrt{0.375^2 + 0.513^2 - 2(0.375)(0.513)\cos 70°} = 0.522$ m

AB 桿繞 A 點作轉動運動，BD 桿作平面運動，C 點為 BD 桿的瞬時轉動中心

　　　　$v_B = \overline{AB}\,\omega_{AB} = \overline{BC}\,\omega_{BD}$

因 $\overline{AB} = \overline{BC}$，故 $\omega_{AB} = \omega_{BD} = \omega$

由功與動能之原理：$2mgh = \dfrac{1}{2}I_A\omega^2 + \dfrac{1}{2}I_C\omega^2$

　　　　$2(6)(9.81)(0.375)(\sin 60° - \sin 20°)$

　　　　$= \dfrac{1}{2}(\dfrac{1}{3}\times 6\times 0.75^2)\omega^2 + \dfrac{1}{2}(\dfrac{1}{12}\times 6\times 0.75^2 + 6\times 0.522^2)\omega^2$

得　　　$\omega = 3.90$ rad/s◄　　，　　$v_D = r_{D/C}\omega = (0.513)(3.90) = 2.00$ m/s◄

例題 8-5

一均質圓柱在圖示之桌緣位置(實線)由靜止釋放，然後繞桌角 A 點轉動，假設桌角很尖稍微刺入球內，故摩擦很大，不會產生滑動，試求圓柱脫離桌緣時之角度 θ。

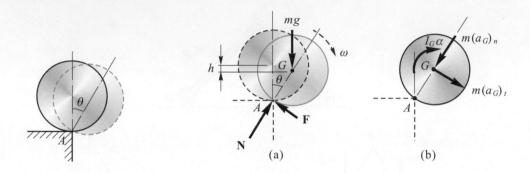

(a)   (b)

解 圓柱由靜止繞 A 點轉動，達 θ 角位置時之角速度，由力學能守恆

$$mgh = \frac{1}{2}I_A\omega^2 \quad , \quad \text{其中} \ h = r(1 - \cos\theta)$$

$$mgr(1 - \cos\theta) = \frac{1}{2}(\frac{3}{2}mr^2)\omega^2 \quad , \quad \text{得} \ \omega^2 = \frac{4g}{3r}(1 - \cos\theta)$$

此時質心之法線加速度為 $(a_G)_n = r\omega^2 = \frac{4}{3}g(1 - \cos\theta)$

繪圓柱滾至 θ 角位置時之自由體圖及等效力圖，如(a)圖及(b)圖所示，由運動方程式

$$\sum F_n = m(a_G)_n , \ mg\cos\theta - N = m \cdot \frac{4}{3}g(1 - \cos\theta)$$

圓柱脫離桌緣時 $N = 0$，設此時 $\theta = \theta_M$，代入上式

$$mg\cos\theta_M = \frac{4}{3}mg(1 - \cos\theta_M)$$

得 $\quad \cos\theta_M = \frac{4}{7} \quad , \quad \theta_M = 55.15° \blacktriangleleft$

例題 8-6

　　質量為 m 半徑為 r 的均質圓柱，在半徑為 R 之固定半圓柱表面上由靜止滾下(無滑動)，如圖所示，設接觸面之靜摩擦係數 $\mu = 0.3$，則圓柱開始在半圓柱表面上產生滑動時之角度 θ 為若干？

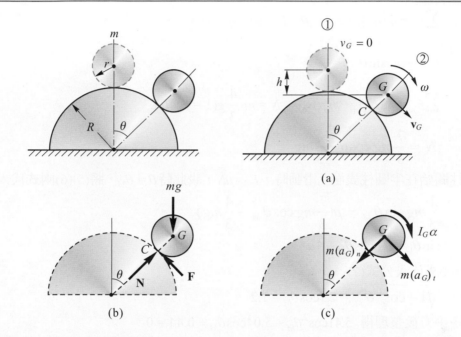

(a)

(b)　　　　　(c)

解　圓柱之初位置(位置①)及滾動至任一 θ 角之位置(位置②)，如圖(a)所示，而(b)(c)兩圖分別為圓柱在位置②之自由體圖與等效力圖。

　　圓柱滾下之過程中僅重力有作功，由功與動能之原理：

$$\sum U_{12} = \Delta T \text{，} mgh = \frac{1}{2} I_C \omega^2 - 0$$

$$mg(R+r)(1-\cos\theta) = \frac{1}{2}(\frac{3}{2}mr^2)\omega^2$$

$$\omega^2 = \frac{4g(R+r)}{3r^2}(1-\cos\theta) \tag{1}$$

$$(a_G)_n = \frac{v_G^2}{R+r} = \frac{(r\omega)^2}{R+r} = \frac{r^2}{R+r}\frac{4g(R+r)}{3r^2}(1-\cos\theta) = \frac{4}{3}g(1-\cos\theta) \tag{2}$$

圓柱作滾動之運動方程式：

$$\sum M_C = I_C \alpha \text{ , } mg(r\sin\theta) = (\frac{3}{2}mr^2)\alpha$$

$$\alpha = \frac{2g\sin\theta}{3r} \tag{3}$$

$$(a_G)_t = r\alpha = \frac{2}{3}g\sin\theta \tag{4}$$

$$\sum F_t = m(a_G)_t \text{ , } mg\sin\theta - F = m(\frac{2}{3}g\sin\theta)$$

$$F = \frac{1}{3}mg\sin\theta \tag{5}$$

$$\sum F_n = m(a_G)_n \text{ , } mg\cos\theta - N = m\cdot\frac{4}{3}g(1-\cos\theta)$$

$$N = \frac{7}{3}mg\cos\theta - \frac{4}{3}mg \tag{6}$$

當圓柱開始在半圓柱表面上滑動時，$F = \mu N$，設此時 $\theta = \theta_M$，將(5)(6)兩式代入，則

$$\frac{1}{3}mg\sin\theta_M = \mu(\frac{7}{3}mg\cos\theta_M - \frac{4}{3}mg)$$

得 $\quad \sin\theta_M = 7\mu\cos\theta_M - 4\mu \tag{7}$

將 $\mu = 0.3$ 代入公式(7)

$$\sqrt{1-\cos^2\theta_M} = 2.1\cos\theta_M - 1.2$$

將兩邊平方後整理得 $5.41\cos^2\theta_M - 5.04\cos\theta_M + 0.44 = 0$

解得 $\quad \cos\theta_M = 0.834 \quad , \quad \theta_M = 33.5° ◄$

【註1】直接解公式(7)可得 $\cos\theta_M = \dfrac{28\mu^2 + \sqrt{33\mu^2+1}}{1+49\mu^2}$

【註2】若將本題之圓柱改為質量為 m 半徑為 r 之圓球，可解得 $2\sin\theta_M = \mu(17\cos\theta_M - 10)$，讀者可自行練習求解。

習題 1

8-1 如圖習題 8-1 中重 150 lb 之轂輪，迴轉半徑為 $k_0 = 2.25$ ft，一繩索纏繞在內轂，今在繩上施加一水平拉力 $P = 40$ lb，使轂輪由靜止運動，試求轂輪中心移動 10 ft 後轂輪之角速度？設轂輪僅作滾動(無滑動)，且繩索質量忽略不計。

【答】4.51 rad/s。

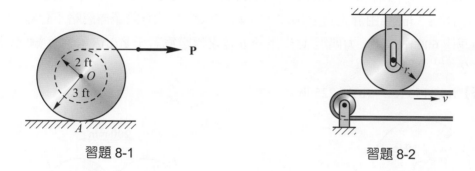

習題 8-1　　　　　　　　　習題 8-2

8-2 如圖習題 8-2 中皮帶以 $v = 15$ m/s 之等速度運動，今將質量為 4 kg 半徑為 90 mm 之均質圓盤靜止置於皮帶上，皮帶與圓盤間之動摩擦係數 $\mu_k = 0.25$，試求圓盤開始作等角速轉動前所轉過的角度。

【答】$\theta = 40.6$ rev。

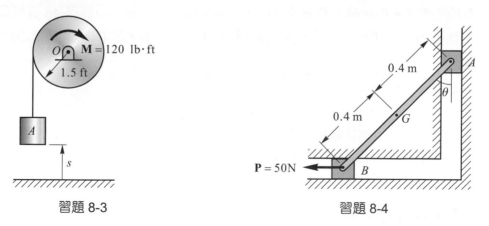

習題 8-3　　　　　　　　　習題 8-4

8-3 如圖習題 8-3 中捲筒由馬達供給一定之轉矩 $M = 120$ ft·lb，捲筒重 30 lb，迴轉半徑 $k_0 = 0.8$ ft，則捲筒將荷重 A 在地面由靜止拉上升 $s = 4$ ft 後，荷重之速度為若干？荷重 A 之重量為 15 lb。

【答】26.7 ft/s。

8-4 如圖習題 8-4 中 10 kg 之均質桿，最初靜止在 $\theta = 0°$ 之位置，今在 B 端施加一水平力 $P = 50$ N，試求桿子運動至 $\theta = 45°$ 位置時之角速度？設 A、B 兩滑塊之質量及摩擦忽略不計。

【答】$\omega = 6.11$ rad/s。

8-5 如圖習題 8-2 中齒輪 A(輪齒未繪出)重量為 20 lb，迴轉半徑為 9 in，齒輪 B 重 5 lb，迴轉半徑為 3 in。今由靜止對 B 施加 $M = 4$ ft-lb 之力偶矩，設摩擦忽略不計，試求 (a)B 輪轉速達 600 rpm 時，力偶矩 M 作用於 B 輪之轉數為若干？(b)B 輪對 A 輪之切線力為何？

【答】(a)5.153 rev，(b)10.225 lb。

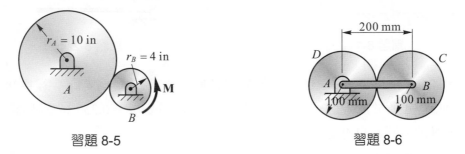

習題 8-5　　　　　　　　　　　　　習題 8-6

8-6 如圖習題 8-6 中齒輪 C 質量為 3 kg，迴轉半徑為 75 mm，均質桿 AB 質量為 2.5 kg，而齒輪 D 固定不動。今將系統在圖示位置由靜止釋放，試求 AB 桿轉動 90° 後 B 點之速度為若干？

【答】$v_B = 1.738$ m/s。

8-7 如圖習題 8-7 中均質細長桿之長度為 L，重量為 W，以 A 端之鉸支承與 B 端之細繩支持而呈水平靜止。今將 B 端繩索切斷，試求桿子擺至垂直位置時之角速度與支承 A 之反力。

【答】$\omega = \sqrt{\dfrac{3g}{L}}$ ，$R_A = 2.5W(\uparrow)$。

8-8 同上題，試求桿子擺動至 45° 位置時支承 A 之反力？

【答】$R_A = 1.777W$。

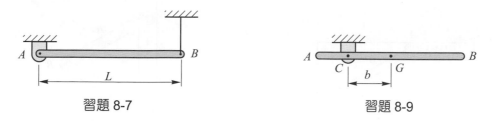

習題 8-7

習題 8-9

8-9 如圖習題 8-9 中均質桿 AB 長度為 L 質量為 m，在 C 點為鉸支，G 點為桿子的質心，與 C 點之距離為 b。若將桿子在水平位置由靜止釋放，試求(a)使桿子轉動至垂直位置時有最大之角速度則 b 應為若干？(b)此最大角速度為何？

【答】(a)$b = \dfrac{\sqrt{3}}{6}L$，(b)$\sqrt{\dfrac{2\sqrt{3}g}{L}}$。

8-10 如圖習題 8-10 中均質細長桿長度為 L，一端置於桌子邊緣另一端以細繩支持而呈水平靜止。今將繩索切斷，桿子將繞桌角 E 點轉動，設桿與桌角之 $\mu_s = 0.25$，試求桿子開始滑動時與水平方向之夾角為若干？$k = 0.25\,L$。

【答】4.4°。

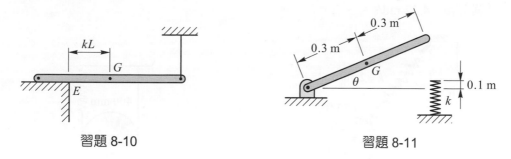

習題 8-10

習題 8-11

8-11 如圖習題 8-11 中均質細長桿之質量為 5 kg，在 $\theta = 90°$ 之位置時以 10 rad/s 之角速度朝順時針方向轉動，若欲使桿子運動至 $\theta = 0°$ 之位置時恰好停止，則所需之彈簧常數為若干？$\theta = 0°$ 時彈簧之壓縮量為 0.1 m。

【答】$k = 8943$ N/m。

8-12 如圖習題 8-12 中均質桿 AB 之質量為 4 kg 長度為 600 mm，在 $\theta = 0°$ 時彈簧為自由長度，彈簧常數 $k = 500$ N/m。今將桿子在 $\theta = 0°$ 之位置由靜止釋放，試求 $\theta = 30°$ 時桿之

角速度及 B 端之速度。設摩擦忽略不計。

【答】$\omega = 4.22$ rad/s，$v_B = 2.19$ m/s。

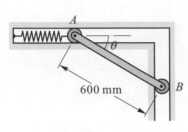

習題 8-12

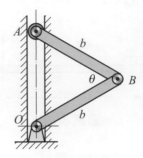

習題 8-13

8-13 如圖習題 8-13 中兩均質細長桿之質量為 m 長度為 b，在圖示位置時由靜止釋放，試求當 $\theta = 0°$ 時 A 點之速度。

【答】$v = \sqrt{6gb\sin\dfrac{\theta}{2}}$。

8-14 如圖習題 8-14 中圓柱重量為 30 lb，中心連接一彈簧常數 $k = 2$ lb/ft 之彈簧，彈簧之自由長度為 1 ft。今將圓柱在圖示位置時由靜止釋放，試求圓柱滾動 3 ft 後之角速度。設圓柱在水平面上僅作滾動(不會滑動)。

【答】$\omega = 4.22$ rad/s。

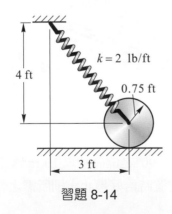

習題 8-14

習題 8-15

8-15 如圖習題 8-15 中滑輪質量為 50 kg 半徑為 400 mm 迴轉半徑為 300 mm，其圓心 O 懸吊 100 kg 之重物，彈簧常數 $k = 1.5$ kN/m，今將系統在圖示位置(彈簧之伸長量為 100 mm)由靜止釋放，試求系統落下 50 mm 時 O 點之速度。

【答】$v_0 = 0.757$ m/s。

8-16 如圖習題 8-16 中圓輪之重量為 200 lb，對其圓心(亦為質心)之迴轉半徑為 4 in，在圖示位置時正以 2 ft/s 之速度滾下斜面，試求圓輪滾至斜面最低點(A 點)時所受之正壓力。設圓輪保持作滾動運動(無滑動)。

【答】$N_A = 346$ lb。

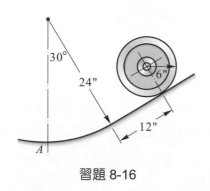

習題 8-16

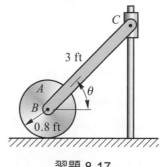

習題 8-17

8-17 如圖習題 8-17 中系統包括 20 lb 的圓盤 A，4 lb 的細長桿 BC，以及 1 lb 的光滑軸環 C。今將系統在 $\theta = 45°$ 之位置由靜止釋放，試求當 $\theta = 30°$ 時軸環 C 之速度。設圓盤作滾動運動(無滑動)。

【答】$v_c = 3.07$ ft/s。

8-18 如圖習題 8-18 中轂輪之質量為 10 kg，對其質心(圓心 O)之迴轉半徑為 125 mm，彈簧一端固定，另一端與繩索連接，繩索繞捲在轂輪之內轂，彈簧常數 $k = 600$ N/m。今將系統在圖示位置由靜止釋放，此時彈簧之伸長量為 225 mm，試求釋放後轂輪圓心 O 所達到之最大速度。設轂輪作滾動運動。

【答】$v_{\max} = 1.325$ m/s。

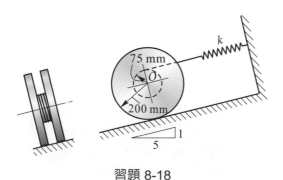

習題 8-18

習題 8-19

8-19 如圖習題 8-19 中半圓環之質量為 m 半徑為 r，今將半圓環在圖示位置由靜止釋放，試求半圓環滾動 90° 後(此時質心 G 在最低點)之角速度，並求此時水平面對半圓環之正壓力。設半圓環作滾動運動。

【答】 $\omega = 1.324 \sqrt{\dfrac{g}{r}}$，$N = 2.116\,mg$。

8-20 如圖習題 8-20 中圓輪包括重量為 20 lb 之均質半圓木板及環繞在半圓木板周緣之圓形薄鋼帶，鋼帶直徑為 18 in，其厚度及重量可忽略不計。圓輪可在水平面上滾動(無滑動)，已知當質心 G 在圓心 C 下方時圓輪滾動之角速度為 15 rad/s，試求圓輪滾動至 G 點在 C 點左方時之角速度，並求此時圓輪與水平面之接觸點所受之摩擦力與正壓力。

【答】 $\omega_2 = 8.57$ rad/s，$F = 0.818$ lb，$N = 13.49$ lb。

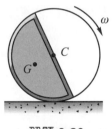

習題 8-20

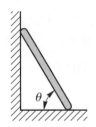

習題 8-21

8-21 如圖習題 8-21 中均質細長桿最初直立靠在牆角($\theta = 90°$)，由於重力作用自靜止沿光滑牆壁及地板滑下，試求桿子脫離垂直牆壁時之角度 θ。

【答】 $\theta = 41.8°$。

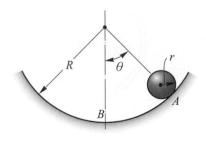

習題 8-22

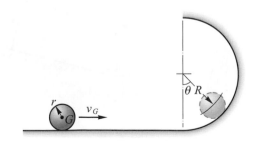

習題 8-23

8-22 如圖習題 8-22 中重量爲 W 半徑爲 r 之圓球，在半徑爲 R 之圓弧面上滾動(無滑動)。設圓球在圖示之 β 角位置由靜止釋放，試求圓球滾至 B 點(最低點)時之速度，並求圓輪此位置所受之正壓力。

【答】$v = \sqrt{\dfrac{10}{7} g (R-r)(1-\cos \beta)}$ ， $N = \dfrac{W}{7}(17 - 10 \cos \beta)$ 。

8-23 如圖習題 8-23 中質量爲 m 半徑爲 r 之圓球在水平面上以 v_G 之速度向右滾動，右側有一半徑爲 $R+r$ 之圓弧曲面，若圓球欲保持在此曲面上滾動不致脫離，則圓球之最小速度 v_G 爲若干？

【答】$(v_G)_{\min} = 3\sqrt{\dfrac{3}{7} gR}$ 。

8-24 如圖習題 8-24 中兩相同均質細長桿之質量爲 m 長度爲 b，今將兩桿在圖示斜面上之位置由靜止釋放，試求兩桿成一直線時 AB 桿之角速度。滾子 C 之質量及摩擦忽略不計。

【答】$\omega = \sqrt{\dfrac{3g}{2b}\left(2\sqrt{2} - 1\right)}$ 。

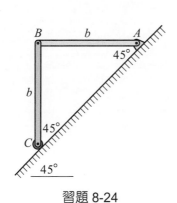

習題 8-24

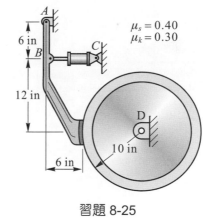

習題 8-25

8-25 如圖習題 8-25 中煞車轂輪與飛輪(圖中未繪出)固定在同一軸上，已知轂輪半徑爲 10 in，轂輪與飛輪對轉軸之總質量慣性矩爲 13.5 lb-ft-s²。已知轂輪最初角速度爲 180 rpm(順時針方向)，若欲使轂輪在轉動 50 圈後停止，則油壓缸所需施加之制動力爲若干？設 $\mu_s = 0.40$ ，$\mu_k = 0.30$ 。

【答】$P = 82.5$ lb。

二維剛體力動學：
動量與衝量

在第四章中推導出動量與衝量的原理，當作用力為時間的函數，或質點彼此間在甚短時間內相互作用而產生的運動變化(如碰撞)，利用此原理分析特別有用，將此原理應用在分析剛體的運動也有類似的好處。第五章中再將動量與衝量之原理應用在質點系統之運動，由於剛體也屬於質點系統，因此在第五章所導出的相關原理或公式，均可直接應用在本章以分析剛體的平面運動。

🎲 9-1 剛體作平面運動之線動量與角動量

在 5-2 節中已導出質點系的總動量等於各質點動量的總和(向量和)，且等於質心動量，由公式(5-3)

$$\mathbf{L} = \sum m_i \mathbf{v}_i = m\mathbf{v}_G$$

將上式應用在剛體，可得剛體作平面運動的線動量為

$$\mathbf{L} = m\mathbf{v}_G \tag{9-1}$$

其中 m 為剛體的質量，$\mathbf{v}_G$ 為剛體的質心速度。

在 7-1 節中已導出作平面運動之剛體對其質心 G 之角動量，由公式(7-3)

$$H_G = I_G \omega \tag{9-2}$$

其中 I_G 為剛體對垂直於運動平面且通過質心 G 之軸所生之質量慣性矩，而 ω 為剛體的角速度。$\mathbf{H}_G$ 為一大小為 $I_G\omega$ 方向由 ω 定義之向量，ω 恆與運動平面垂直，指向由右手定則(四指順著 ω 之轉向大姆指之方向即為 ω 之指向)決定，因 ω 為一自由向量，$\mathbf{H}_G$ 亦為自由向量，故 $\mathbf{H}_G$ 可作用在剛體上任一點，只要大小及方向保持相同即可。但剛體線動量 $\mathbf{L}$ 之作用線必通過剛體的質心 G，參考圖 9-1 所示。

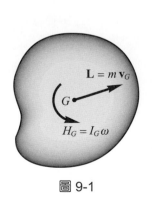

圖 9-1

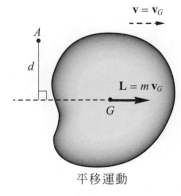

平移運動

圖 9-2

平移運動

　　質量爲 m 之剛體作直線或曲線平移運動時，設質心速度爲 v_G，因角速度 $\omega = 0$，故其線動量與對質心 G 之角動量分別爲

$$\mathbf{L} = m\mathbf{v}_G \quad , \quad H_G = 0 \tag{9-3}$$

剛體作平移運動時，對質心之角動量爲零，但對其他點(可能在剛體內或剛體外)之角動量則不等於零，參考圖 9-2 所示，剛體對 A 點之角動量，由公式(5-18)，等於線動量 $\mathbf{L}$ 對 A 點的轉矩，即

$$H_A = m v_G\, d\ (逆時針方向)$$

繞固定軸轉動

　　參考圖 9-3，剛體繞過通過 O 點之固定軸轉動時，其線動量及對質心 G 之角動量，由公式(9-1)及(9-2)

$$\mathbf{L} = m\mathbf{v}_G \quad , \quad H_G = I_G \omega \tag{9-4}$$

其中質心速度 $v_G = r_{G/O}\,\omega$。

　　有時對轉動中心 O 點計算角動量較爲方便，由公式(5-18)，剛體對固定點 O 之角動量等於剛體對質心 G 之角動量再加上其質心之線動量對 O 點之轉矩，即

$$H_O = I_G \omega + m v_G \cdot r_{G/O} = I_G \omega + m(r_{G/O}\,\omega)r_{G/O} = (I_G + m r_{G/O}^2)\,\omega$$

其中 $I_G + m r_{G/O}^2 = I_O =$ 剛體對 O 點之質量慣性矩，故

$$H_O = I_O \omega \tag{9-5}$$

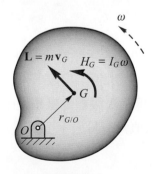

對固定軸轉動

圖 9-3

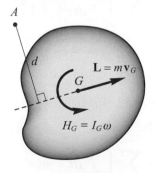

一般平面運動

圖 9-4

一般平面運動

剛體作一般平面運動時，其線動量與對質心之角動量由公式(9-1)及(9-2)分別為

$$\mathbf{L} = m\mathbf{v}_G \quad , \quad H_G = I_G \omega \tag{9-6}$$

若欲計算剛體對 A 點(可在剛體上或剛體外)之角動量，參考圖 9-4，同樣由公式(5-18)，得

$$H_A = I_G \omega + d\, m v_G$$

若已知剛體作一般平面運動之瞬時轉動中心 Q，則質心速度 $v_G = r_{G/Q}\,\omega$，因此剛體對 Q 點之角動量為

$$H_Q = H_G + r_{G/Q} \cdot m v_G = I_G \omega + r_{G/Q} \cdot m(r_{G/Q}\omega) = (I_G + mr_{G/Q}^2)\omega$$

其中 $I_G + mr_{G/Q}^2 = I_Q =$ 剛體對瞬時轉動中心 Q 之質量慣性矩。故剛體作一平面運動之角動量可用下式計算之，即

$$H_Q = I_Q \omega$$

9-2 動量與衝量原理

線衝量與線動量原理

在 5-4 節中已導出質點系之線衝量與線動量原理，今將此原理應用至作平面運動之剛體。由公式(5-10)及(5-11)

$$\sum \mathbf{F} = \dot{\mathbf{L}} \tag{9-7}$$

$$\sum \int_{t_1}^{t_2} \mathbf{F}\,dt = \mathbf{L}_2 - \mathbf{L}_1 = m(\mathbf{v}_G)_2 - m(\mathbf{v}_G)_1 \tag{9-8}$$

式中 $(\mathbf{v}_G)_1$ 與 $(\mathbf{v}_G)_2$ 為剛體在 t_1 及 t_2 時刻之質心速度，公式(9-7)表示剛體所受外力之合力等於剛體之線動量對時間之變化率；而公式(9-8)表示在 t_1 及 t_2 時間內作用於剛體之外力對剛體之線衝量總和等於剛體線動量之變化量，此關係稱為**線衝量與線動量原理**(principle of linear impulse and momentum)。將公式(9-8)以 x–y 平面之直角分量表示可寫為

$$\sum \int_{t_1}^{t_2} F_x\,dt = m(v_G)_{2x} - m(v_G)_{1x} = (L_2)_x - (L_1)_x$$

$$\sum \int_{t_1}^{t_2} F_y\,dt = m(v_G)_{2y} - m(v_G)_{1y} = (L_2)_y - (L_1)_y \tag{9-9}$$

角衝量與角動量原理

將 5-5 節中所導出質點系之角衝量與角動量原理應用至作平面運動的剛體，由公式 (5-15)及(5-16)可得

$$\sum M_G = \dot{H}_G \tag{9-10}$$

$$\sum \int_{t_1}^{t_2} M_G dt = (H_G)_2 - (H_G)_1 \tag{9-11}$$

公式(9-10)表示剛體所受之外力對質心之力矩和等於剛體對質心之角動量對時間之變化率。而公式(9-11)表示剛體之外力對剛體質心之角衝量總和等於剛體對質心角動量之變化量，此關係稱為**角衝量與角動量原理**(principle of angular impulse and momentum)。

公式(9-10)及公式(9-11)之關係亦可使用在剛體上或剛體外之任一點 O，將公式(5-13)及(5-14)應用至作平面運動之剛體可得

$$\sum M_O = \dot{H}_O \tag{9-12}$$

$$\sum \int_{t_1}^{t_2} M_O dt = (H_O)_2 - (H_O)_1 \tag{9-13}$$

對於繞固定軸 O 轉動之剛體，因 $H_O = I_O \omega$，故公式(9-13)可寫為

$$\sum \int_{t_1}^{t_2} M_O dt = I_O(\omega_2 - \omega_1) \tag{9-14}$$

其中 ω_1 與 ω_2 分別為 t_1 及 t_2 時刻剛體繞 O 點轉動之角速度。

數個剛體連接之系統

圖 9-5 中所示為兩連結剛體之自由體圖及動量圖，對每一剛體恆有 $\sum \mathbf{F} = \dot{\mathbf{L}}$ 與 $\sum M_O = \dot{H}_O$ 之關係式，其中 O 為固定點。今將各剛體上列之關係式相加，可得

$$\begin{aligned} \sum \mathbf{F} &= \dot{\mathbf{L}}_1 + \dot{\mathbf{L}}_2 + \cdots\cdots \\ \sum M_O &= \left(\dot{H}_O\right)_1 + \left(\dot{H}_O\right)_2 + \cdots\cdots \end{aligned} \tag{9-15}$$

將公式(9-15)積分後可得

$$\begin{aligned} \int_{t}^{t_2} \sum \mathbf{F} dt &= (\Delta \mathbf{L})_{SYS} \\ \int_{t_1}^{t_2} \sum M_O dt &= (\Delta H_O)_{SYS} \end{aligned} \tag{9-16}$$

在此必須注意兩剛體彼此間之相互作用力為系統之內力,並不包括在公式(9-16)中,故$\sum F$為系統所受外力之合力,而$\sum M_O$為系統之外力對 O 點之力矩和。

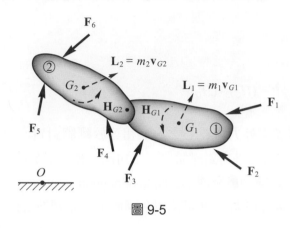

圖 9-5

9-3 動量守恆

線動量守恆

對單一剛體或數個剛體連結之系統,若在所考慮之時間內不受外力作用或外力和為零,則由公式(9-8)及公式(9-16)可得

$$\Delta \mathbf{L} = 0 \qquad (9\text{-}17)$$

即在沒有線衝量作用下,線動量保持不變。

對於數個剛體連結之系統,在此段時間內,各別剛體之動量可能有發生改變,但整個系統之動量總和則沒有改變。

在考慮系統所受之衝量時,通常僅考慮衝力所生之衝量,非衝力所生之衝量,可忽略不計。例如球棒在打擊棒球時,球棒對球之打擊力屬於衝力,但球的重量則屬於非衝力,因球的重量所生之衝量甚小可忽略不計。

角動量守恆

對單一剛體或數個剛體連結之系統,若在所考慮之時間內,外力對固定點或質心之力矩和為零,則由公式(9-11)、(9-13)及公式(9-16)可得

$$\Delta H_O = 0 \quad 或 \quad \Delta H_G = 0 \qquad (9\text{-}18)$$

即在沒有角衝量作用下,對固定點或質心之角動量保持不變。

對於數個剛體連結之系統，在此段時間內，各別剛體之角動量可能發生改變，但整個系統之角動量總和則保持不變。

公式(9-18)中兩個公式可獨立使用，在分析數個剛體連結之系統，取對固定點 O 之角動量守恆較為方便。同樣在計算角衝量時，僅考慮衝力之作用，非衝力可忽略不計。

對單一剛體，取對質心之角動量守恆，可得$(I_G\omega)_1 = (I_G\omega)_2$，例如跳水者翻觔斗時，若將手腳縮在胸前，$I_G$ 減小而角速度增加；若將手腳向外伸直，I_G 增加而角速度減小，參考圖 9-6 所示，但此種運動過程線動量並不守恆。

圖 9-6

例題 9-1

圖中均質圓盤重 20 lb，周緣纏繞繩索，今在繩上施加 $F = 10$ lb 之力，同時對圓盤施加 $M = 4$ ft·lb 之力偶矩，使圓盤由靜止開始轉動，試求經 2 秒後圓盤之角速度。

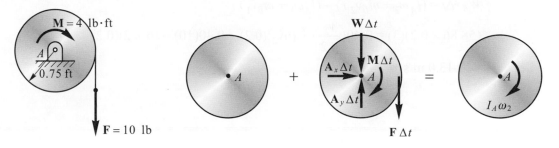

解 繪圓盤之動量及衝量圖，如圖所示。圓盤對轉動中心 A(質心)之質量慣性矩為

$$I_A = \frac{1}{2}mr^2 = \frac{1}{2}(\frac{20}{32.2})(0.75)^2 = 0.175 \text{ slug-ft}^2$$

由角衝量與角動量原理：$M\Delta t + Fr\Delta t = I_A\omega_2 - 0$

$$4(2) + (10 \times 0.75)(2) = 0.175\omega_2 - 0$$

得　　$\omega_2 = 131.4$ rad/s ◄

例題 9-2

圖中圓盤質量為 20 kg，質量慣性矩 $I_A = 0.40$ kg-m^2，物體 B 質量為 6 kg。已知最初物體 B 以 2 m/s 之速度向下運動，試求經 3 秒後物體 B 之速度。設繩索質量忽略不計。

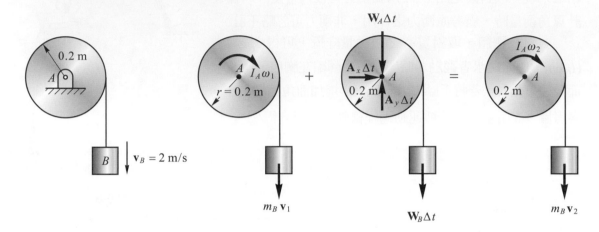

解 繪系統之動量圖及衝量圖，如圖所示：

已知 $\omega_1 = v_1/r = 2/0.2 = 10$ rad/s

由角衝量及角動量原理：$\sum M_A \Delta t = (H_A)_2 - (H_A)_1$

$$W_B r\Delta t = (I_A \omega_2 + m_B v_2\, r) - (I_A \omega_1 + m_B v_1\, r)$$

$$(58.86 \times 0.2)(3) = 0.40(\frac{v_2}{0.2}) + (6v_2)(0.2) - 0.40(10) - (6 \times 2)(0.2)$$

得 $v_2 = 13.0$ m/s ◀

例題 9-3

圖中齒輪 A 質量為 10kg，迴轉半徑為 200 mm，齒輪 B 質量為 3 kg 迴轉半徑為 80 mm。系統原為靜止，今在 B 輪上作用一力偶矩 $M = 6$ N-m，設摩擦忽略不計，試求：(a)B 輪角速度達 600 rpm 所需之時間；(b)B 輪作用於 A 輪之切線力。

解 繪 A、B 兩輪之動量圖與衝量圖，如圖所示。

已知 $I_A = 10(0.2)^2 = 0.40$ kg-m^2，$I_B = 3(0.080)^2 = 0.0192$ kg-m^2

$$\omega_{B2} = \frac{2\pi(600)}{60} = 20\pi \text{ rad/s}$$

$$\omega_{A2} = \frac{r_B}{r_A}\omega_{B2} = \frac{100}{250}(20\pi) = 8\pi \text{ rad/s}$$

A 輪之角衝量及角動量原理：$\sum M_A \Delta t = (H_A)_2 - (H_A)_1$

$$F\Delta t\, r_A = I_A\,\omega_{A2} - 0 \quad , \quad F\Delta t(0.25) = 0.4(8\pi)$$

$$F\Delta t = 40.21 \text{ N·s}$$

B 輪之角衝量及角動量原理：$\sum M_B \Delta t = (H_B)_2 - (H_B)_1$

$$M\Delta t - F\Delta t\, r_B = I_B\,\omega_{B2} - 0$$

$$6\Delta t - 40.21(0.1) = 0.0192(20\pi)$$

得 $\Delta t = 0.871$ sec ◄

切線力：$F = \dfrac{F\Delta t}{\Delta t} = \dfrac{40.21}{0.871} = 46.2$ N ◄

例題 9-4

圖中轂輪質量為 100 kg，迴轉半徑為 0.35 m，一繩索纏繞在內轂，並在繩上施加一水平變力 $P = (t + 10)$ N，其中 t 之單位為秒。若轂輪由靜止起動，試求 5 秒後轂輪之角速度？設轂輪在平面上僅作滾動。

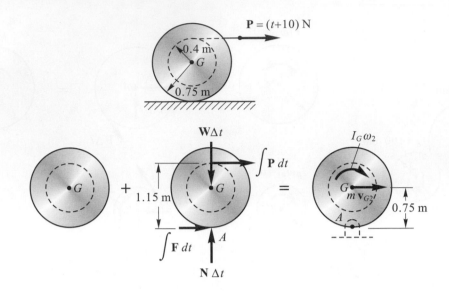

解 繪轂輪之動量圖與衝量圖,如圖所示。因轂輪作滾動運動,接觸點 A 為瞬時轉動中心,且 $H_A = I_A \omega$。

$$I_A = I_G + mr_o^2 = 100(0.35)^2 + 100(0.75)^2 = 68.5 \text{ kg-m}^2$$

由角衝量與角動量原理: $\sum \int M_A dt = (H_A)_2 - (H_A)_1$

$$\int_0^5 P(1.15) dt = I_A \omega_2 - 0 \quad , \quad \int_0^5 (t+10)(1.15) dt = 68.5 \omega_2$$

得 $\omega_2 = 1.05 \text{ rad/s} \blacktriangleleft$

例題 9-5

質量為 m 半徑為 r 之圓球以 v_1 之水平速度(無角速度,$\omega_1 = 0$)拋出與一水平粗糙面接觸,最初圓球在水平面上作滾動兼滑動之運動,經 t_2 時間後圓球開始滾動而無滑動,試求 (a)時間 t_2;(b)t_2 時圓球之線速度 v_2 與角速度 ω_2。設圓球與接觸面間之動摩擦係數為 μ。

解 將圓球開始觸地(時間 $t_1 = 0$)與開始滾動(時間 t_2)之動量圖及滑動期間之衝量圖繪出，如圖所示。

由線衝量與線動量原理：$-F\Delta t = mv_2 - mv_1$

$$\mu mg(t_2 - 0) = mv_2 - mv_1$$

$$v_2 = v_1 - \mu g t_2 \qquad (1)$$

由於圓球在作滾動兼滑動之運動過程中，所有外力均通過接觸點 A，對接觸點 A 之力矩和為零，故圓球對 A 點之角動量守恆，即$(H_A)_1 = (H_A)_2$

$$mv_1 r = I_A \omega_2$$

其中 $v_2 = r\omega_2$，$I_A = I_G + mr^2 = \frac{2}{5}mr^2 + mr^2 = \frac{7}{5}mr^2$，代入上式得

$$mv_1 r = (\frac{7}{5}mr^2)\frac{v_2}{r} = \frac{7}{5}mv_2 r \quad , \quad 得 \quad v_2 = \frac{5}{7}v_1 \blacktriangleleft \qquad (2)$$

(2)代入(1)得 $t_2 = \frac{2v_1}{7\mu g} \blacktriangleleft$ ， 又 $\omega_2 = \frac{v_2}{r} = \frac{5v_1}{7r} \blacktriangleleft$

例題 9-6

圖中圓輪質量為 10 kg，對質心 G 之慣性矩為 0.156 kg·m²，原以 v_G 之速度在平面上滾動，若欲使圓輪滾過 A 處障礙則 v_G 之最小值為若干？設圓輪撞到障礙時無反彈亦無滑動。

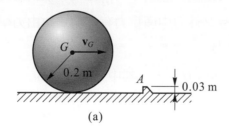

(a)

解 由於圓輪撞上障礙時無反彈亦無滑動，故圓輪撞上 A 點後便以 A 點為轉動中心轉動，直到圓輪離開障礙為止。

繪圓輪撞上障礙前(位置①)，撞擊障礙後(位置②)之動量圖，以及撞擊期間之衝量圖，如(b)圖所示。撞擊過程中圓輪僅受 A 處之衝力及圓輪重量作用，其中圓輪重量為非衝力，所生之衝量可忽略不計，因此在撞擊過程中圓輪所受之衝力對 A 點之角衝量為零，故撞擊前後圓輪對 A 點之角動量為守恆。

$$(H_A)_1 = (H_A)_2 \quad , \quad I_G\omega_1 + mv_{G1} r' = I_A\omega_2$$

其中　　$v_{G1} = r\omega_1$，$v_{G2} = r\omega_2$，$I_A = I_G + mr^2 = 0.156 + 10(0.2)^2 = 0.556$ kg-m^2

則　　　$0.156(\dfrac{v_{G1}}{0.2}) + 10v_{G1}(0.2 - 0.03) = 0.556\omega_2$

得　　　$2.48v_{G1} = 0.556\omega_2$　　　　　　　　　　　　　　　　　　(1)

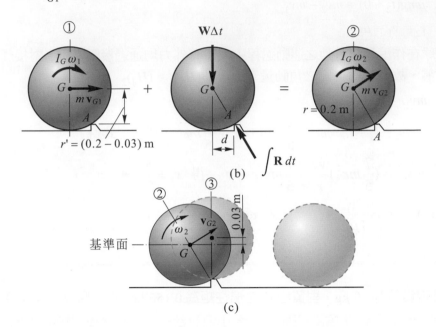

(b)

(c)

為使圓輪滾過障礙，當圓輪撞擊障礙後(位置②)，必須能繼續繞 A 點轉動至障礙之最高點位置(位置③，圖(c)中之虛線位置)，故 v_{G1} 之最小值為使圓輪滾至位置③恰好 $v_{G3} = 0$。位置②至位置③圓輪所受之外力中僅重力有作功，故由力學能守恆：

$$V_{g2} + T_2 = V_{g3} + T_3$$

$$0 + \dfrac{1}{2}I_A\omega_2^2 = mgh + 0 \quad , \quad 其中 \ h = 0.03 \ \text{m}$$

$$\dfrac{1}{2}(0.556)\,\omega_2^2 = (10 \times 9.81)(0.03) \quad , \quad \omega_2 = 3.25 \ \text{rad/s}$$

代入公式(1)可得　$v_{G1} = \dfrac{0.556}{2.48}(3.25) = 0.730 \ \text{m/s}$ ◀

例題 9-7

　　圖中均質細長桿質量 $m_R = 5$ kg，最初垂直懸掛呈靜止。今有一子彈 B(質量 $m_B = 4$ g) 以 400 m/s 之速度射入桿內(然後停留在桿內)，試求子彈射入後桿子之角速度。

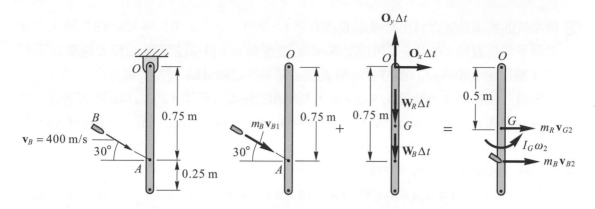

解 將子彈與桿子視為一系統，並將子彈射入桿子前與射入桿子後之動量圖，以及子彈射入桿子過程之衝量圖繪出，如圖所示。由於子彈與桿子之撞擊時間甚短，故撞擊前後桿子幾乎還保持在垂直位置，且在撞擊過程中系統所受之外力均通過 O 點，即撞擊過程中系統之外力對 O 點之力矩和為零，故撞擊前後系統對 O 點之角動量守恆，即

$$\sum(H_O)_1 = \sum(H_O)_2$$

因撞擊後子彈與桿子合在一體繞 O 點作轉動運動，則 $v_{G2} = 0.5\omega_2$，$v_{B2} = 0.75\omega_2$
由角動量守恆，可得

$$m_B v_{B1}\cos30°(0.75) = I_O \omega_2 + m_B v_{B2}(0.75)$$

$$0.004(400)\cos30°(0.75) = (\frac{1}{3} \times 5 \times 1^2)\omega_2 + 0.004(0.75\omega_2)(0.75)$$

得　　　$\omega_2 = 0.623$ rad/s ◀

例題 9-8

圖中質量為 8 kg 長度為 1.2 m 之均質桿 AB 以光滑銷子連接於質量為 12 kg 之滑車 C。今將系統在圖示 $\theta = 30°$ 之位置由靜止釋放，試求桿子達垂直位置時之角速度與滑車 C 之速度。設所有摩擦忽略不計，且滑車輪子之質量亦忽略不計。

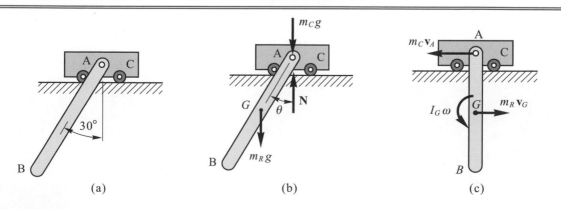

(a)　　　　　　　(b)　　　　　　　(c)

解 繪系統開始運動後之自由體圖如(b)圖所示。

當桿子呈垂直時,設桿子之角速度為ω質心速度為v_G,滑車速度為v_A(滑車速度v_C與桿子A點之速度相同),(c)圖中所示為此位置時系統之動量圖。

首先將三個未知之運動量v_A、ω及v_G,利用相對速度分析法,將v_G以ω及v_A表示,減為只剩兩個未知數,即$\mathbf{v}_G = \mathbf{v}_A + \mathbf{v}_{G/A}$,其中$v_A$方向為($\leftarrow$),$v_{G/A} = r_{G/A}\omega = 0.6\omega$($\rightarrow$),則

$$v_G = v_{G/A} - v_A = 0.6\omega - v_A \ (\rightarrow) \tag{1}$$

因系統在運動過程中水平方向不受外力,參考(b)圖所示,故水平方向動量守恆,即

$$m_R v_G + m_C(-v_A) = 0 \quad , \quad 8v_G - 12v_A = 0 \tag{2}$$

又運動過程中僅重力($m_R g$)有作功(摩擦忽略不計),故力學能守恆,即

$$m_R g \frac{L}{2}(1-\cos 30°) = \frac{1}{2}m_C v_A^2 + \frac{1}{2}I_G \omega^2 + \frac{1}{2}m_R v_G^2$$

$$(8 \times 9.81)(0.6)(1-\cos 30°) = \frac{1}{2}(12)v_A^2 + \frac{1}{2}(\frac{1}{12} \times 8 \times 1.2^2)\omega^2 + \frac{1}{2}(8)v_G^2$$

得 $\quad 6.31 = 6v_A^2 + 0.48\omega^2 + 4v_G^2 \tag{3}$

將(1)(2)(3)三式聯立解得

$$\omega = 2.167 \text{ rad/s(ccw)} \blacktriangleleft \quad , \quad v_A = v_C = 0.52 \text{ m/s}(\leftarrow) \blacktriangleleft$$

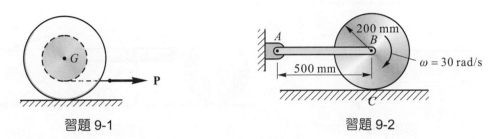

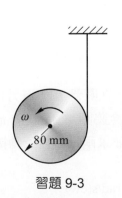

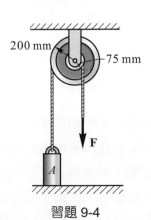

習題 1

9-1 如圖習題 9-1 中轂輪之內轂半徑為 60 mm 外轂半徑為 120 mm，質量為 4 kg，迴轉半徑為 90 mm。一繩索纏繞在內轂上，且施加 $P=15$ N 之水平拉力，若轂輪是由靜止起動，試求(a)2.5 秒後質心 G 之速度；(b)接觸面之摩擦力？設轂輪僅作滾動而無滑動。

【答】(a)$v_{G2} = 3$ m/s，(b)$F = 10.2$ N。

習題 9-1

習題 9-2

9-2 如圖習題 9-2 中圓柱之質量為 50 kg，在與水平粗糙面上之 C 點接觸前以 30 rad/s 之角速度轉動，若接觸面 $\mu = 0.2$，則圓柱與水平面接觸後至停止所需之時間為若干？並求圓柱在減速期間 B 點之反力。已知圓柱之軸在兩側與兩根連桿連接(圖中僅畫一根)，且連桿質量忽略不計。

【答】1.529 秒，98.1 N。

9-3 如圖習題 9-3 中細繩(質量不計)纏繞在質量為 2 kg 之圓盤外緣，然後將圓盤由靜止釋放，試求 3 秒後圓盤之角速度。

【答】245.25 rad/s。

習題 9-3

習題 9-4

9-4 如圖習題 9-4 中滑輪質量為 15 kg，迴盤半徑 $k_O = 110$ mm，物體 A 之質量為 40 kg，今在繩索上施加 $F = 2$ kN 之拉力，使系統由靜止起動，試求 3 秒後物體 A 之速度。

【答】24.1 m/s。

9-5 如圖習題 9-5 中質量為 3 kg 長度為 800 mm 之均質細長桿，最初靜止在水平光滑面上，今在 $b = 650$ mm 處對桿子施加一水平衝量 $P\Delta t = 20$ N-s(方向與桿子垂直)，試求衝量作用後瞬間桿子之角速度及 A 點之速度。

【答】$\omega = 31.25$ rad/s(ccw)，$v_A = 5.83$ m/s($\downarrow$)。

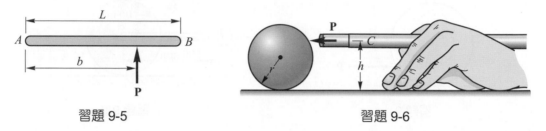

習題 9-5 習題 9-6

9-6 如圖習題 9-6 中球桿以水平方向撞擊靜止於桌面上之撞球，若欲使球滾動(無滑動)且在接觸點 A 無摩擦力作用，則撞擊之高度 h 應為若干？

【答】$h = 7r/5$。

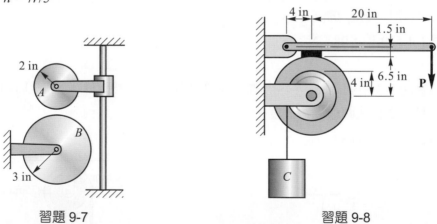

習題 9-7 習題 9-8

9-7 如圖習題 9-7 中均質圓盤 $B(W_B = 9$ 磅)最初為靜止，在圓盤 B 上方另有一均質圓盤 $A(W_A = 4$ lb)以 4500 rpm 之轉速朝逆時針方向轉動。今將圓盤 A 釋放，最初兩圓盤作滑動接觸，試求經若干時間後兩圓盤作滾動接觸，並求兩圓盤作滾動接觸傳動之角速度。兩圓盤間之動摩擦係數為 0.1。

【答】$\Delta t = 8.44$ 秒，$\omega'_A = 145$ rad/s(ccw)，$\omega'_B = 96.7$ rad/s(cw)。

9-8 如圖習題 9-8 中塊狀制動器可調整物體 C 之下降速度。設轂輪重量為 250 磅，對其轉軸之迴轉半徑為 4.25 吋，制動塊與轂輪間之動摩擦係數為 0.5。若欲將重量為 500 磅之物體 C 在 3 秒內其下降速度由 10 ft/s 減為 5 ft/s，則制動桿上所需之作用力 P 應為若干？

【答】$P = 90.1$ lb。

9-9 如圖習題 9-9 中轂輪在 $t = 0$ 時以 $v_0 = 0.9$ m/s 之速度向左滾動，今在內轂輪施加向右之水平拉力 $P = 6.5\ t$，其中 P 之單位為牛頓，t 之單位為秒。試求 $t = 10$ 秒時轂輪之角速度。轂輪之質量為 60 kg，對其質心 G 之迴轉半徑為 250 mm。設轂輪作滾動運動(無滑動)。

【答】$\omega = 2.60$ rad/s(cw)。

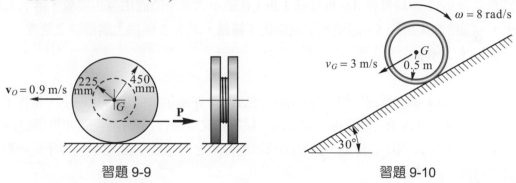

習題 9-9　　　　　　　　　　習題 9-10

9-10 如圖習題9-10所示，將質量為5 kg之細圓環以3 m/s之質心速度(沿斜面向下)及8 rad/s之角速度(順時針方向)置於傾角為 30°之斜面上，設圓環與斜面間之動摩擦係數為0.6，則經若干時間後圓環開始作滾動運動(無滑動)。

【答】$\Delta t = 1.32$ 秒。

9-11 如圖習題 9-11 中質量為 32g 之子彈以 $v_0 = 450$ m/s 之水平速度射入質量 5 kg 之木桿中，木桿最初呈靜止垂直懸掛於 A 端。設 $h = 500$ mm，試求(a)子彈射入木桿後，木桿質心 G 之速度；(b)A 端因子彈之撞擊所生之衝力？設子彈與木桿之撞擊時間為 1 ms。

【答】(a)3.6 m/s，(b)3600 N。

9-12 同上題，(a)若欲使 A 處所生之衝力等於零，則 h 應為若干？(b)在此情形，子彈射入木桿後，木桿之質心速度為若干？

【答】(a)400 mm，(b)2.88 m/s。

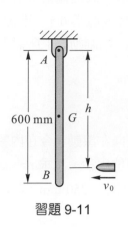

600 mm

A

G

h

B

v_0

習題 9-11

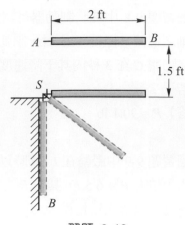

2 ft

A B

1.5 ft

S

B

習題 9-13

9-13 如圖習題 9-13 中均質桿 AB 重量為 3 lb，在圖示之水平位置由靜止釋放，落下 1.5 ft 後，A 端給套入掛釣 S，而使桿子開始繞 S 轉動，試求 B 端撞上牆壁時之速度。

【答】20.26 ft/s。

9-14 如圖習題 9-14 中均質細長桿質量為 m 長度為 L，在圖示位置由靜止落下，當桿子呈水平時，撞上桌角 D。假設桿子與桌角之撞擊為完全塑性撞擊(無反彈亦無滑動)，即撞擊後桿子以 D 為中心轉動，試求(a)撞擊後桿子之角速度？(b)撞擊後桿子能轉動之最大角度。$b = 0.6\,L$。

【答】(a)$0.437\sqrt{\dfrac{g}{L}}$ ，(b)5.12°。

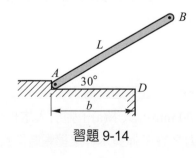

B

L

A

30°

b

D

習題 9-14

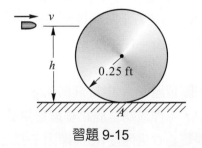

v

h

0.25 ft

A

習題 9-15

9-15 如圖習題 9-15 中子彈水平射入重量 15 lb 之圓柱中，射入時若欲使圓柱在 A 點僅作滾動而無滑動，則高度 h 應為若干？設 A 點所受之摩擦力甚小於子彈對圓柱之衝力。

【答】0.375 ft。

9-16 如圖習題 9-16 中均質之長方形平板落下時，*BD* 邊保持垂直且位於 *E* 點之正下方，當 *BE* 繩索拉緊前平板之速度為 v_1，設此衝擊為完全塑性(即繩索拉緊時平板不會反彈)，試求衝擊後瞬間平板之質心速度及角速度。

【答】$v_G = \dfrac{12}{17} v_1$, $\omega = \dfrac{24v_1}{17b}$ 。

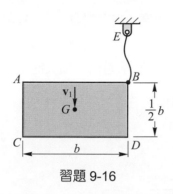

習題 9-16

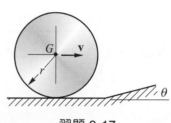

習題 9-17

9-17 如圖習題 9-17 中均質圓柱以速度 *v* 在水平面上向右滾動時撞上傾角為 *θ* 之斜面，然後改變運動方向開始滾上斜面，試求圓柱撞擊斜面後開始滾上斜面時之速度。若 θ = 10°，試求撞擊過程能量損失之比率 *n*。

【答】$v' = \dfrac{v}{3}(1+2\cos\theta)$, $n = 0.0202$ 。

9-18 如圖習題 9-18 中質量為 10 kg 之正方形均質平板靜止懸掛於 *A* 處之鉸鏈，質量為 20 公克之子彈 *B* 以 450 m/s 之水平速度射入平板，試求(a)子彈射入後平板之角速度；(b)子彈射入平板時，平板在 *A* 處所受之平均衝力？設子彈射入平板之時間為 0.0006 秒。

【答】(a)$\omega_2 = 3.73$ rad/s ，(b)$R_x = 1017$ N(←)。

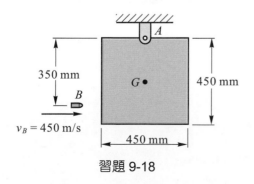

習題 9-18

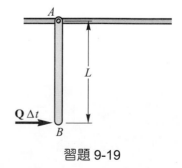

習題 9-19

9-19 如圖習題 9-19 中所示之均質細長桿質量為 1.5 kg 長度為 0.5 m，最初以光滑銷子靜止懸掛於 A 端，此銷子可在一水平之光滑導槽中自由滑動。今有一水平衝量 $Q\Delta t = 1.8$ N-s 作用於之桿子 B 端，試求在隨後之運動中桿子之最大擺角 θ_m。

【答】$\theta_m = 83.2°$。

9-20 如圖習題 9-20 中均質之長方體木塊在水平面上以速度 v 向左滑動，在 O 點撞上一凸起之障礙，假設在 O 點無反彈亦無滑動，若木塊撞上 O 點後能轉動 $90°$ 而呈直立，則木塊撞上之前速度 v 最小為若干？若 $b = c$，試求在撞擊過程所損失能量之百分率。

【答】(a) $v = 2\sqrt{\dfrac{g}{3}\left(1 + \dfrac{c^2}{b^2}\right)\left(\sqrt{b^2 + c^2} - b\right)}$，(b) 62.5%。

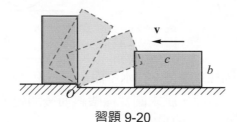

習題 9-20

9-4 偏心碰撞

在 4-2 節中已討論過兩物體作**中心碰撞**(central impact)的問題，所謂中心碰撞是兩碰撞物體的質心位於碰撞線上。本節將討論兩物體作**偏心碰撞**(eccentric impact)的問題。圖 9-7 中所示為作偏心碰撞的兩物體，設兩物體的撞擊點 A、B 在碰撞前之速度分別為 $\mathbf{v}_A$ 及 $\mathbf{v}_B$，如圖 9-7(a)所示，碰撞時兩物體會發生變形，當變形達最大時為變形期之結束，此時 A、B 兩點之速度 $\mathbf{u}_A$、$\mathbf{u}_B$ 沿碰撞線 nn 之分量相等，即 $(u_A)_n = (u_B)_n$，參考圖 9-7(b)所示。然後碰撞進入恢復期，當碰撞結束時，A、B 兩點之速度分別為 $\mathbf{v}'_A$ 及 $\mathbf{v}'_B$，如圖 9-7(c)所示。

設兩物體碰撞時無摩擦，則彼此間之作用力沿碰撞線 nn，令 $\int Pdt$ 及 $\int Rdt$ 分別表示兩物體碰撞時在變形期及恢復期之衝量，由恢復係數之定義

$$e = \frac{\int Rdt}{\int Pdt} \qquad (a)$$

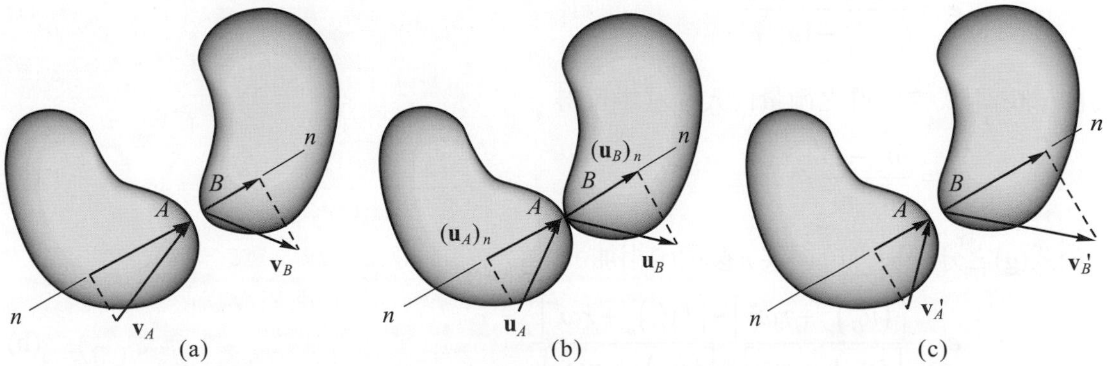

圖 9-7

設兩碰撞物體之運動不受限制，則碰撞時兩物體僅在碰撞線上受有衝力。今考慮物體 A 在變形期之動量圖及衝量圖，如圖 9-8 所示，其中 $\mathbf{v}_G$ 與 $\mathbf{u}_G$ 為變形期開始與結束時之質心速度，ω 與 ω^* 分別為該兩時刻之角速度，則由線衝量與線動量原理

$$-\int Pdt = m(u_G)_n - m(v_G)_n \qquad (b)$$

再由對質心之角衝量與角動量原理：

$$-r\int Pdt = I_G\omega^* - I_G\omega \qquad (c)$$

其中 r 為質心至碰撞線之垂直距離。

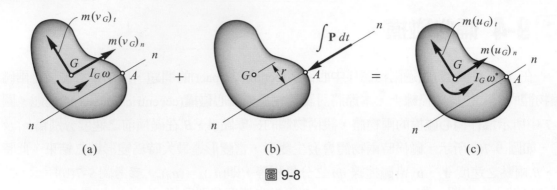

(a)   (b)   (c)

圖 9-8

同理，考慮物體 A 之恢復期可得

$$- \int R dt = m(v'_G)_n - m(u_G)_n \tag{d}$$

$$- r \int R dt = I_G \omega' - I_G \omega^* \tag{e}$$

其中(b)(d)兩式中所得之衝量代入(a)式中可得

$$e = \frac{(u_G)_n - (v'_G)_n}{(v_G)_n - (u_G)_n} \tag{f}$$

再由(c)(e)兩式中所得之衝量代入(a)式中可得

$$e = \frac{\omega^* - \omega'}{\omega - \omega^*} \tag{g}$$

將公式(g)之分子與分母同乘 r 後與(f)相加，得

$$e = \frac{\left[(u_G)_n + r\omega^*\right] - \left[(v'_G)_n + r\omega'\right]}{\left[(v_G)_n + r\omega\right] - \left[(u_G)_n + r\omega^*\right]} \tag{h}$$

其中 $(v_G)_n + r\omega = (v_A)_n$，$(u_G)_n + r\omega^* = (u_A)_n$，$(v'_G)_n + r\omega' = (v'_A)_n$，故公式(h)可寫為

$$e = \frac{(u_A)_n - (v'_A)_n}{(v_A)_n - (u_A)_n} \quad , \quad \text{或} \quad (u_A)_n = \frac{e(v_A)_n + (v'_A)_n}{1 + e} \tag{i}$$

同理，在碰撞期間分析物體 B 在碰撞點 B 之衝量與動量關係可得

$$(u_B)_n = \frac{e(v_B)_n + (v'_B)_n}{1 + e} \tag{j}$$

因 $(u_A)_n = (u_B)_n$，即(i)(j)兩式相等，故可得

$$e = \frac{(v'_B)_n - (v'_A)_n}{(v_A)_n - (v_B)_n} \tag{9-19}$$

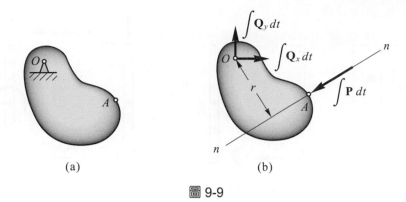

圖 9-9

　　若碰撞的兩物體中一個或全部被限制只能繞某一固定點 O 轉動，如圖 9-9(a)所示，則在碰撞期間支承 O 會承受有反衝量，如圖 9-9(b)所示。將公式(9-14)應用於變形期及恢復期可得

$$-r\int Pdt = I_O\omega^* - I_O\omega \qquad\qquad\qquad\text{(k)}$$

$$-r\int Rdt = I_O\omega' - I_O\omega^* \qquad\qquad\qquad\text{(l)}$$

其中 r 為固定點 O 至碰撞線之垂直距離。

　　由(k)(l)兩式中所得之衝量代入(a)式中可得

$$e = \frac{\omega^* - \omega'}{\omega - \omega^*} = \frac{r\omega^* - r\omega'}{r\omega - r\omega^*}$$

式中 $r\omega = (v_A)_n$，$r\omega^* = (u_A)_n$，$r\omega' = (v'_A)_n$，故上式可寫為

$$e = \frac{(u_A)_n - (v'_A)_n}{(v_A)_n - (u_A)_n}$$

因此公式(i)仍然成立。故碰撞的兩物體中一個或全部被限制只能繞固定點轉動時，公式(9-19)仍然正確。

例題 9-9

　　圖中均質細長桿之質量為 8 kg 長度為 1.2 m，靜止懸掛於 A 端之鉸支承。一質量為 2 kg 之小球以 5 m/s 之水平速度向右撞擊桿子底端 B 點，設桿子與球碰撞之恢復係數為 0.80，試求撞後瞬間桿子之角速度及小球之速度。

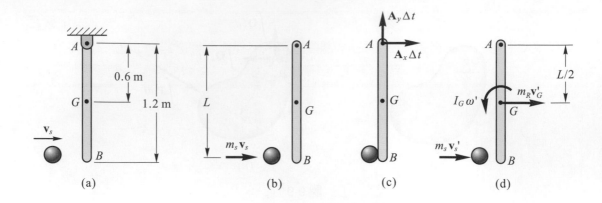

(a)　　　　　　　　(b)　　　　　　　　(c)　　　　　　　　(d)

解 將 AB 桿與球視為一系統，繪系統碰撞前後之動量圖如(b)圖與(d)圖所示，及碰撞期間之衝量圖如(c)圖所示。由於系統在碰撞期間僅在支承 A 受有衝力，故系統在碰撞前後對 A 點之角動量守恆，即

$$m_s v_s L = m_s v'_s L + I_A \omega'$$

$$2(5)(1.2) = 2 v'_s (1.2) + \left[\frac{1}{3}(8)(1.2)^2\right]\omega'$$

得　　　$12 = 2.4 v'_s + 3.84 \omega'$　　　　　　　　　　　　　　　(1)

碰撞之恢復係數：$e = \dfrac{v'_B - v'_s}{v_s - v_B}$

其中 $e = 0.80$，$v_s = 5$ m/s，$v_B = 0$，$v'_B = 1.2\omega'$，代入上式

得　　　$1.2\omega' - v'_s = 0.8(5-0) = 4$　　　　　　　　　　　　(2)

將(1)(2)兩式聯立可得

　　　　$\omega' = 3.21$ rad/s(逆時針方向)◀

　　　　$v'_s = -0.143$ m/s　，　　$v'_s = 0.143$ m/s($\leftarrow$)◀

例題 9-10

質量 1.50 kg 長度 800 mm 之均質細長桿靜止置於水平光滑面上，另一質量為 0.5 kg 之圓盤以 12 m/s 之速度撞擊桿子，撞擊方向及位置如圖所示。設兩者撞擊之恢復係數為 0.40，試求撞擊後(a)圓盤之速度；(b)桿子之質心速度；(c)桿子之角速度。設碰撞期間圓盤與桿子無摩擦。

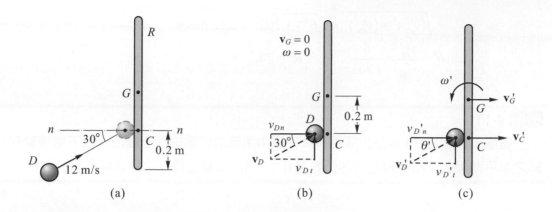

(a)　　　　　　　　(b)　　　　　　　　(c)

解 碰撞前圓盤速度及桿子之速度與角速度如(b)圖所示

其中 $v_{Dn} = 12\cos30° = 10.392$ m/s ， $v_{Dt} = 12\sin30° = 6$ m/s

由於圓盤與桿子在碰撞期間無摩擦，兩者間僅有法線方向之作用力，故碰撞後桿子之質心速度 v'_G 僅有法線方向之分量，且圓盤在碰撞前後沿切線方向之分速度保持不變，即 $v'_{Dt} = v_{Dt}$，故圓盤與桿子在碰撞後之速度與角速度如(c)圖所示。

桿子之碰撞點 C 在碰撞後之速度由相對速度分析法：$\mathbf{v}'_C = \mathbf{v}'_G + \mathbf{v}'_{C/G}$

其中 $v'_{C/G} = r_{C/G}\omega' = 0.2\omega'$，得 $v'_C = v'_G + 0.2\omega'\,(\rightarrow)$

因圓盤與桿子在碰撞期間運動不受限制，在碰撞期間僅有兩者彼此間之作用力而無其他外力作用，故系統在碰撞前後線動量守恆，且對任一點之角動量守恆。

由法線方向之線動量守恆：

$$m_D v_{Dn} = m_D v'_{Dn} + m_R v'_G$$

$$0.5(10.392) = 0.5\, v'_{Dn} + 1.50 v'_G \tag{1}$$

由系統對 G 點之角動量守恆：

$$m_D v_{Dn}(0.2) = m_D v'_{Dn}(0.2) + I_G \omega'$$

其中 $I_G = \dfrac{1}{12} m_R L^2 = \dfrac{1}{12}(1.50)(0.8)^2 = 0.08$ kg-m^2，代入上式

$$0.5(10.392)(0.2) = 0.5\, v'_{Dn}(0.2) + 0.08\omega' \tag{2}$$

由碰撞之恢復係數：$e = \dfrac{v'_C - v'_{Dn}}{v_{Dn} - v_C}$

$$(v'_G + 0.2\omega') - v'_{Dn} = 0.40(10.392 - 0) \tag{3}$$

將公式(1)(2)(3)聯立，可解得 $v'_G = 3.06$ m/s，$\omega' = 11.49$ rad/s，$v'_{Dn} = 1.203$ m/s

即　　　$v'_G = 3.06$ m/s$(\rightarrow)$◄　，　$\omega' = 11.49$ rad/s(逆時針方向)◄

碰撞後圓盤速度之大小 v'_D 及方向 θ' 為

$$v'_D = \sqrt{\left(v'_{Dt}\right)^2 + \left(v'_{Dn}\right)^2} = \sqrt{6^2 + 1.203^2} = 6.12 \text{ m/s} \blacktriangleleft$$

$$\tan\theta' = \frac{v'_{Dt}}{v'_{Dn}} = \frac{6}{1.203} \qquad , \qquad \theta' = 78.7° \blacktriangleleft$$

例題 9-11

重量 4 lb 長度 30 in 之均質細長桿在圖中所示之位置由靜止釋放，落下後撞擊在一硬質之水平地板上，設碰撞之恢復係數為 0.7，試求撞擊後桿子之角速度及質心速度。

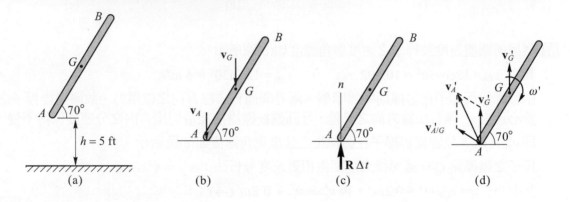

(a)　　　　　(b)　　　　　(c)　　　　　(d)

解 桿子撞擊地板前之速度如(b)圖所示為

$$v_G = v_A = \sqrt{2gh} = \sqrt{2(32.2)(5)} = 17.94 \text{ ft/s}(\downarrow)$$

桿子撞擊地板時所受之衝量如(c)圖所示，僅在 A 點受有垂直衝量 $\mathbf{R}\Delta t$，故桿子撞擊前後對 A 點為角動量守恆。

設桿子撞擊地板後瞬間之質心速度為 $\mathbf{v}'_G$(向上)，角速度為 ω'(順時針方向)，則撞擊後瞬間 A 點之速度由相對速度分析法：$\mathbf{v}'_A = \mathbf{v}'_{A/G} + \mathbf{v}'_G$，其中 $v'_{A/G} = (L/2)\omega'$，可得 v'_A 在法線方向之分量為 $\quad v'_{An} = v'_G + \dfrac{L}{2}\omega'\cos70°$

由碰撞之恢復係數：$e = \dfrac{v'_{An}}{v_{An}} = \dfrac{v'_G + \dfrac{L}{2}\omega'\cos70°}{v_A}$

得 $\qquad v'_G + \dfrac{15}{12}\omega'\cos70° = 0.7(17.94)$ $\hspace{4cm}$ (1)

桿子在碰撞前後對 A 點角動量守恆，即

$$mv_G(\frac{L}{2}\cos70°) = -mv'_G(\frac{L}{2}\cos70°) + I_G\omega'$$

其中 $I_G = \dfrac{1}{12} mL^2 = \dfrac{1}{12}(\dfrac{4}{32.2})(\dfrac{30}{12})^2 = 0.0647$ slug-ft^2，代入上式

$$(\dfrac{4}{32.2})(17.94)(\dfrac{15}{12}\cos 70°) = -\dfrac{4}{32.2} v'_G (\dfrac{15}{12}\cos 70°) + 0.0647\omega'$$

得　　　$0.953 = -0.0531 v'_G + 0.0647\omega'$ 　　　　　　　　　　　　　(2)

將公式(1)及公式(2)聯立可解得　$v'_G = 4.64$ ft/s，$\omega' = 18.54$ rad/s

即　　　$v'_G = 4.64$ ft/s($\uparrow$)◀ 　，　　$\omega' = 18.54$ rad/s(順時針方向)◀

習題 2

9-21 如圖習題 9-21 中重量為 50 N 之均質細長桿靜止懸掛於 A 端之鉸支承，一重量為 10 N 之 B 球以 9 m/s 之水平速度撞擊在桿子之中點，設碰撞之恢復係數為 0.4，試求碰撞後瞬間桿子之角速度。

【答】$\omega' = 3.29$ rad/s(ccw)。

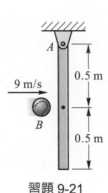

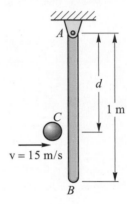

習題 9-21 習題 9-22

9-22 如圖習題 9-22 中重量為 30N 之均質細長桿靜止懸掛於 A 端之鉸支承，一重量為 5N 之 C 球以 15 m/s 之水平速度撞擊桿子，若撞擊時在支承 A 之水平衝力為零，則撞擊位置與 A 點之距離 d 為若干？並求撞擊後瞬間桿子之角速度。設碰撞之恢復係數為 0.5。

【答】$d = 0.667$ m，$\omega' = 6.136$ rad/s。

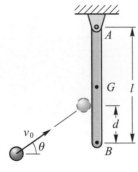

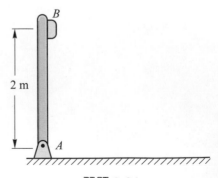

習題 9-23 習題 9-24

9-23 如圖習題 9-23 中長度 l = 36 in 重量 12 lb 之均質細長桿靜止懸掛於 A 端之鉸支承，一重量為 2 lb 之小球以 v_0 = 30 ft/s 之速度及 θ = 40°之方向撞擊桿子距底端為 d = 4 in 之位置，設碰撞之恢復係數為 0.5，試求(a)碰撞後小球速度；(b)碰撞後桿子之角速度；(c)碰撞時支承 A 之平均衝力(設碰撞時間為 0.005 秒)；(d)碰撞後桿子擺動之最大角度。

【答】(a) v'_b = 19.36 ft/s，(b) ω' = 3.66 rad/s(ccw)，(c) R_A = 102.3 lb，(d) θ = 54.3°。

9-24 如圖習題 9-24 所示，重量為 75 N 之均質細長桿在圖示之垂直位置由靜止釋放，桿子落至呈水平之位置時與地板碰撞，設碰撞之恢復係數為 0.7，試求桿子 B 端在撞擊後反跳之最大高度。

【答】h'_B = 0.980 m。

9-25 如圖習題 9-25 中擺鎚包括 50 N 之實心圓球及 20 N 之均質細長桿，今將擺鎚在 θ = 0°之水平位置由靜止釋放，當落至桿子呈垂直之位置時與牆壁碰撞，設碰撞之恢復係數為 0.6，試求碰撞後擺鎚反彈至最高點之位置 θ'(與水平方向之夾角)。

【答】θ' = 39.8°。

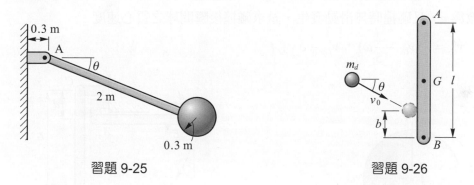

習題 9-25　　　　　　　　　習題 9-26

9-26 如圖習題 9-26 中長度 l = 21 in 重量 10 lb 之均質細桿靜止置於水平光滑面上，一重量為 2 lb 之光滑圓盤以 v_0 = 15 ft/s 之速度及 θ = 60°之方向撞擊在桿子距 B 端 b = 3 in 之位置，設碰撞之恢復係數為 0.6，試求碰撞後(a)圓盤之速度；(b)桿子之質心速度；(c)桿子之角速度。

【答】(a) v'_d = 13.0 ft/s，(b) v'_G = 1.594 ft/s，(c) ω' = 3.90 rad/s(ccw)。

9-27 在水平光滑面上質量 2 kg 之小球以 6 m/s 之速度向右運動，撞上正以 2 m/s 之速度向左運動(無角速度)之均質桿子，桿子質量為 6 kg 長度為 5 m，如圖習題 9-27 所示，兩者碰撞之恢復係數為 0.4，試求碰撞後(a)小球之速度；(b)桿子之質心速度及角速度。

【答】(a) v'_b = 0.324 m/s(→)，(b) v'_G = 0.108 m/s(←)，ω' = 1.816 rad/s(cw)。

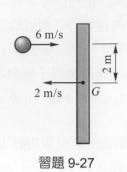

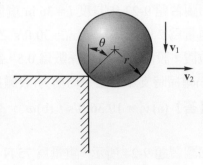

習題 9-27　　　　　　　　　　　　　　習題 9-28

9-28 如圖習題 9-28 中質量爲 m 之實心圓球垂直落下以 v_1 之速度撞上桌邊角落，然後以 v_2 之水平速度反彈，設碰撞時接觸面無滑動產生，試求圓球撞上桌角時之位置(以 θ 角表示)。設碰撞之恢復係數爲 e，且碰撞面爲粗糙面。

【答】$\tan^2\theta = 7e/5$。

9-29 質量爲 m 之實心圓球被丟到一水平粗糙面上，球與地面接觸前瞬間之角速度爲 ω，質心之水平與垂直速度分別爲 v_{Gx} 及 v_{Gy}，如圖習題 9-29 所示。設球與地面碰撞之恢復係數爲 e，且碰撞時無滑動發生，試求碰撞後瞬間球之質心速度。

【答】$v'_{Gx} = \dfrac{5}{7}(v_{Gx} - \dfrac{2}{5}\omega)$，$v'_{Gy} = e\,v_{Gy}$。

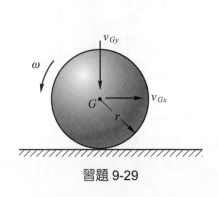

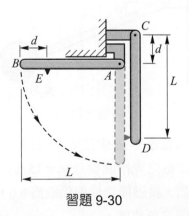

習題 9-29　　　　　　　　　　　　　　習題 9-30

9-30 如圖習題 9-30 中兩相同之均質細長桿($m = 10$ kg，$L = 1.2$ m)AB 及 CD 分別可繞其 A 端及 C 端之鉸支承自由轉動。最初 CD 桿靜止垂直懸掛，AB 桿在水平位置由靜止釋放，當 AB 桿落至呈垂直之位置時桿上在 E 處($d = 0.3$ m)之小突出塊恰撞及 CD 桿之 D 端，設碰撞之恢復係數 $e = 0.5$，試求碰撞後兩桿之角速度。

【答】$\omega'_{AB} = 2.277$ rad/s(ccw)，$\omega'_{CD} = 3.564$ rad/s(ccw)。

機械振動

　　機械振動(mechanical vibration)是物體或物體系統相對於其平衡位置的往復運動。大部份機器或結構中所生之振動運動都是不必要的,因振動會使機件或構件之應力增加,能量損耗,在設計時必須儘量消除或減少振動的發生,特別是最近高速機器與輕質結構的發展,使得振動問題更趨重要。

　　振動問題的分析相當複雜,本章只針對較簡單的振動型態作討論,亦即只分析一個自由度的振動問題。

　　機械振動的產生通常是由於系統受外來的干擾導致系統偏離其平衡位置,而在恢復力(重力或彈力)的作用下傾向於回到原來的平衡位置,當系統回到平衡位置時通常仍具有若干速度而越過其平衡位置,造成系統在平衡點間連續的作來回運動。系統作一次完整振動所需的時間稱為**週期**(period),每單位時間內的振動次數稱為**頻率**(frequency),而系統距離平衡點的最大位移稱為**振幅**(amplitude)。

　　利用恢復力維持之振動稱為**自由振動**(free vibration),至於系統受到週期性之外力作用所引起之振動稱為**強迫振動**(forced vibration)。若忽略系統的摩擦效應,則稱為**無阻尼**(undamped)的振動,此種振動可持續下去永不停止,但實際上由於有內摩擦與外摩擦存在,機械振動都是**有阻尼**(damped)的振動。對於受有輕微阻尼的自由振動,其振幅會逐漸減小,經一段時間後振動會停止。阻尼較大的系統則可防止振動的發生,即受到外來的干擾時系統會慢慢的回到平衡位置。至於有阻尼的強迫振動,只要週期性的外力存在,振動運動就會持續下去,但振幅受到阻尼力大小的影響。

🖲 10-1 無阻尼之自由振動

　　無阻尼自由振動(undamped free vibration)是最簡單的振動型態,圖 10-1 中所示為此種振動型態的模型,圖中質量為 m 之物體置於水平光滑面上,與彈簧常數為 k 之線性彈簧連結,彈簧之另一端為固定。圖中之平衡位置為彈簧在自由長度(未變形)之位置,而 x 為物體相對於平衡點之位置。設取向右為正方向,則物體在 x 位置時所受之彈簧恢復力為 $F = -kx$,由牛頓第二定律 $\sum F = m\ddot{x}$,可得

$$-kx = m\ddot{x} \quad 或 \quad m\ddot{x} + kx = 0 \tag{10-1}$$

上式為物體承受線性恢復力作用所生之振動,稱為**簡諧運動**(simple harmonic motion),其特徵為其加速度大小與相對於平衡點之位移成正比但方向相反。通常將公式(10-1)改寫為

$$\ddot{x} + \omega_n^2 x = 0 \tag{10-2}$$

其中　　$\omega_n = \sqrt{\dfrac{k}{m}}$ \hfill (10-3)

上式中 ω_n 稱爲**自然圓周頻率**(natural circular frequency)，單位爲 rad/s。

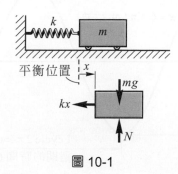

圖 10-1

公式(10-2)爲線性齊次二階常係數的微分方程式，其通解爲

$$x(t) = A\sin\omega_n t + B\cos\omega_n t \tag{10-4}$$

其中 A、B 爲積分常數。取公式(10-4)之導數，可得速度及加速度分別爲

$$v(t) = \dot{x}(t) = A\omega_n\cos\omega_n t - B\omega_n\sin\omega_n t \tag{10-5}$$

$$a(t) = \ddot{x}(t) = -A\omega_n^2\sin\omega_n t - B\omega_n^2\cos\omega_n t \tag{10-6}$$

將公式(10-4)及(10-6)代入公式(10-2)中，可確定公式(10-4)爲公式(10-2)之正確解。

積分常數 A 與 B 通常可由問題的初始條件求解。設 $t = 0$ 時之初位置爲 x_0，初速度爲 v_0，將此二條件分別代入公式(10-4)及(10-5)中，可得

$$A = \frac{v_0}{\omega_n} \quad , \quad B = x_0$$

將 A、B 代回公式(10-4)可得

$$x(t) = \frac{v_0}{\omega_n}\sin\omega_n t + x_0\cos\omega_n t \tag{10-7}$$

公式(10-4)亦可用簡單的正弦運動來表示，設

$$A = C\cos\phi \quad , \quad B = C\sin\phi \tag{10-8}$$

式中 C 與 ϕ 爲新的常數，將(10-8)代入公式(10-4)中

$$x(t) = C\cos\phi\sin\omega_n t + C\sin\phi\cos\omega_n t$$

由於 $\sin(\theta + \phi) = \sin\theta\cos\phi + \cos\theta\sin\phi$，設 $\theta = \omega_n t$，則

$$x(t) = C\sin(\omega_n t + \phi) \tag{10-9}$$

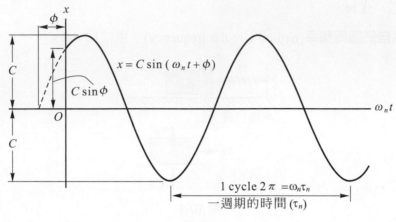

圖 10-2

將上式繪 x–$\omega_n t$ 之關係圖，如圖 10-2 所示，其中 C 為振動中相對於平衡點之最大位移，即為振幅，而角度 ϕ 稱為**相位角**(phase angle)，代表 $t=0$ 時正弦曲線距原點之角度。常數 C、ϕ 及常數 A、B 之關係可由公式(10-8)決定，將兩式平方相加可得振幅

$$C = \sqrt{A^2 + B^2} = \sqrt{(v_0/\omega_n)^2 + x_0^2} \tag{10-10}$$

將兩式相除可得

$$\tan\phi = \frac{B}{A} = \frac{x_0\omega_n}{v_0} \tag{10-11}$$

正弦曲線一個週期之時間為 τ_n，角度為 2π，故

$$\omega_n\tau_n = 2\pi \quad 或 \quad \tau_n = \frac{2\pi}{\omega_n} \tag{10-12}$$

由公式(10-3)，週期亦可表示為

$$\tau_n = 2\pi\sqrt{\frac{m}{k}} \tag{10-13}$$

無阻尼自由振動之頻率稱為**自然頻率**(natural frequency)，以 f_n 表示，其定義為單位時間內之振動次數，與週期互為倒數，故

$$f_n = \frac{1}{\tau_n} = \frac{\omega_n}{2\pi} = \frac{1}{2\pi}\sqrt{\frac{k}{m}} \tag{10-14}$$

頻率之單位為周／秒(cycles/s)，稱為**赫茲**(hertz，Hz)，即 1 Hz = 1 cycle/s。

　　對於任何一個自由度的系統，作無阻尼自由振動的特徵與圖 10-1 之彈簧系統所作之簡諧運動相同，其運動可用與公式(10-2)相同之微分方程式來描述(即 $\ddot{x} + \omega_n^2 x = 0$)，因此只要導出其振動之微分方程式(公式 10-2)，再加上初始條件，即可分析系統之振動運動。

　　對於某些振動系統，受到外加干擾使其偏離平衡位置時以角位移描述較為方便，尤其是剛體的振動大部份都是作角運動(轉動運動)，對於此類無阻尼的自由振動，利用力矩的運動方程式，同樣亦可導出與公式(10-2)類似的公式，即

$$\ddot{\theta} + \omega_n^2 \theta = 0 \tag{10-15}$$

其中 θ 為振動系統相對於平衡位置之角位移，參考例題 2 至例題 5 之分析。

🦠 以平衡位置為參考點

　　若將圖 10-1 中之彈簧振動系統改為垂直懸掛，如圖 10-3 所示，同樣設 x 為物體(質量為 m)相對於平衡點(非彈簧之自由長度)之位移，則所得振動之微分方程式及振動特性都保持不變。但此時之 x 並非彈簧之伸長量，因在平衡位置時彈簧已有一變形量 δ_{st} 存在，且 $k\delta_{st} = mg$。設取圖 10-3 中向下方向為正方向，則由牛頓第二定律 $\sum F = m\ddot{x}$ 可得

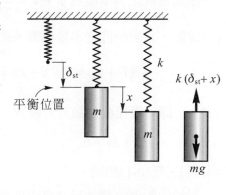

$$mg - k(\delta_{st} + x) = m\ddot{x}$$

因 $k\delta_{st} = mg$，故上式可簡化為

$$m\ddot{x} + kx = 0$$

圖 10-3

所得結果與公式(10-1)完全相同。

　　由此可知，當振動系統由其平衡位置偏移 x 之位移時，欲用牛頓第二定律推導其振動運動之微分方程式，僅需考慮系統因偏移所生之恢復力即可，至於系統在原平衡位置所受之外力則可忽略不計。

🦠 能量法

　　前面之分析方法是利用振動物體之自由體圖及牛頓第二運動定律導出振動之微分方程式。對於無阻尼之自由振動，通常其恢復力為重力或彈力，因二者均為保守力，故振動系統之力學能為守恆。對於剛體或數個連結物體的振動系統，利用力學能守恆原理導出振動之微分方程式通常較為方便，甚至不必導出振動之微分方程式即可直接求得振動頻率。

參考圖 10-3 之振動系統，質量為 m 之物體在位置 x(相對於平衡點之位置)之位能為

$$V = V_e + V_g = \left[\frac{1}{2}k(\delta_{st} + x)^2 - \frac{1}{2}k\delta_{st}^2\right] - mgx$$

在平衡位置時 $k\delta_{st} = mg$，代入上式後化簡可得

$$V = \frac{1}{2}kx^2$$

需注意上式 $(V = \frac{1}{2}kx^2)$ 為振動系統之總位能，並非彈性位能，因式中 x 為物體相對於平衡點之位移，並非彈簧之變形量。在平衡點時 $x = 0$，位能 $V = 0$，而在振動之兩端點 $x = C$(振幅)時，位能最大，$V_{max} = \frac{1}{2}kC^2$。

振動系統之力學能為 $T + V = \frac{1}{2}m\dot{x}^2 + \frac{1}{2}kx^2$。對於保守系統力學能為守恆，即 $(T+V)$ 為一常數，且對時間之導數為零，即

$$\frac{d}{dt}(T + V) = m\dot{x}\ddot{x} + kx\dot{x} = 0$$

消去 $\dot{x}$，即可得振動之微分方程式

$$m\ddot{x} + kx = 0$$

結果與公式(10-1)相同。

對於由數個物體連結且自由度為 1 之振動系統(無阻尼之自由振動)，能量法的最大優點就是不需要將各物體分開來考慮其自由體圖所受之外力，只要求得系統在位置 x(相對於平衡點)之位能 V 與動能 T，令 $\frac{d}{dt}(V + T) = 0$，即可直接求得振動之微分方程式。

對於作簡諧運動之物體，設 x 為相對於平衡點之位置，在 $x = 0$ 之位置時，位能為零而動能最大(T_{max})，在 $x = C$(振幅)時，位能最大(V_{max})而動能為零，由力學能守恆，$T_{max} = V_{max}$，其中 $T_{max} = \frac{1}{2}mv_{max}^2$，$V_{max} = \frac{1}{2}kC^2$。由簡諧運動位置 x 與時間 t 之關係式(公式 10-9)：$x = C\sin(\omega_n t + \phi)$，其導數可得速度 v 與時間 t 之關係式

$$v = \dot{x} = C\omega_n\cos(\omega_n t + \phi)$$

故簡諧運動之最大速度 $v_{max} = \dot{x}_{max} = C\omega_n$，代入 $T_{max} = V_{max}$，即

$$\frac{1}{2}m(C\omega_n)^2 = \frac{1}{2}kC^2$$

整理後可得 $\omega_n = \sqrt{\dfrac{k}{m}}$，結果與公式(10-3)相同。

例題 10-1

　　圖中重量為 4 oz 之滑塊連結三個彈簧常數為 0.5 lb/in 之彈簧在水平方向作無阻尼的自由振動，已知 $t = 0$ 時初位置 $x_0 = 0.1$ in，初速度 $v_0 = 0.5$ in/s，試求 $t = 2$ 秒時滑塊的位置及速度，並求滑塊的振動週期。x 為滑塊相對於平衡點之位移。

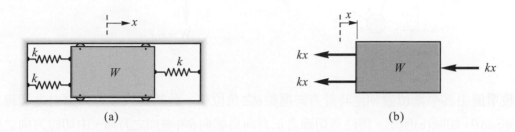

(a)　　　　　　　　　　　　　　　　(b)

解 當滑塊由平衡點向右產生 x 之位移時，滑塊所受之恢復力如(b)圖所示，由牛頓第二運動定律

$$-3kx = m\ddot{x} \qquad 或 \qquad m\ddot{x} + 3kx = 0 \tag{1}$$

得 $\qquad \omega_n = \sqrt{\dfrac{3k}{m}} = \sqrt{\dfrac{3(0.5 \times 12)}{(4/16)/32.2}} = 48.1$ rad/s

故週期為 $\quad \tau_n = \dfrac{2\pi}{\omega_n} = \dfrac{2\pi}{48.1} = 0.1305$ 秒 ◀

公式(1)之通解為 $x = A\sin\omega_n t + B\cos\omega_n t$ $\qquad\qquad$ (2)

其導數可得速度為 $v = \dot{x} = A\omega_n\cos\omega_n t - B\omega_n\sin\omega_n t$ $\qquad$ (3)

初始條件(1)：$t = 0$，$x_0 = 0.1$ in，代入公式(2)，得 $B = x_0 = 0.1$ in

初始條件(2)：$t = 0$，$v_0 = \dot{x}_0 = 0.5$ in/s，代入公式(3)，得 $A = \dfrac{v_0}{\omega_n} = \dfrac{0.5}{48.1} = 0.0104$ in

故 $\qquad x(t) = 0.0104\sin 48.1t + 0.1\cos 48.1t$ in

$\qquad\qquad v(t) = (0.0104 \times 48.1)\cos 48.1t - (0.1 \times 48.1)\sin 48.1t$

$\qquad\qquad v(t) = 0.5\cos 48.1t - 4.81\sin 48.1t$ in/s

當 $t = 2$ 秒時

$\qquad\qquad x = 0.0104\sin(48.1 \times 2) + 0.1\cos(48.1 \times 2) = -0.0371$ in ，$\quad x = 0.0371$ in(←) ◀

$\qquad\qquad v = 0.5\cos(48.1 \times 2) - 4.81\sin(48.1 \times 2) = -4.5$ in/s ，$\quad v = 4.51$ in/s(←) ◀

例題 10-2

圖中單擺之擺長為 l，擺錘質量為 m，試求單擺作小角度擺動($\theta < 10°$)之振動週期。

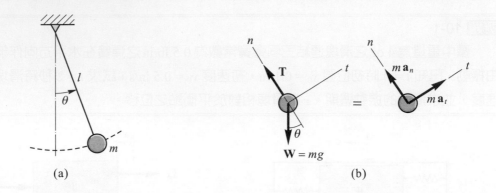

(a)　　　　　　　　　　　　　　(b)

解 設單擺由其平衡位置朝逆時針方向擺動 θ 之角位移，此時之恢復力爲重力之切線分量 $mg\sin\theta$，如圖(b)所示。需注意切線之正方向爲朝向 θ 角增加之方向，由切線方向之運動方程式

$$\sum F_t = ma_t \quad , \quad -mg\sin\theta = m\left(\ell\ddot{\theta}\right)$$

因 θ 角甚小 $\sin\theta \approx \theta$，則經整理後可得 $\ddot{\theta} + \dfrac{g}{l}\theta = 0$

上式爲簡諧運動之標準微分方程式($\ddot{\theta} + \omega_n^2\theta = 0$)，故單擺作自由振動之自然圓周頻率 ω_n 爲

$$\omega_n = \sqrt{\frac{g}{l}}$$

振動週期爲 $\quad \tau_n = \dfrac{2\pi}{\omega_n} = 2\pi\sqrt{\dfrac{l}{g}}$ ◄

例題 10-3

試求圖中所示振動系統之週期。設 ABC 桿之質量及摩擦忽略不計。

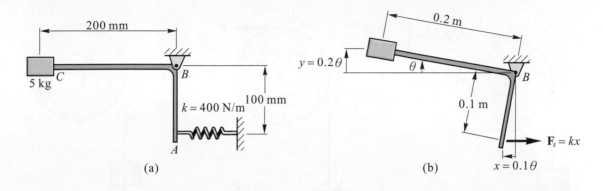

(a)   (b)

解 設系統由平衡位置朝順時針方向偏移 θ 角之角位移，如(b)圖所示，此時系統之恢復力僅有彈力 $F_s = kx$(平衡時之外力可忽略不計)，則由轉動運動之力矩方程式 $\sum M_B = I_B \ddot{\theta}$，可得

$$-(kx)(0.1) = I_B \ddot{\theta} \tag{1}$$

其中 $I_B = 5(0.2)^2 = 0.2 \text{ kg-m}^2$

將數據代入公式(1)

$$-(400 \times 0.1\theta)(0.1) = 0.2 \ddot{\theta}$$

整理後可得 $\ddot{\theta} + 20\theta = 0$

則 $\omega_n = \sqrt{20} = 4.47 \text{ rad/s}$

故週期 $\tau = \dfrac{2\pi}{\omega_n} = \dfrac{2\pi}{4.47} = 1.40$ 秒 ◀

例題 10-4

圖中重量為 10 lb 之物體 B 懸掛在一繞過圓盤 A 之繩索上，繩索另一端連接勁度為 200 lb/ft 之水平彈簧，圓盤之重量為 15 lb，試求系統之振動週期。

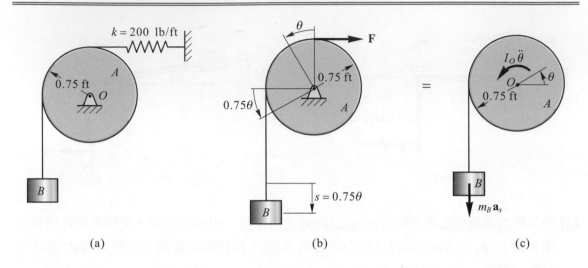

(a)　　　　　　　　　　(b)　　　　　　　　　　(c)

解 設系統由其平衡位置朝逆時針方向偏移 θ 角之角位移，如圖(b)所示，此時系統之恢復力僅有彈力(系統平衡時之外力可忽略不計)，且 $F = kr\theta$，圖(c)中所示為系統之等效力圖。由轉動運動之力矩方程式

$$\sum M_O = (\sum M_O)_{\text{eff}}, \quad -Fr = I_O\ddot{\theta} + (m_B a_s)r \tag{1}$$

其中物體之加速度 $a_s = r\ddot{\theta}$。將數據代入上式

$$-(200 \times 0.75\theta)(0.75) = \left[\frac{1}{2}\left(\frac{15}{32.2}\right)(0.75)^2\right]\ddot{\theta} + \left(\frac{10}{32.2}\right)(0.75\ddot{\theta})(0.75)$$

整理後可得 $\ddot{\theta} + 368\theta = 0$ (2)

則 $\omega_n = \sqrt{368} = 19.2$ rad/s

故振動週期為 $\tau_n = \dfrac{2\pi}{\omega_n} = \dfrac{2\pi}{19.2} = 0.328$ 秒 ◀

另解 本題用能量法求解如下：

當系統由平衡位置偏移 θ 之角位移時，系統之位能為 $V = \dfrac{1}{2}ks^2$，注意此位能為振動系統之總位能，並非彈性位能，其中包括重力位能及彈性位能。

系統之總動能為

$$T = \frac{1}{2}I_O\omega^2 + \frac{1}{2}m_B v_s^2 = \frac{1}{2}\left(\frac{1}{2}m_A r^2\right)\left(\frac{\dot{s}}{r}\right)^2 + \frac{1}{2}m_B \dot{s}^2 = \left(\frac{1}{4}m_A + \frac{1}{2}m_B\right)\dot{s}^2$$

其中 ω 為圓盤的角速度，v_s 為物體 B 之速度，且 $v_s = \dot{s} = r\omega$

則系統之總力學能為 $E = V + T = \frac{1}{2}ks^2 + \left(\frac{m_A}{4} + \frac{m_B}{2}\right)\dot{s}^2$

因振動系統為保守系統(振動過程中僅重力及彈力有作功)，故力學能守恆，且 $dE/dt = 0$，故

$$\frac{dE}{dt} = \frac{k}{2}(2s\dot{s}) + \left(\frac{m_A}{4} + \frac{m_B}{2}\right)(2\dot{s}\ddot{s}) = 0$$

得 $\left(\dfrac{m_A}{2} + m_B\right)\ddot{s} + ks = 0$

將數據代入上式：$\left(\dfrac{15}{2\times32.2} + \dfrac{10}{32.2}\right)\ddot{s} + 200s = 0$

得 $\ddot{s} + 368\,s = 0$ ， 故 $\omega_n = \sqrt{368} = 19.2$ rad/s

---

例題 10-5

圖中質量為 m 半徑為 r 之均質圓盤可在半徑為 R 之圓弧曲面上滾動(無滑動)。設圓盤被限制在 $\theta = \theta_0$ 之小角度間振動，試求圓盤之振動週期及圓盤通過最低點時之最大角速度 ω_m。

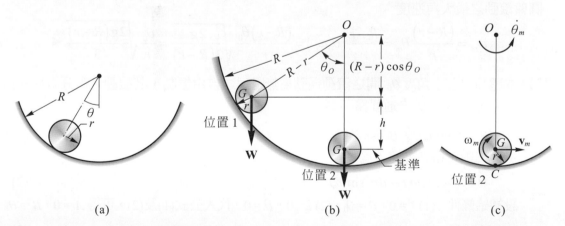

| (a) | (b) | (c) |

解 由於圓盤在振動過程中僅重力有作功，為一保守系統，故力學能守恆。在振動之端點(位置 1)位能最大動能為零，而在平衡點(位置 2)動能最大位能為零。

位置 1：動能 $T_1 = 0$，設取圓盤在最低點時其圓心為零位面之位置，則位能為

$$V_1 = mgh = mg(R-r)(1-\cos\theta_0)$$

由三角公式：$(1-\cos\theta)=2\sin^2\dfrac{\theta}{2}$，而當 θ 角甚小時，$\sin^2\dfrac{\theta}{2}=\left(\dfrac{\theta}{2}\right)^2$，則

$$V_1 = mg(R{-}r)\left(\frac{\theta_0^2}{2}\right)$$

位置 2：位能 $V_2=0$，圓盤之質心速度 $v_m=(R{-}r)\dot\theta_m=r\omega_m$，其中 $\dot\theta_m=\theta_0\omega_n$(參考【註】之說明)，$\omega_m$ 為圓盤在最低點時滾動之角速度，而 ω_n 為圓盤作自由振動之自然圓周頻率。則位置 2 之動能為

$$T_2 = \frac{1}{2}I_C\omega_m^2 = \frac{1}{2}\left(\frac{3}{2}mr^2\right)\left(\frac{R-r}{r}\dot\theta_m\right)^2 = \frac{1}{2}\left(\frac{3}{2}mr^2\right)\left(\frac{R-r}{r}\theta_0\omega_n\right)^2$$

整理後得 $T_2 = \dfrac{3}{4}m(R{-}r)^2(\theta_0\,\omega_n)^2$

由力學能守恆：$T_1+V_1 = T_2+V_2$

$$mg(R{-}r)\left(\frac{\theta_0^2}{2}\right) = \frac{3}{4}m(R{-}r)(\theta_0\,\omega_n)^2$$

得 $\qquad \omega_n^2 = \dfrac{2g}{3(R-r)}$

故圓盤之振動週期為 $\tau_n = \dfrac{2\pi}{\omega_n} = 2\pi\sqrt{\dfrac{3(R-r)}{2g}}$ ◀

圓盤滾動之最大角速度

$$\omega_m = \frac{(R-r)}{r}\dot\theta_m = \frac{R-r}{r}(\theta_0\omega_n) = \frac{(R-r)\theta_0}{r}\sqrt{\frac{2g}{3(R-r)}} = \frac{\theta_0}{r}\sqrt{\frac{2g(R-r)}{3}}$$ ◀

【註】 本題圓柱在小角度 θ_0 間之滾動運動為無阻尼之自由振動，其振動之微分方程式為 $\ddot\theta + \omega_n^2\theta = 0$，$\theta$ 之通解為

$$\theta = A\sin\omega_n t + B\cos\omega_n t \tag{1}$$

θ 之導數可得角速度 $\dot\theta$ 為

$$\dot\theta = A\omega_n\cos\omega_n t - B\omega_n\sin\omega_n t \tag{2}$$

設初始條件：(1) $t=0$，$\theta=\theta_0$，(2) $t=0$，$\dot\theta=0$，代入公式(1)及(2)，可得 $A=0$，$B=\theta_0$

故 $\quad \theta = \theta_0\cos\omega t \tag{3}$

$$\dot\theta = -\theta_0\,\omega_n\sin\omega_n t \tag{4}$$

由公式(4)可得 $\dot\theta_m = \theta_0\omega_n$

習題 1

10-1 如圖習題 10-1 中 10 kg 之物體懸掛在彈簧常數 $k = 2.5$ kN/m 之彈簧下振動，當 $t = 0$ 時物體在平衡位置且有 0.5 m/s 向下之速度，試求(a)自然圓周頻率及振動週期；(b)位置 x 與時間 t 之關係式，x 為相對於平衡點之位置；(c)最大加速度。

【答】(a)$\omega_n = 15.81$ rad/s，$\tau_n = 0.397$ 秒，(b)$x = 0.0316 \sin(15.81t)$ m，(c)$a_{max} = 7.91$ m/s².

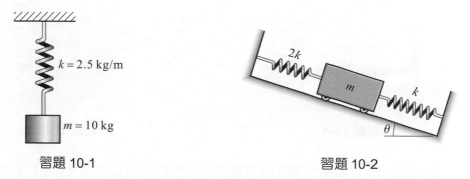

習題 10-1 習題 10-2

10-2 試求如圖習題 10-2 中物體在光滑斜面上之振動週期 τ_n。

【答】 $\tau_n = 2\pi\sqrt{\dfrac{m}{3k}}$ 。

10-3 如圖習題 10-3 中滑塊置於質量為 6kg 之滑車上，兩者一起在水平光滑面上作振幅 50 mm 及週期 0.75 秒之自由振動，試求(a)滑塊之質量 m；(b)若欲避免滑塊相對於滑車產生滑動，則兩者間所需之最小摩擦係數為若干？

【答】 (a)$m = 2.548$ kg，(b)$\mu = 0.358$。

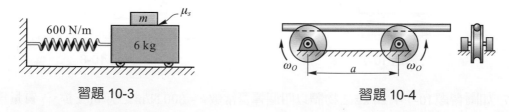

習題 10-3 習題 10-4

10-4 如圖習題 10-4 中均質細長桿置於同步反向轉動且轉速相同之兩滑輪上，由於圓桿偏心放置，使圓桿在兩滑輪上來回振動，試求圓桿振動之自然頻率 f_n。桿與滑輪間之動摩擦係數為 μ。

【答】$f_n = \dfrac{1}{2\pi}\sqrt{2\mu g / a}$。

10-5 試求如圖習題 10-5 中 4 kg 圓球之振動週期。設桿的質量忽略不計。

　　　【答】$\tau_n = 0.562$ 秒。

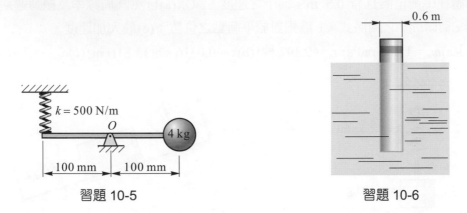

習題 10-5　　　　　　　　　　　習題 10-6

10-6 如圖習題 10-6 中質量為 800 kg 之圓柱形浮標直立浮於海面上,試求浮標垂直振動之自然頻率 f_n,海水密度為 1030 kg/m³。設浮標可在其直立位置保持穩定平衡。

　　　【答】$f_n = 0.301$ Hz。

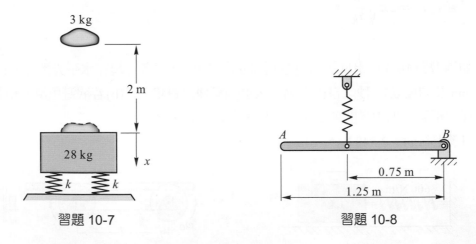

習題 10-7　　　　　　　　　　　習題 10-8

10-7 如圖習題 10-7 中 28 kg 之物體以四個彈簧常數 $k = 800$ N/m 之彈簧支撐,一質量為 3 kg 之油灰自 2 m 高處自由落下黏在物體上,使兩者合為一體開始振動,試求振動位移 x 與時間之關係式,x 為相對於振動起點之位移。

　　　【答】$x = 0.05964\sin 10.16t + 0.0092(1-\cos 10.16t)$ m。

10-8 如圖習題 10-8 中質量爲 3 kg 之均質桿最初靜止於水平平衡位置,今將 *A* 端向下移動 25 mm 後釋放使桿子開始振動,試求(a)振動週期;(b)*A* 端之最大速度。彈簧常數 *k* = 900 N/m。

【答】(a) τ_n = 0.349 秒,(b) v_m = 0.450 m/s。

10-9 如圖習題 10-9 中所示圓柱(質量 5 kg)由其平衡位置沿斜面向下滾動 10 mm 後釋放,試求(a)振動週期;(b)圓心之最大速度。設圓柱在斜面上作滾動運動(無滑動)。

【答】(a) τ_n = 0.628 秒,(b) v_m = 100.0 mm/s。

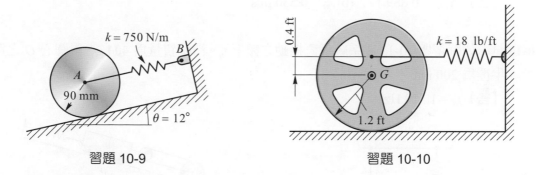

習題 10-9　　　　　　　　　　　習題 10-10

10-10 如圖習題 10-10 中圓輪之重量爲 50 lb,對質心 *G* 之迴轉半徑爲 k_G = 0.7 ft。今將圓輪稍微移離平衡位置後釋放,試求圓輪振動之自然頻率 f_n。設圓輪在水平面上作滾動運動(無滑動)。

【答】f_n = 0.624 Hz。

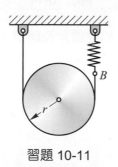

習題 10-11

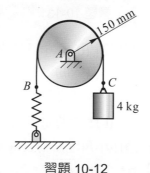

習題 10-12

10-11 將圖習題 10-11 中圓盤向下移離平衡位置後釋放,試求圓盤之振動週期。圓盤之質量為 m,半徑為 r,彈簧常數為 k。

【答】 $\tau_n = 2\pi\sqrt{\dfrac{3m}{8k}}$。

10-12 如圖習題 10-12 中圓盤質量為 12 kg,彈簧之彈簧常數 $k = 500$ N/m,今將質量為 4 kg 之圓柱由平衡位置向下移動 75 mm 後釋放,試求(a)振動週期;(b)圓柱之最大速度。設皮帶與圓盤不會滑動。

【答】 (a) $\tau_n = 0.889$ 秒,(b) $v_m = 0.530$ m/s。

10-13 試求如圖習題 10-13 中系統垂直振動之頻率 f_n。滑輪質量為 40 kg,對圓心 O 之迴轉半徑為 200 mm。

【答】 $f_n = 1.519$ Hz。

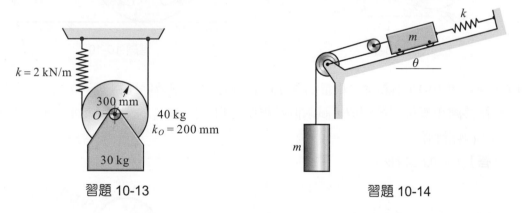

習題 10-13　　　　　　　　　　　習題 10-14

10-14 試求如圖習題 10-14 中系統之自然圓周頻率 ω_n。設滑輪之質量及摩擦忽略不計。

【答】 $\omega_n = \sqrt{k/5m}$。

10-15 如圖習題 10-15 中質量為 m 半徑為 r 之半圓柱體可在水平面上滾動(無滑動),試求此半圓柱體作小角度振動之週期 τ_n。

【答】 $\tau_n = 7.78\sqrt{r/g}$。

10-16 試求如圖習題 10-16 中系統作垂直振動之週期。其中滑輪之質量為 80 kg,對圓心 O 之迴轉半徑 $k_0 = 400$ mm,且與繩索間無滑動。

【答】 $\tau_n = 0.957$ 秒。

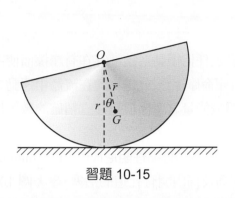

習題 10-15

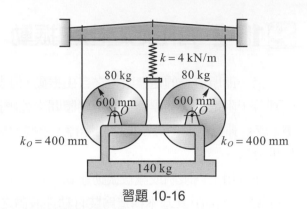

習題 10-16

10-17 如圖習題 10-17 中均質圓盤(重量為 20 lb 半徑為 8 in)圓心以一金屬線懸吊呈水平平衡，已知將圓盤繞鉛直軸旋轉一角度後釋放，測得其振動週期為 1.13 秒。今改用齒輪懸吊於此金屬線下方作相同的振動，測得振動週期為 1.93 秒。設金屬線之扭矩 M 與扭轉角 θ 成正比($M = k\theta$)，試求(a)金屬線之扭轉彈簧常數 k；(b)齒輪對圓心之質量慣性矩；(c)若將齒輪轉動 90° 後釋放，則振動之最大角速度為何？

【答】(a) $k = 4.27$ lb-ft/rad，(b)$I_G = 0.403$ slng-ft^2，(c)$\omega_{max} = 5.11$ rad/s。

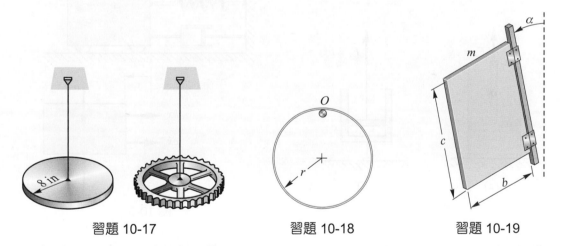

習題 10-17　　　　　習題 10-18　　　　　習題 10-19

10-18 質量為 m 之薄圓環懸掛在一水平之細小釘子上，如圖習題 10-18 所示，試求圓環作小角度振動之週期 τ_n。

【答】$\tau_n = 2\pi\sqrt{2r/g}$。

10-19 如圖習題 10-19 中固定軸與垂直方向之夾角為 α，一質量為 m 之長方形均質薄板以鉸鏈與固定軸連結並可繞此固定軸轉動，試求此薄板作小角度擺動之振動週期 τ_n。

【答】$\tau_n = 2\pi\sqrt{2b/3g\sin\alpha}$。

10-2 有阻尼之自由振動

上一節所討論的是無阻尼之自由振動，但事實上任何振動系統都存在有摩擦而使系統受到若干阻尼，這些摩擦可能是剛體間之乾摩擦(庫侖摩擦)，或是物體在流體中運動之摩擦，或是彈性物體內分子間之內摩擦，這些消耗機械能量之摩擦很難建立精確的數學模式以供分析。

在實用上為限制或減緩振動運動，可在系統中加裝具有**黏性阻尼**(viscous damping)的**緩衝筒**(dashpot)，其基本構造為裝有黏性液體之圓筒及筒內開有孔道的活塞，參考圖 10-4(a)所示，而(b)圖為其示意圖。當液體流經活塞的孔道由圓筒內之一側流向另一側時，活塞所受之**黏性阻尼力** F_d(viscous damping force)與活塞之速率 $\dot{x}$ 成正比，且方向與活塞速度之方向相反，即 $\boldsymbol{F_d} = -c\,\dot{x}$，其中比例常數 c 稱為**黏性阻尼係數**(coefficient of viscous damping)，單位為 N-s/m 或 lb-s/ft，其值與液體種類及緩衝筒內之構造有關。振動系統中裝置緩衝筒時，可限制系統的振動運動，甚至可用來控制振動的特性。

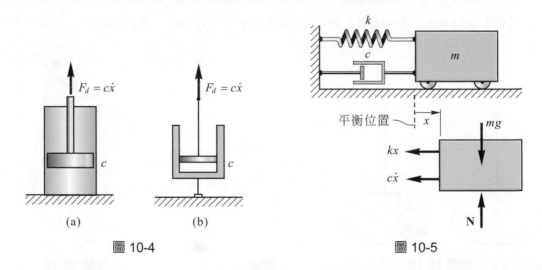

圖 10-4　　　　　　　　　　　　　　圖 10-5

圖 10-5 中所示為一具有黏性阻尼的振動物體，當物體由其平衡位置產生 x 之位移時，物體同時承受彈力 kx 與阻尼力 $c\dot{x}$，由牛頓第二運動定律

$$\sum F_x = m\,\ddot{x} \quad ; \quad -kx - c\,\dot{x} = m\,\ddot{x}$$

得　　　　　$m\,\ddot{x} + c\,\dot{x} + kx = 0$ 　　　　　　　　　　　　　(10-16)

上式為二階線性齊次微分方程式，其解為

$$x = Ae^{\lambda t}$$

其中 λ 為一常數。將 x 及其導數 $\dot{x} = A\lambda e^{\lambda t}$ 及 $\ddot{x} = A\lambda^2 e^{\lambda t}$ 代入公式(10–16)中可得

$$m\lambda^2 + c\lambda + k = 0 \tag{10-17}$$

上式 λ 之二個根為

$$\lambda_{1,2} = \frac{-c \pm \sqrt{c^2 - 4mk}}{2m} = -\frac{c}{2m} \pm \sqrt{\left(\frac{c}{2m}\right)^2 - \frac{k}{m}} \tag{10-18}$$

由重疊原理,可得(10-16)式之通解為

$$x = A_1 e^{\lambda_1 t} + A_2 e^{\lambda_2 t}$$

其中 A_1 與 A_2 為任意常數,由初始條件($t = 0$ 之初位置 x_0 及初速度 v_0)決定。

(10-18)式中使根號內為零之 c 值稱為**臨界阻尼係數**(critical damping coefficient),以 c_{cr} 表示之,得 $c_{cr} = 2\sqrt{mk}$。因 $\omega_n^2 = k/m$,代入上式可得

$$c_{cr} = 2\sqrt{mk} = 2m\omega_n = \frac{2k}{\omega_n} \tag{10-19}$$

其中 ω_n 為自然圓周頻率。

令 $\dfrac{c}{c_{cr}} = \zeta$,為一無因次常數,稱為**阻尼比**(damping ratio),由公式(10-19)可得

$$\zeta = \frac{c}{c_{cr}} = \frac{c}{2\sqrt{mk}} = \frac{c}{2m\omega_n} = \frac{c\omega_n}{2k} \tag{10-20}$$

將 $\dfrac{c}{2m} = \omega_n\zeta$ 及 $\dfrac{k}{m} = \omega_n^2$ 代入公式(10-18),則特徵值 λ 可用阻尼比 ζ 表示如下:

$$\lambda_{1,2} = \omega_n(-\zeta \pm \sqrt{\zeta^2 - 1}) \tag{10-21}$$

上式中因($\zeta^2 - 1$)有可能為正、為負或為零,故有阻尼之自由振動有下列三種情形:

1. **過阻尼**(overdamping): $c > c_{cr}$ **或** $\zeta > 1$

   此種情形特徵方程式的兩個根 λ_1 與 λ_2 為二不相等之實根,公式(10-16)之通解為

$$x = A_1 e^{-\left(\zeta + \sqrt{\zeta^2 - 1}\right)\omega_n t} + A_2 e^{-\left(\zeta - \sqrt{\zeta^2 - 1}\right)\omega_n t} \tag{10-22}$$

此解並非振動響應,因 λ_1 與 λ_2 均為負數,當 t 為無限大時 x 趨近於零,即系統經一段有限時間後回到其平衡位置。

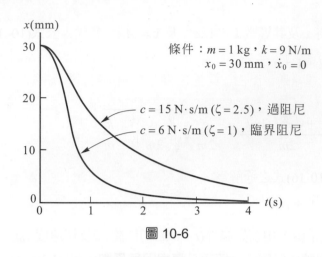

圖 10-6

2. **臨界阻尼**(critical damping)：$c = c_{cr}$ 或 $\zeta = 1$

此種情形特徵方程式的兩個根 λ_1 與 λ_2 為二相同之負數實根，公式(10-16)之通解為

$$x = (A_1 + A_2 t) e^{-\omega_n t} \qquad (10\text{-}23)$$

此解亦非振動響應，此時之阻尼係數為避免系統發生振動之最小值。

當一臨界阻尼系統以某一起始條件($t = 0$ 之初始位置 x_0 及初速度 v_0)激發時，會比過阻尼系統較快的回復到其平衡位置。圖 10-6 中所示為一過阻尼系統及一臨界阻尼系統在初位置 x_0 以初速度 $v_0 = 0$ 激發時所生之響應。

3. **欠阻尼**(underdamping)：$c < c_{cr}$ 或 $\zeta < 1$

此種情形特徵方程式的兩個根 λ_1 與 λ_2 為共軛複數根，公式(10-16)之通解為

$$x = \left(A_1 e^{i\sqrt{1-\zeta^2}\,\omega_n t} + A_2 e^{-i\sqrt{1-\zeta^2}\,\omega_n t} \right) e^{-\zeta \omega_n t}$$

其中 $i = \sqrt{-1}$。令 $\omega_d = \omega_n \sqrt{1 - \zeta^2}$，則上式可簡寫為

$$x = \left(A_1 e^{i\omega_d t} + A_2 e^{-i\omega_d t} \right) e^{-\zeta \omega_n t}$$

由歐拉公式(Euler's Formula) $e^{\pm ix} = \cos x \pm i \sin x$，上式可改寫為

$$
\begin{aligned}
x &= \left[A_1 \left(\cos \omega_d t + i \sin \omega_d t \right) + A_2 \left(\cos \omega_d t - i \sin \omega_d t \right) \right] e^{-\zeta \omega_n t} \\
&= \left[\left(A_1 + A_2 \right) \cos \omega_d t + i \left(A_1 - A_2 \right) \sin \omega_d t \right] e^{-\zeta \omega_n t}
\end{aligned}
$$

最後可得通解為

$$x = e^{-\zeta \omega_n t} \left(C_1 \cos \omega_d t + C_2 \sin \omega_d t \right) \qquad (10\text{-}24)$$

其中 $C_1 = A_1 + A_2$，$C_2 = i (A_1 - A_2)$。

在公式(10-8)及(10-9)中曾提及正弦與餘弦函數的和可化為具有相位角的單一正弦函數，即公式(10-24)可改寫為

$$x = Ce^{-\zeta\omega_n t} \sin(\omega_d t + \phi) \tag{10-25}$$

公式(10-25)為一振幅按指數比率遞減的正弦函數，其中 $\sin(\omega_d t + \phi)$ 顯示系統有振動響應，振動頻率由 ω_d 所控制，ω_d 稱為**阻尼自然圓周頻率**(damped natural circular frequency)，而其振動頻率 f_d 及週期 τ_d 分別為

$$f_d = \frac{\omega_d}{2\pi} = \frac{\omega_n\sqrt{1-\zeta^2}}{2\pi} \tag{10-26}$$

$$\tau_d = \frac{2\pi}{\omega_d} = \frac{2\pi}{\omega_n\sqrt{1-\zeta^2}} \tag{10-27}$$

公式(10-25)中之 $e^{-\zeta\omega_n t}$，則控制振動響應之振幅逐漸收斂。

圖 10-7 中所示為一欠阻尼振動系統在初位置 x_0 以初速度 $v_0 = 0$ 激發時所生之振動響應。

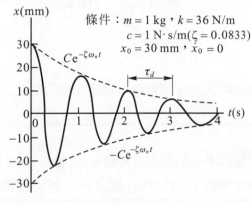

圖 10-7

當一個欠阻尼的自由振動系統其黏性阻尼係數未知時，通常可藉由實驗方法來決定系統的阻尼比。其實驗方法就是用已知之起始條件激發系統開始振動，得其位移與時間之關係圖，如圖 10-8 所示，量取相鄰兩週期波峰(振幅) x_1 與 x_2 之比值。

因 $$\frac{x_1}{x_2} = \frac{Ce^{-\zeta\omega_n t_1}}{Ce^{-\zeta\omega_n (t_1 + \tau_d)}} = e^{\zeta\omega_n \tau_d}$$

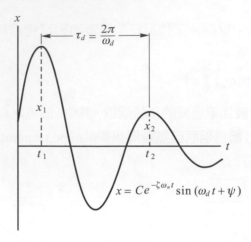

圖 10-8

定義位移的**對數減少率**(logarithmic decrement)δ為

$$\delta = \ln\left(\frac{x_1}{x_2}\right) = \zeta\omega_n\tau_d = \zeta\omega_n\frac{2\pi}{\omega_n\sqrt{1-\zeta^2}} = \frac{2\pi\zeta}{\sqrt{1-\zeta^2}} \qquad (10\text{-}28)$$

由上式可得系統的阻尼比為 $\quad \zeta = \dfrac{\delta}{\sqrt{(2\pi)^2 + \delta^2}}$ $\qquad\qquad\qquad\qquad$ (10-29)

若 x_1 與 x_2 之值很接近不易分辨大小，則可選取相距 n 個週期的二個波峰來計算。

例題 10-6

　　圖中將質量 8 kg 之物體自平衡位置向右移動 0.2m 後於 $t = 0$ 時由靜止釋放，已知黏性阻尼係數 $c = 20$ N-s/m，彈簧常數 $k = 32$ N/m，試求 $t = 2$ 秒時物體相對於平衡點之位置 x。

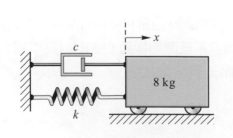

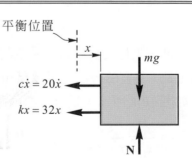

解 先求阻尼比 ζ，以判斷系統為欠阻尼、臨界阻尼或過阻尼。

$$\omega_n = \sqrt{\frac{k}{m}} = \sqrt{\frac{32}{8}} = 2 \text{ rad/s}$$

得 $\quad \zeta = \dfrac{c}{2m\omega_n} = \dfrac{20}{2(8)(2)} = 0.625 < 1$

故系統爲欠阻尼，其阻尼自然圓周頻率 ω_d 爲

$$\omega_d = \omega_n\sqrt{1-\zeta^2} = (2)\left(\sqrt{1-0.625^2}\right) = 1.561 \text{ rad/s}$$

由公式(10-25)其振動之位置 x 與時間之關係爲

$$x = Ce^{-\zeta\omega_n t}\sin(\omega_d t + \phi) = Ce^{-1.25t}\sin(1.561t + \phi) \tag{1}$$

而速度 v 與時間 t 之關係爲

$$v = \dot{x} = -1.25Ce^{-1.25t}\sin(1.561t+\phi) + 1.561Ce^{-1.25t}\cos(1.561t+\phi) \tag{2}$$

初始條件：$t = 0$ 時，$x_0 = 0.2\text{m}$，$v_0 = \dot{x}_0 = 0$ 代入(1)(2)兩式，得

$$x_0 = C\sin\phi = 0.2 \tag{3}$$

$$v_0 = \dot{x}_0 = -1.25C\sin\phi + 1.561C\cos\phi = 0 \tag{4}$$

將(3)(4)兩式聯立，解得 $C = 0.256\text{m}$，$\phi = 0.896 \text{ rad}$

故 $\quad x = 0.256e^{-1.25t}\sin(1.561t + 0.896)$

當 $t = 2$ 秒時

$$x_2 = 0.256e^{-1.25(2)}\sin(1.561\times2 + 0.896) = -0.01616 \text{ m} \blacktriangleleft$$

例題 10-7

　　將圖中物體由其平衡位置拉向下後釋放使之振動，測得第一個波峰振幅爲 75 mm，第 11 個波峰振幅爲 20 mm，且此 10 個週期之時間爲 8 秒，試求緩衝筒之黏性阻尼係數 c。彈簧常數 $k = 1.5$ kN/m。

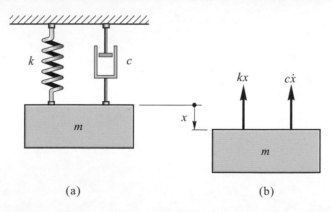

(a) (b)

解 物體在振動過程所受之主要外力爲彈力 kx 及阻尼力 $c\dot{x}$ (平衡時之外力可不考慮)，如(b) 圖所示，由牛頓第二定律

$$\sum F_y = ma_y \quad , \quad -kx - c\dot{x} = m\ddot{x}$$

得振動運動之微分方程式為

$$m\ddot{x} + c\dot{x} + kx = 0$$

此振動之阻尼比由公式(10-20)，$\zeta = \dfrac{c\omega_n}{2k}$，其中已知彈簧常數 k，若欲求得黏性阻尼係數 c，則必先求得阻尼比 ζ 及自然圓周頻率 ω_n。

已知第一個波峰振幅 $x_1 = 75$ mm，第 11 波峰振幅 $x_{11} = 20$ mm，由公式(10-28)之對數減少率

$$\delta = \ln\frac{x_1}{x_{11}} = \ln\frac{e^{-\omega_n\zeta t_1}}{e^{-\omega_n\zeta(t_1+10\tau_d)}} = 10\tau_d\omega_n\zeta = 10\frac{2\pi\zeta}{\sqrt{1-\zeta^2}}$$

$$\ln\frac{75}{20} = (10)\left(\frac{2\pi\zeta}{\sqrt{1-\zeta^2}}\right) = 1.322 \quad , \quad 得 \ \zeta = 0.021$$

又已知阻尼週期 $\tau_d = 8/10 = 0.8$ 秒，由公式(10-27)

$$\tau_d = \frac{2\pi}{\omega_n\sqrt{1-\zeta^2}} \quad , \quad 0.8 = \frac{2\pi}{\omega_n\sqrt{1-0.021^2}} \quad , \quad \omega_n = 7.86 \ \text{rad/s}$$

故黏性阻尼係數為

$$c = \frac{2k\zeta}{\omega_n} = \frac{2(1500)(0.021)}{7.86} = 8.02 \ \text{N-s/m} \blacktriangleleft$$

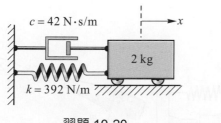

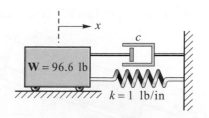

10-20 試求如圖習題 10-20 中所示振動系統之阻尼比。

【答】$\zeta = 0.75$。

習題 10-20 　　　　　　　習題 10-21

10-21 如圖習題 10-21 中振動系統，當 $t = 0$ 時在 $x_0 = 6$ in 之位置由靜止釋放，試求 $t = 0.5$ 秒時之位置 x。設(a)$c = 12$ lb-s/ft；(b)$c = 18$ lb-s/ft。

【答】(a)$x = 4.42$ in，(b)4.72 in。

10-22 如圖習題 10-22 中振動系統，已知在 $t = 0$ 時物體相對於平衡點之位移為 $x_0 = 7$ in(向上)，且此時之初速度 $v_0 = 150$ in/s(向上)，試求(a)系統之振動週期；(b)物體第一次通過平衡位置之時間 t_1。

【答】(a)$\tau_d = 0.32$ 秒，(b)$t_1 = 0.13$ 秒。

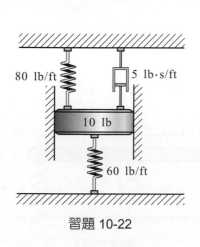

習題 10-22 　　　　　　　習題 10-23

10-23 若如圖習題 10-23 中之振動系統為臨界阻尼狀態，則緩衝筒所需之黏性阻尼係數 c 為若干？

【答】$c = 154.4$ lb-s/ft。

10-24 試求如圖習題 10-24 中振動系統之黏性阻尼係數 c。設振動系統之阻尼比為 (a)$\zeta = 0.5$；(b)$\zeta = 1.5$。

【答】(a)$c = 7.48$ lb-s/ft，(b)$c = 22.4$ lb-s/ft。

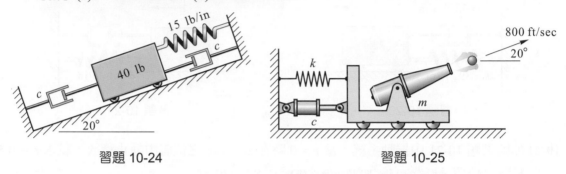

習題 10-24　　　　　　　　　　習題 10-25

10-25 如圖習題 10-25 中加農砲以 800 ft/s 之絕對速度及 20° 之仰角發射出一重量為 10 lb 之砲彈。砲管與砲座總重為 1610 lb。緩衝系統包括 $k = 150$ lb/in 之彈簧與 $c = 600$ lb-s/ft 之緩衝筒，試求砲座後退之最大位移。

【答】$x_{max} = 0.286$ ft。

10-26 如圖習題 10-26 中均質細長桿之重量為 3 lb，長度為 5 ft，已知桿子在水平位置時系統呈平衡。當系統發生振動時，試問其振動模式為過阻尼、臨界阻尼或欠阻尼？若為欠阻尼，試求其振動頻率。

【答】過阻尼，$\zeta = 2.17$。

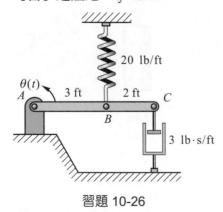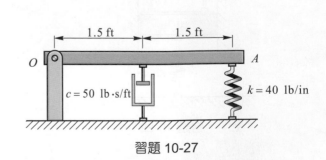

習題 10-26　　　　　　　　　　習題 10-27

10-27 如圖習題 10-27 中重量為 10 lb 之均質細長桿在水平位置時呈平衡，今將 A 端向下偏
移少許後釋放使桿子振動，測得每一波峰之振幅為前一波峰振幅之 0.9 倍，試求緩衝
筒之黏性阻尼係數 c 與桿子之振動週期 τ_d。

　　【答】$c = 0.946$ lb-s/ft，$\tau_d = 0.092$ 秒。

10-28 試問如圖習題 10-28 中振動系統之振動模式為過阻尼、臨界阻尼或欠阻尼？若為欠
阻尼，試求系統之振動週期。已知均質圓柱之重量為 7 lb，直徑為 8 in，且在水平面
上作滾動運動(無滑動)。

　　【答】欠阻尼，$\zeta = 0.292$，$\tau_d = 0.626$ 秒。

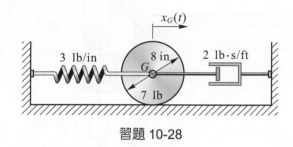

習題 10-28

10-29 試問如圖習題 10-29 中振動系統之振動模式為過阻尼、臨界阻尼或欠阻尼？若為欠
阻尼，試求系統之振動週期。均質圓柱之質量為 5 kg，直徑為 400 mm，且在斜面上
作滾動運動(無滑動)。

　　【答】過阻尼，$\zeta = 1.054$。

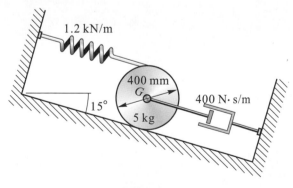

習題 10-29

10-30 如圖習題 10-30 中振動系統已知在 $t = 0$ 時物體之初位置(相對於平衡點)為 $x_0 = 15$ mm(向上),初速度為 $v_0 = 750$ mm/s(向下),試求(a)振動週期 τ_d;(b)位置與時間之關係式;(c)物體第一次速度為零之時間 t_1。

【答】(a) $\tau_d = 0.177$ 秒,(b) $x = e^{-15.6t}(15\cos 35.45t - 14.55\sin 35.45t)$ mm,(c) $t_1 = 0.0552$ 秒。

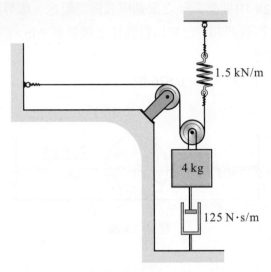

1.5 kN/m

4 kg

125 N·s/m

習題 10-30

10-3 強迫振動

前面兩節所討論的是系統在無外力干擾下的振動特性，本節將分析在有外力作用下系統的振動特性。考慮系統有外力干擾時的振動性質，此外力必須是週期性的變化，且與物體的運動位置無關，系統才會有振動響應。

週期性的外力其力與時間的關係函數有很多種型式，但工程上比較常見的是**調和外力**(harmonic excitation force)，所謂調和外力是力與時間呈正弦(或餘弦)之關係變化，即 $F = F_0\sin\omega t$，其中 F_0 為外力的振幅，ω 為角頻率(單位為 rad/s)。調和外力所引起的強迫振動是研究其他更複雜週期性外力所生振動響應的基礎，故本節將集中在分析調和外力所生之強迫振動。

圖 10-9 中所示為受調和外力($F = F_0\sin\omega t$)作用之振動系統，在此需特別注意 ω_n 與 ω 之區別，$\omega_n = \sqrt{k/m}$ 為振動系統的特性而 ω 為系統所受調和外力之特性，兩者無關。若調和外力為 $F = F_0\cos\omega t$，則下列所作的分析中以 $\cos\omega t$ 取代 $\sin\omega t$ 即可。

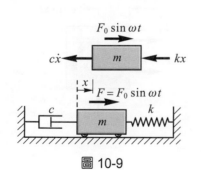

圖 10-9

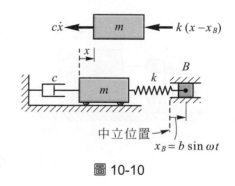

圖 10-10

由牛頓第二定律

$$-kx - c\dot{x} + F_0\sin\omega t = m\ddot{x}$$

整理後可寫為

$$m\ddot{x} + c\dot{x} + kx = F_0\sin\omega t \tag{10-30}$$

第二種強迫振動是由於系統的彈簧支座作週期性之運動所激發的，例如地震計，汽車底盤之懸吊系統，以及地震所引起結構物之振動。系統底座所作之週期性運動，以較常見且較容易之**簡諧運動**(simple harmonic motion)分析之。

參考圖 10-10 中之振動系統，彈簧支座 B 作簡諧運動，$x_B = b\sin\omega t$，此簡諧運動之中心點稱為**中立位置**(neutral position)，b 為其振幅。圖中物體 m 之位移 x 為彈簧支座 B 在中立位置時相對於其平衡點之位置，則彈簧之變形量為 $(x-x_B)$，由牛頓第二定律

$$-k(x-x_B)- c\,\dot{x} = m\ddot{x}$$

整理後可寫為

$$m\ddot{x} + c\,\dot{x} +kx = kb\sin\omega t \tag{10-31}$$

若令 $kb = F_0$，則公式(10-31)與公式(10-30)相同，故公式(10-30)之解亦可用於公式(10-31)。

第三種強迫振動是由於偏心的轉動機件所引起的，參考圖 10-11，質量為 M 之物體內有一質量為 m_s 之偏心機件繞物體上之固定軸以 Ω 之角頻率轉動，當物體相對於其平衡點之位置為 x 時，m_s 之位置為 $(x + e\sin\Omega t)$，由牛頓第二定律

$$-kx - c\dot{x} = M\ddot{x} + m_s \frac{d^2}{dt^2}\left(x + e\sin\Omega t\right)$$
$$= M\ddot{x} + m_s\ddot{x} - m_s e\Omega^2 \sin\Omega t$$

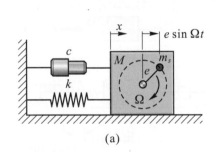
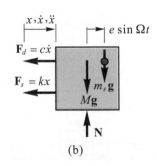

(a)　　　　　　　　　　(b)

圖 10-11

重新整理後可得

$$(M+m_s)\,\ddot{x} + c\dot{x} +kx = m_s e\Omega^2\sin\Omega t \tag{10-32}$$

若令 $M+m_s = m$，$m_s e\Omega^2 = F_0$(離心力)，則公式(10-32)與公式(10-30)相同，同樣，公式(10-30)之解亦可適用於公式(10-32)。

無阻尼之強迫振動

設阻尼可忽略不計，$c = 0$，由公式(10-30)

$$m\ddot{x} +kx = F_0\sin\omega t \quad 或 \quad \ddot{x} + \omega_n^2 x = \frac{F_0}{m}\sin\omega \cdot t \tag{10-33}$$

上式之解為**齊次解**(homogeneous solution)x_h與**特解**(particular solution)x_p之和，其中齊次解為 10-1 節中無阻尼自由振動之解，參考公式(10-4)，特解為滿足公式(10-33)中非齊次項 $\dfrac{F_0}{m}\sin\omega t$ 所疊加的解，其解為

$$x_p = X\sin\omega t \tag{10-34}$$

其中 X 為特解之振幅。將(10-34)式代入(10-33)式中可得

$$X = \frac{F_0/k}{1-\left(\omega/\omega_n\right)^2} \tag{10-35}$$

故特解為

$$x_p = \frac{F_0/k}{1-\left(\omega/\omega_n\right)^2}\sin\omega\cdot t \tag{10-36}$$

因此，可得公式(10-33)之通解為

$$x = (A\sin\omega_n t + B\cos\omega_n t) + X\sin\omega t \tag{10-37}$$

上式包括兩個重疊的振動。其中齊次解代表系統的自由振動，振動頻率為系統的自然頻率。僅與彈簧常數 k 及物體的質量 m 有關($\omega_n^2 = k/m$)，而常數 A 與 B 可由初始條件求得。此自由振動又稱為**暫態振動**(transient vibration)，由於系統中通常都存在有摩擦，此項振動會隨時間逐漸衰減，甚至消失，因此可不予以考慮。

　　至於特解代表系統之**穩態振動**(steady state vibration)，是由於週期性之外力或彈簧支座之週期性運動所造成的振動，其振動頻率為此週期性外力或支座週期性運動之頻率。設 δ_{st} 為系統受靜態力 F_0 所生之靜態變形量，即 $\delta_{st} = F_0/k$，或 $\delta_{st} = b$(彈簧支座之振幅)，則定義穩態振動之振幅 X 與 δ_{st} 之比值稱為**放大因子**(magnification factor)，以 M 表示之，即

$$M = \frac{X}{\delta_{st}} = \frac{1}{1-\left(\omega/\omega_n\right)^2} \tag{10-38}$$

由上式可看出當 ω 趨近於 ω_n 時，放大因子 M 趨近於無限大，即對於無阻尼之振動系統，受到一個頻率和系統自然振動頻率很接近的週期性外力作用時，系統所激發出強迫振動的振幅將會無限制的增大，此種情況對於振動系統非常危險，應設法避免之。

　　由於 ω 趨近於 ω_n 而引起振動系統產生甚大的振幅，稱之為**共振**(resonance)，而 ω_n 即為振動系統之**共振頻率**(resonance frequency)。當 $\omega < \omega_n$ 時，放大因子為正，強迫振動與週期性外力之相位相同，當 $\omega > \omega_n$ 時，放大因子為負，強迫振動與週期性外力之相位相反(相位差 180°)。圖 10-12 中所示為放大因子 M 的絕對值與 ω/ω_n 比值之關係圖。

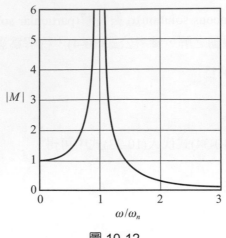

圖 10-12

🔷 有阻尼之強迫振動

對於有阻尼之強迫振動其微分方程式即為公式(10-30)

$$m\ddot{x} + c\dot{x} + kx = F_0 \sin\omega t \qquad (10\text{-}30)$$

此微分方程式之通解亦包括齊次解 $x_h(t)$ 與特解 $x_p(t)$，其中齊次解為 10-2 節中有阻尼自由振動之解，即為公式(10-22)、(10-23)或(10-24)，視 λ_1 與 λ_2 之值而定。由於振動系統通常都存在有摩擦，此解所對應之振動將會隨時間逐漸消失，只有描述穩態振動之特解會保留下來。設公式(10-30)之特解為

$$x_p = A'\sin\omega t + B'\cos\omega t = X\sin(\omega t - \phi) \qquad (10\text{-}39)$$

將 $\dot{x}_p = A'\omega\cos\omega t - B'\omega\sin\omega t$ 及 $\ddot{x}_p = -A'\omega^2\sin\omega t - B'\omega^2\cos\omega t$ 及 x_p 代入公式(10-30)中，得

$$(-A'm\omega^2 - cB'\omega + kA')\sin\omega t + (-B'm\omega^2 - cA'\omega + kB')\cos\omega t = F_0\sin\omega t$$

由上式可得 A' 及 B' 的兩個聯立方程式：

$$-A'm\omega^2 - cB'\omega + kA' = F_0$$

$$-B'm\omega^2 - cA'\omega + kB' = 0$$

解出 A' 及 B'，並由 $\omega_n^2 = k/m$ 得

$$A' = \frac{(F_0/m)(\omega_n^2 - \omega^2)}{(\omega_n^2 - \omega^2)^2 + (c\omega/m)^2} \quad , \quad B' = \frac{-F_0(c\omega/m^2)}{(\omega_n^2 - \omega^2)^2 + (c\omega/m)^2} \qquad (10\text{-}40)$$

若將特解以 $x_p = X\sin(\omega t - \phi)$ 之型式表示，其中常數 X 及 ϕ 為

$$X = \sqrt{A'^2 + B'^2} = \frac{F_0 / k}{\sqrt{[1 - (\omega / \omega_n)^2]^2 + (2\zeta\omega / \omega_n)^2}} \tag{10-41}$$

$$\tan\phi = \left|\frac{B'}{A'}\right| = \frac{2\zeta\omega / \omega_n}{1 - (\omega / \omega_n)^2} \tag{10-42}$$

式中 ϕ 為系統穩態振動與週期性外力間之相角差，而 X 為系統穩態振動之振幅。

　　同樣放大因子 M 定義為系統穩態振動之振幅 X 與靜態力 F_0 所生靜態變形量 δ_{st} 之比值，即

$$M = \frac{X}{\delta_{st}} = \frac{X}{F_0 / k} = \frac{1}{\sqrt{[1 - (\omega / \omega_n)^2]^2 + (2\zeta\omega / \omega_n)^2}} \tag{10-43}$$

圖 10-13 中所示為在不同阻尼比時，放大因子 M 與 ω / ω_n 比值之關係圖，由圖可看出要降低放大因子，必須增加阻尼比或使週期性外力之頻率 ω 遠離系統之共振頻率 ω_n。

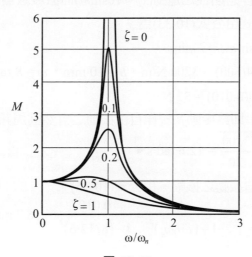

圖 10-13

例題 10-8

　　圖中質量為 20 kg 之儀器由四個彈簧常數均為 800 N/m 之彈簧支撐。若此儀器之底座作上下振動之簡諧運動，$x_B = 10\sin 8t$ mm，其中 t 之單位為秒，試求(a)發生共振之頻率；(b)儀器作穩態振動之振幅。

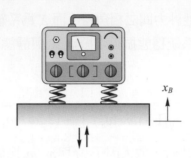

解 本題儀器之彈簧支座作週期性之運動($x_B = 10\sin 8t$)而激發儀器作無阻尼之強迫振動，其振動運動之微分方程式由公式(10-33)為

$$m\ddot{x} + kx = kb\sin\omega t = F_0\sin\omega t \tag{1}$$

其中 $m = 20$ kg，$k = 4(800) = 3200$ N/m，$b = 10$ mm，$\omega = 8$ rad/s，且

$$F_0 = kb = 3200(0.010) = 32 \text{ N}$$

(a) 發生共振之角頻率即為振動系統作自由振動之自然圓周頻率 ω_n

$$\omega_n = \sqrt{\frac{k}{m}} = \sqrt{\frac{3200}{20}} = 12.6 \text{ rad/s} \blacktriangleleft$$

(b) 儀器作無阻尼強迫振動之振幅，由公式(10-35)

$$X = \frac{F_0/k}{1-\left(\omega/\omega_n\right)^2} = \frac{b}{1-\left(\omega/\omega_n\right)^2} = \frac{0.010}{1-\left(8/12.6\right)^2} = 16.7 \text{ mm} \blacktriangleleft$$

例題 10-9

　　圖中重量為 200 lb 的馬達固定在簡支樑之中央，已知馬達不轉動時由於其重量使樑產生 2 in 之靜撓度。當馬達轉動時由於轉子之偏心相當於在距轉軸 5 in 處有 1 lb 之不平衡重量，若馬達轉速為 100 rpm，試求馬達作穩態振動之振幅。設阻尼比為 $\zeta = 0.2$，且樑的重量忽略不計。

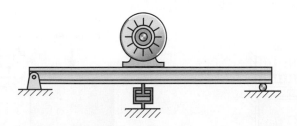

解 本題馬達由於轉子之偏心轉動而激發系統作有阻尼之強迫振動，其振動之微分方程式由公式(10-32)為

$$m\ddot{x} + c\dot{x} + kx = F_0\sin\Omega\,t \tag{1}$$

其中　　$m = M + m_s = \dfrac{200 + 1}{32.2} = 6.242$ slug

$$k = \frac{W}{\delta_{st}} = \frac{200}{2/12} = 1200 \text{ lb/ft}$$

$$\Omega = \frac{2\pi(100)}{60} = 10.47 \text{ rad/s}$$

離心力：$F_0 = m_s e\Omega^2 = \left(\dfrac{1}{32.2}\right)\left(\dfrac{5}{12}\right)(10.47)^2 = 1.418$ lb

阻尼比：$\zeta = c/c_{cr} = 0.2$

$$\omega_n = \sqrt{\frac{k}{m}} = \sqrt{\frac{1200}{6.242}} = 13.87 \text{ rad/s}$$

馬達作穩態振動之振幅，由公式(10-41)為

$$X = \frac{F_0/k}{\sqrt{\left[1 - \left(\Omega/\omega_n\right)^2\right]^2 + \left(2\zeta\,\Omega/\omega_n\right)^2}}$$

$$= \frac{1.418/1200}{\sqrt{\left[1 - \left(10.47/13.87\right)^2\right]^2 + \left[2(02)(10.47)/13.87\right]^2}} = 0.00225 \text{ ft} = 0.027 \text{ in} \blacktriangleleft$$

例題 10-10

　　圖中質量為 45 kg 之活塞以彈簧常數 $k = 35$ kN/m 之彈簧支撐，另有一阻尼係數 $c = 1250$ N-s/m 之緩衝筒與彈簧並聯。已知活塞上方承受一週期性之壓力 $p = 4000\sin30t$ Pa，其中 t 之單位為秒，活塞面積為 $50×10^{-3}$ m^2，試求活塞作穩態振動之位移(相對於平衡點)與時間之關係式以及底座所受之最大作用力。

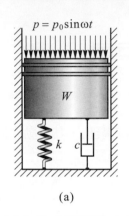

(a)

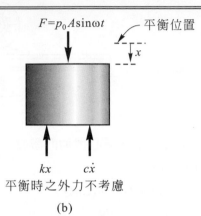

(b)

解 本題之活塞承受週期性之外力而作有阻尼之強迫振動，其振動之微分方程式由公式 (10-30)為

$$m\ddot{x} + c\dot{x} + kx = F_0\sin\omega t \tag{1}$$

其中 $m = 45$ kg，$c = 1250$ N-s/m，$k = 35$ kN/m，$\omega = 30$ rad/s

$$F_0 = p_0A = (4000)(50×10^{-3}) = 200\text{N}$$

振動系統之自然圓周頻率 ω_n 及阻尼比 ζ 分別為

$$\omega_n = \sqrt{\frac{k}{m}} = \sqrt{\frac{35×10^3}{45}} = 27.9 \text{ rad/s}$$

$$\zeta = \frac{c}{2m\omega_n} = \frac{1250}{2(45)(27.9)} = 0.498(\text{欠阻尼})$$

公式(1)之穩態解由公式(10-39)為 $x_p = X\sin(\omega t-\phi)$

其中　　$X = \dfrac{F_0/k}{\sqrt{\left[1-(\omega/\omega_n)^2\right]^2 + (2\zeta\omega/\omega_n)^2}}$

$$= \frac{200/(35×10^3)}{\sqrt{\left[1-(30/27.9)^2\right]^2 + \left[2(0.498)(30)/27.9\right]^2}} = 0.00528 \text{ m}$$

$$\phi = \tan^{-1}\left[\frac{2\zeta\omega/\omega_n}{1-\left(\omega/\omega_n\right)^2}\right] = \tan^{-1}\left[\frac{2(0.498)(30)/27.9}{1-\left(30/27.8\right)^2}\right] = 1.716 \text{ rad}$$

故　　　$x_p = 5.28\sin(30t - 1.716)$ mm◄

底座所受之作用力包括彈力及阻尼力，即

$$F = kx_p + c\dot{x}_p = kX\sin(\omega t - \phi) + c\omega X\cos(\omega t - \phi)$$

則 F 之最大值為

$$F_{\max} = \sqrt{\left(kX\right)^2 + \left(c\omega X\right)^2} = X\sqrt{k^2 + c^2\omega^2}$$

$$= (0.00528)\sqrt{\left(35000\right)^2 + \left(1250\right)^2\left(30\right)^2} = 271 \text{ N}◄$$

習題 3

10-31 如圖習題 10-31 中質量為 5kg 之圓柱懸掛在 $k = 320$ N/m 之彈簧下並承受一週期性之外力作用 $P = P_m \sin \omega t$，其中 $P = 14$ N，t 之單位為秒，試求(a)$\omega = 6$ rad/s；(b)$\omega = 12$ rad/s 時，圓柱作穩態振動之振幅。

【答】(a)$X = 100$ mm，(b)$X = 35$ mm(相位相反)。

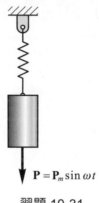

習題 10-31

10-32 同上題，若欲使 $|X/\delta_{st}| > 2$，則驅動角頻率 ω 之範圍為若干？X 為穩態振動之振幅，而 $\delta_{st} = P_m/k$。

【答】$5.66 < \omega < 9.80$ rad/s。

10-33 同 10-31 題，若欲使 $|X/\delta_{st}| < 1$，則驅動角頻率 ω 之範圍為若干？

【答】$\omega > 11.31$ rad/s。

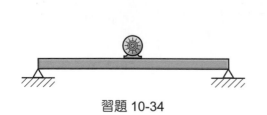

習題 10-34

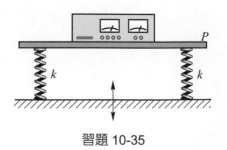

習題 10-35

10-34 如圖習題 10-34 中質量為 125 kg 之馬達固定在簡支樑之中央，由於馬達轉子之偏心效應相當於在距離轉軸 200 mm 處有一 25 克之不平衡質量。已知馬達不轉動時馬達重量使樑所生之撓度為 6.9 mm，試求(a)發生共振之馬達轉速(rpm)；(b)馬達轉速為 720 rpm 時作穩態振動之振幅。設樑的重量忽略不計。

【答】(a)$\omega = 360$ rpm，(b)$X = 53.3$ μm。

10-35 如圖習題 10-35 中儀器置於平台中央，平台以四個 $k = 130$ N/m 之彈簧支撐，設地板產生上下運動之簡諧運動，振幅 $b = 0.05$ m，頻率為 7 Hz，試求儀器及平台作穩態振動之振幅。設儀器及平台之總重量為 90 N。

【答】$X = 1.51$ mm。

10-36 如圖習題 10-36 中質量為 9 kg 之馬達以四個 $k = 20$ kN/m 之彈簧支撐，設馬達被限制僅能在垂直方向振動，且轉速為 1200 rpm 時振動之振幅為 1.2 mm。已知轉子之質量為 2.5 kg，試求轉子質心與轉軸之偏心距離。

【答】$e = 1.888$ mm。

習題 10-36

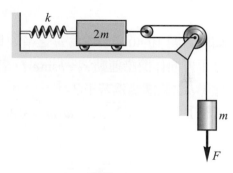

習題 10-37

10-37 如圖習題 10-37 中系統在圓柱承受一週期性之外力 $F = F_0 \sin \omega t$，則驅動頻率 ω 為若干時會使系統發生共振。設彈簧恆保持在受拉狀態。

【答】$\omega = \sqrt{k/6m}$。

10-38 如圖習題 10-38 中長度為 l 擺錘質量為 m 之單擺懸吊在軸環 C 之下方，今軸環在水平桿上作簡諧運動，其位移為 $x_c = \delta_m \sin \omega t$，若欲使擺錘之振幅 $X < \delta_m$，則驅動角頻率 ω 之範圍為若干？設 $\delta_m \ll l$。

【答】$\omega > \sqrt{2g/l}$。

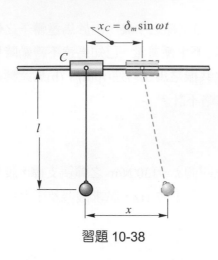

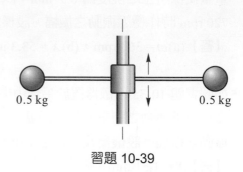

習題 10-38　　　　　　　　　　習題 10-39

10-39 如圖習題 10-39 中兩個質量為 0.5 kg 之圓球以相同之細桿(質量不計)固定在軸環上，當軸環不動時細桿呈水平。若對圓球施加 2 N 之向下靜力時圓球會產生 4 mm 之向下撓度。今軸環以 4 Hz 之頻率及 3 mm 之振幅上下作簡諧運動，試求圓球作穩態振動之振幅。

【答】$X = 8.15$ mm。

10-40 如圖習題 10-40 中質量為 m 之滑塊以彈簧連結於可作水平運動之框架 B 內，框架在水平方向作簡諧運動 $x_B = b\sin\omega t$，若欲使物體相對於框架的振幅小於 $2b$，則驅動角頻率 ω 之範圍應為若干？

【答】$\omega/\omega_n < \sqrt{2/3}$ 或 $\omega/\omega_n > \sqrt{2}$。

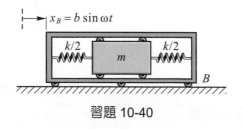

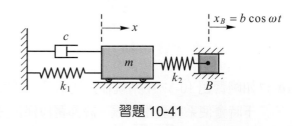

習題 10-40　　　　　　　　　　習題 10-41

10-41 如圖習題 10-41 中振動系統，當彈簧 k_2 之支座 B 作水平方向之簡諧運動($x_B = b\cos\omega t$)時，試求物體 m 作振動運動之微分方程式，並求振幅為極大時之臨界角頻率 ω_c。

【答】$\omega_c = \sqrt{(k_1 + k_2)/m}$。

10-42 如圖習題 10-42 中振動系統，當緩衝筒 c_2 之支座 B 作水平方向之簡諧運動($x_B = b\cos\omega t$) 時，試求物體 m 作振動運動之微分方程式，並求振幅爲極大時之臨界角頻率 ω_c。又 系統之阻尼比爲何？

【答】 $\omega_c = \sqrt{k/m}$ ，$\zeta = (c_1 + c_2)/2\sqrt{mk}$ 。

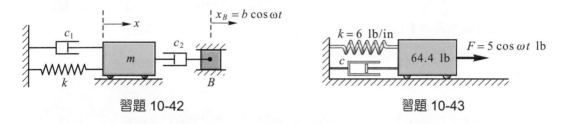

習題 10-42　　　　　　　　　　習題 10-43

10-43 如圖習題 10-43 中重量爲 64.4 lb 之物體承受一週期性之外力 F 作用，$F = 5\cos\omega t$ lb， 若欲使物體作穩態振動之振幅小於 3 in，則驅動角頻率 ω 之範圍爲若干？已知彈簧常 數 $k = 6$ lb/in，黏性阻尼係數 $c = 2.4$ lb-s/ft。

【答】 $\omega < 5.32$ rad/s 或 $\omega > 6.50$ rad/s。

10-44 如圖習題 10-44 中重量爲 35 N 之物體以 $k = 1250$ N/m 之彈簧及緩衝筒懸吊在天花板 下，設天花板作上下運動之簡諧運動 $x_B = 0.045\sin 2t$ m，t 之單位爲秒，且阻尼比爲 $\zeta = 0.8$，試求物體作穩態振動之放大因子 M。

【答】$M = 0.997$。

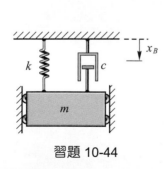

習題 10-44

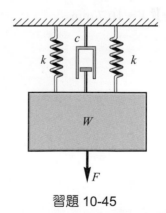

習題 10-45

10-45 如圖習題 10-45 中 400 kg 之物體以兩個 $k = 38$ kN/m 之彈簧及緩衝筒支撐，今物體承 受一週期性之外力作用，$F = F_0\sin\omega t$，$F_0 = 135$ N，$\omega = 2.5$ Hz，且緩衝筒之黏性阻 尼係數 $c = 1400$ N-s/m，試求物體作穩態振動之振幅。

【答】$X = 4.26$ mm。

10-46同上題，若物體作穩態振動之振幅為 3.5 mm，則緩衝筒所需之黏性阻尼係數 c 應為若干？

　　【答】c = 1984 N-s/m。

10-47如圖習題 10-47 中所示為一地震儀，m = 0.5 kg，k = 20 N/m，c = 3 N-s/m，當底座以 3 Hz 之頻率作水平方向之簡諧運動時，測得物體 m 相對於框架之振幅為 2 mm，試求底座作簡諧運動之振幅 b。

　　【答】b = 1.885 mm。

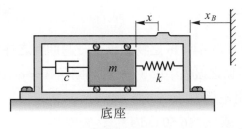

習題 10-47

10-48如圖習題 10-48 中 30 kg 之馬達以四個 k = 200 N/m 之彈簧及緩衝筒支撐，馬達轉子由於偏心效應相當在距轉軸 60 mm 處有一不平衡質量 4 kg，試求馬達角速度為 ω = 10 rad/s 時馬達之振幅。設阻尼比為 ζ = 0.15。

　　【答】X = 10.7 mm。

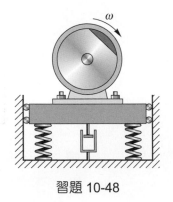

習題 10-48

10-49 如圖習題 10-49 中地震儀 $m = 2$ kg，$k = 1.5$ kN/m，底座在垂直方向作振幅 9 mm 頻率 5 Hz 的簡諧運動，測得物體相對於儀器底座之振幅為 12 mm，試求緩衝筒之黏性阻尼係數。

【答】$c = 44.7$ N-s/m。

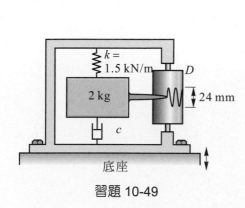

習題 10-49

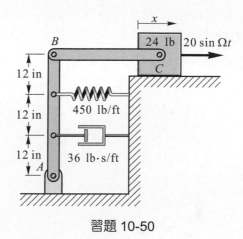

習題 10-50

10-50 如圖習題 10-50 中重量 24 lb 之滑塊可在水平光滑面上滑動。當 AB 桿呈垂直 BC 桿呈水平時彈簧為自由長度(未變形)。今在滑塊上施加週期性外力 $F = 20\sin\Omega t$ lb，設系統僅作小幅度之振動。若欲使 AB 作穩態振動之角度在 ±5° 之範圍內，則驅動角頻率 Ω 之範圍為若干？設 AB 及 BC 桿之重量忽略不計。且 $k = 450$ lb-s/ft，$c = 36$ lb-s/ft。

【答】Ω > 17.6 rad/s 或 Ω < 14.1 rad/s。

三維剛體運動學

11-1 概論

　　工程上大多數物體的運動都是三維運動，但很多情況可簡化為平面運動來分析，因此平面運動只是三維運動的一種特殊情形。

　　分析平面運動時，由於物體上任一點恆保持在同一平面內，除了可用向量方法運算外，亦可藉由圖解法來幫助瞭解問題及解決問題，同時從平面運動的分析中可學習到很多分析運動的原理，像是直角坐標系、極坐標系以及切線與法線坐標系的分析方法，還有科氏加速度與旋轉坐標系下的運動觀念，這些都可從平面運動的分析中獲得瞭解，故要分析物體的三維運動，平面運動的基礎甚為重要。

　　本章所討論之三維運動包括**繞固定點的轉動**(rotation about a fixed point)及一般的三維運動，同時還要利用平移及轉動坐標系來分析質點與剛體的一般三維運動。由於角加速度會同時改變物體角速度之大小及方向，因此三維運動的分析將比平面運動更為複雜，為簡化對三維運動的探討，本章將使用向量運算的方法來分析。

11-2 繞固定點的轉動運動

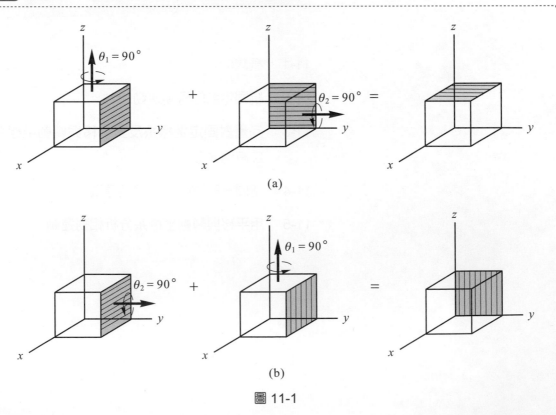

圖 11-1

剛體**繞固定點轉動**(rotation about a fixed point)時，不論剛體運動到任何位置，剛體上任一點 P 到固定點 O 的距離 r 恆保持不變，因此 P 點的運動軌跡恆保持在半徑為 r 球心在 O 點的球面上。由於此種運動是在一段時間內作一系列之轉動所造成，因此必先瞭解角位移的性質。

歐拉定理(Euler's theorem)

對於通過同一點但不同轉軸之兩個轉動分量，與對通過該點之某一軸的合成轉動量等效。若超過兩個轉動分量，則每兩個一組合成一轉動量，每兩組再合成一轉動量，如此逐次合成到最後可得單一之等效合成轉動量。

有限轉動(finite rotation)之角位移

對於有限轉動之角位移，使用歐拉定理時，其轉動的先後次序很重要，因有限轉動之角位移不遵循向量加法之交換律，故有限轉動之角位移不是向量。

參考圖 11-1 中之方塊，考慮兩個有限的角位移 θ_1 與 θ_2，大小均為 90°，方向由右手定則決定。當轉動之次序分別為 $(\theta_1+\theta_2)$ 及 $(\theta_2+\theta_1)$ 時，所得方塊方位之結果並不相同，故有限轉動之角位移不遵循向量加法之交換律，不能視為向量。

至於微小轉動之角位移則遵循向量加法交換律，是為向量，參考圖 11-2，圖中顯示剛體繞固定點 O 的兩個微小角位移 $d\boldsymbol{\theta}_1$ 與 $d\boldsymbol{\theta}_2$ 的合成效應。

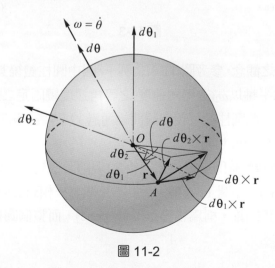

圖 11-2

由於 $d\boldsymbol{\theta}_1$ 之角位移，A 點產生 $d\boldsymbol{\theta}_1 \times \mathbf{r}$ 的位移，另外 $d\boldsymbol{\theta}_2$ 之角位移使 A 點產生 $d\boldsymbol{\theta}_2 \times \mathbf{r}$ 的位移，這些微小位移不論以何種次序相加，都會產生相同的合位移，即

$$d\boldsymbol{\theta}_1 \times \mathbf{r} + d\boldsymbol{\theta}_2 \times \mathbf{r} = d\boldsymbol{\theta}_2 \times \mathbf{r} + d\boldsymbol{\theta}_1 \times \mathbf{r}。$$

因向量積遵循分配律，上式可寫爲$(d\boldsymbol{\theta}_1+d\boldsymbol{\theta}_2)\times\mathbf{r} = (d\boldsymbol{\theta}_2+d\boldsymbol{\theta}_1)\times\mathbf{r}$，即 $d\boldsymbol{\theta}_1+d\boldsymbol{\theta}_2 = d\boldsymbol{\theta}_2+d\boldsymbol{\theta}_1$，因此微小轉動之角位移遵循向量加法之交換律，故爲向量。另外由歐拉定理，二個轉動量 $d\boldsymbol{\theta}_1$ 與 $d\boldsymbol{\theta}_2$ 與一合成之轉動量 $d\boldsymbol{\theta}$ 等效，即

$$d\boldsymbol{\theta} = d\boldsymbol{\theta}_1 + d\boldsymbol{\theta}_2 \tag{11-1}$$

又角速度 $\boldsymbol{\omega}_1 = \dot{\boldsymbol{\theta}}_1$ 及 $\boldsymbol{\omega}_2 = \dot{\boldsymbol{\theta}}_2$，故角速度亦可用向量方式相加，即

$$\boldsymbol{\omega} = \dot{\boldsymbol{\theta}} = \boldsymbol{\omega}_1 + \boldsymbol{\omega}_2 \tag{11-2}$$

因此，繞固定點轉動之剛體，任一瞬間可視爲繞通過此固定點之某一轉軸(與 $\boldsymbol{\omega}$ 向量共線之軸)轉動。

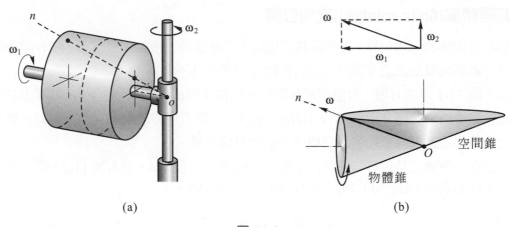

(a)　　　　　　　　　　　　　　(b)

圖 11-3

爲幫助瞭解瞬時轉動軸之觀念，參考圖 11-3 之例子，圖中圓柱體繞其水平軸以等角速 ω_1(自轉角速度)轉動，而此水平軸以 ω_2(公轉角速度)之等角速度繞固定之鉛直軸轉動，轉動方向如圖所示，由歐拉定理，此圓柱體可視爲瞬間繞通過 O 點某一瞬時軸($O-n$ 軸)轉動，此瞬時轉軸與 $\boldsymbol{\omega}$ 共線，且 $\boldsymbol{\omega} = \boldsymbol{\omega}_1 + \boldsymbol{\omega}_2$。

圓柱體運動時，瞬時轉軸(即 $\boldsymbol{\omega}$ 之作用線)的位置隨著改變，此軸線之軌跡會掃出一個固定的**空間錐**(space cone)，如圖 11-3(b)所示爲一正圓錐。相對於圓柱體，瞬時轉軸 $O-n$ 會轉出一個繞圓柱軸之正圓錐，稱爲**物體錐**(body cone)，而整個圓柱體的運動可視爲物體錐在空間錐上作滾動。

🖥 **11-3** 向量對固定坐標系及對平移與轉動坐標系之時間導數

參考圖 11-4 中所示，運動坐標系 $Axyz$(平移與轉動坐標系)相對於固定坐標系 $OXYZ$ 有一角速度 $\mathbf{\Omega}$。運動坐標系中單位向量$(\mathbf{i},\mathbf{j},\mathbf{k})$之大小及方向對運動座標系恆保持不變，故對於運動坐標系 $Axyz$ 之時間導數等於零，即

$$(\dot{\mathbf{i}})_{Axyz} = (\dot{\mathbf{j}})_{Axyz} = (\dot{\mathbf{k}})_{Axyz} = 0 \tag{a}$$

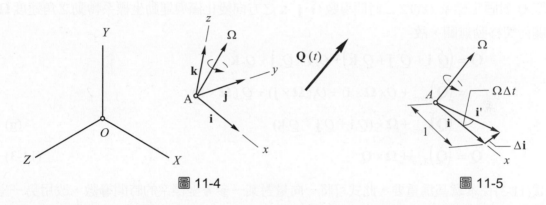

圖 11-4　　　　　　　　　　　圖 11-5

但運動坐標系 $Axyz$ 之單位向量$(\mathbf{i},\mathbf{j},\mathbf{k})$對固定坐標系 $OXYZ$ 之時間導數(即對時間之變化率)則不為零，雖然這些單位向量的大小恆為 1，但其方向則隨時間變化。參考圖 11-5 所示，單位向量 $\mathbf{i}$ 在Δt 時間內變化為 $\mathbf{i}'$，其變化量$\Delta\mathbf{i}$ 是由於運動坐標系 $Axyz$ 轉動$\mathbf{\Omega}\,\Delta t$ 之角位移所造成的，且當$\Delta t \to 0$ 時，$\Delta\mathbf{i}$ 可用下列之向量積表示，即

$$\Delta\mathbf{i} = (\mathbf{\Omega}\,\Delta t) \times \mathbf{i} \tag{b}$$

因此 $\mathbf{i}$ 對固定坐標系 $OXYZ$ 之時間導數為

$$(\dot{\mathbf{i}})_{OXYZ} = \lim_{\Delta t \to 0} \frac{\Delta\mathbf{i}}{\Delta t} = \mathbf{\Omega} \times \mathbf{i} \tag{c}$$

同理，$(\dot{\mathbf{j}})_{OXYZ} = \mathbf{\Omega} \times \mathbf{j}$，$(\dot{\mathbf{k}})_{OXYZ} = \mathbf{\Omega} \times \mathbf{k}$。

注意，由固定坐標系所量取之物理量，或該物理量對於固定坐標系所取之導數，以後均將其下標 $OXYZ$ 省略，以簡化表示式，故上列單位向量$(\mathbf{i},\mathbf{j},\mathbf{k})$對固定坐標系 $OXYZ$ 之時間導數表示為

$$\dot{\mathbf{i}} = \mathbf{\Omega} \times \mathbf{i}, \quad \dot{\mathbf{j}} = \mathbf{\Omega} \times \mathbf{j}, \quad \dot{\mathbf{k}} = \mathbf{\Omega} \times \mathbf{k} \tag{d}$$

圖 11-4 中向量 $\mathbf{Q}$ 以運動坐標系之分量表示為

$$\mathbf{Q} = Q_x\mathbf{i} + Q_y\mathbf{j} + Q_z\mathbf{k} \tag{e}$$

通常 $\mathbf{Q}$ 的時間導數包含 $\mathbf{Q}$ 之大小及方向的改變，若對運動坐標系 $Axyz$ 取 $\mathbf{Q}$ 之時間導數，只須考慮其分量大小的變化，因為在運動坐標系中 $\mathbf{i}$、$\mathbf{j}$、$\mathbf{k}$ 保持不變，故

$$\left(\dot{\mathbf{Q}}\right)_{Axyz} = \left(\dot{Q}_x\right)_{Axyz}\mathbf{i} + \left(\dot{Q}_y\right)_{Axyz}\mathbf{j} + \left(\dot{Q}_z\right)_{Axyz}\mathbf{k}$$

且 $\left(\dot{Q}_x\right)_{Axyz} = \left(\dot{Q}_x\right)_{OXYZ} = \dot{Q}_x$，$\left(\dot{Q}_y\right)_{Axyz} = \left(\dot{Q}_y\right)_{OXYZ} = \dot{Q}_y$，$\left(\dot{Q}_z\right)_{Axyz} = \left(\dot{Q}_z\right)_{OXYZ} = \dot{Q}_z$

即
$$\left(\dot{\mathbf{Q}}\right)_{Axyz} = \dot{Q}_x\mathbf{i} + \dot{Q}_y\mathbf{j} + \dot{Q}_z\mathbf{k} \tag{f}$$

若取 $\mathbf{Q}$ 對固定標系 $OXYZ$ 之時間導數，$\mathbf{i}$、$\mathbf{j}$、$\mathbf{k}$ 之方向變化僅與運動坐標系轉動之角速度 $\mathbf{\Omega}$ 有關而與移動無關，故

$$\dot{\mathbf{Q}} = \left(\dot{Q}_x\mathbf{i} + \dot{Q}_y\mathbf{j} + \dot{Q}_z\mathbf{k}\right) + Q_x\dot{\mathbf{i}} + Q_y\dot{\mathbf{j}} + Q_z\dot{\mathbf{k}}$$

$$= \left(\dot{\mathbf{Q}}\right)_{Axyz} + Q_x(\mathbf{\Omega}\times\mathbf{i}) + Q_y(\mathbf{\Omega}\times\mathbf{j}) + Q_z(\mathbf{\Omega}\times\mathbf{k})$$

$$= \left(\dot{\mathbf{Q}}\right)_{Axyz} + \mathbf{\Omega}\times(Q_x\mathbf{i} + Q_y\mathbf{j} + Q_z\mathbf{k}) \tag{g}$$

$$\dot{\mathbf{Q}} = \left(\dot{\mathbf{Q}}\right)_{Axyz} + \mathbf{\Omega}\times\mathbf{Q} \tag{11-3}$$

公式(11-3)在本章甚為重要，此式可將一向量對某一參考坐標系的時間導數，改用另一坐標系來表示。公式(11-3)表示，向量 $\mathbf{Q}$ 對固定坐標系 $OXYZ$ 之時間導數等於下列兩個部份之和，即(a)$\mathbf{Q}$ 對運動坐標系 $Axyz$ 之時間導數 $\left(\dot{\mathbf{Q}}\right)_{Axyz}$，(b)向量積 $\mathbf{\Omega}\times\mathbf{Q}$，其中 $\mathbf{\Omega}$ 為運動坐標系 $Axyz$ 相對於固定坐標系 $OXYZ$ 之角速度。

剛體繞固定點轉動之角加速度

對於圖 11-3 中繞固定點轉動之圓柱體，若圓柱體繞其水平軸轉動之角速度 $\boldsymbol{\omega}_1$ (自轉角速度)及圓柱體之水平軸繞鉛直軸轉動之角速度 $\boldsymbol{\omega}_2$ (公轉角速度)均隨時間變化，則圓柱體之角加速度可由其角速度 $\boldsymbol{\omega}$ 之時間導數求得。由公式(11-2)，圓柱體之角速度為 $\boldsymbol{\omega} = \boldsymbol{\omega}_1 + \boldsymbol{\omega}_2$，則角加速度為

$$\boldsymbol{\alpha} = \dot{\boldsymbol{\omega}} = \frac{d}{dt}\left(\boldsymbol{\omega}_1 + \boldsymbol{\omega}_2\right) = \frac{d}{dt}\left(\omega_1\mathbf{u}_1 + \omega_2\mathbf{u}_2\right)$$

$$= \dot{\omega}_1\mathbf{u}_1 + \omega_1\dot{\mathbf{u}}_1 + \dot{\omega}_2\mathbf{u}_2 + \omega_2\dot{\mathbf{u}}_2$$

其中 $\dot{\mathbf{u}}_1$ 由公式(11-3)可得 $\dot{\mathbf{u}}_1 = \left(\dot{\mathbf{u}}_1\right)_{Axyz} + \boldsymbol{\omega}_2\times\mathbf{u}_1 = 0 + \boldsymbol{\omega}_2\times\mathbf{u}_1$，同理 $\dot{\mathbf{u}}_2 = \boldsymbol{\omega}_2\times\mathbf{u}_2$，且 $\dot{\omega}_1\mathbf{u}_1 = \boldsymbol{\alpha}_1$，$\dot{\omega}_2\mathbf{u}_2 = \boldsymbol{\alpha}_2$，$\boldsymbol{\alpha}_1$ 為圓柱體自轉的角加速度，$\boldsymbol{\alpha}_2$ 為圓柱體公轉的角加速度，故

$$\boldsymbol{\alpha} = \boldsymbol{\alpha}_1 + \omega_1(\boldsymbol{\omega}_2\times\mathbf{u}_1) + \boldsymbol{\alpha}_2 + \omega_2(\boldsymbol{\omega}_2\times\mathbf{u}_2)$$

得 $\qquad \boldsymbol{\alpha} = \boldsymbol{\alpha}_1 + \boldsymbol{\omega}_2 \times \boldsymbol{\omega}_1 + \boldsymbol{\alpha}_2$ $\qquad\qquad$ (11-4)

其中 $\omega_1(\boldsymbol{\omega}_2 \times \mathbf{u}_1) = \boldsymbol{\omega}_2 \times \omega_1 \mathbf{u}_1 = \boldsymbol{\omega}_2 \times \boldsymbol{\omega}_1$，$\omega_2(\boldsymbol{\omega}_2 \times \mathbf{u}_2) = \boldsymbol{\omega}_2 \times \omega_2 \mathbf{u}_2 = \boldsymbol{\omega}_2 \times \boldsymbol{\omega}_2 = 0$。
公式(11-4)適用於一般剛體繞固定點轉動具有 2 個轉動分量($\boldsymbol{\omega}_1$、$\boldsymbol{\alpha}_1$ 及 $\boldsymbol{\omega}_2$、$\boldsymbol{\alpha}_2$)之情形。

$\qquad$剛體繞固定點轉動且具有二個轉動分量者，其運動時所形成之空間錐與物體錐，如圖 11-6 所示，因通常 $\boldsymbol{\alpha}_1$ 及 $\boldsymbol{\alpha}_2$ 不為零，故其形狀不是正圓錐。剛體運動時其角速度向量 $\boldsymbol{\omega}$ 之箭頭描繪出一條空間曲線 p，顯然角速度的大小及方向都在變化，而角加速度 $\boldsymbol{\alpha}$ 將與此曲線相切且朝向 $\boldsymbol{\omega}$ 變化之方向，至於角加速度之向量值則可由公式(11-4)計算求得。

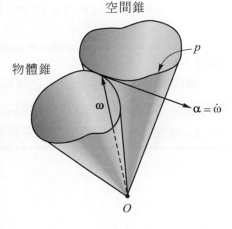

$\qquad$在此需要注意，剛體繞固定點轉動時，其角加速度有二個分量，包括因 $\boldsymbol{\omega}$ 之方向改變所生與 $\boldsymbol{\omega}$ 垂直之分量，及因 $\boldsymbol{\omega}$ 之大小改變所生沿 $\boldsymbol{\omega}$ 方向之分量，雖然瞬時轉動軸上各點之速度暫時為零，但因 $\boldsymbol{\omega}$ 之方向改變，故瞬時轉動軸上各點之加速度就不為零。對於繞固定軸轉動之剛體，因角速度僅大小變化而方向不變，其角加速度只有沿固定軸之分量，故固定軸上各點之速度及加速度均為零。

圖 11-6

11-4 空間一般運動：平移坐標系

$\qquad$參考圖 11-7 中在三維空間中作**一般運動** (general motion)之剛體，其瞬時角速度與瞬時角加速度分別為 $\boldsymbol{\omega}$ 與 $\boldsymbol{\alpha}$，若已知剛體上 A 點之運動(速度 $\mathbf{v}_A$ 及加速度 $\mathbf{a}_A$)，則剛體另一點 B 之運動可利用相對運動分析之。

$\qquad$設將平移坐標系(xyz 軸)之原點固定在剛體上之 A 點，則在圖示瞬間剛體之運動可視為隨 A 點之平移運動與繞 A 點轉動運動之合成。而剛體繞 A 點之轉動運動可視為該瞬間繞通過 A 點之某一瞬軸作轉動運動，由公式(6-11)及公式(6-12)

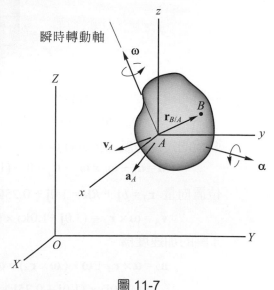

圖 11-7

$$\mathbf{v}_{B/A} = \boldsymbol{\omega} \times \mathbf{r}_{B/A} \quad , \quad \mathbf{a}_{B/A} = \boldsymbol{\alpha} \times \mathbf{r}_{B/A} + \boldsymbol{\omega} \times (\boldsymbol{\omega} \times \mathbf{r}_{B/A})$$

對於平移坐標系，相對運動與絕對運動之關係爲

$$\mathbf{v}_B = \mathbf{v}_A + \mathbf{v}_{B/A} \quad , \quad \mathbf{a}_B = \mathbf{a}_A + \mathbf{a}_{B/A}$$

故 B 點的絕對速度與絕對加速度爲

$$\mathbf{v}_B = \mathbf{v}_A + (\boldsymbol{\omega} \times \mathbf{r}_{B/A}) \tag{11-5}$$

$$\mathbf{a}_B = \mathbf{a}_A + (\boldsymbol{\alpha} \times \mathbf{r}_{B/A}) + \boldsymbol{\omega} \times (\boldsymbol{\omega} \times \mathbf{r}_{B/A}) \tag{11-6}$$

例題 11-1

圖中圓盤以 $\omega_d = 3.0$ rad/s 之等角速度繞其水平軸轉動，水平軸則固定在以 $\omega_0 = 1.0$ rad/s 等角速轉動之鉛直軸上，試求圓盤之角速度、角加速度，以及 A 點之速度與加速度。$b = 1.0$ m，$R = 0.25$ m。設圓盤面與水平軸垂直。

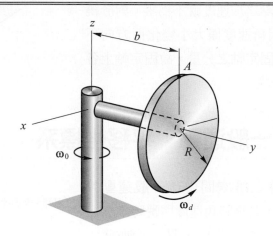

解 圓盤的角速度由公式(11-2)

$$\boldsymbol{\omega} = \boldsymbol{\omega}_d + \boldsymbol{\omega}_0 = 3.0\mathbf{j} + 1.0\mathbf{k} \text{ rad/s} \blacktriangleleft$$

圓盤的角加速度由公式(11-4)

$$\boldsymbol{\alpha} = \boldsymbol{\alpha}_0 + \boldsymbol{\omega}_0 \times \boldsymbol{\omega}_d + \boldsymbol{\alpha}_d = 0 + (1.0\mathbf{k}) \times (3.0\mathbf{j}) + 0 = -3.0\mathbf{i} \text{ rad/s}^2 \blacktriangleleft$$

位置向量 $\mathbf{r}_A = b\mathbf{j} + R\mathbf{k} = 1.0\mathbf{j} + 0.25\mathbf{k}$ m，故 A 點之速度爲

$$\mathbf{v}_A = \boldsymbol{\omega} \times \mathbf{r}_A = (3.0\mathbf{j} + 1.0\mathbf{k}) \times (1.0\mathbf{j} + 0.25\mathbf{k}) = -0.25\mathbf{i} \text{ m/s} \blacktriangleleft$$

A 點的加速度爲

$$\mathbf{a}_A = \boldsymbol{\alpha} \times \mathbf{r}_A + \boldsymbol{\omega} \times (\boldsymbol{\omega} \times \mathbf{r}_A) = \boldsymbol{\alpha} \times \mathbf{r}_A + \boldsymbol{\omega} \times \mathbf{v}_A$$

$$= (-3.0\mathbf{i}) \times (1.0\mathbf{j} + 0.25\mathbf{k}) + (3.0\mathbf{j} + 1.0\mathbf{k}) \times (-0.25\mathbf{i}) = 0.50\mathbf{j} - 2.25\mathbf{k} \text{ m/s}^2 \blacktriangleleft$$

例題 11-2

　　圖中圓錐繞 z 軸轉動同時在水平面(x-y 平面)上滾動，已知在圖示瞬間圓錐繞 z 軸轉動之角速度與角加速度分別為 $\omega_1 = 4$ rad/s 與 $\dot{\omega}_1 = 3$ rad/s^2，試求圓錐上 A 點之速度與加速度

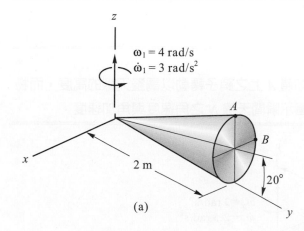

(a)

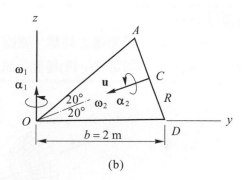

(b)

解 設 θ_1 為圓錐繞 z 之轉角(公轉)，θ_2 為圓錐繞 OC 軸之轉角(自轉)，因圓錐在水平面(x-y 平面)滾動，則 $b\theta_1 = R\theta_2$

得　　　　$\theta_2 = \dfrac{b}{R}\theta_1 = \dfrac{\theta_1}{\sin 20°} = 2.924\theta_1$

　　　　　$\omega_2 = 2.924\omega_1 = 2.924(4) = 11.70$ rad/s

　　　　　$\alpha_2 = 2.924\alpha_1 = 2.924(3) = 8.77$ rad/s^2

圓錐自轉軸 $\overrightarrow{CO}$ 方向之單位向量 $\mathbf{u} = -\cos 20°\mathbf{j} - \sin 20°\mathbf{k} = -0.940\mathbf{j} - 0.342\mathbf{k}$

則　　　　$\boldsymbol{\omega}_2 = \omega_2\mathbf{u} = 11.70(-0.940\mathbf{j} - 0.342\mathbf{k}) = -11.0\mathbf{j} - 4.00\mathbf{k}$ rad/s

　　　　　$\boldsymbol{\alpha}_2 = \alpha_2\mathbf{u} = 8.77(-0.940\mathbf{j} - 0.342\mathbf{k}) = -8.24\mathbf{j} - 3.00\mathbf{k}$ rad/s^2

圓錐的角速度，由公式(11-2)

　　　　　$\boldsymbol{\omega} = \boldsymbol{\omega}_1 + \boldsymbol{\omega}_2 = (4\mathbf{k}) + (-11.0\mathbf{j} - 4.00\mathbf{k}) = -11.0\mathbf{j}$ rad/s

圓錐的角加速度，由公式(11-4)

　　　　　$\boldsymbol{\alpha} = \boldsymbol{\alpha}_1 + \boldsymbol{\omega}_1 \times \boldsymbol{\omega}_2 + \boldsymbol{\alpha}_2 = (3\mathbf{k}) + (4\mathbf{k}) \times (-11.0\mathbf{j} - 4.00\mathbf{k}) + (-8.24\mathbf{j} - 3.00\mathbf{k})$

　　　　　　$= 44.0\mathbf{i} - 8.24\mathbf{j}$ rad/s^2

A 點相對於 O 點之位置向量

　　　　　$\mathbf{r}_{A/O} = (2\cos 40°)\mathbf{j} + (2\sin 40°)\mathbf{k} = 1.532\mathbf{j} + 1.286\mathbf{k}$ m

A 點速度由公式(11-5)

$$\mathbf{v}_A = \mathbf{v}_O + \boldsymbol{\omega} \times \mathbf{r}_{A/O} = 0 + (-11.0\mathbf{j}) \times (1.532\mathbf{j} + 1.286\,\mathbf{k}) = -14.1\,\mathbf{i}\ \text{m/s} \blacktriangleleft$$

A 點加速度由公式(11-6)

$$\mathbf{a}_A = \mathbf{a}_O + \boldsymbol{\alpha} \times \mathbf{r}_{A/O} + \boldsymbol{\omega} \times (\boldsymbol{\omega} \times \mathbf{r}_{A/O}) = 0 + \boldsymbol{\alpha} \times \mathbf{r}_{A/O} + \boldsymbol{\omega} \times \mathbf{v}_A$$

$$= (44.0\mathbf{i} - 8.24\mathbf{j}) \times (1.532\mathbf{j} + 1.286\mathbf{k}) + (-11.0\mathbf{j}) \times (-14.1\,\mathbf{i})$$

$$= -10.6\mathbf{i} - 56.5\mathbf{j} - 87.9\mathbf{k}\ \text{m/s}^2 \blacktriangleleft$$

例題 11-3

圖中天線 N 繞物體 E 轉動，物體 E 繞物體 A 上之銷子轉動以調整天線的高度，而物體 A 則繞鉛直的固定軸(y 軸)轉動，試求在圖示瞬間天線 N 之角速度與角加速度。

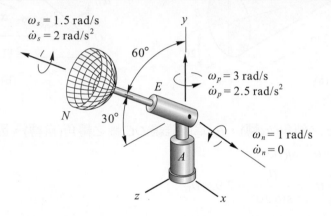

解 先求物體 E 之角速度與角加速度

$$\boldsymbol{\omega}_E = \boldsymbol{\omega}_n + \boldsymbol{\omega}_p = 1\mathbf{i} + 3\mathbf{j}\ \text{rad/s}$$

$$\boldsymbol{\alpha}_E = \boldsymbol{\alpha}_p + \boldsymbol{\omega}_p \times \boldsymbol{\omega}_n + \boldsymbol{\alpha}_n = (2.5\mathbf{j}) + (3\mathbf{j}) \times (1\mathbf{i}) + 0 = 2.5\mathbf{j} - 3\mathbf{k}\ \text{rad/s}^2$$

天線 N 繞物體 E 之角速度與角加速度以向量表示為

$$\boldsymbol{\omega}_s = 1.5(\sin 30°\mathbf{j} + \cos 30°\mathbf{k}) = 0.75\mathbf{j} + 1.30\mathbf{k}\ \text{rad/s}$$

$$\boldsymbol{\alpha}_s = 2(\sin 30°\mathbf{j} + \cos 30°\mathbf{k}) = 1.0\mathbf{j} + 1.73\mathbf{k}\ \text{rad/s}^2$$

天線 N 之角速度及角加速度為

$$\boldsymbol{\omega} = \boldsymbol{\omega}_E + \boldsymbol{\omega}_s = (1\mathbf{i} + 3\mathbf{j}) + (0.75\mathbf{j} + 1.30\mathbf{k}) = 1\mathbf{i} + 3.75\mathbf{j} + 1.30\mathbf{k}\ \text{rad/s} \blacktriangleleft$$

$$\boldsymbol{\alpha} = \boldsymbol{\alpha}_s + \boldsymbol{\omega}_E \times \boldsymbol{\omega}_s + \boldsymbol{\alpha}_E$$

$$= (1.0\mathbf{j} + 1.73\mathbf{k}) + (1\mathbf{i} + 3\mathbf{j}) \times (0.75\mathbf{j} + 1.30\mathbf{k}) + (2.5\mathbf{j} - 3\mathbf{k})$$

$$= 3.90\mathbf{i} + 2.2\mathbf{j} - 0.52\mathbf{k}\ \text{rad/s}^2 \blacktriangleleft$$

例題 11-4

圖中圓盤與滑塊以長度為 140 mm 之連桿 AB 連接,其中 A 端為球窩接頭,B 端為 U 型關節接頭。圓盤在 yz 平面上以 $\omega_1 = 12$ rad/s 之等角速轉動,滑塊 B 可沿水平桿 CD 自由滑動,當 $\theta = 0°$ 時,試求(a)滑塊速度;(b)連桿角速度。

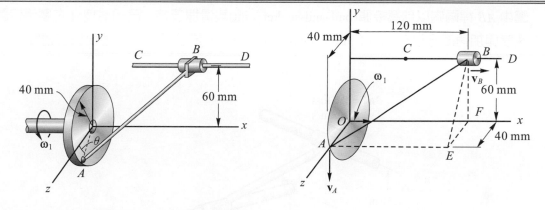

解 當 $\theta = 0°$ 時 A 點的速度為

$$\mathbf{v}_A = \boldsymbol{\omega}_1 \times \mathbf{r}_A = (12\mathbf{i}) \times (40\mathbf{k}) = -480\mathbf{j} \text{ mm/s}$$

設連桿 AB 之角速度 $\boldsymbol{\omega} = \omega_x\mathbf{i} + \omega_y\mathbf{j} + \omega_z\mathbf{k}$,則 B 點速度由公(式 11-5)

$$\mathbf{v}_B = \mathbf{v}_A + \boldsymbol{\omega} \times \mathbf{r}_{B/A}$$

$$\mathbf{v}_B\mathbf{i} = -480\mathbf{j} + (\omega_x\mathbf{i} + \omega_y\mathbf{j} + \omega_z\mathbf{k}) \times (120\mathbf{i} + 60\mathbf{j} - 40\mathbf{k})$$

$$= -480\mathbf{j} + (-40\omega_y - 60\omega_z)\mathbf{i} + (120\omega_z + 40\omega_x)\mathbf{j} + (60\omega_x - 120\omega_y)\mathbf{k}$$

取 $\mathbf{i}$、$\mathbf{j}$、$\mathbf{k}$ 三個方向之分量可得三個方程式

$$-40\omega_y - 60\omega_z = v_B \tag{1}$$

$$40\omega_x + 120\omega_z = 480 \tag{2}$$

$$60\omega_x - 120\omega_y = 0 \tag{3}$$

上列三個方程式中含有四個未知數 ω_x、ω_y、ω_z 及 v_B。第四個方程式可由已知之 $\boldsymbol{\omega}$ 方向找出。

參考連桿 B 端之 U 型關節接頭,此接頭使連桿可繞 CD 軸及滑塊上之銷軸旋轉,其中銷軸與 $\overline{CD}$ 及 $\overline{AB}$ 垂直,則由 BEF 平面(與 CD 軸垂直)及 ABE 平面(與銷軸垂直)交線 $\overline{BE}$ 可得連桿之角速度在此 $\overline{BE}$ 軸之分量為零,即 $\boldsymbol{\omega} \cdot \mathbf{r}_{E/B} = 0$

$$(\omega_x\mathbf{i} + \omega_y\mathbf{j} + \omega_z\mathbf{k}) \cdot (-60\mathbf{j} + 40\mathbf{k}) = 0$$

得 $\qquad -60\omega_y + 40\omega_z = 0 \tag{4}$

由(1)(2)(3)(4)解得 $v_B = -240$ ，$\omega_x = 3.69$ ，$\omega_y = 1.846$ ，$\omega_z = 2.77$

故　　　$\mathbf{v}_B = -240\mathbf{i}$ mm/s ，　$\boldsymbol{\omega} = 3.69\mathbf{i} + 1.846\mathbf{j} + 2.77\mathbf{k}$ rad/s ◀

例題 11-5

圖中 AB 桿兩端以球窩接頭(ball-and-socket joint)與滑塊連接，已知滑塊 A 在圖示位置時之速度與加速度分別為 $\mathbf{v}_A = 1.5\mathbf{i}$ m/s 與 $\mathbf{a}_A = 1.8\mathbf{i}$ m/s²，試求滑塊 B 之速度與加速度。

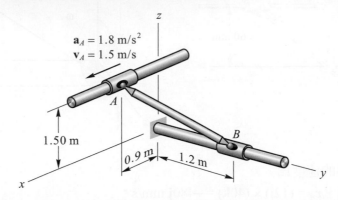

解 由於連桿的角速度與角加速度沿桿軸之分量對連桿 A、B 兩端之運動沒有影響，主要是因為桿子可自由的繞其本身的軸自由轉動，故連桿的運動可用其角速度與角加速度垂直於連桿的分量來描述。

設垂直於連桿的角速度向量為 $\boldsymbol{\omega}_n = \omega_{nx}\mathbf{i} + \omega_{ny}\mathbf{j} + \omega_{nz}\mathbf{k}$ ，已知 $\mathbf{v}_A = 1.5\mathbf{i}$ m/s ，令 $\mathbf{v}_B = -v_B\mathbf{j}$ m/s，由公式(11-5)

$$\mathbf{v}_B = \mathbf{v}_A + \boldsymbol{\omega}_n \times \mathbf{r}_{B/A}$$

其中 $\mathbf{r}_{B/A} = -0.9\mathbf{i} + 1.2\mathbf{j} - 1.5\mathbf{k}$ m，則

$$(-v_B)\mathbf{j} = 1.5\mathbf{i} + \begin{vmatrix} \mathbf{i} & \mathbf{j} & \mathbf{k} \\ \omega_{nx} & \omega_{ny} & \omega_{nz} \\ -0.9 & 1.2 & -1.5 \end{vmatrix}$$

得　　　$1.5 - 1.5\omega_{ny} - 1.2\omega_{nz} = 0$　　　　　　　　　　　　　　　　　(1)

　　　　$1.5\omega_{nx} - 0.9\omega_{nz} = -v_B$　　　　　　　　　　　　　　　　　　(2)

　　　　$1.2\omega_{nx} + 0.9\omega_{ny} = 0$　　　　　　　　　　　　　　　　　　　(3)

又 $\boldsymbol{\omega}_n$ 與連桿 AB 垂直，$\boldsymbol{\omega}_n \cdot \mathbf{r}_{B/A} = 0$ ，即 $(\omega_{nx}\mathbf{i} + \omega_{ny}\mathbf{j} + \omega_{nz}\mathbf{k}) \cdot (-0.9\mathbf{i} + 1.2\mathbf{j} - 1.5\mathbf{k}) = 0$

得　　　$-0.9\omega_{nx} + 1.2\omega_{ny} - 1.5\omega_{nz} = 0$　　　　　　　　　　　　　(4)

由(1)(2)(3)(4)解得：$\omega_{nx} = -0.375$ ，$\omega_{ny} = 0.5$ ，$\omega_{nz} = 0.625$ ，$v_B = 1.13$

故　　$\boldsymbol{\omega}_n = -0.375\mathbf{i} + 0.5\mathbf{j} + 0.625\mathbf{k}$ rad/s　，　$\mathbf{v}_B = -1.13\mathbf{j}$ m/s◄

由公式(11-6)：$\mathbf{a}_B = \mathbf{a}_A + \boldsymbol{\alpha}_n \times \mathbf{r}_{B/A} + \boldsymbol{\omega}_n \times \mathbf{v}_{B/A}$

其中　　$\mathbf{v}_{B/A} = \boldsymbol{\omega}_n \times \mathbf{r}_{B/A} = (-0.375\mathbf{i} + 0.5\mathbf{j} + 0.625\mathbf{k}) \times (-0.9\mathbf{i} + 1.2\mathbf{j} - 1.5\mathbf{k})$

　　　　$= -1.5\mathbf{i} - 1.125\mathbf{j}$ m/s

令　$\mathbf{a}_B = -a_B\mathbf{j}$ m/s^2，已知　$\mathbf{a}_A = 1.8\mathbf{i}$ m/s^2

則　　　$(-a_B)\mathbf{j} = 1.8\mathbf{i} + \begin{vmatrix} \mathbf{i} & \mathbf{j} & \mathbf{k} \\ \alpha_{nx} & \alpha_{ny} & \alpha_{nz} \\ -0.9 & 1.2 & -1.5 \end{vmatrix} + \begin{vmatrix} \mathbf{i} & \mathbf{j} & \mathbf{k} \\ -0.375 & 0.5 & 0.625 \\ -1.5 & -1.125 & 0 \end{vmatrix}$

得　　　$0 = 2.503 - 1.5\alpha_{ny} - 1.2\alpha_{nz}$　　　　　　　　　　　　　(5)

　　　　$-a_B = 1.5\alpha_{nx} - 0.9\alpha_{nz} - 0.978$　　　　　　　　　　(6)

　　　　$0 = 1.2\alpha_{nx} + 0.9\alpha_{ny} + 1.172$　　　　　　　　　　　(7)

又 $\boldsymbol{\alpha}_n$ 與連桿 AB 垂直，$\boldsymbol{\alpha}_n \cdot \mathbf{r}_{B/A} = 0$

得　　　$-0.9\alpha_{nx} + 1.2\alpha_{ny} - 1.5\alpha_{nz} = 0$　　　　　　　　　(8)

由(5)(6)(7)(8)解得：$\alpha_{nx} = -1.43$，$\alpha_{ny} = 0.600$，$\alpha_{nz} = 1.34$，$a_B = 4.329$

故　　$\boldsymbol{\alpha}_n = (-1.43\mathbf{i} + 0.600\mathbf{j} + 1.34\mathbf{k})$ rad/s^2　，　　$\mathbf{a}_B = -4.329\mathbf{j}$ m/s^2◄

習題 1

11-1 如圖習題 11-1 中 *OA* 桿可繞 *U* 型接頭之水平軸(*x* 軸)轉動，而 *U* 型接頭固定在鉛直轉軸之底端。已知鉛直軸以 *N* = 60 rpm 之等角速繞 *z* 軸轉動，且 *OA* 以 $\dot{\beta}$ = 4 rad/s 之等角速向上舉起，試求當 β = 30°時(a)*OA* 桿的角加速度；(b)*A* 點的速度；(c)*A* 點的加速度。

【答】(a)**α** = 25.13**j** rad/s², (b)**v** = −4.35**i** − 1.60**j** + 2.77**k** m/s

(c)**a** = 20.1**i** − 38.4**j** − 6.40**k** m/s²。

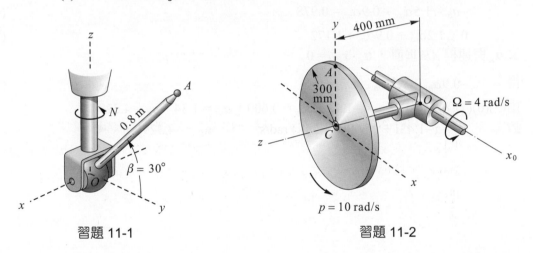

習題 11-1　　　　　　　　　　　　　　習題 11-2

11-2 如圖習題 11-2 中圓盤以 *p* = 10 rad/s 之等角速繞軸環上之 *z* 軸轉動，同時軸環以等角速 Ω = 4 rad/s 繞水平固定軸(*x₀* 軸)轉動，試求在圖示位置時(a)圓盤之角加速度；(b)圓盤上 *A* 點之速度；(c)*A* 點之加速度。

【答】(a)**α** = −40**j** rad/s², (b)**v**_A = −3**i** −1.6**j** +1.2**k** m/s，(c)**a**_A = −34.8**j** − 6.4**k** m/s²。

11-3 如圖習題 11-3 中 *BD* 桿繞水平軸(*X* 軸)轉動，在圖示瞬間 *CA* 桿向下轉動，試求在 θ = 45°瞬間 *A* 點之速度與加速度。

【答】**v**_A = 1.414**i** − 2.828**j** − 2.828**k** m/s，**a**_A = 14.8**i** − 12.7**j** + 12.7**k** m/s²。

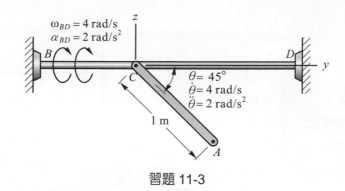

習題 11-3

11-4 如圖習題 11-4 中機械人組件以等角速 $\omega_1 = 2.5$ rad/s 繞 x 軸轉動,在圖示瞬間 BC 臂以 $\omega_2 = 3$ rad/s 之角速度與 $\alpha_2 = 4$ rad/s^2 之角加速度繞 z 軸旋轉,試求(a)BC 臂之角加速度;(b)C 點之速度;(c)C 點之加速度。

【答】(a) $\boldsymbol{\alpha} = -7.5\mathbf{j} + 4\mathbf{k}$ rad/s^2,(b)$\mathbf{v}_C = -525\mathbf{i} + 909\mathbf{j} + 437.5\mathbf{k}$ mm/s,

(c)$\mathbf{a}_C = -3.427\mathbf{i} - 1.457\mathbf{j} + 4.546\mathbf{k}$ m/s^2。

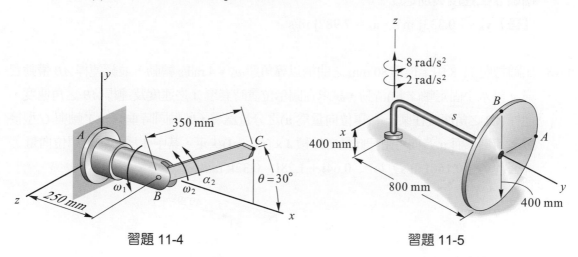

習題 11-4　　　　　　　　　　　　　習題 11-5

11-5 如圖習題 11-5 中圓盤可繞 s 軸自由轉動,同時 s 軸可繞垂直固定軸(z 軸)轉動,並帶動圓盤在水平面上滾動。已知在圖示位置時 s 軸之角速度為 2 rad/s 角加速度為 8 rad/s^2,試求 A 點之速度與加速度。

【答】$\mathbf{v}_A = -1.60\mathbf{i} - 0.800\mathbf{j} - 1.60\mathbf{k}$ m/s,$\mathbf{a}_A = 1.6\mathbf{i} - 6.40\mathbf{j} - 6.40\mathbf{k}$ m/s^2。

11-6 如圖習題 11-6 中斜齒輪 A 可在固定齒輪 B 上滾動,試求在圖示位置時齒輪 A 之角加速度。

【答】$\alpha_A = 44.8$ rad/s^2。

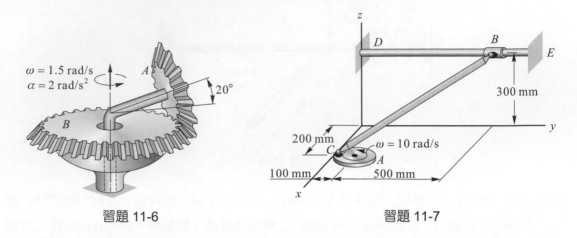

習題 11-6 習題 11-7

11-7 如圖習題 11-7 中連桿 *BC* 兩端以球窩接頭(ball and socket joint)連接在圓盤上 *C* 點及軸環 *B* 上，已知在圖示位置時圓盤之角速度 $\omega = 10$ rad/s 角加速度 $\alpha = 5$ rad/s² ，試求軸環 *B* 之速度與加速度。

【答】 $\mathbf{v}_B = -0.333\mathbf{j}$ m/s， $\mathbf{a}_B = 7.982\mathbf{j}$ m/s² 。

11-8 如圖習題 11-8 中半徑為 80 mm 之曲柄以等角速 $\omega_0 = 4$ rad/s 轉動，並經連桿 *AB* 帶動套環 *A* 沿水平固定軸(*Y* 軸)滑動，試求在圖示位置時套環 *A* 之速度及連桿 *AB* 之角速度，連桿 *AB* 之角速度在某一軸(單位向量為 **u**)之分量為零，此軸同時垂直於 *Y* 軸與 *U* 型接頭之銷軸，而 **u** 方向可由三向量之外積 $\mathbf{J} \times (\mathbf{r}_{A/B} \times \mathbf{J})$ 決定，其中 **J** 為 *Y* 軸之單位向量。

【答】 $\mathbf{v}_A = 0.160\mathbf{j}$ m/s， $\boldsymbol{\omega} = -0.64\mathbf{i} + 1.28\mathbf{j} - 0.32\mathbf{k}$ rad/s 。

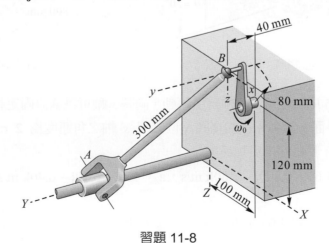

習題 11-8

11-9 如圖習題 11-9 中陀螺(gyrotop)在 $\theta = 60°$ 之位置時，其三個角運動分量大小如下：

自轉(spin)：$\omega_s = 10$ rad/s，且以 6 rad/s² 之角加速度增速。

章動(nutation)：$\omega_n = 3$ rad/s，且以 2 rad/s² 之角加速度增速。

進動(precession)：$\omega_p = 5$ rad/s，且以 4 rad/s² 之角加速度增速。

試求陀螺在此位置之角速度及角加速度。

【答】 $\omega = -3\mathbf{i} + 8.66\mathbf{j} + 10\mathbf{k}$ rad/s， $\alpha = -45.3\mathbf{i} + 5.20\mathbf{j} - 19.0\mathbf{k}$ rad/s²。

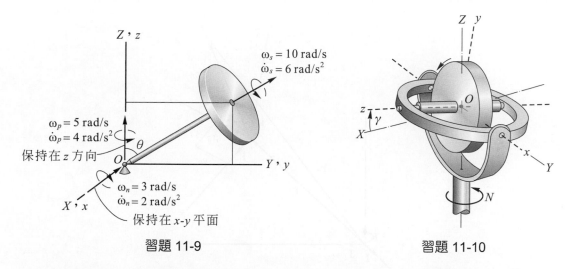

習題 11-9   習題 11-10

11-10 如圖習題 11-10 中迴轉儀繞其自轉軸(z 軸)以等角速 100 rpm 轉動(方向如圖所示)，且平衡環(在 x-z 平面)與水平面(X-Y 平面)之角度 γ 以 4 rad/s 之等角速增加，同時整個組合以等角速 $N = 20$ rpm 繞垂直固定軸轉動，試求當 $\gamma = 30°$ 時轉子之角加速度。

【答】 $\alpha = 42.8$ rad/s²。

11-5 用平移與轉動坐標系分析相對運動

對於作一般三維運動之剛體，通常是利用同時具有平移與轉動之運動坐標系 $Axyz$ 來分析，此方法對於兩剛體間有相對運動的情形特別有用。本節中將導出 A、B 兩點間的速度與加速度關係式，其中 A 點為同時作平移與轉動運動剛體上之一點，並將運動坐標系 (x-y-z 軸)固定在此剛體上之 A 點，而 B 點相對於此運動之剛體作有相對運動。

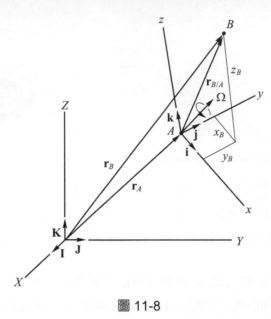

圖 11-8

參考圖 11-8，A、B 兩點相對於固定坐標系(X-Y-Z 軸)之位置向量分別為 $\mathbf{r}_A$ 與 $\mathbf{r}_B$，其中 A 點為運動坐標系(x-y-z 軸)之原點，此運動坐標系對固定坐標系同時作平移與轉動運動。設在所分析之瞬間 A 點速度為 $\mathbf{v}_A$ 加速度為 $\mathbf{a}_A$，運動坐標系(x-y-z 軸)之角速度為 $\mathbf{\Omega}$，角加速度為 $\dot{\mathbf{\Omega}} = d\mathbf{\Omega}/dt$，上述之 $\mathbf{v}_A$，$\mathbf{a}_A$，$\mathbf{\Omega}$ 及 $\dot{\mathbf{\Omega}}$ 都是相對於固定坐標系(X-Y-Z 軸)所測得之量，且可將這些向量以固定坐標系(X-Y-Z 軸)或運動坐標系(x-y-z 軸)之直角分量表示。

🌀 位置

B 點相對於 A 點之位置向量以 $\mathbf{r}_{B/A}$ 表示，如圖 11-8 所示，則

$$\mathbf{r}_B = \mathbf{r}_A + \mathbf{r}_{B/A} \tag{11-7}$$

式中 $\mathbf{r}_B$ 為 B 點相對於固定坐標系之位置向量，$\mathbf{r}_A$ 為 A 點相對於固定坐標系之位置向量。

速度

B 點相對於固定坐標系之速度，可將公式(11-7)對時間微分求得，即

$$\left(\dot{\mathbf{r}}_B\right)_{XYZ} = \left(\dot{\mathbf{r}}_A\right)_{XYZ} + \left(\dot{\mathbf{r}}_{B/A}\right)_{XYZ} \tag{11-8}$$

其中 $\left(\dot{\mathbf{r}}_B\right)_{XYZ} = \mathbf{v}_B$，$\left(\dot{\mathbf{r}}_A\right)_{XYZ} = \mathbf{v}_A$。因 $\mathbf{r}_{B/A}$ 是在運動坐標中所量取者，由公式(11-3)

$$\left(\dot{\mathbf{r}}_{B/A}\right)_{XYZ} = \left(\dot{\mathbf{r}}_{B/A}\right)_{xyz} + \boldsymbol{\Omega} \times \mathbf{r}_{B/A} = \mathbf{v}_{rel} + \boldsymbol{\Omega} \times \mathbf{r}_{B/A}$$

式中 $\mathbf{v}_{rel} = \left(\mathbf{v}_{B/A}\right)_{xyz} = \left(\dot{\mathbf{r}}_{B/A}\right)_{xyz}$，為在運動坐標中所得 B 相對於 A 之速度，故公式(11-8)可寫為

$$\mathbf{v}_B = \mathbf{v}_A + \boldsymbol{\Omega} \times \mathbf{r}_{B/A} + \mathbf{v}_{rel} \tag{11-9}$$

其中 $\mathbf{v}_B = B$ 點的速度，$\mathbf{v}_A = A$ 點(運動坐標系 xyz 之原點)的速度，$\boldsymbol{\Omega} =$ 運動坐標系的角速度，$\mathbf{r}_{B/A} =$ 運動坐標系中 B 相對於 A 之位置。

加速度

將公式(11-9)對時間微分，可得 B 點相對於固定坐標系(X–Y–Z 軸)之加速度

$$\left(\dot{\mathbf{v}}_B\right)_{XYZ} = \left(\dot{\mathbf{v}}_A\right)_{XYZ} + \left(\dot{\boldsymbol{\Omega}}\right)_{XYZ} \times \mathbf{r}_{B/A} + \boldsymbol{\Omega} \times \left(\dot{\mathbf{r}}_{B/A}\right)_{XYZ} + \left(\dot{\mathbf{v}}_{B/A}\right)_{XYZ} \tag{11-10}$$

其中 $\left(\dot{\mathbf{v}}_B\right)_{XYZ} = \mathbf{a}_B$，$\left(\dot{\mathbf{v}}_A\right)_{XYZ} = \mathbf{a}_A$，$\left(\dot{\mathbf{r}}_{B/A}\right)_{XYZ} = \mathbf{v}_{rel} + \boldsymbol{\Omega} \times \mathbf{r}_{B/A}$，又由公式(11-3)

$$\left(\dot{\mathbf{v}}_{B/A}\right)_{XYZ} = \left(\dot{\mathbf{v}}_{B/A}\right)_{xyz} + \boldsymbol{\Omega} \times (\mathbf{v}_{B/A})_{xyz} = \mathbf{a}_{rel} + \boldsymbol{\Omega} \times \mathbf{v}_{rel}$$

式中 $\left(\dot{\mathbf{v}}_{B/A}\right)_{xyz} = (\mathbf{a}_{B/A})_{xyz} = \mathbf{a}_{rel}$ 為在運動坐標中所得 B 相對於 A 之加速度，故公式(11-10)可改寫為

$$\mathbf{a}_B = \mathbf{a}_A + \dot{\boldsymbol{\Omega}} \times \mathbf{r}_{B/A} + \boldsymbol{\Omega} \times (\boldsymbol{\Omega} \times \mathbf{r}_{B/A}) + 2\boldsymbol{\Omega} \times \mathbf{v}_{rel} + \mathbf{a}_{rel} \tag{11-11}$$

式中 $\mathbf{a}_B = B$ 點的加速度，$\mathbf{a}_A = A$ 點的加速度，$\dot{\boldsymbol{\Omega}} =$ 運動坐標系的角加速度。

上列公式(11-9)及(11-11)與 6-8 節之公式(6-23)及(6-26)相同，只是公式(6-23)及(6-26)用來分析平面上之相對運動，其 $\boldsymbol{\Omega}$ 與 $\dot{\boldsymbol{\Omega}}$ 之方向保持不變，恆與運動平面垂直。但在三維運動中 $\dot{\boldsymbol{\Omega}}$ 必須用公式(11-3)來分析，因 $\boldsymbol{\Omega}$ 之大小及方向都會改變，且 $\dot{\mathbf{r}}_{B/A}$ 與 $\dot{\mathbf{v}}_{B/A}$ 亦必須用公式(11-3)來分析，因兩者都與運動座標系之轉動運動有關。

例題 11-6

圖中曲桿 OAB 繞鉛直軸 OB 轉動，在圖示位置時角速度與角加速度分別為 20 rad/s 與 200 rad/s²(方向如圖所示)，套環 D 沿桿子運動之速度與加速度分別為 1.25 m/s 與 15 m/s²(方向如圖所示)，試求套環 D 之速度與加速度。

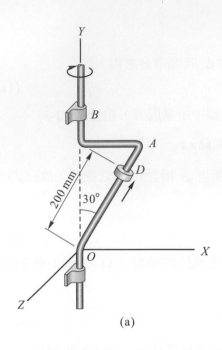

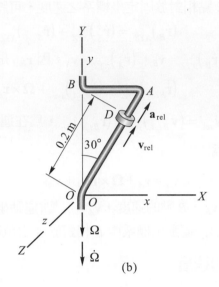

(a) (b)

解 將運動坐標系(x-y-z 軸)附於曲桿上隨曲桿繞 OB 軸轉動，如圖(b)所示，則

$$\mathbf{\Omega} = -20\mathbf{j} \text{ rad/s} \quad , \quad \dot{\mathbf{\Omega}} = -200\mathbf{j} \text{ rad/s}^2$$

軸環 D 之位置向量 $\mathbf{r}_{D/O} = (0.2)(\sin 30°\mathbf{i} + \cos 30°\mathbf{j}) = 0.1\mathbf{i} + 0.1732\mathbf{j}$ m

速度：由公式(11-9)，$\mathbf{v}_D = \mathbf{v}_O + \mathbf{\Omega} \times \mathbf{r}_{D/O} + \mathbf{v}_{\text{rel}}$

其中　　$\mathbf{v}_{\text{rel}} = 1.25(\sin 30°\mathbf{i} + \cos 30°\mathbf{j}) = 0.625\mathbf{i} + 1.083\mathbf{j}$ m/s　，　$\mathbf{v}_O = 0$

　　　　$\mathbf{\Omega} \times \mathbf{r}_{D/O} = (-20\mathbf{j}) \times (0.1\mathbf{i} + 0.1732\mathbf{j}) = 2\mathbf{k}$ m/s

得　　　$\mathbf{v}_D = 0.625\mathbf{i} + 1.083\mathbf{j} + 2\mathbf{k}$ m/s ◄

加速度：由公式(11-11)

$$\mathbf{a}_D = \mathbf{a}_O + \dot{\mathbf{\Omega}} \times \mathbf{r}_{D/O} + \mathbf{\Omega} \times (\mathbf{\Omega} \times \mathbf{r}_{D/O}) + 2\mathbf{\Omega} \times \mathbf{v}_{\text{rel}} + \mathbf{a}_{\text{rel}}$$

其中　　$\mathbf{a}_{\text{rel}} = 15(\sin 30°\mathbf{i} + \cos 30°\mathbf{j}) = 7.5\mathbf{i} + 13.0\mathbf{j}$ m/s^2　，　$\mathbf{a}_O = 0$

　　　　$\dot{\mathbf{\Omega}} \times \mathbf{r}_{D/O} = (-200\mathbf{j}) \times (0.1\mathbf{i} + 0.1732\mathbf{j}) = 20\mathbf{k}$ m/s^2

　　　　$\mathbf{\Omega} \times (\mathbf{\Omega} \times \mathbf{r}_{D/O}) = (-20\mathbf{j}) \times (2\mathbf{k}) = -40\mathbf{i}$ m/s^2

　　　　$2\mathbf{\Omega} \times \mathbf{v}_{\text{rel}} = 2(-20\mathbf{j}) \times (0.625\mathbf{i} + 1.083\mathbf{j}) = 25\mathbf{k}$ m/s^2

得　　　$\mathbf{a}_D = -32.5\mathbf{i} + 13.0\mathbf{j} + 45\mathbf{k}$ m/s^2 ◄

例題 11-7

圖中半徑為 R 之圓盤以 A 處銷子連接在長度為 L 之旋臂 OA，旋臂與圓盤在同一鉛直面上。旋臂以等角速 ω_1 繞鉛直之固定軸轉動，而圓盤以 ω_2 之等角速繞銷子 A 轉動，試求圓盤上 P 點之速度與加速度。

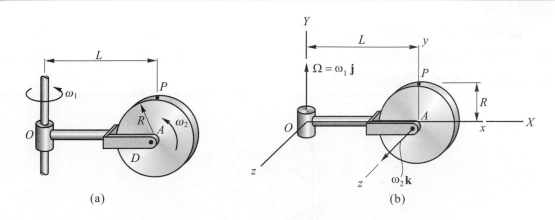

(a)　　　　　　　　　　　　(b)

解 參考(b)圖，$OXYZ$ 為固定坐標系，而將運動坐標系 $Axyz$ 附於旋臂上之銷子 A，隨旋臂繞 Y 軸轉動，則運動坐標系之角速度 $\boldsymbol{\Omega} = \omega_1\mathbf{j}$，$\dot{\boldsymbol{\Omega}} = 0$。

P 點相對於 A 點之位置向量為 $\mathbf{r}_{P/A} = R\mathbf{j}$，而 P 點相對於運動坐標系之速度及加速度分別為

$$\mathbf{v}_{\mathrm{rel}} = -R\omega_2\mathbf{i} \quad , \quad \mathbf{a}_{\mathrm{rel}} = -R\omega_2^2\mathbf{j}$$

P 點速度由公式(11-9)：$\mathbf{v}_P = \mathbf{v}_A + \boldsymbol{\Omega} \times \mathbf{r}_{P/A} + \mathbf{v}_{\mathrm{rel}}$

其中　　$\mathbf{v}_A = -L\omega_1\mathbf{k}$, $\quad \boldsymbol{\Omega} \times \mathbf{r}_{P/A} = (\omega_1\mathbf{j}) \times (R\mathbf{j}) = 0$

得　　　$\mathbf{v}_P = -R\omega_2\mathbf{i} - L\omega_1\mathbf{k}$ ◀

P 點加速度由公式(11-11)：

$$\mathbf{a}_P = \mathbf{a}_A + \dot{\boldsymbol{\Omega}} \times \mathbf{r}_{P/A} + \boldsymbol{\omega} \times (\boldsymbol{\omega} \times \mathbf{r}_{P/A}) + 2\boldsymbol{\Omega} \times \mathbf{v}_{\mathrm{rel}} + \mathbf{a}_{\mathrm{rel}}$$

其中　　$\mathbf{a}_A = -L\omega_1^2\mathbf{i}$, $\quad \dot{\boldsymbol{\Omega}} \times \mathbf{r}_{P/A} = 0$, $\quad \boldsymbol{\omega} \times (\boldsymbol{\omega} \times \mathbf{r}_{P/A}) = 0$

$\qquad 2\boldsymbol{\Omega} \times \mathbf{v}_{\mathrm{rel}} = 2(\omega_1\mathbf{j}) \times (-R\omega_2\mathbf{i}) = 2R\omega_1\omega_2\mathbf{k}$

得　　　$\mathbf{a}_P = -L\omega_1^2\mathbf{i} - R\omega_2^2\mathbf{j} + 2R\omega_1\omega_2\mathbf{k}$ ◀

另解 由公式(11-2)及(11-4)可得圓盤的角速度 $\boldsymbol{\omega}$ 及角加速度 $\boldsymbol{\alpha}$ 分別為

$$\boldsymbol{\omega} = \boldsymbol{\omega}_1 + \boldsymbol{\omega}_2 = \omega_1\mathbf{j} + \omega_2\mathbf{k}$$

$$\boldsymbol{\alpha} = \boldsymbol{\alpha}_1 + \boldsymbol{\omega}_1 \times \boldsymbol{\omega}_2 + \boldsymbol{\alpha}_2 = 0 + (\omega_1\mathbf{j} \times \omega_2\mathbf{k}) + 0 = \omega_1\omega_2\mathbf{i}$$

已知圓盤 A 點之速度及加速度，$\mathbf{v}_A = -L\omega_1\mathbf{k}$，$\mathbf{a}_A = -L\omega_1^2\mathbf{i}$

由公式(11-5)及(11-6)可得 P 點之速度及加速度為

$$\mathbf{v}_P = \mathbf{v}_A + \boldsymbol{\omega} \times \mathbf{r}_{P/A} = (-L\omega_1\mathbf{k}) + (\omega_1\mathbf{j} + \omega_2\mathbf{k}) \times (R\mathbf{j}) = -R\omega_2\mathbf{i} - L\omega_1\mathbf{k} \blacktriangleleft$$

$$\mathbf{a}_P = \mathbf{a}_A + \boldsymbol{\alpha} \times \mathbf{r}_{P/A} + \boldsymbol{\omega} \times (\boldsymbol{\omega} \times \mathbf{r}_{P/A}) = (-L\omega_1^2\mathbf{i}) + (\omega_1\omega_2\mathbf{i}) \times (R\mathbf{j}) + (\omega_1\mathbf{j} + \omega_2\mathbf{k}) \times (-R\omega_2\mathbf{i})$$

得 $\quad \mathbf{a}_P = -L\omega_1^2\mathbf{i} - R\omega_2^2\mathbf{j} + 2R\omega_1\omega_2\mathbf{k} \blacktriangleleft$

例題 11-8

圖中旋臂 AB 繞鉛直固定軸(Z 軸)轉動，同時圓環繞旋臂上通過 B 點之水平軸(x 軸)轉動，在圖中所示瞬間套環 C 相對於圓環之速率為 3 in/s(向下)，且正以 8 in/s^2 之比率加速中，試求此時套環 C 之速度與加速度。

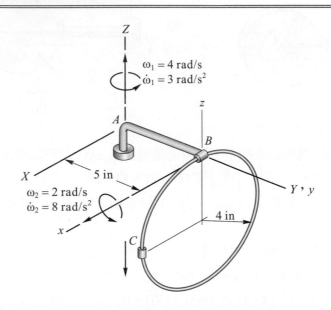

解 先求圓環之角速度 $\boldsymbol{\Omega}$ 與角加速度 $\dot{\boldsymbol{\Omega}}$

$$\boldsymbol{\Omega} = \boldsymbol{\omega}_2 + \boldsymbol{\omega}_1 = 2\mathbf{i} + 4\mathbf{k} \text{ rad/s}$$

$$\dot{\boldsymbol{\Omega}} = \boldsymbol{\alpha}_1 + \boldsymbol{\omega}_1 \times \boldsymbol{\omega}_2 + \boldsymbol{\alpha}_2 = (3\mathbf{k}) + (4\mathbf{k}) \times (2\mathbf{i}) + (8\mathbf{i}) = 8\mathbf{i} + 8\mathbf{j} + 3\mathbf{k} \text{ rad/s}^2$$

設 $AXYZ$ 為固定坐標系，$Bxyz$ 為附於圓環上 B 點隨圓環運動之坐標系

圓環上 B 點相對於固定坐標系之速度與加速度為

$$\mathbf{v}_B = -(5)(4)\mathbf{i} = -20\mathbf{i} \text{ in/s}$$

$$\mathbf{a}_B = -(5)(3)\mathbf{i} - 5(4)^2\mathbf{j} = -15\mathbf{i} - 80\mathbf{j} \text{ in/s}^2$$

套環 C 相對於運動坐標系之位置向量、速度與加速度為

$$\mathbf{r}_{C/B} = 4\mathbf{i} - 4\mathbf{k} \text{ in} \quad , \quad \mathbf{v}_{\text{rel}} = -3\mathbf{k} \text{ in/s} \quad , \quad \mathbf{a}_{\text{rel}} = -(3^2/4)\mathbf{i} - 8\mathbf{k} = -2.25\mathbf{i} - 8\mathbf{k}$$

速度：$\mathbf{v}_C = \mathbf{v}_B + \boldsymbol{\Omega} \times \mathbf{r}_{C/B} + \mathbf{v}_{\text{rel}}$

其中　　$\Omega \times \mathbf{r}_{C/B} = \begin{vmatrix} \mathbf{i} & \mathbf{j} & \mathbf{k} \\ 2 & 0 & 4 \\ 4 & 0 & -4 \end{vmatrix} = 24\mathbf{j}$ in/s

得　　　$\mathbf{v}_C = -20\mathbf{i} + 24\mathbf{j} - 3\mathbf{k}$ in/s ◄

加速度： $\mathbf{a}_C = \mathbf{a}_B + \dot{\Omega} \times \mathbf{r}_{C/B} + \Omega \times (\Omega \times \mathbf{r}_{C/B}) + 2\Omega \times \mathbf{v}_{\text{rel}} + \mathbf{a}_{\text{rel}}$

其中　　$\dot{\Omega} \times \mathbf{r}_{C/B} = \begin{vmatrix} \mathbf{i} & \mathbf{j} & \mathbf{k} \\ 8 & 8 & 3 \\ 4 & 0 & -4 \end{vmatrix} = -32\mathbf{i} + 44\mathbf{j} - 32\mathbf{k}$ in/s²

$\Omega \times (\Omega \times \mathbf{r}_{C/B}) = (2\mathbf{i} + 4\mathbf{k}) \times (24\mathbf{j}) = -96\mathbf{i} + 48\mathbf{k}$ in/s²

$2\Omega \times \mathbf{v}_{\text{rel}} = 2(2\mathbf{i} + 4\mathbf{k}) \times (-3\mathbf{k}) = 12\mathbf{j}$ in/s²

得　　　$\mathbf{a}_C = -145.3\mathbf{i} - 24\mathbf{j} + 8\mathbf{k}$ in/s² ◄

習題 2

11-11 如圖習題 11-11 中圓環繞水平固定軸(X軸)以等角速$\omega = 4$ rad/s 轉動，一質點 P 在圓環上以$\dot\theta = 6$ rad/s 之等角速滑動，試求在$\theta = 45°$時質點之速度與加速度。

【答】$\mathbf{v}_P = -0.8485\mathbf{i} + 0.8485\mathbf{j} + 0.5656\mathbf{k}$ m/s，$\mathbf{a}_P = -5.091\mathbf{i} - 7.353\mathbf{j} + 6.788\mathbf{k}$ m/s^2。

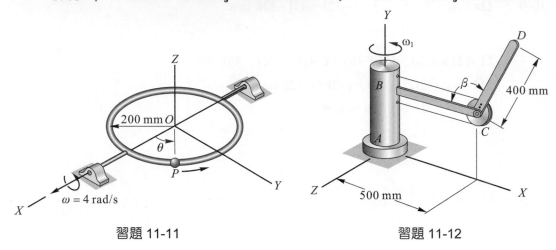

習題 11-11   習題 11-12

11-12 如圖習題 11-12 中所示爲機械人之組件，其中旋臂 ABC 以等角速$\omega_1 = 0.60$ rad/s 繞鉛直軸(Y軸)轉動，同時利用繩索及滑輪控制 CD 桿以等角速$\omega_2 = \dot\beta = 0.45$ rad/s 繞通過 C 點且垂直於 BC 桿之水平軸轉動，試求當$\beta = 120°$時 D 點的速度與加速度。

【答】$\mathbf{v}_D = 156\mathbf{i} - 90\mathbf{j} - 420\mathbf{k}$ mm/s，$\mathbf{a}_D = -292.5\mathbf{i} - 70.1\mathbf{j} - 187.2\mathbf{k}$ mm/s^2。

11-13 如圖習題 11-13 中半徑 100 mm 之圓盤以等角速 $p = 240$ rpm 繞其 z 軸轉動，同時旋臂 BCO 以等角速 $N = 30$ rpm 繞水平固定軸(Y軸)轉動，試求在圖中位置時圓盤上 A 點之速度與加速度。

【答】$\mathbf{v} = 0.134\mathbf{i} + 2.513\mathbf{j} + 0.251\mathbf{k}$ m/s，$\mathbf{a} = -62.36\mathbf{i} - 0.986\mathbf{k}$ m/s^2。

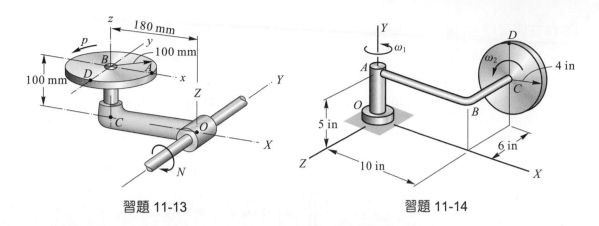

習題 11-13　　　　　　　　　　習題 11-14

11-14 如圖習題 11-14 中旋臂 ABC 以 $\omega_1 = 3$ rad/s 之等角速繞鉛直軸轉動，同時半徑 4 in 之圓盤以 $\omega_2 = 5$ rad/s 之等角速繞旋臂轉動，試求圓盤在圖示位置之角加速度以及圓盤上 D 點之加速度。

【答】$\boldsymbol{\alpha} = 15\mathbf{i}$ rad/s^2，$\mathbf{a}_D = -90\mathbf{i} - 100\mathbf{j} + 174\mathbf{k}$ in/s^2。

11-15 如圖習題 11-15 中曲桿 ABC 以等角速 $\omega_1 = 4$ rad/s 繞鉛直軸轉動，同時曲桿上之套環 D 以 65 in/s 之等速率相對於曲桿向下滑動，試求在圖示位置套環 D 之速度與加速度。

【答】$\mathbf{v}_D = 22\mathbf{i} - 60\mathbf{j} + 25\mathbf{k}$ in/s，$\mathbf{a}_D = 200\mathbf{i} - 88\mathbf{k}$ in/s^2。

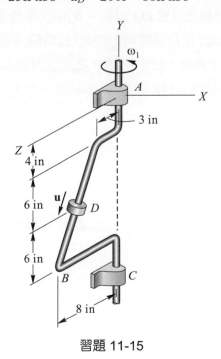

習題 11-15

11-16 在圖習題 11-16 中所示瞬間曲桿繞鉛直軸轉動之角速度 $\omega = 8$ rad/s 與角加速度 $\dot{\omega} = 12$ rad/s^2，方向如圖所示，同時套環 D 相對於曲桿向下滑動之速度為 6 m/s 加速度為 2 m/s^2，試求套環之速度與加速度。

【答】$\mathbf{v}_C = -5.54\mathbf{i} + 5.20\mathbf{j} - 3.00\mathbf{k}$ m/s，$\mathbf{a}_C = -91.5\mathbf{i} - 42.6\mathbf{j} - 1.00\mathbf{k}$ m/s^2。

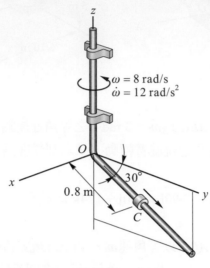

習題 11-16

11-17 如圖習題 11-17 中輸送機之旋臂 OA 以 $\omega_1 = 6$ rad/s 等角速繞鉛直軸(z 軸)轉動，同時旋臂 OA 以 $\omega_2 = \dot{\theta} = 4$ rad/s 之角速度向上仰起，此時輸送帶上之物體 P 以 1.5 m/s 之速度(相對於旋臂 OA)向上運動，試求物體 P 之速度與加速度。

【答】$\mathbf{v}_P = -7.62\mathbf{i} - 4.02\mathbf{j} + 6.14\mathbf{k}$ m/s，$\mathbf{a}_P = 48.2\mathbf{i} - 74.5\mathbf{j} - 11.8\mathbf{k}$ m/s^2。

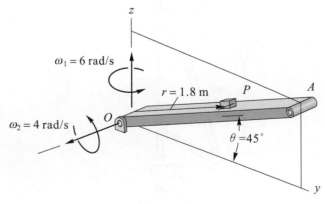

習題 11-17

11-18 如圖習題 11-18 中 AB 桿以 $\omega_1 = 4$ rad/s 之角速度與 $\dot{\omega}_1 = 3$ rad/s² 之角加速度繞 A 處之固定銷轉動，同時 BD 桿以 $\omega_2 = 5$ rad/s 與 $\dot{\omega}_2 = 7$ rad/s² 相對於 AB 桿轉動，而套環 C 以相對於 BD 桿 3m/s 之速度與 2 m/s² 之加速度沿 BD 桿滑動，試求此時套環 C 之速度與加速度。

　　【答】$\mathbf{v}_C = 3\mathbf{i} + 6\mathbf{j} - 3\mathbf{k}$ m/s，$\mathbf{a}_C = -13.0\mathbf{i} + 28.5\mathbf{j} - 10.2\mathbf{k}$ m/s²。

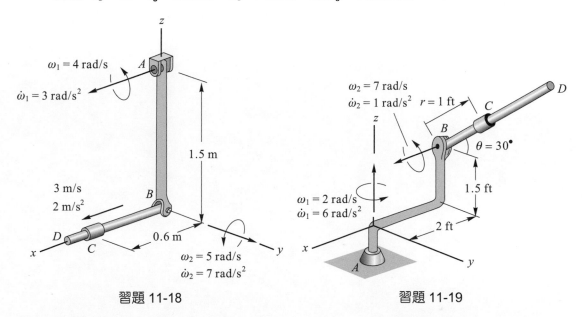

習題 11-18　　　　　　　　　　　　習題 11-19

11-19 在如圖習題 11-19 中所示位置時旋臂 AB 以 $\omega_1 = 2$ rad/s 之角速度與 $\dot{\omega}_1 = 6$ rad/s² 之角加速度繞鉛直固定軸(z 軸)轉動，同時 BD 桿以 $\omega_2 = 7$rad/s 及 $\dot{\omega}_2 = 1$ rad/s² 相對於旋臂 AB 轉動，而套環 C 沿 BD 桿以 $\dot{r} = 2$ m/s 之速度及 $\ddot{r} = -0.5$ m/s² 之減速度滑動，試求此時套環 C 之速度與加速度。

　　【答】$\mathbf{v}_C = -1.732\mathbf{i} - 5.768\mathbf{j} + 7.062\mathbf{k}$ ft/s，$\mathbf{a}_C = 9.876\mathbf{i} - 72.8\mathbf{j} + 0.364\mathbf{k}$ ft/s²。

三維剛體力動學

在三維空間運動的剛體通常同時具有移動與轉動，其中移動運動可用剛體的質心運動代表，以質點運動即可分析，此部份已經在前面幾個章節中詳細討論過，本章中主要是針對剛體的轉動部份來作分析。

剛體的轉動運動方程式是在討論剛體的角運動分量與外力對某一點(可在剛體上或剛體外)所生力矩分量的關係，其中涉及剛體所受之力矩、質量慣性矩與角動量，再利用動量與衝量之原理，以及功與動能之原理，來解決剛體在空間所涉及之轉動運動，本章中主要是針對非對稱剛體繞固定軸之轉動運動。

12-1 三維剛體的角動量

參考圖 12-1 之剛體，其質量為 m，質心位於 G 點。XYZ 為一慣性坐標系(靜止或作等速度移動)。首先要計算剛體對 A 點之角動量，設 A 點之位置向量為 $\mathbf{r}_A$，剛體上任一個質點 i(質量為 m_i)相對於 A 點之位置向量為 $\boldsymbol{\rho}_A$，則質點 i 對 A 點之角動量為

$$(\mathbf{H}_A)_i = \boldsymbol{\rho}_A \times m_i \mathbf{v}_i$$

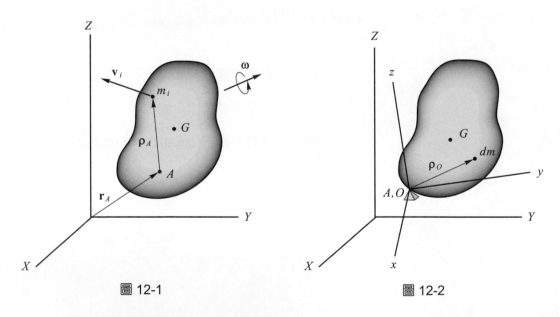

圖 12-1 　　　　　　　　　　　　　　圖 12-2

其中 $\mathbf{v}_i$ 為質點 i 對慣性坐標系 XYZ 之速度，且 $\mathbf{v}_i = \mathbf{v}_A + \boldsymbol{\omega} \times \boldsymbol{\rho}_A$，$\mathbf{v}_A$ 為 A 點之速度，$\boldsymbol{\omega}$ 為剛體的角速度，則上式可寫為

$$(\mathbf{H}_A)_i = \boldsymbol{\rho}_A \times m_i(\mathbf{v}_A + \boldsymbol{\omega} \times \boldsymbol{\rho}_A) = (\boldsymbol{\rho}_A m_i) \times \mathbf{v}_A + \boldsymbol{\rho}_A \times (\boldsymbol{\omega} \times \boldsymbol{\rho}_A) \, m_i$$

剛體上所有質點對 A 點的角動量總和，就是整個剛體對 A 點的角動量 $\mathbf{H}_A$。令 $m_i \to dm$，並將上式積分，則

$$\mathbf{H}_A = \left(\int_m \boldsymbol{\rho}_A \, dm \right) \times \mathbf{v}_A + \int_m \boldsymbol{\rho}_A \times (\boldsymbol{\omega} \times \boldsymbol{\rho}_A) \, dm \tag{12-1}$$

1. **對固定點 O 之角動量**

   若 A 為剛體上之固定點 O，參考圖 12-2，則 $\mathbf{v}_A = 0$，因此公式(12-1)變為

   $$\mathbf{H}_O = \int_m \boldsymbol{\rho}_O \times (\boldsymbol{\omega} \times \boldsymbol{\rho}_O) \, dm \tag{12-2}$$

   其中 $\boldsymbol{\rho}_O$ 剛體上各微小質量 dm 相對於固定點 O 之位置向量。

2. **對質心 G 之角動量**

   若 A 點位於剛體的質心 G，參考圖 12-3 所示，則 $\int_m \boldsymbol{\rho}_G \, dm = 0$，因此公式(12-1)變為

   $$\mathbf{H}_G = \int_m \boldsymbol{\rho}_G \times (\boldsymbol{\omega} \times \boldsymbol{\rho}_G) \, dm \tag{12-3}$$

   其中 $\boldsymbol{\rho}_G$ 剛體上各微小質量 dm 相對於質心之位置向量。

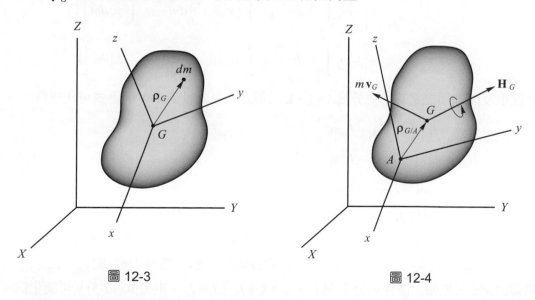

圖 12-3   圖 12-4

3. **對任一點 A 之角動量**

   若 A 點為固定點 O 或質心 G 以外之點，參考圖 12-4 所示，將 $\boldsymbol{\rho}_A = \boldsymbol{\rho}_G + \boldsymbol{\rho}_{G/A}$ 及 $\mathbf{v}_G = \mathbf{v}_A + \boldsymbol{\omega} \times \boldsymbol{\rho}_{G/A}$ 兩式代入公式(12-1)中，經整理後可得

$$\mathbf{H}_A = \mathbf{\rho}_{G/A} \times m\mathbf{v}_G + \mathbf{H}_G \tag{12-4}$$

由上式可看出剛體對任一點 A 之角動量為兩個部份之和，即剛體對質心 G 之角動量 $\mathbf{H}_G$ 及線動量 $m\mathbf{v}_G$ 對 A 點之轉矩($\mathbf{\rho}_{G/A} \times m\mathbf{v}_G$)。

✪ 角動量的直角分量

計算剛體的角動量以直角分量表示較為方便，通常可在剛體上選擇適當之坐標系，如圖 12-2 及圖 12-3 之 xyz 坐標系。

由於剛體對固定點 O 及質心 G 之角動量公式有相同的形式，即 $\mathbf{H} = \displaystyle\int_m \mathbf{\rho} \times (\mathbf{\omega} \times \mathbf{\rho})\, dm$ 將 $\mathbf{H}$、$\mathbf{\rho}$ 及 $\mathbf{\omega}$ 以直角分量表示，代入上式可得

$$H_x\mathbf{i} + H_y\mathbf{j} + H_z\mathbf{k} = \int_m (x\mathbf{i} + y\mathbf{j} + z\mathbf{k}) \times \left[(\omega_x\mathbf{i} + \omega_y\mathbf{j} + \omega_z\mathbf{k}) \times (x\mathbf{i} + y\mathbf{j} + z\mathbf{k}) \right] dm$$

將上式之向量積展開並整理後可得

$$
\begin{aligned}
H_x\mathbf{i} + H_y\mathbf{j} + H_z\mathbf{k} = & \left[+\omega_x \int_m (y^2 + z^2)\, dm - \omega_y \int_m xy\, dm - \omega_z \int_m xz\, dm \right] \mathbf{i} \\
& + \left[-\omega_x \int_m xy\, dm + \omega_y \int_m (x^2 + z^2)\, dm - \omega_z \int_m yz\, dm \right] \mathbf{j} \\
& + \left[-\omega_x \int_m zx\, dm - \omega_y \int_m yz\, dm + \omega_z \int_m (x^2 + y^2)\, dm \right] \mathbf{k}
\end{aligned}
$$

由慣性矩及慣性積之定義，並分為 $\mathbf{i}$、$\mathbf{j}$、$\mathbf{k}$ 三個方向之分量表示，則上式可化簡為

$$
\begin{aligned}
H_x &= +I_{xx}\omega_x - I_{xy}\omega_y - I_{xz}\omega_z \\
H_y &= -I_{yx}\omega_x + I_{yy}\omega_y - I_{yz}\omega_z \\
H_z &= -I_{zx}\omega_x - I_{zy}\omega_y + I_{zz}\omega_z
\end{aligned}
\tag{12-5}
$$

上列純量方程式可用於表示剛體對固定點 O 或質心 G 之角動量。至於對任一點 A(非 O 或 G)也可以用純量方程式表示，只要將公式(12-4)中之 $\mathbf{\rho}_{G/A}$ 及 $\mathbf{v}_G$ 以直角分量代入計算即可。

若所選取之 xyz 軸為剛體通過固定點 O 點或質心 G 點之慣性主軸，則 $I_{xy} = I_{yz} = I_{xz} = 0$。設剛體對 xyz 三主軸之慣性矩分別為 $I_x = I_{xx}$，$I_y = I_{yy}$，$I_z = I_{zz}$，則公式(12-5)又可簡化為

$$H_x = I_x\omega_x \quad , \quad H_y = I_y\omega_y \quad , \quad H_z = I_z\omega_z \tag{12-6}$$

衝量與動量原理

對於在空間中運動的剛體，瞭解其角動量的求法後，便可利用衝量與動量之原理分析空間運動剛體之力、速度與時間之關係，即

$$\sum \int_{t_1}^{t_2} \mathbf{F}dt = m(\mathbf{v}_G)_2 - m(\mathbf{v}_G)_1 \tag{12-7}$$

$$\sum \int_{t_1}^{t_2} \mathbf{M}_O dt = \mathbf{H}_2 - \mathbf{H}_1 \tag{12-8}$$

公式(12-7)為線衝量等於線動量之變化量，而公式(12-8)為角衝量等於角動量之變化量。兩式均為向量關係式，都可分解為三個互相垂直方向之純量方程式，故總共可得到六個純量方程式。

📖 12-2 三維運動剛體之動能

參考圖 12-1 中在空間運動之剛體，其總質量為 m，質心位於 G 點。剛體上任一質點 i(質量為 m_i)對慣性坐標系(XYZ 軸)之速度為 $\mathbf{v}_i$，則此質點之動能為

$$T_i = \frac{1}{2} m_i v_i^2 = \frac{1}{2} m_i (\mathbf{v}_i \cdot \mathbf{v}_i)$$

若已知剛體某一點 A 之速度 $\mathbf{v}_A$，則 $\mathbf{v}_i = \mathbf{v}_A + \boldsymbol{\omega} \times \boldsymbol{\rho}_A$，其中 $\boldsymbol{\omega}$ 為剛體之瞬時角速度(相對於 XYZ 軸)，$\boldsymbol{\rho}_A$ 為質點 i 相對於 A 點之位置向量，則 m_i 之動能可寫為

$$T_i = \frac{1}{2} m_i (\mathbf{v}_A + \boldsymbol{\omega} \times \boldsymbol{\rho}_A) \cdot (\mathbf{v}_A + \boldsymbol{\omega} \times \boldsymbol{\rho}_A)$$

$$= \frac{1}{2} (\mathbf{v}_A \cdot \mathbf{v}_A) m_i + \mathbf{v}_A \cdot (\boldsymbol{\omega} \times \boldsymbol{\rho}_A) m_i + \frac{1}{2} (\boldsymbol{\omega} \times \boldsymbol{\rho}_A) \cdot (\boldsymbol{\omega} \times \boldsymbol{\rho}_A) m_i$$

令 $m_i \rightarrow dm$，並將上式積分，便可得剛體的總動能為

$$T = \frac{1}{2} m(\mathbf{v}_A \cdot \mathbf{v}_A) + \mathbf{v}_A \cdot \left(\boldsymbol{\omega} \times \int_m \boldsymbol{\rho}_A dm \right) + \frac{1}{2} \int_m (\boldsymbol{\omega} \times \boldsymbol{\rho}_A) \cdot (\boldsymbol{\omega} \times \boldsymbol{\rho}_A) \, dm$$

上式最後一項若設 $\mathbf{a} = \boldsymbol{\omega}$，$\mathbf{b} = \boldsymbol{\rho}_A$，$\mathbf{c} = (\boldsymbol{\omega} \times \boldsymbol{\rho}_A)$，則由向量公式 $\mathbf{a} \times \mathbf{b} \cdot \mathbf{c} = \mathbf{a} \cdot \mathbf{b} \times \mathbf{c}$，可改寫為

$$T = \frac{1}{2} m(\mathbf{v}_A \cdot \mathbf{v}_A) + \mathbf{v}_A \cdot \left(\boldsymbol{\omega} \times \int_m \boldsymbol{\rho}_A dm \right) + \frac{1}{2} \boldsymbol{\omega} \cdot \int_m \boldsymbol{\rho}_A \times (\boldsymbol{\omega} \times \boldsymbol{\rho}_A) \, dm \tag{12-9}$$

上式中之積分通常不易計算，若參考點 A 取爲固定點 O 或質心 G，則公式(12-9)可大爲簡化。

1. 對固定點 O

若 A 爲剛體上之固定點 O，則 $\mathbf{v}_A = 0$，且 $\int_m \boldsymbol{\rho}_O \times (\boldsymbol{\omega} \times \boldsymbol{\rho}_O) dm = \mathbf{H}_O$，故

$$T = \frac{1}{2} \boldsymbol{\omega} \cdot \mathbf{H}_O \tag{12-10}$$

設 x、y、z 軸爲通過 O 點之慣性主軸，並將 $\boldsymbol{\omega}$ 與 $\mathbf{H}_O$ 以主軸之分量表示，即

$$\boldsymbol{\omega} = \omega_x \mathbf{i} + \omega_y \mathbf{j} + \omega_z \mathbf{k} \quad , \quad \mathbf{H}_O = I_x \omega_x \mathbf{i} + I_y \omega_y \mathbf{j} + I_z \omega_z \mathbf{k}$$

則公式(12-10)可改寫爲

$$T = \frac{1}{2} I_x \omega_x^2 + \frac{1}{2} I_y \omega_y^2 + \frac{1}{2} I_z \omega_z^2 \tag{12-11}$$

2. 對質心 G

若 A 爲剛體的質心 G，則 $\int_m \rho_G dm = 0$，且 $\int_m \boldsymbol{\rho}_G \times (\boldsymbol{\omega} \times \boldsymbol{\rho}_G) dm = \mathbf{H}_G$，故

$$T = \frac{1}{2} m v_G^2 + \frac{1}{2} \boldsymbol{\omega} \cdot \mathbf{H}_G \tag{12-12}$$

等號右邊第二項也可用純量表示，即

$$T = \frac{1}{2} m v_G^2 + \left(\frac{1}{2} I_x \omega_x^2 + \frac{1}{2} I_y \omega_y^2 + \frac{1}{2} I_z \omega_z^2 \right) \tag{12-13}$$

其中 x、y、z 軸爲通過質心 G 之慣性主軸。由公式(12-12)可看出剛體在空間運動之動能包括二個部份，即移動動能 $\frac{1}{2} m v_G^2$ 與轉動動能(或內動能) $\frac{1}{2} \boldsymbol{\omega} \cdot \mathbf{H}_G$。

功與動能之原理

由上述所得剛體在空間運動之動能後，便可利用功與動能之原理分析剛體之力、速度與位移之關係，即

$$\sum U_{1\text{-}2} = T_2 - T_1 \tag{12-14}$$

例題 12-1

圖中圓盤質量為 m 半徑為 r，在水平面上以 ω_1 之角速度繞 OG 軸滾動，試求圓盤對 O 點之角動量，(b)圓盤之動能。圓盤之轉軸 OG 可繞通過 O 點之鉛直固定軸自由轉動。

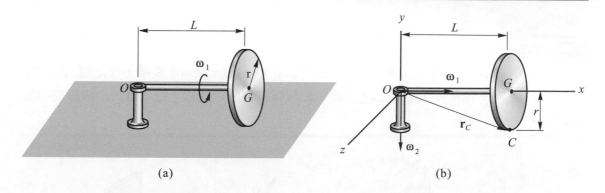

(a)   (b)

解　圓盤在水平面上滾動時，其 OG 軸亦同時以 ω_2 之角速度繞 y 軸轉動，參考(b)圖所示。
因圓盤與水平面之接觸點 C 速度為零(滾動)，即 $\mathbf{v}_C = \boldsymbol{\omega} \times \mathbf{r}_C = 0$，其中 $\boldsymbol{\omega}$ 為圓盤的角速度，由公式(11-2) $\boldsymbol{\omega} = \omega_1\mathbf{i} - \omega_2\mathbf{j}$，且 $\mathbf{r}_C = L\mathbf{i} - r\mathbf{j}$，則

$$\mathbf{v}_C = (\omega_1\mathbf{i} - \omega_2\mathbf{j}) \times (L\mathbf{i} - r\mathbf{j}) = 0$$

得　　　$(L\omega_2 - r\omega_1)\mathbf{k} = 0$ ，　　$\omega_2 = r\omega_1/L$

故圓盤之角速度為 $\boldsymbol{\omega} = \omega_1\mathbf{i} - (r\omega_1/L)\mathbf{j}$

因 O 為固定點，且 x、y、z 三軸為通過 O 點之主軸，由公式(12-6)可得圓盤對 O 點之角動量分量為

$$H_x = I_{xx}\omega_x = \left(\frac{1}{2}mr^2\right)\omega_1$$

$$H_y = I_{yy}\omega_y = \left(\frac{1}{4}mr^2 + mL^2\right)(-r\omega_1/L)$$

$$H_z = I_{zz}\omega_z = \left(\frac{1}{4}mr^2 + mL^2\right)(0) = 0$$

故　　　$\mathbf{H}_O = \left(\frac{1}{2}mr^2\omega_1\right)\mathbf{i} - m\left(\frac{r^2}{4} + L^2\right)(r\omega_1/L)\mathbf{j}$ ◄

圓盤之動能由公式(12-11)

$$T = \frac{1}{2}I_{xx}\omega_x^2 + \frac{1}{2}I_{yy}\omega_y^2 + \frac{1}{2}I_{zz}\omega_z^2$$

$$= \frac{1}{2}\left(\frac{1}{2}mr^2\right)\omega_1^2 + \frac{1}{2}\left(\frac{1}{4}mr^2 + mL^2\right)(-r\omega_1/L)^2 + 0$$

$$= \frac{1}{8}mr^2\left(6 + \frac{r^2}{L^2}\right)\omega_1^2 \blacktriangleleft$$

例題 12-2

圖中彎板每單位面積之質量為 70 kg/m²，以 $\omega = 30$ rad/s 之角速度繞 z 軸轉動，試求(a)彎板對 O 點之角動量；(b)彎板動能。設彎板在轉軸輪轂之質量忽略不計，且板厚甚小於表面之尺寸。

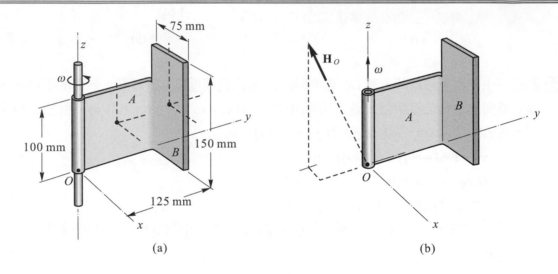

(a)   (b)

解 將彎板分為 A、B 兩平板，如圖所示，兩平板之質量分別為

$m_A = 70(0.1 \times 0.125) = 0.875$ kg

$m_B = 70(0.075 \times 0.15) = 0.788$ kg

平板 A 對圖示坐標軸之慣性矩與慣性積：

$$I_{xx} = \frac{1}{12}(0.875)(0.1^2 + 0.125^2) + (0.875)(0.05^2 + 0.0625^2) = 0.00747 \text{ kg-m}^2$$

$$I_{yy} = \frac{1}{3}(0.875)(0.1^2) = 0.00292 \text{ kg-m}^2$$

$$I_{zz} = \frac{1}{3}(0.875)(0.125^2) = 0.00456 \text{ kg-m}^2$$

$$I_{xy} = 0 \quad , \quad I_{xz} = 0$$

$$I_{yz} = 0 + (0.875)(0.0625 \times 0.05) = 0.00273 \text{ kg-m}^2$$

平板 B 對圖示坐標軸之慣性矩與慣性積

$$I_{xx} = \frac{1}{12}(0.788)(0.15^2) + (0.788)(0.125^2 + 0.075^2) = 0.01821 \text{ kg-m}^2$$

$$I_{yy} = \frac{1}{12}(0.788)(0.075^2 + 0.15^2) + (0.788)(0.0375^2 + 0.075^2) = 0.00738 \text{ kg-m}^2$$

$$I_{zz} = \frac{1}{12}(0.788)(0.075^2) + (0.788)(0.125^2 + 0.0375^2) = 0.01378 \text{ kg-m}^2$$

$$I_{xy} = 0 + (0.788)(0.0375 \times 0.125) = 0.00369 \text{ kg-m}^2$$

$$I_{yz} = 0 + (0.788)(0.125 \times 0.075) = 0.00738 \text{ kg-m}^2$$

$$I_{xz} = 0 + (0.788)(0.0375 \times 0.075) = 0.00221 \text{ kg-m}^2$$

將兩者相加可得彎板之總慣性矩與慣性積

$$I_{xx} = 0.0257 \text{ kg-m}^2 \quad , \quad I_{yy} = 0.0103 \text{ kg-m}^2 \quad , \quad I_{zz} = 0.01834 \text{ kg-m}^2$$

$$I_{xy} = 0.00369 \text{ kg-m}^2 \quad , \quad I_{yz} = 0.01012 \text{ kg-m}^2 \quad , \quad I_{xz} = 0.00221 \text{ kg-m}^2$$

(a) 彎板對於 O 點之角動量，由公式(12-5)及 $\boldsymbol{\omega} = 30\mathbf{k}$ rad/s，得

$$H_x = -I_{xz}\omega_z = -(0.00221)(30) = -0.0663 \text{ N-m-s}$$

$$H_y = -I_{yz}\omega_z = -(0.01012)(30) = -0.3036 \text{ N-m-s}$$

$$H_z = I_{zz}\omega_z = (0.01834)(30) = 0.5502 \text{ N-m-s}$$

故 $\quad \mathbf{H}_O = -0.0663\mathbf{i} - 0.3036\mathbf{j} + 0.5502\mathbf{k}$ N-m-s◀

(b) 彎板之動能由公式(12-10)

$$T = \frac{1}{2}\boldsymbol{\omega} \cdot \mathbf{H}_O = \frac{1}{2}(30\mathbf{k}) \cdot (-0.0663\mathbf{i} - 0.3036\mathbf{j} + 0.5502\mathbf{k}) = 8.253 \text{ J}◀$$

例題 12-3

質量為 m 的長方形均質薄板在 A、B 兩點以繩索懸吊，如圖所示，今在 D 點承受一與板面垂直之衝量 $F\Delta t$，試求撞擊後(a)質心 G 之速度；(b)板的角速度。設撞擊前後繩索保持受拉狀態。

解 繪板子受撞擊時之衝量圖，如(b)圖所示，因繩索保持為受拉狀態，撞擊後 $v_{Gy} = 0$ 且 $\omega_z = 0$，則撞擊後板子之質心速度 $\mathbf{v}_G$ 與角速度 $\boldsymbol{\omega}$ 分別為

$$\mathbf{v}_G = v_{Gx}\mathbf{i} + v_{Gz}\mathbf{k} \quad , \quad \boldsymbol{\omega} = \omega_x\mathbf{i} + \omega_y\mathbf{j}$$

(c)圖所示為板子撞擊後之線動量與角動量，由於 x、y、z 三軸為主軸，故撞擊後板子對質心之角動量為

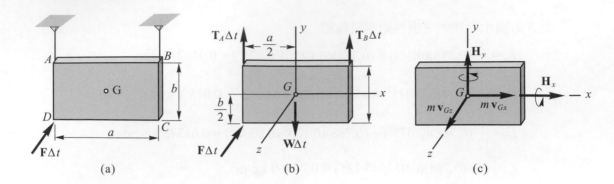

(a)   (b)   (c)

$$H_G = I_{xx}\omega_x\mathbf{i} + I_{yy}\omega_y\mathbf{j} = \frac{1}{12}mb^2\omega_x\mathbf{i} + \frac{1}{12}ma^2\omega_y\mathbf{j}$$

由線衝量與線動量原理：公式(12-7)

x-方向：$0 = mv_{Gx} - 0$ ， $v_{Gx} = 0$

z-方向：$-F\Delta t = mv_{Gz} - 0$ ， $v_{Gz} = -F\Delta t/m$

故撞擊後板子之質心速度為 $\mathbf{v}_G = (-F\Delta t/m)\mathbf{k}$ ◀

由角衝量與角動量原理(對質心 G)：公式(12-8)

x-方向：$(F\Delta t)\left(\dfrac{b}{2}\right) = \dfrac{1}{12}mb^2\omega_x - 0$ ， $\omega_x = \dfrac{6F\Delta t}{mb}$

y-方向：$-(F\Delta t)\left(\dfrac{a}{2}\right) = \dfrac{1}{12}ma^2\omega_y - 0$ ， $\omega_y = -\dfrac{6F\Delta t}{ma}$

故撞擊後板子之角速度為 $\boldsymbol{\omega} = \dfrac{6F\Delta t}{mab}(a\mathbf{i} - b\mathbf{j})$ ◀

例題 12-4

    圖中 5 N-m 之轉矩作用在鉛直軸 CD 上，而使質量 10 kg 的齒輪 A 繞 CE 軸自由轉動。若齒輪 A 最初為靜止，則轉動 2 圈後 CD 軸之角速度 ω_2 為若干？設 CD 軸與 CE 軸之質量忽略不計，且齒輪 A 可視為圓盤。齒輪 B 為固定不動。

解 將 CD 軸、CE 軸及齒輪 A 視為一剛體系統，則此系統僅有力矩 M 有作功，轉動 2 圈後力矩 M 所作之功為

    $U = (5\text{N-m})(4\pi\,\text{rad}) = 62.83\ \text{J}$

齒輪 A 之角速度由公式(11-12)：$\boldsymbol{\omega}_A = -\omega_1\mathbf{i} + \omega_2\mathbf{k}$。

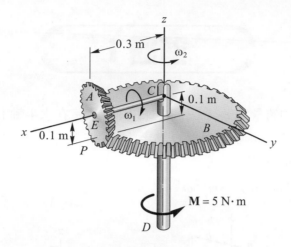

齒輪 A 與齒輪 B(固定)之接觸點 P 速度爲零，即 $\mathbf{v}_P = \boldsymbol{\omega}_A \times \mathbf{r}_P = 0$，其中 $\mathbf{r}_P = 0.3\mathbf{i} - 0.1\mathbf{k}$，
則

$$\mathbf{v}_P = (-\omega_1\mathbf{i} + \omega_2\mathbf{k}) \times (0.3\mathbf{i} - 0.1\mathbf{k}) = 0$$

得　　$0.1\omega_1 - 0.3\omega_2 = 0$　，　$\omega_1 = 3\omega_2$

故齒輪 A 之角速度　$\boldsymbol{\omega}_A = (-3\omega_2)\mathbf{i} + \omega_2\mathbf{k}$

因 C 爲固定點，且 x、y、z 三軸爲通過 C 點之主軸，則齒輪對 C 點之慣性矩爲

$$I_{xx} = \frac{1}{2}(10)(0.1^2) = 0.05 \text{ kg-m}^2$$

$$I_{yy} = I_{zz} = \frac{1}{4}(10)(0.1^2) + 10(0.3^2) = 0.925 \text{ kg-m}^2$$

因此齒輪 C 之動能由公式(12-11)

$$T = \frac{1}{2}I_{xx}\omega_x^2 + \frac{1}{2}I_{yy}\omega_y^2 + \frac{1}{2}I_{zz}\omega_z^2$$

$$= \frac{1}{2}(0.05)(-3\omega_2)^2 + 0 + \frac{1}{2}(0.925)\omega_2^2 = 0.6875\,\omega_2^2$$

由功與動能之原理：$\sum U_i = T_2 - T_1$

得　　$62.83 = 0.6875\,\omega_2^2 - 0$　，　$\omega_2 = 9.56$ rad/s ◀

習題 1

12-1 如圖習題 12-1 中質量為 m 之三個小球以細桿固定在水平軸上,當軸以 ω 之角速度轉動時,試求此軸之線動量與對 O 點之角動量。設小球的半徑甚小於尺寸 b,且軸與細桿之質量忽略不計。

【答】$L = \sqrt{2}\, mb\omega$, $H_O = 3mb^2\omega$。

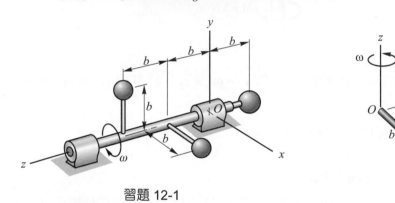

習題 12-1   習題 12-2

12-2 如圖習題 12-2 中彎桿之質量為 m,以 ω 之角速度繞 z 軸轉動,試求對 O 點之角動量及彎桿之動能。

【答】$\mathbf{H}_O = \dfrac{m\omega b^2}{3}\left(-\dfrac{1}{2}\mathbf{i} - \dfrac{1}{2}\mathbf{j} + \dfrac{11}{3}\mathbf{k}\right)$, $T = \dfrac{11}{18}mb^2\omega^2$。

12-3 質量為 m 邊長為 a 之正方形均質薄板焊接在垂直軸 AB 上,如圖習題 12-3 所示,二者夾角為 $45°$,若 AB 軸以 ω 之角速度轉動,試求板子對 A 點之角動量及板子之動能。

【答】$\mathbf{H}_A = \dfrac{1}{12}ma^2\omega(3\mathbf{j} + 2\mathbf{k})$, $T = \dfrac{1}{8}ma^2\omega^2$。

12-4 如圖習題 12-4 所示,質量為 m 半徑為 r 之均質圓盤固定在水平軸 AB 上,圓盤平面與垂直方向夾 $45°$,當 AB 軸以 ω 之角速度轉動時,試求圓盤對質心 G 點之角動量與 AB 軸之夾角,並求圓盤之動能。

【答】$\theta = 18.4°$, $T = 3mr^2\omega^2/16$。

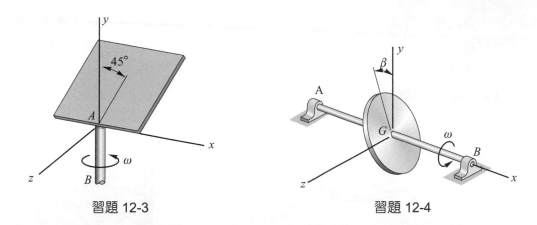

習題 12-3 習題 12-4

12-5 如圖習題 12-5 中質量為 5 kg 之均質薄圓盤以 $\omega_2 = 8$ rad/s 之等角速繞曲軸 ABC 轉動，同時曲軸又以 $\omega_1 = 3$ rad/s 之等角速繞鉛直固定軸(y 軸)轉動，試求圓盤對其質心 G 點之角動量及圓盤之動能。

【答】$\mathbf{H}_G = 0.234\mathbf{j} + 1.250\mathbf{k}$ kg-m²/s，$T = 10.98$ J。

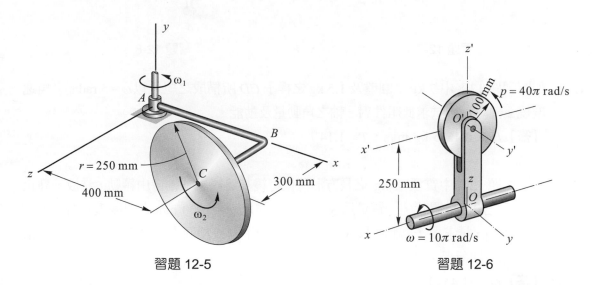

習題 12-5 習題 12-6

12-6 如圖習題 12-6 中質量 3 kg 半徑 100 mm 之圓盤以 $p = 40\pi$ rad/s 之角速度繞其 y' 軸轉動，同時旋臂以 $\omega = 10\pi$ rad/s 之角速度繞水平固定軸(x 軸)轉動，試求圓盤對 O 點的角動量及圓盤動能。

【答】$\mathbf{H}_O = 6.126\mathbf{i} + 1.885\mathbf{j}$ kg-m²/s，$T = 214.7$ J。

12-7 圖中薄圓盤重量為 95 N 直徑為 0.4 m，在掛鉤 S 上高度 $h = 0.75$ m 之水平位置由靜止釋放，落至掛鉤 S 上後圓盤邊緣 O 點與掛鉤連結在一起，試求連結後瞬間圓盤質心之速度。

【答】$v_G = -3.069\mathbf{j}$ m/s。

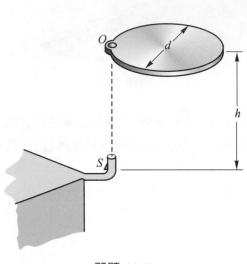

習題 12-7

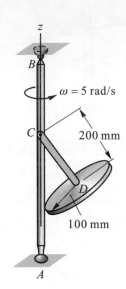

習題 12-8

12-8 如圖習題 12-8 中 7 kg 之圓盤及 1.5 kg 之桿子 CD 所構成之組件以 $\omega = 5$ rad/s 之角速度繞 z 軸轉動，試求此組件對 z 軸之角動量及動能。

【答】$H_z = 0.4575$ kg-m^2/s，$T = 1.14$ J。

12-9 如圖習題 12-9 中質量 15 kg 之長方形薄板可繞其邊緣之 y 軸自由轉動，當板子靜止在圖示之鉛直位置時，一質量為 3 公克之子彈以 $v = 2000$ m/s 之速度垂直射入板子上之 C 點，試求板子轉動半圈後之角速度。若子彈以相同之速度垂直射入板子角落之 D 點，則所得之結果是否相同。

【答】$\omega = 21.4$ rad/s。

12-10 如圖習題 12-10 中重量為 15 lb 之圓盤固定在水平之 AB 軸上且與 AB 軸夾 45°，如圖所示。最初 AB 軸以 $\omega_1 = 8$ rad/s 之角速度轉動，今在 AB 軸上施加力矩 $M = 4\,e^{0.1t}$ lb-ft，其中時間 t 之單位為秒，試求 2 秒後 AB 軸之角速度。設 AB 軸之質量忽略不計。

【答】$\omega_2 = 87.2$ rad/s。

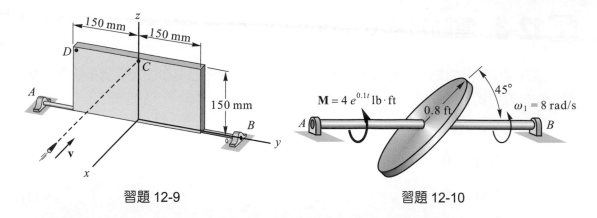

習題 12-9　　　　　　　　　　　　習題 12-10

12-11 如圖習題 12-11 中重量為 15 lb 之長方形均質薄板可繞 AB 軸(z 軸)自由轉動，設板子最初為靜止，今在板子之右上角落，施加一恆與板面垂直之力 $F = 8$ lb，試求板子轉動一圈後之角速度。

【答】$\omega = 58.4$ rad/s。

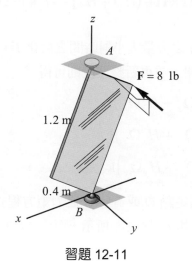

習題 12-11

12-3 運動方程式(equation of motion)

第五章中討論質點系的動力學時，在 5-4 節及 5-5 節中己導出固定質量系統之線動量與角動量方程式，即

$$\sum \mathbf{F} = \dot{\mathbf{L}} \qquad\qquad (5\text{-}10)$$

$$\sum \mathbf{M}_O = \dot{\mathbf{H}}_O \qquad\qquad (5\text{-}13)$$

$$\sum \mathbf{M}_G = \dot{\mathbf{H}}_G \qquad\qquad (5\text{-}15)$$

其中 O 為固定點，G 為質點系或剛體的質心，在此統一以 $\sum \mathbf{M} = \dot{\mathbf{H}}$ 來表示公式(5-13)及 (5-15)，其中之 $\dot{\mathbf{H}}$ 是以相對於絕對坐標系所取之導數。若角動量 $\mathbf{H}$ 是以相對於運動坐標系 (xyz 軸)之分量表示，且設運動坐標系之角速度為 $\mathbf{\Omega}$，則由公式(11-3)，$\sum \mathbf{M} = \dot{\mathbf{H}}$ 可表示為

$$\sum \mathbf{M} = \left(\frac{d\mathbf{H}}{dt} \right)_{xyz} + \mathbf{\Omega} \times \mathbf{H} = \left(\dot{H}_x \mathbf{i} + \dot{H}_y \mathbf{j} + \dot{H}_z \mathbf{k} \right) + \mathbf{\Omega} \times \mathbf{H}$$

上式等號右邊括號內之項為 $\mathbf{H}$ 之分量大小對時間之變化率，而($\mathbf{\Omega} \times \mathbf{H}$)是由於 $\mathbf{H}$ 之方向改變所產生者，若將($\mathbf{\Omega} \times \mathbf{H}$)展開，並重新整理後則可得

$$\begin{aligned} \sum \mathbf{M} = & \left(\dot{H}_x - H_y \Omega_z + H_z \Omega_y \right) \mathbf{i} \\ & + \left(\dot{H}_y - H_z \Omega_x + H_x \Omega_z \right) \mathbf{j} \\ & + \left(\dot{H}_z - H_x \Omega_y + H_y \Omega_x \right) \mathbf{k} \end{aligned} \qquad (12\text{-}15)$$

上式為在空間運動之剛體對固定點 O 或質心 G 之力矩方程式，其中 $\mathbf{\Omega}$ 為運動坐標系之角速度，至於剛體的角動量分量如公式(12-5)所示，而公式(12-5)中之 ω_x、ω_y、及 ω_z 為剛體的角速度分量。

若將運動坐標系(xyz 軸)附於剛體上隨剛體運動，則剛體對此運動坐標系之慣性矩與慣性積恆為定值，且 $\mathbf{\Omega} = \mathbf{\omega}$，則公式(12-15)可改寫為

$$\sum M_x = \dot{H}_x - H_y \omega_z + H_z \omega_y$$

$$\sum M_y = \dot{H}_y - H_z \omega_x + H_x \omega_z \qquad\qquad (12\text{-}16)$$

$$\sum M_z = \dot{H}_z - H_x \omega_y + H_y \omega_x$$

注意上式是將運動坐標系附於剛體上之固定點 O 或質心 G 所得之力矩方程式。

由於剛體對其上任一點均存在有三個互相垂直之慣性主軸，若將運動坐標系附於固定點 O 或質心 G 的慣性主軸上，使剛體對主軸之慣性積均為零，即 $I_{xy} = I_{yz} = I_{xz} = 0$，因此將公式(12-5)代入公式(12-16)便可得

$$\sum M_x = I_{xx}\dot{\omega}_x - (I_{yy} - I_{zz})\omega_y\omega_z$$

$$\sum M_y = I_{yy}\dot{\omega}_y - (I_{zz} - I_{xx})\omega_z\omega_x \qquad (12\text{-}17)$$

$$\sum M_z = I_{zz}\dot{\omega}_z - (I_{xx} - I_{yy})\omega_x\omega_y$$

上式稱為**歐拉方程式**(Euler's equation)，在三維動力學中為最常用的運動方程式。

剛體繞固定軸轉動

參考圖 12-5 中繞固定軸(Z 軸)轉動之剛體，設剛體對固定坐標系($OXYZ$)之角速度為 ω，其方向沿著轉軸。今將運動坐標(xyz 軸)附於剛體上隨剛體轉動，其中 z 軸沿轉軸 AB，則 $\omega_x = 0$，$\omega_y = 0$，$\omega_z = \omega$，由公式(12-5)

$$H_x = -I_{xz}\omega \quad , \quad H_y = -I_{yz}\omega \quad , \quad H_z = I_z\omega$$

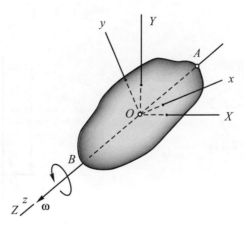

圖 12-5

因此公式(12-16)可簡化為

$$\sum M_x = -I_{xz}\alpha + I_{yz}\omega^2$$

$$\sum M_y = -I_{yz}\alpha - I_{xz}\omega^2 \qquad (12\text{-}18)$$

$$\sum M_z = I_{zz}\alpha$$

其中 $\alpha = \dot{\omega}$，為剛體繞固定軸轉動的角加速度。

　　若作用於剛體上的外力為己知，則剛體轉動的角加速度 α 可由公式(12-18)中之第三式求得，並由剛體運動學求角速度 ω，所得的 α 與 ω 代入公式(12-18)中之前兩式，並配合質心平移之運動方程式($\sum F_x = ma_{Gx}$，$\sum F_y = ma_{Gy}$，$\sum F_z = ma_{Gz}$)，便可分析 AB 軸之支承反力。

　　若轉動之剛體對稱於 xy 平面，則慣性積 I_{xz} 及 $I_{yz} = 0$，因此公式(12-18)可再簡化為

$$\sum M_x = 0 \quad , \quad \sum M_y = 0 \quad , \quad \sum M_z = I_{zz}\alpha \tag{12-19}$$

另外，若剛體之慣性積 I_{xz} 與 I_{yz} 不為零，即使剛體作等角速轉動，外力對 x 軸與 y 軸之力矩和並不等於零，此種情形公式(12-18)變為

$$\sum M_x = I_{yz}\omega^2 \quad , \quad \sum M_y = -I_{xz}\omega^2 \quad , \quad \sum M_z = 0 \tag{12-20}$$

例題 12-5

　　圖中均質細桿 AB 長度為 2.4 m 質量為 20 kg，在 A 端以光滑銷子連接在鉛直軸 DE 上，B 端以水平細繩連接於 DE 軸上之 C 點，當 DE 軸以 $\omega = 15$ rad/s 之等角速轉動時，試求繩子之張力及 A 處之反力。

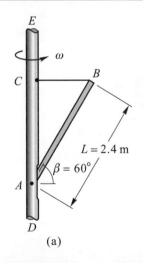
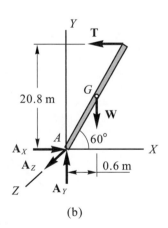

(a) 　　　　　　　　　　　　　　　(b)

解 繪 AB 桿之自由體圖，如(b)圖所示，若欲求解繩子張力及支承 A 之反力，則必須應用力矩與角動量之關係式($\sum \mathbf{M} = \dot{\mathbf{H}}$)及質心之運動方程式($\sum \mathbf{F} = m\mathbf{a}_G$)。

由於本題 AB 桿以等角速度繞 Y 軸轉動，故

$$\dot{\omega}_X = \dot{\omega}_Y = \dot{\omega}_Z = 0 \quad , \quad \text{且} \quad \omega_X = \omega_Z = 0 \quad , \quad \omega_Y = \omega = 15 \text{ rad/s}$$

$$a_{GX} = -(1.2\cos 60°)(15)^2 = -135 \text{ m/s}^2 \quad , \quad a_{GY} = a_{GZ} = 0$$

又 AB 桿對 XY 平面成對稱，$I_{XZ} = I_{YZ} = 0$

$$I_{XY} = \int XY dm = \int_0^L (s\cos\beta)(s\sin\beta)\rho ds = \rho\frac{L^3}{3}\sin\beta\cos\beta$$

其中ρ為AB桿單位長度之質量，$m = \rho L$，故$I_{XY} = \frac{1}{3}mL^2\sin\beta\cos\beta$

由公式(12-5)，可得AB桿對A點之角動量

$$H_X = -I_{XY}\omega \quad , \quad H_Y = I_{YY}\omega \quad , \quad H_Z = 0$$

代入公式(12-16)，可得力矩與角動量之關係

$$\sum M_X = 0 \quad , \quad \sum M_Y = 0 \quad , \quad \sum M_Z = -H_X\omega = I_{XY}\omega^2$$

即　　　$T(L\sin\beta) - W\left(\frac{L}{2}\cos\beta\right) = \frac{1}{3}mL^2\omega^2\sin\beta\cos\beta$

$$T(2.4\sin60°) - (2.0\times9.81)(1.2\cos60°) = \frac{1}{3}(20\times2.4^2\times15^2)\sin60°\cos60°$$

得　　　$T = 1857$ N ◄

由質心之運動方程式

$$\sum F_X = ma_{GX} \quad , \quad A_X - 1857 = 20(-135) \quad , \quad A_X = -843 \text{ N} \blacktriangleleft$$

$$\sum F_Y = 0 \quad , \quad A_Y - (2.0\times9.81) = 0 \quad , \quad A_Y = 196.2 \text{ N} \blacktriangleleft$$

$$\sum F_Z = 0 \quad , \quad A_Y = 0 \blacktriangleleft$$

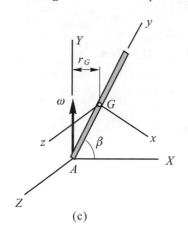

(c)

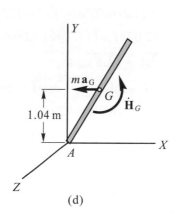

(d)

另解 將運動坐標系(xyz軸)固定在AB桿之質心G，如(c)圖所示，則AB桿對其質心之慣性矩與慣性積為

$$\bar{I}_{xx} = \frac{1}{12}mL^2 \quad , \quad \bar{I}_{yy} = 0 \quad , \quad \bar{I}_{zz} = \frac{1}{12}mL^2$$

$$\bar{I}_{xy} = \bar{I}_{yz} = \bar{I}_{xz} = 0 \ (x、y、z為主軸)$$

AB 桿之角速度：$\omega_x = -\omega\cos\beta$ ， $\omega_y = \omega\sin\beta$ ， $\omega_z = 0$

則 AB 桿對其質心 G 之角動量為

$$\mathbf{H}_G = \bar{I}_{xx}\omega_x\mathbf{i} + \bar{I}_{yy}\omega_y\mathbf{j} + \bar{I}_{zz}\omega_z\mathbf{k} = -\frac{1}{12}mL^2\omega\cos\beta\,\mathbf{i}$$

$\mathbf{H}_G$ 對固定坐標系之變化率為 $\dot{\mathbf{H}}_G = \left(\dot{\mathbf{H}}_G\right)_{xyz} + \boldsymbol{\omega}\times\mathbf{H}_G$

其中 $\left(\dot{\mathbf{H}}_G\right)_{xyz} = 0$，且運動坐標系($xyz$ 軸)之角速度等於 AB 桿之角速度，故

$$\dot{\mathbf{H}}_G = \left(\dot{\mathbf{H}}_G\right)_{xyz} + \boldsymbol{\omega}\times\mathbf{H}_G$$

$$= 0 + (-\omega\cos\beta\,\mathbf{i} + \omega\sin\beta\,\mathbf{j})\times\left(-\frac{1}{12}mL^2\omega\cos\beta\,\mathbf{i}\right) = \frac{1}{12}mL^2\omega^2\sin\beta\cos\beta\,\mathbf{k}$$

$$= \frac{1}{12}(20)(2.4^2)(15^2)\sin60°\cos60°\,\mathbf{k} = 935\,\mathbf{k}\ \text{N-m}$$

質心加速度：$\mathbf{a}_G = -r_G\omega^2\mathbf{I} = -(0.6)(15)^2\mathbf{I} = -135\mathbf{I}\ \text{m/s}^2$

繪 AB 桿之等效力圖，如(d)圖所示

由 $\quad \sum\mathbf{M}_A = (\sum\mathbf{M}_A)_{\text{eff}}$ ：

$$(L\sin\beta\mathbf{J})\times(-T\mathbf{I}) + \left(\frac{L}{2}\cos\beta\mathbf{I}\right)\times(-mg\mathbf{J}) = \left(\frac{L}{2}\sin\beta\mathbf{J}\right)\times(-ma_G\mathbf{I}) + \dot{\mathbf{H}}_G$$

$$(2.4\sin60°\mathbf{J})\times(-T\mathbf{I}) + (1.2\cos60°\mathbf{I})\times(-20\times9.81\mathbf{J})$$

$$= (1.2\sin60°\mathbf{J})\times(-20\times135\mathbf{I}) + 935\,\mathbf{K}$$

$(2.078T - 117.7)\mathbf{K} = (2806 + 935)\mathbf{K}$ ， 得 $T = 1857$ N ◄

$\sum\mathbf{F} = (\sum\mathbf{F})_{\text{eff}}$ ：

$(A_x - T)\mathbf{I} + (A_Y - mg)\mathbf{J} + A_Z\mathbf{K} = -ma_G\mathbf{I}$

$(A_x - 1857) = -20(135)$ ， $A_x = -843$ N ◄

$A_Y - (20)(9.81) = 0$ ， $A_Y = 196.2$ N ◄

$A_Z = 0$ ◄

例題 12-6

　　圖中兩根質量為 300 g 長度為 100 mm 之桿子 A 與 B 垂直焊在水平軸 CD 上，而 CD 軸可在其兩端之軸承上自由轉動。當一力偶矩 $M = 6$ N-m 作用於 CD 軸上時，此時軸之轉速為 1200 rpm，試求此瞬間軸承 C 與 D 處之反力。設 CD 軸之慣性矩忽略不計。

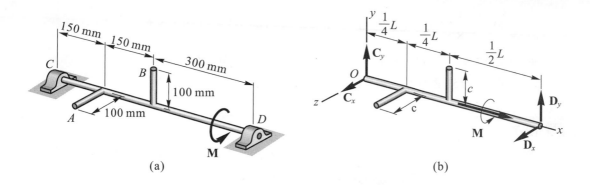

(a)　　　　　　　　　　　　　(b)

解 繪 CD 軸之自由體圖，如(b)圖所示，因 CD 軸繞 x 軸轉動

$$\omega_x = \omega = 1200 \text{ rpm} = 125.7 \text{ rad/s} \quad , \quad \omega_y = \omega_z = 0$$

$$\dot{\omega}_x = \alpha \quad , \quad \dot{\omega}_y = \dot{\omega}_z = 0$$

由公式(12-5)可得 CD 軸對 O 點(即 C 點)之角動量

$$H_x = I_{xx}\omega \quad , \quad H_y = -I_{xy}\omega \quad , \quad H_z = -I_{xz}\omega$$

其中　$I_{xx} = 2\left(\dfrac{1}{3}mc^2\right) = \dfrac{2}{3}mc^2$

$$I_{xy} = 0 + m\left(\dfrac{L}{2}\right)\left(\dfrac{c}{2}\right) = \dfrac{1}{4}mcL$$

$$I_{xz} = 0 + m\left(\dfrac{L}{4}\right)\left(\dfrac{c}{2}\right) = \dfrac{1}{8}mcL$$

由公式(12-16)可得 CD 軸對 O 點之力矩與角動量之關係式：

$$\sum M_x = \dot{H}_x - H_y\omega_z + H_z\omega_y = I_{xx}\alpha \tag{1}$$

$$\sum M_y = \dot{H}_y - H_z\omega_x + H_x\omega_z = -I_{xy}\alpha + I_{xz}\omega^2 \tag{2}$$

$$\sum M_z = \dot{H}_z - H_x\omega_y + H_y\omega_x = -I_{xz}\alpha - I_{xy}\omega^2 \tag{3}$$

由公式(1)：$M = \dfrac{2}{3}mc^2\alpha \quad , \quad \alpha = \dfrac{3M}{2mc^2} = \dfrac{3(6)}{2(0.3)(0.1)^2} = 3000 \text{ rad/s}^2$

由公式(2)：$-D_z L = -\dfrac{1}{4}mcL\alpha + \dfrac{1}{8}mcL\omega^2$

$$D_z = \dfrac{1}{4}(0.3)(0.1)(3000) - \dfrac{1}{8}(0.3)(0.1)(125.7^2) = -36.8 \text{ N} \blacktriangleleft$$

由公式(3)：$D_y L = -\dfrac{1}{8}mcL\alpha - \dfrac{1}{4}mcL\omega^2$

$$D_y = -\frac{1}{8}(0.3)(0.1)(3000) - \frac{1}{4}(0.3)(0.1)(125.7^2) = -129.8 \text{ N} \blacktriangleleft$$

同理，將 xyz 坐標軸原點取在 D 點，用上述相同之求解過程可得

$$C_y = -152.2 \text{ N} \blacktriangleleft \quad , \quad C_z = -155.2 \text{ N} \blacktriangleleft$$

例題 12-7

同例題 12-1 之圓盤(質量為 m 半徑為 r)在水平面上以 ω_1 之角速度滾動，試求水平面對圓盤之正壓力及 O 處之反力。設 OG 軸之質量忽略不計。

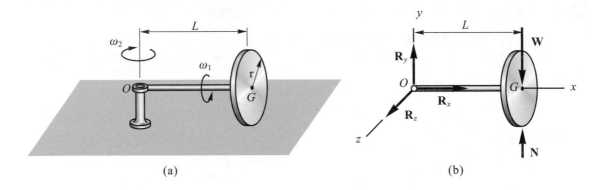

$$(a) \qquad\qquad\qquad\qquad (b)$$

解 將運動坐標(xyz 軸)固定在圓盤上之 O 點，並隨 OG 桿繞 y 軸以 ω_2 之角速度轉動，如(b)圖，則圓盤對運動坐標系之角速度與角加速度為

$$\omega_x = \omega_1 \quad , \quad \omega_y = 0 \quad , \quad \omega_z = 0$$
$$\dot{\omega}_x = 0 \quad , \quad \dot{\omega}_y = 0 \quad , \quad \dot{\omega}_z = 0$$

因 x、y、z 軸為圓盤在 O 點之主軸，故圓盤對 O 點之角動量為

$$H_x = I_{xx}\omega_x = I_{xx}\omega_1 \quad , \quad H_y = I_{yy}\omega_y = 0 \quad , \quad H_z = I_{zz}\omega_z = 0$$
$$\dot{H}_x = 0 \quad , \quad \dot{H}_y = 0 \quad , \quad \dot{H}_z = 0$$

運動標系(xyz 軸)對固定點 O 之角速度 $\mathbf{\Omega}$ 為

$$\Omega_x = 0 \quad , \quad \Omega_y = \omega_2 = -r\omega_1/L \text{ (參考例題 12-1)} \quad , \quad \Omega_z = 0$$

由圓盤對 O 點之力矩與角動量之關係，即公式(12-5)

$$\sum M_x = \dot{H}_x - H_y\Omega_z + H_z\Omega_y = 0 \tag{1}$$

$$\sum M_y = \dot{H}_y - H_z\Omega_x + H_x\Omega_z = 0 \tag{2}$$

$$\sum M_z = \dot{H}_z - H_x\Omega_y + H_y\Omega_x = -H_x\Omega_y = -I_{xx}\omega_x\Omega_y \tag{3}$$

參考圖(b)之自由體圖，並由公式(3)

$$NL - WL = -\left(\frac{1}{2}mr^2\right)(\omega_1)(-r\omega_1/L) = \frac{mr^3\omega_1^2}{2L}$$

得 $\quad N = W + \dfrac{mr^3\omega_1^2}{2L^2}$ ◀

圓盤質心之加速度：$\mathbf{a}_G = -L\,\Omega_y^2\,\mathbf{i} = -L\left(-\dfrac{r\omega_1}{L}\right)^2\mathbf{i} = -\dfrac{r^2\omega_1^2}{L}\,\mathbf{i}$

由質心之運動方程式：

$$\sum F_x = m\,a_{Gx} \quad,\quad R_x = m\left(-\frac{r^2\omega_1^2}{L}\right) = -\frac{mr^2\omega_1^2}{L}\ ◀$$

$$\sum F_y = 0 \quad,\quad R_y + N - W = 0 \quad,\quad R_y = W - N = -\frac{mr^3\omega_1^2}{2L^2}\ ◀$$

$$\sum F_z = 0 \quad,\quad R_z = 0\ ◀$$

習題 2

12-12 如圖習題 12-12 中 40 kg 之圓盤固定在離其質心 G 為 20 mm 之軸上，當軸以 $\omega = 8$ rad/s 之等角速轉動時，試求軸承 A 與 B 所生之最大反力。

【答】$R_A = 277$ N，$R_B = 166$ N。

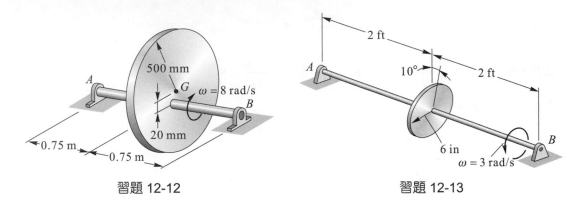

習題 12-12   習題 12-13

12-13 如圖習題 12-13 中 20 lb 之圓盤安裝在水平軸 AB 上，圓盤平面與垂直方向之夾角為 10°，若 AB 軸以 $\omega = 3$ rad/s 之等角速轉動，試求在圖示位置時軸承 A 與 B 所生之垂直反力。

【答】$R_A = 10.015$ lb，$R_B = 9.985$ lb。

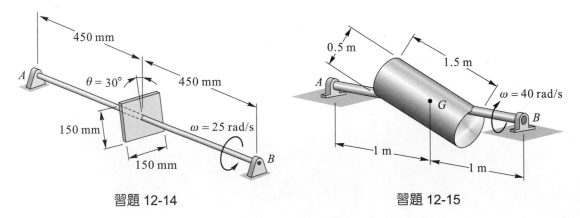

習題 12-14   習題 12-15

12-14 如圖習題 12-14 中 100 N 之正方形平板固定在水平軸 AB 上，板面與垂直方向之夾角為 30°。當軸以 25 rad/s 之等角速度轉動時，試求在圖示位置軸承 A 與 B 之垂直反力。

　　【答】$R_A = 44.25$ N，$R_B = 55.75$ N。

12-15 質量為 30 kg 之圓柱固定在水平軸 AB 上，如圖習題 12-15 所示，當 AB 軸以 $\omega = 40$ rad/s 之角速度轉動時，試求在圖示位置軸承 A 與 B 之垂直反力。

　　【答】$R_{ay} = -1090$ N，$R_{By} = 1384$ N。

12-16 如圖習題 12-16 中 AB 桿在 B 端固定一重量為 10 lb 之圓球，A 端以光滑銷子連接在垂直軸上，垂直軸以等角速度 $\omega = 7$ rad/s 轉動，試求 AB 桿與垂直方向之夾角。設 AB 桿之質量忽略不計。

　　【答】$\theta = 70.82°$。

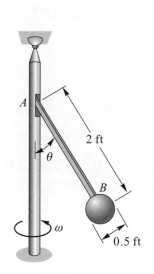

習題 12-16

習題 12-17

12-17 如圖習題 12-17 中桿子每單位長度之重量為 5 lb/ft，B 端為光滑之徑向軸承(會產生 x 與 y 方向之反力)，A 端為光滑的止推軸承(會產生 x、y 與 z 方向之反力)，今在桿上施加 50 lb-ft 之扭矩，當轉至圖示位置時桿子之角速度為 10 rad/s，試求此時軸承所生之反力。

　　【答】$B_x = -12.5$ lb，$B_y = -46.4$ lb，$A_x = -15.6$ lb，$A_y = -46.8$ lb，$A_z = 50$ lb。

12-18 如圖習題 12-18 中質量 6 kg 之圓盤固定在鉛直軸 AB 上，已知圓盤質心之偏心距為 0.05 mm，當 AB 軸以 10000 rpm 之轉速轉動時，試求軸承 A 與 B 所生之水平反力。

【答】$R_A = 575.6 \text{ N}$，$R_B = 246.7 \text{ N}$。

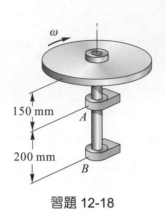

習題 12-18

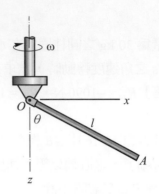

習題 12-19

12-19 如圖習題 12-19 中質量為 m 長度為 l 之均質桿 OA 以水平光滑銷子連接於鉛直轉軸之底端，當鉛直軸以等角速度 ω 繞 z 軸轉動時，試求桿子與鉛直方向之夾角。並求角度 θ 不為零之最低轉速。

【答】$\cos\theta = \dfrac{3g}{2l\omega^2}$，$\omega_{\min} = \sqrt{\dfrac{3g}{2l}}$。

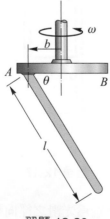

習題 12-20

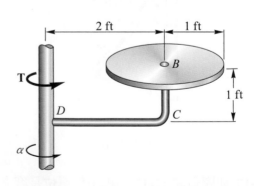

習題 12-21

12-20 如圖習題 12-20 中長度為 l 之均質細長桿其頂端固定在圓盤之 A 點上，$b = l/4$，$\theta = 60°$。圓盤以等角速度繞鉛直軸轉動，若欲使桿子在 A 點所受之力矩為零，則圓盤之角速度應為若干？

【答】$\omega = 2\sqrt{\sqrt{3}g/l}$。

12-21 如圖習題 12-21 中 25 lb 之圓盤固定在彎桿 BCD 上，整體可繞通過 D 點之鉛直軸自由轉動，試求使鉛直軸由靜止產生 $\alpha = 6$ rad/s^2 之角加速度所需施加之扭矩 T？彎桿單位長度之重量為 2 lb/ft。

【答】$T = 23.4$ lb-ft。

12-22 如圖習題 12-22 中質量為 m 半徑為 a 之圓盤以 ω_2 之等角速度繞水平軸(ABC 軸)上 C 處之銷子轉動，同時水平軸以 ω_1 之等角速轉動，試求在圖示位置時軸承 A 與 B 因動態轉動所生之反力。ABC 軸之質量忽略不計。

【答】$A_z = \dfrac{1}{4}ma\omega_1\omega_2$，$B_z = \dfrac{1}{4}ma\omega_1\omega_2$。

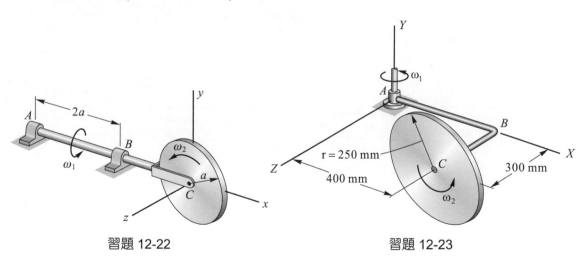

習題 12-22　　　　　　　　　　習題 12-23

12-23 如圖習題 12-23 中質量為 5 kg 之均質薄圓盤以 $\omega_2 = 8$ rad/s 之等角速繞曲軸 ABC 轉動，同時曲軸又以 $\omega_1 = 3$ rad/s 之等角速繞鉛直軸(y 軸)轉動，試求曲軸 A 處軸承因動態轉動所生之反力及反力矩。

【答】$\mathbf{R}_A = -18\mathbf{i} - 13.5\mathbf{k}$ N，$\mathbf{M}_A = 3.75\mathbf{i}$ N-m。

A

質量慣性矩

A-1 質量慣性矩的定義

一質量為 Δm 之小球繫於細桿之一端,另一端固定在 AA' 軸上,如圖 A-1 所示,設細桿質量忽略不計,今欲加一力偶矩使小球 Δm 繞 AA' 軸轉動,由經驗可知,使小球繞 AA' 軸轉動之難易程度與小球質量 Δm 及距離 r 之平方成正比,當 $r^2\Delta m$ 之乘積愈大,轉動之阻力愈大,轉動小球較為困難,因此,乘積 $r^2\Delta m$ 表示轉動之慣性,即表示轉動阻力的大小,故 $r^2\Delta m$ 稱為質量 Δm 對 AA' 軸之**質量慣性矩**(mass moment of inertia),或稱為**轉動慣量**。

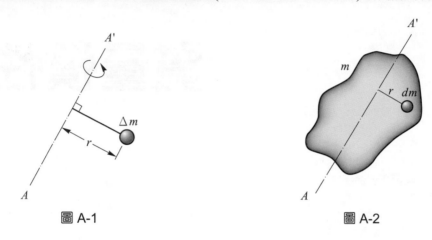

圖 A-1　　　　　　　　　　　圖 A-2

質量為 m 之物體,可視為無數個微小質量 dm 之組成,如圖 A-2,則所有微小質量 dm 對 AA' 軸慣性矩之總和,即為該物體對 AA' 軸之質量慣性矩

$$I = \int r^2\,dm \tag{A-1}$$

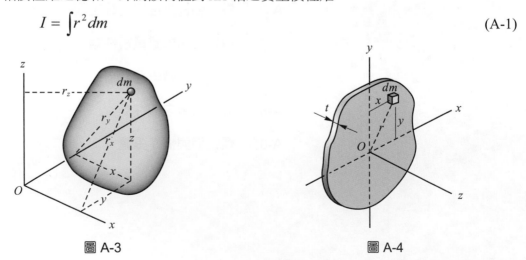

圖 A-3　　　　　　　　　　　圖 A-4

一物體對一座標軸之質量慣性矩,可由其所有微小質量 dm 之座標(x,y,z)輕易求得。參考圖 A-3,物體對 x 軸之質量慣性矩為

$$I_{xx} = \int r_x^2 dm = \int (y^2 + z^2) dm \tag{A-2}$$

同理，亦可求得物體對 y 軸與 z 軸之質量慣性矩為

$$I_{yy} = \int r_y^2 dm = \int (x^2 + z^2) dm \tag{A-3}$$

$$I_{zz} = \int r_z^2 dm = \int (x^2 + y^2) dm \tag{A-4}$$

對於薄板之物體，其質量慣性矩與面積慣性矩間有特殊之關係存在。參考圖 A-4 中密度為 ρ 且厚度均勻之薄板，其對 z 軸之質量慣性矩為

$$I_{zz} = \int r^2 dm = \int r^2 (\rho t dA) = \rho t \int r^2 dA = \rho t J_z \tag{A-5}$$

即薄板對 z 軸之質量慣性矩，等於薄板單位面積之質量 ρt 與該薄板面積對 z 軸極慣性矩之乘積。

同理，薄板對 x 軸與 y 軸之質量慣性矩亦可得為

$$I_{xx} = \int y^2 dm = \rho t \int y^2 dA = \rho t I_x \tag{A-6}$$

$$I_{yy} = \int x^2 dm = \rho t \int x^2 dA = \rho t I_y \tag{A-7}$$

因此，對於薄板之物體，質量慣性矩等於該薄板單位面積之質量 ρt 與其相關面積慣性矩之乘積。對於面積慣性矩恆有 $J_z = I_x + I_y$，同理薄板之質量慣性矩亦有類似之關係，即

$$I_{zz} = I_{xx} + I_{yy} \tag{A-8}$$

需注意公式(A-5)至(A-8)僅適用於薄板之物體。

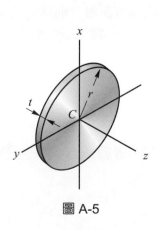

圖 A-5

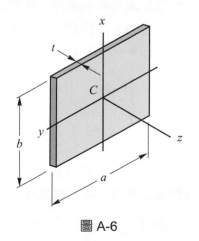

圖 A-6

對於圓形之薄板，參考圖 A-5，由公式(A-5)與(A-6)可得

$$I_{zz} = \rho t J_z = \rho t \left(\frac{1}{2} \pi r^4 \right) = \frac{1}{2} \left[\rho \left(\pi r^2 \cdot t \right) \right] r^2 = \frac{1}{2} m r^2 \tag{A-9}$$

$$I_{xx} = \rho t I_x = \rho t \left(\frac{1}{4} \pi r^4 \right) = \frac{1}{4} \left[\rho \left(\pi r^2 \cdot t \right) \right] r^2 = \frac{1}{4} m r^2 \tag{A-10}$$

同理
$$I_{yy} = \frac{1}{4} m r^2 \tag{A-11}$$

至於長方形之薄板，參考圖 A-6，其質量慣性矩亦由公式(A-6)及(A-7)可得

$$I_{xx} = \rho t I_x = \rho t \left(\frac{1}{12} a^3 b \right) = \frac{1}{12} \left[\rho \left(ab \cdot t \right) \right] a^2 = \frac{1}{12} m a^2 \tag{A-12}$$

$$I_{yy} = \rho t I_y = \rho t \left(\frac{1}{12} ab^3 \right) = \frac{1}{12} \left[\rho \left(ab \cdot t \right) \right] b^2 = \frac{1}{12} m b^2 \tag{A-13}$$

再由公式(A-8)可得

$$I_{zz} = I_{xx} + I_{yy} = \frac{1}{12} m(a^2 + b^2) \tag{A-14}$$

A-2 質量慣性矩之平行軸定理

若一物體對通過其質心軸之質量慣性矩為已知，則物體對平行於此質心軸之任意軸所生的質量慣性矩便可輕易求得。參考圖 A-7 中之物體及距離為 d 的兩平行軸，其中有一軸通過物體之質心 G。設物體上之微小質量 dm 至該兩軸之垂直距離分別為 r_o 及 r，如圖所示，由餘弦定律 $r^2 = r_o^2 + d^2 + 2r_o d \cos \theta$，則物體對另一非質心軸之慣性矩為

$$I = \int r^2 dm = \int \left(r_o^2 + d^2 + 2r_o d \cos \theta \right) dm$$

$$= \int r_o^2 dm + d^2 \int dm + 2d \int u dm$$

上式中第一項積分為物體對質心軸之慣性矩 $\bar{I}$，第二項積分等於 md^2，第三項積分為零，因此可得**質量慣性矩之平行軸定理**為

$$I = \bar{I} + md^2 \tag{A-15}$$

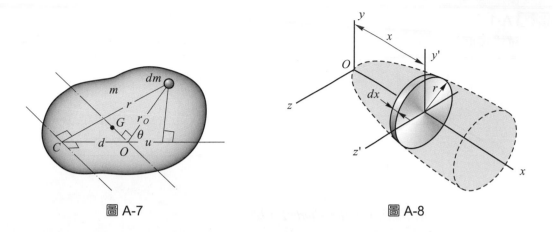

圖 A-7   圖 A-8

A-3 以積分法求質量慣性矩

物體之慣性矩可由 $I = \int r^2 dm$ 之積分式計算求得。對於密度均勻之物體，$dm = \rho dV$，則 $I = \rho \int r^2 dV$，此積分式取決於該物體之形狀。為了求出此積分值，通常需要用到三重積分，至少也要用二重積分演算。

對於具有二個對稱面之物體，通常經由一次積分即可求得慣性矩，此時所選取之微小質量 dm 需與物體之對稱面垂直。例如圖 A-8 中所示之物體，x-y 平面及 x-z 平面為其對稱面，則選取與此二平面垂直之微小質量，如圖中之薄圓盤，$dm = \rho \pi r^2 dx$，由公式(A-9)

$$dI_{xx} = \frac{1}{2} r^2 dm$$

再由公式(A-10) (A-11)及公式(A-15)可得

$$dI_{yy} = dI_{y'y'} + x^2 dm = \left(\frac{1}{4} r^2 + x^2 \right) dm$$

$$dI_{zz} = dI_{z'z'} + x^2 dm = \left(\frac{1}{4} r^2 + x^2 \right) dm$$

物體對 x、y、z 三軸之質量慣性矩將上列三式積分即可求得。參考例題 A-1 至 A-3 中有關積分方法之應用。

例題 A-1

試求長度為 L 質量為 m 之細長桿對垂直於該桿並通過桿端之軸所生之質量慣性矩。

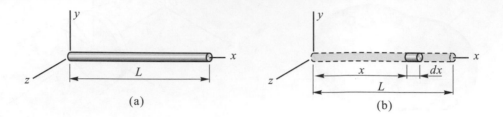

(a)　　　　　　　　　　　(b)

解 選取微小質量如(b)圖所示，$dm = mdx/L$，則

$$I_{yy} = \int x^2 dm = \int_o^L x^2 \frac{m}{L} dx = \frac{mL^2}{3} \blacktriangleleft$$

例題 A-2

試求均質之圓柱形物體(空心或實心)對其對稱軸之質量慣性矩。圓柱體之質量為 M，內半徑為 R_1，外半徑為 R_2，長度為 L。

解 在半徑 r 處取厚度為 dr 長度為 L 之筒狀薄層為體積元素，其微小質量為

$$dm = \rho dV = 2\pi\rho L r dr$$

其中 ρ 為物體之密度。則質量慣性矩為

$$I = \rho \int r^2 dV = 2\pi\rho L \int_{R_1}^{R_2} r^3 dr = \frac{\pi\rho L}{2}\left(R_2^4 - R_1^4\right)$$

$$= \frac{\pi\rho L}{2}\left(R_2^2 - R_1^2\right)\left(R_2^2 + R_1^2\right)$$

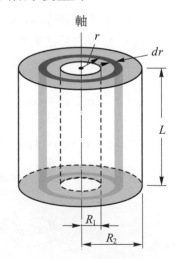

圓柱體的總質量為 $M = \pi L \rho\left(R_2^2 - R_1^2\right)$

故　　　$I = \frac{1}{2}M\left(R_1^2 + R_2^2\right) \blacktriangleleft$

若為實心圓柱，$R_1 = 0$，以 R 表示外半徑，則 $I = \frac{1}{2}MR^2 \blacktriangleleft$

若為薄壁圓管，R_1 很接近於 R_2，且以 R 表示，則 $I = MR^2 \blacktriangleleft$

【註】 所得質量慣性矩與 L 無關，只要質量與半徑相同，圓柱體與圓盤之質量慣性矩相同。

例題 A-3

試求半徑為 r 質量為 m 之均質圓球對其直徑之質量慣性矩。

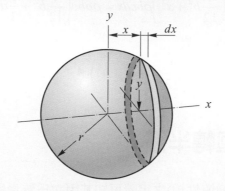

解 如圖所示，在距球心 x 處取薄圓盤之微小質量 dm，其半徑為 y 厚度為 dx，則

$$dI_x = \frac{1}{2}(dm)y^2 = \frac{1}{2}(\pi\rho y^2 dx)y^2 = \frac{\pi\rho}{2}(r^2 - x^2)^2 dx$$

故　　　$I_x = \frac{\pi\rho}{2}\int_{-r}^{r}(r^2 - x^2)^2 dx = \frac{8}{15}\pi\rho r^5 = \frac{2}{5}mr^2$ ◀

其中圓球質量 $m = \rho \cdot \frac{4}{3}\pi r^3$。

例題 A-4

試圖中均質長方體對 z 軸之質量慣性矩。

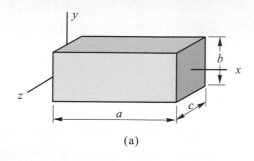

(a)

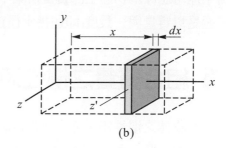

(b)

解 選取微小質量如(b)圖所示，則 $dm = \rho bc\,dx$

由公式(A-12)可得 $dI_{z'z'} = \frac{1}{12}b^2 dm$

再由慣性矩的平行軸定理

$$dI_{zz} = dI_{z'z'} + x^2 dm = \frac{1}{12}b^2 dm + x^2 dm = \left(\frac{1}{12}b^2 + x^2\right)\rho bcdx$$

則 $$I_{zz} = \int dI_{zz} = \int_o^a \left(\frac{1}{12}b^2 + x^2\right)\rho bcdx = \rho abc\left(\frac{1}{12}b^2 + \frac{1}{3}a^2\right)$$

長方體之總質量 $m = \rho abc$，故

$$I_{zz} = m\left(\frac{1}{12}b^2 + \frac{1}{3}a^2\right) = \frac{1}{12}m\left(4a^2 + b^2\right) \blacktriangleleft$$

A-4 質量之迴轉半徑

由質量慣性矩(以下簡稱慣性矩)之定義可知其因次為質量與長度平方之乘積，因此，物體對某一軸之迴轉半徑(radius of gyration)，定義為一長度，此長度之平方與物體質量之乘積即為物體對該軸之慣性矩，以數學式表之為：

$$I = k^2 m \quad , \quad 或 \quad k = \sqrt{I/m} \tag{A-16}$$

式中 k 為迴轉半徑，I 為物體對同一軸之慣性矩。

設 $\bar{I}_G$ 表示物體對其質心軸之慣性矩，而 I 為對平行於此質心軸之另一軸的慣性矩，且 $I = mk^2$，$I_G = mk_G^2$，其中 k_G 為物體對其質心軸之迴轉半徑，由平行軸定理

$$k^2 = k_G^2 + d^2 \tag{A-17}$$

其中 d 為兩平行軸間之距離。

迴轉半徑可想像為物體全部質量所集中之處與慣性軸的距離，並不具有特殊之物理意義，只不過是以質量與一長度(即迴轉半徑)平方之乘積表示慣性矩的一個簡便方法。

A-5 組合質量之慣性矩

欲求組合物體之慣性矩，可將此組合體分解為數個簡單形狀之物體，如圓柱、圓球、長方體或桿子等形狀，當這些簡單物體對某一軸之慣性矩已知時，則組合體之慣性矩等於其組成之各簡單物體對同一軸慣性矩之總和。表 A-1 中列出各種簡單物體之質量慣性矩，利用表中之資料，配合慣性矩之平行軸定理，則組合體之慣性矩可不必使用積分方式求得。參考例題 A-5 之說明。

表 A-1 幾種簡單物體之質量慣性矩

名稱	形狀	質量慣性矩
細長桿	x' x $z\,,z'$ $\frac{l}{2}$ $\frac{l}{2}$ y y'	$I_{xx}=I_{yy}=\dfrac{1}{12}ml^2$ $I_{x'x'}=I_{y'y'}=\dfrac{1}{3}ml^2$
長方體	x' x b y' $z\,,z'$ a h y	$I_{xx}=m(a^2+h^2)/12$ $I_{yy}=m(b^2+h^2)/12$ $I_{zz}=I_{z'z'}=m(a^2+b^2)/12$ $I_{x'x'}=m(a^2+4h^2)/12$ $I_{y'y'}=m(b^2+4h^2)/12$
圓球	x r y z	$I_{xx}=I_{yy}=I_{zz}=\dfrac{2}{5}mr^2$
薄圓環	x r y z	$I_{xx}=I_{yy}=\dfrac{1}{2}mr^2$ $I_{zz}=mr^2$
薄圓盤	x r y z	$I_{xx}=I_{yy}=\dfrac{1}{4}mr^2$ $I_{zz}=\dfrac{1}{2}mr^2$

表 A-1　幾種簡單物體之質量慣性矩(續)

名稱	形狀	質量慣性矩
圓柱體	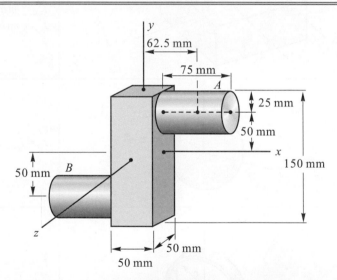	$I_{xx} = I_{yy} = \dfrac{1}{12} m(3r^2 + h^2)$ $I_{zz} = I_{z'z'} = \dfrac{1}{2} mr^2$ $I_{x'x'} = I_{y'y'} = \dfrac{1}{12} m(3r^2 + 4h^2)$

例題 A-5

試求圖中之均質物體對 x、y、z 三軸之質量慣性矩，物體之密度為 $\rho = 7850 \ \text{kg/m}^3$。

解 將物體分解為三個簡單部份，包括一個長方體及二個圓柱體：

長方體：$V = (50)^2(150) = 0.375 \times 10^6 \ \text{mm}^3 = 0.375 \times 10^{-3} \ \text{m}^3$

$\qquad m = \rho V = (7850)(0.375 \times 10^{-3}) = 2.94 \ \text{kg}$

圓柱體：$V = \pi r^2 h = \pi(25)^2(75) = 0.1473 \times 10^6 \ \text{mm}^3 = 0.1473 \times 10^{-3} \ \text{m}^3$

$\qquad m = \rho V = (7850)(0.1473 \times 10^{-3}) = 1.156 \ \text{kg}$

物體對 x、y、z 三軸之慣性矩等於其組成之各部份對此三軸慣性矩之總和。

每一部份對此三軸之慣性矩計算如下：

長方體：$I_{xx} = I_{zz} = \dfrac{1}{12}(2.94)(150^2+50^2) = 6125 \text{ kg-mm}^2$

$\qquad I_{yy} = \dfrac{1}{12}(2.94)(50^2+50^2) = 1225 \text{ kg-mm}^2$

圓柱體：$I_{xx} = \dfrac{1}{2}ma^2 + md_y^2 = \dfrac{1}{2}(1.156)(25)^2 + (1.156)(50)^2 = 3250 \text{ kg-mm}^2$

$\qquad I_{yy} = \dfrac{1}{12}m(3a^2+L^2) + md_x^2$

$\qquad\quad = \dfrac{1}{12}(1.156)[3(25)^2+75^2] + (1.156)(62.5)^2 = 5240 \text{ kg-mm}^2$

$\qquad I_{zz} = \dfrac{1}{12}m(3a^2+L^2) + m\left(d_x^2 + d_y^2\right)$

$\qquad\quad = \dfrac{1}{12}(1.156)[3(25^2)+75^2] + (1.156)(62.5^2+50^2) = 8130 \text{ kg-mm}^2$

故物體對 x、y、z 三軸之慣性矩為

$\qquad I_{xx} = 6125+2(3250) = 12.63\times10^3 \text{ kg-mm}^2 = 12.63\times10^{-3} \text{ kg-m}^2$ ◀

$\qquad I_{yy} = 1225+2(5240) = 11.71\times10^3 \text{ kg-mm}^2 = 11.71\times10^{-3} \text{ kg-m}^2$ ◀

$\qquad I_{zz} = 6125+2(8130) = 22.4\times10^3 \text{ kg-mm}^2 = 22.4\times10^{-3} \text{ kg-m}^2$ ◀

習題 1

A-1 試求如圖習題 A-1 中半圓球殼對 x 軸與 z 軸之質量慣性矩。

【答】 $I_{xx} = I_{zz} = \dfrac{2}{3}mr^2$。

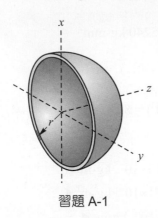

習題 A-1

習題 A-2

A-2 試求如圖習題 A-2 中質量為 m 之均質圓錐體對 x 軸與 y 軸之質量慣性矩。

【答】 $I_{xx} = \dfrac{3}{10}mr^2$ ，$I_{yy} = \dfrac{3}{5}m\left(\dfrac{r^2}{4} + h^2\right)$。

A-3 如圖習題 A-3 中之實心體為半橢圓繞 z 軸轉動所形成，試求對 x 軸及 z 軸之質量慣性矩。

【答】 $I_{xx} = \dfrac{1}{5}m(a^2+b^2)$ ，$I_{zz} = \dfrac{2}{5}mb^2$。

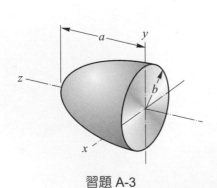

習題 A-3

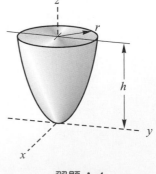

習題 A-4

A-4 試求如圖習題 A-4 中質量為 m 之均質拋物線錐體對 y 軸及 z 軸之質量慣性矩。

【答】 $I_{yy} = \dfrac{m}{2}\left(h^2 + \dfrac{r^2}{3}\right)$ ， $I_{zz} = \dfrac{1}{3}mr^2$ 。

A-5 如圖習題 A-5 中質量為 m 之細長桿，試求對 x 軸之質量慣性矩。

【答】 $I_{xx} = \dfrac{1}{3}mb^2\sin^2\alpha$ 。

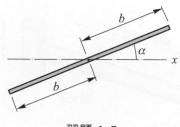

習題 A-5

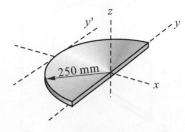

習題 A-6

A-6 如圖習題 A-6 中半圓薄板之質量為 2 kg，試求對 x、y、z 及 y' 四軸之質量慣性矩。

【答】 $I_{xx} = I_{yy} = 0.03125$ kg-m^2， $I_{zz} = 0.0625$ kg-m^2， $I_{y'y'} = 0.05025$ kg-m^2 。

A-7 如圖習題 A-7 中半圓柱體之質量為 45 kg，試求對 A-A 軸之質量慣性矩。

【答】 $I_{AA} = 2.70$ kg-m^2 。

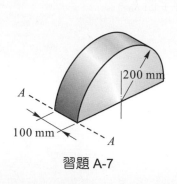

習題 A-7

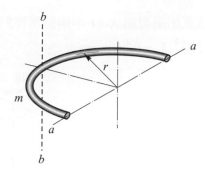

習題 A-8

A-8 如圖習題 A-8 所示，試求質量為 m 之半圓環對 a-a 軸與 b-b 軸之質量慣性矩，設圓環斷面尺寸甚小於半徑 r。

【答】 $I_{aa} = \dfrac{1}{2}mr^2$， $I_{bb} = 2mr^2\left(1 - \dfrac{2}{\pi}\right)$ 。

A-9 如圖習題 A-9 所示，質量為 m 長度為 $4b$ 之均質細圓桿彎成圖示之形狀，試求此細桿對 x、y、z 三軸之質量慣性矩。設細圓桿直徑甚小於桿長可忽略不計。

【答】$I_{xx} = \dfrac{3}{4} mb^2$，$I_{yy} = \dfrac{1}{6} mb^2$，$I_{zz} = \dfrac{3}{4} mb^2$。

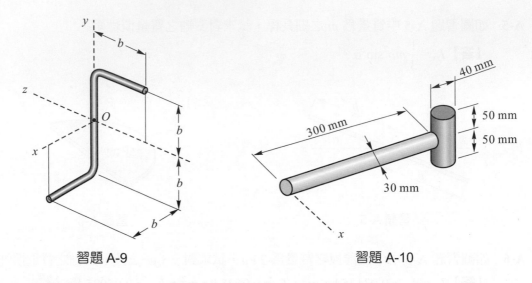

習題 A-9　　　　　　　　　　　習題 A-10

A-10 試求如圖習題 A-10 中大頭鎚對 x 軸之質量慣性矩。木質把手的密度為 800 kg/m^3，金屬鎚頭之密度為 9000 kg/m^3。圓柱型鎚頭之軸向與 x 軸垂直。

【答】$I_{xx} = 0.1220$ kg-m^2。

A-11 試求如圖習題 A-11 中鋼製零件對 O-O 軸之迴轉半徑 k_o。

【答】$k_o = 97.5$ mm。

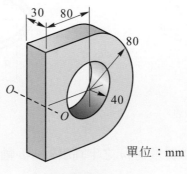

單位：mm

習題 A-11

A-12 試求如圖習題 A-12 中鋼製飛輪對其轉軸之質量慣性矩。飛輪內有 8 個截面積為 200 mm² 之輪輻。鋼之密度為 7830 kg/m³。

【答】$I = 1.031$ kg-m²。

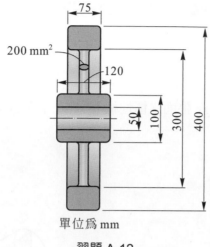

單位為 mm

習題 A-12

🎴 A-6 慣性積與慣性張量

　　微小質量 dm 對一組互相垂直平面的**慣性積**(product of inertia)定義為此微小質量與至兩垂直平面距離之乘積，例如微小質量 dm 對 xz 平面與 yz 平面之慣性積為 $dI_{xy} = xydm$(注意 $dI_{xy} = dI_{yx}$)，則整個物體之慣性積 I_{xy} 為

$$I_{xy} = I_{yx} = \int_m xydm \tag{A-18}$$

同理，微小質量 dm 對 yx 與 zx 平面之慣性積 I_{yz} 及對 xy 與 zy 平面之慣性積 I_{xz} 分別為

$$I_{yz} = I_{zy} = \int_m yzdm \tag{A-19}$$

$$I_{zx} = I_{xz} = \int_m xzdm \tag{A-20}$$

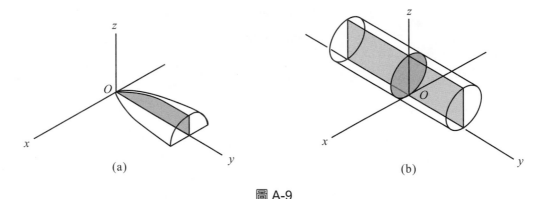

(a) (b)

圖 A-9

　　由定義可知慣性積可能為正值、負值或為零(注意慣性矩恆為正值)，且與所定之坐標軸有關。若物體存在有一個對稱面，則物體對與此對稱面垂直的兩垂直平面的慣性積必為零，因物體在對稱面的兩側必存在有兩對應的微小質量，其中一側的慣性積為正，而另一側的慣性積為負，故總和為零。參考圖 A-9(a)中之物體，yz 平面為物體的對稱面，故 $I_{xy} = I_{xz} = 0$；但 $I_{yz} \neq 0$，且為正值，因物體所有的質量均位於 $+y$ 及 $+z$ 軸上。對於圖 A-9(b)中之圓柱體，因 xz 及 yz 平面為對稱面，故 $I_{xy} = I_{yz} = I_{xz} = 0$。

🌀 慣性積之平行面定理

　　參考圖 A-10，若要將對通過質心 G 之三個垂直平面之慣性積轉移至通過另一點 O 之三個垂直平面上，則必須應用**平行面定理**(parallel-plane theorem)。設 $Oxyz$ 為位於原點 O

之直角坐標系，$Gx'y'z'$為位於質心 G 之直角坐標系，x'、y'、z'軸分別平行於 x、y、z 軸，而 d_x、d_y、d_z 為質心 G 相對於 $Oxyz$ 坐標系之坐標，物體上任一微小質量 dm 對 $Oxyz$ 坐標系及 $Gx'y'z'$坐標系之關係為

$$x = x' + d_x \quad , \quad y = y' + d_y \quad , \quad z = z' + d_z$$

則物體對 xz 與 yz 平面之慣性積為

$$I_{xy} = \int xy\,dm = \int (x' + d_x)(y' + d_y)\,dm$$

$$= \int x'y'\,dm + d_x d_y \int dm + d_x \int y'\,dm + d_y \int x'\,dm$$

$$= \overline{I}_{x'y'} + md_x d_y \tag{A-21}$$

因物體對其質心之一次矩恆為零，故上式中後兩項之積分為零，至於 $\overline{I}_{x'y'}$ 為物體對通過其質心 G 之 $x'z'$ 與 $y'z'$ 平面之慣性積。同理

$$I_{yz} = \overline{I}_{y'z'} + md_y d_z \tag{A-22}$$

$$I_{xz} = \overline{I}_{x'z'} + md_x d_z \tag{A-23}$$

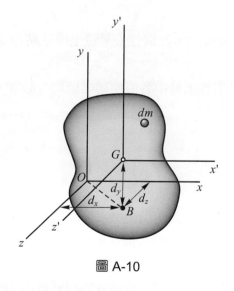

圖 A-10

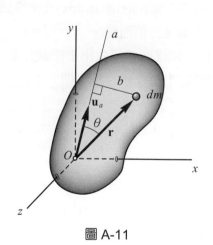

圖 A-11

對任意軸之慣性矩

若已知物體對 $Oxyz$ 坐標系之慣性矩與慣性積，則可計算物體對通過 O 點任一軸之慣性矩。參考圖 A-11，若欲求物體對 Oa 軸之慣性矩，設 Oa 方向之單位向量為 $\mathbf{u}_a = l\mathbf{i} + m\mathbf{j} + n\mathbf{k}$，其中 l、m、n 為 $\mathbf{u}_a$ 之方向餘弦，則物體對 Oa 軸之慣性矩 I_{aa} 為

$$I_{aa} = \int b^2 dm$$

其中 b 為 dm 至 Oa 軸之垂直距離。若 dm 之位置向量為 $\mathbf{r}$，則 $b = r\sin\theta = |\mathbf{u}_a \times \mathbf{r}|$

因　　　$\mathbf{u}_a \times \mathbf{r} = (l\mathbf{i} + m\mathbf{j} + n\mathbf{k}) \times (x\mathbf{i} + y\mathbf{j} + z\mathbf{k})$

$$= (zm - yn)\mathbf{i} + (xn - zl)\mathbf{j} + (yl - xm)\mathbf{k}$$

則　　　$b^2 = (\mathbf{u}_a \times \mathbf{r}) \cdot (\mathbf{u}_a \times \mathbf{r})$

$$= (y^2 + z^2)l^2 + (x^2 + z^2)m^2 + (x^2 + y^2)n^2 - 2xylm - 2xzln - 2yzmn$$

故　　　$I_{aa} = \int b^2 dm = I_{xx}l^2 + I_{yy}m^2 + I_{zz}n^2 - 2I_{xy}lm - 2I_{xz}ln - 2I_{yz}mn$ 　　　　(A-24)

主慣性矩

物體對某一坐標系 $Oxyz$ 之慣性矩與慣性積，可用下列之 3 階矩陣表示其慣性特性，即

$$\begin{bmatrix} I_{xx} & -I_{xy} & -I_{xz} \\ -I_{yx} & I_{yy} & -I_{yz} \\ -I_{zx} & -I_{zy} & I_{zz} \end{bmatrix}$$

此稱為**慣性矩陣**(inertia matrix)或**慣性張量**(inertia tensor)，此慣性張量隨坐標原點 O 之位置及坐標軸之方位而變。

對任一原點 O 可找出坐標軸在某一方位，其慣性張量中各慣性積之值均等於零，只剩下對角線上慣性矩之項，即

$$\begin{bmatrix} I_{xx} & 0 & 0 \\ 0 & I_{yy} & 0 \\ 0 & 0 & I_{zz} \end{bmatrix}$$

此方位之坐標軸稱為**主慣性軸**(principal axes of inertia)，而對主慣性軸之慣性矩稱為**主慣性矩**(principal moment of inertia)，此三個主慣性矩中，一個是最大慣性矩 I_1，一個最小慣性矩 I_3，另一個 I_2 則介於兩者之間

若物體對某一坐標系 $Oxyz$ 之慣性張量已知，則可由下列之行列式方程式解出 I 的三個主慣性矩 I_1、I_2 及 I_3(在此省略証明)，即

$$\begin{vmatrix} I_{xx} - I & -I_{xy} & -I_{xz} \\ -I_{yx} & I_{yy} - I & -I_{yz} \\ -I_{zz} & -I_{zy} & I_{zz} - I \end{vmatrix} = 0$$ 　　　　(A-25)

同樣，主慣性軸的方向餘弦 l、m、n 由下列方程式求得，即

$$(I_{xx}-I)l - I_{xy}m - I_{xz}n = 0$$

$$-I_{yx}l + (I_{yy} - I)m - I_{yz}n = 0$$

$$-I_{zx}l - I_{zy}m + (I_{zz} - I)n = 0 \qquad\qquad\qquad\qquad (A\text{-}26)$$

在許多情況中，主慣性軸可直接由觀察求得，當三個互相垂直之平面中有二個是物體的對稱面時，所有對此坐標平面之慣性積均等於零，例如圖 A-9(b)中，x、y、z 三軸均為圓柱體在 O 點之主慣性軸。

例題 A-6

試求圖中彎桿對 Aa 軸之質量慣性矩。

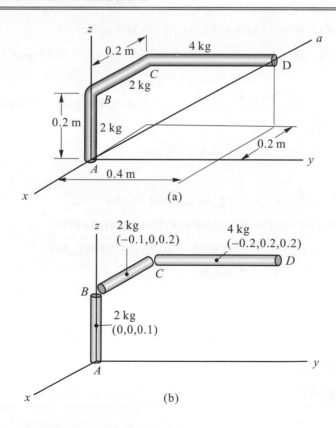

解 先求彎桿對 $Axyz$ 坐標系之慣性矩及慣性積。

將彎桿分成 AB、BC 及 CD 三段，各段之質心位置如(b)圖所示，由慣性矩之平行軸定理及慣性積之平行面定理可求得慣性矩及慣性積如下：

$$I_{xx} = \left[\frac{1}{12}(2)(0.2)^2 + 2 \times 0.1^2\right] + \left[0 + 2 \times 0.2^2\right]$$

$$+ \left[\frac{1}{12}(4)(0.4)^2 + 4(0.2^2 + 0.2^2)\right] = 0.480 \quad \text{kg-m}^2$$

$$I_{yy} = \left[\frac{1}{12}(2)(0.2)^2 + 2 \times 0.1^2\right] + \left[\frac{1}{12}(2)(0.2)^2 + 2\left((-0.1)^2 + 0.2^2\right)\right]$$

$$+ \left[0 + 4\left((-0.2)^2 + 0.2^2\right)\right] = 0.453 \text{ kg-m}^2$$

$$I_{zz} = [0+0] + \left[\frac{1}{12}(2)(0.2)^2 + 2 \times 0.1^2\right]$$

$$+ \left[\frac{1}{12}(4)(0.4)^2 + 4\left((-0.2)^2 + 0.2^2\right)\right] = 0.400 \text{ kg-m}^2$$

$$I_{xy} = [0+0] + [0+0] + [0 + 4(-0.2)(0.2)] = -0.160 \text{ kg-m}^2$$

$$I_{yz} = [0+0] + [0+0] + [0 + 4(0.2)(0.2)] = 0.160 \text{ kg-m}^2$$

$$I_{zx} = [0+0] + [0 + 2(0.2)(-0.1) + [0 + 4(0.2)(-0.2)] = -0.200 \text{ kg-m}^2$$

Aa 軸之單位向量：

$$\mathbf{u} = \frac{\mathbf{r}_D}{r_D} = \frac{-0.2\mathbf{i} + 0.4\mathbf{j} + 0.2\mathbf{k}}{\sqrt{(-0.2)^2 + (0.4)^2 + (0.2)^2}} = -0.408\mathbf{i} + 0.816\mathbf{j} + 0.408\mathbf{k}$$

得方向餘弦：$l = -0.408$，$m = 0.816$，$n = 0.408$

由公式(A-24)

$$I_{aa} = I_{xx}l^2 + I_{yy}m^2 + I_{zz}n^2 - 2I_{xy}lm - 2I_{yz}mn - 2I_{xz}ln$$

$$= 0.480(-0.480)^2 + (0.453)(0.816)^2 + 0.400(0.408)^2$$

$$-2(-0.160)(-0.408)(0.816) - 2(0.160)(0.816)(0.408)$$

$$-2(-0.200)(0.408)(-0.408)$$

$$= 0.168 \text{ kg-m}^2 \blacktriangleleft$$

例題 A-7

　　圖中托架(bracket)以鋁板製成，試求此托架對原點 O 之主慣性矩與其主軸之方向餘弦。設板厚甚小可忽略不計，且鋁板單位面積之質量為 13.45 kg/m^2。

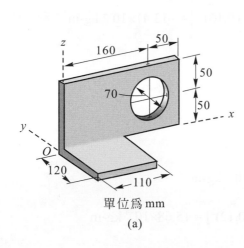

(a)

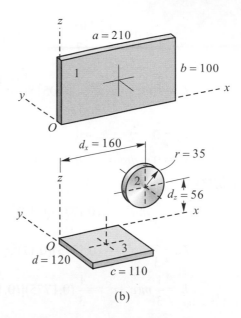

(b)

單位為 mm

解 將托架分為三個部份如(b)圖所示：(1)長方形板子(210mm×100mm)，(2)圓形板子(半徑 $r = 35$mm)，(3)長方形板子(110mm×120mm)，每個部份之質量分別為

$$m_1 = (13.45)(0.21 \times 0.1) = 0.282 \text{ kg}$$

$$m_2 = -(13.45)(\pi \times 0.035^2) = -0.0518 \text{ kg}$$

$$m_3 = (13.45)(0.11 \times 0.12) = 0.1775 \text{ kg}$$

部份(1)：

$$I_{xx} = \frac{1}{3} mb^2 = \frac{1}{3} (0.282)(0.1)^2 = 9.42 \times 10^{-4} \text{ kg-m}^2$$

$$I_{yy} = \frac{1}{3} m(a^2 + b^2) = \frac{1}{3} (0.282)[0.21^2 + 0.1^2] = 50.9 \times 10^{-4} \text{ kg-m}^2$$

$$I_{zz} = \frac{1}{3} ma^2 = \frac{1}{3} (0.282)(0.21)^2 = 41.5 \times 10^{-4} \text{ kg-m}^2$$

$$I_{xy} = 0 \quad , \quad I_{yz} = 0$$

$$I_{xz} = 0 + m(\frac{a}{2})(\frac{b}{2}) = 0.282(0.105)(0.05) = 14.83 \times 10^{-4} \text{ kg-m}^2$$

部份(2)：

$$I_{xx} = \frac{1}{4} mr^2 + md_z^2 = -0.0518 \left[\frac{(0.035)^2}{4} + (0.050)^2 \right] = -1.453 \times 10^{-4} \text{ kg-m}^2$$

$$I_{yy} = \frac{1}{2} mr^2 + m\left(d_x^2 + d_z^2\right)$$

$$= -0.0518\left[\frac{(0.035)^2}{2} + (0.16)^2 + (0.05)^2\right] = -14.86\times10^{-4}\ \text{kg-m}^2$$

$$I_{zz} = \frac{1}{4}mr^2 + md_x^2 = -0.0518\left[\frac{(0.035)^2}{4} + (0.16)^2\right] = -13.41\times10^{-4}\ \text{kg-m}^2$$

$$I_{xy} = 0 \quad , \quad I_{yz} = 0$$

$$I_{xz} = 0 + md_xd_z = -0.0518(0.16)(0.05) = -4.14\times10^{-4}\ \text{kg-m}^2$$

部份(3)：

$$I_{xx} = \frac{1}{3}md^2 = \frac{1}{3}(0.1775)(0.12)^2 = 8.52\times10^{-4}\ \text{kg-m}^2$$

$$I_{yy} = \frac{1}{3}mc^2 = \frac{1}{3}(0.1775)(0.11)^2 = 7.16\times10^{-4}\ \text{kg-m}^2$$

$$I_{zz} = \frac{1}{3}m(c^2+d^2) = \frac{1}{3}(0.1775)[(0.11)^2 + (0.12)^2] = 15.68\times10^{-4}\ \text{kg-m}^2$$

$$I_{xy} = m(\frac{c}{2})(\frac{-d}{2}) = 0.1775(0.055)(-0.06) = -5.86\times10^{-4}\ \text{kg-m}^2$$

$$I_{yz} = 0 \quad , \quad I_{xz} = 0$$

上面三個部份之總和可得托架之慣性矩與慣性積

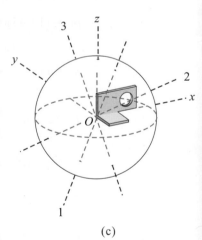

(c)

$I_{xx} = 16.48\times10^{-4}\ \text{kg-m}^2$	$I_{xy} = -5.86\times10^{-4}\ \text{kg-m}^2$
$I_{yy} = 43.2\times10^{-4}\ \text{kg-m}^2$	$I_{yz} = 0$
$I_{zz} = 43.8\times10^{-4}\ \text{kg-m}^2$	$I_{xz} = 10.69\times10^{-4}\ \text{kg-m}^2$

代入公式(A-25)，經整理後可得主慣性矩之方程式

$$I^3 - (103.5\times10^{-4})\,I^2 + (3180\times10^{-8})\,I - (24800\times10^{-12}) = 0$$

解得主慣性矩為

$$I_1 = 48.3\times10^{-4}\ \text{kg-m}^2$$

$$I_2 = 11.82\times10^{-4}\ \text{kg-m}^2$$

$$I_3 = 43.4\times10^{-4}\ \text{kg-m}^2$$

將解得之每一個主慣性矩代入公式(A-26)中，並應用 $l^2 + m^2 + n^2 = 1$，可得每一個主慣性矩所對應主軸之方向餘弦分別為

$l_1 = 0.357$	$m_1 = 0.410$	$n_1 = -0.839$
$l_2 = 0.934$	$m_2 = -0.174$	$n_2 = 0.312$
$l_3 = 0.0183$	$m_3 = 0.895$	$n_3 = -0.445$

所得主軸位置參考(c)圖所示。

習題 2

A-13 如圖習題 A-13 中均質細長圓桿之質量為 m，試求對圖示坐標軸之慣性積。

【答】$I_{xy} = -mab$，$I_{yz} = -\frac{1}{2}mbh$，$I_{xz} = \frac{1}{2}mah$。

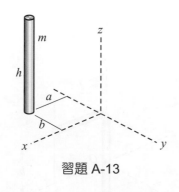

習題 A-13

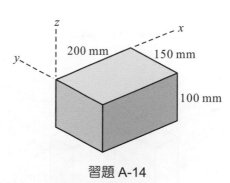

習題 A-14

A-14 如圖習題 A-14 中均質長方體之質量為 25 kg，試求對圖示坐標軸之慣性積。

【答】$I_{xy} = -0.1875$ kg-m^2，$I_{yz} = 0.09375$ kg-m^2，$I_{xz} = -0.125$ kg-m^2。

A-15 如圖習題 A-15 中四個質點之質量均為 m，試求對圖示坐標軸之慣性積。設剛性細桿之質量忽略不計。

【答】$I_{xy} = -2ml^2$，$I_{yz} = 0$，$I_{xz} = -4ml^2$。

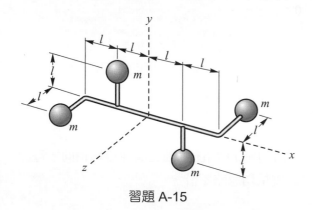

習題 A-15

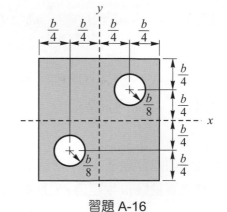

習題 A-16

A-16 如圖習題 A-16 中正方形薄板上開有二個圓孔，試求慣性積 I_{xy}。設薄板單位面積之質量為 ρ。

【答】$I_{xy} = -\dfrac{\rho\pi b^4}{512}$。

A-17 如圖習題 A-17 中所示為鋁製鑄件，試求對圖示坐標軸之慣性積。鋁之密度為 2690 kg/m^3。

【答】$I_{xy} = -0.03767$ kg-m^2，$I_{yz} = 0.02417$ kg-m^2，$I_{xz} = -0.03767$ kg-m^2。

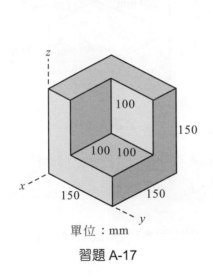

單位：mm

習題 A-17

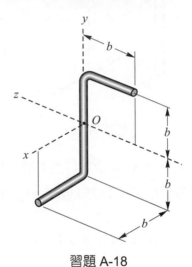

習題 A-18

A-18 同習題 A-9 之均質細圓桿，試求對如圖習題 A-18 所示坐標軸之慣性積。

【答】$I_{xy} = -\dfrac{1}{8}mb^2$，$I_{yz} = -\dfrac{1}{8}mb^2$，$I_{xz} = 0$。

A-19 如圖習題 A-19 中均勻長方形薄板之質量為 m，試求對圖示坐標軸之慣性積。

【答】$I_{xy} = \dfrac{1}{6}mb^2\sin2\theta$，$I_{yz} = \dfrac{1}{4}mbh\sin\theta$，$I_{xz} = \dfrac{1}{4}mbh\cos\theta$。

A-20 試証明如圖習題 A-20 中三個小球之系統對通過 O 點任意軸之慣性矩均相同。每一小球之質量為 m 半徑為 r，且剛性細桿之質量均忽略不計。

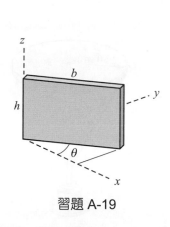

習題 A-19

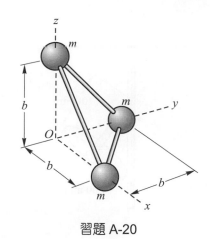

習題 A-20

A-21 如圖習題 A-21 中彎桿單位長度之質量為 4 kg/m，試求對 Oa 軸之質量慣性矩。

【答】$I_{Oa} = 1.21$ kg-m^2。

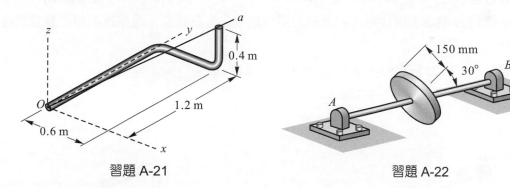

習題 A-21

習題 A-22

A-22 試求如圖習題 A-22 中質量為 15 kg 之圓盤對 AB 軸之質量慣性矩。

【答】$I_{AB} = 0.1477$ kg-m^2。

A-23 試求如圖習題 A-23 中 1.5 kg 之細圓桿 CD 及 7 kg 之圓盤對 AB 軸之慣性矩。

【答】$I_{AB} = 0.0915$ kg-m^2。

A-24 試求如圖習題 A-24 中質量為 4 kg 之圓盤對 OA 軸之慣性矩。

【答】$I_{OA} = 0.0945$ kg-m^2。

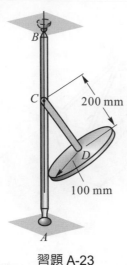

習題 A-23

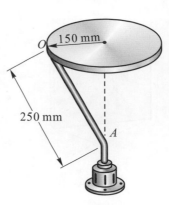

習題 A-24

A-25 如圖習題 A-25 中三個小球之質量均為 m，且半徑甚小於尺寸 b(可視為質點)，試求此系統對 O 點之主慣性矩，並求最大慣性矩軸之方向餘弦。設剛性細桿之質量忽略不計。

【答】$I_1 = 7.525\ mb^2$，$I_2 = 6.631\ mb^2$，$I_3 = 1.844\ mb^2$

$l_1 = 0.521$，$m_1 = -0.756$，$n_1 = 0.397$。

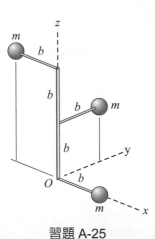

習題 A-25

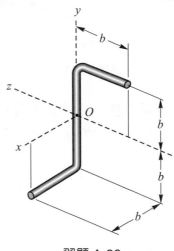

習題 A-26

A-26 同習題 A-9 及 A-18 之均質細圓桿，如圖習題 A-26 所示，試求對 O 點之主慣性矩及最小慣性矩軸之方向餘弦。

【答】$I_1 = 0.750\ mb^2$，$I_2 = 0.799\ mb^2$，$I_3 = 0.1173\ mb^2$

$l = 0.1903$，$m = -0.963$，$n = 0.1903$。

參考書籍

1. Hibbeler R. C. "Engineering Mechanics, Dynamics".

2. Meriam J. L. "Engineering Mechanics, Volume 2-Dynamics".

3. Beer F. P. & Johnston E. R. "Vector Mechanics for Engineers, Dynamics".

4. I. C. Jong & B. G. Rogers "Engineering Mechanics, statics and Dynamics".

5. William F. Riley & Leroy D. sturges "Engineering Mechanics, Dynamics".

6. Das, Kassimali and Sami "Engineering Mechanics, Dynamics".

7. Ginsberg & Genin "Dynamics".

8. Andrew Pytel & Jaan Kiusalaas "Engineering Mechanics, Statics & Dynamics".

9. Anthony Bedford & Wallace Fowler "Engineering Mechanics, Dynamics".

10. Harris Benson "University Physics".

11. Raymond A. Serway "Physics for Scientists and Engineering".

12. Halliday, Resnick and Walker "Fundamentals of Physics".

13. Shames I. H. "Engineering Mechanics, Dynamics".

14. Huang T. C. "Engineering Mechanics, Volume2. Dynamics".

國家圖書館出版品預行編目資料

動力學 / 劉上聰編著. -- 二版. --
新北市：全華圖書股份有限公司, 2021.11
　　面　；　公分
　ISBN 978-986-503-970-7 (平裝)
　1. 動力學
332.3　　　　　　　　　　　110018578

動力學

作者 / 劉上聰

校閱 / 錢志回、林 震

發行人 / 陳本源

執行編輯 / 林昱先

封面設計 / 楊昭琅

出版者 / 全華圖書股份有限公司

郵政帳號 / 0100836-1 號

印刷者 / 宏懋打字印刷股份有限公司

圖書編號 / 0609401

二版一刷 / 2021 年 11 月

定價 / 新台幣 570 元

ISBN / 978-986-503-970-7 (平裝)

全華圖書 / www.chwa.com.tw

全華網路書店 Open Tech / www.opentech.com.tw

若您對本書有任何問題，歡迎來信指導 book@chwa.com.tw

臺北總公司(北區營業處)
地址：23671 新北市土城區忠義路 21 號
電話：(02) 2262-5666
傳真：(02) 6637-3695、6637-3696

南區營業處
地址：80769 高雄市三民區應安街 12 號
電話：(07) 381-1377
傳真：(07) 862-5562

中區營業處
地址：40256 臺中市南區樹義一巷 26 號
電話：(04) 2261-8485
傳真：(04) 3600-9806(高中職)
　　　(04) 3601-8600(大專)

歡迎加入 **全華會員**

● 會員獨享

會員專購書折扣、紅利積點、生日禮金、不定期優惠活動…等。

● 如何加入會員

掃 QRcode 或填妥讀者回函卡直接傳真(02) 2262-0900 或寄回，將由專人協助登入會員資料，待收到 E-MAIL 通知後即可成為會員。

如何購買 全華書籍

1. 網路購書
全華網路書店「http://www.opentech.com.tw」，加入會員購書更便利，並享有紅利積點回饋等各式優惠。

2. 實體門市
歡迎至全華門市（新北市土城區忠義路21號）或各大書局選購。

3. 來電訂購
(1) 訂購專線：(02) 2262-5666 轉 321-324
(2) 傳真專線：(02) 6637-3696
(3) 郵局劃撥（帳號：0100836-1 戶名：全華圖書股份有限公司）
※ 購書未滿 990 元者，酌收運費 80 元。

OpenTech 全華網路書店 .com.tw

全華網路書店 www.opentech.com.tw
E-mail: service@chwa.com.tw

※ 本會員制如有變更則以最新修訂制度為準，造成不便請見諒。